Science Networks. Historical Studies

Birkhäuser

Science Networks. Historical Studies
Founded by Erwin Hiebert and Hans Wußing
Volume 61

Edited by Olivier Darrigol and Peter Ullrich

More information about this series at http://www.springer.com/series/4883

François Charru

Ailes, Nuages et Tourbillons

La mécanique des fluides en France de 1900 à 1950 - Une politique nationale

Birkhäuser

François Charru
Institut de mécanique des fluides de Toulouse
Toulouse, France

ISSN 1421-6329 ISSN 2296-6080 (electronic)
Science Networks. Historical Studies
ISBN 978-3-030-70235-9 ISBN 978-3-030-70236-6 (eBook)
https://doi.org/10.1007/978-3-030-70236-6

Cover illustration: From Waller Ms de-00215, August Beer: Über die Correction des Cosinusgesetzes bei der Anwendung des Nicol'schen Prismas in der Photometrie, after 1850. With friendly permission by The Waller Manuscript Collection (part of the Uppsala University Library Collections).

This book is published under the imprint Birkhäuser, www.birkhauser-science.com, by the registered company Springer Nature Switzerland AG.
The registered company address is: Gewerbestrasse 11, 6330 Cham, Switzerland

Avant-Propos

Dans les premières années du XXe siècle prend corps un rêve très ancien : voler dans les airs, comme Icare, comme les oiseaux. Les premiers aéroplanes, fragiles assemblages de bois et de toile, s'élèvent au-dessus des champs, œuvres d'inventeurs-constructeurs intrépides et passionnés. Ceux-ci les ont conçus sans concours d'aucune théorie du vol, en dépit même du scepticisme de nombreux « savants ». L'opinion publique s'enthousiasme pour cette nouvelle conquête et pour ses héros, tandis qu'émerge une volonté politique de développement d'une aéronautique nationale. Dans le même temps, la mécanique des fluides connaît dans les laboratoires universitaires des avancées considérables. Des idées en gestation depuis plus d'un siècle arrivent à maturation, portées par des personnalités scientifiques exceptionnelles notamment en Allemagne et en Angleterre, et stimulées par les succès des constructeurs.

Cet ouvrage raconte cette histoire dans son premier demi-siècle, avec pour fil conducteur l'éclosion, en France, de la mécanique des fluides comme discipline universitaire d'enseignement et de recherche, en relation avec son environnement politique, social et culturel. L'histoire de la mécanique des fluides, comme celle de toute autre science, ne peut en effet se comprendre sous le seul angle du développement des idées scientifiques. [1] Elle est ici liée aux grandes espérances associées à la conquête du ciel, et à une détermination politique elle-même soutenue par la foi de la IIIe République dans le « Progrès » – progrès scientifique, technique, social, et moral, considérés comme intimement liés. Cette histoire est aussi fortement marquée par deux guerres mondiales, qui rapprochent les scientifiques des préoccupations militaires, et ébranlent aussi les croyances en une route toute droite du Progrès.

Précisons les grands événements qui structurent l'ouvrage. Les premiers progrès de l'aviation, dans les années précédant la Première Guerre mondiale, sont fulgurants, soutenus par de riches mécènes privés et par un formidable engouement populaire. Un illustre mathématicien et député, Paul Painlevé, se passionne pour

[1] D. Pestre, Savoirs et sciences de la Renaissance à nos jours. Une lecture de longue durée. *In* Pestre (2015), vol. 3, pp. 461–483.

ces aéroplanes et leurs promesses de rapprochement des peuples ; il mobilise l'Assemblée nationale et obtient les premiers crédits publics pour la recherche aéronautique. La mécanique des fluides de son côté, qui comprend encore mal comment l'air porte les avions, progresse à grands pas dans les laboratoires – comme, au siècle précédent, la thermodynamique s'était développée avec la technique des machines à vapeur. L'hydraulique traditionnelle, à fort contenu empirique, se trouve progressivement réconciliée avec une « mécanique rationnelle » fondée sur des mathématiques solides mais jusque-là impuissante à rendre compte des phénomènes observés. Les avancées conceptuelles se conjuguent aux essais, en soufflerie aérodynamique, de maquettes d'avion et obstacles de formes diverses. Un personnage inattendu intervient là, le grand ingénieur Gustave Eiffel, à l'origine d'une découverte majeure relative à la résistance à l'avancement dans l'air. Mais c'est surtout en Allemagne et en Angleterre que les idées germent et se développent. La mécanique et la physique françaises, qui avaient tant brillé aux deux siècles précédents, ont perdu de leur éclat. Elles souffrent, à la Sorbonne en particulier, d'un clivage entre la science « pure et désintéressée » et les sciences appliquées jugées moins nobles. Les facultés de province, qui ont créé depuis le début du siècle de nombreux instituts techniques dynamiques, avec le soutien des municipalités, sont nettement plus ouvertes mais manquent de moyens.

Dans les années vingt, il devient patent que les brillants inventeurs-constructeurs du début du siècle n'ont pas su structurer une industrie efficace, et que l'aéronautique nationale s'est laissée distancer par la concurrence étrangère. L'État français réagit par la création d'un ministère de l'Air, et place à la tête de sa direction technique un homme d'envergure, Albert Caquot. Celui-ci lance un ambitieux plan d'actions en direction de l'industrie et de l'université, et obtient de l'État des moyens considérables. Quatre instituts de mécanique des fluides sont ainsi créés dans les facultés des sciences de Paris, Lille, Marseille et Toulouse, ainsi que cinq centres d'enseignement dans celles de Strasbourg, Poitiers, Nantes, Caen et Lyon. Un programme national d'enseignement est mis sur pied, ainsi qu'un système généreux de financement de contrats de recherche et de bourses de thèse de doctorat. Les publications et synergies entre laboratoires sont encouragées, ainsi que les échanges avec l'étranger. De grandes souffleries sont construites, préfigurant la politique des grands équipements scientifiques du CNRS dans la seconde moitié du XXe siècle. Le grand public, friand de découvertes et d'inventions, n'est pas oublié : les aéroclubs initient au pilotage et à la météorologie, les recherches des laboratoires sont présentées aux salons annuels de l'aéronautique, ainsi que dans les revues à grande diffusion, telle *L'Aérophile*.

La Seconde Guerre mondiale interrompt le mouvement engagé. Celui-ci peine à reprendre dans une après-guerre où la recherche scientifique n'est pas une priorité nationale, mais un net renouveau se manifeste dans la France gaullienne des années soixante. Le paysage universitaire français a alors profondément changé. Une dizaine d'universités forment de nombreux ingénieurs et docteurs qui alimentent l'industrie et de nouveaux organismes d'État, dont l'Office national des études et recherches aéronautiques (ONERA). Joseph Pérès, directeur-adjoint du CNRS – créé en 1939 – et figure majeure de la mécanique de l'après-guerre, joue un rôle déterminant dans la création de l'Union internationale de mécanique théorique et appliquée (IUTAM). Les laboratoires peinent encore à rivaliser avec leurs homologues étrangers, anglais et américains en particulier, mais les structures d'enseignement en place vont favoriser l'émergence d'une nouvelle génération de brillants enseignants et chercheurs qui hisseront la France au meilleur rang.

Revenons sur une dimension que cet ouvrage tente également d'appréhender, celle de la vie intellectuelle. L'avancement des idées scientifiques, tout imprégné soit-il de déterminations sociales et culturelles, n'en demeure pas moins le fruit du travail obstiné et passionné d'hommes et de femmes – la part de ces dernières croît lentement – attachés à l'inaliénable plaisir de penser. Les archives restituent à cet égard une vie académique riche et dynamique, notamment dans l'entre-deux-guerres. Rapports, correspondances, discours et articles de presse y révèlent souvent de la grandeur – hauteur de vue, ténacité, générosité –, et parfois aussi une certaine misère – conformismes, calculs étroits, accents nationalistes. Les « philosophies scientifiques » qui s'en dégagent, discutées au dernier chapitre, témoignent bien des deux grands ressorts du travail scientifique : la curiosité et le désir d'être utile, magnifiquement analysés par le philosophe Pierre Hadot, dans un autre contexte, sous les figures d'Orphée et de Prométhée.[2] Ces philosophies sont confrontées ici, selon un autre point de vue, aux réflexions de Gaston Bachelard – *Le Nouvel Esprit Scientifique* est publié en 1934 – dans sa double critique du rationalisme cartésien, qui fuit la réalité sensible dans un pur jeu d'abstractions, et d'une physique "naturaliste" qui réduit son ambition à un inventaire pittoresque des phénomènes.

Quelques mots sur l'organisation de l'ouvrage. Le premier chapitre situe le contexte aéronautique et politique des années 1900–1930 ; le second offre un bref panorama de l'organisation des universités françaises dans les mêmes années ; le troisième présente les grandes questions contemporaines relatives à la mécanique des fluides – plus scientifique, sa lecture n'est pas indispensable pour la suite. Les chapitres suivants présentent le programme conçu par le ministère de l'Air (chapitre 4) et sa mise en œuvre dans les quatre instituts (chapitre 5 à 8) et les cinq centres annexes d'enseignement (chapitre 9). Le dernier chapitre dresse un bilan critique de l'œuvre entreprise (précisé par quelques indicateurs statistiques relatifs à l'enseignement et à la recherche) et évalue l'héritage transmis à la seconde moitié du siècle. La littérature, qui alimente puissamment l'imaginaire individuel et collectif, trouve sa place avec, en exergue de chaque chapitre, de courts extraits d'œuvres contemporaines célébrant l'aviation et ses héros, et avec le récit, dans une annexe, du raid transatlantique d'un capitaine français et d'un colonel uruguayen. La bibliographie comporte, outre les classiques références primaires et secondaires, une liste des 63 thèses de doctorat de mécanique des fluides réalisées dans les instituts et centres annexes, et soutenues entre 1928 et 1952 ; l'index permet, par le nom de leur auteur, de retourner à leur présentation dans le corps du texte. Une annexe précise les archives et diverses sources consultées.

---

[2] P. Hadot, *Le voile d'Isis. Essais sur l'histoire de l'idée de Nature* (2004).

Le colloque international *A Century of fluid mechanics : 1870–1970*, tenu en 2016 à l'institut de mécanique des fluides de Toulouse, à l'occasion du centenaire de son laboratoire d'hydraulique, a joué un rôle déterminant dans le projet du présent ouvrage ; que les participants à ce colloque soient ici remerciés.[3] Que soient aussi chaleureusement remerciés Caroline Barrera, Pierre Brancher, Olivier Darrigol, Michael Eckert, Denis Guthleben, Jacques Magnaudet et Emmanuel Villermaux, pour leur relecture attentive et critique du manuscrit, ainsi que Muriel Sabater pour son aide dans la gestion de la documentation.

Toulouse, France François Charru
janvier 2021

[3] Les communications à ce colloque ont été pour la plupart publiées dans les *Comptes Rendus de l'Académie des sciences*, vol. 345, fascicules 7–9 (2017).

Foreword

At the beginning of the twentieth century, an old human dream came true : flying in the air, like birds. This fulfillment was the doing of passionate, creative inventors supported by industrial sponsors and by popular enthousiasm. The performance of airplanes improved very quickly. From the scientific point of view, the very possibility of human flight had long aroused skepticism, and the reason why airplanes could fly was not clear at all. An explanation provided in 1907 by an English car manufacturer, Frederik Lanchester, was rejected by scientists in Cambridge, whereas it was welcome by the German leader of fluid mechanics, Ludwig Prandtl. A long controversy followed.

French scientists stayed apart from the discussions that raged abroad. After a nineteenth century of great contributions by Navier, Saint-Venant, Boussinesq, and others, the decline was appreciable, although some remarkable works were still conducted, notably in Paris and Toulouse, on thermoconvection and wake vortices.

After World War I, the decline of French aeronautics prompted the government to take things in hand. Convinced that academic research was needed, the new ministry of Air founded in 1923 a fluid mechanics chair at the Sorbonne University, entrusted to the French mathematician Paul Painlevé—a towering scientific figure also deputy of Paris and several times minister. In 1930, a large national program of research in fluid mechanics was launched. The man in charge of this program at the ministry of Air, Albert Caquot, was a visionary leader full of energy. With characteristic open-mindedness, he obtained considerable means for the creation of four institutes for fluid mechanics in Paris, Lille, Marseille and Toulouse (including several chairs), and the financing of smaller teaching centers in five other French universities. A fruitful period opened for French fluid mechanics.

The present book recounts these developments, with all their intertwined scientific, industrial, political and cultural dimensions. It is based on original materials unearthed from a great variety of archival sources and of course of published works. A few previous studies have unveiled particular aspects of this history concerning a few key figures (Henri Bénard, Henri Villat and Gustave Eiffel), or the institutes for fluid mechanics in Lille and Toulouse, but no general study has been published until now, covering half a century of fluid mechanics research all over France.

The book has ten chapters. Chapter 1 presents the aeronautical and political context— Painlevé's policy, Eiffel's contributions, the first institute for aerotechnics and aviation chair —and the creation of the ministry of Air. Chapter 2 discusses the organization of French universities under the third republic and the development of applied sciences. Chapter 3 then offers a brief account of the worldwide history of fluid mechanics, focusing on the period 1900–1930 (with its internationalization), including the main teaching textbooks. Chapter 4 is devoted to the program for fluid mechanics launched in 1929 by the ministry of Air— creation of institutes and chairs, teaching issues, subventions and PhD grants, wind tunnels —and then provides a general outline of its achievements. The following four chapters (5 to 8) tell the specific stories of the institutes for fluid mechanics in Paris, Lille, Marseille and Toulouse. The main scientific achievements and their connection with works abroad are discussed— from PhD theses, reports and publications, notably those found in the remarkable series of *Publications Scientifiques et Techniques* of the ministry of Air. Particular attention is paid to the important relations with local industry and the municipalities, and to the eventful period of World War II. Chapter 9 presents the story of the five teaching centers (in Strasbourg, Poitiers, Nantes, Caen and Lyon), with, again, emphasis on local characteristics and scientific contributions. The last Chap. 10 synthesizes the materials brought in the previous chapters, and proposes a global analysis. It includes detailed statistics for scientific publications (PhD theses, reports, papers in French or foreign journals, etc.), and, in the teaching register, for fluid mechanics certificates delivered to students. An attempt is then made to situate the emerging picture of successes and failures in the frame of the French academic culture, marked on the one hand by the veneration of rationalism (*au pays de Descartes*) and the promotion of "pure and disinterested science", and, on the other hand, by a naturalist attitude and the worshipping of "fine experiments". The contemporary reflexions of Gaston Bachelard here appear fully relevant.

A general conclusion of the book is that the usual picture of a period exclusively dominated by German and British contributions (and North-American ones from 1930), needs to be significantly revised : quite important achievements also occurred in France. The program of the ministry of Air thus appears as a major French policy for academic research with intended applications. The fruitfulness of this policy is patent in the major role that France will play, after WWII, in the creation of the *International Union of Theoretical and Applied Mechanics* (IUTAM) and in the growing acknowledgement of French fluid mechanics research in the second half of the century.

Three chapters of appendices close the book, one of them detailing the sources and archives consulted (national, regional, universities, Academy of sciences). Three lists of bibliographical references are provided : the 63 PhD theses in fluid mechanics attended between 1928 and 1952, and the usual lists of primary and secondary references.

The book may attract any person interested in the history of fluid mechanics, or, more generally, in the interplay of science and society with historical perspective. Its reading does not require any special knowledge in fluid mechanics or physics, except for Chap. 3 and some circumscribed sections—that may be left out if desired.

Table des matières

1 L'aéronautique française, des mécènes à l'État 1
1.1 Période 1900–1914 1
1.1.1 Intrépides pionniers 1
1.1.2 Études en soufflerie, Gustave Eiffel 8
1.1.3 Une école, une chaire, un institut 15
1.2 Période 1914–1928 20
1.2.1 Une politique pour l'aéronautique 20
1.2.2 Structures nationales pour les essais et la recherche 24
1.2.3 La chaire de mécanique des fluides et applications 25
1.2.4 Déclin aéronautique 30
1.3 Période 1928–1940 30
1.3.1 Le ministère de l'Air 30
1.3.2 Restructurations industrielles 32
1.3.3 Le Groupement pour les recherches aéronautiques (GRA) 35
1.4 Période 1940–1950 37

2 L'université sous la IIIe République 39
2.1 Développement des sciences appliquées 39
2.1.1 De 1870 à 1914 39
2.1.2 L'entre-deux-guerres 41
2.2 Organisation de l'enseignement supérieur 42
2.2.1 Enseignement et recherche au sein d'une chaire 42
2.2.2 Une tradition individualiste 44
2.2.3 Relations avec l'industrie 46
2.3 La recherche scientifique devient un enjeu national 48
2.3.1 Premiers dispositifs de soutien à la recherche 48
2.3.2 La subvention Borel 49
2.3.3 De la Caisse nationale des sciences au CNRS 50

3 La mécanique des fluides avant 1930 ... 51
3.1 De Bernoulli à Reynolds ... 52
3.1.1 L'eau "sèche", Euler ... 52
3.1.2 L'eau "mouillante", Navier et Stokes ... 54
3.1.3 Écoulements turbulents, Reynolds ... 55
3.2 Force de portance - Théorie des ailes ... 57
3.2.1 La théorie circulatoire de la portance ... 58
3.2.2 Ailes d'envergure finie ... 61
3.2.3 Décrochage ... 62
3.3 Résistance de traînée - Couche limite ... 62
3.3.1 La couche limite de Prandtl ... 62
3.3.2 Découverte de la couche limite turbulente ... 64
3.3.3 Réception de la théorie de la couche limite ... 67
3.4 Turbulence ... 68
3.4.1 La transition à la turbulence ... 68
3.4.2 Introduction du point de vue statistique ... 69
3.4.3 Turbulence de paroi, lois semi-empiriques ... 71
3.4.4 La turbulence à petite échelle ... 72
3.5 Autres thématiques ... 73
3.6 La vie académique internationale ... 75
3.6.1 Échanges et revues scientifiques ... 75
3.6.2 Les Congrès internationaux de mécanique appliquée (ICAM) ... 76
3.7 L'enseignement de la mécanique des fluides ... 79
3.7.1 Ouvrages étrangers lus en France ... 79
3.7.2 Ouvrages français ... 80

4 Création des instituts de mécanique des fluides ... 85
4.1 Projet du ministère de l'Air ... 85
4.1.1 Premiers contacts avec les universités ... 85
4.1.2 Naissance de l'institut de Paris ... 89
4.1.3 Instituts et centres d'enseignement de province ... 89
4.2 Programme d'enseignement ... 93
4.3 Programme des "collaborations scientifiques" ... 95
4.4 Programme de souffleries ... 99
4.5 Aperçu général de la décennie 1930–1940 ... 102

5 L'institut de Paris ... 105
5.1 L'institut de mécanique des fluides ... 105
5.1.1 Le projet d'Albert Caquot ... 106
5.1.2 L'institut de mécanique des fluides (1930–1932) ... 110
5.2 Élargissement de périmètre : l'institut de mécanique ... 112
5.2.1 Création de l'institut de mécanique ... 112
5.2.2 Évolutions ... 118

5.3 Le laboratoire de mécanique expérimentale des fluides 124
5.3.1 Henri Bénard 124
5.3.2 Tourbillons thermoconvectifs 129
5.3.3 Tourbillons de sillages 131
5.3.4 Oscillations auto-entretenues 135
5.3.5 Écoulements supersoniques 136
5.3.6 Écoulements instationnaires 138
5.3.7 Viscosité des gaz 141
5.3.8 Travaux de Dimitri Riabouchinsky 141
5.3.9 Travaux de Yves Rocard 143
5.4 La mécanique théorique des fluides 146
5.4.1 Henri Villat avant 1929 146
5.4.2 Travaux réalisés entre 1929 et 1940 148
5.5 Le laboratoire d'analogies électriques 150
5.6 Le laboratoire d'aérodynamique de Saint-Cyr 156
5.7 Période 1940–1950 159
5.7.1 Le laboratoire de mécanique des fluides 160
5.7.2 La mécanique théorique 161
5.7.3 Du laboratoire d'analogies électriques au LIMSI 162
5.7.4 Le laboratoire d'aérodynamique de Saint-Cyr 163
5.7.5 Une nouvelle génération 164

6 L'institut de Lille 167
6.1 Les sciences appliquées, forte tradition lilloise 167
6.2 Naissance et développement de l'IMFL (1929–1939) 171
6.2.1 Création et organisation 171
6.2.2 Enseignement 178
6.2.3 Météorologie et turbulence 182
6.2.4 Vol à voile, "propagande aéronautique" 184
6.2.5 La tutelle du GRA 185
6.3 Recherches 187
6.3.1 Recherches pour l'industrie 188
6.3.2 Recherches pour les services de l'Aéronautique 192
6.3.3 Recherches sur la turbulence atmosphérique 195
6.3.4 Rayonnement international de Joseph Kampé de Fériet 208
6.4 Les Journées de Lille (1934) 209
6.4.1 Discours d'ouverture 210
6.4.2 Contributions scientifiques 212
6.5 Les années de guerre (1940–1945) 213
6.5.1 Le repli à Toulouse 213
6.5.2 Réinstallation de l'institut 215
6.5.3 Tensions avec le GRA 218

6.5.4 La Libération 220
6.5.5 François Naftali Frenkiel 222
6.6 Après-guerre 1945–1952 224

7 L'institut de Marseille 227
7.1 Contexte régional 227
7.2 Premières années (1929–1932) 228
7.2.1 Organisation 228
7.2.2 Recherches sur les analogies rhéoélectriques 231
7.3 Développement de l'institut (1932–1939) 234
7.3.1 Organisation et personnels 234
7.3.2 Enseignement et « propagande » 236
7.3.3 Recherches 237
7.4 Les années de guerre (1939–1945) 247
7.4.1 Une organisation renforcée en dépit des difficultés 247
7.4.2 Enseignement 249
7.4.3 Recherches et études 251
7.4.4 Rapport du directeur pour l'année 1940–1941 252
7.5 Après-guerre (1945–1952) 254
7.5.1 Un nouvel essor 254
7.5.2 Enseignement et conférences 258
7.5.3 Recherches et études 259
7.5.4 Le laboratoire de mécanique de l'atmosphère et météorologie 261
7.5.5 Les Journées de Marseille de 1952 265

8 L'institut de Toulouse 267
8.1 De l'électrotechnique à l'hydraulique 267
8.1.1 L'institut électrotechnique (1907) 267
8.1.2 Le laboratoire d'hydraulique (1913) 274
8.1.3 De l'hydraulique à la mécanique des fluides 278
8.2 L'institut de mécanique des fluides 284
8.2.1 Contexte aéronautique 285
8.2.2 Création de l'institut 287
8.2.3 Recherches menées entre 1930 et 1939 294
8.2.4 Construction de la soufflerie 299
8.3 Décennie 1940–1950 303
8.3.1 Toulouse, ville de repli de l'aéronautique 303
8.3.2 Un nouveau "laboratoire plat" pour l'hydraulique 309
8.3.3 L'après-guerre, âge d'or de l'hydraulique 310
8.3.4 De l'IET à l'ENSEHT 313

9 Les Centres d'enseignement annexes 315
9.1 Organisation générale 315
9.2 Le Centre de Strasbourg 316

9.3 Le Centre de Poitiers 322
9.3.1 Du centre d'enseignement au laboratoire de recherche ... 322
9.3.2 De l'institut de mécanique et d'aérotechnique à l'ENSMA 326
9.4 Le Centre de Nantes 332
9.4.1 L'institut polytechnique de l'Ouest (IPO) 332
9.4.2 L'école nationale supérieure de mécanique (ENSM) 337
9.5 Le Centre de Caen 338
9.6 Le Centre de Lyon 338

10 Histoire longue et recompositions 341
10.1 Retour sur la situation en 1930 341
10.1.1 La « science française » vue de la Sorbonne 341
10.1.2 Les facultés des sciences en province 343
10.1.3 La mécanique des fluides 343
10.1.4 Le programme du ministère de l'Air 344
10.2 Quelles avancées pour la mécanique des fluides ? 345
10.2.1 Enseignement 345
10.2.2 Recherches à l'institut de Paris 348
10.2.3 Critique des positions scientifiques de Henri Villat 352
10.2.4 Recherches dans les instituts de province et centres annexes 358
10.2.5 Les Journées de mécanique des fluides de 1952 362
10.3 Éléments d'analyse 366
10.3.1 Éloge des traversiers 366
10.3.2 « Au pays de Descartes » 368
10.3.3 Coup d'œil à l'étranger 371
10.4 Le renouveau des années soixante 373

A Récit d'une traversée de l'Atlantique Sud (1930) 377

B Programme d'enseignement et conférences 385
B.1 Programme du certificat de mécanique des fluides 385
B.2 Conférences de l'institut de mécanique de Paris (1927–1939) 387

C Sources documentaires 391
C.1 Archives nationales 391
C.2 Archives universitaires et départementales 392
C.3 Archives de l'Académie des sciences 393
C.4 Site gallica et autres sites internet 394

Références 397

Index 411

Autorisations de reproduction des illustrations 419

Chapitre 1
L'aéronautique française, des mécènes à l'État

> *« Tout à coup mon cheval se cabra ; il avait entendu un bruit singulier, j'eus peine à le maîtriser et à ne pas être jeté à terre, puis je levai vers le point d'où semblait venir ce bruit mes yeux pleins de larmes, et je vis à une cinquantaine de mètres au-dessus de moi, dans le soleil, entre deux grandes ailes d'acier étincelant qui l'emportaient, un être dont la figure peu distincte me parut ressembler à celle d'un homme. Je fus aussi ému que pouvait l'être un Grec qui voyait pour la première fois un demi-Dieu. [. . .] Cependant l'aviateur sembla hésiter sur sa voie ; je sentais ouvertes devant lui – devant moi, si l'habitude ne m'avait pas fait prisonnier – toutes les routes de l'espace, de la vie ; il poussa plus loin, plana quelques instants au-dessus de la mer, puis prenant brusquement son parti, semblant céder à quelque attraction inverse de celle de la pesanteur, comme retournant dans sa patrie, d'un léger mouvement de ses ailes d'or il piqua droit vers le ciel. »*
>
> *Marcel Proust, À la recherche du temps perdu.*
> *Sodome et Gomorrhe, 1922*

1.1 Période 1900–1914

1.1.1 Intrépides pionniers

Du "plus léger que l'air" au "plus lourd que l'air". Les origines de la conquête du ciel en France peuvent être situées en 1783, avec l'ascension des frères Joseph et Étienne Montgolfier, dans un ballon gonflé à l'air chaud [1]. Le premier vol *piloté* de l'histoire a lieu un siècle plus tard, en août 1884, avec l'envol du dirigeable *La France*, long "cigare" de cinquante mètres de long qui réalise une boucle de 7,6 kilomètres [2]. À son bord, son concepteur le capitaine Charles Renard,

[1] Pour une histoire de la navigation aérienne par l'un de ses acteurs, voir le beau livre du comte Henry de la Vaulx (1911), lauréat de l'Académie française et de l'Académie des sciences.

[2] Coët & Chanetz (2008).

F. Charru, *Ailes, Nuages et Tourbillons*, Science Networks. Historical Studies 61,
https://doi.org/10.1007/978-3-030-70236-6_1

polytechnicien, et son assistant Arthur Krebs. L'appareil est mû par une imposante hélice bipale de sept mètres de diamètre, entraînée par un moteur électrique. Le « dirigeable » s'est envolé du parc du château de Meudon où est installé depuis 1876 l'Établissement central de l'aérostation militaire.

Le dirigeable ne supplante cependant pas le ballon statique, ou « aérostat », tenu au sol par des câbles. Celui-ci connaît un fort développement pendant la Première Guerre mondiale, pour l'observation des lignes ennemies et le réglage de l'artillerie. Un jeune ingénieur, Albert Caquot, capitaine d'un bataillon d'aérostiers au début de la guerre, en invente un nouveau type, plus stable, et résistant à des vents de 90 km/h du fait de sa forme fuselée (et non plus sphérique) et d'un empennage à trois lobes à l'arrière[3]. Les « saucisses Caquot » sont d'abord adoptées par l'aviation navale anglaise avant de l'être par l'armée française. Cette invention remarquée lui vaut d'être promu, par Clémenceau, directeur de la section technique de l'Aéronautique militaire (STAM). Albert Caquot jouera dans l'entre-deux-guerres un rôle majeur dans le développement de l'aéronautique et de la mécanique des fluides en France.

La vulnérabilité des aérostats et la faible manœuvrabilité des dirigeables sont cependant des obstacles importants au développement du "plus léger que l'air". Au tournant du XXe siècle, leurs partisans vont devoir s'incliner devant les promoteurs de l'aéroplane "plus lourd que l'air"[4]. En 1890, Clément Ader (1841–1925), ingénieur imaginatif – il a notamment inventé un nouveau téléphone –, réalise un appareil à l'allure de chauve-souris, propulsé par un moteur à vapeur de sa conception, très léger. Mais l'*Éole*, ainsi qu'il le baptise, sans gouverne de direction ni instrument de pilotage, aurait à peine décollé ses roues du sol. Les tentatives suivantes ne sont guère plus convaincantes[5]. En 1897, Ader perd le soutien de l'armée et abandonne les « avions » – il a inventé le mot du grec *avis*, oiseau – et se tourne vers la construction d'automobiles.

Le premier vol piloté véritablement attesté est celui des frères Wilbur et Orville Wright, accompli en septembre 1904 en Caroline du Nord : leur biplan *Flyer* réalise une boucle de plus de deux minutes. En France, Ferdinand Ferber (1861–1909), capitaine d'artillerie et disciple de Renard, popularise avec grand talent les "plus lourds que l'air". Ses cours et conférences attirent un public nombreux, et encouragent les premières vocations d'inventeurs-constructeurs[6]. En mai 1905, il lance sa machine le long d'un câble incliné – son moteur n'est pas assez puissant pour assurer le décollage – et le pose une centaine de mètres plus loin, réalisant le premier "bond aérien" motorisé. Les progrès vont dès lors être très rapides.

[3] Kerisel (2001), pp. 45–72 ; A. Caquot, Notice complémentaire sur les travaux scientifiques (1934), pp. 14–18, Arch. Acad. Sc.

[4] Pour une histoire de l'aéronautique entre 1907 et 1932, cf. Marchis (1934), ouvrage accessible au fonds Zaharoff de l'institut d'Alembert à Paris ; pour une référence récente, cf. Anderson (1997), chap. 4.

[5] Marchis (1934), pp. 10–20 ; Chadeau (1987), pp. 18–19 ; M.-C. Dubreil-Villatoux, L'aéronautique militaire dans la Grande Guerre : vers l'institutionnalisation, *in* Véran (2008), pp. 9–10.

[6] de la Vaulx (1911), pp. 259–288 ; Marchis (1934), pp. 10–24 ; von Kármán (1954), pp. 18–24 ; Chadeau (1987), pp. 18–30 ; Anderson (1997), chap. 5.

Fig. 1.1 Le 13 janvier 1908, Henry Farman franchit la ligne d'arrivée marquée par les fanions de l'aéro-club d'Issy-les-Moulineaux, et boucle le circuit aérien d'un kilomètre (*L'Aérophile* du 15 janv. 1908, p. 18)

Inventeurs-constructeurs et mécènes privés. L'aviation française naît entre 1905 et 1908, de l'émergence de nombreux inventeurs-constructeurs passionnés, autour d'ateliers de mécanique souvent improvisés. Un vol historique est réalisé le 13 janvier 1908 par Henry Farman, coureur automobile, vol en circuit fermé de 1500 mètres au-dessus du champ de manœuvres militaires d'Issy-les-Moulineaux. L'avion est un biplan fabriqué par les frères Charles et Gabriel Voisin, propulsé par un moteur *Antoinette* de Léon Levavasseur (Fig. 1.1). La revue *L'Aérophile* relate l'événement :

> Ce jour-là, dès 9 h. 1/2 du matin, Farman et ses habiles constructeurs, les frères Voisin, procédaient à une dernière et minutieuse révision de tout l'appareil. Puis l'aéroplane est sorti du hangar : Farman veut tâter une dernière fois le moteur, et à la première sollicitation l'excellent 50 chevaux 8 cylindres « Antoinette » éclate en une fanfare joyeuse. Tout va bien, tout est au point ! [...].
> L'aéroplane est alors amené à bras jusqu'au point de départ désigné par Farman [...]. À 10 h. 15, l'appareil s'élançait sur ses roues, augmentant rapidement son allure. Au bout de quelques dizaines de mètres, il était à l'essor ; c'est par 4 mètres de hauteur environ, qu'il coupe la ligne de départ. Il continue d'un vol aisé et sûr vers le poteau du virage ; un instant à peine et Farman attaque déjà résolument la boucle redoutée. Il entre dans le virage, laissant le poteau à une centaine de mètres sur sa gauche. L'appareil s'élève progressivement à 6 mètres au maximum, insensiblement incliné sur bâbord, très stable. Le poteau des 500 m. est doublé ; l'immense oiseau blanc entre dans la ligne du retour.
> Quelques secondes d'intense émotion. Un incident stupide ne viendra-t-il pas arrêter, trop tôt, cette envolée splendide !... [...] Sans un accroc, avec une régularité admirable, l'aéroplane poursuit son chemin, impressionnant de régularité et c'est par 4 mètres de hauteur qu'il vient couper, entre les deux poteaux, la ligne de départ devenue ligne d'arrivée. La fatidique boucle est bouclée... Le Grand Prix d'aviation Deutsch-Archdeacon est gagné !...

Fig. 1.2 Après la victoire. Au premier plan, de gauche à droite : Henry Farman, Henry Deutsch de la Meurthe, Charles et Gabriel Voisin (*L'Aérophile* du 15 janv. 1908, p. 17)

> Quelques mètres plus loin, l'appareil obéissant à son pilote vient se poser doucement au sol et s'arrête après avoir roulé encore quelques mètres [7].

Parmi les spectateurs, un jeune hongrois de 26 ans assiste à son premier vol : Theodore von Kármán, alors étudiant de Ludwig Prandtl à Göttingen et future figure majeure de la mécanique des fluides [8]. Le prix d'aviation remporté par Farman, doté de 50 000 francs, a été créé par deux mécènes passionnés d'aéronautique, fondateurs en 1898 de l'Aéro-club de France : Henry Deutsch de la Meurthe (1846–1919), industriel du pétrole, et Ernest Archdeacon, avocat (Fig. 1.2). La performance de Farman est vite dépassée : dès le mois de septembre, les vols atteignent 40 km, parcourus à la vitesse de 80 km/h [9].

En septembre 1908, les frères Wright débarquent en France avec leur *Flyer IV* pour une tournée promotionnelle. Ils sont invités par l'homme d'affaires Lazare Weiller qui souhaite acquérir leurs brevets pour la Compagnie générale de navigation aérienne (CGNAé) qu'il vient de fonder avec Henry Deutsch de la Meurthe. L'événement est largement relayé par la presse [10]. L'Académie des sciences envoie sur l'aérodrome l'un de ses membres en observateur : Paul Painlevé, mathématicien et homme politique, convaincu depuis plusieurs années déjà de l'avenir des aéroplanes (voir encadré). Wilbur Wright embarque Painlevé pour

[7] *L'Aérophile*, 15 janv. 1908, cf. site gallica de la BNF.

[8] Dryden (1965), p. 347.

[9] de la Vaulx (1911), pp. 289–306 ; Chadeau (1987), p. 27.

[10] de la Vaulx (1911), pp. 307–324 ; Simard-Houde (2017), p. 3.

un baptême de l'air. Au cours de ce vol, où Painlevé ressent « l'ivresse du rêve millénaire accompli » [11], un nouveau record de durée est réalisé : une heure et dix minutes. Quelques jours plus tard, il effectue un second vol, cette fois avec Louis Blériot, sur un biplan des frères Voisin.

La promotion de l'aviation va être pour Painlevé un mobile de son engagement en politique [12]. En retour, son action en tant que député (à partir de 1910) puis ministre de l'Instruction publique (à partir de 1915) va définir les contours d'une politique d'intervention de l'État dans la recherche scientifique [13]. En décembre, enthousiasmé par ses deux vols, Painlevé monte à la tribune du Sénat pour un vibrant éloge de l'aviation, « instrument de rapprochement entre les peuples », accompagné d'un véritable cours sur les bases de la mécanique et de la technique des aéroplanes. Il y insiste notamment sur le nécessaire concours de l'industrie et de la recherche.

Stimulées par l'engouement populaire pour les meetings aériens et les nombreux prix financés par des mécènes, les petites entreprises d'inventeurs-constructeurs foisonnent. Avant 1914, le marché des avions est cependant dominé par deux firmes, Henry & Maurice-Farman et Blériot-Aéroplanes, et celui des moteurs par la Société des moteurs Gnôme, fondée en 1905 par les frères Louis et Laurent Seguin [14]. Les frères Farman, qui se sont faits connaître par leurs exploits sportifs, cyclistes puis automobiles, se lancent dans la construction d'avions après l'exploit de Henry, et connaissent alors un succès foudroyant. Louis Blériot, qui a commencé comme fabricant de phares pour les automobiles Panhard et Renault, assoit sa notoriété par sa traversée de la Manche le 25 juillet 1909, qui lui permet notamment de conquérir le marché anglais [15]. Les frères Seguin s'affirment comme des leaders du moteur à pistons en étoile, exportant et cédant leurs licences au Royaume-Uni, en Italie et en Russie. Un autre constructeur, Louis Breguet, apparaît en 1911. Issu d'une longue lignée de mécaniciens et électriciens – son grand-père a été membre de l'Académie des sciences –, il crée la société anonyme des Ateliers d'aviation Louis Breguet, dont l'activité s'épanouira après la Grande Guerre.

Si les progrès des performances sont foudroyants – en 1913, des biplaces volent à 100 km/h, propulsés par des moteurs de 70 kW –, le destin de l'aviation n'apparaît toutefois pas clairement. L'avion demeure un luxe de millionnaire, et un luxe dangereux. L'État-major militaire perçoit cependant rapidement son utilité, et passe dès 1911 une commande de 208 appareils – pour l'essentiel, des monoplans Blériot équipés de moteurs Anzani puis Gnôme, et des biplans Farman équipés de moteurs Renault. En avril 1912, une direction de l'Aéronautique apparaît au ministère de la

[11] C. Fontanon, Paul Painlevé et l'aviation : aux origines de l'étatisation de la recherche scientifique. *In* Fontanon & Frank (2005), p. 42.

[12] A.-L. Anizan, Paul Painlevé, parlementaire et leader politique. *In* Fontanon & Frank (2005), p. 63.

[13] C. Fontanon, *op. cit.*. *In* Fontanon & Frank (2005), p. 42.

[14] Chadeau (1987), pp. 43–54.

[15] de la Vaulx (1911), pp. 331–346 ; Chadeau (1987), p. 65.

Guerre[16]. Un service des fabrications aéronautiques (SFA) lui est adjoint en 1914, complété en 1916 par une section technique de l'Aéronautique militaire (STAM), installée à Issy-les-Moulineaux, chargée des tests et de l'accréditation des avions, moteurs et équipements. En 1916, la direction de l'Aéronautique est intégrée à un nouveau (mais éphémère) sous-secrétariat d'État à l'Aéronautique militaire. Côté constructeurs, une chambre syndicale se constitue, qui se pose en interlocuteur du ministère. C'est donc l'État qui, en tant que principal client, va façonner l'industrie aéronautique française. Sa doctrine sera de mettre en concurrence les petits constructeurs, afin de sélectionner les meilleurs et faire baisser les coûts, plutôt que de promouvoir de grandes entreprises, telle la CGNAé de Lazare Weiller jugée trop « cosmopolite ».

Paul Painlevé (1863–1933)

Né à Paris le 5 décembre 1863, Paul Painlevé entre à l'École normale supérieure en 1883[a]. Agrégé de mathématiques, il prépare une thèse à l'université de Göttingen – envoyé par Émile Picard – sur les singularités des fonctions analytiques et des équations différentielles (1887).

Chargé du cours de mécanique rationnelle à la faculté des sciences de Lille, il obtient en 1890 le Grand prix de mathématiques de l'Académie des sciences. Il est nommé maître de conférences à la Sorbonne en 1892, puis professeur adjoint en 1895. Il enseigne également à l'École polytechnique et à l'ENS. Il oriente alors ses travaux vers la mécanique céleste et la mécanique du frottement. En 1900, à l'âge de 37 ans, il est élu à l'Académie des sciences.

Son ralliement à la mobilisation dreyfusarde, en 1899, et son activité militante à la Ligue des droits de l'Homme, font basculer Painlevé vers la

(*Suite*)

[16] M.-C. Dubreil-Villatoux, *op. cit.*, pp. 9–39 ; Chadeau (1987), p. 120.

politique. Suite à son baptême de l'air en 1908, comme premier passager de Wilbur Wright, il se fait fervent prosélyte de l'aviation auprès des milieux parlementaires. En 1910, il est élu député du 5e arrondissement de Paris comme républicain socialiste. Pendant la guerre de 1914–1918, il est ministre de l'Instruction publique et ministre de la Guerre, organisant notamment la mise en place des premiers contingents américains. En septembre 1917, il est appelé par Raymond Poincaré pour former un nouveau gouvernement, et remplacé deux mois plus tard par Clémenceau.

La paix revenue, il est député dans l'opposition puis, après la victoire du Cartel des gauches (1924), président de la Chambre puis président du Conseil. Il y œuvre à la réconciliation franco-allemande (accords de Locarno), et soutient, avec son ami le mathématicien et député Émile Borel, "l'esprit de Genève" d'une paix internationale sous l'égide de la Société des Nations. Contraint d'abandonner la présidence du Conseil en avril 1925, il conserve le ministère de la Guerre jusqu'en 1929 puis occupe celui de l'Air (de déc. 1930 à janv. 1931, puis de juin 1932 à janv. 1933). Il promeut ardemment au long de sa carrière le rapprochement des nations européennes (incluant la Russie) et de ses élites intellectuelles.

Son activité politique n'arrête pas ses activités universitaires. Enseignant à l'École supérieure de l'aéronautique depuis sa création en 1909, il est nommé en 1912 sur la chaire de mécanique rationnelle à la Sorbonne, puis en 1920 sur celle de mécanique analytique et mécanique céleste. En 1923, il occupe la première chaire de mécanique des fluides créée à la Sorbonne, fondée par le sous-secrétariat d'État à l'Aéronautique. Haute figure du savant en politique, convaincu de la mission civilisatrice tant de la Science que de la République, Painlevé meurt le 29 octobre 1933. Il est inhumé au Panthéon lors de funérailles nationales.

[a] Anizan (2006); Fontanon & Frank (2005).

Ainsi, l'aviation française se développe fortement dans sa première décennie par l'action de nombreux inventeurs-constructeurs dynamiques, financée par l'État et un généreux mécénat privé, et portée par un enthousiasme populaire avide de meetings et de concours aériens. Les constructeurs – une myriade de petites entreprises – détiennent alors un excellent savoir-faire technique, qui s'exporte aux quatre coins de l'Europe et du monde. Ce succès, associé à une politique des militaires consistant à diviser pour régner, va cependant révéler bientôt son revers : la difficulté pour l'industrie nationale à se structurer et faire émerger de grandes entreprises, telle la *General Electric* américaine, capables de répondre aux grands enjeux civils et militaires qui se dessinent.

1.1.2 *Études en soufflerie, Gustave Eiffel*

L'empirisme des débuts de l'aéronautique fait apparaître la nécessité d'essais sur des appareils à échelle réduite, ou sur des parties seulement de ces appareils : voilures, empennages, capotages... La théorie aérodynamique du vol, balbutiante, n'est pas encore en mesure d'orienter les recherches. Les premiers essais consistent à mesurer, sur des maquettes tractées en ligne droite ou sur un manège circulaire, les forces aérodynamiques, à l'aide de balances, et la répartition de la pression. C'est le genre d'études que réalise notamment l'institut aérotechnique de Saint-Cyr-l'École (cf. plus loin). Une alternative, qui va rapidement s'imposer, consiste à soumettre la maquette immobile au courant d'air créé par un ventilateur, dans une "soufflerie". Les premières souffleries apparaissent en Angleterre dans les années 1870[17]; en 1910 il en existe dans une dizaine de pays[18]. Une amélioration importante est apportée par l'aspiration du courant d'air, plutôt que son soufflage : cette disposition crée dans la section d'essai, en dépression, un écoulement bien plus régulier – moins turbulent –, plus représentatif des conditions de vol dans une atmosphère calme. Ainsi fonctionnent les souffleries des frères Wright aux États-Unis (1901), de Thomas Stanton en Angleterre, d'Arturo Crocco en Italie (1903), de Dimitri Riabouchinsky à Koutchino[19] en Russie (1904) et de Ludwig Prandtl en Allemagne (1908)[20]. C'est ainsi que fonctionne également la soufflerie que Gustave Eiffel installe, en 1909, au pied de la tour du Champ-de-Mars à Paris[21]. La soufflerie de Prandtl, à Göttingen, introduit une nouveauté : un retour guidé impose à l'air de circuler en circuit fermé. Le rendement de l'installation s'en trouve amélioré, et la pression et l'humidité de l'air peuvent alors être contrôlés. Un inconvénient est toutefois une lente dérive de la température, liée à diverses sources de dissipation, et difficile à maîtriser.

Premières expériences à la tour du Champ-de-Mars. Au début des années 1890, Eiffel (1832–1923) est un ingénieur mondialement connu pour ses constructions métalliques, de la tour du Champ-de-Mars à Paris au viaduc de Porto au Portugal, en passant par l'ossature de la Statue de la Liberté dans la rade de New-York. Indirectement touché par le scandale du canal de Panama (dont il devait réaliser les dix écluses géantes) et en proie à quelques déboires financiers, il décide de s'éloigner des affaires – il a 60 ans – pour se consacrer à une question qui le tourmente depuis longtemps : l'effet du vent sur les structures. Son laboratoire, premier laboratoire français d'aérodynamique, est la tour du Champ-de-Mars qu'il a élevée en 1889. Il y installe, à partir de 1903, un dispositif de mesure de la résistance

[17] Anderson (1997), pp. 125–130.

[18] von Kármán (1954), pp. 13–14 ; Anderson (1997), pp. 296–304 ; Chanetz (2017).

[19] A. de Masfrand, Un Institut d'aérodynamique en Russie, *L'Aérophile*, 1er mai 1909, 194–197.

[20] Maurain (1914); Toussaint (1921).

[21] Eiffel (1910) ; les plans de treize souffleries européennes et américaines sont reproduits par Pris (1938).

Fig. 1.3 Installation de mesure de la résistance de l'air installé à la tour du Champ-de-Mars. On distingue au-dessus des arbres la partie mobile constituée de deux cages cylindriques, de part et d'autre du câble, et, sous la cage gauche (seule instrumentée, l'autre étant là pour la symétrie), la plaque étudiée (Eiffel 1907)

de l'air sur des corps lâchés du deuxième étage, à 115 mètres de hauteur[22]. La Fig. 1.3 montre une photographie générale de l'installation et la Fig. 1.4 montre le dispositif. La partie active est constituée d'une cage cylindrique guidée dans sa chute par un câble tendu verticalement, à laquelle est suspendu le corps étudié (plaque, cylindre, cône, sphère) par l'intermédiaire d'un dynamomètre à ressort.

[22] Eiffel (1907); Anderson (1997), pp. 268–282.

Fig. 1.4 Photo et schéma du dispositif de mesure (Eiffel 1907)

L’autre cage, de l’autre côté du câble, joue le rôle de contre-poids pour la symétrie des efforts. La vitesse de chute de l’ensemble peut atteindre 40 mètres par seconde. Dans les derniers mètres, où le diamètre du câble augmente, le dispositif est freiné et arrêté par le frottement de sabots en bois pressés sur le câble par un système de ressorts à lames. Au cours de la chute, l’élongation du dynamomètre et la vibration d’un diapason sont inscrits par une plume sur un tambour enregistreur, entraîné en rotation par un galet frottant sur le câble. L’inscription du diapason donne le temps écoulé en fonction de la distance parcourue, d’où peut être déterminée la vitesse de chute et l’accélération à tout instant. L’inscription du dynamomètre donne alors, par la loi de Newton, la résistance de l’air sur le corps étudié. Eiffel obtient ainsi la relation entre vitesse et résistance de l’air. Le mémoire où il décrit le dispositif, et les premiers essais, témoigne du grand soin apporté à sa réalisation et à la maîtrise des frottements.

Le laboratoire du Champ-de-Mars. Afin de mieux contrôler les expériences, à l'abri des intempéries, Eiffel construit en 1909 un laboratoire fermé au pied de la Tour[23]. Le corps étudié et l'instrumentation sont maintenant fixes, et soumis à un courant d'air imprimé par un ventilateur. Cette soufflerie, semblable à celle montrée sur la Fig. 1.7, est essentiellement constituée, de l'amont vers l'aval, (i) d'un pavillon de section décroissante – le collecteur – où l'air ambiant est accéléré, (ii) d'une chambre d'essais hermétiquement close où sont placés la maquette et l'instrumentation, et (iii) d'une buse de sortie où est placé le ventilateur (aspirateur, comme discuté ci-dessus) entraîné par un moteur électrique. L'air traversant la chambre d'essais – en dépression par rapport à l'air ambiant – forme une veine cylindrique de 1,5 mètres de diamètre, aux frontières latérales libres. Cette disposition, préférée par Eiffel à celle d'un tunnel où l'air est enfermé dans un tuyau (comme à Koutchino, Göttingen et Rome), autorise des observations et mesures bien plus faciles. La Fig. 1.5 montre Gustave Eiffel et son assistant dans la chambre d'essais. La vitesse de l'air dans la veine – mesurée par un tube de Pitot – atteint 18 mètres par seconde, pour une puissance électrique de 24 kW. Les efforts exercés par l'air sur les objets étudiés sont mesurés par des balances.

Eiffel et son assistant Léon Rith, jeune ingénieur, reprennent tout d'abord les premières expériences de la Tour afin de confirmer l'équivalence des deux configurations (corps en mouvement dans l'air immobile et vice-versa). Eiffel répond ensuite aux nouveaux constructeurs d'avions qui le sollicitent pour des tests d'appareils et de profils d'aile, notamment Gabriel Voisin, Louis Blériot, Louis Breguet, et les frères Wright pour leur *Flyer IV* (Fig. 1.6). De 1909 à 1912, plus de 4000 expériences sont réalisées. Les résultats sont représentés dans un diagramme introduit par l'ingénieur allemand Otto Lilienthal, baptisé « polaire » par Eiffel, qui donne les forces de traînée et de portance, F_x et F_z, en fonction de l'incidence du profil[24, 25]. Plus précisément, une polaire représente les coefficients de traînée et de portance, $C_x = F_x/\rho S V^2$ et $C_z = F_z/\rho S V^2$, où V est la vitesse, S la surface de l'obstacle offerte au vent, et ρ la masse volumique du fluide. Cette normalisation autorise des comparaisons entre profils ou obstacles de géométrie ou de dimensions différentes.

Le laboratoire d'Auteuil. En 1911, la ville de Paris veut récupérer le terrain du Champ-de-Mars, qu'Eiffel doit donc quitter. Il fonde alors – il a 80 ans – un deuxième laboratoire dans le quartier d'Auteuil, où, bénéficiant de l'expérience acquise, il pourra étudier des corps plus grands à des vitesses plus grandes[26]. La "soufflerie Eiffel" qu'il y construit sera le modèle de toutes les souffleries ultérieures. En plus des éléments classiques, elle comprend, entre la chambre d'es-

---

[23] Eiffel (1910).

[24] Eckert (2006), §1.8.

[25] Otto Lilienthal (1848–1896), ingénieur allemand pionnier des vols planés, auteur d'expérimentations sur la force de portance sur des obstacles profilés, mort accidentellement (Eckert, 2006, §6.2), (Anderson, 1997, pp. 87–88).

[26] Eiffel (1914).

Fig. 1.5 Gustave Eiffel dans la chambre d'essais de la soufflerie du Champ-de-Mars, et son assistant à l'étage où sont installées les balances de mesure des efforts aérodynamiques (Eiffel 1910)

sais et le ventilateur, un long tunnel de section lentement croissante (Fig. 1.7). Ce « diffuseur » permet de diviser par trois la puissance d'entraînement du ventilateur. Avec un moteur de 45 kW et dans une veine de 2 mètres de diamètre, la vitesse atteint ainsi 32 mètres par seconde, valeur très supérieure à celle des meilleures

Fig. 1.6 Maquette d'un aéroplane Nieuport dans la chambre d'essais de la soufflerie du Champ-de-Mars (Eiffel 1910)

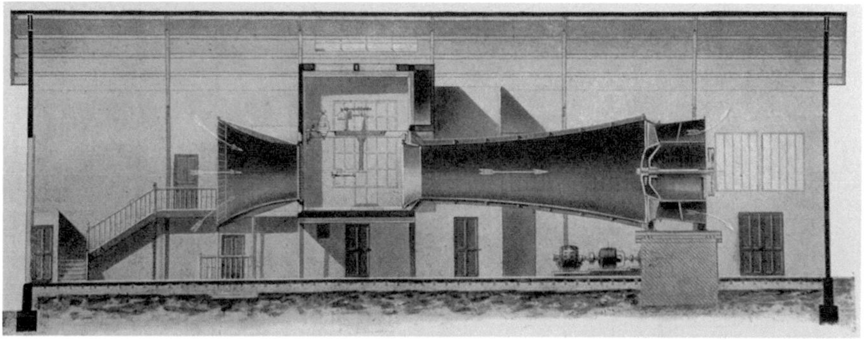

Fig. 1.7 La soufflerie d'Eiffel à Auteuil, mise en service en 1912 ; l'air, aspiré par le ventilateur (à droite), est accéléré dans un convergent (à gauche), traverse la chambre d'essai où sont installées la maquette et les balances, puis ralentit dans le long diffuseur. La longueur totate de la soufflerie est de 20 mètres (Eiffel 1914)

souffleries existantes [27]. Cette innovation fait l'objet d'un brevet intitulé : *Adjonction d'un dispositif diffuseur pour augmenter le rendement des machines à produire un courant d'air artificiel* (1911). La soufflerie de Prandtl à Göttingen est plus petite et

[27] Le gain provient du fait que dans le diffuseur de section croissante, la vitesse diminue et la pression augmente (effet Bernoulli). La différence de pression de part et d'autre des pales du ventilateur s'en trouve fortement réduite.

sa vitesse n'atteint que 10 m/s [28]. La balance de mesure des efforts aérodynamiques fait aussi l'objet d'améliorations réalisées par un second assistant d'Eiffel, Antonin Lapresle, ingénieur spécialiste de l'instrumentation [29]. Sa balance donne désormais accès aux trois composantes de la force et à deux composantes du moment.

Les essais sont commandés tant par des constructeurs privés que par des militaires. Par l'intérêt qu'ils présentent pour le progrès général de l'aviation, ils sont « absolument gratuits », avec la contrepartie que « tous les résultats sont, dans l'intérêt général, portés à la connaissance de tous, soit par des comptes rendus, [...] soit par des communications aux Sociétés scientifiques » [30]. Ces essais portent surtout sur les aéroplanes, mais aussi sur les véhicules terrestres : une automobile de course Peugeot y est ainsi étudiée en 1914, conduisant à une modification importante de la partie arrière. Ils font l'objet de nombreux articles de revues scientifiques et techniques, et de cinq mémoires importants, publiés entre 1907 et 1920, où sont précisément décrites – et avec une finesse d'analyse remarquable – les installations et conditions expérimentales [31]. Les résultats sont comparés aux résultats antérieurs publiés en France et à l'étranger, et confrontés aux formules de calcul existantes. Les ouvrages et publications importants sont traduits, à compte d'auteur, en anglais et en allemand, conférant à Eiffel une notoriété internationale. En 1913, il est honoré aux États-Unis par la médaille d'or Langley de la *Smithonian Institution* – dont les précédents récipiendaires étaient les frères Wright. Ludwig Prandtl, maître allemand de la mécanique des fluides, intrigué par des mesures d'Eiffel montrant, au-delà d'une certaine vitesse d'écoulement, une brusque chute de la résistance sur une sphère, engage une correspondance et lui rend visite à Paris (cf. Chap. 3). Le milieu universitaire de la Sorbonne, quant à lui, attaché à la science « pure et désintéressée », préfère ignorer cet ingénieur atypique et dérangeant [32]. L'Académie des sciences lui décerne tout de même, pour son ouvrage de 1910, le prix Fourneyron pour les applications des sciences.

La question de la pertinence des essais en soufflerie. Au cours de ses expérimentations, Eiffel peut se trouver confronté à des questions à la limite de ses compétences. Ainsi, lorsqu'il inaugure ses expériences en soufflerie, des objections

[28] Eckert (2006), §2.5.

[29] Antonin Lapresle (1883–1955), ingénieur de l'École supérieure d'électricité, proche collaborateur d'Eiffel avec qui il construit la soufflerie du Champ-de-Mars puis celle d'Auteuil. Entré dans le corps des ingénieurs de l'Aéronautique, il prend en 1920 la direction du laboratoire d'Auteuil qui passe alors sous la tutelle du service technique de l'Aéronautique. Lapresle dirige ensuite la conception et la réalisation de la soufflerie géante de Chalais-Meudon (1930–1935), puis succède à Seguin à la direction du service des recherches de l'Aéronautique (Carpentier, 2011, p. 512). Il écrit notamment un chapitre important de l'ouvrage *Quinze ans d'aéronautique française – 1932–1947* (Lapresle, 1949).

[30] Eiffel (1914), p. 111.

[31] Les références sont données dans la bibliographie (Eiffel, 1907, 1910, 1914, 1919, 1920).

[32] C. Fontanon, La naissance de l'aérodynamique expérimentale et ses applications à l'aviation. Une nouvelle configuration socio-technique (1904–1921). *In* Fontanon (1998), p. 68.

lui sont opposées quant à l'utilisation des résultats pour un corps en mouvement dans un air calme. Il s'adresse alors à Henri Poincaré :

> J'ai désiré connaître l'opinion de M. Henri Poincaré, à qui j'ai posé très explicitement la question dans les termes suivants :
> "J'ai étudié depuis quelque temps, dans un laboratoire que j'ai installé au Champ-de-Mars, les efforts exercés sur des plaques par un courant d'air très régulier. De nouvelles expériences ont été récemment faites en donnant à la plaque un déplacement rectiligne et uniforme dans un air calme. Est-il possible de supposer que les pressions sur la plaque, aussi bien sur la surface antérieure que sur la surface postérieure, varient suivant l'une ou l'autre manière de procéder ? ou, au contraire, le mouvement relatif est-il seul en jeu ?"
> M. Poincaré m'a répondu : "Il n'y a pas de raison pour que les efforts exercés sur des plaques par un courant d'air bien régulier diffèrent de ceux que subirait cette plaque en mouvement dans un air calme." Il ajoute que, si les expériences sont faites par la méthode du tunnel, il faut en outre que les dimensions de la plaque soient petites par rapport à celles du tunnel – condition remplie dans nos expériences. Enfin, il conclut : "Ces réserves faites, il est clair que le mouvement relatif peut seul intervenir."
> Cette affirmation si nette de l'illustre savant qu'était M. Henri Poincaré fait autorité et à mes yeux clôt le débat [33].

Notons que Eiffel comme Poincaré pointent que le courant d'air doit être « bien régulier ». S'il est irrégulier, alors le mouvement relatif n'est pas seul en jeu : la turbulence de l'air intervient. Ce type de question s'était déjà posé au XVIIIe siècle en hydraulique, lorsqu'on avait remarqué que la force de traction d'un bateau dans de l'eau au repos n'est pas identique, pour une même vitesse relative, à la force qu'un courant exerce sur le même bateau immobile. Ce "paradoxe de Du Buat" avait été clarifié par Joseph Boussinesq, qui avait compris que l'écoulement n'est pas le même dans les deux cas : dans le second, il est turbulent [34].

1.1.3 *Une école, une chaire, un institut*

L'École supérieure de l'aéronautique et des constructions mécaniques. Le développement de l'aviation implique de nombreuses disciplines scientifiques et techniques : mécanique des structures, résistance des matériaux, aérodynamique des ailes et des hélices, mécanique et thermodynamique des moteurs, chimie des carburants... Des besoins de techniciens bien formés se font rapidement sentir. En 1908, un colonel à la retraite, Jean-Baptiste Roche (1861–1954), entreprend de créer à titre privé l'École supérieure de l'aéronautique et des constructions mécaniques, avec l'appui financier d'Henry Deutsch de la Meurthe [35]. L'École connaît un succès rapide, et attire des étudiants étrangers. Deux constructeurs d'avions majeurs de

[33] Eiffel (1914), p. 389.

[34] Rouse & Ince (1957), p. 134 ; Darrigol (2005), §6.3 ; Chassaing (2019), p. 230.

[35] L'École sera nationalisée en 1930, sous l'impulsion d'Albert Caquot, devenant École nationale supérieure de l'aéronautique, puis, en 1972, École nationale supérieure de l'aéronautique et de l'espace ("Sup'Aéro").

l'entre-deux-guerres feront partie des premières promotions : Henry Potez (1911) et Marcel Bloch (1913) – futur Marcel Dassault.

La chaire d'aviation. L'aviation fait son entrée dans l'université française en 1909, grâce à une seconde initiative privée. Basil Zaharoff (1849–1936), marchand d'armes d'origine grecque et magnat du pétrole, offre à l'université de Paris de fonder une chaire d'aviation[36]. Celle-ci est attribuée à Lucien Marchis, physicien et ancien collaborateur de Pierre Duhem à Bordeaux[37]. Marchis y poursuit des études sur les techniques de navigation aérienne et l'énergétique des moteurs, en liaison avec les milieux professionnels. Ses cours d'aéronautique, à caractère encyclopédique, sont réputés, et sont vulgarisés à travers de nombreux articles et conférences[38].

L'institut aérotechnique de Saint-Cyr. Peu après l'initiative de Zaharoff, Henry Deutsch de la Meurthe offre à l'université de Paris, en 1910, la somme considérable de 500 000 francs pour la création d'un institut aérotechnique (IAT) où seraient poursuivies « les recherches théoriques et pratiques tendant au perfectionnement des engins de locomotion aérienne sous toutes ses formes »[39]. L'IAT est installé à Saint-Cyr-l'École sur un vaste terrain cédé à l'université de Paris par le ministère de la Guerre. L'université en confie la direction à Charles Maurain (1871–1967), normalien agrégé de physique, spécialiste de magnétisme, et la direction technique à Albert Toussaint, ingénieur de l'École centrale de Paris et proche de Painlevé. L'IAT est inauguré en juillet 1911 (Fig. 1.8)[40]. Notons ici qu'en 1918, Deutsch de la Meurthe, poursuivant son œuvre de mécène, fondera une chaire de navigation aérienne au Conservatoire national des arts et métiers (CNAM), chaire attribuée à son ami Rodolphe Soreau, cofondateur avec lui de l'Aéroclub de France[41].

---

[36] Gaston-Breton (2019).

[37] Lucien Marchis (1863–1941), licencié ès sciences naturelles (1886) et ès sciences physiques (1887), agrégé de physique (1890), obtient un doctorat ès sciences physiques en 1898. Après avoir exercé comme professeur de lycée en Normandie (1884–1894), il obtient une maîtrise de conférences à la faculté des sciences de Caen (1894). Deux ans plus tard, il obtient une mutation à Bordeaux, où il devient professeur-adjoint en 1900 puis professeur de physique générale en 1906. En nov. 1909, il est nommé sur la chaire d'aviation nouvellement créée à la faculté des sciences de Paris, chaire qu'il occupe jusqu'à sa retraite en 1934. Lauréat du prix Plumey (1903 et 1908) et du prix Saintour (1905) de l'Académie des sciences, médaille de vermeil de l'aéronautique (1909), chevalier de la Légion d'honneur (1921). Sources : Charle & Telkès (1989) ; Arch. Nat. AJ16 5743, dossier Marchis.

[38] Marchis (1912). Le fonds Zaharoff de l'institut d'Alembert (Paris) conserve plusieurs publications de Marchis.

[39] C. Fontanon, *op. cit. In* Fontanon (1998), pp. 75–80. L'acte de donation est mentionné dans une lettre du recteur de l'académie de Paris, du 1er août 1963. Arch. Nat. 2001/0498.

[40] La brochure éditée pour l'occasion est disponible au fonds Zaharoff de l'institut d'Alembert (Jussieu, Paris) ainsi que sur le site internet : http://www.iat.cnam.fr/medias/documentations/divers/iat-bulletin-officiel.pdf.

[41] E. Chadeau, Rodolphe Soreau (1865–1935) professeur de navigation aérienne (1918–1834). *In* Fontanon & Grelon (1994), t. 2, pp. 577–580.

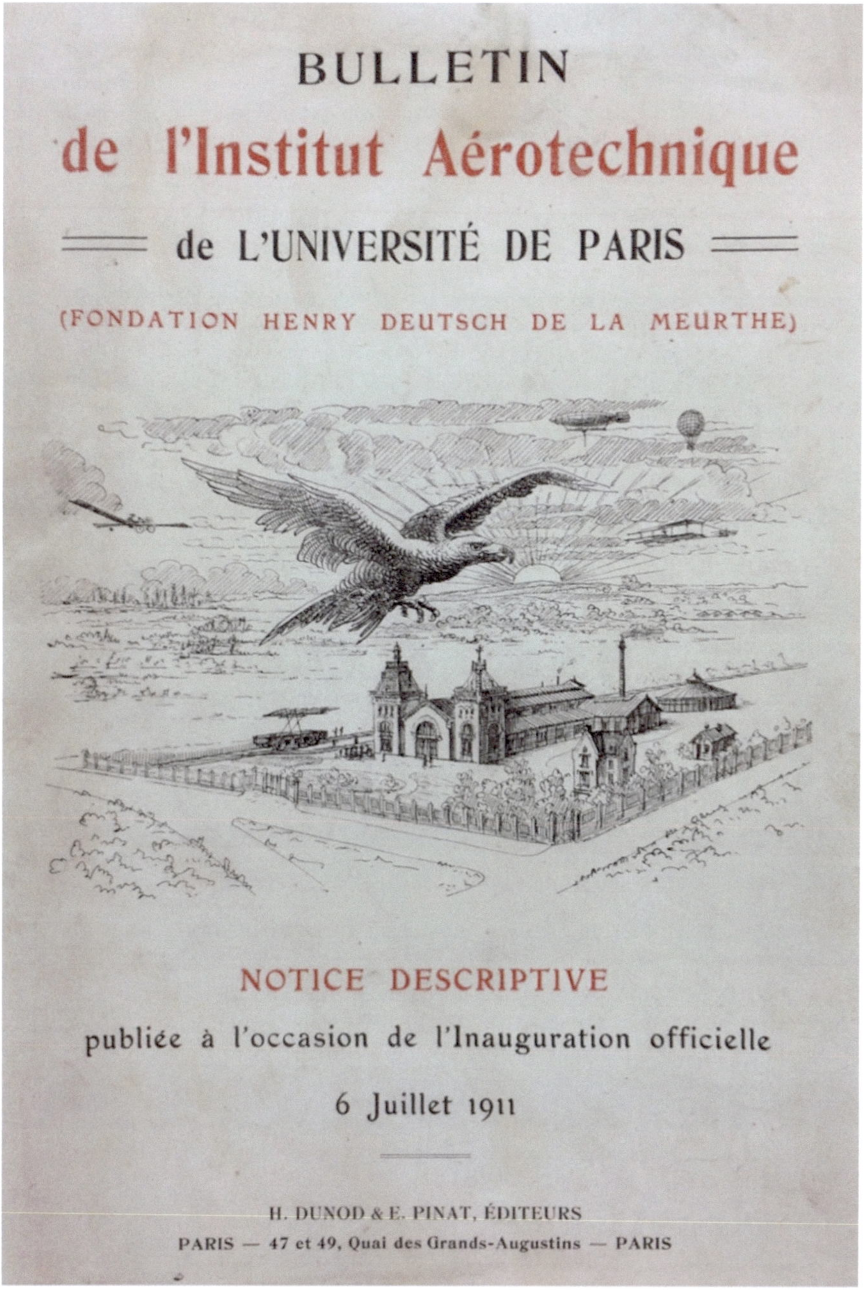

BULLETIN

de l'Institut Aérotechnique

de L'UNIVERSITÉ DE PARIS

(FONDATION HENRY DEUTSCH DE LA MEURTHE)

NOTICE DESCRIPTIVE

publiée à l'occasion de l'Inauguration officielle

6 Juillet 1911

H. DUNOD & E. PINAT, ÉDITEURS

PARIS — 47 et 49, Quai des Grands-Augustins — PARIS

Fig. 1.8 Couverture de la brochure éditée pour l'inauguration de l'institut aérotechnique de Saint-Cyr. On y distingue le bâtiment principal à l'intérieur duquel seront installées les souffleries, le manège circulaire à l'arrière, et, à gauche, le chariot d'essais sur voie ferrée (Fonds Zaharoff, institut d'Alembert, Paris)

Un récit personnel du contexte de la création de l'IAT est donné par Camille Marbo, romancière, épouse du mathématicien Émile Borel et figure de proue d'un groupe amical où se retrouvent universitaires, artistes et personnalités politiques (Paul Painlevé, Jean Perrin, Paul Langevin, Marie Curie, Henri Lebesgue, Jacques Maritain, Paul Valéry, Charles Péguy, Édouard Herriot, Léon Blum…). Dans son livre de souvenirs, Camille Marbo raconte[42] :

> Les premières étapes de l'aviation passionnèrent à la fois Paul Painlevé et mon mari. À leur suite, je fréquentai des *meetings* lors desquels, dans l'enthousiasme général, on voyait les *aéroplanes*, biplans ou monoplans, s'enlever pour voler quelques minutes.
> Je n'entendais parler que de Wilbur Wright, qui, en 1903, avait parcouru 260 mètres en 59 secondes. Puis des appareils Voisin, Somer, Breguet, de stabilité latérale, de Léonard de Vinci qui préfigurait les hélicoptères que mon mari déclarait comme devant être le résultat final. Chez Foyot, où il nous invitait, près du Sénat, Paul Painlevé dessinait des chiffres, parlait du frottement de l'air, etc. Un domaine nouveau s'ouvrait, duquel je ne voyais que l'apparence spectaculaire, mais que ces savants traduisaient en équations.
> Mon père [Paul Appell], doyen de la Faculté des sciences, persuada M. Deutsch de la Meurthe de fonder un Institut aérodynamique à Saint-Cyr-l'École. Les modèles d'aéroplanes y étaient étudiés scientifiquement. Charles Maurain, professeur à Caen, en fut nommé le directeur, et vint s'installer, avec sa femme, Jeanne, et son petit garçon, Jean. Cette adjonction des Maurain à notre groupe fut très agréable. Je me liai avec Jeanne Maurain d'une amitié étroite, qui n'a jamais été altérée et m'attachait profondément au petit Jean, un enfant doué à tous points de vue.
> Saint-Cyr devint l'un de nos lieux de rendez-vous. Sans préavis, nous y débarquions, les Perrin, les Lebesgue et nous. Jeanne Maurain improvisait un repas, déballait nos pâtés ou nos tartes, nous retenait à coucher, le soir, jetant des matelas par terre, pour doubler le nombre de lits insuffisants.
> Musicienne et douée d'une voix exceptionnelle, elle exécutait avec Jean Perrin indifféremment du Wagner, du Debussy ou de l'Offenbach. Le petit Jean retenait tous les couplets des opérettes. Le jour de l'inauguration solennelle de l'Institut aérodynamique, il circulait [au milieu] d'un buffet dressé en plein air aux invités, en chantant « Je veux m'en fourrer, fourrer jusque-là [air d'opérette connue] », jusqu'à ce que sa mère le fasse taire. Il avait cinq ans.

Les débuts de l'IAT sont difficiles. Le conseil de la faculté des sciences, dominé par des mathématiciens et mécaniciens théoriciens, manifeste peu d'intérêt pour les sciences appliquées, voire même une franche hostilité au rapprochement avec l'industrie. Émile Picard y a ainsi affirmé, lors d'un débat sur la création d'un nouvel enseignement de dessin technique :

> L'université de Paris n'a plus qu'un seul souci : fabriquer des produits pour l'industrie. Dans dix ans, si nous ne résistons pas à l'injonction des étudiants, la Faculté ne sera plus qu'une École d'arts et métiers. Nous devons penser d'abord à la science pure et consacrer à son développement toutes nos ressources[43].

Le premier moyen d'essai de l'IAT est une voie ferrée à l'air libre de 1360 mètres de long (Fig. 1.9), sur laquelle un chariot électrique tracte maquettes et profils

[42] Marbo (1968), p. 95.

[43] Séance du 15 mai 1907 du conseil de la faculté, Arch. Nat. AJ16 5123.

Fig. 1.9 Chariot dynamométrique pour l'étude des voilures d'aéroplanes, sur la voie ferrée de l'institut aérotechnique de Saint-Cyr-l'École (Brochure IAT 1911, fonds Zaharoff)

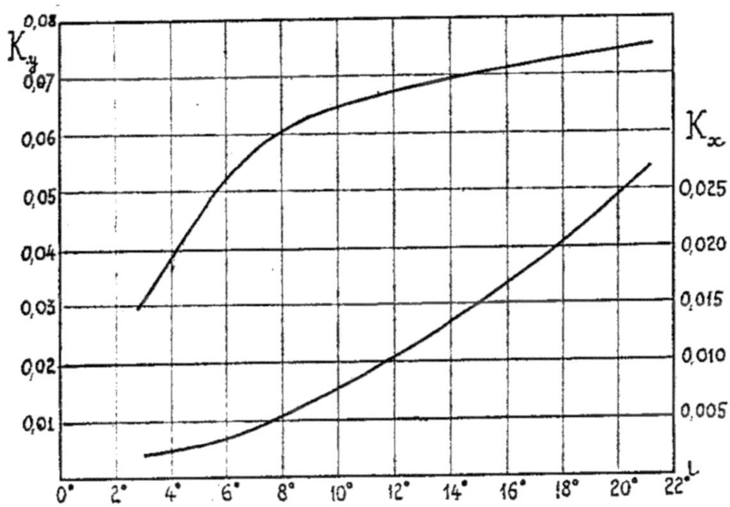

Fig. 1.10 Coefficients de traînée ($K_x = F_x/SV^2$, courbe inférieure) et de portance ($K_y = F_y/SV^2$, courbe supérieure) en fonction de l'incidence i, pour une voilure d'aéroplane tractée sur la voie ferrée de l'IAT (Maurain 1913) On notera que les coefficients K_x et K_y ne font pas intervenir la masse volumique de l'air et sont donc dimensionnels.

d'aile en vraie grandeur, à une vitesse atteignant 23 m/s[44]. Des dynamomètres mesurent les forces horizontale et verticale (Fig. 1.10). On mesure également la distribution de pression sur chacune des faces de l'aile. Les résultats sont comparés

[44] Maurain (1913).

à ceux de la soufflerie d'Eiffel à Auteuil. On étudie les hélices (couple, force de traction, rendement), en variant indépendammment vitesse de rotation et vitesse de translation ; on améliore les moulinets, les « roues sustentatrices » (pales des futurs hélicoptères) et les anémomètres ; on réalise des essais en vol en embarquant les instruments de mesure [45]. Dans ses articles, Maurain discute aussi les « lois générales » du vol, en relation avec des études publiées non seulement en France (Rateau, Eiffel, Jouguet, Soreau, Brillouin, Painlevé, Borel,. . .) mais aussi en Russie (Riabouchinsky), en Allemagne (Prandtl à Göttingen, Bendemann à Aldershof, von Parseval à Berlin), en Italie (Crocco et Costanzi à Rome), en Angleterre (Rayleigh, Lanchester, au *National Physical Laboratory*), et en Amérique (Zahm au laboratoire Langley). Cette liste, non exhaustive, montre que les recherches menées à l'IAT sous la direction de Maurain, physicien ouvert à la dimension technique des problèmes, sont alors bien informées de ce qui se passe à l'étranger.

Les constructeurs préfèrent toutefois continuer de s'adresser au laboratoire d'Auteuil, réputé pour la fiabilité – et la gratuité – de ses expertises. De plus, l'installation de Saint-Cyr, en plein air, se révèle très sensible aux aléas météorologiques, et ses équipements sont insuffisants. Pour pallier ces inconvénients, un grand manège circulaire couvert est d'abord construit. Une subvention exceptionnelle du ministère de la Guerre, en 1913, vient ensuite améliorer les équipements [46]. La guerre déclarée, l'IAT passe sous le contrôle de la section technique de l'Aéronautique militaire (STAM).

1.2 Période 1914–1928

1.2.1 Une politique pour l'aéronautique

La Grande Guerre. Les années de guerre voient un essor considérable de l'industrie aéronautique sous l'effet des commandes de l'armée. Les usines fermées en 1914 pour cause de mobilisation sont rouvertes, éloignées du front, et leur approvisionnement est maintenu [47]. Les appareils se spécialisent : avions de reconnaissance, chasseurs, bombardiers. C'est la grande époque des « As de l'aviation », héros populaires aux fameux palmarès d'avions ennemis abattus, tels le français Georges Guynemer et l'allemand Manfred von Richthofen surnommé "Le Baron Rouge". Les performances continuent de s'améliorer : moteurs de 300 kW à la fin de la guerre, vitesses de 400 km/h en piqué, tandis que le chiffre d'affaires des constructeurs est décuplé. La forte demande engendre un développement massif de la sous-traitance, effet pervers qui éclate la production, empêche la standardisation, et met finalement en concurrence les sous-traitants avec les inventeurs-constructeurs

[45] Maurain (1914).

[46] Fontanon (1998), p. 79.

[47] Chadeau (1987), pp. 81–85.

eux-mêmes. Ainsi, en 1918, les frères Breguet ne produisent-ils plus qu'un avion Breguet sur sept[48]... Quelques firmes évitent toutefois le piège : ainsi Salmson, qui choisit un unique sous-traitant, la Société industrielle Latécoère – un fabricant toulousain de matériel ferroviaire –, à laquelle elle passe en 1918 une commande de 1000 chasseurs Salmson : ainsi naît l'aéronautique toulousaine. Certains sous-traitants dynamiques passent même à la création : Hispano-Suiza pour les moteurs, Marcel Bloch et Henry Potez pour les avions, sont promis à un bel avenir.

Les pouvoirs publics de leur côté, jusqu'au plus haut niveau, soutiennent l'aviation. La section technique de l'Aéronautique militaire (STAM), notamment, ne ménage pas ses efforts pour alimenter, en quantité et en qualité, l'armée, la marine et les alliés. Un problème n'est toutefois pas réglé : la dispersion de la production et l'inflation du nombre de modèles. Il y a douze modèles d'avions sur le front en 1914, et vingt-trois en janvier 1917[49] ! Pour remédier au problème, Clémenceau, en janvier 1918, confie la direction de la STAM à Albert Caquot, qui s'était distingué, comme mentionné plus haut, par la conception d'un nouveau type de ballon aérostatique.

La guerre engendre une forte mobilisation des scientifiques dans diverses institutions militaires, organisée notamment par Painlevé[50]. L'institut de Saint-Cyr, fermé en 1914 pour cause de mobilisation du personnel et transformé en caserne, est rouvert par la STAM en 1916. Deux souffleries y sont construites, mises en service en 1919, et des laboratoires de chimie et de physique sont équipés. Le laboratoire d'Auteuil est lui aussi rouvert au retour du front des associés d'Eiffel (Rith et Lapresle), et passe également sous la tutelle de la STAM. Eiffel et ses collaborateurs y travaillent à l'amélioration des avions militaires. Eiffel conçoit en particulier un monoplan de chasse, largement inspiré d'un avion dont un constructeur lui avait confié l'étude avant la guerre. Ce monoplan ne sera fabriqué qu'en deux exemplaires, mais certaines inventions en seront brevetées. Enfin, Eiffel s'attache à ce qui sera sa dernière réalisation : une grande soufflerie pour la STAM (4 m de diamètre, 63 m/s, 600 kW) dont la construction est engagée en 1918 à Issy-les-Moulineaux[51].

La difficile relance de l'après-guerre (1919–1928). Fin 1918, une centaine d'usines, qui pendant la guerre ont produit 50 000 avions et 98 000 moteurs, emploient plus de 150 000 salariés[52]. De grandes usines sont apparues, comme Salmson à Billancourt et Breguet à Vélizy. Dès lors se pose la question de l'avenir de l'aviation en temps de paix : que faire des usines, des avions et des nombreux stocks accumulés ?

[48] Chadeau (1987), pp. 98–101.

[49] Chadeau (1987), p. 134.

[50] Anizan (2006), chap. 5–7.

[51] Fontanon (1998), p. 83.

[52] Chadeau (1987), p. 81.

Fig. 1.11 Salon de l'aviation de 1919 au Grand Palais ; suspendu sous la verrière, un ballon Caquot (fonds Zaharoff)

L'État, sous l'impulsion de Painlevé et de personnalités reconnues comme Victor Laurent-Eynac (1881–1970) et Rodolphe Soreau, décide d'une part de soutenir l'industrie et son savoir-faire, et d'autre part d'organiser la recherche appliquée. Le mot d'ordre est la « mobilisation industrielle ». Un sous-secrétariat d'État à l'Aéronautique et aux Transports aériens est créé, en 1919, au sein du ministère des Travaux publics. Son premier responsable est Pierre-Étienne Flandin, avocat, un proche de Breguet et Blériot. Soutenu par Painlevé, il obtient de nouvelles commandes de l'armée au profit notamment des constructeurs Farman, Blériot-SPAD, Nieuport et Dewoitine, ce dernier étant réputé pour ses avions de chasse. 215 prototypes sont achetés par l'État entre 1920 et 1928. Breguet, qui investit dans la recherche, se développe à l'étranger notamment avec le Breguet 19 (structure en duralumin, en deux versions reconnaissance ou bombardier) ; en 1926, l'usine de Vélizy réalise 45% des ventes d'avions du pays. Le Potez 25 (1925) est un autre succès : biplan bon marché construit à 4000 exemplaires, il réalise 35% des commandes militaires en 1928 [53].

Par ailleurs, l'aviation civile commerciale se développe avec la naissance de lignes de transport de passagers et de courrier, soutenues par des crédits publics. Le Salon annuel de l'aviation, installé sous la verrière du Grand Palais à Paris, attire une foule nombreuse et enthousiaste (Fig. 1.11). Les constructeurs s'attachent

[53] Chadeau (1987), p. 182.

Fig. 1.12 Intérieur d'un *Handley Page* de transport de passagers, présenté au Salon de l'aviation de 1919 (fonds Zaharoff)

à l'aménagement des intérieurs pour le confort des passagers, sur le modèle des bateaux de croisière (Fig. 1.12). Des vols Paris-Bruxelles et Paris-Londres sont inaugurés. En octobre 1919, la Compagnie royale d'aviation KLM est fondée au Pays-Bas : c'est la plus ancienne compagnie au monde encore en activité. Dès 1921, elle inaugure des liaisons régulières avec des avions Fokker, à structure bois entoilée.

En France, Breguet crée en février 1919 la Compagnie des messageries aériennes. Pierre-Georges Latécoère – sous-traitant de la société Salmson – fonde en 1918 la Société des lignes Latécoère, qui devient en 1927 la Compagnie générale aéropostale. Cette entreprise développe un service postal vers le Sénégal, via l'Espagne et le Maroc, assuré dans un premier temps par les anciens Salmson qu'elle a construits, puis par ses nouveaux hydravions. Jean Mermoz (1901–1936) réalise en octobre 1927 un vol sans escale de Toulouse à Saint-Louis. En mai 1930, il réalise la première traversée aérienne postale de l'Atlantique Sud, lors d'un vol de 21 heures entre Saint-Louis et Natal au Brésil [54]. Antoine de Saint-Exupéry (1900–1944), autre aviateur d'exception, est embauché en 1926 par Xavier Daurat, directeur de l'exploitation des lignes Latécoère. Ses romans, publiés par Gallimard, immortaliseront l'épopée de "l'Aéropostale", notamment *Courrier sud* (1929), et

[54] L'Atlantique Sud a été déjà traversé huit fois depuis 1922, d'abord avec escale aux îles du Cap-Vert, puis sans escale.

Vol de nuit (1931), grand succès populaire préfacé par André Gide et couronné par le Prix *Fémina*.

En dépit de la vitalité des constructeurs et des efforts de l'État, la production aéronautique manque de qualité, du fait de l'absence de perspectives, de la dispersion des moyens et des incitations financières, et de la faiblesse de la recherche. L'armée et la marine s'en plaignent[55]. Il apparaît de plus en plus clairement que les entreprises françaises, longtemps en pointe, se sont laissées distancer par la concurrence étrangère.

1.2.2 Structures nationales pour les essais et la recherche

Le service technique de l'Aéronautique. La section technique de l'Aéronautique militaire (STAM) créée en 1916, réinstallée à Issy-les-Moulineaux, passe en 1920 sous la tutelle du sous-secrétariat d'État à l'Aéronautique. Elle y prend le nom de service technique de l'Aéronautique (STAé). À la "grande soufflerie" – dont Eiffel avait fait les plans en 1918 –, est adjointe une "petite soufflerie" mise en service en 1928[56]. Les Figs. 1.13 et 1.14 montrent un résultat typique d'un essai de profil d'aile : coefficient de portance C_z en fonction de l'incidence i du profil, et coefficient C_z fonction du coefficient de traînée C_x. Les mesures y sont comparées à celles des autres souffleries de Saint-Cyr, d'Auteuil (Eiffel), de Göttingen, et de Moscou. Ces courbes sont appelées, depuis Eiffel, les "polaires" du profil[57].

Le laboratoire d'Eiffel à Auteuil, passé sous le contrôle de la STAM pendant la guerre, se trouve donc rattaché au STAé, avec à sa tête Antonin Lapresle conformément au vœu d'Eiffel.

L'institut aérotechnique de Saint-Cyr. L'institut de Saint-Cyr (IAT), propriété de l'université de Paris, est lui aussi passé, pendant la guerre, sous le contrôle de la STAM. En 1919, il se trouve donc rattaché au sous-secrétariat d'État à l'Aéronautique, qui en assure le fonctionnement et le loue pour un franc symbolique à l'université de Paris. Son directeur en est toujours Charles Maurain, professeur à la faculté des sciences, secondé par Albert Toussaint, ingénieur. Une des tâches de l'IAT est la compilation des rapports du laboratoire de Prandtl, à Göttingen, obtenus par la France au titre des réparations de guerre dans le cadre du traité de Versailles. Les essais de Göttingen sont reproduits par Toussaint, qui en fait un compte-rendu en 1921 dans la *Revue générale des Sciences pures et appliquées*[58].

En 1921, Maurain quitte l'IAT pour la nouvelle chaire de physique du globe, rattachée à l'institut de physique du globe de Paris dont il devient le premier direc-

[55] Chadeau (1987), pp. 160–162.

[56] Rebuffet (1932).

[57] Anderson (1997), p. 275.

[58] Toussaint (1921).

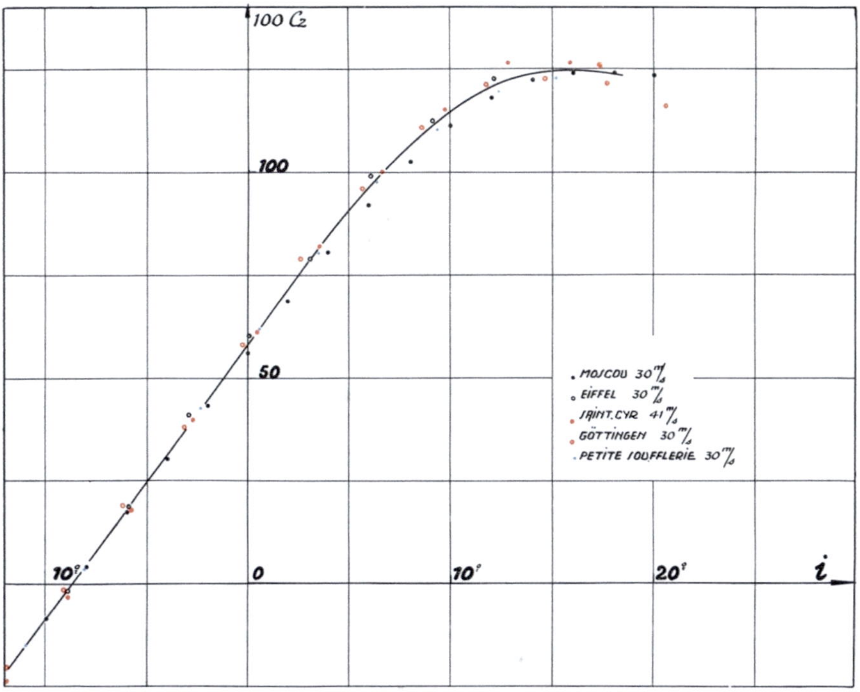

Fig. 1.13 Coefficient de portance $C_z = F_z/\frac{1}{2}\rho U^2 S$, fonction de l'incidence i d'un profil d'aile, mesuré dans la soufflerie du STAé et dans quatre autres souffleries (Rebuffet 1932)

teur[59]. Toussaint lui succède en conservant son statut d'ingénieur jusqu'en 1929, date à laquelle il obtient une maîtrise de conférences de technique aéronautique dans le cadre de la création de l'institut de mécanique des fluides de Paris.

1.2.3 *La chaire de mécanique des fluides et applications*

Pour développer la formation universitaire en aéronautique, Laurent-Eynac, qui en 1921 succède à Flandin au sous-secrétariat d'État de l'Aéronautique et des

[59] Charles Maurain (1871–1967), normalien et agrégé de physique, docteur d'État (thèse sur le magnétisme), est successivement maître de conférences à la faculté des sciences de Rennes, puis professeur à Caen. En 1910, il réoriente son activité en prenant la direction de l'institut aérotechnique de Saint-Cyr. En 1921 – deuxième bifurcation – il est nommé professeur à la faculté des sciences de Paris sur une nouvelle chaire de physique du globe et dirige l'institut éponyme. Il est doyen de la faculté des sciences de 1926 à 1941, puis recteur de l'académie de Paris en 1941. Membre de l'Académie des sciences en 1930, et président de cette académie en 1944 (Thellier, 1972).

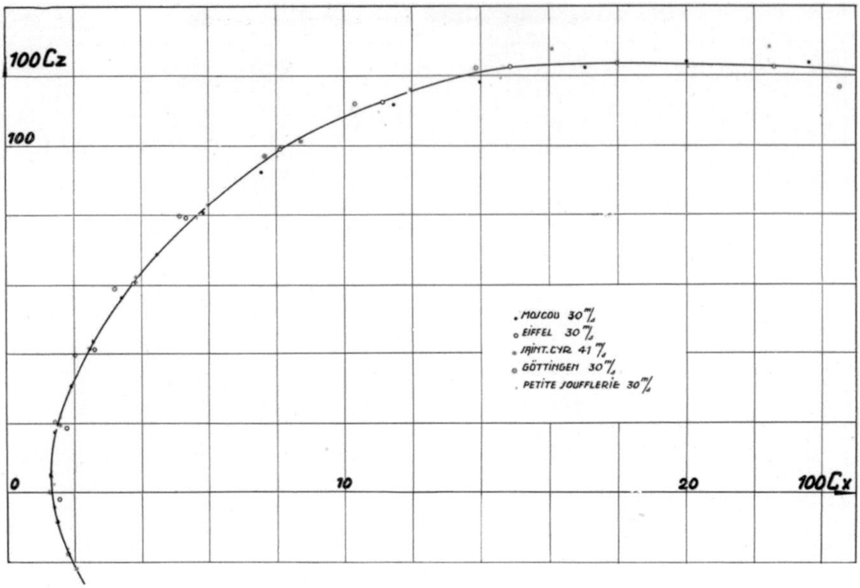

Fig. 1.14 Polaire d'un profil d'aile mesurée dans cinq souffleries différentes, pour une incidence varion de $-12°$ à $+20°$ (Rebuffet 1932)

Transports aériens, propose au recteur de l'université de Paris la création à la Sorbonne d'une chaire de mécanique des fluides et applications. Cette chaire serait fondée par l'Aéronautique et bénéficierait d'un budget exceptionnel :

> [Les] chercheurs en matière d'aéronautique trouvent difficilement les théories faisant autorité qui leur sont nécessaires pour constituer la base de leurs recherches ou l'appui de leurs projets. [Il manque un] haut enseignement purement théorique des lois de résistance de l'air, [capable] de maintenir une unité de doctrine [60].

La chaire, créée en 1923, est naturellement confiée à Painlevé, influente personnalité scientifique et politique, dont on compte sur la notoriété pour attirer les meilleurs étudiants. Painlevé, mathématicien, devra cependant associer à sa chaire des enseignements expérimentaux, comme Laurent-Eynac le lui signifie personnellement :

> L'enseignement dont vous êtes chargé créera certainement un mouvement d'attraction intellectuelle vers la Mécanique des Fluides et ses applications. En conséquence, on ne saurait, à mon avis, attacher trop d'importance à l'organisation, sous votre responsabilité d'ensemble, des enseignements expérimentaux annexes en contact intime avec les réalités des applications effectives [61].

Du fait du manque de disponibilité de Painlevé, l'enseignement ne se met en place qu'en 1925. À la chaire sont associés une maîtrise de conférences (Albert

[60] Lettre de Laurent-Eynac au recteur de l'université de Paris, 11 août 1923 et 30 nov. 1923. Arch. Nat. AJ16 5775.

[61] Lettre de Laurent-Eynac à Painlevé, 20 févr. 1924. Arch. Nat. 313AP 208.

Métral[62]), un poste d'ingénieur (Dimitri Riabouchinsky, cf. encadré ci-après), et un professeur sans chaire (Jean Villey). Outre une importante dotation – 80 000 francs – très supérieure à celle des autres chaires, la chaire de mécanique des fluides dispose de moyens d'essais exceptionnels : les souffleries d'Eiffel à Auteuil, celles de l'IAT à Saint-Cyr et du STAé à Issy-les-Moulineaux, la section des Essais en vol de Villacoublay, et le bassin des carènes de la Marine. Cette chaire est originale à plusieurs titres : (i) elle est fondée par le ministère des Travaux publics – ministère technique – et non par celui de l'Instruction publique ; (ii) elle inclut des enseignements expérimentaux « en contact intime avec la réalité des applications » et associe des ingénieurs au lancement de projets de recherche ; (iii) elle permet l'invitation de conférenciers extérieurs – rémunérés – sur des sujets appliqués.

Dimitri Pavlovitch Riabouchinsky (1882–1962)

Dimitri Pavlovitch Riabouchinsky naît en 1882 à Moscou dans une riche famille d'industriels du textile. Il reçoit une formation très éclectique à l' *Académie pratique des sciences commerciales* de Moscou (philosophie, mathématiques, physique, chimie, droit, économie, langues étrangères…), qu'il poursuit à l'université d'Heidelberg, puis part en voyage pour un tour du monde.

Passionné d'aviation, et héritier d'une fortune considérable au décès de son père, il entre en contact avec Nikolaï Joukovsky (1847–1921), l'un de ses anciens professeurs, et lui propose de fonder un laboratoire de recherche en

(*Suite*)

[62] Albert Métral (1902–1962), polytechnicien et ingénieur civil des Mines, est chargé de cours à la chaire de mécanique des fluides et applications occupée par Painlevé et chargé de mission au ministère de l'Air. Il est nommé en 1932 titulaire de la chaire de mécanique du CNAM (1932–1959) où il succède à Gabriel Kœnigs (F. H. Raymond *in* Fontanon & Grelon (1994), pp. 261–263).

aérodynamique. L'institut aérodynamique de Koutchino naît en 1904, dans la propriété familiale près de Moscou. Cet institut, qu'il dirige, acquiert rapidement une renommée internationale pour ses résulats expérimentaux et théoriques. En 1906, il rencontre à Paris Vera de Zybine, demoiselle d'honneur de l'impératrice de Russie, qu'il épouse.

L'institut de Koutchino est nationalisé en 1917, et Riabouchinsky, alors chargé de cours à l'université de Moscou, émigre en France où il s'installe définitivement en 1919. Il soutient en 1922 un doctorat ès sciences mathématiques de la faculté des sciences de Paris. En 1925, Painlevé obtient pour lui un poste d'ingénieur associé à la chaire qu'il occupe à la Sorbonne. En 1930, il est nommé directeur-adjoint de l'institut de mécanique des fluides de Paris. Il intègre le CNRS en 1940, comme maître de recherches.

Très attaché à la Russie et à sa culture – il refusera toujours la nationalité française –, il préside la Société russe de philosophie des sciences, et fonde et préside l'Association pour la conservation des valeurs culturelles russes. Lauréat du prix Henry Bazin en 1932, il est élu membre correspondant de l'Académie des sciences en 1935, et membre de plusieurs sociétés savantes à l'étranger. Il est auteur de plus de 200 publications scientifiques, dont trois résumant son activité dans *The Journal of the Royal Aeronautical Society*, et huit monographies dans les publications du ministère de l'Air. En 1954, pour le cinquantenaire de l'institut de Koutchino, un numéro spécial des PST est réalisé en son honneur[a]. Il meurt à Paris en 1962[b].

[a]Mémoires sur la Mécanique des Fluides, offerts à M. Dimitri P. Riabouchinsky par ses amis, ses collègues et ses anciens élèves à l'occasion de son Jubilé scientifique. PST Hors série (1954).

[b]Arch. Acad. Sc., dossier Riabouchinsky.

Les conférences invitées, organisées par Dimitri Riabouchinsky, sont un succès. Y interviennent notamment Émile Barrillon (ingénieur du Génie maritime, sur l'hydrodynamique à surface libre), Georges Bouligand, Marcel Brillouin, Charles Camichel (sur l'hydraulique des conduites), Denis Eydoux, Jacques Hadamard, Albert Métral, P. Noaillon, Yves Rocard, Maurice Roy (sur la couche limite de Prandtl et la portance de Joukovsky), Theodore von Kármán (sur la turbulence)[63].

Les chercheurs et collaborateurs associés à la chaire sont par ailleurs invités à publier leurs recherches dans une collection de *Bulletins Techniques du Service Technique de l'Aéronautique* (BST), édités à partir de 1921 au rythme de sept à

[63] L'Institut de Mécanique des Fluides de l'Université de Paris, *L'Aéronautique* n°131, 130–131 (1930). M. Roy, À propos du centenaire d'un grand mécanicien, Ludwig Prandtl. Texte d'une conférence au Congrès français de mécanique de Toulouse, publié dans le *Journal de Mécanique* n°53–54, pp. 7–9 (1975). Arch. Acad. Sc.

huit volumes par an. Ces BST couvrent tous les sujets présentant un intérêt pour l'aéronautique : métallurgie, mécanique des structures et construction mécanique, physico-chimie des lubrifiants et des carburants, navigation, photographie aérienne, météorologie, givrage, aérodynamique des hélices et des voilures, et mécanique des fluides. Ils sont pour la plupart à caractère technique, signés par des ingénieurs et militaires de l'Aéronautique. Les contributions proprement scientifiques y sont peu nombreuses : Toussaint en 1922 et 1924 (rapports d'activité de l'IAT, similitude aérodynamique), Riabouchinsky en 1924 et 1930 (aperçus théoriques sur la mécanique des fluides), Rocard en 1928 (rôle de la lumière diffusée par l'atmosphère, sur la visibilité). Un contributeur original est le médecin et physiologiste Antoine Magnan, professeur à l'École des hautes études et professeur au Collège de France – sur la chaire de mécanique animale appliquée à l'aviation, fondée par le ministère de l'Air[64]. Magnan est auteur de deux PST et treize BST, notamment sur l'anémométrie à fil chaud et son application à l'étude du vent et de la turbulence atmosphérique (cf. Chap. 3), sur « la théorie du poisson », et sur le vol comparé des oiseaux et des avions[65]. Il cosigne plusieurs BST avec le mathématicien André Sainte-Laguë[66].

Conférences invitées, incitations à la publication des recherches, développement des enseignements expérimentaux : l'action volontariste de l'État semble porter ses fruits. Cependant, Painlevé, très occupé par de multiples fonctions, n'y consacre que peu de temps : il cumule trois chaires (de mécanique céleste et de mécanique des fluides à la Sorbonne, et de mécanique rationnelle à l'École polytechnique), un mandat de député, et des fonctions ministérielles. En 1925, alors qu'il est ministre de la Guerre et président du Conseil, il cède ses enseignements de mécanique des fluides à Albert Métral, maître de conférences associé à la chaire. La chaire n'initie pas vraiment de recherches nouvelles. Elle profite peu à l'industrie, qui préfère s'adresser, pour les essais, au laboratoire d'Auteuil plutôt qu'à l'institut d'aérotechnique de Saint-Cyr. Les liens avec la chaire d'Aviation (L. Marchis) semblent inexistants. La chaire de mécanique des fluides ne donne finalement pas l'élan escompté à une collaboration plus étroite entre l'université et l'industrie.

---

[64] Antoine Magnan (1881–1938), docteur ès sciences naturelles (1911), docteur en médecine et externe des hôpitaux de Paris (1912), directeur du laboratoire d'aviation à l'École pratique des hautes études (1914), professeur de mécanique animale appliquée à l'aviation au Collège de France (1929, fondation du ministère de l'Air), prix Montyon de l'Académie des sciences pour l'anémométrie par fils chauds (1924), auteur d'essais sur le vol à voile, le vol des oiseaux et la nage des poissons, la locomotion des animaux, et la cinématographie ultra-rapide (Charle & Telkès, 1988).

[65] Huguenard et al. (1926) pour le fil chaud; Magnan & Sainte-Laguë (1929) pour la théorie du poisson; Magnan (1931) pour le vol des oiseaux.

[66] André Sainte-Laguë (1882–1950), normalien et docteur en mathématiques, est maître de conférences puis professeur au CNAM, titulaire de 1938 à 1950 de la chaire de mathématiques générales en vue des applications. Enseignant fameux, ses cours attirent jusqu'à 2500 auditeurs ! Croix de guerre pour la Première Guerre mondiale et dirigeant d'un réseau de résistants pendant la Seconde Guerre mondiale, Sainte-Laguë fut aussi un grand militant social et syndical (J. Chastenet de Géry *in* Fontanon & Grelon (1994), pp. 522–524).

1.2.4 Déclin aéronautique

À la fin des années 1920, trois circonstances précipitent la prise de conscience du déclin de l'aéronautique française [67] :

- en 1927, Charles Lindbergh réussit l'exploit de traverser l'Atlantique à partir de New-York et atterrit au Bourget sur un petit monomoteur : une hérésie selon la doctrine française qui a misé sur les motorisations lourdes ;
- en 1928, le ministre du Commerce, Maurice Bokanovski, périt dans la chute de l'avion d'un constructeur partenaire des services ministériels ;
- dans les concours internationaux, comme la coupe Schneider des hydravions, les avions français font pâle figure et se révèlent bien moins performants que leurs concurrents italiens, anglais ou allemands.

Un rapport sur l'aviation marchande confirme le diagnostic. Commandé en 1928 par le Conseil national économique à Raoul Dautry, ingénieur des Ponts et Chaussées, ce rapport conclut « à la situation alarmante de l'aviation française eu égard aux sommes investies par l'État dans le matériel, les recherches scientifiques et techniques » (six millions de francs, mais le quart seulement des investissements allemands) [68]. La formation des ingénieurs, notamment celle que dispense l'École supérieure d'aéronautique, se trouve particulièrement visée pour son niveau scientifique et technique insuffisant. La faiblesse de la recherche – absence de stratégie, faible nombre de sujets étudiés, diffusion insuffisante – est également pointée du doigt. Un changement de cap s'impose : ce sera l'affaire d'un nouveau ministère de l'Air, et de son directeur général technique, Albert Caquot.

1.3 Période 1928–1940

1.3.1 Le ministère de l'Air

La forte ambition d'Albert Caquot (1928–1934). Afin de remédier aux déconvenues industrielles de l'après-guerre et de développer la recherche, un ministère de l'Air est créé en septembre 1928. Ce ministère, qui réunit sous une même autorité l'ensemble des services d'aviation, est confié à Laurent-Eynac [69]. Celui-ci rappelle Albert Caquot – retourné en 1920 à son activité première d'ingénieur dans le Génie civil – et le nomme à la direction générale technique (qui remplace la direction de l'aéronautique qu'il avait dirigée en 1918). Caquot, réputé pour son énergie et son inventivité visionnaire, partage l'analyse de Dautry sur l'état inquiétant de

[67] Chadeau (1987), pp. 160–162.

[68] Fontanon (2017).

[69] Ministère de l'Air (dir.) (1931), pp. 3–22, ouvrage conservé dans le fonds Zaharoff de l'institut d'Alembert (Paris).

l'aéronautique française [70]. Soutenu par une forte volonté politique et des budgets exceptionnels, il va déployer une activité intense de rénovation de tout le secteur : industrie, formation et recherche.

Caquot, qui a la passion des belles infrastructures, commence par décider l'édification d'une « Cité de l'Air », boulevard Victor, en bordure du site occupé par le STAé à Issy-les-Moulineaux. Cette Cité, de style néo-classique, rassemblera les différentes directions du ministère, dont la puissante direction générale technique. Cette dernière comporte plusieurs services : un service technique chargé des prototypes, un nouveau service des recherches, un service des fabrications, et un service des bases. La Cité de l'Air abrite également l'École supérieure de l'aéronautique, une caserne, et... un musée de l'Air. Homme d'entreprise qui raisonne en termes de coûts et de budgets, Caquot obtient de Laurent-Eynac et Raymond Poincaré, président du Conseil, les moyens d'une grande politique. Le budget de sa direction technique et industrielle est considérablement augmenté, et sera maintenu les années suivantes, malgré la crise économique.

Une soufflerie géante : Chalais-Meudon. La mise au point des prototypes exigent des essais en soufflerie, et celles du service technique d'Issy-les-Moulineaux s'avérent insuffisantes. La construction d'une soufflerie géante, où pourraient être essayés des avions en vraie grandeur avec pilote et moteur en fonctionnement, est donc décidée en 1929. Le site choisi est le centre aéronautique de Chalais-Meudon [71]. Réalisée sous la direction d'Antonin Lapresle et mise en service en 1935, cette soufflerie de type Eiffel possède une veine de section elliptique de seize mètres de large (Fig. 1.15). L'air, aspiré par six ventilateurs de 8,70 mètres de diamètre, atteint dans la section d'essai la vitesse de 50 m/s. Elle n'a, pour sa taille et ses performances, qu'une rivale aux États-Unis : la soufflerie du *National Advisory Committee for Aeronautics* (NACA) à Langley Field (Virginie), mise en service en 1931. On y teste des maquettes de bombardiers, d'hydravions, et d'avions commerciaux, à l'échelle 1/4 ou 1/5. L'un des avions étudiés est le célèbre *Pou du ciel*, petit avion à construire soi-même et qui connaît un grand succès.

Politique de formation et recherche. Les ambitions de Caquot ne se limitent pas à la restructuration industrielle de l'aéronautique. Celle-ci est en effet inséparable, selon lui, d'un développement de la formation supérieure et de la recherche. L'École supérieure de l'aéronautique et des constructions mécaniques, créée en 1909 par le colonel Roche, est nationalisée en décembre 1928, et installée à la Cité de l'Air. Elle prend le nom d'École nationale supérieure de l'aéronautique (Sup'Aéro), et elle est

[70] A. Caquot, Notice complémentaire sur les travaux scientifiques (1934), Arch. Acad. Sc.; Chadeau (1987), pp. 162–169; Kerisel (2001), p. 98.

[71] Chanetz (2017); Coët & Chanetz (2008).

Fig. 1.15 La soufflerie géante de Chalais-Meudon (1935). La veine, de section elliptique, a une largeur de seize mètres et une hauteur de huit mètres. Les six ventilateurs, de 740 kW chacun, permettent d'atteindre une vitesse d'air de 50 m/s dans la veine

promue école d'application de l'École polytechnique. Elle formera les ingénieurs du corps de l'Aéronautique créé en 1924[72].

Afin de stimuler la recherche académique, Caquot prend l'initiative, en liaison avec les universités, de créer quatre instituts de mécanique des fluides, à Paris, Marseille, Lille et Toulouse. Sont également créés cinq centres d'enseignement supérieur annexes, à Caen, Lyon, Nantes, Poitiers et Strasbourg. Ces créations, réalisées entre 1929 et 1930 dans un esprit d'ouverture exceptionnel, font l'objet des chapitres suivants. La mécanique des fluides émerge alors comme une discipline académique à part entière, avec ses filières de formation et ses centres de recherche.

1.3.2 Restructurations industrielles

La « politique des prototypes » de Caquot. Fort d'un budget important, Caquot lance en direction des constructeurs une politique de commande et d'essai de prototypes ayant pour but de promouvoir des idées neuves[73]. C'est ainsi que se révèleront les ingénieurs Marcel Bloch et Émile Dewoitine – qui s'émancipe de Latécoère avec lequel il a débuté. Les entreprises sont par ailleurs incitées à se

[72] Chadeau (1987), p. 163 ; Weber (2008), p. 14. Le corps de l'Aéronautique, civil, sera militarisé en 1945, puis deviendra celui des ingénieurs militaires de l'Air (IMA), avant de fusionner en 1968 dans le corps des ingénieurs de l'Armement.

[73] Chadeau (1987), pp. 162–169.

« grouper », à rationaliser et standardiser les outillages et la production, dès le stade du prototype qui sera graduellement amélioré. Les sous-traitants seront éliminés. Ainsi naît par exemple, en février 1930, la Société générale d'aéronautique (SGA). Le premier numéro de la revue que cette société édite, avec l'objectif de « servir de son mieux la cause des Ailes Françaises », traduit clairement les directives de Caquot :

> La S.G.A. est née de la politique générale du Ministère de l'Air et répond à son programme de concentration et de rationalisation. Cette politique étant la seule qui permette à l'industrie nationale de moderniser son rendement et de lutter sur les marchés étrangers, la Société Lorraine lui apporta son concours le plus déterminé et le plus convaincu et conçut le projet d'unir à la maison de moteurs qu'elle était, des constructeurs de planeurs les plus variés. [...]
> La S.G.A. réunit les Sociétés *Hanriot*, *C.A.M.S.*, *Nieuport-Astra* (qui contrôle la Société Aérienne Bordelaise), *Lorraine* et *S.E.C.M.-Amiot* (qui contrôle la Société Latham).
> Ce groupement peut se dire pourvoyeur universel en aéronautique, puisqu'il fournit un matériel complet : cellules et moteurs, répondant à tous les besoins de l'Aviation et de l'Hydraviation civile et militaire [74].

Cette revue participe, avec de nombreuses autres, à l'entretien de la part de rêve lié à l'aéronautique. Elle en célèbre les héros et leurs exploits, tel celui du grand raid transatlantique-Sud réalisé en décembre 1929 par le capitaine Challe et le colonel uruguayen Larre-Borges – quelques mois avant la traversée de Mermoz pour l'*Aéropostale* (mai 1930) et la première traversée Paris–New-York par Costes et Bellonte (août 1930). Le récit, par Challe, de cette traversée mémorable est reproduit en annexe.

La politique de Caquot induit d'autres regroupements, associations ou fusions ; ainsi, par exemple, Caudron-Aéroplanes est absorbée par Renault, Potez s'associe à Bloch, tandis que Breguet se développe fortement au niveau international. Ces constructeurs ont foi dans la recherche et nouent des contacts avec les laboratoires : Potez et Breguet participeront ainsi au colloque de mécanique des fluides organisé à Lille en 1934 (cf. Chap. 6). Dewoitine demeure un constructeur de petite taille, mais la qualité de ses avions de chasse lui permet d'obtenir de nombreuses commandes de prototypes ; son bureau d'études en fait aussi un consultant recherché. Globalement, les performances des avions français s'améliorent : en 1933, les avions, désormais métalliques et monoplans, volent à 350 km/h, à 5000 mètres d'altitude, avec des moteurs qui dépassent 600 kW [75].

En 1933, Caquot a rénové l'industrie aéronautique, en imposant notamment le monoplan métallique à ailes encastrées (cantilever). Il a dynamisé la formation et la recherche. Sa "politique des prototypes" mobilise cependant de nombreux détracteurs qui dénoncent son coût et accusent Caquot de favoritisme. De plus, il s'avère que cette politique a plutôt encouragé la sous-traitance, contrairement à son objectif de « concentration ». Ces critiques, et surtout la crise économique mondiale qui frappe alors la France, sonnent la fin d'une période faste de cinq années.

---

[74] Revue de la Société Générale d'Aéronautique, avril 1930.

[75] Chadeau (1987), pp. 166–167.

La crise économique. En janvier 1933, Painlevé, malade, est remplacé par Pierre Cot au ministère de l'Air. Celui-ci se mobilise dans l'organisation d'Air France, résultat de la fusion de plusieurs compagnies aériennes, et laisse les affaires industrielles à un secrétaire d'État, le sénateur Delessale. Dans un contexte de crise économique, celui-ci restreint les prérogatives de la direction générale technique – qui est notamment privée du choix des avions militaires –, et réduit son budget pour les prototypes et pour la recherche[76]. Le remplacement de Cot par le général Denain, après les événements du 6 février 1934, n'arrange rien. Caquot démissionne en mars 1934, et retourne au Génie civil.

La crise frappe également l'industrie. Les espoirs initiaux de la Société générale d'aéronautique (SGA) sont vite déçus : malgré les capitaux investis, les dettes s'accumulent; la société est liquidée, puis reprise par Henry Potez[77]. À l'exception de l'association Potez-Bloch, les sociétés produisent trop lentement, font de la gestion de court terme et investissent peu; les équipements (trains d'atterrissage, hélices, radio, armement...) subissent des retards de livraison. Un avion se distingue tout de même par ses qualités : le Morane-Saulnier 405/406, fruit du programme lancé en 1934 par le service technique de l'Aéronautique. C'est un chasseur bien au point : monoplan cantilever (ailes encastrées), train d'atterrissage rentrant, volets hypersustentateurs, manœuvrant et stable. Ses performances restent cependant inférieures à celles de son équivalent allemand, le Messerschmitt 109, et sa construction est bien plus complexe : elle nécessite 14000 heures de travail contre 6000 pour le Messerschmitt[78].

Les nationalisations. Pierre Cot, qui avait dû quitter le ministère de l'Air après les émeutes du 6 février 1934, y est rappelé en 1936 par Léon Blum. Dans l'esprit des restructurations entreprises par Caquot, il décide de nationaliser les entreprises travaillant pour l'aéronautique militaire[79]. Ces nationalisations doivent permettre de regrouper plus efficacement les entreprises, afin de leur donner la taille critique qui permettra de concevoir et fabriquer des avions modernes et performants. Cot doit combattre les résistances des patrons, qui, sans surprise, veulent conserver le contrôle de leur entreprise, mais il doit également affronter le scepticisme de ses amis politiques, tel Vincent Auriol. En juillet, la Chambre vote la nationalisation de l'aéronautique militaire. Cinq sociétés nationales de constructions aéronautiques (SNCA) sont créées, chacune ancrée sur une région géographique : Nord, Centre, Ouest, Sud-Ouest, et Sud-Est. Les SNCA Nord et Sud-Ouest, constituées respectivement autour de Potez et de Bloch, sont de loin les plus importantes. À Toulouse, Vincent Auriol, élu local et ministre des Finances, voudrait "sa" Nationale, mais Latécoère refuse. Dewoitine, initialement hostile, se

[76] Maurice-de Lorris (1949), p. 499; Kerisel (2001), p. 102; Chadeau (1987), p. 169.

[77] Chadeau (1987), pp. 212–223.

[78] Chadeau (1987), pp. 312–313.

[79] Chadeau (1987), pp. 232–238; Maurice-de Lorris (1949), p. 504.

laisse convaincre : son entreprise devient en 1937 la SNCA du Midi [80] ; son chasseur monoplan, le D520, sera le meilleur chasseur français à l'entrée en guerre. (La SNCA du Midi sera absorbée dans la SNCA du Sud-Est en 1941.) Une dernière société nationale, pour les moteurs, voit le jour la même année, qui regroupe Hispano-Suiza et Gnôme & Rhône.

En 1938, deux tiers de la production d'avions et d'hydravions se trouve au sein d'entreprises nationales. Mais la confusion est grande : complexité des expropriations, désorganisation administrative, déménagements, grèves, personnel surabondant. De plus, les neuf bureaux d'étude ont échappé au mouvement de concentration. La production reste hétéroclite et insuffisante, les sociétés vivent des avances de l'État, et les rendements baissent (on produit en 1937 moins d'avions qu'en 1936, avec plus de main d'œuvre). Sur le plan technique, il n'y a pas eu de relève de la génération des pionniers, et le retard avec l'étranger se creuse. Seule Gnôme & Rhône (de la Société nationale des moteurs), dirigée par Paul-Louis Weiller, fait exception [81].

Le retour de Caquot. En avril 1938, le socialiste Léon Blum quitte la présidence du Conseil, cédant la place au radical Édouard Daladier décidé à « remettre la France au travail ». Caquot est nommé président des sociétés nationales en septembre. Renouant avec sa politique des années 1928–1933, il entreprend de rationaliser la production en spécialisant les usines. Des crédits considérables sont mis à sa disposition pour les prototypes, les séries, l'équipement des usines, et pour la recherche. La production décolle enfin. Mais il est trop tard : à la déclaration de guerre le 3 septembre 1939, la qualité et la cadence de production des avions français sont loin derrière celles des Allemands. Le même mois de septembre, Caquot est rappelé à la direction générale technique du ministère de l'Air [82]. La confusion qu'il y trouve, et la léthargie du commandement militaire, entraînent sa démission en mars 1940.

1.3.3 Le Groupement pour les recherches aéronautiques (GRA)

En mai 1937, le ministre de l'Air et les conseils d'administration des six sociétés nationales, soucieux de reprendre en main et rationaliser la recherche appliquée,

[80] Chadeau (1987), pp. 247–248.

[81] Paul-Louis Weiller (1893–1993, fils de Lazare Weiller), héros de la Grande Guerre, développe à partir de 1922 la société Gnôme & Rhône (construction de moteurs d'avion). Nationalisée en 1937, elle deviendra la SNECMA en 1945. Emprisonné par le Gouvernement de Vichy, il s'évade et se réfugie au Canada. Revenu en France à la Libération, il poursuit une carrière d'industriel, financier, mécène et collectionneur d'art. Grand-croix de la Légion d'honneur, membre de l'Académie des beaux-arts.

[82] Maurice-de Lorris (1949), p. 500 ; Kerisel (2001), p. 106 ; Chadeau (1987), pp. 317–320.

décident la création du Groupement français pour le développement des recherches aéronautiques (GRA). Cet établissement, dont le statut juridique est celui d'une fondation reconnue d'utilité publique,

> ... a pour objet de provoquer et d'intensifier en France, dans les Colonies et dans les Pays de protectorat et sous mandat français, les études, recherches et expériences de toutes natures susceptibles de faire progresser la technique aéronautique. [...] Il surveille l'exécution ou procède lui-même à l'exécution des études, recherches et expériences, soit dans les laboratoires construits et organisés par lui, soit dans les laboratoires prêtés ou loués par des tiers[83].

Son conseil d'administration est présidé par un ingénieur de l'Inspection générale du ministère de l'Air, Paul Dumanois[84]. Ce conseil comprend notamment trois autres représentants du ministère de l'Air, un représentant du ministère de l'Éducation nationale, et un représentant de chacune des six sociétés nationales. Les ressources de la fondation se composent du revenu d'un fonds de réserve constitué par les sociétés nationales, de subventions de ces sociétés ou de l'État, et du produit de la gestion des brevets. Il ne fonctionnera qu'à partir du mois de juillet lorsque lui sera versée la première subvention de l'État – qui demeurera le principal contributeur au budget.

Trois domaines de recherche prioritaires sont définis, pris en charge par trois comités spécialisés formés « de savants et de techniciens », sur le modèle du NACA américain :

- un comité d'aérodynamique, présidé par Antonin Lapresle ;
- un comité des groupes motopropulseurs, carburants et lubrifiants, présidé par Paul Dumanois ;
- un comité des matériaux, créé en 1939 et présidé par Albert Caquot.

Dans le premier domaine, le GRA s'appuie fortement sur l'institut de mécanique des fluides de Lille, qui passe sous sa tutelle en juillet 1938 par le biais d'une convention (cf. Chap. 6). Il conclut également, pendant la guerre, des conventions avec les instituts de Toulouse (1941) et de Marseille (1942).

---

[83] Décret de création du 14 févr. 1938. Arch. IMFL, ONERA Lille.

[84] Paul Dumanois (1885–1964), polytechnicien, débute sa carrière d'ingénieur du Génie maritime à Cherbourg en 1908. Affecté au travaux sur les sous-marins, il entreprend des recherches personnelles sur les moteurs à combustion interne, dont il deviendra un spécialiste distingué par plusieurs prix de l'Académie des sciences (on lui doit l'adoption de l'indice d'octane pour définir la qualité d'un carburant). Après la guerre, il dirige le service des essais en vol de Villacoublay, puis les services techniques de l'Office national des combustibles liquides. Intégré, en 1925, au nouveau corps des ingénieurs de l'Aéronautique, il est directeur des constructions aériennes en 1934 puis inspecteur général des recherches aéronautiques au ministère de l'Air. Il préside le GRA de sa fondation en 1938 à sa dissolution en 1947, et participe à la création de l'ONERA dont il préside le conseil d'administration de 1946 à 1949. Il préside la fondation de l'Institut français du pétrole (IFP) en 1951 et 1952, puis fonde et préside la Société française des mécaniciens (Carpentier, 2011, pp. 483–485).

1.4 Période 1940–1950

Les éléments de contexte politique et aéronautique intéressant la mécanique des fluides, pour la période 1940–1950, sont développés dans les chapitres suivants en liaison avec les histoires singulières de chacun des instituts. Nous en indiquons seulement ici les grandes lignes.

Après l'armistice de juin 1940, l'administration française et les usines en zone occupée passent sous contrôle allemand. Le Gouvernement de Vichy engage alors une politique de collaboration avec l'occupant, autorisant le maintien d'une activité de construction aéronautique française. Il demande ainsi à Caquot, toujours président des sociétés nationales, de livrer aux Allemands vingt-quatre avions Bloch en cours de fabrication. Caquot refuse, et après une entrevue avec Pierre Laval, le 1er septembre, démissionne de toutes ses présidences[85]. Quelques jours plus tard, le général Pujo, éphémère secrétaire d'État à l'Aviation, démissionne à son tour et reprend la présidence d'Air France qu'il occupait précédemment. Le général Bergeret, qui lui succède, organise la collaboration en négociant un programme aéronautique « commun » franco-allemand, signé en juillet 1941, de construction et de maintenance d'appareils et d'équipements[86]. Ce programme deviendra à partir de novembre 1942 un programme purement allemand. Certains constructeurs refusent cependant de collaborer, notamment Marcel Bloch ; il sera interné puis déporté à Buchenwald.

Dès la déclaration de guerre en septembre 1939, plusieurs services du ministère de l'Air sont repliés à Toulouse. Le service des recherches s'installe dans les locaux neufs, encore inoccupés, de l'École vétérinaire, où il se structure en Établissement des recherches aéronautiques de Toulouse (ERAT), dirigé par Paul Jouglard.

Le GRA, très lié au secrétariat à l'Aviation, poursuit sa mission d'organisme de recherche et développement pour le compte des sociétés nationales. Il commande aux instituts de mécanique des fluides de Toulouse, de Marseille et de Lille (ce dernier replié à Toulouse) un nombre important d'études et essais en soufflerie, sur un mode bureaucratique bien éloigné de l'esprit d'ouverture qui prévalait sous l'ère de Caquot[87].

À la Libération, l'industrie aéronautique française se réorganise autour de Marcel Bloch-Dassault – qui revient en force –, de Louis Breguet et de Henry Potez[88]. Ce dernier prend la tête de la Snecma – issue de la Société nationale

---

[85] Kerisel (2001), p. 109.

[86] Chadeau (1987), pp. 351–363 ; d'Abzac Epezy (2016). À la Libération, Jean Bergeret (1895–1956) sera inculpé d'atteintes à la sûreté de l'État par la Haute Cour de justice. Le procès se conclura en 1948 par un non-lieu (Arch. Nat. 3 W 66, affaire Bergeret).

[87] Le règlement du 1er juillet 1941 « fixant les conditions générales applicables aux recherches effectuées par des collaborateurs extérieurs pour le compte du GRA », signé L. Poincaré, directeur du GRA, est édifiant à cet égard (AD31 2559 162).

[88] Chadeau (1987), pp. 399–401. Dassault est le nom de résistant de Darius Bloch, frère adoptif de Marcel, adopté par la famille Bloch après la Libération.

des moteurs. La direction technique et industrielle de l'Aéronautique organise trois nouveaux centres d'essais : le Centre d'essais en vol à Brétigny-sur-Orge (1944, précédemment à Villacoublay), le Centre d'essais aéronautiques de Toulouse (1949, CEAT, restructuration de l'ERAT), et le Centre d'essais des propulseurs à Saclay (1950) pour les essais en atmosphère simulée. Il est par ailleurs décidé, en 1945, de « rassembler au sein d'un organisme public l'ensemble des moyens de recherche appartenant à l'État »[89]. Un conseil supérieur provisoire scientifique de l'Air est constitué, composé, entre autres, des universitaires Louis de Broglie, Frédéric Joliot-Curie, Joseph Pérès et Maurice Roy, et des ingénieurs généraux Paul Dumanois et Maurice Suffrin-Hébert. Les travaux de ce conseil donnent naissance, en mai 1946, à l'Office national d'études et de recherches aéronautiques (ONERA), placé sous l'autorité du ministre de l'Air. L'ONERA, qui absorbe notamment le GRA, compte alors 900 personnes.

[89] Carpentier (2011), p. 292; Weber (2008), p. 13. En 1948, les ministères de la Guerre, de la Marine et de l'Air seront regroupés au sein d'un unique ministère de la Défense nationale.

Chapitre 2
L'université sous la IIIe République

« Notre devoir n'est-il pas de trouver la formule symphonique qu'exige notre époque, celle qu'appellent les progrès, les audaces et les victoires modernes ? Le siècle des aéroplanes a droit à sa musique ! »

Claude Debussy, 1913

2.1 Développement des sciences appliquées

2.1.1 De 1870 à 1914

La défaite française de 1870 face à la Prusse, et la perte de l'Alsace et d'une partie de la Lorraine, marquent profondément la société française. La IIIe République naissante attribue une cause majeure de la déroute à la faiblesse de l'instruction publique et à l'insuffisance de la formation des élites. Les Républicains au pouvoir à partir de 1875 s'attellent vigoureusement au redressement de la situation, portés par une forte croyance dans les vertus du Progrès scientifique et par le sentiment collectif d'une œuvre nationale à accomplir. Une transformation profonde de l'enseignement supérieur va s'ensuivre sous l'impulsion du ministère de l'Instruction publique et des Beaux-Arts, et notamment de Louis Liard, vigoureux directeur de l'Enseignement supérieur qui occupe la fonction de 1884 à 1902 – il voit passer 17 ministres [1].

L'objectif du Gouvernement est alors de créer en province un petit nombre d'universités puissantes, plus autonomes sur le plan administratif, qui pourront rivaliser avec celle de Paris – qui rassemble alors la moitié des étudiants français. Les villes pressenties sont Bordeaux, Lille, Lyon, Nancy et Montpellier, et peut-être Toulouse ou Rennes. Le modèle visé est celui des universités allemandes, où l'enseignement est associé à une véritable activité de recherche et plus ouvert aux entreprises. Mais les villes non retenues dans le plan annoncé protestent,

[1] Duby (1970), p. 491 ; Prost (1968), pp. 230–240 ; Grelon (1989).

F. Charru, *Ailes, Nuages et Tourbillons*, Science Networks. Historical Studies 61,
https://doi.org/10.1007/978-3-030-70236-6_2

se considérant « méprisées » ; car l'enseignement supérieur est désormais perçu comme un élément essentiel au développement économique des régions. Cédant au mécontentement des villes et à la fronde des sénateurs, le ministère élargit la liste initiale, et ce sont finalement seize universités qu'il officialise en 1896 – dont une à Alger. Ces universités regroupent en leur sein les facultés d'une académie, ainsi que certaines écoles supérieures, et sont administrées par un conseil présidé par le recteur d'académie. Elles ont cependant peu de pouvoir, lequel reste détenu, pour l'essentiel, par les facultés.

Les facultés voient leurs crédits plus que doubler entre 1875 et 1885. Elles acquièrent la personnalité civile, c'est-à-dire le droit de posséder et de recevoir dons et legs, dont elles vont user pour créer de nouvelles chaires (1885). De la compétition des villes pour figurer parmi les élues, sont restés les « palais universitaires » construits par les municipalités pour donner aux professeurs et aux étudiants, enfin, de bonnes conditions d'étude et de recherche. Ces palais, cependant, s'avèrent rapidement insuffisants pour accueillir une population d'étudiants en pleine expansion. Dans les facultés des sciences, leur nombre passe ainsi de 1335 en 1888 à près de 7000 à la veille de la guerre de 1914, et à plus de 13 000 en 1930 [2].

Présidée par un doyen, une faculté est administrée par une assemblée des enseignants, qui arrête notamment les programmes d'enseignement, et un conseil des professeurs, qui délibère des questions financières et des vacances de chaires. On établit le système souple des certificats ; la licence ès sciences se définit ainsi, depuis 1896, par l'obtention de trois certificats [3]. Conformément à la tradition universitaire libérale, le choix des certificats est laissé à l'étudiant. Dans les facultés des sciences, les plus courus sont ceux de mathématiques générales, de sciences mathématiques, physiques et chimiques (MPC), et de physique générale. Le certificat de sciences physiques, chimiques et naturelles (PCN), requis pour l'inscription en médecine et organisé par les facultés des sciences, connaît également une forte affluence. Les certificats de sciences appliquées (physique appliquée, électricité industrielle, mécanique physique, etc.) attirent de forts contingents, notamment en province – à Paris, la prééminence de la "science pure" reste forte [4]. Des bourses de licence sont également créées, favorisant le statut d'étudiant "à plein temps".

Le renouveau des années 1880 et 1890 favorise la création, dans les facultés des sciences, d'écoles et instituts annexes à vocation professionnelle. Il s'agit, à la base, de cours du soir publics, analogues à ceux du Conservatoire des arts et métiers à Paris, et financés par les municipalités ou par des industriels. Dès 1883, des écoles de chimie industrielle voient ainsi le jour à Lyon, Lille et Nancy ; d'autres écoles et instituts suivent, notamment dans les domaines de l'agriculture et de l'électrotechnique. Ces instituts, dont certains délivrent des diplômes d'ingénieur, attirent vers les facultés des sciences un nombre important d'étudiants désireux d'une qualification professionnelle. Ce succès suscite cependant des contestations,

---

[2] Prost (1968), p. 230.

[3] Prost (1968), p. 233. Un quatrième certificat sera requis à partir de 1947.

[4] Pestre (1992), chap. 1.

de trois types[5]. Celle, d'abord, des grandes écoles, soucieuses en particulier de conserver le monopole de l'accès aux carrières techniques de l'État ; celle ensuite du ministère du Commerce, dont dépend l'enseignement technique, et qui voit d'un mauvais œil l'Instruction publique venir rogner son empire ; celle enfin, interne celle-là, d'universitaires défendant la « culture désintéressée » contre « l'utilitarisme ». Parmi ces derniers, signalons le mathématicien Émile Picard à Paris et le physicien Henri Bouasse à Toulouse, personnalités que nous retrouverons.

2.1.2 L'entre-deux-guerres

Au lendemain de la Première Guerre mondiale, le pays est exsangue. Il a perdu 10 % de sa population active, et ses infrastructures et capacités de production sont fortement amoindries[6]. Les années vingt voient un redressement rapide de l'économie et de l'activité industrielle, entravé cependant par une grave crise financière. Comme pendant la guerre, l'activité est en effet financée par une politique d'émission de monnaie (la « planche à billets »), entraînant inflation et dévaluations qui limitent fortement les capacités d'investissement.

Ces difficultés affectent les universités, dont l'État tend à se désengager au profit d'autres secteurs de l'économie. La forte inflation, non compensée par des ajustements de salaires, rend les carrières universitaires peu attractives. Le salaire d'un professeur (24 000 à 28 000 francs annuels selon le grade, en 1925) ou d'un préparateur (14 000 francs) est très inférieur à celui d'un cadre de l'industrie, à qualification égale[7]. La situation est plus déplorable encore pour le personnel de laboratoire, qui, en 1925, perçoit un salaire annuel de 1 200 francs, soit moins du tiers de ce que touchent les manœuvres, catégorie la moins payée des ouvriers. La situation s'améliore cependant à la fin des années vingt, années de prospérité nationale, puis en 1937 où est créée, sous l'impulsion de Jean Perrin, un corps d'aides-techniques. Le désengagement de l'État vis-à-vis des universités est aggravé par la chute du nombre d'étudiants (liée en particulier à la démographie), chute qui entraîne celle de la ressource des droits d'inscription. L'augmentation de ces droits (inscription proprement dite, travaux pratiques de laboratoire, bibliothèque, etc.), demandée depuis plusieurs années, est enfin autorisée en 1925. Mais le bénéfice en est alors largement amoindri par une diminution des subventions.

Les instituts techniques des facultés des sciences sont cependant relativement épargnés par ces difficultés, du fait de leur attractivité vis-à-vis des étudiants et de ressources plus diversifiées. En 1920, un décret vient préciser le cadre, jusque-là assez flou, dans lequel peuvent être créés ces instituts de faculté « destinés

[5] Grelon (1989).

[6] Duby (1970), pp. 524–533.

[7] Pestre (1992), pp. 275–277 et p. 315, note 6.

aux recherches scientifiques et aux applications pratiques »[8]. Ce décret instaure également un nouveau type d'institut, non plus « de faculté » mais « d'université », doté d'une autonomie plus grande et d'un budget propre. Les deux types d'instituts peuvent décerner des titres d'ingénieur et de docteur d'université – les grades d'État (licence, doctorat ès sciences) sont décernés par les facultés.

2.2 Organisation de l'enseignement supérieur

2.2.1 Enseignement et recherche au sein d'une chaire

La chaire, unité de base. L'université française est structurée autour de « chaires ». Une chaire, définie par sa spécialité, est créée par le ministre sur proposition du conseil de la faculté[9]. L'enseignement y est dispensé sous la forme d'un cours magistral de trois heures par semaine, complété par des expériences de cours organisées par un « préparateur » et par des travaux pratiques encadrés par un « chef des travaux ». À la faculté des sciences de Toulouse par exemple, il y a pour la physique, en 1917, deux professeurs, un chef de travaux et deux préparateurs.

À une chaire, est parfois adjointe, depuis 1877, une maîtrise de conférences destinée à compléter l'enseignement du professeur par des conférences et exercices, ou à l'élargir à des enseignements nouveaux approuvés par le doyen (dispensant ainsi de la lourde procédure de création d'une nouvelle chaire). Les conférences sont annuelles et comprennent trois leçons ou exercices d'une heure hebdomadaire. Le recrutement s'effectue parmi les agrégés des lycées titulaires d'un doctorat ou sur le point de l'obtenir dans l'année. Le doctorat n'est donc pas réglementairement nécessaire. Ainsi André Martinot-Lagarde, nommé maître de conférences à la faculté des sciences de Lille en 1934, et directeur de l'institut de mécanique des fluides à partir de 1945, ne soutiendra sa thèse qu'en 1958, à la veille de passer professeur. Une telle situation est cependant exceptionnelle. Un nombre limité de maîtres de conférences ont accès au titre de « professeur-adjoint » – transformé en « professeur sans chaire » en 1921 – leur permettant notamment de siéger au conseil de la faculté. Les conditions d'accès sont identiques à celles d'un professeur titulaire. Les professeurs sans chaire demeurent statutairement des maîtres de conférences, en particulier pour ce qui est de leur rémunération. En 1931, un nouveau titre apparaît, celui de professeur à titre personnel. Ce titre amorce une petite révolution puisqu'il est attaché à une personne et non plus à une chaire, ce

---

[8] A. Grelon, La formation des ingénieurs électriciens. *In* Lévy-Leboyer & Morsel (1995, p. 184). C. Barrera & M. Grossetti, La rénovation de l'enseignement supérieur toulousain (1870–1940). *In* Barrera (2020, p. 69).

[9] Le conseil de faculté propose ensuite au ministre un candidat ; celui-ci doit avoir au moins trente ans, être citoyen français et être titulaire d'un doctorat ès sciences (doctorat d'État).

qui signifie qu'en cas de mutation le titulaire conserve cette qualité. Ses droits et prérogatives sont les mêmes que pour les titulaires de chaires.

Le personnel "subalterne" – garçons de laboratoire, mécaniciens... – est rare, et très mal rémunéré. Dans une préface intitulée "L'inorganisation du travail scientifique en France", Henri Bouasse, professeur de physique à la faculté des sciences de Toulouse, note ainsi, à propos des accumulateurs électriques (qui témoignent alors de l'importance d'un laboratoire de physique) :

> Pour que vos accumulateurs durent et fonctionnent convenablement, il faut les soigner. Ne pouvant le faire vous-mêmes, il faut y déléguer un garçon. Au laboratoire de Physique de la Faculté des Sciences de Toulouse, nous avons en tout deux aides qui doivent balayer, allumer les feux, faire les commissions, servir de préparateurs, etc., etc. : pouvons-nous leur imposer par surcroît le soin systématique des accumulateurs [10] ?

Activité des laboratoires. Jusqu'aux années 1870, la plupart des chaires se consacrent quasi exclusivement au « haut enseignement ». Le laboratoire qui leur est associé est d'abord le lieu des travaux pratiques des étudiants. Un professeur se présente comme un homme de culture scientifique, un savant éclectique, plutôt que comme un chercheur sur le front de la connaissance. Seules une vingtaine de chaires mènent une véritable activité de recherche, essentiellement au Muséum d'histoire naturelle, au Collège de France, à l'École normale supérieure, et dans quelques écoles d'ingénieurs (Mines, Ponts et Chaussées, École polytechnique, et École supérieure de physique et chimie industrielles de Paris). L'École pratique des hautes études, établissement "hors murs" créé en 1868 afin justement de développer la recherche, attribue une subvention spéciale à des chaires reconnues pour leurs travaux scientifiques [11].

Un dynamisme nouveau, favorable au développement d'activités de recherche, s'amorce avec la réforme des facultés. Un diplôme d'études supérieures (DES) est créé en 1886, sanctionnant l'aptitude à « faire du nouveau » [12]. Dans leur rapport annuel au ministre, les recteurs donnent désormais la liste des publications des facultés, classées par chaire (articles de revues savantes, et conférences à des colloques). La recherche reste cependant le parent pauvre du « haut enseignement ». Jusqu'aux années 1930, les bourses de thèse financées par l'État sont rares, et d'un montant très faible. Quelques étudiants étrangers bénéficient d'une bourse de leur Gouvernement. Seuls les agrégés préparateurs peuvent préparer un doctorat dans de bonnes conditions. Quelques fondations privées financent des bourses, directement ou *via* des donations gérées par l'université. La fondation Commercy, la plus importante, finance ainsi 20 à 25 bourses par an ; les fondations Edmond de Rothschild et Deutsch de la Meurthe en financent également quelques-unes [13]. Des travaux de recherche sont aussi menés par des "travailleurs libres" : enseignants du

---

[10] H. Bouasse, *Vision et reproduction des formes et couleurs. In Bibliothèque scientifique de l'ingénieur et du physicien*, Delagrave, Paris (1917), p. XI.

[11] Prost (1968), p. 229.

[12] Prost (1968), p. 233.

[13] Pestre (1992), p. 225.

secondaire, fonctionnaires en détachement, militaires, personnels contractuels des ministères, ingénieurs de l'industrie, ou retraités. Ces travailleurs sont faiblement rémunérés et souvent bénévoles.

Notons qu'en dehors de l'université, une recherche active est menée dans les grands instituts financés par des fondations privées, tels l'Institut Pasteur ou l'Institut de biologie physico-chimique (fondation Edmond de Rothschild) créé en 1927 par Jean Perrin – prix Nobel de physique 1926 et futur artisan de la création du CNRS.

2.2.2 *Une tradition individualiste*

L'activité de recherche d'un professeur, dont la reconnaissance institutionnelle va croissant, peut aisément se porter d'un sujet à un autre très différent, au gré des intérêts ou des circonstances. Ainsi le physicien Charles Maurain travaille sur le magnétisme entre 1900 et 1910, puis dirige l'institut aérotechnique de Saint-Cyr-l'École pendant la décennie suivante (cf. Chap. 5), et poursuit sa carrière scientifique à l'institut de physique du globe de Paris. Si la recherche est l'étalon d'une carrière – au moins pour l'accès aux chaires les plus prestigieuses –, elle reste en général l'œuvre d'individus isolés. La notion d'équipe n'existe pas – une exception, à l'institut électrotechnique de Toulouse, est celle que Charles Camichel constitue autour de lui à partir de 1913 (cf. Chap. 8). Un directeur de thèse peut ne pas rencontrer son étudiant entre le moment où il lui propose un sujet et la soutenance de la thèse. L'évaluation de la pertinence des recherches relève du chercheur seul, lequel se garde de juger celles de ses collègues. Un corollaire est que les – faibles – ressources matérielles doivent être réparties selon un principe égalitaire. Une lettre du physicien Jean Villey au directeur du laboratoire de mécanique physique témoigne de l'état d'esprit ambiant :

> J'avais vécu dans divers laboratoires, où régnaient les traditions de collaborations cordiales qui en font le charme ; où chacun est prêt à donner à ses collègues les avis ou conseils qu'ils peuvent leur demander, mais respecte avant tout leur indépendance scientifique ; où les habitudes d'extrême courtoisie réciproque, et de réserve prudente vis-à-vis de ce que fait ou pense le voisin, sont les bases indispensables de relations cordiales ; où le rôle du Directeur du Laboratoire répond enfin exactement et simplement à la nécessité qui l'a créé : lorsque des moyens matériels sont mis à la disposition commune de plusieurs collègues, il faut, dans la répartition de ces moyens, s'en remettre à l'un d'eux pour éviter des conflits et faire en sorte que chacun ait le mieux possible ce qu'il lui faut [14].

Pour le rapport annuel que chaque doyen de faculté établit pour son recteur, chaque professeur et maître de conférences établit sa propre liste de publications. Les co-signatures à deux ou plusieurs noms y sont rares. La communication scientifique passe essentiellement par des notes aux *Comptes rendus de l'Académie*

[14] Lettre de Jean Villey à Henri Béghin, 1936. Arch. Nat. AJ16 5776.

des sciences, par des articles dans le *Journal de Physique* ou *La Technique moderne* pour les sciences appliquées, et par des revues généralistes telles que *La Revue Générale des Sciences Pures et Appliquées* et *La Revue Générale de l'Électricité*. On lit peu la littérature étrangère (mais des traductions ou analyses circulent dans les revues françaises), et on se déplace peu en dehors des frontières. Le premier congrès international de physique – hors des rassemblements lors des grandes expositions universelles tel celui de Paris en 1900 – est le congrès Solvay de 1911. Il rassemble vingt-quatre physiciens dont six Français : Marcel Brillouin, Maurice de Broglie, Marie Curie, Paul Langevin, Jean Perrin, et Henri Poincaré.

Il n'existe pas de séminaire de laboratoire, où seraient discutés les travaux en cours ou des articles de la littérature. Ceux qu'organisent Paul Langevin et Maurice de Broglie pour la physique, ou Jacques Hadamard au Collège de France pour les mathématiques, sont, jusque dans les années trente, des exceptions [15]. On trouve une autre exception à la chaire de mécanique des fluides, fondée en 1923 par le secrétariat d'État à l'Aéronautique, où, à l'instigation de celui-ci, Dimitri Riabouchinsky, ingénieur attaché à la chaire, invite des conférenciers extérieurs. C'est le modèle des séminaires allemands qu'on veut ici imiter, tels ceux, à Göttingen, de Félix Klein et Ludwig Prandtl.

Si l'animation scientifique, au sens où elle est entendue aujourd'hui, est à peu près absente des laboratoires, il existe cependant des lieux de débat à l'extérieur. Ainsi les "thés" hebdomadaires de Jean Perrin, où l'on se retrouve après la séance du lundi de l'Académie des sciences, avec parfois des littéraires – André Gide, André Maurois, Paul Valéry. Marcel Brillouin organise de son côté des "conférences-rapports" de la faculté des sciences, moins mondaines et plus scientifiques. Enfin, les conférences de la Société française de physique sont très suivies. En province, les moyens et l'émulation manquent plus encore qu'à Paris. Mais là encore, on trouve des exceptions. Ainsi le laboratoire de physique de Pierre Weiss, à Strasbourg, connaît-il dans l'entre-deux-guerres un rayonnement international pour ses recherches sur le magnétisme. De même, à Toulouse, l'institut de chimie de Paul Sabatier, prix Nobel 1913, est réputé pour ses travaux sur la catalyse [16].

L'université de Paris, considérée plus prestigieuse et offrant des traitements plus avantageux, exerce par ailleurs un fort tropisme [17]. Ainsi, il n'est pas rare qu'un professeur titulaire d'une chaire en province demande une mutation sur une maîtrise de conférences parisienne, qui lui servira plus tard de marche-pied vers la chaire proprement dite. Il rétrograde donc au statut de maître de conférences (son salaire antérieur étant maintenu par une indemnité spécifique), espérant obtenir sans trop tarder le titre de professeur sans chaire, puis la chaire convoitée. Ainsi arrivent entre 1929 et 1932, dans le nouvel institut de mécanique des fluides de Paris, Adrien Foch de Bordeaux, Henri Béghin de Lille, et Joseph Pérès de Marseille. Il résulte

[15] Pestre (1992), p. 232; Gispert & Leloup (2009).

[16] Lattes (2019).

[17] Un décret de 1881 a institué deux cadres, inégalitaires, de facultés, celui des facultés de Paris et celui des facultés de province. Ce décret sera supprimé en 1961.

de ce tropisme une moyenne d'âge plus élevée dans les universités parisiennes, et également un plus grand conservatisme peu favorable aux idées nouvelles [18].

2.2.3 *Relations avec l'industrie*

L'université française, traditionnellement attachée à la « science pure et désintéressée », a peu de contacts avec l'industrie. Il n'est pas bien vu de « se commettre » avec celle-ci, et les « conseillers » sont rares. Dans la société radicale-républicaine, laïque et égalitariste de la IIIe République, l'argent public ne doit pas profiter à l'industrie privée, même indirectement. Réciproquement, les associations professionnelles, telle la Société française d'électricité, cultivent une indépendance farouche vis-à-vis de l'État [19]. Ces positions contrastent avec celles de l'Allemagne et des États-Unis, où des firmes industrielles équipent et financent de gros laboratoires dirigés par les meilleurs scientifiques, notamment dans l'aéronautique [20].

Un mouvement profond se dessine cependant à partir de la fin du XIXe siècle, comme indiqué ci-dessus, en faveur des sciences appliquées et des formations supérieures professionnelles [21]. Ce mouvement, qui se manifeste notamment par la création de nombreux instituts techniques dans les facultés des sciences, engendre naturellement un renforcement des relations entre universitaires et industriels. L'initiative en revient en général aux universitaires, appuyés par les municipalités et les ministères (Instruction publique, Travaux publics, etc.), mais les industriels se laissent ensuite entraîner. Ainsi naissent, par exemple, de fructueuses collaborations autour de l'hydraulique à Grenoble, Nancy et Toulouse (cf. Chap. 8). La création des instituts d'université, en 1920, plus autonomes que les instituts de faculté et dotés de conseils de perfectionnement auxquels participent les industriels, ne peut que favoriser le mouvement.

La création du doctorat d'ingénieur-docteur, en 1923, est une autre manifestation de l'évolution des mentalités. Gabriel Kœnigs, professeur de mécanique physique à la faculté des sciences de Paris et ardent zélateur des sciences appliquées, y joue un rôle majeur [22]. Dans un rapport au président de la République préludant à cette création, le ministre de l'Instruction publique pose clairement le problème :

---

[18] Pestre (1992), chap. 7.

[19] A. Grelon, La structuration du réseau de formation des ingénieurs électriciens. *In* Caron & Cardot (1991), p. 838.

[20] Eckert (2006).

[21] Grelon (1989).

[22] Gabriel Kœnigs (1858–1931), normalien, agrégé et docteur ès-sciences mathématiques de l'université de Paris (1882). Professeur de mécanique physique et expérimentale à la faculté des sciences de Paris (1897–1931), élu à l'Académie des sciences en 1918, professeur au CNAM (1923–1931) (H. Gispert *in* Fontanon & Grelon (1994), pp. 731–744).

> Depuis longtemps, dans les milieux scientifiques et techniques, s'est manifestée l'opinion qu'il serait avantageux pour le développement des applications de la science à l'industrie sous toutes ses formes, que l'élite de nos jeunes ingénieurs sortant des écoles et Instituts techniques supérieurs soit mise à même de bénéficier des ressources offertes par les laboratoires des universités, pour achever sa formation scientifique et acquérir le goût et les méthodes de la recherche personnelle.
> Cette préoccupation est apparue plus pressante depuis quelques années, afin de prolonger dans la paix l'activité industrielle développée par la guerre et de mieux préparer notre pays aux redoutables concurrences économiques de l'avenir. [...]
> Ce n'est pas l'assiduité problématique prévue pour la préparation d'un certificat qui suffit véritablement à donner à un jeune ingénieur, l'empreinte scientifique définitive et durable de notre plus haut enseignement. Le véritable bénéfice du séjour dans les universités, c'est l'éveil et le développement de l'esprit critique qui s'opère au laboratoire de recherches par le travail personnel et l'élaboration d'une thèse et non au laboratoire d'enseignement par les exercices scolaires. Le principe doit donc être un séjour de quatre semestres d'études dans un laboratoire vraiment organisé à cet effet, et, à la fin de ce séjour, la soutenance d'une thèse donnant le résultat de recherches personnelles. [...]
> Une sanction [de ces études] est nécessaire sous la forme d'un titre qui réponde à leur haute portée. Il a paru que le titre de docteur était le seul qui convînt et que pour éviter toute confusion avec le grade de docteur ès-sciences la meilleure solution était d'unir dans une expression double les deux titres obtenus consécutivement, soit ingénieur-docteur.
> Enfin, il a été prévu que certains ingénieurs admis ainsi dans les laboratoires pourraient désirer se consacrer plus complètement encore à ce genre d'études et, par le doctorat ès-sciences, accéder aux postes d'enseignement de l'enseignement supérieur universitaire ou technique et à la direction des laboratoires. Les ingénieurs-docteurs qui ne seraient pas d'ailleurs dispensés de la licence ès-sciences, seraient autorisés, pour le doctorat ès-sciences proprement dit, à présenter la même thèse que pour l'obtention du titre d'ingénieur-docteur. Il eût été excessif d'exiger une seconde thèse. Cette disposition marque, d'ailleurs, toute la valeur scientifique que doivent présenter les thèses d'ingénieur-docteur [23].

Le décret publié « consacrera le rapprochement fécond de la science et de l'industrie, des méthodes savantes et des méthodes techniques ». De nombreuses thèses d'ingénieur-docteur seront par la suite soutenues dans les instituts de mécanique des fluides.

En dehors des instituts des facultés et des écoles d'ingénieurs, certains universitaires peuvent également, à titre individuel, entretenir des liens forts avec l'industrie, tel le physicien Yves Rocard. Normalien, entré en 1928 à la Société radioélectrique, Rocard obtient dix ans plus tard une maîtrise de conférences à Clermont-Ferrand, passe l'année suivante à l'institut de mécanique des fluides de Paris, puis obtient une chaire de professeur à l'École normale supérieure. Il entretiendra des relations avec l'industrie tout au long de sa carrière, y nourrissant ses réflexions de physicien [24]. On peut aussi citer Lucien Marchis, titulaire de 1910 à 1934 de la chaire d'aviation de l'université de Paris (cf. Chap. 1), qui entretient des liens étroits avec les milieux aéronautiques – sans mener, pour autant, de recherche proprement dite.

---

[23] Rapport du ministre de l'Instruction publique au président de la République, décret du 30 avr. 1923, (Arch. ENSEEIHT) ; intervention de G. Kœnigs au conseil de la faculté des sciences de Paris, 23 nov. 1922 (Arch. Nat. AJ16 5123) ; lecture du rapport de G. Kœnigs au conseil de la faculté des sciences de Toulouse, 15 nov. 1922.

[24] Rocard (1988), chap. 2.

2.3 La recherche scientifique devient un enjeu national

2.3.1 Premiers dispositifs de soutien à la recherche

Le premier dispositif de soutien national à la recherche scientifique date de la création, en 1901, de la Caisse des recherches scientifiques (CRS)[25]. Ce dispositif vise à « aider les savants capables de réaliser les découvertes appelées à délivrer l'humanité des fléaux qui la déciment »[26], fléaux qui s'appellent alors catastrophes minières, crise du phylloxéra, épidémies, eaux insalubres, etc. Le budget de cette Caisse reste toutefois très faible, nettement inférieur à celui que les fondations privées consacrent à la recherche.

Un autre dispositif de soutien, créé en novembre 1915 par Paul Painlevé, ministre de l'Instruction publique, est la direction des inventions intéressant la Défense nationale. Il s'agit, dans le contexte d'une forte mobilisation des scientifiques au service de la Patrie en danger, de promouvoir les inventions. Militaires et scientifiques s'y côtoient, notamment à la Commission d'expériences de l'artillerie navale de Gâvre, dans le Morbihan, pour des études de balistique[27]. Autre manifestation de cette mobilisation des scientifiques, le physicien Paul Langevin se distingue pour ses travaux sur la détection acoustique des sous-marins, mettant au point le premier "sonar".

En 1922, la direction des inventions, dirigée par le député socialiste Jules-Louis Breton, est transformée en Office national des recherches scientifiques, industrielles et des inventions (ONRSI). Cet Office, que Breton dirige lui-même jusqu'en 1937, est essentiellement financé par les recettes du Salon des arts ménagers, et par quelques subventions des ministères. Cet Office ne fera guère que promouvoir des « inventeurs », sans chercher à mettre sur pied une véritable politique de recherche. La lettre reproduite ci-dessous, adressée par Breton au lauréat de 1931 de la médaille d'Or de l'Office – Charles Baron, député, ingénieur des Poudres, président de la Commission des Mines –, en témoigne :

> La Conférence [des présidents des comités techniques de l'ONRSI] a tenu ainsi à rendre un hommage tout particulier à l'activité scientifique dont vous avez fait preuve depuis plus de trente ans et qui s'est traduite par des découvertes importantes dans les domaines les plus variés. Elle a retenu notamment vos travaux sur la graisse de suint pour la fabrication de la lanoline, sur le collage du papier en pile par le résinate de soude et votre procédé de trempe des aciers par les hydrocarbures. [...] Enfin, la Conférence s'est souvenue que votre activité scientifique s'accompagnait du plus haut désintéressement dont vous avez donné la preuve en abandonnant à l'État des découvertes aussi importantes que votre procédé d'ensimage

[25] Des programmes spécifiques ont existé au cours des siècles précédents, par exemple pour les observatoires astronomiques, mais aucun ne visait la recherche scientifique nationale dans son ensemble.

[26] Cité par Guthleben (2013), p. 14.

[27] Demuro (2018). Pour la Commission de Gâvre (ou Gâvres), cf. Aubin (2017).

> des laines pour l'imperméabilisation des draps employés aux armées pendant la guerre, et votre procédé de stabilisation des explosifs [28].

N'oubliant pas son origine de guerre, dira Breton, les préoccupations de l'Office restent très liées aux études sollicitées par le ministère de la Guerre [29]. L'ONRSI permet cependant une grande réalisation, œuvre du physicien Aimé Cotton : le « grand électro-aimant » de Meudon-Bellevue. Inauguré en 1928, cet électro-aimant sera le cœur d'un laboratoire fleuron de la recherche française.

L'ONRSI disparaît lors de la création, en mai 1938, du Centre national de la recherche scientifique appliquée (CNRSA), dont Henri Longchambon, universitaire minéralogiste, prend la direction [30]. Dans un contexte de tensions croissantes avec l'Allemagne, une tâche majeure du CNRSA est alors l'organisation de la mobilisation scientifique : recensement du personnel de recherche des universités et établissements scientifiques, inventaire des ressources des laboratoires publics et privés, mise en place d'une organisation propre à favoriser les recherches intéressant la défense nationale, et planification d'un repli éventuel vers le Sud de la France [31].

2.3.2 La subvention Borel

En 1925, l'Assemblée nationale vote la création de la taxe d'apprentissage. Le député et mathématicien Émile Borel, proche de Painlevé, obtient qu'une partie de cette taxe soit orientée vers les laboratoires. Cette « subvention Borel » est alors une véritable manne, concédant enfin aux laboratoires un peu d'aisance pour des achats de matériel et la rétribution de quelques personnels auxiliaires [32]. Elle croît de quatre à neuf millions de francs entre 1926 et 1933, avant de décroître du fait de la crise économique. L'université de Paris en perçoit 25 %, dont une grosse moitié pour la faculté des sciences. Le laboratoire de mécanique physique de Gabriel Kœnigs, un des plus importants de cette faculté, reçoit ainsi 100 000 francs en 1929. Les crédits sont répartis selon un principe égalitaire, d'où résulte leur émiettement sur un grand nombre de laboratoires. Jaloux de son indépendance, un professeur tolèrerait mal, en effet, qu'on évalue la qualité ou l'utilité sociale de ses travaux : il s'en considère seul juge.

---

[28] J.-L. Breton à Ch. Baron, 19 janv. 1931. Arch. Nat., dossier F17/17492.

[29] J.-L. Breton, Note relative à l'Office National des Recherches Scientifiques & Industrielles & des Inventions, 7 nov. 1937, Arch. Nat., F17/17492.

[30] Guthleben (2013), p. 17.

[31] Arch. Nat. AJ16 5822 ; rapport A. Ranc, janv. 1940, Arch. Nat. 19800284 53.

[32] Guthleben (2013), p. 15 ; Pestre (1992), p. 236.

2.3.3 De la Caisse nationale des sciences au CNRS

Les salaires des personnels universitaires, dégradés dans l'après-guerre, retrouvent en 1932 leur niveau de 1913, sur la lancée de la prospérité de la fin des années vingt. En dépit de la crise économique mondiale qui frappe alors durement la France, le niveau de vie de ces personnels va se maintenir, et les subventions aux laboratoires vont même augmenter.

La décennie 1930 voit aussi émerger l'idée, vigoureusement portée par Jean Perrin, que la recherche représente un enjeu national méritant une politique propre. La création de la Caisse nationale des sciences (CNS), en 1930, témoigne d'une première reconnaissance de cet enjeu [33]. Le rôle premier de cette caisse est de financer la retraite des savants. Perrin obtient quelques mois plus tard l'élargissement de ses missions au financement de bourses de chercheurs à temps plein, par une ponction du budget de construction de la Ligne Maginot. En fait, les deux tiers des bourses allouées correspondront plutôt à un complément de salaire versé à des personnels titulaires – chefs de travaux, maîtres de conférences et professeurs. Ce détournement profitera cependant à la recherche indirectement, en limitant le recours fréquent au cumul d'emplois.

Après la CNS, Perrin gagne en 1933 la création d'un Conseil supérieur de la recherche scientifique, structure de coordination et de consultation sur l'affectation des moyens – sorte de parlement de la science. Huit sections y sont créées, dont une de mécanique. Y participent notamment Émile Borel, Aimé Cotton, Paul Langevin, Louis de Broglie, et Paul Valéry pour les sciences humaines. Mesure révolutionnaire, une limite d'âge – 70 ans – est fixée pour l'éligibilité à ce conseil.

En 1935, un souci de rationalisation conduit à la fusion des différentes caisses (CRS et CNS) en une unique Caisse nationale des recherches scientifiques (CaNRS). Cet organisme voit ses subventions fortement augmenter. Le système des bourses aux étudiants est revalorisé. L'année suivante, l'arrivée au pouvoir du Front populaire de Léon Blum accélère les choses : un sous-secrétariat d'État à la Recherche est créé, confié d'abord à Irène Joliot-Curie – première femme à obtenir un portefeuille ministériel – puis à Perrin. Un Service central de la recherche scientifique est créé en décembre, qui prend le contrôle de la CaNRS. Ce service finance des boursiers, chargés, maîtres et directeurs de recherche ; il attribue également des crédits réguliers aux laboratoires universitaires et, fait nouveau, à des laboratoires spécialisés qui lui sont directement rattachés. Sa direction est confiée à un professeur, Henri Laugier, afin de rassurer des universitaires un peu inquiets de l'arrivée de cet organisme conçu hors des cadres habituels.

Consécration des efforts de la décennie et de la détermination de Jean Perrin, le Centre national de la recherche scientifique (CNRS) est créé en octobre 1939, par fusion du Service central et du Conseil supérieur [34]. Le CNRSA en devient la « section appliquée ». La France vient de déclarer la guerre à l'Allemagne.

---

[33] Guthleben (2013), pp. 15–26 ; Pestre (1992), pp. 253–254.

[34] Décret du 19 oct. 1939 du Président de la République Albert Lebrun (Guthleben, 2013, pp. 29–32).

Chapitre 3
La mécanique des fluides avant 1930

> *« La Cordillère des Andes avait alors une terrible réputation. Cinq aviateurs sud-américains avaient trouvé la mort en essayant de la franchir et son inviolabilité tournait à la légende. Pourquoi ai-je voulu réussir là où ces malheureux avaient échoué ? Pas par esprit de compétition, croyez-le bien. Par amour-propre national ? Je n'en suis pas sûre. Pour plaisir de sillonner un ciel neuf, de survoler des contrées inviolées ? C'est plus probable. Et j'ai réussi [le 1er avril 1921]. Là, est l'invraisemblable... »*
>
> *Adrienne Bolland à L'Aérophile, 1946*

La question de l'écoulement des eaux s'est posée très tôt à l'humanité autour de problèmes d'irrigation des cultures, d'alimentation des moulins hydrauliques, ou de protection vis-à-vis des crues et des inondations. La question du vent et des courants d'air s'est posée de façon semblable en relation avec divers problèmes de fonctionnement des moulins, de résistance au vent des constructions, ou de ventilation et de séchage. Les progrès techniques réalisés au cours des siècles sont l'œuvre d'artisans et d'ingénieurs développant une science hydraulique sur des bases empiriques, condensée sous la forme de formules de calcul applicables à telle ou telle classe de problèmes plus ou moins générale [1].

Les premières théories mécaniques du mouvement des fluides sont élaborées au XVIIIe siècle, notamment par Daniel Bernoulli (1700–1782), Leonhard Euler (1707–1783), Jean Le Rond d'Alembert (1717–1783) et Joseph-Louis Lagrange (1736–1813)[2]. Au seuil du XXe siècle, où s'élèvent les premiers aéroplanes, ces théories apparaissent cependant d'aucun secours pour guider les artisans et ingénieurs. Ceux-ci ne doivent compter que sur leur créativité et leur enthousiasme, soutenus par quelques mécènes fortunés et des laboratoires d'essais privés où l'on améliore, aussi rationnellement que possible, hélices, ailes, moteurs, et instruments

[1] Pour une histoire de l'hydraulique, cf. Rouse & Ince (1957).

[2] Darrigol (2005), chap. 1.

F. Charru, *Ailes, Nuages et Tourbillons*, Science Networks. Historical Studies 61,
https://doi.org/10.1007/978-3-030-70236-6_3

de navigation[3]. Les premiers progrès de l'aéronautique ne doivent donc rien à une théorie aérodynamique du vol, alors à peu près inexistante. Les éléments fondamentaux de cette théorie émergent cependant, de façon contemporaine, dans des laboratoires académiques proches de centres d'essais techniques, notamment autour de Ludwig Prandtl à Göttingen[4].

Un demi-siècle plus tard, après la Seconde Guerre mondiale, la situation aura radicalement changé. La mécanique des fluides aura fait des progrès considérables, et la théorie aérodynamique sera alors suffisamment avancée pour décrire assez précisément l'écoulement autour d'un avion, et contribuer à sa conception. Notons que ce n'est pas la première fois que l'essor d'une nouvelle technique engendre d'importants progrès scientifiques : une situation analogue s'est produite un siècle plus tôt avec le développement des machines à vapeur et la naissance d'une nouvelle science, la thermodynamique.

Il s'agit dans ce chapitre d'apporter quelques éléments de mécanique des fluides permettant de mieux saisir, dans les chapitres suivants, les enjeux des recherches menées à partir de 1930 dans les instituts de mécanique des fluides. On y présente brièvement la situation au début du siècle, puis les thématiques qui vont ensuite connaître des développements majeurs : la théorie des ailes, la couche limite, et la turbulence. On discute enfin les modes d'échange et de diffusion des connaissances entre "savants", et la structuration de ces échanges à travers la création de nouvelles revues et congrès, dans un contexte politique marqué par deux guerres mondiales.

3.1 De Bernoulli à Reynolds

3.1.1 L'eau "sèche", Euler

Équations du mouvement et écoulements potentiels. On doit à Daniel Bernoulli, médecin, physicien et mathématicien suisse, la première relation exacte reliant la vitesse et la pression d'une particule fluide dans un écoulement, en l'absence de viscosité (1738)[5]. Le *Traité de dynamique* de Jean Le Rond d'Alembert (1743) développe une théorie plus générale, sous la forme d'équations aux dérivées partielles (toujours sans viscosité), théorie reformulée sous sa forme définitive, en 1757, par Leonhard Euler[6].

La résolution des équations d'Euler – par exemple pour l'écoulement autour d'un obstacle – s'avère toutefois un problème mathématique difficile. Ce problème

[3] Anderson (1997).

[4] Eckert (2006).

[5] L'expression frappante d'eau "sèche", pour désigner un fluide considéré sans viscosité, est due au physicien Richard Feynman, et s'oppose à l'expression d'eau "mouillante" (Feynman et al., 1979, chap. 40–41).

[6] Darrigol (2005), pp. 11–26.

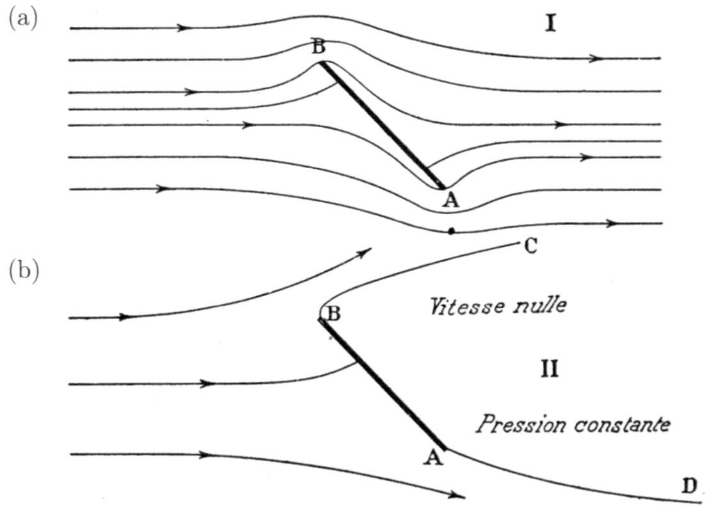

Fig. 3.1 Écoulement potentiel autour d'une plaque inclinée. (**a**) Sans surfaces de discontinuité, la résistance est nulle ; (**b**) avec surfaces de discontinuité BC et AD délimitant le "volume mort" II, la résistance, perpendiculaire à la plaque, comprend une composante de traînée et une composante de portance (Bouasse 1912)

peut tout de même être résolu de manière assez générale en faisant une hypothèse supplémentaire sur la nature de l'écoulement : que les particules fluides, localement, ne tournent pas [7]. Pour ces écoulements dits "irrotationnels", il existe une fonction scalaire des coordonnées d'espace, appelée potentiel des vitesses, dont le gradient définit le champ des vitesses. Les calculs s'en trouvent facilités.

Les équations d'Euler offrent *a priori* un moyen de résoudre un problème ancien, majeur, posé aux géomètres et ingénieurs : le calcul de la force exercée par un écoulement sur un obstacle – par exemple, la force exercée par le vent sur un bâtiment, ou la résistance de l'eau à l'avancement d'un bateau. Les ingénieurs ont en effet observé que cette force est à peu près proportionnelle au carré de la vitesse, et proportionnelle à la surface de l'obstacle face à l'écoulement, mais une explication générale manque, qui aille au-delà de l'ébauche proposée par Newton. Le calcul de l'écoulement potentiel autour un obstacle, réalisé par Jean le Rond d'Alembert (1717–1783), livre alors un résultat inattendu : la force résultante – somme des efforts de pression sur la surface de l'obstacle – est nulle ! Ce résultat, démenti tant l'expérimentation que par l'observation commune que tout obstacle "résiste" à un écoulement, va longtemps rester une énigme, sous le nom de "paradoxe de d'Alembert". La Fig. 3.1a illustre l'allure d'un tel écoulement, autour d'une plaque inclinée.

[7] Pour une discussion plus précise de la notion de rotation locale d'une particule fluide, cf. Batchelor (1967), pp. 81–82.

À partir des mêmes équations d'Euler mais sans l'hypothèse d'écoulement irrotationnel, des résultats fondamentaux sur la dynamique des tourbillons, et leur organisation en filets ou en nappes, sont obtenus, dans les années 1860, par Hermann von Helmholtz en Allemagne et William Thomson (Lord Kelvin) en Angleterre [8]. Ces résultats joueront un rôle important, au siècle suivant, pour la résolution du paradoxe de d'Alembert et pour l'analyse de la turbulence.

Contournement du paradoxe de d'Alembert. En restant dans le cadre des écoulements potentiels plans, le paradoxe de d'Alembert peut être contourné par l'introduction, à l'aval de l'obstacle, de "surfaces de discontinuité" de la vitesse, séparant un écoulement externe d'un "sillage" de "fluide mort" attaché à l'obstacle (Fig. 3.1b). Introduites par Helmholtz en 1868, ces surfaces de discontinuité rendent bien compte du décollement de l'écoulement observé à l'aval d'un obstacle. L'écoulement correspondant est calculé pour divers obstacles par Gustav Kirchhoff et Lord Rayleigh, à l'aide de transformations conformes [9]. On obtient ainsi la force hydrodynamique – non nulle – sur tout obstacle de forme polygonale, pour lesquels le décollement survient nécessairement sur l'un de ses points anguleux.

L'introduction de ces surfaces soulève cependant plusieurs difficultés : le sillage de fluide "mort" s'étend à l'aval jusqu'à l'infini, nécessairement ; ensuite, les surfaces de discontinuité sont instables, comme l'a montré Helmholtz ; enfin, la résistance ainsi calculée sous-estime la résistance mesurée, comme Rayleigh lui-même en convient à partir de 1891 – essentiellement du fait que la pression réelle dans le sillage est inférieure à la pression considérée dans le calcul, nécessairement égale à la pression à l'infini.

3.1.2 L'eau "mouillante", Navier et Stokes

La prise en compte des effets visqueux dans les équations du mouvement d'un fluide, est réalisée par Claude Navier en 1822, et indépendamment par Gabriel Stokes en 1845, avec, entre-temps, une réinterprétation des contraintes visqueuses par Adhémar Barré de Saint-Venant (1843) [10]. Les "équations de Navier-Stokes" seront dès lors au fondement de l'étude de tous les écoulements incompressibles, pour les fluides ordinaires (c'est-à-dire à l'exclusion des "fluides complexes" tels que les polymères fondus ou les suspensions concentrées de particules).

Les équations de Navier-Stokes sont encore plus difficiles à résoudre que celles d'Euler. Le concept d'écoulement potentiel y perd, sauf cas particuliers, beaucoup de pertinence. On ne sait résoudre ces équations que pour un très petit nombre de

---

[8] Darrigol (2005), chap. 4.

[9] Cf. Lamb (1932), chap. IV pour les références.

[10] Darrigol (2005), chap. 3.

situations, telles que l'écoulement dans un tube de section circulaire (écoulement de Poiseuille) ou l'écoulement très visqueux autour d'une sphère. Par ailleurs, les seules solutions calculables sont "laminaires" (régulières) ; les solutions turbulentes (tumultueuses, désordonnées) restent inaccessibles. Les équations de Navier-Stokes s'avèrent donc d'un faible secours pour les ingénieurs, confrontés à des écoulements en général turbulents (canaux, rivières, etc.). Ces ingénieurs se trouvent donc contraints de toujours recourir à la vieille hydraulique et ses approches semi-empiriques, combinant observations de terrain, expérimentations de laboratoire et lois générales de la mécanique, pour déterminer des lois appliquables à un ensemble aussi étendu que possible de situations voisines.

3.1.3 Écoulements turbulents, Reynolds

La distinction entre écoulements laminaires et turbulents est clairement établie au début du XIXe siècle : les premiers sont réguliers, "directs" ; les seconds sont irréguliers, désordonnés, sujets à des variations rapides de la vitesse du fluide, d'un point à un autre de l'espace comme d'un instant à un autre. Les équations de Navier-Stokes peuvent en droit rendre compte des uns comme des autres, mais le calcul de "solutions turbulentes" semble tout à fait hors de portée des mathématiques disponibles.

Une ouverture est réalisée en 1834 par Saint-Venant, qui introduit l'idée que sous un écoulement "tumultueux" existe un écoulement "moyen" plus régulier, susceptible d'être lui aussi décrit par les équations de Navier-Stokes. Une telle description nécessite de substituer à la viscosité moléculaire une "viscosité effective" très supérieure, rendant compte de l'agitation tourbillonnaire à petite échelle et de ses propriétés fortement diffusives [11]. Saint-Venant souligne aussi l'intérêt de considérer l'agitation turbulente pour elle-même, afin de mieux cerner les propriétés de la viscosité effective. Ces idées sont poursuivies par son étudiant Joseph Boussinesq qui, dans son mémoire de 1877, les applique à divers écoulements tumultueux dans les tuyaux et canaux à surface libre [12].

Deux avancées majeures sont ensuite accomplies par Osborne Reynolds (1842–1912), professeur d'ingénierie à l'université de Manchester. Dans un premier article publié en 1883 dans les *Philosophical Transactions of the Royal Society of London*, Reynolds rapporte une étude expérimentale de l'écoulement dans un

[11] Darrigol (2005), §6.2.

[12] J. Boussinesq, Essai sur la théorie des eaux courantes. *Mémoire à l'Académie des Sciences*, t. XXIII n°1 (1877), cf. site gallica de la BNF. Joseph Boussinesq (1842–1929), études à Montpellier, docteur de l'université de Paris (1867), enseigne à Lille de 1873 à 1886. Élu à l'Académie des Sciences (1886), il obtient la chaire de mécanique physique et expérimentale de la faculté des sciences de Paris, puis celle de physique mathématique et de calcul des probabilités (1896) où il succède à Henri Poincaré (Charle & Telkès, 1989; Darrigol, 2017; Schmitt, 2017).

Fig. 3.2 Dispositif expérimental d'étude de l'écoulement dans un tube (Reynolds 1883)

tube [13]. L'installation est montrée sur la Fig. 3.2. « Les résultats de cette investigation ont un double aspect pratique et philosophique », annonce la première phrase [14]. L'aspect pratique concerne la loi de résistance du mouvement du fluide : Reynolds montre que lorsque l'écoulement est laminaire ("direct"), la résistance (mesurée par la chute de pression dans le tube) est proportionnelle à la vitesse ; lorsque l'écoulement est turbulent ("sinueux"), la loi de résistance est différente. L'aspect "philosophique", « premier objet de l'investigation », est que la transition entre les deux régimes, laminaire et turbulent, ne dépend que de la valeur d'un nombre sans dimension, $\rho U D/\mu$, où U est la vitesse moyenne de l'écoulement, D le diamètre du tube, ρ la masse volumique du fluide et μ sa viscosité. Reynolds montre que lorsque ce nombre – devenu le "nombre de Reynolds" – est inférieur à 2000 environ, l'écoulement est laminaire, et qu'au-delà il est turbulent. Reynolds interprète cette transition comme une instabilité de l'écoulement laminaire (écoulement de Poiseuille).

Dans un second article, publié en 1895, Reynolds formalise l'idée d'un écoulement moyen sous-jacent à l'écoulement turbulent – sans connaître, semble-t-il,

[13] O. Reynolds, An Experimental Investigation of the Circumstances which determine whether the Motion of Water shall be Direct or Sinuous, and of the Law of Resistance in Parallel Channels. *Phil. Trans. Roy. Soc. London* **74**, 935–982 (1883).

[14] « The results of this investigation have both a practical and a philosophical aspect ».

les travaux antérieurs de Saint-Venant et Boussinesq [15]. Décomposant les grandeurs locales – vitesses et pression – en somme d'une moyenne et d'une fluctuation, il établit, à partir des équations de Navier-Stokes, les équations exactes du mouvement moyen. Celles-ci sont analogues aux premières, mais comportent des termes supplémentaires, les "contraintes de Reynolds", rendant compte de l'effet des fluctuations sur le mouvement moyen. Ces contraintes de Reynolds – moyennes de produits de fluctuations de vitesse – se présentent comme de nouvelles inconnues, qui requièrent des équations supplémentaires de "fermeture" du problème. L'élaboration de ces équations de fermeture, sur des bases nécessairement empiriques, constitue un nouvel horizon pour la mécanique des fluides, à l'origine d'un vaste champ de recherches : la "modélisation de la turbulence". Reynolds, esprit créatif et original, n'était cependant pas réputé pour la clarté de ses écrits, et les rapporteurs de son article, Stokes et Lamb, reprochent à celui-ci son obscurité ; passant sur leurs réserves, l'éditeur de la revue, Rayleigh, finit par l'accepter [16].

Au seuil du XXe siècle, les équations du mouvement d'un fluide sont donc fermement établies. La distinction entre écoulements laminaires et turbulents est clarifiée, les seconds étant désormais interprétés comme le résultat d'une instabilité des premiers, gouvernée par le nombre de Reynolds. L'introduction de ce nombre fait aussi comprendre que la structure d'un écoulement n'est pas déterminée par ses échelles propres (longueurs, temps caractéristiques, ...), mais par des *rapports* d'échelles : deux écoulements dont certains rapports d'échelle sont égaux sont semblables ; ainsi se trouvent légitimées les études à échelle réduite sur maquettes. D'autres nombres sans dimension sont introduits dans les mêmes années, notamment le "nombre de Froude" pour les écoulements à surface libre, qui fait intervenir la gravité [17].

Les avancées conceptuelles réalisées au XIXe siècle sont donc considérables, mais les équations de Navier-Stokes demeurent extrêmement difficiles à résoudre, et demeurent de peu d'utilité pour les ingénieurs. Deux problèmes fondamentaux sont apparus, qui vont occuper tout le XXe siècle : la transition d'un écoulement laminaire vers la turbulence, et l'analyse – statistique – de la turbulence développée.

3.2 Force de portance - Théorie des ailes

En dehors de la turbulence, un autre problème demeure mystérieux à l'orée du XXe siècle : celui de la force qui permet à un oiseau de se maintenir en l'air, l'empêchant de tomber. La première idée qui vient est que cette force provient du battement des ailes. Mais on sait qu'un oiseau peut planer longtemps sans tomber, et même

[15] O. Reynolds, On the Dynamical Theory of Incompressible Viscous Fluids and the Determination of the Criterion. *Phil. Trans. Roy. Soc. London A* **186**, 123–164 (1895).

[16] Launder & Jackson (2011).

[17] Darrigol (2005), §7.2.

s'élever dans une ascendance. D'où une nouvelle idée : c'est le mouvement de l'air par rapport à l'oiseau qui crée la "force de portance" nécessaire. Cette seconde idée va s'avérer la bonne pour le développement de l'aéronautique [18].

3.2.1 *La théorie circulatoire de la portance*

Le scepticisme de l'école anglaise. Selon Rayleigh, toute force de portance trouve son origine dans la rotation de l'obstacle, comme celle qu'imprime une raquette sur une balle, lui conférant le curieux mouvement "coupé" ("lifté") bien connu des joueurs de tennis. Ce mouvement a été expliqué qualitativement par Gustav Magnus en 1853 : la rotation de la balle engendre autour de celle-ci, par effet visqueux, un mouvement tournant de l'air dans son voisinage, d'où résulte, par effet Bernoulli, une différence de pression et donc une force responsable du mouvement transverse. Rayleigh a calculé cette force, en 1877, pour le mouvement potentiel autour d'un cylindre. Pour Rayleigh comme pour Kelvin et Lamb, l'effet Magnus ne peut donc en aucune manière se manifester sur un objet qui ne tournerait pas sur lui-même ; seule la théorie des surfaces de discontinuité de Helmholtz et Kirchhoff permet d'expliquer une force transverse sur un obstacle non tournant, tel qu'une aile d'avion [19]. Or, cette force-là est trop faible pour contrebalancer le poids de l'obstacle. Kelvin s'est ainsi convaincu de l'impossibilité du vol d'un avion. Il a même refusé de se joindre à l'*Aeronautical Society of London*, avec le commentaire :

> Je n'ai pas la moindre molécule de confiance dans la navigation aérienne autrement que par les ballons, ni d'attente de bons résultats d'aucun des essais dont nous entendons parler [20].

De Lanchester à Kutta et Joukovski. Pourtant, les oiseaux volent. Quelle est donc la nature de la "force de portance" ? La réponse est apportée par un ingénieur anglais, Frederik Lanchester (1868–1946), dans un livre pionnier, *Aerodynamics*, publié en 1907 [21]. Lanchester, qui avoue avoir « très peu de connaissances en hydrodynamique classique » mais en possède une forte intuition, a l'idée de considérer le mouvement de l'air autour d'une plaque tombant verticalement dans un écoulement horizontal. Il montre qu'autour d'une plaque courbe présentant sa concavité vers le bas (comme le sont les ailes d'Otto Lilienthal en Allemagne et celles de Samuel Langley aux États-Unis), un écoulement symétrique entre l'amont et l'aval engendre sur la plaque une force verticale, dirigée vers le haut. Lanchester comprend ensuite que cet écoulement peut être vu comme la superposition d'un mouvement uniforme et d'un mouvement tourbillonnaire autour de l'obstacle. Ce

---

[18] Anderson (1997), chap. 6 ; Darrigol (2005), §7.4.

[19] Bloor (2011).

[20] « I have not the smallest molecule of faith in aerial navigation other than ballooning or of expectation of good results from any of the trials we hear of. » Cité par Darrigol (2005), p. 302.

[21] Lanchester (1907).

mouvement tourbillonnaire crée une “circulation de la vitesse” (produit de la vitesse moyenne de l’air le long d’un cercle entourant l’aile, par la circonférence de ce cercle), qui augmente la vitesse du fluide d’un côté de l’aile et la diminue de l’autre. Si, dans un vol horizontal, le sens de la circulation Γ est tel que la vitesse augmente au-dessus de l’aile, et donc diminue au-dessous, alors le théorème de Bernoulli assure que la force sera dirigée vers le haut et pourra compenser le poids de l’aile. Lanchester est le premier à avoir compris le rôle essentiel joué par la circulation dans la génération de la portance, hors de toute rotation de l’obstacle. Une anecdote rapportée par Theodore von Kármán, étudiant de Prandtl, campe le personnage qu’est le fondateur de la *Lanchester Motor Company* :

> Je me souviens lui avoir rendu visite au cours de l’été 1912 – à l’occasion du Cinquième Congrès international de mathématiques – en Angleterre. L’ayant retrouvé à Cambridge, il me parla de sa théorie du vol, conduisant sa propre voiture sur les étroites routes anglaises à une vitesse vraiment effrayante. C’était les premiers jours de l’automobile, et je ne me sentais pas très à l’aise à discuter d’aérodynamique à une telle vitesse, mais ça ne semblait pas affecter Lanchester. Il avait plusieurs facettes et était plein d’imagination [22].

Le premier calcul d’une force de portance sur une aile, en 1902, est dû à Wilhelm Kutta (1867–1944) à Munich, pour un profil en arc de cercle dont la corde est parallèle à l’écoulement. Le calcul de Kutta démontre que les équations d’Euler peuvent engendrer une portance non nulle, la traînée restant bien entendu nulle. Il conforte d’autre part l’observation intriguante, faite notamment par Lilienthal, qu’un profil à incidence nulle subit une portance non nulle. Kutta n’établira qu’en 1910 le lien avec la circulation de la vitesse autour du profil. Entre-temps, en 1906, la relation générale entre portance et circulation a été établie par Nikolai Joukovski (1847–1921), à Moscou. La transformation conforme introduite dans le calcul permet de considérer une famille de profils plus ou moins épais et cambrés. Kutta et Joukovski montrent, de plus, qu’il existe une valeur particulière de la circulation pour laquelle la ligne de courant séparatrice à l’aval – celle qui sépare les écoulements au-dessus et au-dessous de l’aile – est régulièrement attachée au bord de fuite de l’aile. Pour cette valeur-là de la circulation, observent-ils, la force de portance calculée s’accorde remarquablement bien avec les mesures (Fig. 3.3). Notons que la théorie, fondée sur les équations d’Euler, ne contredit pas le paradoxe de d’Alembert : la force de traînée reste nulle.

Carl Runge, mathématicien collègue de Prandtl à Göttingen, informé de la théorie de Lanchester, invite ce dernier en septembre 1908 pour discuter d’une traduction en allemand de son livre *Aerodynamics*. Prandtl rencontre Lanchester pour l’occasion, et comprend ses idées qu’il développera considérablement. Il reconnaîtra plus tard

---

[22] « I remember that I visited him in the summer of 1912 – on the occasion of the Fifth International Congress of Mathematicians – in England. We met in Cambridge and he showed me about, driving his own car along the narrow English roads at a speed that was rather frightening. This was in the early days of automobiles, and I felt a little uneasy discussing aerodynamics at such speed, but it did not seem to affect Lanchester. He was multisided and full of imagination. » (von Kármán, 1954, p. 35).

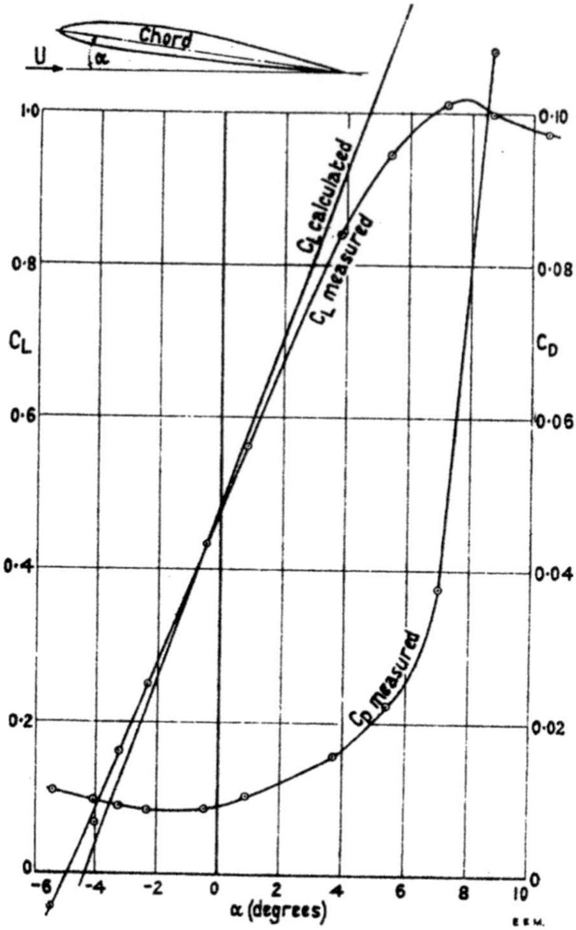

Fig. 3.3 Coefficient de portance C_L, mesuré et calculé, et coefficient de traînée C_D mesuré, en fonction de l'incidence α de l'aile (Goldstein, 1952, p. 25). Ces coefficients correspondent aux forces divisées par $\frac{1}{2}\rho\ell U^2$ où ℓ est la corde de l'aile

avoir profité des idées de son invité, mais affirmera être arrivé aux mêmes avant de l'avoir rencontré[23].

Si les idées de Lanchester, et leur formalisation par Kutta et Joukovski, sont immédiatement acceptées à Göttingen, elles rencontrent de vives résistances en Angleterre même, autour de Rayleigh et de l'*Advisory Committee for Aeronautics* qu'il préside. Geoffrey Taylor, qui participe à ce comité, écrit en 1914 : « Cette théorie, autant que je puisse en juger, n'a rien de recommandable[24]. » Rayleigh sait

[23] Darrigol (2005), p. 310 ; von Kármán (1954), pp. 51–53.

[24] « This theory, as far as I can see, has nothing to recommend it » (Bloor, 2011, chap. 4).

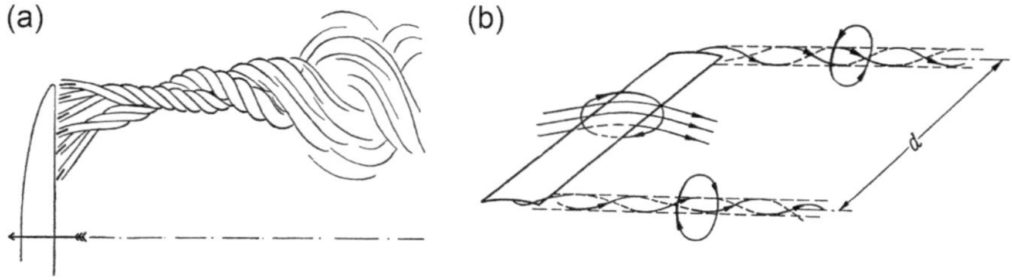

Fig. 3.4 (**a**) Représentation par Lanchester (1907) de la formation d'un tourbillon longitudinal à l'extrémité d'une aile d'envergure finie ; (**b**) schématisation du phénomène par Prandtl en 1913 (d'après Eckert (2006))

bien qu'une circulation de la vitesse engendre une portance (par "effet Magnus"), mais il conteste qu'une telle circulation puisse exister autour d'une aile (qui ne tourne pas sur elle-même). Plutôt qu'à cette circulation « arbitraire », il préfère s'en remettre aux surfaces de discontinuité ou invoquer des effets visqueux. Il en résultera une controverse vigoureuse, – analysée de près par David Bloor[25] – à l'issue de laquelle, vers 1925, l'école anglaise battra en retraite.

L'origine physique de la circulation, et la raison pour laquelle celle-ci prend la valeur particulière révélée par Kutta et Joukovski, seront comprises par Prandtl, entre 1913 et 1921, dans le cadre de la théorie de la couche limite (voir ci-dessous).

3.2.2 Ailes d'envergure finie

La représentation plane de l'écoulement autour d'une aile n'est valide, strictement parlant, que pour une aile d'envergure infinie. Pour une aile d'envergure finie, cette représentation est une approximation, acceptable pour une aile longue, mais tout à fait incorrecte au voisinage de son extrémité. Lanchester voit le problème, et imagine, pour le résoudre, que la circulation autour de l'aile décroît vers son extrémité, émettant de ce fait des tourbillons longitudinaux dans le sillage, dont les interactions entraîne leur tressage comme illustré sur la Fig. 3.4a. Cette émission est en effet nécessaire afin de satisfaire un théorème général sur les tourbillons établi par Helmholtz. Pour rendre le phénomène calculable, Prandtl le schématise sous la forme d'un tourbillon coudé en "fer à cheval", comme représenté sur la Fig. 3.4b. Cette schématisation est au point de départ de la "théorie de la ligne portante" permettant de déterminer la portance d'une aile en fonction de sa géométrie précise. Les travaux théoriques et expérimentaux correspondants sont essentiellement réalisés, jusqu'au début des années 1930, à Göttingen (notamment par Albert Betz et Max Munk), à Aachen où von Kármán crée un institut d'aérodynamique, mais

[25] Bloor (2011).

aussi dans les bureaux d'études des constructeurs allemands [26]. Le cas des ailes d'envergure courte et des ailes en flèche ("Delta") sera résolu, dans les années 1940, en Allemagne et dans les laboratoires américains travaillant pour le *National Advisory Committee for Aeronautics* (NACA) – où ont émigré à partir de 1933 de nombreux scientifiques allemands fuyant le nazisme [27].

Une conséquence de la création du tourbillon de bout d'aile est l'existence d'une force de traînée dite "induite", liée à une réduction de l'angle d'incidence effectif (d'un point de vue énergétique, l'énergie cinétique des tourbillons est engendrée par le travail de cette force) [28].

3.2.3 Décrochage

Lorsque l'incidence d'une aile atteint une dizaine de degrés, une chute brutale de la portance est observée (Fig. 3.3). Ce "décrochage" est lié à un décollement de l'écoulement sur l'extrados de l'aile, où se développe un sillage, siège d'intenses mouvements tourbillonnaires. La géométrie de ce sillage est semblable à celle du "volume mort" entre les surfaces de discontinuité représentées sur la Fig. 3.1b. La prédiction du décrochage échappe à toute description non visqueuse de l'écoulement. Son analyse ne pourra être menée qu'en faisant intervenir la couche limite qui se développe à la surface de l'aile.

3.3 Résistance de traînée - Couche limite

3.3.1 La couche limite de Prandtl

Les derniers feux des surfaces de discontinuité. Le concept de circulation permet, dans le cadre des équations d'Euler (non visqueuses), l'élaboration d'une théorie correcte de la portance d'une aile. Le calcul de la traînée, lui, bute toujours sur le paradoxe de d'Alembert. Jusqu'aux années 1920, le seul moyen de contourner ce paradoxe demeure le recours aux surfaces de discontinuité introduites par Helmholtz, Kirchhoff et Rayleigh. Les insuffisances de la théorie sont manifestes, comme discuté plus haut, mais en l'absence d'alternative on continue de la perfectionner, notamment en Italie et en France [29]. Ainsi, Tullio Levi-Civita (1873–1941) résout-il en 1907, par transformation conforme, le problème de l'écoulement autour d'un obstacle courbe. Henri Villat (1879–1972) en donne dans les années suivantes

[26] Eckert (2006), §3.5, §10.1.

[27] von Kármán (1954), pp. 55–56.

[28] Anderson (1997), pp. 284–285.

[29] Tazzioli (2017).

une solution plus maniable, et obtient également une solution pour la position, sur l'obstacle, du point de décollement. Le livre *Hydrodynamics* de Horace Lamb – référence pendant un demi-siècle – consacre d'importants développements à la question. La théorie des surfaces de discontinuité envoie là, cependant, ses derniers feux. Elle va se trouver dépassée par les nouvelles idées de "couche limite" qui apparaissent en 1904 à Göttingen.

La nouvelle théorie. En 1904, Ludwig Prandtl, professeur de physique appliquée récemment nommé à l'université de Göttingen, fait une communication au Troisième Congrès international des mathématiciens à Heidelberg [30]. Il y introduit une idée promise à des développements considérables, qui réconcilie la mécanique des écoulements "rapides" – à grand nombre de Reynolds, où la viscosité joue un rôle négligeable – avec celle des écoulements "lents" – à petit nombre de Reynolds, visqueux. L'idée est que dans les écoulements rapides (ceux de l'aérodynamique en particulier), les effets visqueux, négligeables dans le cœur de l'écoulement, prennent une grande importance dans une très fine couche au voisinage des parois. Cette "couche limite" permet à l'écoulement de s'adapter à la présence de la paroi et d'y satisfaire l'adhérence du fluide (condition de vitesse nulle). Son épaisseur – disons millimétrique pour fixer les idées – est d'autant plus fine que la viscosité est petite et la vitesse extérieure grande. L'écoulement dans la couche limite possède la propriété importante d'être presque parallèle à la paroi, ce qui autorise une simplification des équations de Navier-Stokes, et permet d'en calculer une solution approchée.

La notion de couche limite permet de reconsidérer le problème du décollement d'un écoulement sur un obstacle, comme le suggère le schéma présenté par Prandtl, reproduit sur la Fig. 3.5. Lorsque, le long d'une paroi, la pression augmente vers l'aval – ce qui se produit notamment sur la face aval d'un obstacle –, l'écoulement dans la couche limite est freiné et vient à se renverser. Le décollement correspond au point où se produit ce renversement, où la contrainte de cisaillement s'annule.

La question de la résistance de traînée se trouve elle aussi complètement renouvelée. Le profil de vitesse sur une plaque plane – configuration fondamentale – et la distribution correspondante des contraintes de cisaillement sont calculés en 1908 par Heinrich Blasius, un étudiant de Prandtl [31]. La mesure du profil de vitesses dans une couche d'épaisseur millimétrique n'est pas encore possible (elle le deviendra avec les anémomètres à fil chaud dans les années 1930), mais Blasius obtient une confirmation indirecte de son calcul par des mesures globales de traînée sur la plaque. Pour un obstacle profilé, tel qu'une aile à faible incidence, le calcul de la traînée visqueuse devient également possible, par la combinaison du calcul de l'écoulement extérieur, non visqueux, et du calcul de la couche limite.

[30] L. Prandtl Über Flüssigkeitsbewegung bei sehr kleiner Reibung. *In Verhandlungen des III. Int. Math. Kongr.*, Heidelberg (1904); Leipzig : Teubner, 484–491 (1905). Cf. Eckert (2006, §2.1); Dryden (1955); Tani (1977).

[31] La loi d'échelle correspondante a été obtenue précédemment par Lanchester (1907), à partir d'arguments dimensionnels (Darrigol, 2005, §7.3.3).

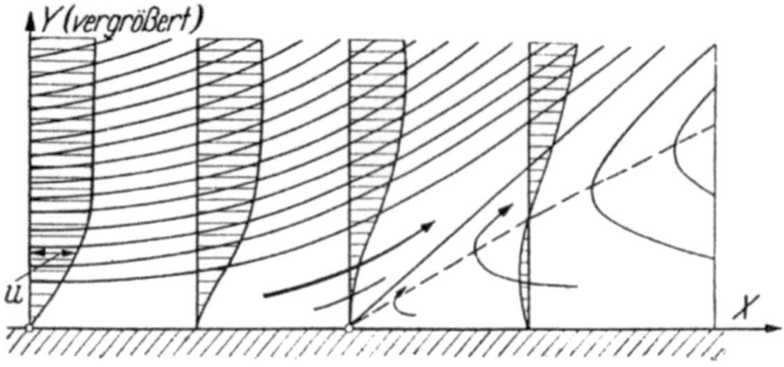

Fig. 3.5 Profils de vitesse $u(Y)$ de l'écoulement au-dessus d'une plaque plane au voisinage du point de décollement de la couche limite, d'après la figure de Prandtl (1904) reproduite par Eckert (2006)

Enfin, la théorie de la couche limite permet à Prandtl de comprendre un point fondamental pour l'aérodynamique, à savoir le mécanisme de génération de la circulation à l'origine de la portance d'une aile, et permet aussi d'interpréter le succès empirique de la condition de Kutta-Joukovski[32].

3.3.2 *Découverte de la couche limite turbulente*

Blasius, dans ses expériences sur des plaques planes, observe que lorsque la longueur L de la plaque ou la vitesse U de l'écoulement sont telles que le nombre de Reynolds $Re = \rho U L/\mu$ est supérieur à 450 000 environ, la traînée F_T est supérieure à la prédiction théorique $F_T \propto U^{3/2}L^{1/2}$[33]. Des expériences de Gustave Eiffel vont jouer un rôle décisif dans l'élucidation de ce nouveau problème[34]. Étudiant la résistance au vent d'une sphère, Eiffel obtient en effet, aux grandes vitesses d'air, un coefficient de traînée inférieur de moitié à celui mesuré par un collaborateur de Prandtl. Celui-ci avance alors imprudemment qu'Eiffel, « très âgé », aurait oublié un facteur deux[35]. Eiffel, réputé pour la fiabilité de ses expérimentations, est piqué au vif. Il reprend ses mesures, pour des sphères de différents diamètres. Ses résultats, publiés en 1912 dans les *Comptes Rendus de l'Académie des sciences*, mettent alors clairement en évidence un phénomène passé jusque-là inaperçu : au-delà d'une certaine vitesse, le coefficient de traînée chute brutalement d'un facteur deux à trois comme le montre la Fig. 3.6.

[32] Darrigol (2005), §7.4.3.

[33] Darrigol (2005), §7.3.3.

[34] Eckert (2006), §2.5.

[35] von Kármán (1954), p. 87 ; Eckert (2006), pp. 49–50.

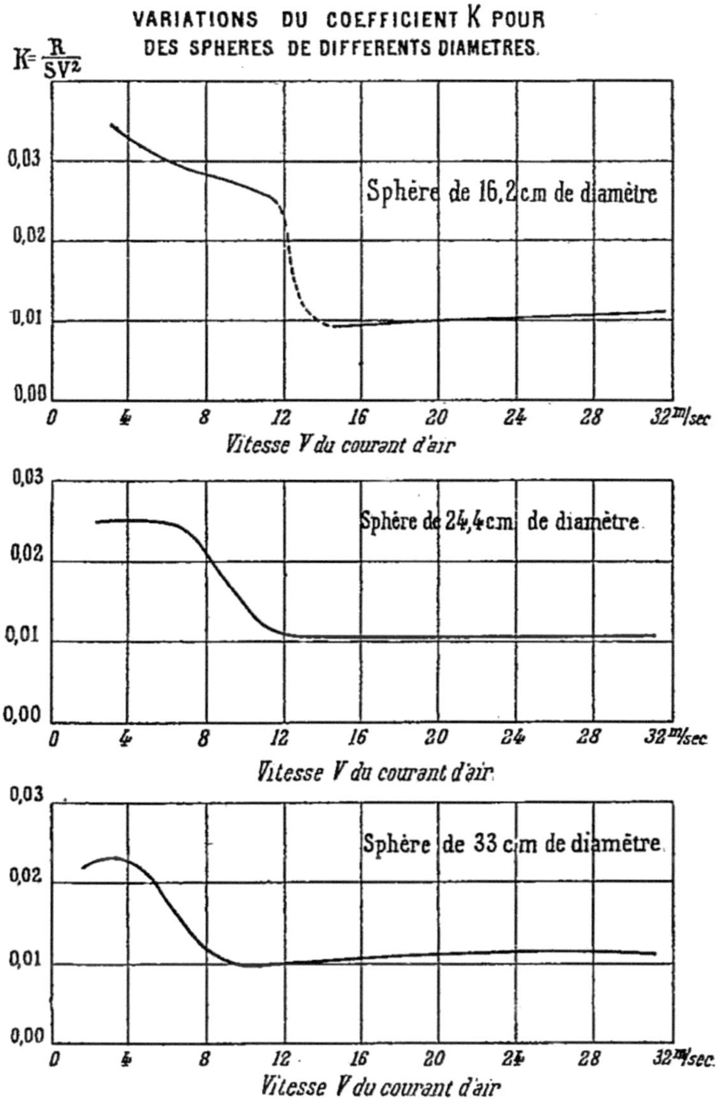

Fig. 3.6 Coefficient de traînée d'une sphère en fonction de la vitesse de l'air, pour trois diamètres différents (Eiffel, 1912)

Eiffel peut alors expliquer les différences constatées entre Paris et Göttingen :

S'il n'a pas trouvé la valeur que j'avais indiquée, c'est tout simplement parce qu'il lui était impossible d'opérer à une vitesse supérieure à celle de 10 m/s. Cet exemple montre bien la nécessité d'expérimenter, non seulement dans un courant d'air de grand diamètre, mais aussi à de grandes vitesses, lesquelles peuvent déceler de nouvelles phases dans les phénomènes [36].

Eiffel poursuit :

On peut se rendre compte de ces anomalies [la chute de la traînée] et constater qu'il existe bien deux régimes d'écoulement, en examinant la marche des filets autour de la sphère à l'aide d'un fil léger porté par une tige très mince. Au-dessous de la vitesse critique, il se forme à l'arrière un cône de dépressions, d'une longueur presque égale au diamètre de la sphère, et analogue à celui qui se produit à l'arrière des plaques frappées normalement par le vent. Au-dessus de cette vitesse critique, existe le nouveau régime pour lequel ce cône a disparu et se trouve remplacé par une région où l'air n'est relativement pas troublé.

Comparant les vitesses critiques des trois sphères, Eiffel conclut : « La loi de similitude n'est pas toujours vraie ; en effet, les trois sphères donnent des vitesses critiques tout à fait différentes. » Rayleigh, informé des résultats d'Eiffel, rectifiera ce jugement et montrera que la transition est bien contrôlée par le nombre de Reynolds.

Prandtl visite le laboratoire d'Auteuil en 1913. Les observations d'Eiffel sur « la marche des filets » le mettent sur la piste d'une explication commune des deux phénomènes, la "crise de traînée' de la sphère, et la traînée anormale d'une plaque plane alignée avec l'écoulement. Ces deux phénomènes sont liés à une même cause : la couche limite est devenue turbulente. L'écoulement dans une couche limite peut donc devenir turbulent, comme l'écoulement dans un tube. Dans les deux cas, la transition est liée à une instabilité de l'écoulement laminaire. Pour ce qui est de la couche limité sur la plaque plane, le frottement visqueux s'en trouve augmenté, et donc aussi la traînée. Sur une sphère, l'effet est inverse : la transition retarde le décollement de l'écoulement – du fait du caractère fortement diffusif de la turbulence –, et la traînée, ici dominée par la pression, est diminuée ! Une illustration saisissante en est donnée en 1914 par un étudiant de Prandtl, Carl Wieselsberger, reproduite sur la Fig. 3.7 [37]. Sur la photographie de gauche, la couche limite est laminaire sur la face amont de la sphère et l'écoulement décolle à peu près au niveau de son équateur. Sur celle de droite, un fil fixé sur la face amont de la sphère perturbe la couche limite et la rend turbulente : le décollement est retardé et la largeur du sillage s'en trouve nettement réduite. Il en résulte une pression plus élevée sur la face aval et donc une diminution de la traînée. L'exposé de ces phénomènes est aujourd'hui un classique des cours de mécanique des fluides.

Prandtl expliquera que si la découverte d'Eiffel lui a échappé, c'est que sa soufflerie était certes moins rapide, mais aussi que la turbulence résiduelle (petites fluctuations de vitesse) y était plus faible [38]. En effet, comme les travaux en soufflerie vont le confirmer, la transition turbulente dans la couche limite est favorisée par la turbulence résiduelle de l'écoulement incident : plus cette turbulence résiduelle est importante, plus la crise de traînée interviendra tôt. La détermination

[36] Eiffel (1912), p. 1597.

[37] Eckert (2006), p. 51 pour les références des publications.

[38] Darrigol (2005), p. 293.

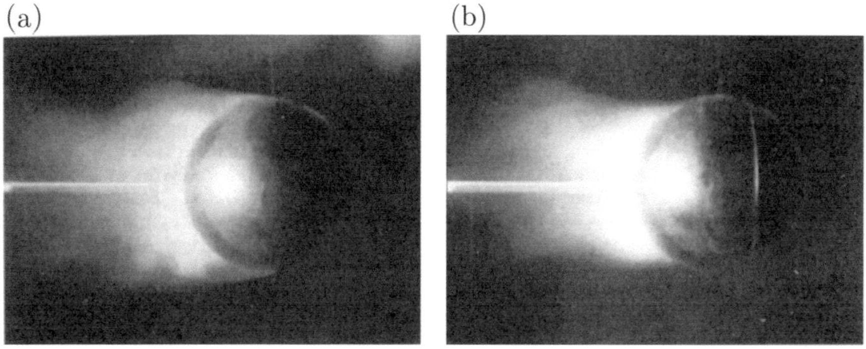

Fig. 3.7 Sillage d'une sphère visualisé par de la fumée : (**a**) la couche limite est laminaire, l'écoulement (de droite à gauche) décolle au niveau de l'équateur de la sphère ; (**b**) un fil fixé sur la sphère rend la couche limite turbulente, le décollement est retardé (clichés C. Wieselberger (1914) reproduits dans (Eckert, 2006))

du nombre de Reynolds critique de la sphère deviendra ainsi un moyen courant de qualifier la qualité d'une soufflerie.

L'élaboration de la théorie de la couche limite est une étape fondamentale pour la compréhension de l'hydrodynamique autour d'un obstacle. L'explication de la transition à la turbulence, comme celle du décollement, restent cependant encore hors de sa portée. Les tourbillons de sillage observés à l'aval de l'obstacle, autre aspect du problème, font l'objet d'importantes recherches à partir du début du siècle. Ces tourbillons ont été remarqués dès 1868 par Helmholtz, et interprétés par lui comme le résultat de l'instabilité des surfaces de discontinuité. Henri Bénard, à Paris, en publie en 1908 la première étude détaillée. Theodore von Kármán s'y intéresse aussi de près. Les « allées de tourbillons alternés de Bénard-Kármán font » l'objet de nombreuses études dans l'entre-deux-guerres, notamment autour de Bénard à Paris (cf. Chap. 5) et de Camichel à Toulouse (cf. Chap. 8).

3.3.3 *Réception de la théorie de la couche limite*

La communication de Prandtl en 1904, et l'article de huit pages qu'il rédige pour les Actes du congrès, passent quasiment inaperçus [39]. De même l'article de Blasius, en 1908, qui présente un calcul détaillé de l'écoulement sur une plaque plane. La diffusion de ses idées à l'étranger n'est alors pas la préoccupation majeure de Prandtl. Il engage à Göttingen de nombreux sujets de recherche, en hydrodynamique et aérodynamique, mais aussi en dynamique des gaz et en élasticité – il supervise

[39] Tani (1977).

17 thèses entre 1904 et 1917[40]. Il faut attendre les années vingt, et les congrès internationaux de mécanique appliquée dont von Kármán prend l'initiative, pour que la théorie de la couche limite attire enfin l'attention. Horace Lamb, dans la 5e édition de son cours *Hydrodynamics*, publiée en 1924, n'y consacre que quelques lignes. En France, Henri Bouasse lui consacre, en 1928, un chapitre complet de son *Hydrodynamique générale* (voir ci-après).

3.4 Turbulence

3.4.1 *La transition à la turbulence*

Ainsi que l'a montré Reynolds en 1883, l'écoulement de Poiseuille en tube est instable au-delà d'un certain "nombre de Reynolds", cette instabilité se manifestant par une transition brutale vers la turbulence. De façon semblable, la couche limite sur une paroi solide montre une instabilité, avec des conséquences importantes sur la traînée. Compte tenu de la finesse de la couche limite, l'observation directe de cette instabilité reste impossible jusqu'aux années trente, mais les observations de Blasius et d'Eiffel, interprétées par Prandtl (voir ci-dessus), en donnent une preuve indirecte. La nature de cette instabilité reste alors à comprendre.

Pour un écoulement non visqueux, Rayleigh a établi une condition nécessaire d'instabilité : le profil de l'écoulement de base doit présenter un point d'inflexion. Or, ni l'écoulement en tube – de profil parabolique – ni la couche limite ne présentent de point d'inflexion[41]. Leur instabilité doit donc faire intervenir la viscosité, conjecture toutefois problématique compte tenu du caractère essentiellement dissipatif des effets visqueux. Un pas décisif dans l'approche théorique du problème est accompli par William Orr (1907), à Dublin, et indépendamment par Arnold Sommerfeld (1908), à Munich. L'équation différentielle qu'ils établissent gouverne l'évolution d'une perturbation de tout écoulement parallèle visqueux. La résolution de cette équation – linéaire mais à coefficients non constants – va engendrer de nombreux travaux, notamment par Werner Heisenberg (1924), étudiant de Sommerfeld, et par Walter Tollmien (1929) et Hermann Schlichting (1933), étudiants de Prandtl. Il faudra cependant attendre les résolutions numériques, à partir des années 1950, pour que le problème, très ardu, s'éclaircisse[42].

Notons ici l'étude par Taylor (1923) de la stabilité de l'écoulement visqueux entre deux cylindres coaxiaux, où, pour la première fois, une théorie d'instabilité s'accorde remarquablement bien aux expériences. L'instabilité de "Couette-Taylor" alors mise en évidence aura une forte postérité, et jouera dans la seconde moitié du XXe siècle un rôle important dans l'élucidation des "routes vers le chaos".

[40] Eckert (2006), §2.3.

[41] Darrigol (2005), §5.5.

[42] Lin (1967) ; Eckert (2010), pp. 114–116 ; Charru (2011), chap. 5.

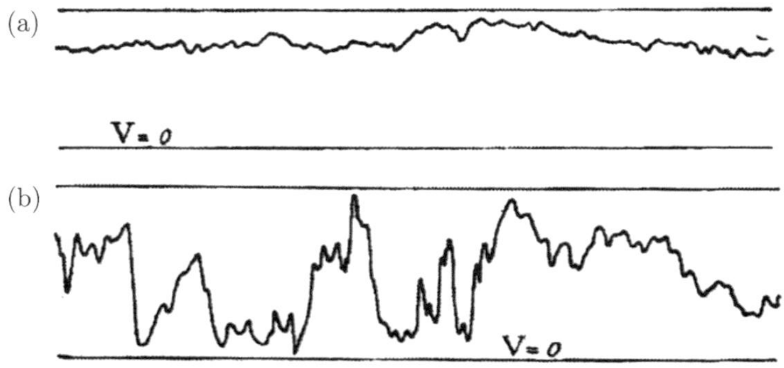

Fig. 3.8 Vitesse du vent sur l'île de Ré, enregistrée en 1925 par fil chaud ; (**a**), vent marin W-SW à deux mètres du sol, peu turbulent ; (**b**) vent terrestre N-E à dix mètres du sol, très turbulent. La durée de l'enregistrement est de 20 secondes, l'échelle verticale entre les deux traits est (**a**) 12 m/s, (**b**) 15 m/s (Magnan, 1929)

3.4.2 Introduction du point de vue statistique

Au-delà de la question de la transition à la turbulence, se pose celle de la description des écoulements pleinement turbulents – les plus fréquents dans la nature comme dans l'industrie, au moins aux échelles supérieures au centimètre. La Fig. 3.8 illustre un tel écoulement avec deux enregistrements du vent à l'île de Ré, réalisés en septembre 1925 par Magnan, Huguenard et Planiol avec un anémomètre à fil chaud (la technique est décrite ci-après). Le premier enregistrement correspond à un vent marin, peu turbulent ; le second, à un vent terrestre, très turbulent. On y voit la vitesse fluctuer tant en amplitude qu'en période. Vouloir décrire le détail de ces fluctuations en tout point de l'espace est sans espoir, et une telle description serait, de toutes façons, sans utilité pratique. La seule théorie envisageable est donc une théorie statistique, qui s'attache à décrire les propriétés statistiques de la turbulence.

L'idée d'une mécanique statistique n'est pas nouvelle : la théorie cinétique des gaz, développée au cours de la seconde moitié du XIXe siècle notamment par Maxwell et Boltzmann, montre comment les lois empiriques de la thermodynamique peuvent être retrouvées à partir de considérations statistiques sur le mouvement des molécules. Mais la situation est ici différente : les tourbillons de la mécanique des fluides n'ont pas la même individualité que les atomes, ils sont beaucoup moins nombreux, et leur énergie mécanique ne se conserve pas : non entretenue, celle-ci est dissipée en énergie interne (aux échelles moléculaires) par la viscosité. La théorie cinétique des gaz va cependant inspirer les premières théories de la turbulence.

Geoffrey Taylor (1886–1975), jeune chercheur à l'université de Cambridge, s'intéresse à la météorologie, et plus particulièrement au mélange et aux transferts verticaux de quantité de mouvement et de température liés aux fluctuations turbulentes. Il note que près du sol, les fluctuations horizontales du vent sont plus importantes que les fluctuations verticales, mais qu'à quelques mètres d'altitude, ces fluctuations sont quasiment isotropes[43]. En 1912, il embarque sur un trois-mâts barque, le *Scotia*, pour une campagne d'exploration des mers arctiques visant à résoudre le problème de la localisation des icebergs – le *Titanic* vient de faire naufrage. Lançant des cerfs-volants et ballons-sondes dans l'atmosphère, Taylor relève les profils de vitesse et de température. Ses observations le confortent dans l'idée que ces profils sont gouvernés par une diffusion "effective", liée à l'agitation turbulente, beaucoup plus vigoureuse que la diffusion moléculaire. Cette viscosité effective, concept avancé antérieurement par Saint-Venant et Boussinesq, fait intervenir deux échelles : une vitesse locale du vent, et un "libre parcours moyen" des tourbillons. Une approche statistique de ces échelles doit être entreprise.

Dans les années vingt, l'intérêt croissant des physiciens pour le "bruit" et les phénomènes aléatoires fait apparaître la nécessité de développer de nouveaux outils mathématiques, autour de la notion de probabilité. En mécanique des fluides, il s'agit d'abord de préciser les notions de moyennes temporelle et spatiale introduites par Reynolds. Le concept de "moyenne statistique", au sens de la théorie des probabilités, est alors élaboré, comme la moyenne sur un "ensemble de réalisations" d'écoulements soumis aux mêmes conditions macroscopiques externes[44]. Les notions de vitesse moyenne ou de température moyenne, ou "moments statistiques d'ordre un", se trouvent ainsi bien définies. On définit de même les moments d'ordre supérieur en un même point (en particulier, les variances des fluctuations de vitesse qui mesurent l'intensité de la turbulence) et les fonctions de corrélation des fluctuations en deux points différents (dans l'espace ou dans le temps). Taylor, dans un article sur la diffusion par des mouvements *continus* (1921), est le premier à reconnaître l'importance de ces fonctions de corrélation, qui donnent une mesure de la cohérence spatiale ou temporelle de la structure de l'écoulement[45].

Deux directions de recherche se dessinent alors : la première, vers la description des grandes échelles de la turbulence ; et la seconde, vers les petites échelles. Les grandes échelles apparaîtront essentiellement dépendantes de la géométrie de l'écoulement (tubes, canaux, sillages, jets, couches limites, etc.), et leur étude sera dominée par le problème de la fermeture – semi-empirique – des corrélations introduites par l'opération de prise de moyennes. La seconde direction s'attachera à déterminer les lois des petites échelles, qui, affranchies de la géométrie externe de l'écoulement, doivent posséder un caractère "universel".

Du point de vue expérimental, une technique majeure d'exploration de la turbulence apparaît au début des années vingt : l'anémométrie par fil chaud. Cette technique repose sur la dépendance avec la température de la résistance électrique d'un fil de platine chauffé par effet Joule : placé dans un écoulement, le fil est d'autant plus refroidi, et sa résistance plus faible, que l'écoulement est rapide. En France, la technique est développée à partir de 1923 par Antoine Magnan, Eugène

[43] Batchelor (1996), chap. 4–5.

[44] Chassaing (2019).

[45] Sreenivasan (2011), §4.3.

Huguenard et André Planiol[46]. La Fig. 3.8 en donne une illustration. Médecin et physiologiste, directeur à l'École des hautes études, Magnan est à partir de 1926 professeur au Collège de France, sur la chaire de mécanique animale appliquée à l'aviation, fondée par le ministère de l'Air. Les anémomètres qu'il met au point avec ses collaborateurs permettent la mesure du vent en grandeur et en direction, et sont à l'origine d'observations tout à fait remarquables sur la turbulence atmosphérique : variations avec l'altitude (avec renvoi des mesures au sol par ondes radio (TSF)), effets thermiques, effet de la rugosité du sol, effet d'obstacles, détermination des accélérations, etc[47].

L'anémométrie par fil chaud est également développée dans les mêmes années par Johannes Burgers à Delft (Pays-Bas), et par Hugh Dryden et Arnold Kuethe au *National Bureau of Standarts* à Washington[48]. L'emploi de fils de platine de très petit diamètre – de l'ordre du centième de millimètre – permet une résolution spatiale de l'ordre de 0,05 mm et une résolution temporelle voisine de la milliseconde. Burgers confirme ainsi la "loi du $1/7$" au premier Congrès international de mécanique appliquée (ICAM), à Delft en 1924.

3.4.3 Turbulence de paroi, lois semi-empiriques

La résolution des problèmes d'ingénierie, aéronautique en particulier (forces de traînée, transferts thermiques, etc.), appelle l'attention sur la turbulence à grande

---

[46] Sur un anémomètre à fil chaud à compensation, *C. R.* **176**, 287 (1923) ; Sur un appareil donnant la direction instantanée du vent, *C. R.* **176**, 663 (1923) ; voir également Huguenard et al. (1923, 1926). Pour une biographie de Magnan, cf. Chap. 1 ; pour Huguenard, cf. Fontanon & Grelon (1994, pp. 678–683). Pour les développements ultérieurs de la technique, cf. Comte-Bellot (1976).

[47] Voir notamment (Magnan, 1929) et (Magnan, 1931). La première référence est le texte d'une conférence donnée en Allemagne ; la seconde rassemble ses leçons au Collège de France pendant l'année 1929–1930 ; Magnan y discute le vol battu et le vol à voile – étudiés à l'aide de la « cinémitrailleuse » de Marey et d'accélérographes enregistreurs fixés sur le dos de divers oiseaux.

[48] H. L. Dryden & A. M. Kuethe, The measurement of fluctuations of air speed by the hot-wire anemometer, NACA – report n°320, 1929. Ce rapport cite les travaux de Huguenard, Magnan et Planiol. Hugh Latimer Dryden (1898–1965), diplômé de l'université John Hopkins (Maryland), entre en 1918 en qualité d'assistant de laboratoire à la section aérodynamique du *National Bureau of Standards*. Il s'y distingue pour ses travaux théoriques et expérimentaux sur la turbulence dans la couche limite, et devient, en 1934, chef de la division Mécanique et Acoustique. En 1945, il est honoré de la médaille de la Liberté pour ses contributions scientifiques pendant la guerre (avec son équipe, il a notamment mis au point le premier missile autopropulsé et autoguidé). Directeur associé du NBS en 1946, il est nommé l'année suivante à la tête du *National advisory committee for aeronautics* (NACA, devenu NASA en 1958). Grand commis de l'État, très écouté, grand artisan de la coopération scientifique internationale, Dryden est choisi comme président de l'IUTAM en 1952. La même année, il fonde le *Advisory group for aeronautical research and development* (AGARD) dans le cadre de l'Alliance atlantique (OTAN). Il est élu correspondant de l'Académie des sciences de Paris en 1959, puis membre associé étranger en 1965, où il succède à von Kármán (Roy, 1965).

échelle. La question de la fermeture des équations de Reynolds – où interviennent les contraintes de Reynolds inconnues – requiert des expériences.

Après sa thèse à Göttingen, Blasius travaille à Berlin dans un laboratoire d'hydraulique. Ses propres expériences et d'autres résultats qu'il collecte, montrent que le coefficient de frottement dans un tube varie comme $\mathrm{Re}^{-1/4}$ où Re est le nombre de Reynolds[49]. De ces mesures, publiées en 1913, Prandtl et von Kármán déduisent une des premières "théories semi-empiriques de la turbulence", d'après laquelle le profil de vitesse suit la loi de puissance $U \propto y^{1/7}$ où y est la distance à la paroi[50]. Les expériences sur la couche limite turbulente se multiplient : au *National Physical Laboratory* (NPL, dans les environs de Londres) avec Thomas Stanton – un ancien collaborateur de Reynolds –, à Delft autour de Burgers et à Washington autour de Dryden.

Le nombre de Reynolds des expériences augmentant, des écarts à la loi de Blasius apparaissent : le coefficient de frottement décroît en réalité moins vite que ne le prédit cette loi ainsi que le montre Nikuradse en 1928. Prandtl, comprenant que la loi du $1/7$ doit être abandonnée, reprend alors des idées en gestation depuis plusieurs années, et aboutit en 1930 à sa théorie de la "longueur de mélange" des tourbillons. Cette loi prédit notamment un profil de vitesse logarithmique, résultat majeur rapidement confirmé par les expériences. Entre 1920 et 1934, Prandtl dirige 22 thèses de doctorat sur divers aspects de la turbulence[51]. Von Kármán établit de son côté la même loi logarithmique, qu'il publie au troisième ICAM à Stockholm en 1930 – il a cette année-là émigré définitivement aux États-Unis, où il dirige le laboratoire d'aérodynamique du *California Institute of Technology* (CalTech)[52]. Son raisonnement, différent de celui de Prandtl, est purement dimensionnel ; il fait intervenir une seule constante indéterminée – qui porte désormais son nom –, fixée par les expériences. La question de la paternité de la loi logarithmique alimentera une longue rivalité – policée mais intense – entre les deux hommes.

3.4.4 La turbulence à petite échelle

Taylor, après s'être tourné en 1921 vers d'autres problèmes de mécanique, revient à la turbulence en 1935. Il s'intéresse alors plus spécifiquement à ses petites échelles et à leur description statistique. L'intérêt de cette turbulence tient à son caractère à peu près homogène et isotrope, et à l'universalité qu'on peut attendre de ses propriétés statistiques (propriétés de transfert, de diffusion et de mélange). Taylor développe les relations entre fonctions de corrélation et transformées de Fourier. Sa reformulation des lois statistiques en termes des vitesses eulériennes

---

[49] Eckert (2006), §5.1.

[50] Bodenschatz & Eckert (2011), §2.4.

[51] Eckert (2006), §5.2.

[52] von Kármán (1954), chap. III.

– et non plus lagrangiennes – conduit à des simplifications importantes[53]. Ces idées peuvent être testées expérimentalement dans les souffleries, où l'on s'intéresse de près à la turbulence résiduelle de l'écoulement, qui affecte les forces sur les maquettes. Cette turbulence est contrôlée par l'interposition, juste à l'amont de la veine d'expériences, de fines grilles filtrant les structures tourbillonnaires ; son évolution vers l'aval est mesurée au tube de Pitot, puis au fil chaud.

Les travaux de Andrei Kolmogorov et Alexandre Obukhov, publiés à Moscou en 1941 mais reconnus en Europe, notamment par George Batchelor, seulement après la guerre, marquent un moment majeur de l'histoire de la turbulence. Kolmogorov formalise l'idée que l'énergie cinétique de l'agitation turbulente, produite au niveau des grandes échelles de l'écoulement, "cascade" vers les plus petites, par un mécanisme d'instabilité de cisaillement entre tourbillons, jusqu'aux échelles ultimes – dites de Kolmogorov – où se manifeste la dissipation visqueuse. Il établit les lois de cette cascade pour la turbulence homogène et isotrope, où n'interviennent que deux paramètres : la puissance mécanique injectée dans les grandes échelles au niveau macroscopique, et la viscosité cinématique du fluide. Les mesures de spectres d'énergie des fluctuations confirmeront ces prédictions, appelées à jouer un rôle majeur dans les décennies suivantes. En France, Joseph Kampé de Fériet, à l'institut de mécanique des fluides de Lille, prend à partir de 1933 une part active à ces recherches (cf. Chap. 6).

3.5 Autres thématiques

Les thématiques précédentes – forces de portance et de traînée sur un obstacle, couche limite, turbulence –, essentielles pour l'aérodynamique, n'épuisent pas la variété des questions de mécanique des fluides étudiées dans les laboratoires dans la première moitié du XXe siècle. Une thématique active dès les années de la Grande Guerre est celle des écoulements de gaz à grande vitesse – au voisinage de la vitesse du son –, où se manifestent la compressibilité du gaz et des effets thermiques importants. Émile Jouguet en est un pionnier français. Les applications concernent alors surtout la ballistique – dynamique interne des armes à feu, résistance à l'avancement des projectiles –, étudiée notamment par Eugène Huguenard et André Planiol. Les compresseurs de la Compagnie parisienne de l'air comprimé permettent à ces derniers d'obtenir, à la sortie de buses, des jets d'air à 450 mètres par seconde, de mesurer la force sur différents obstacles, et de photographier des ondes de choc visibles à l'œil nu (Fig. 3.9). Leurs publications dans *La Technique Aéronautique*, en 1924, sont traduites en anglais par le NACA américain[54].

L'intérêt pour les écoulements compressibles, présent dès le début du siècle en liaison avec la balistique et les écoulements dans les turbines, croît fortement dans

[53] Batchelor (1996), chap. 12 ; Sreenivasan (2011), §4.5.

[54] Huguenard (1924).

Fig. 3.9 Onde de choc à l'avant d'un projectile de 37 mm de diamètre (Huguenard 1924)

les années trente avec l'augmentation de la vitesse de rotation des hélices aériennes et de la vitesse des avions. Le laboratoire de Jacob Ackeret – un ancien étudiant de Prandtl – à Zurich, et celui de Adolf Busemann à Dresde, se spécialisent sur ces écoulements. Des souffleries supersoniques apparaissent, tandis que se développent de nouvelles méthodes d'observation – interférométrie, strioscopie – fondées sur la variation de l'indice optique du gaz avec sa densité (effet Schlieren)[55]. Sur le plan théorique, de nouveaux problèmes se présentent également, liés au caractère hyperbolique des équations de la dynamique des gaz à grande vitesse, qui propagent des ondes. En 1935, un congrès Volta dédié à ces écoulements, organisé à Rome par Arturo Crocco, rassemble pour la première fois les spécialistes internationaux du domaine[56].

Mentionnons brièvement d'autres thématiques en développement :

- les écoulements en repère tournant, en liaison avec des applications aux turbomachines et à la géophysique (le norvégien Wilhelm Bjerknes fonde la mécanique des mouvements atmosphériques et océaniques) ;
- les écoulements stratifiés en densité, qui jouent un rôle majeur en géophysique ;
- la cavitation autour des hélices marines ;
- l'acoustique et la détection sous-marine ;
- la lubrification des mécanismes et des moteurs.

[55] Eckert (2006), chap. 7 ; von Kármán (1954), chap. IV ; Anderson (1997), chap. 9. Les écoulements compressibles et la "méthode des stries" font l'objet d'un chapitre de l'*Introduction à la mécanique des fluides* d'Adrien Foch (1932).

[56] Eckert (2006), pp. 228–232.

Sydney Goldstein, dans son article de revue[57], offre une synthèse des progrès réalisés sur ces thématiques entre 1900 et 1950.

3.6 La vie académique internationale

3.6.1 Échanges et revues scientifiques

Une tradition universitaire ancienne, la *peregrinatio academica*, fait de la circulation des savants un élément essentiel de la vie des idées. Citons seulement Leonhard Euler (1707–1783) et Joseph-Louis Lagrange (1736–1813) : le premier, né à Bâle, passe l'essentiel de sa vie entre Saint-Pétersbourg et Berlin; le second, né à Turin où il passe le premier tiers de sa vie, réside ensuite une vingtaine d'années à Berlin avant de s'installer finalement à Paris où il acquerra la nationalité française. Cette tradition reste vivante en France au tournant du XXe siècle. Paul Painlevé part ainsi faire sa thèse à Göttingen avec Félix Klein (1886), Joseph Pérès à Rome avec Vito Volterra (1911).

La Première Guerre mondiale interrompt les échanges; la paix revenue, les blessures restent vives, notamment entre la France et l'Allemagne. Ainsi en décembre 1919, Eiffel, indirectement sollicité par Prandtl qui cherche à renouer avec lui, lui oppose une fin de non-recevoir :

> Je considère qu'il n'est pas douteux que, suivant l'opinion unanime des savants français et notamment de l'Académie des Sciences, il est impossible de songer, avant longtemps, à entretenir des relations personnelles avec les savants Allemands. Aussi, quelle que soit la très haute estime dans laquelle je tiens les travaux d'un homme aussi éminent que Monsieur Prandtl, je chercherai à me procurer ce qu'il publiera par voie d'achat et à en profiter de mon mieux[58].

La situation se détend au milieu des années vingt, et les échanges reprennent. Le moscovite Dimitri Riabouchinsky soutient ainsi son doctorat à Paris en 1922, invité par Painlevé qui obtient pour lui, en 1925, un poste d'ingénieur attaché à sa chaire à la Sorbonne. Dans l'autre sens, Robert Mazet, envoyé par Painlevé, fait son doctorat à Rome avec Tullio Levi-Civita, qu'il soutient en 1928. Ces échanges restent cependant relativement rares, au moins jusqu'à la fin des années vingt[59].

Plus que par les voyages, idées et comptes-rendus de travaux scientifiques circulent par le biais des revues. Il n'existe pas encore de grand journal international de mécanique ou de physique, mais les revues nationales, éditées par les académies et les sociétés savantes, sont lues par-delà les frontières[60]. En Allemagne, il s'agit notamment du *Zeitschrift für Mathematik und Physik* et, pour l'aéronautique, du

[57] Goldstein (1969). Voir également Eckert (2006), chap. 7.

[58] Cité par Eckert (2006), p. 87.

[59] Pestre (1992), pp. 153–165.

[60] Eckert (2012).

Zeitschrift für Flugtechnik und Motorluftschiffahrt. En Angleterre, ce sont les *Philosophical Transactions of the Royal Society* et les *Proceedings of the Royal Society*, ainsi que le *Philosophical Magazine*. En France, ce sont les *Comptes Rendus de l'Académie des sciences* et les *Annales de Chimie et de Physique*, ou, plus généraliste, la *Revue générale des sciences pures et appliquées*. Un vecteur important de diffusion vers les États-Unis des travaux réalisés en Europe est le NACA, qui traduit de nombreux rapports et publications. Les travaux de Toussaint en aérodynamique expérimentale et ceux de Magnan sur le fil chaud sont ainsi bien reconnus[61].

3.6.2 Les Congrès internationaux de mécanique appliquée (ICAM)

Dans le contexte tendu de l'après-guerre, peu propice aux échanges internationaux, la conférence informelle organisée en 1922, à Innsbrück, par Theodore von Kármán et Tullio Levi-Civita, est un événement remarquable. Von Kármán, alors directeur de l'institut aérodynamique d'Aachen, en a pris l'initiative. La raison de son association à l'éminent mathématicien italien est scientifique mais aussi politique : Levi-Civita, connu pour ses opinions pacifistes et internationalistes, appartient au camp des Alliés opposé à l'Allemagne. La lettre d'invitation à la conférence, rédigée en français et signée par von Kármán, Levi-Civita, Prandtl et Oseen, met l'accent sur le vœu de réunir ensemble « quelques savants et ingénieurs » autour des « problèmes fondamentaux de l'Hydraulique et de l'Aérotechnique »[62].

Le projet rencontre des résistances, malgré le souci des organisateurs de ménager les sensibilités nationales et de tenir la conférence à distance de l'*International Research Council*, connu pour son intransigeance vis-à-vis de l'Allemagne et ses anciens alliés[63]. Vito Volterra, à Rome, qui ne cache pas ses positions anti-germaniques, décline l'invitation. Les savants français déclinent également, emmenés par Marcel Brillouin qui écrit à Levi-Civita que tant que les Allemands n'auront pas payé pour les destructions qu'ils ont causées, il ne pourra pas leur serrer la main[64]. De l'autre côté, Richard von Mises, directeur de l'institut des mathématiques appliquées de l'université de Berlin et fondateur du journal *Zeitschrift für Angewandte Mathematik und Mechanik* (ZAMM), refuse également sa participation, s'étonnant que des professeurs allemands veuillent partager leurs

[61] (Toussaint, 1922), (Huguenard et al., 1923), (Huguenard, 1924) et (Magnan, 1929) sont parmi les premières publications traduites. Les publications américaines citent également des travaux français originaux; Dryden & Kuethe, *op. cit.*, citent ainsi les articles de Magnan dans *La Technique Aéronautique* (1926).

[62] Battimelli (2016), p. 23.

[63] Pestre (1992), chap. 5.

[64] Battimelli (2016), p. 24.

Fig. 3.10 Quatre maîtres de la mécanique des fluides de la première moitié du XXe siècle : L. Prandtl (1875–1953), Th. von Kármán (1881–1963), G. I. Taylor (1886–1975) et J. Burgers (1895–1981)

recherches en aérodynamique alors que le traité de Versailles leur interdit de construire des avions. Les Français, de leur propre décision, ne participeront pas. Ce sont tout de même 33 scientifiques qui se retrouvent à Innsbrück – allemands, autrichiens, hollandais, norvégiens, suédois, italiens, et même un français –, pour une conférence qui sera unanimement considérée très fructueuse.

Le succès de la conférence d'Innsbrück incite von Kármán à renouveler l'expérience deux ans plus tard. Il en confie l'organisation à Johannes M. Burgers (1895–1981), jeune scientifique hollandais titulaire de la chaire de mécanique des fluides à Delft (Fig. 3.10). Burgers s'adjoint son collègue Cornelis Biezeno, spécialiste de la théorie de l'élasticité. La Hollande, restée neutre dans le conflit, est susceptible de rassembler les anciens belligérants. Mais ces préventions diplomatiques ne suffisent pas. Von Kármán a beau déployer tous ses talents de médiateur, von Mises et Prandtl font de la participation des Français un motif de refus de leur soutien. Ce dernier, arguant de « l'occupation illégale » de la région de la Ruhr (mesure de rétorsion décidée par le Gouvernement français au motif que les Allemands ne respectent pas les clauses de réparations du traité de Versailles), déclare ainsi :

> Je ne souhaite pas avoir de relations personnelles avec un citoyen français ou belge, sauf s'il condamne clairement la politique de son Gouvernement. Je vous demande, en conséquence, de ne m'inclure dans le comité préparatoire qu'à la condition que, pour quelque raison, les Français ne participeront pas [65].

Ceux-ci, de leur côté, déclinent l'invitation ou l'ignorent, en dépit de l'offre d'adjoindre quatre d'entre eux au comité scientifique du congrès. Cette « auto-élimination des Français », selon l'expression de Prandtl, résout le problème. La conférence a lieu à Delft en 1924. Elle rassemble plus de 200 mathématiciens et mécaniciens issus de dix pays : les six de la conférence d'Innsbrück, auxquels se sont ajoutés l'Angleterre, la Belgique, les États-Unis et la Russie.

Le congrès de Delft s'institue comme le premier des Congrès internationaux de mécanique appliquée (ICAM), qui réuniront désormais, tous les quatre ans, théoriciens, expérimentateurs et ingénieurs de la mécanique des fluides et des solides. Le suivant sera calé en 1926 pour déphaser les congrès de mécanique des congrès de mathématiques, quadriennaux eux aussi. Le contexte international reste cependant tendu : lorsque la Suisse et l'Italie se proposent pour accueillir la conférence de 1926, à Zurich ou à Rome, Richard von Mises fait valoir que Zurich serait bien préférable du fait de la neutralité politique de la Suisse. Les français, à nouveau invités à se joindre au comité du congrès, acceptent cette fois d'y envoyer quatre personnes : Henri Villat, Émile Jouguet, Ernest-Paul Hahn et Gabriel Kœnigs. L'ICAM de Zurich rassemble 251 scientifiques dont 22 français, représentant 22 pays [66]. Une recension de la conférence est faite dans la revue scientifique *Naturwissenschaften* [67], qui résume les dix conférences générales, dont celles de deux français : Charles Camichel, *Sur la théorie des coups de bélier*, et Émile Jouguet, *La théorie thermodynamique de la propagation des explosions* [68].

---

[65] Cité par Eckert (2006), p. 98.

[66] Parmi les participants français : Barrillon, Bénard, Bouligand, Bühl, Camichel, Hahn, Jouguet, Kampé de Fériet et Risser (J. Kampé de Fériet à A. Châtelet, le 28 sept. 1926. Arch. du Pas-de-Calais, 81J1, fonds Châtelet).

[67] T. Pöschl, Zweiter Internationaler Kongreß für Technische Mechanik in Zürich. Naturwissenschaften **14**, 1029–1032 (1926). https://doi.org/10.1007/BF01504752

[68] Émile Jouguet (1871–1943), ingénieur de l'École polytechnique (1889) et des Mines de Paris (1895), débute comme ingénieur des mines et du contrôle des chemins de fer, à Bordeaux (où il se lie avec Pierre Duhem) puis à Clermont-Ferrand et Paris. Il mène en parallèle une carrière d'enseignant et de chercheur, comme professeur de machines à l'École des mines de Saint-Étienne puis de Paris, professeur de thermodynamique à l'École du génie rural, et professeur de mécanique à l'École polytechnique (1920–1939). Ses travaux portent sur la mécanique des fluides compressibles, la thermodynamique, la combustion dans les moteurs thermiques, les explosifs et la propagation des ondes de choc (condition de Chapman-Jouguet). Inspecteur général des Mines (1923), membre de l'Académie des sciences (1930), commandeur de la Légion d'honneur (1936), il laisse également un ouvrage remarqué d'histoire des sciences, les *Lectures de mécanique* (Liénard et al., 1943).

Après Zurich, Levi-Civita renouvelle son invitation à Rome pour la conférence suivante. Mais à nouveau, von Mises brandit la menace d'un boycott des Allemands, arguant de la détérioraton des relations politiques entre l'Allemagne et l'Italie. Finalement, suite à une invitation bienvenue de Carl Oseen (1879–1944), c'est à Stockholm qu'a lieu l'ICAM de 1930. Ce troisième ICAM est un grand succès : 600 scientifiques y participent. Le quatrième, en 1934, a lieu à Cambridge au Royaume-Uni (212 présentations), et le cinquième, en 1938, à Cambridge à côté de Boston dans le Massachussetts (137 présentations). Le sixième, programmé en 1942 à Paris, se tiendra à l'issue de la guerre, en 1946. Il y sera fondé l'Union internationale de la mécanique théorique et appliquée (IUTAM).

3.7 L'enseignement de la mécanique des fluides

3.7.1 Ouvrages étrangers lus en France

Les cours et ouvrages d'enseignement ont une vocation essentiellement nationale. Les plus fameux traversent cependant les frontières, tel le *Hydrodynamics* de Horace Lamb, professeur à Cambridge, qui connaît six éditions entre 1879 et 1932[69]. Essentiellement théorique, ce livre fait peu de place aux expériences. Rayleigh commente ainsi la 4e édition (1910) :

> Il n'était sans doute pas dans les intentions de l'auteur de rentrer dans le détail des questions expérimentales, mais on sent qu'il reste de la place pour un volume supplémentaire qui considèrerait plus particulièrement le coté pratique du sujet[70].

Sydney Goldstein, qui rapporte les lignes ci-dessus, est quant à lui plus direct : « Dans les années 1920, nous nous plaignions qu'il était impossible de se souvenir, en lisant Lamb, que l'eau est mouillée »[71]. L'ouvrage collectif *Modern developments in fluid dynamics*, publié en 1938, témoigne d'une nette évolution de la perspective, et de la dimension internationale prise par la discipline. Édité par Goldstein, alors professeur à Cambridge, sous l'égide de la commission de la recherche aéronautique anglaise[72], réédité trois fois, l'ouvrage aura une grande influence[73].

---

[69] Launder (2017).

[70] « It would not have accorded with the author's scheme to go into detail upon experimental matters, but one feels that there is room for a supplementary volume which should have regard more especially to the practical side of the subject. » Cité par Goldstein (1969), p. 3.

[71] « in the 1920's we were complaining that it was impossible to remember while reading Lamb that water is wet. » Cité par Goldstein (1969), p. 4.

[72] L'*Aeronautical Research Committee*, qui a succédé en 1919 à l'*Advisory Committee for Aeronautics*.

[73] Goldstein (1969).

En Allemagne, Richard von Mises publie en 1919 une *Aerodynamik des Fluges*, qui sera rééditée. Plusieurs autres livres apparaissent dans l'entre-deux-guerres, dont une traduction en allemand du livre de Hermann Glauert, *The Elements of Aerofoil and Airscrew Theory* (1926)[74].

En Italie, un ouvrage réputé est l'*Aerodinamica* (1932) d'Enrico Pistolesi, professeur de mécanique à Pise et éditeur-en-chef de la revue *L'Aerotecnica*.

Aux États-Unis, est publié en 1935 un ouvrage de synthèse en six volumes, *Aerodynamic theory – A General Review of Progress*, sous la direction de William Durand, professeur à l'université de Stanford (Californie). Vingt-trois auteurs y contribuent, dont deux français : Albert Toussaint, directeur de l'institut aérotechnique de Saint-Cyr (chapitre sur les souffleries), et Émile Barrillon, directeur du Bassin d'essais des carènes de la Marine (chapitre sur les hydravions)[75].

3.7.2 *Ouvrages français*

En France, l'enseignement de la mécanique des fluides est partagé entre les certificats de mécanique rationnelle et ceux de mécanique appliquée. Les premiers sont en général tenus par des mathématiciens, et les seconds par des physiciens, sans grande liaison entre les deux. Quelques ouvrages qui ont marqué leur époque sont brièvement présentés ci-dessous.

Léon Lecornu. Un cours de mécanique influent, en trois tomes publiés entre 1914 et 1918, est celui de Léon Lecornu (1854–1940)[76], professeur à l'École polytechnique, membre de l'Académie des sciences, et, à partir de 1929, membre du conseil d'administration de l'institut de mécanique des fluides de Paris. La mécanique des fluides est introduite au second tome, dans un chapitre de 124 pages essentiellement consacré aux fluides parfaits. « L'imperfection de fluidité » occupe les dernières pages du chapitre, avec l'écriture des équations de Navier-Stokes (mais sans référence à ces deux noms). L'existence d'un régime turbulent est à peine mentionnée en une ligne. Le troisième tome comprend un chapitre d'hydraulique (140 pages) dont les premières lignes situent bien l'objet :

[74] Eckert (2006), §6.1.

[75] Émile-Georges Barrillon (1879–1967), polytechnicien et ingénieur du Génie maritime. Affecté à la direction des constructions navales de l'Arsenal de Lorient, puis à l'Arsenal de Toulon où il crée, pendant la Première Guerre mondiale, le Centre d'études de la Marine. Membre de la Commission d'expériences de l'artillerie navale de Gâvre (Morbihan). Participe à la création de la Société hydrotechnique de France (SHF) et en préside le comité technique. Après la guerre, il est directeur des bases françaises d'Orient, puis, à partir de 1920, directeur du Bassin d'essais des carènes de la Marine. Professeur de théorie du navire à l'École du génie maritime, puis directeur de cette école. Membre de l'Académie des sciences, section de géographie et de navigation (1938), et président de cette académie (1960) ; membre de l'Académie de marine (1945) (Brard, 1967).

[76] Lecornu (1918).

> Les formules de l'Hydrodynamique sont en général trop compliquées pour fournir la solution des problèmes posés par la Mécanique appliquée. Ainsi les besoins de la pratique ont-ils conduit à établir un corps de doctrine dans lequel [. . .] on cherche à se rendre compte de l'allure générale des phénomènes. [. . .] La science en partie théorique, en partie expérimentale, que l'on parvient ainsi à constituer, se nomme l'*Hydraulique*.

Le fondement de cette hydraulique est le théorème de Bernoulli « généralisé », où les « pertes de charge » sont évaluées empiriquement. La notion de similitude n'apparaît pas, ni le nombre de Reynolds. Les expériences d'Eiffel sur la crise de traînée sont décrites, mais non leur interprétation par Prandtl. Plus généralement, on ne trouve pas de référence en dehors de Boussinesq et des hydrauliciens français (sauf mention des expériences de Lilienthal et Langley sur la résistance des obstacles).

Marcel Brillouin. Après avoir enseigné à Nancy, Dijon, Toulouse et Paris, Marcel Brillouin (1854–1948) est titulaire, à partir de 1900, de la chaire de physique générale et mathématique au Collège de France. Il publie plusieurs mémoires de mécanique des fluides, tant dans l'esprit de la "mécanique rationnelle"– notamment sur les surfaces de discontinuité[77] – que dans celui de la physique statistique des fluides. Ses *Leçons sur la viscosité des liquides et des gaz*, en particulier, présentent la viscosité comme « le plus simple de tous les phénomènes irréversibles », dont l'étude peut « prendre pour guide la théorie moléculaire »[78]. L'approche reste solidement ancrée dans l'expérimentation : « Comme toujours, c'est l'expérience qui fournit les notions fondamentales. »

Georges Bruhat. La mécanique des fluides est également présente dans les cours de physique générale, notamment dans celui de Georges Bruhat (1887–1945), professeur à l'École normale supérieure. Les quatre volumes de ce cours, publiés entre 1924 et 1933, seront réédités plusieurs fois jusque dans les années 1960[79]. Le volume de mécanique[80] fera l'objet de six éditions, la dernière (1967) étant complétée par Adrien Foch, successeur de Henri Bénard sur la chaire de mécanique expérimentale des fluides. Ce volume comprend un chapitre de "notions de mécanique des fluides" (78 pages) et un autre de "vibrations dans les fluides" (108 pages). La présentation, nettement plus moderne dans son formalisme et dans son esprit que celle de Lecornu, s'attache moins aux équations générales qu'à la discussion des phénomènes physiques, dans un esprit plus "inductif" que "déductif". Le nombre de Reynolds est défini assez tôt, ainsi que les deux régimes d'écoulement laminaire et turbulent. Les tourbillons de sillage de Bénard et la crise

---

[77] Brillouin (1911).

[78] Brillouin (1907). Rappelons que jusqu'à la publication du livre de Jean Perrin *Les atomes*, en 1913, l'enseignement français, encore dominé par les idées de Marcelin Berthelot, reste réfractaire aux théories atomiques.

[79] Arrêté par la Gestapo en août 1944 pour avoir protégé un étudiant juif à l'École normale supérieure, Georges Bruhat est déporté à Buchenwald et meurt le 1er janvier 1945 au camp de Sachsenhausen.

[80] Bruhat (1933).

de traînée y sont mentionnés, la polaire d'une aile est discutée. Les travaux originaux ne sont cependant pas cités.

Henri Bouasse. Enseignant la physique à la faculté des sciences de Toulouse à partir de 1892, Henri Bouasse (1866–1953) occupe la chaire de physique de 1897 à 1937. Il accorde dans ses ouvrages une place importante à la mécanique des fluides. Dans son premier cours de mécanique physique, en 1912, dix chapitres lui sont consacrés, sur près de 400 pages (la viscosité, la résistance des fluides, les tourbillons, les ondes, l'acoustique, la capillarité. . .). Sa monumentale *Bibliothèque scientifique de l'ingénieur et du physicien*, en 45 volumes publiés entre 1911 et 1932, comprend huit volumes de mécanique des fluides et sept d'acoustique[81].

Le volume *Jets, tubes et canaux* (1923) rapporte avec précision les expériences de Reynolds sur la transition à la turbulence en tube, la présentant comme la manifestation d'une « instabilité du régime de Poiseuille » dont la nature reste à comprendre. Bouasse – qui a manifestement lu l'article original – relève ainsi :

> Cette expérience ne fournit donc pas [pour la vitesse critique] une limite bien déterminée; elle montre la possibilité de maintenir le régime de Poiseuille dans des conditions où le régime hydraulique se produit ordinairement.

Le premier tome sur les tourbillons décrit en détail plusieurs avancées récentes, notamment les tourbillons thermoconvectifs de Bénard, l'écoulement de Couette-Taylor entre deux cylindres tournants et le critère d'instabilité centrifuge de Rayleigh. Il y est aussi discuté l'instabilité d'une nappe de tourbillons et ses variantes étudiées par Rayleigh, et les allées de tourbillons de Bénard avec leur stabilité selon von Kármán.

L'*Hydrodynamique générale*[82] présente un panorama bien informé. Les idées de Lanchester et les calculs de Kutta et Joukovski sont discutés. Le paradoxe de d'Alembert et son contournement par les surfaces de discontinuité fait l'objet d'un chapitre entier, qui conclut lucidement : « Cette théorie de la résistance, en faveur il y a 40 ans, soulève des critiques nombreuses. [Elle] est abandonnée ». Vient ensuite un remarquable chapitre sur la théorie de la couche limite (19 pages), le premier semble-t-il dans un ouvrage en français. Dans le chapitre qui suit, intitulé *Translation des sphères* (77 pages), Bouasse décrit les expériences d'Eiffel et sa découverte de deux régimes. L'explication qu'en donne Prandtl est clairement résumée :

> Le régime de *petite* résistance correspond à la *turbulence de la couche limite*; la ligne de décollement est reculée vers l'arrière; le volume tourbillonnaire est très réduit. Ce régime est normal aux grandes vitesses; on l'obtient aux petites vitesses avec des vents rendus systématiquement irréguliers (tourbillonnaires).

---

[81] Les huit volumes de mécanique des fluides ont pour titre : *Hydrostatique, équilibre des corps flottants*; *Capillarité, phénomènes superficiels*; *Jets, tubes et canaux*; *Houle, rides, seiches et marées*; *Tourbillons* (deux tomes); *Hydrodynamique générale – Fluides parfaits et visqueux – Ailes d'avion*; *Résistance des fluides*.

[82] Bouasse (1928).

Ce long chapitre présente également la théorie de Stokes pour les petites sphères (à nombre de Reynolds nul) ainsi que la correction inertielle d'Oseen. L'encyclopédisme de Bouasse s'appuie sur des sources de première main :

> On s'accorde à trouver mes livres "vivants". Voici mon secret : je ne prends rien dans les ouvrages de seconde main : je lis et relis les mémoires originaux. Celui qui découvre un fait a toujours une vision concrète, ingénue, qui ne se retrouve pas dans la suite.

Il éprouve une admiration particulière pour les physiciens anglais :

> J'aime leur tournure d'esprit : parmi les livres que je consulte le plus souvent sont les "Scientific papers" de Stokes, Faraday, Kelvin, Rayleigh, sans parler d'une foule d'autres. Le génie n'est pas chose commune : quand je le rencontre je sais m'incliner.

Sa *Bibliothèque* achevée, Bouasse publie dans les années 1930 onze mémoires de mécanique des fluides, dont trois dans les *Publications scientifiques et techniques du ministère de l'Air*, sur les tourbillons et les fluides tournants.

Adrien Foch. Nommé en 1930 maître de conférences de mécanique expérimentale des fluides à la Sorbonne, attaché à la chaire de Bénard, Adrien Foch (1887–1980) publie en 1932 une *Introduction à la mécanique des fluides*[83], rééditée en 1947. Cet ouvrage (200 pages) est celui d'un physicien, écrit pour des étudiants, où expériences et applications trouvent une bonne place (« Les phénomènes ne sont vraiment connus qu'une fois exprimés par des nombres »). La présentation reste assez élémentaire et descriptive, sans grand développement de calculs. Une originalité du livre est de proposer des exercices, avec applications numériques.

Les premiers chapitres sont classiques (analyse dimensionnelle, cinématique, dynamique des fluides parfaits, viscosité), mais bien illustrés d'exemples liés à l'aéronautique. Les techniques de mesure font l'objet d'un chapitre spécifique présentant notamment la chronophotographie, la strioscopie et la mesure de vitesse par fil chaud (« Si le fil est assez fin, le système a peu d'inertie thermique pour suivre des variations dont la durée est de l'ordre de 0,1 seconde »). Le chapitre sur la couche limite (13 pages) présente brièvement l'analyse dimensionnelle déterminant son épaisseur, mais ne donne pas les équations de Prandtl (ni leur résolution par Blasius). L'essentiel du chapitre porte plutôt sur la formation des sillages :

> Pour donner une idée de la fécondité de la notion de couche limite, je vais montrer comment on peut, grâce à elle, expliquer certains des phénomènes liés à la formation des sillages.

Foch discute ainsi le décollement à l'aval d'un obstacle, les allées de tourbillons alternés – Bénard et von Kármán ne sont pas cités –, et la résistance à l'avancement. La transition à la turbulence est rapidement évoquée, de façon moins précise que dans Bouasse. Les deux derniers chapitres sont consacrés aux ondes de pression dans les conduites (sujet de sa thèse à Toulouse) et aux écoulements compressibles, où Foch évoque les « expériences récentes » sur les chocs de son doctorant Raymond Tremblot. Curieusement, le nom de Bénard n'apparaît nulle part, ni celui de Camichel (avec qui il a fait sa thèse, et dont on perçoit l'influence pour les questions

[83] Foch (1932).

de similitude). Plus généralement, peu de noms sont donnés, ni le contexte des travaux évoqués.

Une dernière page « Ouvrages à consulter » indique tout d'abord les *Bulletins techniques* de la Marine et de l'Aviation de quatre pays : France (BST), Allemagne, Angleterre, et États-Unis (NACA). Pour les ouvrages généraux, sont ensuite cités quatre allemands (« très remarquables », dont un de Prandtl et Tietjens), deux anglais (Lamb et Glauert), et deux français (Appell et Villat, « utiles pour les questions théoriques »). « Enfin, conclut Foch, le lecteur français ne saurait ignorer les ouvrages de H. Bouasse », dont il donne quelques titres. Pour les problèmes industriels, sont cités Rateau, Eydoux et Gariel (sur les turbines hydrauliques), Stodola (turbines à vapeur), et Toussaint et Carafoli (profils d'ailes d'avion). Cette bibliographie, qui donne une idée des ouvrages qui circulent dans les laboratoires français, fait donc une bonne place à la littérature étrangère.

Charles Sadron. Le premier exposé en français sur la couche limite turbulente semble être celui de Charles Sadron (1902–1993), physicien au laboratoire de mécanique des fluides de Strasbourg (cf. Chap. 9). Il a étudié cette théorie lors d'un séjour dans le laboratoire de von Kármán au CalTech (Californie). À son retour, en 1935, il en publie un remarquable exposé dans les *Publications scientifiques et techniques du ministère de l'Air* et dans le *Journal de Physique et du Radium*[84]. Sadron discute les deux cas d'une paroi lisse ou rugueuse, et confronte théories et expériences, dans des termes très proches de ceux d'aujourd'hui. Un point de vue général sur l'hydrodynamique y est donné en introduction :

> L'un des traits frappants de l'hydrodynamique moderne a été d'abandonner l'ambition de décrire d'un coup, par une intégration des équations générales, l'état du fluide dans tout l'espace qu'il occupe et de chercher, plus conformément aux méthodes de la physique, des solutions approchées mais immédiatement utilisables pour l'expérience.

Ce point de vue sur « l'hydrodynamique moderne », à la recherche de solutions approchées, n'est sans doute pas partagé par tout le monde en France, nous y reviendrons.

---

[84] Sadron (1935a,b,*c*).

Chapitre 4
Création des instituts de mécanique des fluides

Garros nos vols
je croyais que nous tombions
et c'était ton célèbre virage sur l'aile
maintenant on l'enseigne à tous les pilotes
du Plessys-Belleville
un fil de ciel coupe
une motte de cœur en deux
infiniment
et on déplonge
mais va
je connaissais ta poigne
pilote
familier du cambouis
et sur nos silences de scaphandriers
à l'envers
la ville morte
Accroche-toi bien Garros
accroche-toi bien à mon épaule
Dante et Virgile
au bord des gouffres
Je t'emporte à mon tour
familier de l'encre
moi
et voici mes loopings
et mes grands records d'altitude [...]
Sommes-nous lourds mon pauvre ami.

Jean Cocteau, Le Cap de Bonne Espérance,
« poème de pesanteur » en hommage à Roland Garros, 1918

4.1 Projet du ministère de l'Air

4.1.1 Premiers contacts avec les universités

Albert Caquot à la direction générale technique. L'origine du vaste programme engagé par le ministère de l'Air en 1929, en faveur de la mécanique des fluides,

F. Charru, *Ailes, Nuages et Tourbillons*, Science Networks. Historical Studies 61,
https://doi.org/10.1007/978-3-030-70236-6_4

réside en premier lieu dans le constat d'un déclin préoccupant de l'aéronautique française (cf. Chap. 1). Après la glorieuse décennie précédant la Grande Guerre, celle-ci n'a pas su se structurer en une véritable industrie. Cette situation inquiète d'autant plus les autorités que dans les pays voisins, et notamment l'Allemagne, l'aéronautique progresse à grands pas. Pour organiser la relance, le ministre de l'Air Laurent-Eynac appelle Albert Caquot au poste, créé pour lui, de directeur général technique. La mission qui lui est confiée est clairement exprimée par Caquot lui-même :

> La tâche qui m'a été confiée à la création du Ministère de l'Air, en octobre 1928 et à laquelle je me suis consacré jusqu'au mois de mars 1934, comportait de provoquer une renaissance de l'industrie aérodynamique française particulièrement urgente, en face de l'effort technique remarquable entrepris dès la fin de la guerre par des concurrents étrangers et dont la facilité et l'empirisme des conditions exceptionnelles de la guerre lui avaient caché la nécessité.
> Il m'est apparu que l'effort nécessaire ne devait pas être limité au domaine purement technique et qu'il était indispensable de stimuler aussi un important effort de recherches scientifiques méthodiquement orientées vers l'acquisition des résultats de base indispensables pour la réalisation des progrès techniques attendus, ces recherches étant effectuées par tous les savants qui voulaient bien nous donner de leur concours [1].

Le service des recherches de l'Aéronautique. Caquot crée tout d'abord, au sein de sa direction, un service des recherches de l'Aéronautique (SRAé). Ce service, dont la direction revient à un ingénieur général de l'Aéronautique, M. Seguin, est guidé et contrôlé par un Conseil supérieur des recherches scientifiques intéressant l'aéronautique (CSRSA) où siègent notamment trois représentants de l'Académie des sciences [2].

Pour gérer les relations techniques entre les services de son ministère et les universités, Caquot s'adjoint un physicien, Jean Villey, qu'il avait connu pendant la guerre à la section technique de l'Aéronautique militaire (STAM). Villey, maître de conférences à l'université de Paris et spécialiste de mécanique appliquée et de thermodynamique, est nommé secrétaire général des services techniques de l'Aéronautique (1928–1930) puis chef de service (1930–1934), emploi qu'il cumule avec son emploi universitaire.

Premier contact avec le ministre de l'Instruction publique. En février 1929, le ministre de l'Air annonce son projet au ministre de l'Instruction publique. Sa lettre, à en-tête de la direction générale de Caquot, situe tout d'abord le contexte :

> Le développement que le Parlement a entendu assurer à l'Aéronautique française, en créant le Ministère de l'Air, a pour condition le développement des recherches scientifiques qui sont à la base de son perfectionnement technique [3].

[1] A. Caquot, Notice complémentaire sur les travaux scientifiques (1934). Arch. Acad. Sc.

[2] Arrêtés concernant la constitution, par le ministère de l'Air, du CSRSA. Arch. Nat. F17 17493.

[3] Lettre du ministre de l'Air au ministre de l'Instruction publique et des Beaux-Arts, du 22 févr. 1929, Arch. Nat. AJ16 5775.

Ces recherches, poursuit-il, sont très variées et intéressent les diverses branches de la mécanique et des sciences physiques. Le SRAé fera donc appel à la collaboration de nombreux laboratoires universitaires.

> En ce qui concerne la mécanique des fluides, c'est-à-dire les problèmes essentiels de la sustentation, il me paraît nécessaire de donner un développement important à l'organisation dont j'ai constitué seulement l'amorce en créant, en 1923, la Chaire de Mécanique des Fluides de l'Université de Paris.
>
> Cette création a eu déjà des effets très heureux en faisant naître un mouvement important vers les recherches de Mécanique des Fluides. Les résultats ainsi obtenus déjà font le plus grand honneur au savant qui a bien voulu la soutenir de sa haute autorité, et à celui à qui la Faculté des Sciences a confié la charge d'en poursuivre le développement.

Les deux savants auxquels il est fait allusion sont Paul Painlevé et Henri Villat. Aux travaux théoriques de ces mathématiciens, il faut maintenant associer une dimension expérimentale :

> Le moment paraît venu de transformer cette chaire en Institut où un développement égal sera donné aux points de vue expérimental et théorique et qui sera doté des moyens nécessaires pour constituer un Centre complet de Recherches et de Haut Enseignement scientifique relatif à la Mécanique des Fluides.

La création et le fonctionnement de ce centre parisien seraient assurés par des crédits du ministère de l'Air, lequel complèterait la chaire théorique existante par une chaire expérimentale et deux maîtrises de conférences. À cet institut seraient rattachés la chaire d'aviation (créée en 1909 et détenue par Lucien Marchis) et l'institut aérotechnique de Saint-Cyr (dirigé depuis 1921 par Albert Toussaint, ingénieur). Ainsi serait constitué, avec l'École supérieure d'aéronautique, « le Centre très complet et vivant dont a besoin l'Aéronautique Française pour faire des progrès féconds et pour rayonner à l'étranger en attirant les jeunes ingénieurs des nations amies qui viendront y compléter leur études et y faire des recherches utiles ». La référence au rayonnement international mérite d'être notée même si elle ne porte ici que sur les échanges d'étudiants.

Caquot envisage également « de réaliser en province deux ou trois centres d'attraction vers les études aérodynamiques, en créant, dans d'autres universités, des chaires de Mécanique des Fluides ». Ces chaires, qui concerneraient dès à présent Marseille et Strasbourg, pourraient constituer l'amorce de centres plus complets.

> Si ce projet a votre agrément, conclut Caquot, je me propose d'étudier avec le Recteur de l'Université de Paris et avec le titulaire de l'actuelle Chaire de Mécanique des Fluides, puis avec les Recteurs des autres universités intéressées, le détail des réalisations susvisées, en vue de les soumettre à votre approbation dans le plus court délai possible.

Un programme de recherches ouvert. L'intention de Caquot est de promouvoir dans les universités des recherches certes « orientées vers les besoins de l'Aviation », mais qui ne détournent pas les laboratoires de leur mission scientifique : « l'utilisation technique des résultats de ces recherches [doit être] laissée en effet aux organismes spécialisés avec lesquels les collaborateurs scientifiques ont été mis en liaison. » Sans remettre en question la partition classique entre « science pure » et « science appliquée », auquel le milieu universitaire – parisien en particulier –

reste attaché, la frontière entre science et technique est donc appelée à devenir plus perméable.

> [Compte tenu de] l'extrême variété des problèmes techniques que soulèvent la construction, l'équipement, la sustentation et l'utilisation des avions, [les recherches concerneront] les domaines les plus divers de la recherche scientifique, et en particulier la métallurgie, la physico-chimie des carbures d'hydrogène, la thermodynamique, l'aérodynamique, la résistance des matériaux et toutes les parties de l'électromagnétisme, de l'optique et de l'acoustique qui intéressent les instruments de mesure et de contrôle.

Ces recherches seront définies conjointement entre le service des recherches du ministère de l'Air et les laboratoires universitaires. Elles feront appel à des « collaborateurs scientifiques extérieurs » contractuels, rémunérés par le ministère de l'Air et placés sous la direction des cadres scientifiques des laboratoires.

Une place privilégiée pour la mécanique des fluides. Parmi les sciences nécessaires au progrès de l'aéronautique, figure au premier rang la mécanique des fluides. Cette prééminence, qui apparaît dès les premiers contacts, sera souvent réaffirmée. Ainsi Caquot en 1934 :

> Il est à signaler que, parmi toutes ces branches de l'activité scientifique, une seule n'avait pas encore pris, en France, le développement que réclamaient les besoins particuliers de l'Aviation : celle dont l'intérêt était le plus spécifiquement aéronautique, c'est-à-dire la Mécanique des Fluides[4].

Ainsi également Villey, dans un rapport pour le ministère de l'Air en 1935 :

> La raison première de l'intervention du Ministère de l'Air c'est que la Mécanique des Fluides occupait une place à peu près inexistante dans l'Enseignement supérieur français, si l'on excepte le Centre de Toulouse, qui était d'ailleurs exclusivement spécialisé dans l'hydraulique fluviale, et aussi le Centre de Grenoble, spécialisé dans l'étude des turbines hydrauliques[5].

Un autre point récurrent du cadrage est le souci de développer l'expérimentation, de stimuler la coopération entre théoriciens et expérimentateurs afin de « rapprocher les divers points de vue », et de « créer en France une école de Mécanique des Fluides aussi bien expérimentale que théorique ».

La formule appropriée des instituts d'université. Pour mettre en œuvre son projet, le ministère de l'Air souhaite s'appuyer sur la formule administrative des instituts d'université, « à qui ont été statutairement accordées la personnalité civile et l'autonomie financière justement pour leur permettre de s'adapter à tous les besoins les plus variés ». Ce type d'institut, créé en 1920 (cf. Chap. 2), est administré par un conseil qui réunit diverses personnalités universitaires, représentants des ministères, élus municipaux, et industriels. Il gère un budget propre, et est habilité à recevoir des subventions non seulement de l'Instruction publique et de l'Air, mais aussi d'autres

[4] A. Caquot, Notice complémentaire sur les travaux scientifiques (1934). Arch. Acad. Sc.

[5] J. Villey, Rapport sur les Instituts et les Enseignements de Mécanique des Fluides (1935, p. 3). Arch. Nat. AJ16 5775.

administrations, et à faire des recettes commerciales correspondant à des services rendus à diverses industries.

Les instituts créés auraient donc trois missions :

- assurer l'enseignement de la mécanique des fluides ;
- développer des recherches susceptibles de fournir les résultats de base indispensables au progrès de l'industrie aéronautique ;
- éventuellement rendre des services immédiats à cette industrie, tels que mesures et essais aérodynamiques.

Le ministère de l'Air contribuerait de façon importante aux ressources des instituts créés, sa part ne devant pas excéder 50% du total de ces ressources. Il entend participer à leur administration, sans pour autant prétendre leur dicter leur activité : les instituts seraient autorisés « et même encouragés à poursuivre parallèlement des études relatives à toutes les branches de la Mécanique des Fluides et de ses applications ».

4.1.2 Naissance de l'institut de Paris

Le ministre de l'Instruction publique transmet la lettre de Caquot au recteur de l'académie de Paris, pour examen de la question par la faculté des sciences. Caquot prend contact, en parallèle, avec le doyen de la faculté Charles Maurain (ancien directeur de l'institut aérotechnique de Saint-Cyr). Le conseil de la faculté approuve à l'unanimité toutes les propositions du ministère de l'Air, à commencer par les créations de postes, jugées « extrêmement précieuses ». La question du terrain où serait installé l'institut est déjà posée.

Le 8 mai 1929, le ministre de l'Air soumet au recteur un cadre précis pour la création d'un institut. Un mois plus tard, le conseil de la faculté se prononce sur les nominations d'un professeur et de deux maîtres de conférences, pour une prise de fonctions en octobre. Trois ingénieurs sont également recrutés. De la première lettre d'intention aux nominations, quatre à cinq mois auront donc suffi pour lancer l'institut de mécanique des fluides de Paris.

4.1.3 Instituts et centres d'enseignement de province

Le ministère de l'Air entend associer à son programme plusieurs universités de province. Début mai, le directeur du service des recherches de l'Aéronautique, Seguin, prend contact avec les recteurs de huit d'entre elles, à Lille, Marseille, Toulouse, Poitiers, Strasbourg, Lyon, Caen et Rennes. Accompagné de Villey, il rend visite aux trois premières, où est pressentie la création d'instituts de mécanique des fluides. L'accueil s'y révélant favorable, Caquot adresse aux recteurs, quelques jours plus tard, une lettre de cadrage où il reprend et précise ses propositions au ministre de l'instruction publique :

> Pour assurer à l'Aéronautique française le développement et la suprématie qui ont pour condition première le perfectionnement constant du matériel et des méthodes, il est indispensable d'encourager et de multiplier toutes les recherches scientifiques qui peuvent y contribuer.
> Pour les recherches mécaniques, physiques, chimiques et métallurgiques qui peuvent servir de point de départ pour perfectionner la construction, la propulsion et l'équipement des avions, je pense pouvoir trouver dans les cadres actuels des Laboratoires des Facultés des Sciences une partie des collaborations désirables. [. . .]
> En ce qui concerne les problèmes relatifs à la sustentation même des avions, la question se présentait plus complexe, puisqu'il fallait créer le cadre même des recherches qu'ils nécessitent : la mécanique des fluides tout au moins sous son aspect expérimental, n'occupait en effet dans les Universités françaises qu'une place extrêmement réduite vis-à-vis de ce qui serait nécessaire pour fournir les bases des perfectionnements à rechercher [6].

Après avoir évoqué les pourparlers en cours avec l'université de Paris, Caquot annonce son intention de financer, dans les universités de province, des enseignements de mécanique des fluides où, insiste-t-il, « les deux aspects expérimental et théorique auraient des développements équivalents ». Le ministère de l'Air assurerait, pendant une période probatoire de cinq ou six années, les subventions nécessaires à la création « de cours supplémentaires et les séances de manipulation correspondantes ». Les cours seraient faits moitié par un mathématicien, moitié par un physicien. Le ministère attribuerait aux étudiants diplômés « des avantages divers, soit sous forme de bourses de recherches, soit pour l'admission à l'École supérieure d'Aéronautique ».

Là où les universités apporteraient un effort suffisant, et « si l'activité, les résultats et l'intérêt porté par l'industrie et les pouvoirs locaux le justifient », des centres plus développés pourraient être créés, autour de chaires :

> [Ces centres] doivent dès le début être organisés pour faire une place très importante à l'enseignement expérimental; et les moyens correspondants doivent être assurés par les contributions locales. Il ne s'agit pas bien entendu de créer immédiatement de grandes souffleries aérodynamiques extrêmement coûteuses et encombrantes, mais un appareillage expérimental tel qu'on peut le constituer à l'intérieur d'un laboratoire de physique ou de mécanique bien organisé.

Au terme d'une période probatoire de cinq ans, il serait décidé si les résultats obtenus « justifient le gros effort supplémentaire à fournir par le Ministère de l'Air pour transformer ce premier embryon en un Institut solidement organisé et susceptible d'avoir une activité complètement décentralisée et suffisamment féconde. »

[6] Circulaire de Caquot aux recteurs d'université, du 22 mai 1929. Arch. de la Haute Garonne, 2559 W 162.

Quatre modes de réalisation des créations permanentes sont envisagés :

– la création d'une chaire ;
– la création d'une maîtrise de conférences, qui pourrait être ultérieurement transformée en chaire ; pour « un candidat particulièrement qualifié qui ne serait pas encore docteur », l'emploi créé serait celui d'un chargé de cours ou chargé de conférences ;
– la transformation d'une chaire existante (de physique appliquée ou de mécanique expérimentale, par exemple) ;
– la transformation d'une maîtrise de conférences existante, qui pourrait être ultérieurement convertie en chaire.

Quel que soit le mode retenu – lié au contexte local –, la subvention annuelle du ministère de l'Air serait la même. Son montant – qui sera fixé à 70 000 francs – couvrirait le traitement du titulaire de l'emploi créé, la rétribution pendant cinq ans d'un assistant (collaborateur scientifique), et les dépenses de recherches. L'université s'engagerait à créer et maintenir les emplois, et à investir dans la collaboration des moyens au moins égaux à la subvention de l'Air.

La lettre de Caquot se conclut sur la procédure à suivre pour les universités prêtes à faire des propositions. Ces propositions seront examinées par ses services « au point de vue de leurs liens avec les plans généraux de décentralisation industrielle », et par le Conseil supérieur des recherches scientifiques intéressant l'aéronautique (CSRSA) « au point de vue des garanties scientifiques présentées et des recrutements à espérer ».

Trois instituts de mécanique des fluides sont ainsi créés, dès 1930, à Lille, Marseille et Toulouse. La Table 4.1 donne les dates jalons de ces créations : premier avis du conseil de la faculté des sciences, décret de création de l'institut (qui entérine l'avis du conseil de l'université), et arrêté du ministère de l'Instruction publique autorisant la faculté à délivrer un certificat de mécanique des fluides. Cinq autres universités seront pourvues d'un centre annexe d'enseignement : Caen, Lyon, Nantes, Poitiers et Strasbourg. Le ministère de l'Air y financera des cours supplémentaires, ainsi qu'un collaborateur scientifique faisant fonction d'assistant et menant des recherches pour l'aéronautique.

Tableau 4.1 Dates jalons : avis du conseil de la faculté des sciences favorable aux propositions du ministère de l'Air, décret de création, arrêté du ministère de l'Instruction publique autorisant la faculté à délivrer un certificat (CES) de mécanique des fluides

	Avis faculté	Décret institut	Arrêté CES
Paris	21 mars 1929	20 déc. 1929	28 oct. 1929
Lille	19 juin 1929	26 mars 1930	28 avr. 1930
Marseille	25 mai 1929	26 mars 1930	19 juill. 1930
Toulouse	5 juin 1929	30 nov. 1930	26 juin 1930

Albert Caquot (1881–1976)

Né le 1er juillet 1881 à Vouziers (Ardennes) dans une famille d'agriculteurs[a]. Ingénieur polytechnicien, il travaille aux Ponts et chaussées à Troyes, où il améliore les réseaux d'assainissement en se fondant sur des statistiques de mortalité. En 1912, il rejoint le bureau d'études d'Armand Considère, pionnier des ouvrages en béton armé.

En 1914, capitaine d'un bataillon d'aérostiers, il invente un nouveau type de ballon, les « saucisses Caquot ». Adoptées par l'aviation navale anglaise puis par l'armée française, celles-ci sont construites à plusieurs centaines d'exemplaires à l'atelier de Meudon dont Caquot a pris la direction. En janvier 1918, nommé directeur de la section technique de l'Aéronautique militaire, il y domine rapidement le domaine du « plus lourd que l'air », résolvant avec les constructeurs leurs problèmes de moteurs et d'hélices.

En 1920, Caquot retourne à l'entreprise *Pelnard, Considère & Caquot*, pour se consacrer aux grands ouvrages en béton armé. Il y réalise notamment le pont de la Caille en Haute-Savoie – un record mondial de portée – et la structure de la statue du Christ sur le Mont Corcovado à Rio de Janeiro (30 mètres de hauteur). Sur le plan théorique, il comprend l'intérêt de faire travailler les matériaux dans le domaine plastique, et contribue à la mécanique des sols.

Réputé pour son énergie et son inventivité visionnaire, Caquot est nommé, en 1928, directeur général technique du premier ministère de l'Air, où il déploie une activité intense. En 1934, en désaccord avec le nouveau ministre, il quitte l'Air et retourne au génie civil. Il est alors élu à l'Académie des sciences, soutenu par Émile Picard qui écrit de lui : « Son œuvre a un caractère éminent d'originalité. Il n'est pas à la remorque des idées des autres. Ses

[a]Kerisel (2001) ; Notices sur les travaux scientifiques (1930, 1934), Arch. Acad. Sc.

(*Suite*)

recherches sont très personnelles : peu de personnes laissent autant que lui une impression de force et de puissance. »

Au lendemain des accords de Munich, en 1938, Caquot est appelé à présider les sept sociétés nationales de construction aéronautique. L'année suivante, il reprend la direction générale technique du ministère de l'Air. En septembre 1940, il refuse de livrer aux allemands les avions Bloch que le Gouvernement de Vichy lui demande, et démissionne de toutes ses présidences.

Il revient alors au génie civil, concevant notamment la grande écluse de Bollène à Donzère-Mondragon (plus de 300 ouvrages sur sa carrière). Après la guerre, il préside de nombreuses organisations, dont l'AFNOR et l'ISO, et le conseil scientifique de l'ONERA pendant douze ans. Grand-croix de la Légion d'honneur en 1951. Président de l'Académie des sciences en 1952. Infatiguable, il participe, à l'âge de 80 ans, à la conception de l'usine marémotrice sur la Rance. Albert Caquot meurt le 27 novembre 1976 à Paris.

4.2 Programme d'enseignement

Un certificat commun et un concours national. La question de l'enseignement occupe une place centrale dans le dispositif élaboré par le ministère de l'Air. Il s'agit de la formation des futurs enseignants et chercheurs, et de celle des techniciens et ingénieurs pour l'industrie. L'École supérieure de l'aéronautique et des constructions mécaniques, nationalisée en décembre 1928, est installée dans la Cité de l'Air boulevard Victor. Dans les universités, des subventions encouragent la création de certificats de mécanique des fluides. Le programme de ces certificats, commun à tous les centres d'enseignement, est établi sous la supervision de Caquot.

> Il est à noter, précise Villey, que le rôle de ces enseignements ne se borne nullement à préparer des chercheurs [...]. Une connaissance claire et un peu précise de la Mécanique des Fluides – qu'aucun étudiant n'avait l'occasion d'acquérir dans les Universités françaises avant les créations du Ministère de l'Air – est également indispensable à tous ceux qui veulent s'occuper techniquement de l'Aviation [7].

Pour maintenir une unité entre les différents centres « et créer en même temps une émulation fructueuse », le ministère de l'Air organise tous les ans un concours général entre les étudiants de mécanique des fluides des universités concernées :

> Ce concours, explique Villey, [...] représente un moyen d'action très efficace pour stimuler l'activité de tous les enseignements de Mécanique des Fluides, et étendre leur recrutement en attirant sur eux l'attention de la population scolaire. Il n'entraîne aucune charge, car la

[7] Villey (1935), *ibid.*, p. 7.

> correction des épreuves a été assurée bénévolement, à tour de rôle, par les divers Instituts, et les prix accordés aux élèves classés en tête du concours ont été constitués par des Publications scientifiques du Ministère de l'Air. Il est la seule occasion qui puisse amener les professeurs des divers Instituts et Centres à rapprocher leurs points de vue au sujet de cet enseignement [8].

D'autres avantages peuvent être accordés aux lauréats du concours général : admissions sur titres à l'École d'aéronautique, attribution de collaborations scientifiques dans les instituts et centres de mécanique des fluides, avantages au point de vue du service militaire (incorporation dans l'aviation, choix de la garnison, affectations techniques).

Programme du certificat. Le cours comporte 75 leçons, partagées entre la mécanique des fluides théorique (25 leçons), la mécanique des fluides expérimentale (25 leçons), et l'aérodynamique appliquée à l'aviation (25 leçons). Les grandes lignes du programme de la partie théorique sont les suivantes [9] :

- équations du mouvement d'un milieu continu, théorèmes généraux, équation de Laplace et fonctions harmoniques, propagation d'ondes, théorie d'Hugoniot ;
- mouvements irrotationnels plans (potentiel complexe, circulation, théorème de Kutta-Joukovski) ;
- mouvements avec tourbillons libres ou liés, ailes d'envergure finie, hélices ;
- mouvements discontinus : paradoxe de d'Alembert, écoulement autour d'un obstacle plan ou anguleux ;
- « fluides visqueux : mouvements lents, notions sur la turbulence et les changements de régime, notions sur diverses théories modernes (couches limites de Prandtl, mouvements limites d'Oseen, etc…) ».

Pour la partie expérimentale, les grandes lignes sont :

- corps flottants ;
- équations d'état, compressibilité, tension superficielle ;
- mesure des pressions et des vitesses (dont appareils à fil chaud), mesure des viscosités, techniques photographiques ;
- éléments de théorie cinétique, viscosité ;
- phénomènes dus à la compressibilité, ondes dans les tuyaux, coups de bélier, ultra-sons ;
- ondes de surface, vitesse de groupes d'ondes, ondes de sillage ;
- régimes d'écoulement : laminaire, intermédiaire à tourbillons fixes ou alternés, turbulent ; frottements turbulents ;
- lois de similitude dynamique, résistance à l'avancement, expériences sur modèles, lignes de décollement ;
- éléments d'aérologie : ballons-cerfs-volants, vitesses du vent et des nuages, atmosphère normale.

[8] Villey (1935), *ibid.*, p. 6.

[9] Le programme détaillé est donné en annexe.

Enfin, les chapitres de la partie appliquée à l'aviation sont :
- ailes sustentatrices d'envergure infinie et d'envergure finie ;
- hélices propulsives ;
- stabilité, performances.

La préparation du certificat doit aussi comporter vingt séances de travaux pratiques choisies dans la liste suivante [10] :
- écoulement et viscosité : formule de Bernoulli, pertes de charge singulières, mesure de la viscosité (variation avec la température), existence de deux régimes, vérifications expérimentales du théorème des quantités de mouvement, hélices ;
- détermination des vitesses dans les liquides (tube de Pitot, Venturi, déversoir, méthode chimique) ;
- détermination de la vitesse dans les gaz (tube de Pitot, clinomètres, appareils à fil chaud) ;
- lignes de courant autour des obstacles, chronophotographie, méthode des filets colorés, méthode des stries ;
- répartition des pressions autour d'un obstacle (micro-manomètres), autorotation ;
- résistance des ailes, polaires ;
- jets : strioscopie et stroboscopie ;
- rides et tourbillons : mesure de la tension superficielle (mercure et eau), tourbillons alternés (étude optique et cinématographique), onde solitaire dans un bassin long ;
- acoustique aérienne et sous-marine (coups de bélier, résonateurs).

On peut noter que la partie théorique du programme est essentiellement consacrée aux écoulements parfaits (sans viscosité) ; la turbulence et les « diverses théories modernes » sur la couche limite font seulement l'objet de « notions » dans le dernier chapitre. La partie expérimentale, très riche, va bien au-delà de questions purement expérimentales ; elle fait une bonne part à la physique des fluides, et intègre des éléments novateurs tels que la théorie cinétique des gaz, les frottements turbulents, et les phénomènes atmosphériques. Notons que ce programme d'enseignement, très ambitieux – il s'agit du programme d'un certificat de licence –, correspond à peu de choses près à ce qui est aujourd'hui enseigné en licence et première année de master.

4.3 Programme des “collaborations scientifiques”

Au côté de l'enseignement, l'autre élément essentiel est le développement de recherches scientifiques, intéressant, au sens large, l'aéronautique. Ces recherches seront menées dans le cadre de contrats, d'une durée de deux à cinq ans, conclus

[10] Arch. Nat. AJ16 5775.

entre le SRAé et les laboratoires (ou « services ») universitaires. Point essentiel, ces contrats font appel au recrutement de « collaborateurs scientifiques extérieurs », qui en seront la cheville ouvrière. Par leur nombre, leur ouverture, et les thèses de doctorat auxquelles elles vont donner lieu, ces collaborations vont jouer un rôle déterminant dans le développement d'une recherche française en mécanique des fluides.

Cadrage initial. Le cadrage des collaborations est précisé en juin 1929 par le directeur du SRAé, M. Seguin [11]. Il porte sur l'organisation des collaborations, les indemnités des personnels, et les domaines d'étude à privilégier. Les professeurs souhaitant s'associer au dispositif sont invités à soumettre au SRAé « le plus tôt possible, des propositions au sujet des collaborateurs qu'ils envisagent d'y affecter ». Ces collaborateurs doivent être titulaires d'un diplôme d'études supérieures (DES), et doivent s'engager pour au moins deux ans. Un point remarquable du dispositif est le caractère très ouvert des recherches à encourager :

> On peut espérer que la mise en vigueur de ces dispositions, en même temps qu'elle fera bénéficier dans une large mesure la science aéronautique du concours des savants de nos Universités, sera par ailleurs favorable au développement de l'activité des laboratoires des Facultés, sans que cet avantage soit obtenu au prix d'une spécialisation susceptible de porter atteinte au caractère strictement scientifique que doivent conserver leurs travaux ; l'étendue et la généralité des problèmes qui se posent à l'Aviation permettent de réaliser cette condition sans aucune difficulté.

Ce vœu d'ouverture est réaffirmé plus loin :

> Les sujets pourront en être choisis dans un esprit très large : elles visent à l'obtention de tout progrès intéressant dans les divers domaines des applications aéronautiques, même si l'échéance n'en apparaît que lointaine.

Organisation. Un « collaborateur exécutant » sera en général candidat à un doctorat ou à un diplôme d'ingénieur-docteur, et placé sous l'autorité d'un « collaborateur dirigeant » lui-même professeur, docteur confirmé, ou ingénieur. L'avancement des travaux fera l'objet de comptes-rendus et de rapports :

> Outre les Comptes-rendus trimestriels et rapports annuels adressés au Service Technique de l'Aéronautique, chaque professeur chargé de collaborations fournit, pour le rapport annuel de l'Institut, un compte-rendu sommaire relatif à chacune de celles qui sont en cours et de celles qui ont été closes depuis le précédent rapport.
> Chaque collaboration doit aboutir, sauf décision spéciale du Ministère de l'Air, à un fascicule des Publications Scientifiques et Techniques du Ministère de l'Air. [...] Il porte la signature de son ou de ses auteurs et une préface signée du professeur chargé de la collaboration si le mémoire lui-même ne comporte pas sa signature. [...]
> Le Professeur chargé de la collaboration envoie au Directeur du Service Technique le mémoire et la préface susvisée, en même temps qu'un rapport donnant ses appréciations sur le travail, son avis sur les conséquences à en tirer et sur les suites qu'il pourrait être intéressant de lui donner [...].

[11] Lettre du directeur du SRAé aux doyens des facultés des sciences (21 pages avec les trois notes jointes), 26 juin 1929. Arch. Nat. AJ16 5775.

Tous les travaux ainsi exécutés sont soumis à l'appréciation du Conseil supérieur des recherches (CSRSA) qui peut leur attribuer des récompenses. Si, pour une recherche « de longue haleine », le travail demande à être poursuivi au-delà du terme prévu, la collaboration pourra être renouvelée. Dans le cas d'une collaboration débouchant sur un diplôme de doctorat ou d'ingénieur-docteur, le mémoire de thèse sera publié dans les *Publications scientifiques et techniques du ministère de l'Air*. Un prix de thèse pourra être décerné au nouveau docteur, d'un montant compris entre 1000 et 4000 francs.

Gestion des subventions, rémunérations. La durée et le montant des subventions sont définies à partir du programme de la collaboration. Ces subventions, forfaitaires, couvrent la rémunération des collaborateurs, le coût direct des recherches, et les coûts indirects supportés par le laboratoire. Elles sont versées à la faculté des sciences, par tranches annuelles, sur présentation de rapports d'avancement. Pour obtenir une nouvelle subvention, le professeur intéressé fait parvenir au SRAé les bordereaux justificatifs d'utilisation des fonds. Par souci de souplesse, ces bordereaux « ne sont pas soumis aux règles de forme imposées aux pièces de comptabilité administrative ».

Les indemnités attribuées aux collaborateurs sont définies par un décret dont les grandes lignes sont les suivantes[12] :

- Pour un candidat à un doctorat, et non fonctionnaire, l'indemnité mensuelle sera comprise entre 600 et 1400 francs; un collaborateur ayant le titre d'“ingénieur de l'institut” recevra le traitement d'un assistant; pour un fonctionnaire (assistant, préparateur, professeur de l'enseignement secondaire), l'indemnité sera comprise entre 100 et 500 francs.
- Pour un professeur ou maître de conférence dirigeant les recherches d'un collaborateur, l'indemnité sera comprise entre 200 et 500 francs.
- Pour un collaborateur déjà docteur, et non fonctionnaire, l'indemnité mensuelle sera comprise entre 2000 et 4000 francs; pour un fonctionnaire, l'indemnité sera comprise entre 500 et 3000 francs.

Enfin, « des auxilliaires techniques dont le concours serait nécessaire aux collaborateurs scientifiques pour l'exécution de leurs recherches pourront être rétribués, en application du même décret, à des taux basés sur les tarifs industriels courants ».

Domaines de recherche proposés. Cinq domaines scientifiques sont identifiés, chacun d'eux se déclinant en de nombreux chapitres. La note de Seguin, résumée ci-après, situe la nature des questions posées par l'aéronautique et leur grande variété :

1. Matières premières
   - carburants : procédés d'analyse, propriétés physicochimiques (miscibilité, températures critiques de solubilité, capillarité, viscosité...), propriétés élec-

[12] Note relative aux taux des indemnités attribuées aux collaborateurs scientifiques, jointe à la lettre du 26 juin 1929; cette note est complétée par un règlement des collaborations scientifiques confiées à l'institut par le ministère de l'Air (1936). Arch. ENSEEIHT, Toulouse.

triques (pourvoir inducteur, électrocapillarité, ...), propriétés optiques [...], procédés de séparation, oxydation, chaleurs de combustion, chaleurs de vaporisation, équilibres liquide-vapeur des mélanges de carbures, carburants nouveaux
   - lubrifiants : huiles végétales (éthers, sels, huile de ricin...), huiles minérales (analyse et séparation, relations entre propriétés lubrifiantes et caractère moléculaire, entre propriétés lubrifiantes et viscosité et capillarité, altérations chimiques et thermiques)
   - caoutchouc, enduits et vernis : évolution et vieillissement, analyse et contrôle
   - métallurgie : alliages binaires et ternaires à base d'aluminium ou de magnésium, corrosion, procédés de protection contre la corrosion (agents atmosphériques, eau de mer), aciers spéciaux et alliages légers, détection des défauts internes des pièces et de leurs soudures, par induction électromagnétique et par rayons X.
2. Procédés de construction
   - résistance des poutres, longerons et éléments de cellules
   - détermination des coefficients élastiques
   - dilatomètres pour l'auscultation des cellules
   - études de photoélasticimétrie.
3. Sustentation des avions
   - recherches générales de mécanique des fluides
   - écoulements derrière les obstacles
   - études en soufflerie, filets d'air chaud
   - études à petite échelle, transposition par similitude
   - répartition des pressions et des efforts sur les surfaces des avions.
4. Propulsion des avions
   - cycles à explosion
   - alimentation des moteurs par carburants peu volatils, combustibles lourds
   - allumage, bougies, magnétos, aimants, régimes de combustion
   - cycles à injection (Diesel) pour les moteurs légers, injection et pulvérisation, régulation
   - mécanismes moteur, mécanismes à courses inégales, dispositifs de distribution, équilibrage et vibrations des arbres et hélices, grandes vitesses
   - roulements à billes et à rouleaux
   - échanges thermiques à travers les parois, conductibilité des matériaux, radiateurs
   - autres procédés de propulsion : turbines à gaz, à vapeur, propulseurs à réaction
   - transmission de puissance
   - hélices
   - analyse des gaz d'échappement.
5. Équipement des avions
   - appareillage électrique : isolants, accumulateurs, régulateurs de tension
   - instruments de navigation : compas (magnétiques, d'induction, gyrostatiques, amortissement), niveaux gyrostatiques, indicateurs de pente, de vitesse et

d'accélération, barographes, thermomètres, instruments de contrôle du moteur (tachymètres, dépression, thermomètres à distance), guidage électromagnétique, contrôle d'altitude avant l'atterrissage (procédés acoustiques ultrasonores, électromagnétiques), procédés de signalisation, projecteurs, phares
- TSF (télégraphie sans fil) et télémécanique : télégraphie et téléphonie hertzienne, communications secrètes, protection contre les brouillages, rayonnement des antennes, élimination des parasites des magnétos, radiogoniométrie
- photographie aérienne : émulsions sensibles, sensibilisation vers les grandes longueurs d'onde, supports, appareils photographiques (objectifs, dispositifs d'orientation), méthodes de relevés cartographiques, méthodes de restitution.

4.4 Programme de souffleries

Dès les débuts de l'aviation, les souffleries aérodynamiques se sont imposées comme des outils de première importance pour le progrès de l'aérodynamique des aéroplanes (cf. Chap. 1), et, de façon plus générale, pour le progrès de la mécanique des fluides. À la fin des années 1920, on les trouve à Auteuil (souffleries d'Eiffel), au SRAé à Issy-les-Moulineaux, et à l'institut aérotechnique de Saint-Cyr. De telles installations n'existent pas en province. Caquot envisage donc d'attribuer aux trois instituts de province les subventions nécessaires à la construction et l'équipement d'une "grande soufflerie" (*i.e.* d'un diamètre de veine de l'ordre de deux mètres), tant pour faire progresser la connaissance que pour assister l'industrie aéronautique locale.

Ce programme de subventions soulève cependant des résistances au sein du ministère de l'Air, du fait de son coût élevé. En 1934, année où Caquot quite le ministère, seul l'institut de Lille possède sa soufflerie. En 1935, dans le rapport que lui a demandé le ministère de l'Air, Villey doit user de tout son pouvoir de persuasion pour convaincre celui-ci de poursuivre l'effort entrepris, en dépit de la crise économique et des restrictions budgétaires. Son plaidoyer, très pédagogique, aborde tous les aspects scientifiques, techniques et budgétaires de la question :

> C'est avant tout par [des] recherches scientifiques que les Instituts de Mécanique des Fluides sont appelés à aider l'industrie aéronautique, en étudiant, pour les préciser et les éclairer, les phénomènes avec lesquels la technique doit compter. Il n'y a pas lieu toutefois de négliger les services d'ordre technique qu'ils peuvent lui rendre directement : ils sont appelés en effet à jouer un rôle de première importance dans l'économie générale des Instituts.
> Dans ce domaine, la branche la plus importante est représentée par les essais de maquettes au tunnel aérodynamique.
> Le tunnel aérodynamique est un instrument de recherches scientifiques indispensable dans un Institut de Mécanique des Fluides spécialement orienté vers les besoins de l'Aviation. Ses dépenses de construction, d'équipement et d'entretien constituent toutefois une charge terriblement lourde si elle est supportée par les seules recherches. Mais la soufflerie est en même temps un instrument industriel indispensable pour l'essai des maquettes d'avions

nouveaux. Dans cette utilisation, elle peut et doit vivre commercialement, puisqu'elle joue immédiatement un rôle indispensable dans des opérations industrielles payantes.
Il est possible d'équilibrer le budget d'une soufflerie avec cette seule activité commerciale, en réservant encore une partie appréciable de son utilisation pour les recherches.
Cette première considération suffirait à elle seule pour confier aux Instituts de Mécanique des Fluides des souffleries industrielles. Le souci d'une bonne gestion des seuls essais industriels conduit d'ailleurs déjà à la même solution. Étant donné l'importance des capitaux qu'elle immobilise, une soufflerie aérodynamique est une installation qu'il importe d'utiliser à plein rendement. L'activité d'essais d'un seul constructeur n'est pas normalement suffisante pour remplir cette condition. On doit donc chercher à réaliser des souffleries industrielles utilisées par plusieurs constructeurs. Il n'y a pour cela que deux formules : celle de la soufflerie syndicale, qui a été d'abord appliquée, sous l'impulsion même du Ministère de l'Air, par une réalisation devenue bien vite insuffisante ; et celle qui confie les souffleries à des organismes indépendants, donnant toutes les garanties voulues de capacité et d'impartialité : elle conduit aux souffleries des Instituts de Mécanique des Fluides.
Il est à noter que l'Industrie aéronautique, sur laquelle il a fallu faire une pression prolongée pour l'amener à donner aux essais de maquettes la place essentielle qui leur revient dans les études d'avions nouveaux, semble tomber actuellement dans l'excès contraire. Des souffleries individuelles sont en effet en cours d'installation ou de mise en route chez divers constructeurs. Elles sont appelées à avoir un rendement peu intensif, et il ne faut pas se dissimuler que, par le jeu des frais généraux, elles retombent indirectement à la charge de l'État. De plus, et c'est plus grave, en se multipliant, elles risquent de réduire au-dessous des besoins les ressources des souffleries des Instituts. À tous les points de vue ce mouvement va contre l'intérêt général, parce qu'il correspond à un gaspillage parce qu'il risque de paralyser [ces Instituts] et parce qu'il tend à supprimer une des meilleures occasions de contacts fructueux entre les ingénieurs et le personnel scientifique des Instituts.
Il y a un *intérêt considérable* à encourager les souffleries communes confiées aux Instituts de préférence aux souffleries privées.
Dans cette voie, outre les souffleries du laboratoire de Saint-Cyr, provenant d'une donation antérieurement faite à l'Université de Paris mais dont l'équipement a été développé par le Ministère de l'Air pendant la période où il était locataire de ce laboratoire, il y a lieu de signaler d'abord la soufflerie de Lille, maintenant en fonctionnement normal, et dont l'activité industrielle est surtout utilisée par les Établissements Potez.
Des pourparlers sont en cours pour la construction d'une autre soufflerie à l'Institut de Toulouse. La réalisation est liée à la garantie demandée aux deux constructeurs particulièrement intéressés (Latécoère et Dewoitine) d'un minimum d'activité industrielle suffisant pour en assurer l'entretien.
Il y a lieu de signaler enfin que le directeur de l'Institut de Marseille a déjà réuni des promesses de contributions financières importantes en vue de la construction définitive de cet Institut, dans lequel est prévue en particulier une soufflerie aéodynamique de dimensions normales. La situation est là, momentanément moins favorable, du fait de la faible activité actuelle des industries aéronautiques dans la région méditerranéenne. Mais ce sont des circonstances susceptibles de se modifier, et peut-être très rapidement, car peu de régions présentent des possibilités de développement industriel aussi exceptionnelles que celles de l'Étang de Berre.
Il est à noter aussi que, au point de vue scientifique, une soufflerie aérodynamique à Marseille n'intéresserait pas seulement l'Institut de Mécanique des Fluides, mais aussi l'École de l'air (à Salon) et l'École d'Istres, à qui elle fournirait des moyens d'instruction fort utiles [13].

[13] Villey (1935), *ibid.*, pp. 8–11.

On voit que l'argumentation de Villey pose les premiers jalons d'une politique nationale des « grands équipements » de recherche, telle qu'elle sera définie et mise en œuvre, après la guerre, par le CNRS et le ministère de l'Éducation nationale. La soufflerie de Toulouse sera mise en service en 1938, et celle de Marseille, dont la construction sera entravée par la guerre, en 1948.

Jean Villey (1885–1948)

Né à Caen le 3 juillet 1885[a]. Son père, Edmond Villey-Desmeserets, est doyen de la faculté de droit de Caen et membre de l'Académie des sciences morales et politiques. Admis à l'École normale supérieure en 1904, agrégé de sciences physiques en 1908, Jean Villey est engagé l'année suivante comme préparateur de Paul Langevin au Collège de France. Il obtient en 1911 une maîtrise de conférences à la faculté des sciences de Rennes, et soutient sa thèse de doctorat l'année suivante, sur l'électrométrie. Il épouse Suzanne Picard, fille du mathématicien Émile Picard.

Grièvement blessé au début de la guerre de 1914, il est affecté l'année suivante à la section technique de l'Aéronautique où il étudie l'adapation des moteurs aux atmosphères raréfiées. Cette affectation oriente sa carrière vers la mécanique appliquée. En 1921, il obtient une mutation à la faculté des sciences de Caen, puis, l'année suivante, à la faculté des sciences de Paris comme chargé de conférences de mécanique physique. Il y est nommé maître de conférences en 1928, puis professeur sans chaire en 1931. Ses recherches, menées entre les services techniques de l'Aéronautique (avec lequel il a gardé des contacts) et le laboratoire de mécanique physique, portent sur les propriétés thermiques des alliages légers, le vieillissement des caoutchoucs, et les carbures d'hydrogènes utilisés dans les moteurs.

Lors de la création du ministère de l'Air en 1928, Villey est appelé par Albert Caquot à le seconder comme chef de service. Il joue un rôle majeur dans la mise en place des instituts de mécanique des fluides. Il quitte cette fonction au départ de Caquot en 1934, en conservant une mission de liaison avec les universités relative aux collaborations scientifiques. Il reprend alors des recherches sur la thermodynamique des gaz et des carbures d'hydrogène, la pulvérisation du combustible dans les moteurs thermiques, et les tuyères thermopropulsives.

[a]J. Villey, *Notice sur les titres et travaux scientifiques* (1937); *Supplément à la notice* (1943).

(*Suite*)

LA POLICE MET FIN
à la propagande antinationale
d'une haute personnalité universitaire

Fig. 4.1 Titre de presse, oct. 1941

Il dirige avec Henri Villat, à partir de 1928, la collection *Mémorial des Sciences physiques*. Chevalier (1920) puis officier (1933) de la Légion d'honneur, il est lauréat des prix Henri de Parville (1935) et Poncelet (1943) de l'Académie des sciences.

Le 15 octobre 1941, il est arrêté par la police de Vichy et emprisonné deux ans, pour « diffusion de brochures de propagande antinationale, de photographies de généraux dissidents, de tickets découpés en forme de V ou de croix de Lorraine » (Fig. 4.1).

Admis à la retraite en janvier 1943, professeur sans chaire, il meurt le 26 juin 1948 victime d'une urémie.

4.5 Aperçu général de la décennie 1930–1940

Les cinq années 1929 à 1933 voient un remarquable développement de la mécanique des fluides en France. Le certificat d'enseignement supérieur (CES) attire, en moyenne, une demi-douzaine étudiants dans chaque institut et centre annexe – correspondant à l'effectif habituel d'un "petit certificat". Le système des collaborations scientifiques engendre une importante activité de recherche. En 1934, Caquot peut se féliciter du mouvement engagé :

> Dans [le champ particulier de la mécanique des fluides], comme dans tous les autres, l'intérêt qu'a suscité le mouvement ainsi engagé, et les concours très précieux qui s'y sont offerts, ont permis d'organiser une activité considérable et d'obtenir des résultats remarquables dont quelques-uns ont même pu déjà conduire à des progrès techniques notables. Le volume de ces collaborations scientifiques se traduit par ce fait que 150 recherches diverses étaient en cours au mois de juillet 1933 lorsque des considérations budgétaires ont amené à en restreindre l'activité [14].

Les résultats des recherches sont notamment publiés dans les *Publications Scientifiques et Techniques du ministère de l'Air* (PST), qui succèdent en 1931 aux

[14] A. Caquot, Notice des travaux scientifiques (1934). Arch. Acad. Sc.

Bulletins Techniques du Service Technique de l'Aéronautique (BST) [15]. Près de 150 volumes seront publiés avant 1940. Le développement de l'institut de Lille est même qualifié d'« exceptionnel » par Villey [16].

La mécanique des fluides se fait par ailleurs connaître du grand public par la présence de stands dans les salons d'aéronautique, par des conférences dans les aéroclubs, et par des articles dans des revues telles que *L'Aéronautique*. Le numéro de mars 1933 de cette revue présente l'institut de Paris, le numéro de juin celui de Lille, et le numéro de novembre ceux de Marseille et Toulouse [17].

Cette période faste connaît un reflux en 1933 lorsque la crise économique mondiale atteint la France. En janvier, Pierre Cot succède à Painlevé au ministère de l'Air, et confie les affaires industrielles à un secrétaire d'État, le sénateur Delessale. Celui-ci désavoue la politique des prototypes de Caquot, jugée trop dispendieuse et lente, enlève à la direction générale technique le choix des appareils militaires, et ampute le budget des recherches [18]. En mars 1934, Caquot démissionne et retourne au génie civil. Le même mois, Cot est supplanté par le général Denain. La direction des constructions aériennes, qui remplace la direction générale technique, est dirigée par Paul Dumanois, inspecteur général de l'Aéronautique (mars 1934 - mai 1935), puis par Jean Volpert (mai 1935 - mars 1938). Le service des recherches est fondu avec le service technique, pour former un nouveau service technique et des recherches scientifiques (STRS) [19]. Le poste de chef de service de Jean Villey est supprimé. Celui-ci conserve cependant, au titre de directeur honoraire, une mission officielle qui consiste « à assurer, entre les laboratoires universitaires et les services du Ministère de l'Air, des liaisons permanentes relatives aux collaborations scientifiques » [20].

En 1935, le ministère de l'Air demande à Villey un rapport de synthèse sur l'activité des instituts et des centres annexes d'enseignement [21]. Villey, soucieux de convaincre que l'œuvre engagée doit être poursuivie, en présente un bilan très positif. Il tend à relativiser l'investissement financier – en réalité considérable – consenti par le ministère de l'Air, insistant en particulier – quitte à brouiller un peu les pistes – sur le fait que la part de ce ministère dans le budget des instituts ne

---

[15] Les *Bulletins*, qui avaient été créés en 1921, renaîtront en novembre 1937, en parallèle aux PST, et disparaîtront définitivement en novembre 1967 (131 numéros parus). Les PST seront publiés jusqu'en juin 1969 (449 numéros parus et quatre hors-série). Une troisième collection de *Notes techniques* sera créée en août 1942 et vivra jusqu'en mars 1969 (163 numéros parus).

[16] Villey (1935), *ibid.*, p. 19.

[17] La revue *L'Aéronautique* est disponible, pour les années 1919 à 1940, sur le site gallica de la BNF.

[18] Pour la crise économique : Duby (1970), p. 538 ; pour le ministère de l'Air : Maurice-de Lorris (1949) ; Kerisel (2001), p. 102.

[19] Le STRS est successivement dirigé, de 1934 à 1939, par les ingénieurs généraux Henri Robert, Étienne Joux et Paul Jouglard (Weber, 2008, p. 13).

[20] Arrêté du ministre de l'Éducation nationale et du ministre de l'Air, 6 juill. 1934. Arch. Nat. AJ16 5776.

[21] Villey (1935), *ibid.*

dépasse pas 50%, conformément à l'objectif initial. Villey propose ensuite, pour les années suivantes, une nouvelle règle de calcul de la subvention du ministère, prenant en compte les effectifs d'étudiants et les résultats au concours général. Cette subvention serait modulée sur trois taux différents, le plus élevé correspondant « à un centre d'enseignement très vivant et de qualité telle qu'il y a lieu d'y recruter des collaborateurs ». Cette proposition de modulation, très novatrice et à contre-courant de l'égalitarisme de règle dans le milieu universitaire, semble toutefois n'avoir pas été retenue. Plus important, Villey convainc le ministère de l'Air de ne pas se désengager. Alors que la tendance est alors à la suppression de chaires universitaires[22], celles fondées par le ministère de l'Air seront préservées et le niveau des collaborations scientifiques sera maintenu à un niveau élevé.

Une évolution importante survient en mai 1937, avec la création du Groupement français pour le développement des recherches aéronautiques (GRA) (cf. Chap. 1). Créé pour rationaliser la recherche des sociétés nationales de constructions aéronautiques (SNCA), le GRA prend progressivement en charge la politique et la gestion des collaborations scientifiques. L'institut de Lille, qui bénéficie du volume de collaborations le plus important, passe même sous sa gérance directe en 1938. L'institut de Marseille, tout en restant sous tutelle universitaire, signe avec le GRA, en 1942, une convention qui lui assure des ressources régulières. L'esprit des collaborations change : le GRA se fait donneur d'ordre au nom des sociétés nationales, imposant aux instituts un travail de nature plutôt technique qui mobilise l'essentiel de leur activité, au détriment d'une recherche plus libre. Cette évolution engendrera, en 1942, une crise majeure avec le directeur de l'institut de Lille replié à Toulouse (cf. Chap. 6).

En conclusion de ce chapitre et avant de rentrer dans l'histoire particulière de chacun des instituts et centres annexes, on peut dire que le programme de 1929 voulu par Caquot témoigne de l'émergence, à l'échelle nationale, d'une volonté politique de pilotage de l'enseignement supérieur et de la recherche, fondée sur des critères d'aménagement du territoire et de rationalisation de la distribution des moyens. Il est remarquable que cette volonté apparaisse non pas au ministère de l'Instruction publique mais dans un ministère technique, sous l'impulsion d'un ingénieur visionnaire. La mécanique des fluides française profitera largement, jusqu'à la Seconde Guerre mondiale et au-delà, de l'impulsion donnée par Albert Caquot.

---

[22] Pestre (1992).

Chapitre 5
L'institut de Paris

« Nous parlions aviation, de la conquête de l'air, de la transformation que les grandes lignes aériennes du XXe siècle apporteraient, non pas comme les voies ferrées du XIXe siècle à l'aspect extérieur du globe, mais à la connaissance intime qu'ont les hommes de la planète Terre qui leur sert d'habitacle. »

Blaise Cendrars, La vie dangereuse, 1938

5.1 L'institut de mécanique des fluides

La faculté des sciences de Paris possède, depuis 1923, la seule chaire de mécanique des fluides en France, fondée par le sous-secrétariat d'État à l'Aéronautique. Paul Painlevé en a été le premier titulaire, et elle est occupée depuis 1927 par le mathématicien Henri Villat, membre correspondant de l'Académie des sciences [1]. Dans sa lettre inaugurale au ministre de l'Instruction publique et des Beaux-Arts, en février 1929, le ministre de l'Air a annoncé, par la voix d'Albert Caquot, son vœu de s'appuyer sur cette chaire pour développer de façon beaucoup plus large l'enseignement et la recherche dans les sciences intéressant l'aéronautique, et en particulier la mécanique des fluides (cf. Chap. 4). La nécessaire coopération entre théoriciens et expérimentateurs – c'est-à-dire entre mathématiciens et physiciens –, les contacts avec l'industrie, et le rayonnement international, sont d'emblée affichés comme des objectifs essentiels. Cette lettre, transmise au recteur de l'académie de Paris puis au doyen de la faculté des sciences, a reçu un accueil très favorable.

[1] La chaire de *mécanique des fluides et applications* sera successivement occupée par Painlevé 1923–1927), Henri Villat (1927–1950), Joseph Pérès (1950–1962) et Paul Germain (1962–1970).

F. Charru, *Ailes, Nuages et Tourbillons*, Science Networks. Historical Studies 61,
https://doi.org/10.1007/978-3-030-70236-6_5

5.1.1 *Le projet d'Albert Caquot*

Le huit mai, Caquot, qui entretemps a pris des contacts directs avec le doyen et avec Villat, soumet au recteur un projet précis d'institut de mécanique des fluides. Après un cadrage général, ce projet aborde tous les points importants : nomination des personnels, collaborations scientifiques, enseignement, locaux, et composition du conseil d'administration.

Cadrage général. L'ouverture scientifique de l'institut envisagé est tout d'abord rappelée :

> L'Institut ainsi créé [...] devrait constituer un centre actif de Recherches scientifiques, tant expérimentales que théoriques, et de Haut Enseignement scientifique, relatifs à la Mécanique des Fluides. Il devrait être conçu d'une façon très large et envisager tous les aspects de cette science et toutes les recherches physiques ou mathématiques qui peuvent, grâce aux liens entre ses diverses branches, provoquer, immédiatement ou indirectement, dans l'Aérodynamique, des progrès susceptibles de contribuer aux progrès de l'Aviation [2].

Créations de postes. Les emplois à créer, autour de deux chaires, sont ensuite définis :

> La subvention annuelle permanente garantie à l'Université de Paris par le Ministère de l'Air, assurerait d'abord les traitements moyens, tels qu'ils seront définis par les règlements en vigueur, de deux Professeurs titulaires et deux Maîtres de Conférences. La direction de l'Institut serait confiée à l'un des titulaires. L'une des chaires serait essentiellement théorique et l'autre essentiellement expérimentale.
> Le nouvel Institut serait substitué à l'actuelle chaire de Mécanique des Fluides, dont le titulaire serait transféré dans la chaire théorique nouvelle et prendrait la direction de l'Institut. Les nominations ultérieures achèveraient de grouper dans l'Institut deux mathématiciens et deux physiciens, choisis parmi ceux qui se sont fait connaître par des travaux importants relatifs à la Mécanique des Fluides, et qui paraîtront les plus aptes à donner à ce nouvel organisme le développement et l'essor indispensables pour qu'il parvienne à attirer et à grouper de nombreux Étudiants et chercheurs français et étrangers.

Le vœu de Caquot est que les crédits libérés par la suppression de la chaire initiale (80 000 francs) soient affectés au laboratoire de mécanique physique (voir plus loin) [3]. La chaire supprimée serait remplacée par la nouvelle chaire de mécanique théorique des fluides, sur laquelle serait transféré Villat.

Collaborations scientifiques et conférences. En plus de la subvention annuelle permanente, le ministère de l'Air s'engage à financer

> ... trois postes d'ingénieurs, attachés à l'Institut pour y faire des recherches expérimentales et contribuer aux enseignements pratiques expérimentaux. Choisis d'accord avec le Directeur de l'Institut, ils seraient rétribués par le Ministère de l'Air. Deux d'entre eux seraient

[2] Lettre de Caquot au recteur, 8 mai 1929, Arch. Nat. AJ16 5775.

[3] la subvention pour le service de la chaire est transférée annuellement du budget du ministère de l'Air à celui du ministère de l'Instruction publique. Cf. lettre du ministre de l'Instruction publique au recteur de l'académie de Paris, du 9 avr. 1929, et lettre de Villey au doyen, du 8 mai. Arch. Nat. AJ16 5775.

> de jeunes ingénieurs du Corps de l'Aéronautique, ou Ingénieurs civils d'Aéronautiques, détachés à titre provisoire et préparant des thèses de Docteur ou d'Ingénieur-Docteur. Ces postes pourraient même éventuellement devenir plus nombreux, suivant les circonstances, le nombre indiqué ci-dessus définissant le minimum prévu.

Aux deux « jeunes ingénieurs », s'ajouterait Dimitri Riabouchinsky, attaché depuis 1923 à la chaire de Painlevé-Villat. Le projet prévoit également le financement de conférences afin de stimuler les échanges entre science et technique :

> Le Ministère de l'Air mettrait d'autre part chaque année à la disposition de l'Institut, suivant les besoins, des crédits destinés à rétribuer des Conférences non permanentes. Cette disposition a surtout pour but de stimuler les recherches scientifiques relatives à la Mécanique des Fluides, en mettant leurs auteurs à même de faire connaître leurs résultats : il serait toutefois désirable qu'il soit fait aussi, dans ces conférences et enseignements annexes non permanents, une place aux recherches techniques. Il y a là encore, une occasion intéressante d'établir des liens fructueux entre la science et les applications.

Enseignement. L'institut assurerait l'enseignement correspondant à un certificat de mécanique des fluides, « organisé si possible de façon telle que les élèves de l'École Nationale d'Aéronautique aient la faculté de le suivre ». Ce certificat comporterait trois parties de 25 leçons chacune – mécanique des fluides théorique, mécanique des fluide expérimentale, et aérodynamique appliquée et aviation – complétées par au moins vingt séances de travaux pratiques. « Je provoquerai, annonce Caquot, une réunion des professeurs des diverses Facultés pour la mise au point d'un programme commun » (cf. Chap. 4). Des enseignements complémentaires, au-delà de la licence, sont envisagés :

> [Cet enseignement serait complété par] des enseignements variés, d'un degré supérieur, dans lesquels prendraient place les conférences non permanentes visées plus haut. Des facililités et des encouragements seraient donnés aux jeunes ingénieurs du Corps de l'Aéronautique pour suivre ces enseignements supérieurs.
> La subvention annuelle comporterait un crédit fixe spécial couvrant les frais d'entretien et de main-d'œuvre indispensables pour le fonctionnement des laboratoires au point de vue enseignement. Un minimum de 40 000 Frs serait dès maintenant prévu, susceptible d'être élevé lorsque seront réalisées les installations définitives. Des subventions seraient d'autre part allouées, suivant les besoins, sur les crédits spéciaux de recherches scientifiques du Ministère de l'Air, pour couvrir les frais (matériel et main-d'œuvre) des recherches scientifiques poursuivies.

Périmètre de l'institut et question des locaux. Le cœur de l'institut imaginé par le ministère de l'Air est constitué des deux chaires de mécanique des fluides, théorique et expérimentale. Deux autres éléments doivent s'y adjoindre : la chaire d'aviation fondée en 1909 par Basil Zaharoff, occupée par Lucien Marchis, et l'institut aérotechnique de Saint-Cyr fondé l'année suivante par Henry Deutsch de la Meurthe (cf. Chap. 1). L'institut de Saint-Cyr, propriété de l'université de Paris mais géré depuis sa création par le ministère de l'Air, serait ramené au simple rang de « laboratoire d'aérodynamique » :

> À l'Institut de Mécanique des Fluides ainsi constitué, il est éminemment désirable que l'Université de Paris rattache, en leur conservant les moyens dont ils disposent, les Services actuels de la Faculté des Sciences, qui sont spécialement orientés vers l'étude des problèmes relatifs à l'Aviation, c'est-à-dire, la chaire d'Aviation et le Laboratoire aérodynamique de

Saint-Cyr-l'École. Pour le lui permettre, le Ministère de l'Air est prêt à rendre à l'Université de Paris la disposition du Laboratoire de St-Cyr, en continuant à en assurer les frais de fonctionnement. Il est prêt aussi, si la Faculté en confirme le désir, à ajouter à la subvention définie plus haut, le crédit nécessaire pour que le Directeur dudit Laboratoire reçoive le titre de Maître de Conférences de Techniques Aéronautiques.

Le ministère de l'Air est donc disposé à financer, en plus des postes liés aux deux chaires de mécanique des fluides, une nouvelle maîtrise de conférences pour le directeur du laboratoire de Saint-Cyr, Albert Toussaint.

Vient ensuite la « question vitale » des locaux, que Caquot pose d'emblée comme « une question d'intérêt national à laquelle il serait essentiel d'apporter une solution digne de notre pays et répondant aux vues qui ont inspiré ce projet ». Afin de permettre à l'institut de fonctionner « dès maintenant », les services techniques de l'Aéronautique pourraient mettre des locaux à disposition, à titre provisoire.

Il y a lieu toutefois de mettre sans délai à l'étude les moyens de lui assurer les Installations et Laboratoires propres adaptés à l'importance de l'enseignement et des recherches qui lui sont demandés. Le Ministère de l'Air est prêt à demander au Parlement les crédits nécessaires pour la construction, si l'Université de Paris est en mesure de fournir un terrain adapté. [...]
Pour l'enseignement, St-Cyr est mal placé – Ce Laboratoire semble susceptible d'être remis à la Chambre Syndicale, et, en compensation, la fondation Deutsch de la Meurthe serait transférée à Paris, en accord avec la famille du fondateur, dans le nouveau terrain de la Faculté des Sciences avec le reste des installations de l'Institut.
Cette solution paraît la meilleure, car elle contribuerait à intégrer plus intimement l'Institut de Mécanique des Fluides dans la Faculté des Sciences dont il doit faire partie.

Le conseil de l'institut. Comme tout institut d'université, l'institut de mécanique des fluides doit être pourvu d'un conseil d'administration. Pour sa composition, Caquot fait au doyen de la faculté la proposition suivante – sans doute discutée au préalable avec Villat et avec le Conseil supérieur des recherches scientifiques intéressant l'aéronautique (CSRSA) :

À titre de suggestion, et sous réserve des observations que vous jugeriez devoir me soumettre à ce sujet, il semble que l'on pourrait envisager pour ce Conseil la composition suivante : Le Doyen de la Faculté des Sciences, les Professeurs et Maîtres de Conférences et un Ingénieur de l'Institut, le Directeur du laboratoire de Mécanique expérimentale de la Faculté; le Directeur Général Technique de l'Aéronautique, les trois représentants de l'Académie des Sciences à la Section permanente du Conseil supérieur des Recherches scientifiques intéressant l'Aéronautique, et le Directeur du Service des Recherches de l'Aéronautique.
Le Directeur de l'Institut exercerait, au nom de ce Conseil et conformément à ses directives, l'action de coordination que je juge nécessaire pour obtenir les résultats escomptés [4].

[4] Lettre de Caquot au doyen, du 11 juin 1929, Arch. Nat. AJ16 5775.

Henri Villat (1879–1972)

Né à Paris le 24 décembre 1879, Henri Villat passe son enfance à Caen. Il entre à l'École normale supérieure en 1899 et obtient l'agrégation de mathématiques en 1902. Professeur au lycée de Caen puis chargé de conférences à la faculté des sciences de cette ville, il prend contact avec Joseph Boussinesq et Marcel Brillouin, puis avec Émile Picard, pour leur soumettre ses premiers travaux sur le calcul d'écoulements potentiels autour d'obstacles. Il soutient en 1911 un doctorat ès sciences mathématiques, *Sur la résistance des fluides*. Il est nommé la même année maître de conférences à Montpellier (passionné de culture grecque, il représente son université à un congrès d'hellénistes en Grèce, ce sera l'un de ses rares voyages à l'étranger), puis, en 1919, professeur de mécanique rationnelle à Strasbourg, dans les « provinces recouvrées ». En 1927, il succède à Painlevé sur la chaire de mécanique des fluides à la Sorbonne, chaire qu'il occupe jusqu'à sa retraite en 1950.

Sa réputation s'affirme lorsqu'il organise à Strasbourg, en 1920, le Congrès international de mathématiques. Il est ensuite l'animateur très actif du *Journal de Mathématiques pures et appliquées*, qu'il dirige jusqu'à son dernier jour. Il crée et dirige également deux collections d'articles de revue, le *Mémorial des Sciences mathématiques* et le *Mémorial des Sciences physiques*.

En mai 1929, Villat prend la direction du nouvel institut de mécanique des fluides de Paris fondé par le ministère de l'Air, qui devient institut de mécanique en 1932. Correspondant de l'Académie des sciences depuis 1923, il en devient membre en 1932, puis président en 1948. Il préside en 1946 le 6e Congrès international de mécanique appliquée (ICAM) à Paris. Son activité scientifique décline ensuite, mais il continue de régner sur l'Académie des sciences et de diriger, inamovible, un institut de mécanique démembré par la guerre et déserté.

(*Suite*)

Villat a dirigé de nombreuses thèses et il est l'auteur de plusieurs ouvrages, dont une *Mécanique des Fluides* (1938). Il a enseigné les mathématiques et la mécanique, mais aussi la philosophie aux ÉNS de Sèvres puis de Fontenay. Épistolier prolifique, violoncelliste et amateur de poésie, Villat est une figure exemplaire du savant français cultivé, épris d'abstractions élégantes, mais peu ouvert aux idées nouvelles « étrangères à des bases solides ». Il meurt à Paris le 19 mars 1972[a].

[a]Roy (1972) ; Aubin (2010) ; Charle & Telkès (1989, pp. 261–263) ; Arch. Acad. Sc.

5.1.2 *L'institut de mécanique des fluides (1930–1932)*

Nominations. Le 16 mai, le conseil de la faculté des sciences approuve le projet proposé par Caquot. Il accepte aussi avec joie la proposition de rattachement à l'institut du « laboratoire aérodynamique » de Saint-Cyr et de création d'une maîtrise de conférences pour son directeur Albert Toussaint. Henri Villat est nommé directeur de l'institut.

Le 14 juin, le doyen transmet au recteur les propositions de nominations votées la veille par le conseil de la faculté :

- sur la chaire de mécanique expérimentale des fluides : Henri Bénard, professeur sans chaire à la faculté des sciences de Paris [5] ;
- pour la maîtrise de conférences de mécanique expérimentale des fluides : Adrien Foch, professeur à la faculté des sciences de Bordeaux ;
- pour la maîtrise de conférences de mécanique théorique des fluides : Henri Béghin, professeur à la faculté des sciences de Lille.

Le procès-verbal de la séance de ce conseil est reproduit sur la Fig. 5.1 [6]. Bénard prend ses fonctions le 15 novembre. Notons que les deux maîtrises sont prises par des professeurs de province, qui, situation alors fréquente, choisissent de rétrograder pour embrasser une carrière parisienne. Le conseil de la faculté, qui s'était déjà prononcé en faveur du rattachement au nouvel institut de la chaire d'aviation et de l'institut aérotechnique de Saint-Cyr, approuve également la nomination d'Albert Toussaint sur une nouvelle maîtrise de conférences de technique aéronautique, en appui à la chaire d'aviation [7].

[5] La chaire de mécanique expérimentale des fluides sera successivement occupée par Henri Bénard (1930–1939), Adrien Foch (1939–1947) et André Fortier (1947–75).

[6] Arch. Nat. AJ16 5775.

[7] La chaire d'aviation sera supprimée lors du départ à la retraite de Lucien Marchis, en 1934. Elle sera recréée en 1954 pour Lucien Malavard (1954–1979).

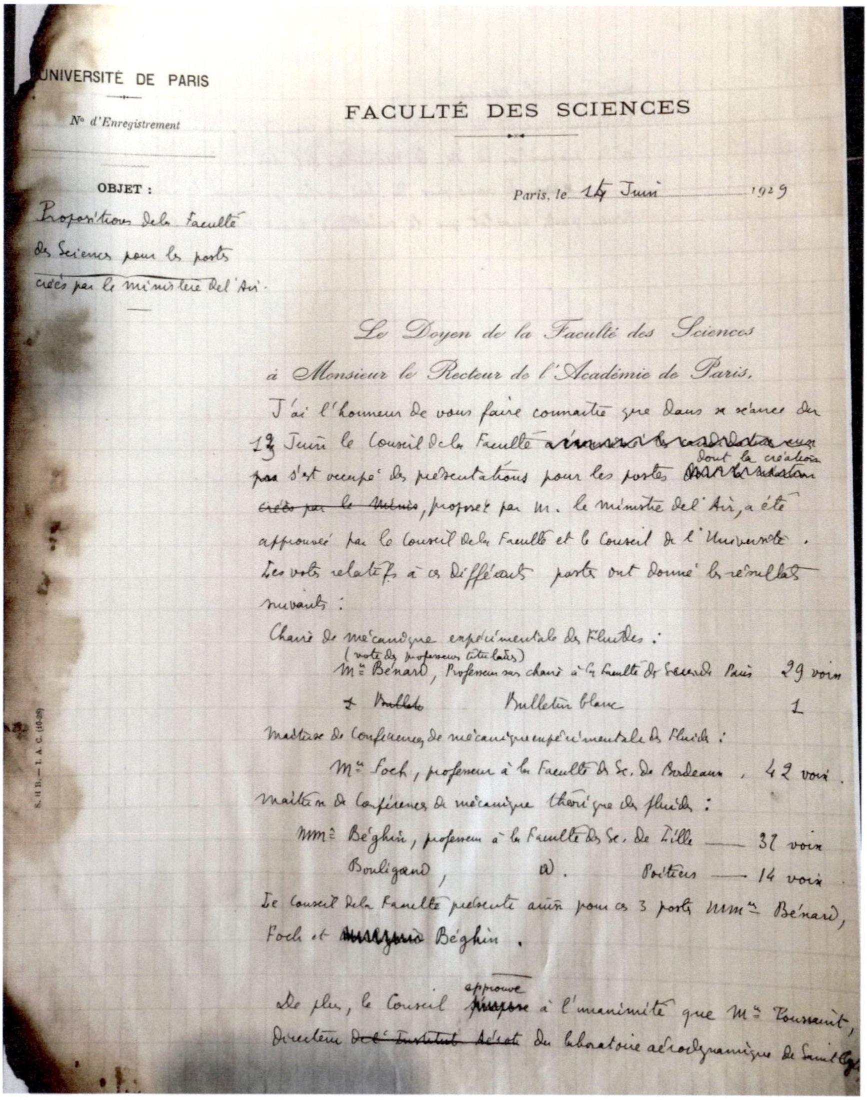

UNIVERSITÉ DE PARIS

N° d'Enregistrement

OBJET : Propositions de la Faculté des Sciences pour les postes créés par le ministère de l'Air.

FACULTÉ DES SCIENCES

Paris, le 14 Juin 1929

Le Doyen de la Faculté des Sciences
à Monsieur le Recteur de l'Académie de Paris.

J'ai l'honneur de vous faire connaître que dans sa séance du 13 Juin le Conseil de la Faculté s'est occupé des présentations pour les postes dont la création, proposée par M. le ministre de l'Air, a été approuvée par le Conseil de la Faculté et le Conseil de l'Université.

Les votes relatifs à ces différents postes ont donné les résultats suivants :

Chaire de mécanique expérimentale des fluides :
(vote des professeurs titulaires)
Mr Bénard, Professeur sans chaire à la Faculté des Sciences Paris 29 voix
1 Bulletin Bulletin blanc 1

Maîtrise de Conférences de mécanique expérimentale des fluides :
Mr Foch, professeur à la Faculté des Sc. de Bordeaux, 42 voix.

Maîtrise de Conférences de mécanique théorique des fluides :
MM. Béghin, professeur à la Faculté des Sc. de Lille — 31 voix
Bouligand, id. Poitiers — 14 voix.

Le Conseil de la Faculté présente ainsi pour ces 3 postes MM. Bénard, Foch et Béghin.

De plus, le Conseil approuve à l'unanimité que Mr Toussaint, Directeur du laboratoire aérodynamique de Saint-Cyr

Fig. 5.1 Compte-rendu du conseil de la faculté des sciences du 14 juin 1929, relatif aux nominations à l'institut de mécanique des fluides de Paris

Trois collaborateurs scientifiques sont financés dès le départ. L'un d'eux est Dimitri Riabouchinsky, qui bénéficie d'un statut de collaborateur permanent, et est nommé directeur-adjoint de l'institut en novembre 1930. Le nombre de collaborateurs croît rapidement : ils seront douze en 1932.

La subvention annuelle permanente, destinée à couvrir le traitement des emplois créés ainsi que les frais de fonctionnement de l'institut, est fixée à 400 000 francs (le traitement annuel d'un professeur est alors d'environ 50 000 francs et celui d'un assistant 18 000 francs).

Quant au conseil de l'institut, les suggestions de Caquot sont retenues par le conseil de la faculté, qui y ajoute deux de ses membres : Émile Borel (professeur de calcul des probabilités et physique mathématique) et Charles Fabry (professeur de physique). Les représentants de l'Académie des sciences seront Émile Picard, Aimé Cotton et Léon Lecornu. Notons que Riabouchinsky, directeur-adjoint de l'institut, n'a pas la nationalité française et ne peut, de ce fait, ni prétendre à un poste universitaire ni siéger ès qualité au conseil. Il y siègera donc au titre de « personnalité scientifique ». Le recteur arrête la composition du conseil le 18 novembre (Fig. 5.2). Le règlement intérieur de l'institut est adopté le même mois, et le décret de création est publié le 20 décembre [8].

La question des locaux. Le « terrain suffisamment vaste » pour l'installation de l'institut s'avère difficile à trouver. En septembre, Caquot confirme donc au ministre de l'Instruction publique sa proposition de mise à disposition de locaux du service des recherches de l'Aéronautique :

> En attendant [l'issue incertaine des pourparlers en cours], je mets à la disposition des services expérimentaux un Laboratoire provisoire dans les installations du Service des Recherches à Issy-les-Moulineaux et je continue d'assurer le fonctionnement du Laboratoire de St-Cyr [9].

Le laboratoire de Henri Bénard s'installe donc, en décembre 1929, au 4 rue de la Porte d'Issy, dans des locaux relativement confortables disposés sur trois niveaux (Fig. 5.3).

5.2 Élargissement de périmètre : l'institut de mécanique

5.2.1 Création de l'institut de mécanique

Le projet avorté d'institut de mécanique appliquée. La mécanique des fluides n'est pas la seule discipline scientifique intéressant l'aéronautique. La résistance des structures, la physique des matériaux et la thermodynamique des moteurs y sont aussi impliquées, disciplines relevant, à Paris, du laboratoire de mécanique physique et expérimentale de la faculté des sciences [10]. Ce laboratoire est dirigé par Gabriel

[8] Projet de Règlement de l'institut de mécanique des fluides, Arch. Nat. AJ16 5776.

[9] Lettre de Caquot au ministre de l'Instruction publique, du 18 sept. 1929, Arch. Nat. AJ16 5775.

[10] Le nom de ce laboratoire, ou "service", est souvent abrégé en « laboratoire de mécanique expérimentale » ou « laboratoire de mécanique appliquée » ou « laboratoire de mécanique physique ». C'est sous cette dernière forme, qui s'imposera à partir de 1936, qu'il est désigné dans cet ouvrage (sauf dans les citations).

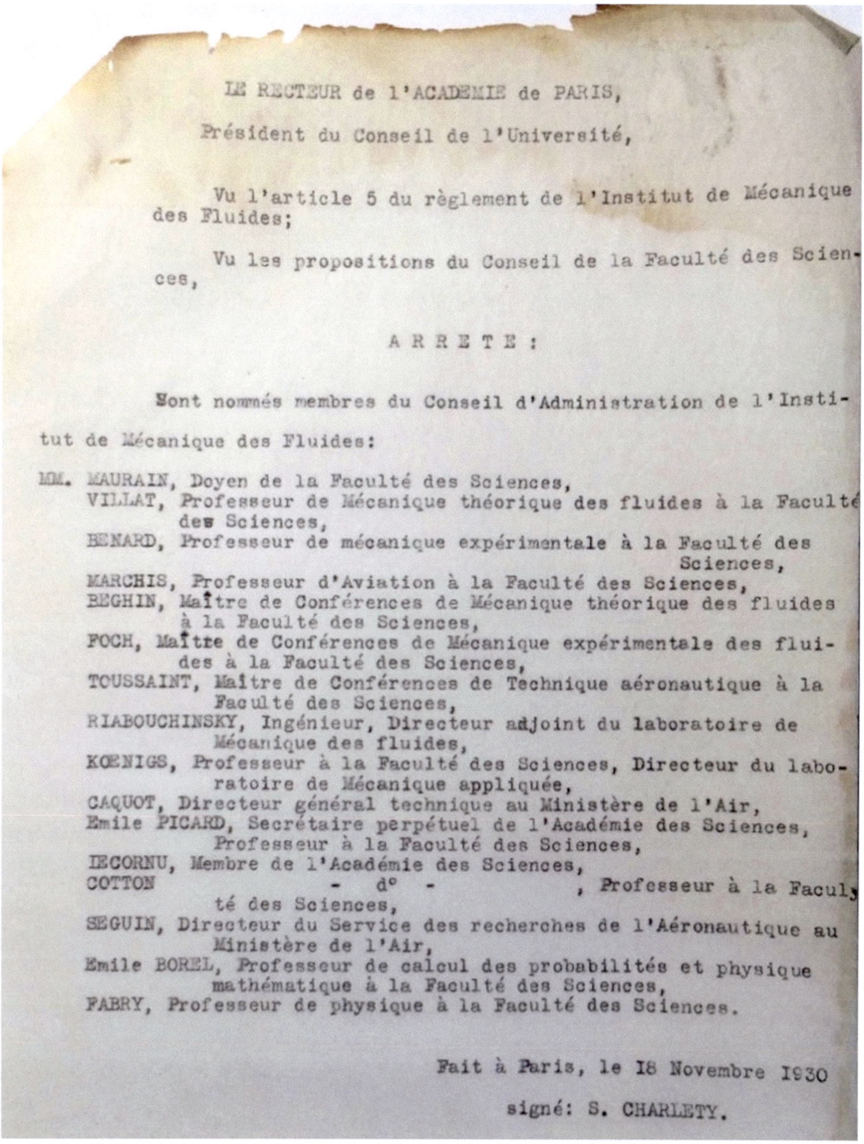

LE RECTEUR de l'ACADEMIE de PARIS,

Président du Conseil de l'Université,

Vu l'article 5 du règlement de l'Institut de Mécanique des Fluides;

Vu les propositions du Conseil de la Faculté des Sciences,

A R R E T E :

Sont nommés membres du Conseil d'Administration de l'Institut de Mécanique des Fluides:

MM. MAURAIN, Doyen de la Faculté des Sciences,
VILLAT, Professeur de Mécanique théorique des fluides à la Faculté des Sciences,
BENARD, Professeur de mécanique expérimentale à la Faculté des Sciences,
MARCHIS, Professeur d'Aviation à la Faculté des Sciences,
BEGHIN, Maître de Conférences de Mécanique théorique des fluides à la Faculté des Sciences,
FOCH, Maître de Conférences de Mécanique expérimentale des fluides à la Faculté des Sciences,
TOUSSAINT, Maître de Conférences de Technique aéronautique à la Faculté des Sciences,
RIABOUCHINSKY, Ingénieur, Directeur adjoint du laboratoire de Mécanique des fluides,
KŒNIGS, Professeur à la Faculté des Sciences, Directeur du laboratoire de Mécanique appliquée,
CAQUOT, Directeur général technique au Ministère de l'Air,
Emile PICARD, Secrétaire perpétuel de l'Académie des Sciences, Professeur à la Faculté des Sciences,
LECORNU, Membre de l'Académie des Sciences,
COTTON - d° - , Professeur à la Faculté des Sciences,
SEGUIN, Directeur du Service des recherches de l'Aéronautique au Ministère de l'Air,
Emile BOREL, Professeur de calcul des probabilités et physique mathématique à la Faculté des Sciences,
FABRY, Professeur de physique à la Faculté des Sciences.

Fait à Paris, le 18 Novembre 1930

signé: S. CHARLETY.

Fig. 5.2 Arrêté de nomination, en novembre 1930, des membres du conseil de l'institut de mécanique des fluides de Paris

Kœnigs (1858–1931), titulaire de la chaire éponyme occupée avant lui par Joseph Boussinesq[11].

[11] La chaire de mécanique physique et expérimentale est successivement occupée par Joseph Boussinesq (1886–1896), Gabriel Kœnigs (1897–1931), Henri Béghin (1932–1947), Adrien Foch (1947–1960) et Raymond Siestrunck (1960–1970).

Fig. 5.3 Le laboratoire de mécanique des fluides, au 4 rue de la porte d'Issy, au début des années 1930. De gauche à droite : H. Bénard, D. Riabouchinsky, H. Villat, H. Journaud, C. Woronetz, L. Santon (photo extraite de Wesfreid 2017)

Dès 1929, le ministère de l'Air envisage donc la création, sur la base de ce laboratoire, d'un institut de mécanique appliquée, complémentaire de l'institut de mécanique des fluides. Dans cette perspective, le ministère de l'Air accorde au laboratoire de mécanique physique de confortables subventions, comme l'indique Caquot dans une lettre adressée en octobre 1929 à Kœnigs :

> Au cours des conversations que nous avons eues ensemble relativement aux collaborations que le Ministère de l'Air pourrait trouver auprès des Facultés des Sciences, vous avez bien voulu me faire espérer le concours actif de votre laboratoire, tant pour achever et mettre en service une station hydraulique expérimentale dont se trouve ainsi déchargé le nouvel institut de mécanique des fluides, que pour faire exécuter des recherches sur les moteurs thermiques et sur la résistance des Matériaux susceptibles de servir au progrès de notre aviation. [. . .]
> Je suis heureux de vous faire connaître que je suis en mesure d'accorder à cet effet à votre service la subvention de 350 000 Frs que vous avez proposée [12].

Cette subvention devrait entraîner, selon Caquot, une contribution symétrique du ministère de l'Instruction publique, utilisant notamment les crédits rendus disponibles par la suppression de la chaire Painlevé-Villat :

> J'espère [que cette subvention] vous permettra d'obtenir, par ailleurs, du Ministère de l'Instruction publique un concours parallèle. [. . .] J'espère aussi que, conformément à la

[12] Lettre de Caquot à G. Kœnigs, 18 oct. 1929, Arch. Nat. AJ16 5775 et 20010498 160.

> demande que je leur ai faite, le Ministère et l'Université de Paris voudront bien en contrepartie de la création de l'Institut de Mécanique des Fluides au moyen des subventions que je leur ai promises à cet effet – augmenter l'encadrement de votre service pour vous donner les moyens de créer un Institut de Mécanique expérimentale en rapport avec l'étendue du domaine de recherches qui incombe à votre laboratoire.

L'institut de mécanique appliquée ne verra finalement pas le jour, le projet achoppant sur la question des locaux et sur le fait que l'opération de suppression-création de chaire concernant Villat semble rencontrer des résistances. Le laboratoire de Kœnigs continuera cependant de bénéficier de larges subventions et de plusieurs collaborateurs scientifiques.

Création de l'institut de mécanique. L'institut de mécanique appliquée ne se réalisant pas, le laboratoire de mécanique physique va finalement être intégré à l'institut de mécanique des fluides. Formellement, ce dernier est supprimé, et un nouvel institut de mécanique, créé en juillet 1932, lui est substitué [13]. Entre-temps, Gabriel Kœnigs est parti à la retraite en 1931, et Henri Béghin lui a succédé à la chaire de mécanique physique et expérimentale [14]. Sur la maîtrise de conférences libérée, est nommé Joseph Pérès. Ce dernier arrive de Marseille où il était professeur et directeur de l'institut de mécanique des fluides de cette ville (comme Foch et Béghin deux ans auparavant, Pérès rétrograde ainsi de professeur à maître de conférences, pour une carrière parisienne).

Les statuts du nouvel institut précisent sa nature et son fonctionnement [15] :

1. L'institut comprend trois laboratoires :
   - le laboratoire de mécanique expérimentale des fluides (H. Bénard),
   - le laboratoire de mécanique physique (H. Béghin),
   - le laboratoire d'aérotechnique et aviation de Saint-Cyr (A. Toussaint).
2. L'institut est administré par un conseil comprenant les personnalités suivantes :
   - le doyen de la faculté des sciences, président du conseil (Ch. Maurain) ;
   - les professeurs et maîtres de conférences de l'institut (H. Villat, H. Bénard, H. Béghin, L. Marchis, J. Villey, A. Toussaint, A. Foch, J. Pérès) ;
   - le directeur général technique et le directeur du service des recherches de l'Aéronautique (A. Caquot et M. Seguin) ;
   - trois représentants de l'Académie des sciences (É. Picard, L. Lecornu, A. Cotton) ;

---

[13] Décrets du 19 juill. supprimant l'IMF, et décret du 22 juill. 1932 instituant le nouvel IM. Arch. ENSEEIHT Toulouse.

[14] Henri Béghin (1876–1969), normalien et agrégé de mathématiques, est professeur au lycée de Brest de 1899 à 1908 puis à l'École navale de 1908 à 1921. Docteur ès sciences en 1922, il est nommé maître de conférences à Montpellier, puis à Lille, puis à Paris (1929). Il obtient la chaire de mécanique physique au départ de Kœnigs en 1932, qu'il occupe jusqu'à sa retraite en 1947. Ses travaux scientifiques portent notamment sur la théorie des mécanismes asservis. Il est élu à l'Académie des sciences en 1946 (Mazet, 1969).

[15] Statuts de l'Institut de Mécanique. Arch. Nat. AJ16 5776.

- quatre professeurs de la faculté : P. Montel, É. Cartan, E. Esclangon, Ch. Fabry.
- trois personnalités désignées par le conseil de la faculté sur proposition du conseil de l'institut (dont l'une est D. Riabouchinsky).

3. Le directeur de l'institut est nommé par le recteur pour une durée de cinq ans, renouvelable, sur proposition du conseil de l'institut.
4. Le fonctionnement de l'institut est assuré :
   - par des cours et conférences, et par les travaux poursuivis dans ses laboratoires ;
   - par des conférences demandées à des savants et spécialistes extérieurs ;
   - par des ingénieurs attachés à l'institut, chargés des recherches expérimentales.
5. Pour être élève de l'institut, il faut être inscrit à la faculté des sciences et acquitter les droits de travaux pratiques.
6. Les ressources de l'institut comprennent :
   - le produit des droits de travaux pratiques ;
   - les subventions, dons, legs, etc... affectés à l'institut.
7. Le directeur de l'institut établit chaque année un rapport d'activité ; ce rapport, après approbation par le conseil, est communiqué au recteur et aux ministres concernés.

Dans sa première réunion du 8 novembre 1932, le conseil élit Villat comme directeur [16]. Le conseil se réunira une fois par an, en mai ou juin, pour une courte séance en fin d'après-midi. Cette séance consiste essentiellement en une lecture, par les directeurs de laboratoire, des rapports d'activité pour l'année écoulée, suivie du vote du budget de l'année en cours, et de l'approbation du programme des conférences de savants étrangers. Le procès-verbal (rédigé en général par Pérès, secrétaire de séance) est très succinct ; il ne détaille, en particulier, ni le budget ni la liste des conférenciers invités [17].

Selon le rapport d'activité de 1932, l'institut rassemble, pour la mécanique des fluides, 28 chercheurs sous la direction de Villat (10), Bénard (6), Pérès (1), Foch (5), Riabouchinsky (5) ou Toussaint (1) [18]. Une douzaine d'entre eux sont collaborateurs scientifiques (boursiers) du ministère de l'Air. Quatre sont déjà docteurs ès sciences ou ingénieur-docteur, et 16 soutiendront plus tard une thèse. C'est donc l'un des plus grands laboratoires de la faculté des sciences de Paris, dont il réunit plus de 10% des effectifs.

[16] Compte-rendu du conseil du 8 nov. 1932, Arch. Nat. AJ16 5775.

[17] Procès-verbaux des séances du conseil de l'institut de mécanique des 17 mai 1935, 11 mai 1936, 10 mai 1938, Arch. Nat. AJ16 5776.

[18] Rapport de Villat (1932), Arch. Nat. AJ16 5776. Pour une comparaison avec les autres laboratoires de la faculté des sciences de Paris, cf. Pestre (1992), p. 92.

La question des locaux, encore. La question des locaux de l'institut de mécanique des fluides s'était résolue, fin 1929, par le prêt par le ministère de l'Air d'un bâtiment de son service des recherches (SRAé), à Issy-les-Moulineaux, dans lesquels Bénard avait pu installer son laboratoire. Il s'agit maintenant, selon le vœu du ministère de l'Air, de regrouper dans un même lieu le laboratoire de Bénard et celui de Béghin. Ce dernier occupe alors « les bâtiments insuffisants et mal adaptés » d'une annexe de la Sorbonne, au 96 boulevard Raspail, où le voisinage se plaint du « bruit excessif des essais de moteurs ».

Le ministère de l'Air, à nouveau mis à contribution, cèderait une parcelle de terrain sur le boulevard Victor, à proximité du SRAé, à charge pour l'université de trouver les fonds pour la construction des bâtiments. C'est l'idée développée par Caquot dans une note préparatoire au premier conseil de l'institut de mécanique :

> Il y a un intérêt considérable à réaliser ce nouvel Institut à proximité immédiate du Service des Recherches de l'Aéronautique. Cela permettrait aux professeurs et chercheurs d'utiliser très facilement, en même temps que les installations propres de l'Institut, les moyens très considérables du Service des Recherches (ateliers, service de dessin, souffleries, station d'essais de moteurs) dont ils peuvent disposer en qualité de collaborateurs scientifiques temporaires du Ministère de l'Air.
> L'intérêt n'est pas moindre pour le Ministère de l'Air, puisque tous les efforts qu'il a poursuivis en liaison avec la Faculté des Sciences, ont pour but d'encourager et de multiplier les recherches intéressant à tous points de vue (résistance des matériaux, moteurs, mécanismes, planeurs) les progrès de l'Aviation. Le rapprochement est d'autant plus intéressant que le programme d'extension des Services Techniques de l'Aéronautique prévoit le transfert des essais proprement industriels à Chalais-Meudon, pour faire de l'établissement de la Porte d'Issy essentiellement un Centre de Recherches.
> Pour obtenir ce résultat, le Ministère de l'Air pourrait réserver à cet usage la partie encore disponible des terrains immédiatement contigus au Service des Recherches, dont il dispose en bordure du Boulevard Victor. Ce terrain mesure 98 m × 30 m. [. . .]
> Si ce terrain était mis officiellement à la disposition de la Faculté des Sciences, en vue de la création de l'Institut, le Ministère de l'Instruction Publique et l'Université de Paris auraient un levier puissant pour obtenir les crédits nécessaires à sa construction [19].

Ce projet avait été déjà évoqué en 1930, lorsqu'il s'agissait de rapprocher du SRAé les deux laboratoires de mécanique des fluides et de mécanique physique. Il avait alors fait long feu. Il ne se réalisera pas non plus en 1932, le plan d'outillage national qui devait financer la construction, pour un coût évalué à une trentaine de millions de francs, n'ayant pas été réalisé. Le laboratoire de Bénard restera dans les locaux prêtés en 1929. Le laboratoire de mécanique physique attendra 1937 pour voir sa situation s'améliorer : il déménagera alors à Saint-Cyr-l'École, dans d'anciens ateliers des Chemins de Fer de l'État – sur plus de 20 000 mètres carrés [20].

---

[19] Arch. Nat. AJ16 5776.

[20] Procès-verbal de la séance du 11 mai 1936 du conseil de l'institut de mécanique ; Convention entre l'Administration des Chemins de Fer de l'État et l'Université de Paris, 17 juill. 1936 ; Lettres de Béghin au doyen, oct. 1937, Arch. Nat. AJ16 5776.

5.2.2 *Évolutions*

Sécession de l'institut de Saint-Cyr. L'institut aérotechnique de Saint-Cyr (IAT), fondé en 1910 par Henry Deutsch de la Meurthe (cf. Chap. 1), appartient depuis sa création à l'université de Paris. Après la Première Guerre mondiale, celle-ci l'a loué au service technique de l'Aéronautique, pour un loyer symbolique de un franc par an, et ce service l'utilise au même titre que ses autres souffleries[21]. L'université de Paris verse à l'institut une subvention annuelle (25 000 francs au début des années trente) dont une partie provient de la fondation Deutsch de la Meurthe. Cette subvention maintient le principe de la participation de l'université dans l'activité de l'IAT, et donne à son directeur la liberté de poursuivre les recherches qu'il désire, au côté de celles engagées par le SRAé. Elle permet aussi d'y assurer le service des travaux pratiques du certificat de technique aéronautique associé à la chaire de Lucien Marchis.

En 1929, l'IAT a été rattaché à l'institut de mécanique des fluides, conformément au vœu du ministère de l'Air. Il en constitue désormais le « laboratoire d'aérodynamique ». Le rattachement a été consacré par la nomination de son directeur, Albert Toussaint, au poste créé en 1930 de maître de conférences de technique aéronautique. Ce rattachement restera toutefois assez lâche, Villat portant peu d'intérêt aux questions expérimentales ou techniques. La dénomination « institut de Saint-Cyr » continue ainsi d'apparaître dans les discours et les publications.

Lorsque, en 1932, l'institut de mécanique des fluides est transformé en institut de mécanique, le laboratoire d'aérodynamique lui reste attaché, et, ainsi que le précise Villat,

> ... si la formule de la location de cet établissement au Ministère de l'Air a été maintenue, c'est parce que la Faculté des Sciences ne dispose pas encore de ressources suffisantes pour en assurer elle-même la gestion conformément à la formule administrative adoptée pour le fonctionnement de l'Institut de Mécanique : la subvention du Ministère de l'Air ne doit pas, en principe, dépasser la moitié des frais du fonctionnement[22].

En janvier 1933, survient une crise : Painlevé, ministre de l'Air de juin 1932 à janvier 1933 (il décèdera au mois d'octobre suivant), décide que « l'Institut de Saint-Cyr » doit être rattaché au Conservatoire national des arts et métiers (CNAM), rattachement qui « présenterait le plus grand intérêt pour l'Enseignement de l'Aéronautique et permettrait une meilleure utilisation des installations techniques de Saint-Cyr »[23]. Sans doute Painlevé considère-t-il que l'institut de mécanique ne remplit pas ses obligations vis-à-vis de son laboratoire d'aérodynamique. Painlevé est d'autre part très attaché au CNAM, dont il préside le conseil d'administration depuis 1919, et dont il soutient la rénovation de l'enseignement des sciences

[21] Note de Villat au doyen à propos de l'institut de Saint-Cyr, 6 févr. 1933, Arch. Nat. AJ16 5776.

[22] Note de Villat, *ibid.*

[23] Lettre de Painlevé au recteur, 27 mars 1933, Arch. Nat. AJ16 5776.

appliquées dans le sens des idées de la gauche réformiste[24]. Sa décision, qui a naturellement les faveurs du directeur du CNAM, soulève immédiatement une forte opposition du conseil de l'institut de mécanique et du recteur. Caquot se déclare à Villat « extrêmement surpris » de la décision de son ministre. La position du doyen Maurain – premier directeur de l'IAT de 1911 à 1921 – est plus prudente, il se garde bien de désavouer Painlevé[25].

La réalité du rattachement de l'IAT au CNAM reste cependant, dans les années suivantes, assez incertaine. Toussaint continue en effet de participer aux conseils de l'institut de mécanique, en tant que directeur du laboratoire d'aérodynamique. Les publications du ministère de l'Air qu'il préface, correspondant à des travaux qu'il a dirigés à l'IAT, ne font aucune mention du CNAM, et ces préfaces sont signées de son titre de maître de conférences à la Sorbonne puis, à partir de 1934, de professeur sans chaire.

En 1934 toujours, Lucien Marchis, titulaire de la chaire d'aviation de l'université de Paris (fondation Basil Zaharoff), part à la retraite. Son successeur naturel serait Toussaint, qui occupe la maîtrise de conférences associée (fondation du ministère de l'Air). Mais l'heure est alors aux restrictions budgétaires et aux suppressions de postes. Afin « de satisfaire aux nécessités financières qui s'imposent à l'Université de Paris », la chaire d'aviation est supprimée, en dépit d'une tentative de la maintenir par le biais d'une transformation de la maîtrise de conférences[26]. Toussaint se consolera en obtenant, la même année, la chaire de navigation aérienne du CNAM, succédant à Rodolphe Soreau[27]. Il n'abandonnera pas pour autant son poste à la faculté, et cumulera les deux emplois.

Recettes et dépenses de l'institut. L'institut de mécanique possède, comme tout institut d'université, un budget propre, abondé par le ministère de l'Instruction publique (Éducation nationale à partir de 1936) et par le ministère de l'Air. La part de ce dernier, fixée à 400 000 francs en 1929, ne variera pas lors du changement de périmètre en 1932, et restera par la suite remarquablement constante en dépit de la crise économique (à une compression de 6% près, à partir de 1935).

La Table 5.1 montre la distribution, en 1937, des 803 000 francs des recettes et des dépenses prévisionnelles[28]. Les dépenses de personnel correspondent probablement, côté Éducation nationale, aux traitements de Villat, Béghin et Villey, et côté Air, à ceux de Bénard, Foch, Pérès, Toussaint, et Riabouchinsky. Les dépenses

[24] C. Fontanon, Paul Painlevé et l'aviation : aux origines de l'étatisation de la recherche scientifique. *In* Fontanon & Frank (2005), pp. 52–53.

[25] Villat au doyen, le 7 févr. 1933 ; le directeur du CNAM au doyen, le 1er avr. 1933. Arch. Nat. AJ16 5776.

[26] Lettre de Toussaint à Métral, 29 nov. 1934, Arch. Nat. AJ16 5775. Le traitement d'un professeur de 1re classe est alors de 93 000 francs, et celui d'un maître de conférences, de 55 000 francs.

[27] M.-D. Seiffert, Toussaint, Albert (1885–1956) - Professeur de Navigation aérienne (1934–1947). *In* Fontanon & Grelon (1994), 607–610.

[28] Arch. Nat. AJ16 5776.

Tableau 5.1 Budget prévisionnel de l'institut de mécanique en 1937, en francs

Recettes			
		Mécanique des fluides	Mécanique physique
Éduc. Nat.	Personnel	95 000	148 000
	Matériel fixe	14 000	22 000
	Matériel T.P.	4 000	9 000
Air		400 000	
Univ. Paris		14 000	68 000
Taxe apprentissage		8 000 (personnel)	22 000 (pers. & matériel)
Dépenses			
Personnel		635 000	
Frais généraux chaire Villat		15 000	
Conférences		15 000	
Matériel et frais enseignement		81 000	57 000

des laboratoires sont couvertes par la dotation en matériel de l'Éducation nationale, la part "matériel" de la taxe d'apprentissage (subvention Borel, cf. Chap. 2), et 38 000 francs de l'Air pour chacun des laboratoires. La subvention Borel – ailleurs providence des laboratoires, elle ne joue ici qu'un rôle d'appoint – permet de rémunérer très modestement le personnel technique.

Le budget ci-dessus n'inclut pas la contribution, très importante, du ministère de l'Air *via* les collaborations scientifiques. Villat précise :

> Les frais correspondant à l'activité déployée par les laboratoires pour les recherches demandées par le Ministère de l'Air relèvent, non pas de la subvention contractuelle fixe pour le fonctionnement de l'Institut, mais des contributions forfaitaires et des remboursements de frais alloués pour les collaborations scientifiques confiées à l'Institut ou à des collaborateurs individuels travaillant dans les laboratoires. Il s'agit là de dépenses effectuées directement pour le Ministère de l'Air, et réglées par celui-ci au gré de ses besoins. L'Institut y joue le rôle d'un organisme d'exécution. Les crédits correspondants, essentiellement variables, ne figurent pas de ce fait au budget de l'Institut, et il appartient au Service Technique de les régler suivant les résultats obtenus [29].

Villat, dont l'intérêt est de maintenir la distinction entre les deux types de subventions, force le trait : les collaborations scientifiques vont en effet bien au-delà de « tâches d'exécution »; elles font l'objet de thèses – peu contraintes –, et sont à l'origine de l'essentiel de la production scientifique de l'institut.

Pour la récupération de la taxe d'apprentissage, chaque professeur fait sa demande au doyen. Ainsi Bénard, en janvier 1932, demande-t-il 10 000 francs pour la rémunération du « petit personnel » :

> Comme l'année dernière, je prie instamment la Commission des Finances de ne pas réduire cette demande. Si, en effet, le SRAé assure d'une façon satisfaisante l'achat des appareils nécessaires pour les travailleurs de mon laboratoire, il n'en est pas de même pour les revenus laissés libres pour le petit personnel et le personnel technique. Aucun traitement n'a été

[29] Lettre de Villat au directeur des Constructions aériennes, du 12 juin 1936, Arch. Nat. AJ16 5776.

> prévu pour ces deux catégories de personnel, et l'unique garçon de laboratoire étant payé par cette dotation du Ministère de l'Air, il ne reste à peu près rien. Or, quelques collaborateurs techniques, dessinateurs industriels, dactylographes, etc., employés temporaires, me sont toujours indispensables pour le bon fonctionnement de mon laboratoire, où travaillent actuellement 20 chercheurs, la plupart préparant une thèse de Doctorat.

Marchis, pour le laboratoire d'aérodynamique, réclame 3 500 francs « pour la reliure des périodiques d'Aviation reçus à la Bibliothèque du Laboratoire, et pour la commande d'une Bibliothèque, celle que je possède étant devenue insuffisante ».

Une autre source de financement est la Caisse nationale des recherches scientifiques. Bénard, qui s'adresse régulièrement à elle pour du matériel scientifique, obtient ainsi 20 000 francs en 1929, et entre 6 000 et 12 000 francs les années suivantes [30].

La question de la convention. Du point de vue administratif, l'institut de mécanique des fluides a été créé à partir d'échanges informels entre les parties, sans qu'une convention entre les deux ministères ait jamais été établie. En 1933, le ministère de l'Air entreprend donc l'élaboration d'une telle convention, qui serait « établie dans les formes administratives normales, pour être substituée aux accords progressifs définis au cours des correspondances poursuivies depuis les propositions initiales du 8 mai 1929 ». Le projet piétine. L'université de Paris pouvait s'accomoder de la situation, mais le temps passant – et Caquot parti – des difficultés croissantes se font jour du côté du ministère de l'Air. Villey dépense beaucoup d'énergie à convaincre ce dernier de maintenir ses engagements, comme il l'explique au doyen :

> Les Services du Contrôle du Ministère de l'Air n'ont cessé de prétendre en effet que la correspondance unilatérale, dans laquelle le Ministère de l'Air a indiqué ce qu'il offrait et ce qu'il désirait, ne constitue pas une convention correcte ; d'où la remise en discussion perpétuelle de la validité de ces engagements. Ils ont toujours réclamé une convention explicite bilatérale, et ces difficultés pourraient devenir très graves si venait à disparaître, dans les Services techniques, une ferme volonté de ne pas se laisser arrêter par elles [31].

En 1937, Villey s'est convaincu de la nécessité de cette convention, sans laquelle les liens officiels entre l'institut et le ministère de l'Air pourraient cesser, mettant fin au système des collaborations scientifiques qui fournit à l'institut de Paris (et aux instituts de province) des moyens considérables :

> Si l'on ne pouvait pas arriver à un accord sur une Convention en bonne et due forme, le danger – beaucoup plus grand que l'imprécision dans laquelle on a pu subsister jusqu'ici – serait cette cessation des liens officiels. La satisfaction, purement verbale, que pourrait apporter aux intéressés le fait que les crédits afférents à leur emploi seraient rattachés à

[30] Arch. Nat. F17/17267.

[31] Lettre de Villey au doyen, du 24 févr. 1937, Arch. Nat AJ16 5775.

> l'Éducation Nationale ne saurait en aucune manière compenser le danger très grave de voir s'amenuiser dans des proportions énormes les crédits de collaborations scientifiques.
> Ces crédits sont en voie de devenir, grâce au régime des collaborations confiées à l'Institut, très supérieurs à ceux de la subvention officielle.

Villey détaille ensuite comment il s'est employé « à montrer l'intérêt de la situation actuelle » au Service du contrôle des finances du ministère de l'Air, en défendant notamment l'autonomie financière des universités, « conception qui plonge dans un étonnement profond les administrations très centralisées ». L'introduction, dans la convention, d'une clause de résiliation semble toutefois inévitable :

> Il semble très difficile de résister efficacement au désir du Ministère de l'Air qui dit : Je ne puis m'engager de façon perpétuelle dans des liens officiels avec l'Institut de Mécanique ; je dois pouvoir, le cas échéant, les faire cesser au prix d'un aménagement budgétaire qui confierait dans la suite à l'Éducation Nationale les charges que comporte la pérennité des emplois créés par l'Université.

Un projet de convention, signé du directeur des constructions aériennes, Jean Volpert, est soumis au recteur en avril 1937. Dans sa lettre d'accompagnement, Volpert en donne l'esprit et annonce le point dur, la clause de résiliation :

> Il est apparu indispensable, en principe, de réserver la possibilité, pour le Ministre de l'Air, de résilier sa convention avec l'Institut de Mécanique. [...] Dans ce cas, [...] le Ministre de l'Air s'entendrait avec le Ministre de l'Éducation Nationale pour que celui-ci prenne la charge de remplir les obligations assumées par l'État vis-à-vis de l'Université de Paris, du fait de ces créations. Cette garantie écartera, je l'espère, toute objection de principe de l'Université de Paris à la clause de résiliation[32].

La convention proprement dite garantit bien, vu de l'institut, deux points essentiels :

- la subvention annuelle qui assure le traitement des emplois permanents, fixée forfaitairement à trois fois le traitement maximum d'un professeur titulaire plus deux fois celui d'un maître de conférences (soit 400 000 francs) ;
- le système des collaborateurs scientifiques qui finance notamment des doctorats.

Ces deux points sont cependant mis en danger par la clause de résiliation, et plus encore par le dernier article 7, selon lequel : « La présente Convention ne sera applicable que dans la mesure où les crédits nécessaires seront inscrits annuellement au budget de l'Air. » Le doyen Maurain s'en inquiète auprès de Villat et Villey :

> L'article 7 me paraît inacceptable. Il suffirait en effet, si cet article existait, que dans le budget du Ministère de l'Air fussent supprimés les crédits concernant la subvention à l'Institut de Mécanique, pour que la Convention tombât.

D'âpres discussions s'ensuivent. Un contre-projet rédigé par Villey, où l'article incriminé a été enlevé, reçoit finalement un avis favorable de l'Air. La convention est signée en octobre[33].

[32] Lettre du ministre de l'Air au recteur, du 28 avr. 1937, Arch. Nat. AJ16 5776.

[33] Lettre du doyen au recteur, du 27 nov. 1937. Arch. Nat. AJ16 5775.

La vie au laboratoire de mécanique physique. Les documents d'archives et rapports divers conservés, en général très lisses, rapportent peu d'éléments quant à l'atmosphère régnant à l'institut de mécanique. Les discours prononcés lors des cérémonies officielles en offrent des images convenues. Bénard, dans ses préfaces aux *Publications scientifiques et techniques* du ministère de l'Air, en donne parfois une idée, naturellement aimable et avenante (voir plus loin). Les discordes laissent peu de traces écrites, sauf si elles remontent la hiérarchie. Ce fut le cas pour un conflit opposant, en 1936, Jean Villey au directeur de son laboratoire de mécanique physique, Henri Béghin.

On ne connaît de ce conflit que trois lettres adressées par Villey à Béghin, dont Villey envoie copie au doyen de la faculté, pour arbitrage[34]. Ces lettres éclairent plusieurs aspects de la vie du laboratoire. Dans sa première lettre, sur dix pages d'écriture serrée, Villey se plaint à Béghin de « l'hostilité violente et injuste que vous m'avez publiquement témoignée cet après-midi », lors d'une réunion. Villey poursuit en rappelant les conditions dans lesquelles Béghin a succédé à Kœnigs sur la chaire de mécanique physique, lui-même ayant alors préféré s'abstenir de candidater :

> Le premier point [. . .] c'est que je suis profondément peiné de constater la manière dont vous me savez gré d'initiatives et d'efforts persévérants auquels vous devez la très grosse part des moyens d'activité dont vous disposez. [. . .] Extrêmement occupé au Ministère de l'Air, [. . .] je ne pouvais songer à assumer de façon durable la direction du Laboratoire en posant ma candidature à la chaire de Kœnigs ; au lieu de le faire savoir, j'ai assuré le service, puis je vous ai avisé amicalement et discrètement de mon abstention, que j'ai fait connaître publiquement à la dernière minute. Ce souci de ne pas vous provoquer de concurrent eût pu vous convaincre de mon désir actif de collaboration entièrement dévouée.

Villey exprime ensuite son incompréhension quant à l'attaque « directe et violente » dont il a été l'objet lors de la réunion, accompagnée de reproches « totalement injustifiés » à propos de l'encadrement de la thèse d'un certain M. Lacape.

> Je n'arrive pas à comprendre quel grief vous pouvez avoir contre moi dans cette affaire, et comment vous avez pu vous laisser aller à m'accuser de torpiller votre service. . .
> Ceci m'amène au dernier point. [. . .] J'avais vécu dans divers laboratoires, où régnaient les traditions de collaborations cordiales qui en font le charme ; où chacun est prêt à donner à ses collègues les avis ou conseils qu'ils peuvent leur demander, mais respecte avant tout leur indépendance scientifique ; où les habitudes d'extrême courtoisie réciproque, et de réserve prudente vis-à-vis de ce que fait ou pense le voisin, sont les bases indispensables de relations cordiales ; où le rôle du Directeur du Laboratoire répond enfin exactement et simplement à la nécessité qui l'a créé : lorsque des moyens matériels sont mis à la disposition commune de plusieurs collègues, il faut, dans la répartition de ces moyens, s'en remettre à l'un d'eux pour éviter des conflits et faire en sorte que chacun ait le mieux possible ce qu'il lui faut.
> Quand je suis arrivé dans le lamentable milieu psychologique qu'était le laboratoire Kœnigs, j'en ai éprouvé une impression décourageante : les méfiances, les ragots, les surveillances occultes, les critiques et les plaintes étaient le pain quotidien ; l'estime et le respect mutuels indispensables quand on se coudoie sans cesse étaient inconnus. Lorsque vous vous êtes trouvé, à votre arrivée au laboratoire, en présence de problèmes nouveaux pour vous, vous avez préféré chercher des avis dans ce fâcheux bouillon de culture plutôt qu'auprès de ceux

[34] Arch. Nat. AJ16 5776.

> qui avaient d'autres traditions. Il en est résulté que le rétablissement moral espéré ne s'est pas produit, et qu'il s'est même créé, de plus, un malentendu nouveau en ce qui concerne le rôle du Directeur du Laboratoire. Une conception nouvelle en a fait le directeur de toutes les recherches poursuivies dans le laboratoire [...] faites dans les domaines les plus spécialisées de ses collègues. [C'est ainsi qu'un étudiant de Villey s'est trouvé devoir rendre compte de ses travaux non plus à lui-même mais à Béghin.] [...]
> Les reproches inattendus que vous m'avez adressés aujourd'hui à propos de Lacape ne peuvent s'expliquer que par cette même conception. Un autre détail [...] me l'avait déjà confirmée. Dans le rapport annuel sur l'activité de l'Institut, il est de tradition que chacun des collègues intéressés établisse un chapitre de ses recherches et de celles de ses élèves, quitte à ceux qui ont à rapprocher ces morceaux à demander à chacun, en cas de besoin, quelque retouche d'équilibrage. Lors du dernier rapport, je vous ai confié mon chapitre personnel à transmettre, comme les années précédentes : sans avoir un amour-propre bien chatouilleux, j'ai trouvé au moins inattendu de voir disparaître même son titre, et de constater que j'étais mêlé, même pour mes travaux personnels propres, à vos élèves; cette innovation était rendue encore plus étrange par le fait que la plupart des travaux que j'ai dirigés étaient complètement indépendants du laboratoire de Mécanique physique, et exécutés dans les laboratoires de l'Aéronautique.

Au-delà des faits particuliers dont il est question, ces lignes témoignent de l'individualisme ambiant, trait alors largement répandu dans l'université française[35]. Elles montrent en particulier que le rôle attendu du directeur de laboratoire n'est pas de définir une politique scientifique et de coordonner sa mise en œuvre, mais seulement de garantir la paix et l'équité du partage des moyens, entre des chercheurs jaloux de leur indépendance.

Dans la suite de sa lettre, Villey porte ses griefs sur l'organisation des travaux pratiques et des enseignements. Les dernières lignes appellent à la paix, mais celle-ci ne reviendra pas : deux autres lettres, dans les semaines suivantes, restent dans le registre de la première. Ainsi, « il semble que vous vouliez maintenant soulever des difficultés dans l'activité scientifique que je puis avoir en dehors de votre laboratoire. » Villey décide d'en référer au doyen en lui envoyant copie de ses trois lettres. On ne connaît pas la réponse du doyen.

5.3 Le laboratoire de mécanique expérimentale des fluides

5.3.1 Henri Bénard

La cinématographie, nouvel outil d'investigation. Henri Bénard, nommé en 1929 à la chaire de mécanique expérimentale des fluides, est alors réputé pour deux découvertes majeures auxquelles son nom restera associé (cf. encadré biographique). La première, objet de sa thèse en 1901, est l'apparition de tourbillons cellulaires dans une mince couche de liquide chauffée par en-dessous. Rayleigh, informé des observations de Bénard, en tirera une théorie générale de l'instabilité d'un

[35] Pestre (1992), pp. 223–245.

fluide dans le champ de la pesanteur et soumis à un gradient vertical de température, aujourd'hui connue sous le nom d'instabilité de Rayleigh-Bénard [36]. La seconde découverte, dix ans plus tard, est l'allée de tourbillons alternés qui se développe dans le sillage d'un obstacle placé dans un écoulement. Connue aujourd'hui sous le nom d'allée de tourbillons de Bénard-von Kármán, cette découverte fait alors l'objet d'une célèbre querelle de priorité avec von Kármán [37]. Bénard, en appui à une demande de subvention à la Caisse des recherches scientifiques, en mars 1929, raconte ainsi l'histoire :

> L'intérêt considérable présenté par les tourbillons alternés au point de vue de l'Hydrodynamique et de l'Aérodynamique est aujourd'hui reconnu universellement. À la suite du 2e Congrès International de Mécanique Appliquée, qui a eu lieu à Zurich, en Septembre 1926, M. le Professeur Th. von Kármán, Directeur de l'Institut Aérodynamique d'Aix-la-Chapelle, a bien voulu reconnaître expressément ma priorité de 4 années par rapport à ses propres publications, et proposer l'expression "rue de tourbillons de Henri Bénard" pour remplacer celle que les allemands emploient le plus souvent "die Kármán'sche Wirbelstrasse". Depuis lors, la plupart des hydrodynamiciens du monde entier ont pris l'habitude de désigner les files de tourbillons alternés formées derrière un obstacle en mouvement, sous le nom de tourbillons de Bénard-Kármán.
> Je ne me permets de donner ces détails que pour appuyer une demande de subvention absolument indispensable à l'extension de mes recherches [38].

Un caractère très novateur des travaux de Bénard est l'utilisation, dès 1900, de la cinématographie comme instrument d'investigation scientifique, avec l'appui de Léon Gaumont [39]. Dans son nouveau laboratoire de la rue de la Porte d'Issy, Bénard va poursuivre ses recherches sur la thématique générale des structures périodiques résultant d'instabilités hydrodynamiques ou thermiques. À sa chaire sont associés Adrien Foch, maître de conférences, et Dimitri Riabouchinsky, ingénieur. Deux techniciens les assisteront dans leurs travaux, R. Fabre et E. Drussy. Une partie des travaux sera réalisée dans le cadre de la Commission de la turbulence atmosphérique, créée en 1935 par le ministère de l'Air, et dont Bénard est membre (cf. Chap. 6) [40].

Bénard explicite à plusieurs occasions sa « philosophie scientifique » et sa conception de l'expérimentation dans son rapport avec la théorie. Dans la préface

[36] On comprendra plus tard que la théorie de Rayleigh ne correspond pas à la situation étudiée par Bénard, où le moteur de l'instabilité n'est pas la flottabilité, comme pensé par Rayleigh, mais la tension interfaciale (Charru, 2011, pp. 76–78). La thèse de Bénard, publiée dans les *Annales de Chimie et de Physique*, est accessible sur le site gallica de la BNF (Ann. Chim. Phys., sér. 7, t. 23, pp. 62–144, 1901).

[37] Wesfreid (2017).

[38] H. Bénard au ministre de l'Instruction publique et des Beaux-Arts (Caisse des recherches scientifiques), 16 mars 1929, Arch. Nat. F17 17267. Von Kármán donne une version différente de la controverse : il aurait accepté « en riant » que l'allée soit appelée « Kármán street » à Berlin et Londres, et « allée de Bénard » à Paris... (Wesfreid, 2006, p. 26).

[39] Aubin (2008).

[40] Wehrlé (1940).

d'une publication de deux de ses étudiants[41], et à propos de « leur classification si originale des diverses espèces de tourbillons qu'on peut observer dans les fluides réels », il écrit ainsi :

> S'il m'est permis de parler de mes recherches personnelles, l'historique des tourbillons cellulaires, observables tous les jours dans les conditions les plus banales (lavage d'un pinceau imprégné de peinture à la poudre d'aluminium, dans un godet plein d'essence ou d'alcool, chauffage culinaire d'une friture ou d'une huile dans une poële en fer, etc.), celui également des tourbillons alternés derrière un obstacle, observables si facilement dans le sillage d'une canne qu'on déplace à travers une flaque d'eau, ou derrière un brin d'herbe immergé dans le courant d'eau d'un ruisseau, m'avaient déjà montré que l'on trouve du nouveau quand on veut bien s'en donner la peine en regardant autour de soi, en interrogeant la nature à propos des faits les plus courants, que tout le monde connaît, mais que personne n'a encore observés scientifiquement.
> En ce qui concerne la partie théorique, ce travail, au point de vue de la philosophie scientifique, appelle une autre observation générale : il n'y a pas toujours lieu, dans les sciences expérimentales, à propos de faits nouveaux, de se préoccuper, *a priori*, de l'absence momentanée de toute théorie mathématique complète : si les faits sont correctement observés et les mesures consciencieusement faites, la théorie viendra plus tard, quelquefois beaucoup plus tard, et les valeurs numériques qui lui seront soumises pourront être « en attente » depuis longtemps. Je m'excuse encore d'en donner un exemple personnel. C'est en 1916 que Rayleigh a fait la théorie des tourbillons cellulaires de ma Thèse (1901) et cette théorie permet d'en calculer les dimensions transversales, en accord excellent avec mes anciennes mesures. De même, en optique, les théories modernes de la constitution de l'atome ont pu expliquer minutieusement les séries de raies spectrales anciennement collectionnées par les spectroscopistes (Série de Balmer, etc.). L'historique des récents progrès de la physique moderne fournirait maints autres exemples à l'appui de cette remarque.

La philosophie scientifique de Bénard – attentive aux objets de la vie courante, soucieuse de tisser des liens entre des phénomènes de nature apparemment très différente – se présente très éloignée de celle de Villat. Nous reviendrons sur ce point au dernier chapitre.

Programme scientifique de la chaire. Dans la leçon inaugurale, le 13 novembre 1929, Bénard expose son programme scientifique. Après avoir brossé un panorama historique de l'hydrodynamique et de l'aérodynamique expérimentales, il évoque brièvement l'hydraulique, qui ne relèvera pas de sa chaire mais du laboratoire voisin de mécanique physique :

> Quant à l'hydraulique, qui doit beaucoup de ses progrès au XIXe à des ingénieurs français tels Darcy, Bazin, et tant d'autres, nous nous abstiendrons d'en parler en détail, car, dans l'intention des créateurs de notre Institut, l'hydraulique industrielle, fluviale et maritime, celle des grosses canalisations, des déversoirs, des turbines, aura son enseignement réservé à l'Institut de Mécanique expérimentale que dirige M. G. Kœnigs. Je me borne à signaler, d'une part, l'influence d'un très grand mathématicien, si profondément original, récemment disparu, Boussinesq, sur toute une école d'hydrauliciens, tels Boulanger et M. Eydoux, et d'autre part à saluer la jeune et active école de Toulouse, dirigée par M. Ch. Camichel[42].

[41] Luntz & Schwartz (1935).

[42] Bénard (1929).

Bénard définit ensuite quatre questions vers lesquelles il souhaite orienter son laboratoire :

> Parmi les questions fondamentales rentrant dans le cadre de cette chaire, nous citerons d'abord les procédés d'obtention des spectres hydro et aérodynamiques, autrement dit l'enregistrement photo et cinégraphique des lignes de courant instantanées et des trajectoires des particules fluides [. . .].
> En second lieu, la question pratique essentielle étant celle de la résistance à l'avancement d'un obstacle solide, nous essaierons, des innombrables travaux expérimentaux qui s'y rapportent, de dégager quelques conclusions générales capables de guider les recherches futures : l'une d'elles montrera précisément l'intérêt capital que présentent la détermination exacte des lignes de courant et celle des surfaces limitant les volumes tourbillonnaires.
> Le rôle de la viscosité dans les écoulements réels est de toute première importance. Directement ou indirectement, c'est elle qui consomme l'énergie, et son étude détaillée, aussi bien pour les lubréfiants que pour l'air, ne peut être négligée dans un cours de mécanique des fluides.
> Enfin, en dernier lieu, nous chercherons à montrer, par quelques exemples concrets, que l'hydrodynamique et l'aérodynamique sont étroitement solidaires, tant au point de vue de l'enseignement que des progrès futurs.

Après avoir développé les grandes lignes de ce programme, Bénard conclut sur l'enseignement et son lien nécessaire avec la recherche et les applications :

> En terminant, je voudrais donner quelques indications sur notre façon de comprendre l'enseignement qui nous est confié. Nous n'oublierons pas qu'une direction de recherches, dans l'esprit des créateurs de notre Institut, doit en constituer une partie essentielle, aussi importante que l'enseignement *ex cathedra*. En liaison constante avec la chaire de mécanique théorique des fluides, en liaison aussi avec la chaire d'aviation et avec les services techniques, nous aurons, mes collègues et moi, à guider les étudiants avancés, à leur donner le goût des méthodes les plus précises de la physique appliquées à l'étude des fluides en mouvement.

Henri Bénard (1874–1939)

Henri Bénard, né le 25 octobre 1874 à Lieurey en Normandie, entre à l'École normale supérieure en 1894. Agrégé de physique en 1897, il obtient

(*Suite*)

alors un poste de préparateur au Collège de France. La première année, il y étudie la polarisation de la lumière avec Éleuthère Mascart, puis s'oriente vers la mécanique des fluides avec Marcel Brillouin, où il reprend les études de Poiseuille et Hagen sur l'écoulement des fluides dans de petits tubes. L'observation fortuite du mouvement de particules de graphite dans un bain de paraffine fondue, détermine le sujet de sa thèse : les "tourbillons cellulaires" dans une mince couche de fluide chauffée par le bas, et l'organisation spatialement périodique de ces tourbillons. Il met au point lors de son travail une méthode optique de mesure de très petites déformations – de l'ordre du micromètre – de la surface libre.

Nommé maître de conférences à Lyon en 1902, il entreprend l'étude des tourbillons alternés qui apparaissent dans le sillage d'un barreau déplacé dans un liquide. Une originalité de ses recherches est l'enregistrement cinématographique des tourbillons – qui forment de petites dépressions sur la surface libre – à l'aide d'une caméra, et l'analyse des images. En 1910, il est nommé professeur à Bordeaux, dans le laboratoire de Pierre Duhem, où il poursuit l'analyse des nombreux films (133 !) réalisés à Lyon. Au cours de la guerre de 1914–1918, Bénard est affecté à la Commission supérieure des inventions du ministère de la Guerre, où il est notamment chargé de l'étude de la détection des sillages de sous-marins et de navires.

En 1922, il est nommé maître de conférences à la faculté des sciences de Paris, puis professeur sans chaire quatre ans plus tard. En 1929, il obtient la nouvelle chaire de mécanique expérimentale des fluides fondée par le ministère de l'Air. Il poursuit, avec de nombreux étudiants, ses recherches sur les structures périodiques issues de diverses instabilités, thématique qui connaîtra d'importants développements dans la seconde moitié du XXe siècle dans le contexte de l'étude des "routes vers le chaos". À partir de 1935, il participe aux travaux de la Commission de la turbulence atmosphérique créée par le ministère de l'Air. Il préside la Société française de physique en 1928, et est honoré par deux prix de l'Académie des sciences (Bordin et Poncelet). Il décède prématurément le 29 mars 1939. Ses deux découvertes majeures, les tourbillons thermoconvectifs et les tourbillons de sillage, lui assureront une durable renommée internationale[a].

[a]Charle & Telkès (1989, pp. 33–34) ; Wesfreid (2006) ; Aubin (2008) ; Wesfreid (2017).

Le programme annoncé par Bénard sera généreusement soutenu par le ministère de l'Air à travers le financement de nombreuses thèses, *via* le statut de collaborateur extérieur. Un aperçu de ces résultats, publiés notamment dans les *Publications scientifiques et techniques* (PST) du ministère de l'Air, est donné ci-dessous.

5.3.2 *Tourbillons thermoconvectifs*

Bénard dirige de nombreux travaux sur divers problèmes de thermo-convection, et notamment deux thèses :

- celle de Victor Volkovisky (1939), sur les rouleaux de convection dans les liquides en écoulement, alignés dans la direction de l'écoulement (bourse de la fondation Commercy)[43] ; Volkovisky est aussi l'auteur d'un travail antérieur, vraisemblablement dirigé par Riabouchinsky, sur les « spectres aérodynamiques » formés par une mince couche d'encre de Chine déposée sur une plaque de verre dans un écoulement supersonique, à la sortie d'une tuyère ; à partir d'octobre 1938, il travaille pour le service technique (STRS) de l'Aéronautique, sur le remplissage des cylindres de moteurs d'avion[44] ;
- celle de Dusan Avsec (1939), sur la convection atmosphérique et l'électro-convection (cf. ci-dessous). La préface est signée par Foch, du fait du décès de Bénard[45].

D'autres travaux donnent lieu à des notes aux *Comptes Rendus de l'Académie des sciences* :

- les tourbillons longitudinaux dans un écoulement (avec H. Journaud)[46] ;
- la convection dans les suspensions denses et les boues, en relation avec un phénomène géologique observé dans les régions polaires, de formation de motifs hexagonaux (avec Vsevolod Romanovsky)[47] ;
- la convection induite par rayonnement au-dessus d'une tache lumineuse formée par un arc électrique, visualisée par de la fumée de tabac, en lien avec la turbulence atmosphérique (avec Gaston Sartory)[48].

La thèse citée ci-dessus de Dusan Avsec, étudiant yougoslave, porte sur la thermoconvection dans l'air, dans des couches de fluide d'épaisseur décimétrique – cent fois plus grande que dans les expériences initiales de Bénard. Les tourbillons, illustrés sur la Fig. 5.4, sont visualisés par de la fumée de tabac, ou par la condensation de la vapeur d'eau dans de l'air saturé. Avsec étudie différentes configurations, notamment lorsqu'un écoulement horizontal est superposé au gradient vertical de température. Il montre qu'un écoulement de Couette-Poiseuille, de quelques

[43] Volkovisky (1939) ; V. Volkovisky, *C. R.* **204** 1461 (1937).

[44] V. Volkovisky, *C. R.* **197**, 902 (1933) ; V. Volkovisky, lettre de demande de bourse à la Caisse nationale de la recherche scientifique (CaNRS), Arch. Nat. 19800284 53.

[45] Avsec (1939) ; D. Avsec, *C. R.* **204**, 167 (1937).

[46] H. Journaud, Sur les tourbillons en bandes. *C. R.* **194**, 52 (1932). Voir aussi H. Bénard, *C. R.* **185**, 1257 (1927).

[47] V. Romanovsky, Tourbillons dans les boues épaisses. Application aux terrains polygonaux arctiques. *C. R.* **208**, 621 (1939).

[48] G. Sartory, Formation d'ascendances thermo-convectives au-dessus d'une région uniformément chauffée par rayonnement. *C. R.* **208**, 327 (1939).

(a)
(b)
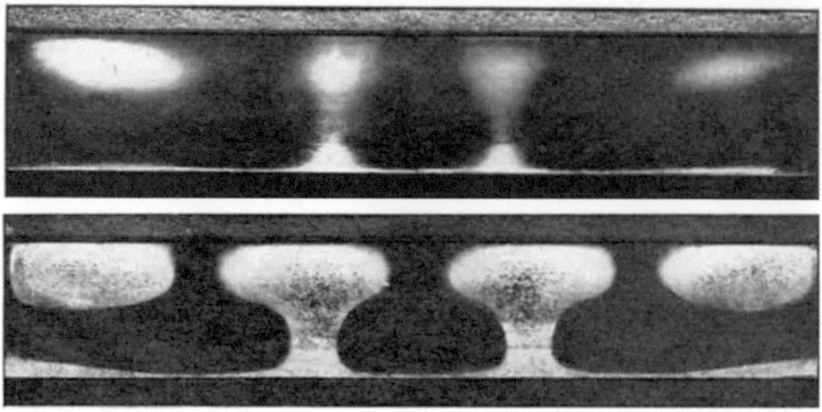

Fig. 5.4 Convection thermique dans de l'air saturé de vapeur d'eau, la paroi inférieure étant posée sur une plaque chauffante ; la vapeur d'eau se condense en gouttelettes dans l'air ascendant (colonnes blanches) et redescend desséché dans les régions noires ; (**a**), quelques instants après le début de l'expérience ; (**b**) une heure plus tard (Avsec 1939)

centimètres par seconde, favorise la formation de rouleaux longitudinaux dans la direction de l'écoulement. Pour expliquer la variation de la longueur d'onde transverse d'une expérience à l'autre,

> il nous semblait qu'il faudrait faire intervenir le rôle des *perturbations initiales, dues au hasard*. Nous avons démontré expérimentalement l'exactitude de cette hypothèse, en provoquant artificiellement des perturbations régulières dont l'ampleur a dépassé les petites perturbations accidentelles.

Cette idée de contrôler l'apparition d'une instabilité, et la technique mise en œuvre, sont tout à fait novatrices. La Fig. 5.5 illustre une expérience où trois paires de rouleaux ayant été imposés à l'entrée du canal, « plus en aval, une petite perturbation accidentelle a provoqué la bifurcation de deux crêtes : deux paires nouvelles de rouleaux ont pris naissance ». Des profils verticaux de température sont mesurés en déplaçant la soudure d'un couple thermoélectrique par un système de funiculaire.

Le cas d'une couche stratifiée en densité – de l'air pur au-dessus d'une fumée dense – est également discuté : les motifs thermoconvectifs polygonaux apparus sans écoulement font place, pour de faibles vitesses d'écoulement, à des rouleaux transversaux qui correspondent aux « vagues de H. von Helmholtz [qui se produisent] à la surface de séparation de deux couches d'air animées chacune d'une vitesse différente ». Avsec confronte ses résultats aux théories de Rayleigh et de Jeffreys.

Le programme de travail ayant été défini avec la Commission de la turbulence atmosphérique (cf. Chap. 6), les observations sont confrontées aux allures des nuages dans le ciel – notamment aux « nuages en bandes » – et aux travaux de Paul Idrac (professeur à l'institut océanographique de Paris) et de météorologistes anglais. Avsec discute également les travaux de Camille Dauzère (à l'observatoire

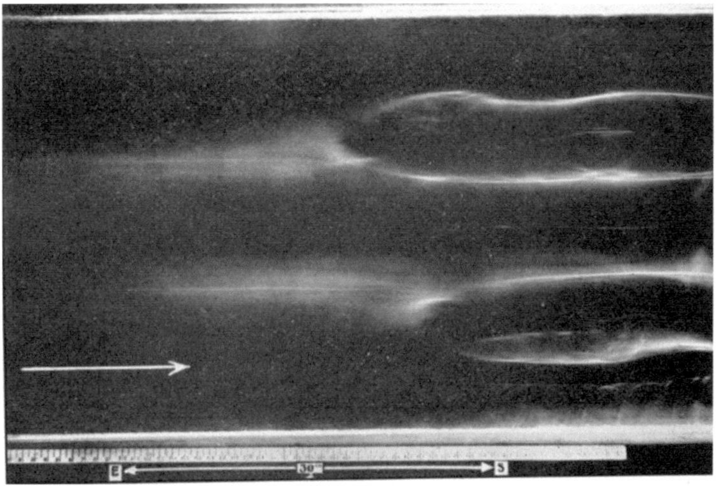

Fig. 5.5 Rouleaux de convection longitudinaux dans un écoulement d'air (largeur du canal : 335 mm, hauteur : 40 mm). Les trois paires de rouleaux initiales (à gauche, $\lambda/H \approx 2, 8$) se divisent vers l'aval en cinq paires (à droite, $\lambda/H \approx 1, 7$) (Avsec 1939)

de Toulouse) sur les structures cellulaires résultant de la solidification d'un liquide, et qu'on trouve dans certaines formations géologiques telles que les colonnes de basalte [49]. Toujours en relation avec la convection atmosphérique, Avsec réalise également, avec Michel Luntz, des expériences d'électro-convection où des tourbillons cellulaires sont engendrés par un champ électrique (Fig. 5.6) [50].

5.3.3 Tourbillons de sillages

L'étude des tourbillons apparaissant dans les sillages d'obstacles en mouvement, et notamment des allées tourbillonnaires de Bénard-Kármán, est poursuivie dans les années trente par Michel Luntz et Paul Schwartz, ingénieurs et collaborateurs scientifiques du ministère de l'Air. Leurs thèses sont publiées dans les PST [51]. J.

---

[49] C. Dauzère, *Solidification cellulaire*, thèse de doctorat de l'univ. de Paris (1919) ; plusieurs *C. R.* entre 1912 et 1919. Camille Dauzère (1869–1938), d'abord professeur de physique au lycée de garçons de Toulouse, dirige l'observatoire du pic du Midi de 1920 à 1937 (Davoust, 2000, chap. 10).

[50] Wehrlé (1940, pp. 53–54) discute les travaux d'Avsec, Luntz et Sartory dans le contexte météorologique, et confronte des photographies de nuages avec celles de structures convectives de laboratoire.

[51] Luntz (1934); Schwartz (1937).

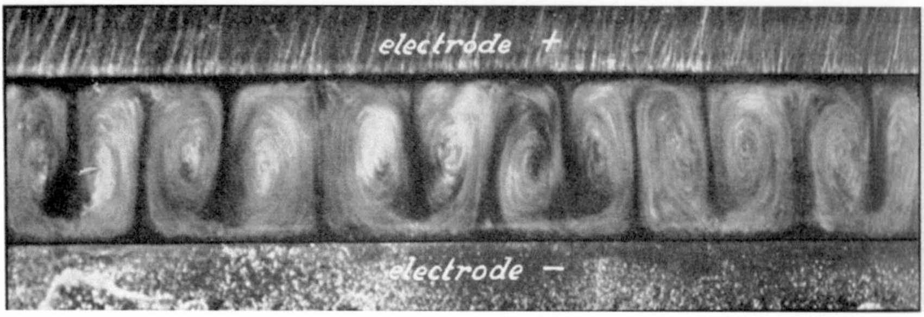

Fig. 5.6 Tourbillons électroconvectifs à deux dimensions dans une couche d'huile entre deux électrodes rectilignes ; épaisseur de la couche de fluide : 28 mm (Avsec 1939)

Rossignol, agrégé de physique et professeur au lycée Saint-Louis, participe à ces travaux du point de vue théorique, et publie dans les PST [52].

Dès son installation rue de la Porte d'Issy, Bénard fait construire un montage d'étude des tourbillons de sillage, déployé sur toute la hauteur du bâtiment, du fond d'une fosse au rez-de-chaussée jusqu'à la charpente 13 mètres plus haut (Fig. 5.7). Ce montage, qui lui permet d'obtenir un champ d'observation de 24 cm de diamètre, reproduit à une échelle trois à quatre fois plus grande celui de ses premières observations à Lyon. Sa description, et notamment la remarquable partie optique, fait l'objet d'une communication de Bénard au 3e Congrès international de mécanique appliquée (ICAM) en 1930 à Stockholm, où il présente également des films de ses tourbillons, réalisés avec une caméra à 200 images par seconde [53]. Notons que le fonctionnement de l'installation fait l'objet, à partir de 1929, de demandes quasi-annuelles de subventions à la Caisse nationale des recherches scientifiques, pour l'acquisition de films photographiques dont la caméra rapide fait un usage important [54].

Reprenant l'installation de Bénard, Schwartz étudie l'effet du confinement de l'allée de tourbillons par les parois latérales du canal, et la rupture de symétrie de cette allée lorsque l'axe du mouvement de l'obstacle n'est pas dans le plan de symétrie du canal. Les observations expérimentales sont complétées par une étude théorique qui généralise les travaux antérieurs de L. Rosenhead à Cambridge.

[52] Rossignol (1937) ; J. Rossignol, Problème touchant des tourbillons cylindriques de section finie, *C. R.* **193**, 700 (1931) ; *C. R.* **194**, 2026 (1932).

[53] H. Bénard, Appareil destiné à l'étude des sillages hydrodynamiques par la méthode des rides, cinématographiant à grande fréquence un champ circulaire de 24 cm de diamètre. 3e ICAM, Stockholm (1930). Texte joint par Bénard à une demande de subvention à la Caisse des recherches scientifiques. Arch. Nat. F17 17267.

[54] Les subventions varient entre 5000 et 12000 francs, pour un coût des films photographiques de 900 francs par minute. Elles diminuent sensiblement à partir de 1933 du fait de restrictions budgétaires. Arch. Nat. F17 17267.

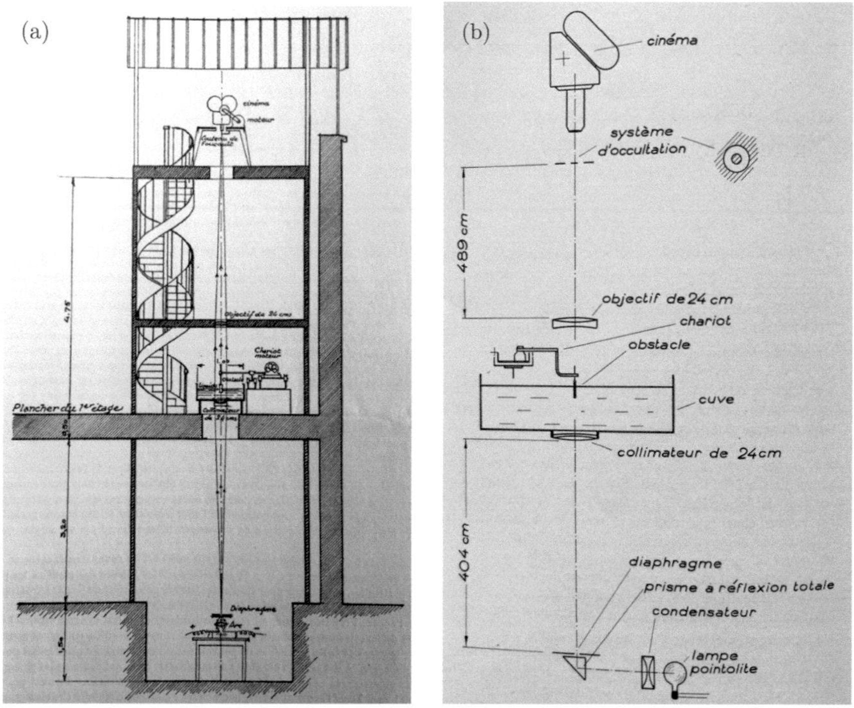

Fig. 5.7 Installation d'étude des tourbillons de sillage, sur 13 mètres de hauteur ; (**a**) installation de 1930, offrant un champ d'observation de 24 cm de diamètre ; (**b**) installation de Schwartz (1937) incorporant un nouveau système, annulaire, d'occultation du faisceau lumineux direct

La thèse de Luntz porte sur l'écoulement autour d'un obstacle auquel se trouve attaché, dans son sillage, une large bulle d'air. La forme de la bulle observée expérimentalement est discutée, notamment sa pointe aval ; il est montré que la bulle n'est stable que dans les écoulements très visqueux de glycérine. Cette étude est précédée par un travail théorique, codirigé par Joseph Pérès, sur l'écoulement d'un fluide parfait autour d'un obstacle rigide en rotation, attaché ou libre dans l'écoulement, étudié par transformations conformes.

La préface de Bénard à la thèse de Luntz donne une idée des relations entre chercheurs dans son laboratoire, et des façons de travailler :

> D'abord, M. Luntz a eu le très rare mérite de me proposer lui-même un programme de recherches, sans faire appel à personne pour lui en trouver un : en général, il faut bien le dire, les travailleurs qui nous arrivent, pleins de bonne volonté, et qui demandent à devenir Collaborateurs extérieurs du Service des Recherches de l'Aéronautique, manquent complètement d'imagination pour trouver un sujet de recherches.

Bénard vante ensuite « le goût très vif [de Luntz] pour la recherche libre et l'initiative personnelle », son entrain et son enthousiasme communicatifs, puis note

« l'évolution progressive vers une thèse plus mathématique qu'expérimentale » sous le contrôle de Joseph Pérès. Bénard poursuit :

> Malgré l'intérêt considérable du travail théorique de M. Luntz, contrôlé par M. J. Pérès, j'aurais, je l'avoue, éprouvé un certain regret, en qualité de physicien, à ce que cette évolution du travail, complètement personnelle à M. Luntz, se soit effectuée forcément au détriment de l'ampleur de la partie expérimentale, si, d'autre part, M. Luntz ne m'avait donné une magnifique compensation. En effet, pendant les deux dernières années de son séjour à mon laboratoire, M. Luntz a produit, d'autre part, en collaboration avec M. Schwartz, un excellent travail, presque uniquement expérimental, celui-là, sur les mouvement tourbillonnaires variés d'un fluide visqueux au voisinage d'un cylindre animé d'un mouvement de rotation rapide autour de son axe, travail qui paraîtra également sous peu dans la *Collection* du Ministère de l'Air. Il a montré ainsi, d'une façon tout à fait remarquable, qu'il est à la fois excellent expérimentateur et bon mathématicien. Or, nous sommes tous persuadés que cette double compétence est plus que jamais indispensable pour faire aboutir les recherches d'Hydro et d'Aérodynamique intéressant directement la navigation aérienne.

La configuration étudiée en commun par Luntz et Schwartz est celle d'un cylindre vertical tournant dans une couche de fluide à surface libre [55]. Selon la vitesse du cylindre, la profondeur du fluide et sa viscosité, différents types de tourbillons sont observés. On peut voir notamment, au voisinage du fond, des tourbillons s'enroulant en spirale autour du cylindre, analogues à ceux observés par von Kármán au-dessus d'un disque tournant immergé. On voit aussi des tourbillons distribués en cercle autour du cylindre tournant, et animés de mouvements de précession. Les champs de vitesse sont mesurés par chronophotographie, et comparés à certaines solutions des équations de l'hydrodynamique des fluides visqueux (en termes de fonctions de Bessel et de Hankel, et en relation avec des solutions obtenus par Oseen et Riabouchinsky).

Dans la préface de la publication de Luntz et Schwartz, Bénard donne d'autres indications sur l'atmosphère règnant dans son laboratoire, qui témoignent aussi de sa bienveillance :

> D'abord, [ce travail] constitue un triomphe nouveau et très remarquable des méthodes expérimentales les plus classiques appliquées à l'observation de phénomènes d'une grande banalité, et c'est là une leçon de modestie qui me paraît devoir être retenue, car rien ne semblait plus incapable de révéler des particularités nouvelles et originales que les phénomènes de rotation d'un fluide visqueux entre deux cylindres coaxiaux. La découverte des tourbillons toriques par Taylor (1923), avait bien déjà montré que des formes de courant imprévues assez compliquées pouvaient s'y rencontrer. Mais, on aurait pu penser que la liste en était close. Or, MM. Luntz et Schwartz y ont encore découvert des faits nouveaux et inattendus : la rue circulaire de tourbillons alternés de Bénard-Karman, me paraît en particulier une découverte expérimentale de premier ordre.
>
> Si c'est grâce à l'atmosphère de grande cordialité que j'ai essayé de réaliser entre les chercheurs de mon laboratoire et à l'excellente camaraderie qui en est résultée que MM. Luntz et Schwartz ont été aménés à collaborer d'une façon si heureuse, je dois avouer, en ce qui me concerne, que je ne les y ai guère encouragés : préoccupé de les voir terminer vite leurs thèses de doctorat ès sciences, pour la rédaction desquelles toute collaboration des

[55] Luntz & Schwartz (1935).

auteurs est très justement interdite, je n'ai eu pour mes deux collaborateurs « dirigés » que des paroles peu aimables et surtout destinées à les prier de terminer au plus vite ce travail supplémentaire entrepris par eux en commun. Ils ont bien fait de ne pas trop m'écouter et de pousser à bout l'effort indispensable pour réunir en particulier un ensemble cohérent et varié de belles photographies; ce travail a donc constitué au cours de leurs recherches personnelles un « un intermède de fantaisie », dont les résultats ont été, en somme, des plus originaux et qui fait le plus grand honneur à ses deux auteurs.

Toujours sous la direction de Bénard, M. Malterre développe des méthodes optiques pour l'étude des ondes de surface (intumescences liquides, ondes solitaires), sujet de son diplôme d'études supérieures (DES). L. Denes, étudiant hongrois, travaille sur la conductibilité thermique des corps mauvais conducteurs[56].

5.3.4 *Oscillations auto-entretenues*

Quand on tient à la main, comme pour arroser, l'extrémité d'un tube élastique, sans garniture métallique, d'où s'écoule un courant assez fort de fluide (eau ou air), et que la main est à quelque distance de l'extrémité libre, on constate que cette extrémité ne peut rester immobile, mais qu'elle oscille indéfiniment et d'ailleurs très régulièrement[57].

C'est ainsi que François-Joseph Bourrières, collaborateur scientifique du ministère de l'Air, introduit sa thèse sur les phénomènes d'auto-oscillations. Diverses situations y sont étudiées où ceux-ci se manifestent spontanément : auto-oscillations d'un tube élastique (décrites ci-dessus), « auto-oscillations de lames flexibles parallèles au courant et encastrées à l'amont, [telles que] drapeaux, oriflammes, lanières de plante aquatique, ou anches d'instrument à vent ». Ces phénomènes intéressent également l'aéronautique, où « certaines ailes d'avions aux grandes vitesses de vol » exhibent de semblables oscillations. Bourrières présente quelques mesures de la période du mouvement dans différentes situations, mais le cœur de la thèse est plutôt consacré à une analyse théorique du phénomène. Le concept de cycle-limite y figure en bonne place, en relation avec les travaux de van der Pol et Andronov. La bibliographie fait aussi une bonne place aux livres de Bouasse. Bénard, dans sa préface, inscrit ce travail dans son programme général de recherches, d'« analyse expérimentale et rationnelle des phénomènes d'auto-organisation et d'auto-oscillation qui existent en Mécanique des Fluides réels, sur l'importance desquels j'avais attiré l'attention dès l'année 1900. »

[56] Rapport annuel de Villat (1932), Arch. Nat. AJ16 5776.

[57] Bourrières (1939); F.-J. Bourrières, *Sur quelques phénomènes d'auto-oscillation en mécanique des fluides. In* (Kampé de Fériet, 1935), t. 2, p. 326.

Sur la thématique des oscillations auto-entretenues, Léon Auger poursuit, à partir de 1932, des travaux sur l'acoustique des tuyaux sonores à anches battantes. Sa thèse, soutenue en 1943, est publiée dans les PST en 1945 [58].

5.3.5 *Écoulements supersoniques*

Adrien Foch, maître de conférences associé à la chaire de Bénard, s'intéresse à l'aérodynamique à grande vitesse, et plus spécifiquement aux écoulements à l'extrémité des pales d'hélices aériennes, et aux gaz de combustion à l'échappement des moteurs [59]. En 1931, il obtient du ministère de l'Air des crédits pour la construction d'une soufflerie supersonique. Le premier travail sur ce thème correspond à la thèse de Raymond Tremblot, soutenue en 1932 et publiée dans les PST [60]. Tremblot développe une méthode d'observation de variations de masse volumique par interférométrie, qui lui permet de visualiser, dans une tuyère de Laval, des ondes de choc sur des obstacles. La PST, qui ne comporte pas de préface, donne peu d'indications sur le contexte du travail – en particulier, on n'y trouve aucune indication de laboratoire ni de lieu. Tremblot mentionne seulement le prêt d'un interféromètre par l'observatoire de Strasbourg, et fait de nombreuses références à des travaux allemands. Une publication avec Charles Fabry témoigne d'une collaboration avec l'institut d'optique de l'École polytechnique, que Fabry dirige [61].

---

[58] Auger (1943). Les premiers résultats, mentionnés par Villat dans son rapport d'activité dès 1932, font l'objet de plusieurs notes aux *Comptes rendus* : *C. R.* **195**, 516, 724 (1932) ; *C. R.* **204**, 1169 (1937) ; *C. R.* **207**, 216 (1938) ; *C. R.* **209**, 508 (1939).

[59] Adrien Foch (1887–1980), né à Sète, normalien et agrégé de physique (1911) puis agrégé préparateur à l'ENS, travaille pendant la Première Guerre mondiale à la direction des Inventions créée par Painlevé. Il soutient en 1920, à Paris, une thèse de doctorat préparée au laboratoire d'hydraulique de l'institut électrotechnique de Toulouse (IETMA), intitulée *Contribution à l'étude des coups de bélier dans les conduites munies d'un réservoir d'air* (Publications de l'IETMA de l'univ. de Toulouse, Privat, 1920). Préparateur (févr. 1919) puis maître de conférences à l'IETMA (janv. 1921), il part à Bordeaux en nov. 1921 comme chargé de cours où il est nommé professeur de physique expérimentale en 1923. En 1929, il obtient la maîtrise de conférences attachée à la chaire de Bénard, à Paris. Professeur sans chaire en 1931, il enseigne dans plusieurs écoles parisiennes, et obtient la chaire de Bénard en 1939. Lauréat de trois prix de l'Académie des sciences, officier de la Légion d'honneur, il est auteur de plusieurs ouvrages pédagogiques réédités (Foch, 1932, 1934). Il a épousé en 1915 Jeanne Pérès sœur de Joseph Pérès. Sources : AN AJ16 5738 (dossier Foch) ; Arch. Acad. Sc. ; Charle & Telkès (1989) ; Conseils de la faculté des sciences de Toulouse du 12 nov. 1919, 13 nov. 1920, 13 avr. 1921. Publications liées à sa thèse : A. Foch, *C. R.* **169**, 569, 687 (1919). Ch. Camichel, D. Eydoux & A. Foch, *C. R.* **171**, 783–786 (1920).

[60] Tremblot (1932) ; Lapresle (1949), pp. 117–119. Le rapport de Villat (1932) mentionne Tremblot sous la direction de Foch (Arch. Nat. AJ16 5876).

[61] Fabry et al. (1934). Tremblot est toujours présent au laboratoire de mécanique des fluides en mai 1940, « presque entièrement occupé par les recherches balistiques entreprises en liaison avec le ministère de l'Armement » déclare Foch au directeur du CNRSA (Arch. Nat. AJ16 5822).

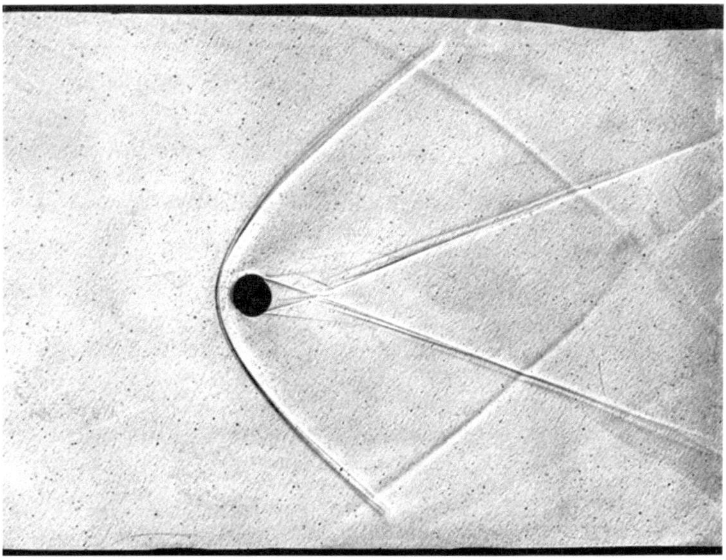

Fig. 5.8 Ondes de choc autour d'un cylindre (méthode des ombres) ; largeur du tunnel : 58 mm (Santon 1935)

La seconde thèse sur les écoulements supersoniques dirigée par Foch – la préface ici l'atteste – est celle de Lucien Santon[62]. Normalien et agrégé de physique, Santon est collaborateur scientifique du ministère de l'Air entre 1931 et 1934. Il conçoit et réalise au cours de sa thèse deux souffleries : la première, par aspiration, au laboratoire de Saint-Cyr, et la seconde, par détente (plus performante), au laboratoire de Bénard. La vitesse de l'air y atteint 2,3 fois la vitesse du son. Plusieurs méthodes de visualisation et de mesure optique sont développées : méthode des ombres, strioscopie, interférométrie. La théorie de Saint-Venant (relations pression-vitesse) est testée et validée, tandis qu'un calcul du choc dû à Prandtl se trouve au contraire invalidé pour les conditions expérimentales considérées. Des ondes de choc autour d'obstacles – cylindre et profil d'aile – sont visualisées, comme illustré sur les Figs. 5.8 et 5.9. Les forces sur ces obstacles sont mesurées à l'aide de balances. L'effet de la viscosité est aussi évalué, par des mesures de pertes de charge.

Les méthodes interférentielles pour l'analyse des champs aérodynamiques font l'objet de la thèse d'ingénieur-docteur de Jean Dupuy, soutenue en 1939 et publiée

[62] Santon (1935) ; Lapresle (1949), pp. 119–126. À l'issue de sa thèse de doctorat, Lucien Santon (1904–1993), normalien, est professeur de lycée, puis enseignant à la faculté des sciences de Grenoble à partir de 1948. Il dirige la section hydraulique de l'institut polytechnique de Grenoble de 1955 à 1971 (Robert, 2001, pp. 72–73).

Fig. 5.9 Ondes de choc autour d'un profil d'aile (méthode des ombres) (Santon 1935)

dans les PST [63]. Dupuy est associé, avec Fabry et Tremblot, à la publication dans la revue d'optique mentionnée ci-dessus.

5.3.6 *Écoulements instationnaires*

Une autre thématique développée par Foch est la visualisation des écoulements subsoniques (incompressibles). La première thèse est celle de Charles Chartier, sur la visualisation par chronophotographie : écoulements autour d'hélices marines et aériennes, et écoulements autour d'obstacles divers [64]. La préface de Foch témoigne de l'importance accordée à la diffusion des recherches du laboratoire vers le grand public :

> Aux Salons Français de l'Aéronautique de 1934 et 1936, au Palais de l'Air en 1937, dans de nombreuses Expositions faites à l'Etranger par le Ministère de l'Air, beaucoup de visiteurs avaient remarqué les splendides photographies d'écoulements visualisés obtenues par M. Chartier au cours des recherches qu'il poursuivait sous les auspices de la Direction des Recherches Scientifiques et Techniques de l'Aéronautique.

La Fig. 5.10 en donne une illustration.

[63] Dupuy (1939) ; Lapresle (1949), pp. 126–128.

[64] Chartier (1937). Jury : H. Villat (président), G. Bruhat, A. Foch (Arch. Acad. Sc., dossier Chartier).

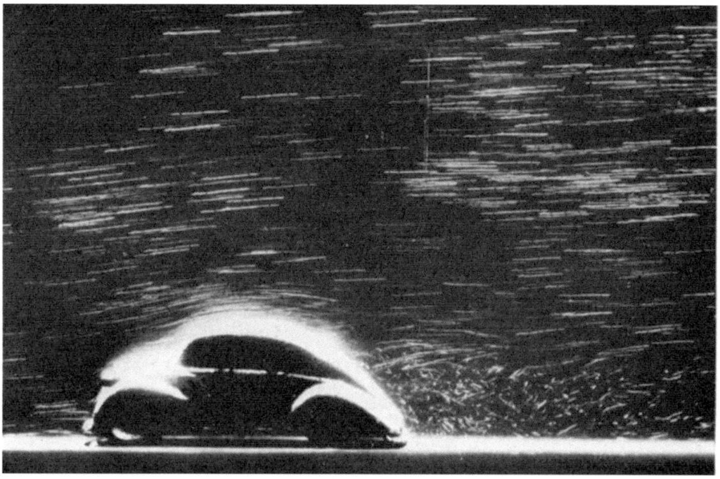

Fig. 5.10 Écoulement autour d'un modèle d'automobile. L'éclairage intermittent de poussières en suspension, réalisé par une roue dentée placée devant la source lumineuse, imprime sur la plaque photographique des traits donnant la grandeur et la direction de la vitesse. Le sens de la vitesse est déterminé par une secousse de l'objectif synchronisée avec le début de l'éclair, qui imprime un petit crochet sur le trait lumineux (Chartier 1937)

La thèse expose de façon détaillée les techniques de prise de vue mises en œuvre ainsi qu'un procédé stéréoscopique permettant de restituer le caractère tridimensionnel des écoulements. Elle fait référence à une bibliographie internationale (Allemagne, Angleterre, Japon) et nationale (Camichel à Toulouse, Valensi à Marseille). Elle mentionne également plusieurs publications communes avec d'autres chercheurs : A. Foch, É. Barrillon, J. Labat et L. Agostini[65]. Le champ des vitesses instantané autour d'hélices marines et aériennes, à une ou plusieurs pales, fait l'objet d'une étude quantitative, pour différents rapports V/nD, où V est la vitesse de l'air, n la vitesse de rotation de l'hélice et D son diamètre. Il y est montré que pour la valeur de V/nh (où h est le pas de l'hélice) où le rendement est maximum, l'écoulement est le plus régulier et les lignes de courant sont presque rectilignes, comme illustré sur la Fig. 5.11. La Fig. 5.12 montre l'écoulement autour d'une maquette de hangar. Dans un vent oscillant, l'allure du sillage est étudiée pour plusieurs phases de l'oscillation, et pour un sol lisse ou rugueux.

Chartier obtiendra en 1945 une maîtrise de conférences à Poitiers, où il créera, avec Henri Poncin, un laboratoire de mécanique des fluides (cf. Chap. 9).

Un autre travail encadré par Foch est celui de Jean Labat, sur la visualisation par chronophotographie stéréoscopique, avec « deux objectifs voisins comme deux

[65] A. Foch & Ch. Chartier, *C. R.* **200**, 1178 (1935) ; A. Foch & Ch. Chartier, *C. R.* **207**, 1163 (1938) ; É. Barrillon & Ch. Chartier, *C. R.* **201**, 772–774 (1935) ; Ch. Chartier & J. Labat, *C. R.* **202**, 729 (1936) ; L. Agostini & Ch. Chartier, S.T.A. (1937).

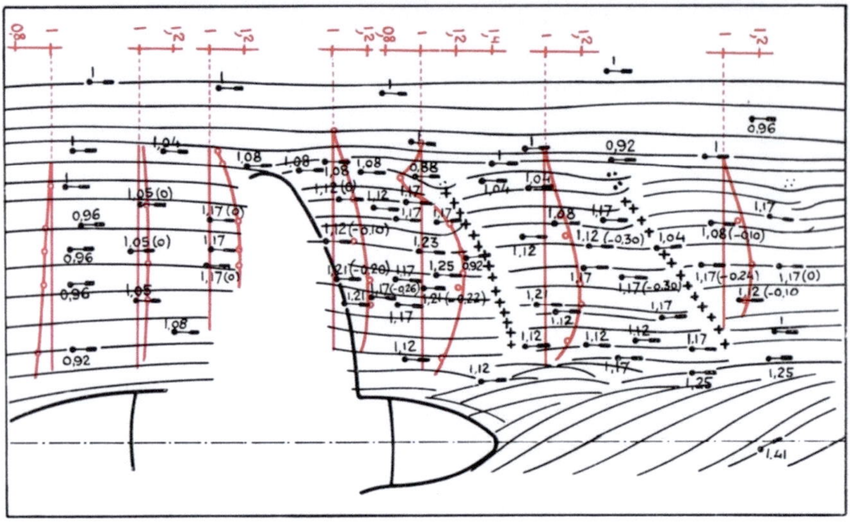

Fig. 5.11 Écoulement autour d'une hélice marine tripale propulsive, éclairé par un plan passant par l'axe de rotation, pour $V/nh \approx 0,78$ correspondant au rendement maximum ($n = 6$ tr/s, phase de l'hélice = 0°) (Chartier, 1937)

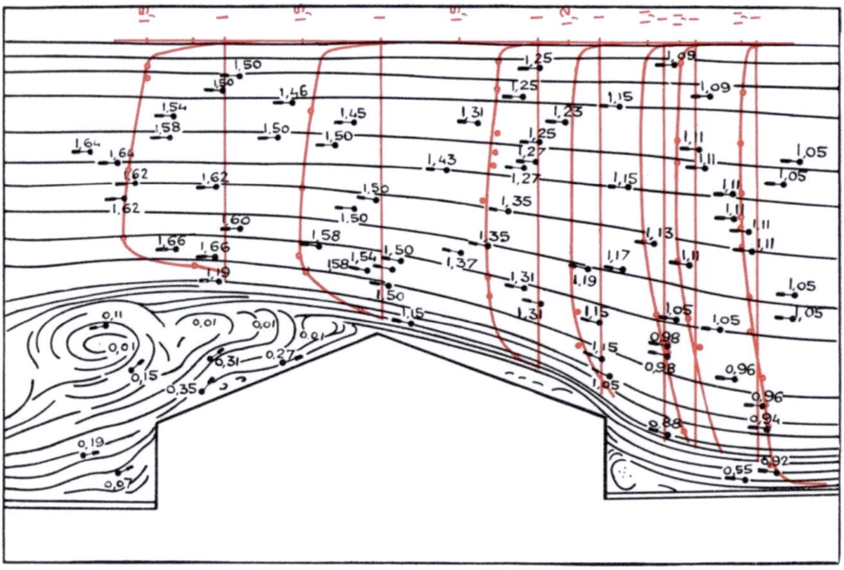

Fig. 5.12 Écoulement autour d'une maquette de hangar ; la vitesse de l'écoulement d'air est $V = 0,35$ m/s (Chartier, 1937)

yeux ». Le travail, publié dans les PST [66], ne semble pas avoir donné lieu à une thèse de doctorat.

5.3.7 *Viscosité des gaz*

Foch développe également des études sur la physique des fluides, notamment avec André Fortier, agrégé de physique et collaborateur scientifique du ministère de l'Air de 1933 à 1937. La thèse de Fortier est consacrée à la mesure de la viscosité des gaz [67]. Son introduction situe ainsi la question, en relation avec la physique moléculaire :

> Vers 1860, les progrès rapides de la théorie cinétique des gaz ont donné un intérêt nouveau aux recherches de viscosité. [Mais les mesures disponibles demeurent peu précises.] C'est ainsi que le coefficient de viscosité de l'air [...] n'est connu actuellement aux températures ordinaires qu'à 1/200 près. [...] Pourtant la connaissance précise des coefficients de viscosité a une double importance ; du point de vue théorique, la valeur du coefficient de viscosité des gaz permet de déterminer le diamètre moléculaire, d'autre part la variation de ce coefficient avec la température permet de se faire un idée des modes d'attraction et de répulsion intermoléculaires ; du point de vue pratique, la viscosité joue un rôle essentiel dans les phénomènes d'écoulement, dans l'apparition des sillages, de sorte que, en dernier ressort, c'est la grandeur de la viscosité qui règle les conditions aux limites dans tous les problèmes d'hydrodynamique physique.

L'étude de Fortier reprend « le procédé classique de l'écoulement du gaz dans un tube capillaire » en améliorant les mesures de pression – au centième de millimètre d'eau – par un éclairage rasant du ménisque, et en assurant la constance du débit par l'écoulement supersonique du gaz à travers un trou microscopique. La précision est ainsi quintuplée. L'utilité pratique de cette précision peut être appréciée en soulignant que « mesurer à un millième près la viscosité des gaz d'échappement d'un moteur, c'est au fond déterminer à un centième près la teneur de ces gaz en acide carbonique. »

5.3.8 *Travaux de Dimitri Riabouchinsky*

Ingénieur attaché à partir de 1923 à la chaire de mécanique des fluides de Painlevé, Riabouchinsky y poursuit les travaux initiés en 1905 à l'institut aérotechnique de Koutchino (cf. Chap. 1). Riabouchinsky est un expérimentateur curieux et ingénieux (on pourrait dire aussi "bricoleur"), qui possède également un goût prononcé pour la théorie. L'ouvrage à caractère théorique qu'il publie dans les *Bulletins Techniques*

---

[66] Labat (1938).

[67] Fortier (1937). E. Drussy, mécanicien du laboratoire, y est remercié « pour ses qualités habituelles de conscience et d'habileté. »

des services techniques de l'Aéronautique, en 1924, situe le cadre conceptuel de ses travaux [68]. La question de la résistance à l'avancement d'un obstacle y occupe une large part. Le paradoxe de d'Alembert y est résolu en faisant appel à la formation de bulles de cavitation au voisinage immédiat de l'obstacle, dans les régions de faible pression :

> Pour pouvoir échapper au paradoxe de d'Alembert, il faut tenir compte [. . .] de la formation des cavitations [69].

Ces cavitations sont sujettes à des implosions qui induisent la formation de chocs, dont l'importance, selon Riabouchinsky, est sous-évaluée :

> Il y a deux facteurs qui déterminent dans les fluides une perte ou dissipation d'énergie : ce sont les chocs et la viscosité. Dans l'hydrodynamique classique on n'envisage généralement que le deuxième de ces facteurs et je crois ne pas me tromper si je dis que la grande divergence entre l'hydrodynamique rationnelle et l'hydrodynamique expérimentale est due, en majeure partie, à ce fait que l'hydrodynamique rationnelle ignore les chocs [70].

Dans le problème de la résistance à l'avancement, la viscosité, qui n'affecte que le voisinage de l'obstacle, ne jouerait qu'un rôle mineur. C'est dans l'existence de chocs qu'il faut chercher la clé, et pour cela, faire des expériences. Le nom de Prandtl n'apparaît, dans l'ouvrage, que dans un dernier chapitre consacré à l'analyse dimensionnelle et aux lois de similitude des écoulements. On ne trouve aucune allusion à la théorie de la couche limite.

À l'institut de Paris, dont il est directeur-adjoint, Riabouchinsky dirige les travaux de thèse de Constantin Woronetz sur les écoulements en couches minces, non visqueux, sur des surfaces courbes. Woronetz travaille également sur la convection naturelle et forcée, et sur « l'analogie hydraulique » entre un écoulement compressible dans une tuyère et les écoulements à surface libre au-dessus d'un obstacle (ressauts hydrauliques) [71].

Riabouchinsky encadre également les travaux théoriques de Basile Demtchenko sur l'écoulement plan autour de cavités gazeuses ("bulles de cavitation"), objet de sa thèse soutenue en 1928, et sur l'hydrodynamique bidimensionnelle des fluides compressibles [72]. Il mène également des travaux personnels sur les écoulements contenant des poches de gaz et sur l'aérodynamique des hélices à grande vitesse (où survient une chute de portance liée à la compressibilité de l'air) [73].

Riabouchinsky résumera l'ensemble de ses travaux, de 1904 à 1962, dans trois articles de synthèse publiés en 1935 et 1962 dans le *Journal of the Royal*

---

[68] Riabouchinsky (1924).

[69] *Ibid.*, p. 64.

[70] *Ibid.*, p. 23.

[71] La thèse de Woronetz (1934) (cf. liste en annexe) est publiée dans les Annales de la faculté des sciences de Toulouse ; PST : Woronetz (1934, 1939).

[72] Demtchenko (1928, 1939).

[73] Sur les poches de gaz : (Riabouchinsky, 1939) ; sur les hélices : (Riabouchinsky, 1938).

Fig. 5.13 Colonne d'air « conique-hélicoïdale » sur l'axe d'un cylindre fermé et presque rempli d'eau entraînée en rotation par une petite hélice (Riabouchinsky, 1935b)

Aeronautical Society[74]. La Fig. 5.13 en donne une belle illustration, relative à une étude sur la formation des cyclones atmosphériques : la formation d'une colonne d'air « conique-hélicoïdale » sur l'axe d'un cylindre fermé et presque rempli d'eau entraînée en rotation par une petite hélice.

5.3.9 Travaux de Yves Rocard

À la mort de Bénard en 1939, la chaire de mécanique expérimentale des fluides revient à Foch, et le poste de maître de conférences libéré par ce dernier est attribué à Yves Rocard. Normalien et agrégé de physique, Rocard (1903–1992) a obtenu en 1927 un doctorat ès sciences mathématiques sur *L'hydrodynamique et la théorie cinétique des gaz*[75], puis, l'année suivante, un doctorat ès sciences physiques sur la

[74] Riabouchinsky (1935a,b, 1962) ; pour un résumé des travaux de Riabouchinsky, cf. Lapresle (1949), pp. 135–142.

[75] Jury : É. Borel, E. Bloch, É. Cartan. La thèse est disponible sur les archives ouvertes HAL.

Théorie moléculaire de la diffusion de la lumière par les fluides. Cette seconde thèse, préparée au laboratoire d'enseignement de la physique de l'École polytechnique – dirigé par Charles Fabry –, est publiée dans les *Bulletins Techniques* des services techniques de l'Aéronautique[76]. Chargé de cours au Collège de France après sa thèse, il obtient en 1932 un poste de maître de recherches de la Caisse nationale des sciences. Il s'intéresse alors à divers problèmes de mécanique, notamment à la stabilité des trains sur les voies ferrées – Raoul Dautry, directeur des chemins de fer de l'État, lui en demande une étude suite à un grave accident ferroviaire[77]. Il travaille également sur les silencieux pour moteurs d'avion, « au laboratoire de M. Foch, à l'institut de mécanique des fluides »[78]. En parallèle à son activité scientifique, il mène une carrière d'ingénieur à la *Radiotechnique*, filiale de la *Compagnie générale de télégraphie sans fil* (CSF), où il travaille sur les lampes de TSF. Nommé maître de conférences à Clermont-Ferrand en 1938, il obtient l'année suivante le poste libéré par Adrien Foch à Paris.

À la veille de la guerre, il est sollicité par les services techniques de l'Aéronautique à propos d'un problème de vibration des ailes d'avion. Au-delà d'une certaine vitesse critique, propre à chaque type d'appareil, écrit-il,

> ... une vibration d'une nouvelle espèce naissait et s'amplifiait, l'aile volait en éclats comme une boite d'allumettes éparpillée, provoquant la chute de l'appareil[79].

Ce problème était apparu avec la généralisation des monoplans, moins rigides que les biplans, et l'augmentation de la vitesse des appareils. Rocard comprend qu'il est lié à un couplage résonant entre les oscillations élastiques de flexion et de torsion des ailes. Au repos, les fréquences propres de ces oscillations sont bien séparées : voisines de 10 cycles par seconde pour la flexion, et 30 pour la torsion.

> Le comportement de l'aile change quand l'avion vole, poursuit Rocard. Les vibrations de flexion restent, elles, de l'ordre de 10 par seconde, mais les vibrations de torsion sont profondément modifiées : en effet, l'aile voit son incidence changer dans la torsion. Il en résulte une portance nouvelle, qui contribue à augmenter cette torsion [...]. Une fréquence de torsion de l'ordre de 30 quand l'avion est à terre, sans voler, diminue à 25 si l'avion vole à 200 kilomètres à l'heure, et elle se rapproche dangereusement de la fréquence de flexion, si l'avion vole de plus en plus vite, par exemple à la vitesse de 600 kilomètres à l'heure. La description mécanique des forces est modifiée de telle sorte que la structure entière devient instable : l'aile devient tels un drapeau ou une banderole qui se tordent en claquant sous l'effet du vent.

---

[76] Rocard & de Rothschild (1928). Le père d'Yves Rocard, polytechnicien et chef d'escadron dans l'Aéronautique militaire, pilote de chasse, avait été abattu et porté disparu en septembre 1918.

[77] Rocard (1988), pp. 20–26.

[78] Rocard & Morlon (1937).

[79] Rocard (1988), pp. 40–43. Lettre à H. Longchambon, directeur du CNRSA, du 21 nov. 1939; lettre de P. Jouglard, directeur du service technique et des recherches scientifiques de l'Aéronautique, à H. Longchambon, du 24 sept. 1939 (Arch. Nat. 19800284 53, dossier Rocard).

Rocard établit le système d'équations décrivant le couplage dissymétrique des deux types de vibrations. « La vitesse critique que l'avion ne doit pas dépasser n'est plus qu'un résultat de calcul. »

> C'était un assez joli problème, mais la réunion des données représentait une sérieuse corvée. Je passais mes samedis et mes dimanches à calculer les vitesses critiques de tous les avions français de l'époque, et mes résultats étaient adressés au ministre de l'Air. Je me souviens avoir travaillé sur le Morane 706, le Morane 708, ces avions de chasse de nouvelle génération, qui pouvaient piquer à la verticale à 700 km/h. À 750 km/h en revanche, ils volaient en éclats. [...]
> Dans les mois d'août à octobre 1939, les pilotes rendirent compte des limitations de leurs manœuvres : ils ne pouvaient par exemple pas suivre un Messerschmitt allemand qui piquait à la verticale. Ce fut à la suite de ces récits de combats que l'on fut amené à envisager l'amélioration des performances des avions. On s'est alors tourné vers moi, pour remédier à la vitesse critique. Il me vint rapidement à l'esprit qu'il était possible d'opérer des aménagements permettant de passer outre à cette difficulté. Il fallait changer la conception mécanique des ailes, pour que leur axe élastique se rapproche à 25% du bord d'attaque – alors qu'il est trop souvent au milieu. Avec cette disposition, une augmentation d'incidence crée bien une portance, mais sans torsion supplémentaire.
> Pour déplacer cet axe vers l'avant, il faut avancer les petites masses qu'on loge dans l'aile, telles qu'une mitrailleuse supplémentaire, un chargeur, éventuellement un réservoir d'essence placé entre deux poutres, etc. [...] C'est par des mesures de très petite importance mais judicieusement prises que nous avons sérieusement amélioré nos avions et résolu des problèmes qui sauvaient l'existence des pilotes dans les piqués profonds. Mais c'était déjà bien tard, la débâcle arrivait. [...] Et puis surtout j'étais seul [...], je n'avais comme seul moyen que mon crayon, faisant à la hâte les calculs pour donner des réponses. [...] Naturellement, l'occupation par les Allemands du ministère de l'Air et des services techniques mit un point final à mon activité dans ce domaine.

Ce problème de vibrations couplées de torsion et flexion, et la vitesse critique associée à la confusion des deux fréquences, fera l'objet d'une section de son ouvrage *Dynamique générale des vibrations* et d'un article dans les Actes du Colloque international de mécanique de Poitiers en 1950[80].

En 1940, Rocard s'engage dans la Résistance, dans le réseau de Jean Cavaillès, puis rejoint Londres où il est affecté au Bureau central de renseignement et d'action (BCRA) de la France Libre. Il travaille sur les radiophares, les radars et les communications par ondes ultra-courtes, puis – passé au service de la Marine en Algérie – sur le brouillage du guidage des bombes planantes et torpilles allemandes. En 1941, il est nommé maître de conférences de physique à l'École normale supérieure (et professeur sans chaire l'année suivante), laissant la maîtrise de conférences de mécanique expérimentale des fluides à Edmond Brun (1942). Dans les années 1950, il revient sur les interactions fluide-structure pour une étude de stabilité au vent du pont de Tancarville sur la Seine. Il partage ensuite son activité entre le laboratoire de physique de l'ENS et une fonction de direction scientifique au CEA pour les programmes d'armement atomique[81].

---

[80] Rocard (1943), §119 ; Y. Rocard, *in* (Poncin, 1951*b*).

[81] Rocard (1988), chap. 9–10.

5.4 La mécanique théorique des fluides

5.4.1 Henri Villat avant 1929

Premiers travaux. Une présentation des recherches menées à l'institut de Paris en mécanique théorique des fluides nécessite un retour sur les premiers travaux scientifiques de Henri Villat, titulaire de la chaire correspondante et directeur de l'institut. L'intérêt de Villat, mathématicien, pour la mécanique des fluides, date des années 1909–1910 où il est enseignant au lycée de Caen et chargé de cours à la faculté des sciences de cette ville (cf. encadré biographique). Il s'intéresse alors à un problème ancien de l'hydrodynamique : la résistance, ou "traînée", qu'un fluide oppose au mouvement d'un corps immergé.

On sait depuis d'Alembert que le calcul, pour un fluide sans viscosité, conduit au résultat surprenant – contraire à l'expérience la plus élémentaire – que cette résistance est nulle. Ce "paradoxe de d'Alembert" a pu être contourné dans les années 1860 par Helmholtz et Kirchhoff, par l'introduction à l'aval de l'obstacle d'un "sillage" constitué d'un volume de "fluide mort" (au repos par rapport à l'obstacle) limité par des "surfaces de discontinuité" attachées à l'obstacle (cf. Chap. 3). Cette représentation très schématique d'un sillage a l'avantage de conduire à une résistance non nulle, mais elle laisse entiers plusieurs problèmes, notamment l'extension du sillage jusqu'à l'infini aval, et l'instabilité des surfaces de discontinuité. De plus, la force de traînée calculée, sur une plaque par exemple, sous-estime fortement la force mesurée.

Villat va se passionner pour ces problèmes, et cette passion se maintiendra tout au long de sa carrière en dépit des limitations de plus en plus manifestes du cadre conceptuel de la théorie des surfaces de discontinuité. En 1910, Villat prend donc contact avec Boussinesq qui, quoique âgé, demeure le chef de file de la mécanique des fluides française, pour lui faire part de son premier résultat [82]. Villat aurait alors établi la relation entre la force de portance (perpendiculaire à l'écoulement) et la "circulation de la vitesse", résultat majeur publié la même année par Kutta et, indépendamment, quatre ans auparavant par Joukovski. Mais Boussinesq n'aurait pas reconnu la valeur de ce résultat et aurait refusé sa publication dans les *Comptes Rendus de l'Académie des sciences*. Villat en concevra une durable amertume [83]. Boussinesq met cependant Villat sur une bonne piste, en lui signalant les travaux des mathématiciens italiens Emilio Almansi et Tullio Levi-Civita, mais sans lui cacher non plus son scepticisme au vu de la difficulté du sujet :

> Mais vous êtes, sans doute encore jeune, plein d'ardeur et désireux de la dépenser. Vous ne sauriez le faire plus utilement que sur un problème si actuel et, on peut le dire,

[82] Aubin (2010).

[83] Villat (1972). De nombreuses publications de Villat, dont sa thèse, sont disponibles sur le site de la bibliothèque numérique de mathématiques Numdam.

devenu si nécessaire à résoudre pour répondre aux besoins que manifestent notre remuante génération [84].

La même année, Villat prend également contact avec Marcel Brillouin, professeur au Collège de France, et auteur d'un mémoire de référence sur le sujet, publié l'année suivante [85]. Brillouin se montre plus encourageant que Boussinesq, et lui suggère de s'atteler à un problème soulevé par Levi-Civita. Ce dernier a en effet découvert, en 1907, une transformation conforme particulière, dans le plan complexe, qui permet de généraliser pour un obstacle courbe une technique de résolution trouvée par Helmholtz et Kirchhoff pour un obstacle polygonal. Mais cette transformation de Levi-Civita présente un inconvénient : la forme de l'obstacle n'y intervient que de façon implicite, à travers une fonction introduite *a priori* [86]. L'ajustement de cette fonction à un obstacle de forme imposée ne peut être réalisé que de façon empirique, par approximations successives – donnant lieu à de longs et fastidieux calculs numériques. Un progrès important, note Brillouin, serait de pouvoir définir *explicitement* cette fonction en termes de la géométrie de l'obstacle. « Voilà le but », conclut-il. Villat s'attache donc à ce problème, publie trois articles en 1910 [87], et soutient sa thèse de doctorat en 1911 – son jury est constitué de Marcel Brillouin, Émile Picard et Paul Appell [88]. Ce n'est cependant qu'en 1930 que Villat parviendra à établir le lien recherché entre la fonction de Levi-Civita et la géométrie de l'obstacle, sous la forme d'une équation intégro-différentielle. Dans l'intervalle, en 1914, il complète un résultat de Brillouin donnant un critère de sélection du point de décollement de l'écoulement sur l'obstacle – critère correspondant à l'annulation, en ce point, d'une singularité [89].

De Strasbourg à la Sorbonne. En 1919, Villat obtient un poste de professeur à l'université de Strasbourg, dans « les provinces recouvrées » dont la France entend faire une vitrine de l'excellence académique française. Il y organise l'année suivante le Congrès international des mathématiciens – dont sont exclus les ressortissants des nations vaincues –, et y fait preuve de remarquables capacités d'organisateur. Émile Picard et Camille Jordan lui confient la direction du *Journal de mathématiques pures et appliquées*, qu'il dirige durant tout l'entre-deux-guerres [90]. En 1923, il

---

[84] Lettre de Boussinesq à Villat, 11 mai 1910, citée par Aubin (2010). Arch. Acad. Sc., fonds Villat 61J.

[85] Brillouin (1911).

[86] Tazzioli (2017).

[87] Sur le théorème de Lagrange en hydrodynamique, *Nouvelles annales de mathématiques*, 282 (1910) ; Sur la résistance des fluides limités par une paroi fixe indéfinie, *C. R.* **151**, 933 (1910) ; Sur les mouvements d'un fluide autour d'un obstacle de forme donnée, *C. R.* **151**, 1034 (1910).

[88] H. Villat, *Sur la résistance des fluides*. Thèse de doctorat ès sciences de la faculté des sciences de Paris. Annales scientifiques de l'École normale supérieure, 203–311 (1911) (disponible sur le site Numdam).

[89] Ces travaux sur le point de décollement seront repris plus tard dans la théorie asymptotique de la « triple couche » (Charru & Luchini, 2019; Lagrée, 2017).

[90] Gispert & Leloup (2009); Leloup (2009).

est élu correspondant de l'Académie des sciences. En 1925, il prend la direction du *Mémorial des sciences mathématiques*, nouvelle collection d'ouvrages publiés mensuellement par Gauthier-Villars, sous les auspices de l'Académie. Du côté des recherches, Villat dirige à Strasbourg trois thèses : celle de René Thiry (1921), futur directeur de l'institut de mécanique des fluides de Marseille, de Maurice Roy (1923), futur directeur général de l'ONERA, et de Jacques Berge (1926).

En 1927, Villat succède à Painlevé sur la chaire de mécanique des fluides et applications que celui-ci occupait depuis sa création en 1923 (cf. Chap. 1). Villat est alors devenu, avec l'appui de ses mentors Picard, Appell, Brillouin et Kœnigs, une figure centrale des mathématiques françaises. À la faculté des sciences de Paris, il est, pour le nombre de jurys de thèses auxquels il participe, le deuxième rapporteur et le cinquième président[91]. Il est aussi l'un des rares théoriciens français à s'intéresser à un problème crucial pour l'aéronautique : la résistance à l'avancement.

5.4.2 *Travaux réalisés entre 1929 et 1940*

Lors de la mise en place des instituts de mécanique des fluides, en 1929, la position académique de Villat fait de lui le directeur naturel de l'institut de Paris. Il poursuit ses recherches personnelles et dirige de nombreuses thèses, la plupart sur son problème favori de l'écoulement non visqueux autour d'un obstable. Villat ne peut cependant ignorer tout à fait la viscosité. Il est bien conscient qu'une viscosité même petite joue un rôle important au voisinage des parois. Ces écoulements doivent être étudiés, selon lui, en suivant le mathématicien suédois Carl Oseen, qui aborde le problème à partir d'une équation intégrale, sur tout le domaine fluide, du mouvement visqueux. Les caractéristiques d'un écoulement peu visqueux – et notamment la force de traînée – pourraient alors être obtenues en faisant tendre la viscosité vers zéro, de la bonne manière[92]. Villat cherche ainsi une voie alternative à celle ouverte par Ludwig Prandtl avec la théorie de la couche limite (cf. Chap. 3). Cette théorie, qui distingue deux régions dans l'écoulement, proche et éloignée de l'obstacle, puis raccorde les solutions obtenues dans chacune d'entre elles, s'impose dès les années 1910 comme la bonne façon de traiter le problème, et se voit confirmée par quantité d'observations expérimentales. Elle permet notamment de comprendre – point crucial – le mécanisme de génération de la portance d'une aile. Prandtl a aussi compris que la couche limite peut devenir turbulente, ce qui lui a permis d'interpréter, en 1912, la "crise de traînée" découverte par Eiffel. Mais Villat juge les théories de Prandtl insuffisamment rigoureuses, du fait d'approximations injustifiées sur le plan mathématique.

L'originalité des travaux de Villat tient aux méthodes mathématiques avancées qu'il met en œuvre – avec une virtuosité qui force l'admiration de ses contemporains

---

[91] Gispert & Leloup (2009).

[92] Villat (1929b).

–, et à l'introduction des fonctions spéciales telles que les fonctions elliptiques de Weierstrass, alors peu enseignées. L'élégance de ses démonstrations et la clarté de son style sont fréquemment relevées. Son intérêt pour la mécanique des fluides, discipline auréolée par le développement de l'aéronautique, fait de lui un "moderne" aux yeux de ses collègues mathématiciens. Comme l'écrivent Gispert et Leloup :

> …de sa chaire à la Sorbonne, il touche un public important : 21 thèses en mécanique des fluides [ès sciences mathématiques] sont soutenues à la Sorbonne entre 1914 et 1945, dont 17 après 1927, ce qui représente 10 % de l'ensemble des thèses mathématiques de cette période. Villat s'occupe de l'essentiel des rapports de ces thèses. Il est d'ailleurs l'un des seuls professeurs qui dans ses rapports désigne certains étudiants comme ses propres élèves [93].

Villat dirige dans les années 1930 les thèses de trois collaborateurs scientifiques du ministère de l'Air, dont il préface les mémoires publiés dans les PST :

- Albert Gay, professeur au lycée de Montpellier, sur divers problèmes d'hydrodynamique de fluides visqueux (mouvement de corps solides, tourbillons), avec une étude plus particulière du cas du cylindre en rotation : résolution par approximations successives et généralisation de résultats de Boussinesq, Volterra, et Whittaker; pour les tourbillons, généralisation de résultats d'Oseen (1930) [94].
- Henri Poncin, normalien, sur les écoulements autour de bulles d'air de cavitation, libres ou attachées dans le sillage d'obstacles (1932) [95]. Poncin fondera l'ENSMA de Poitiers (cf. Chap. 9).
- Marcel Sédille, ingénieur de l'École des arts et métiers et de l'École centrale de Paris, dont la thèse introduit la notion de circulation et la théorie des ailes portantes dans les problèmes de roues hélico-centrifuges de turbomachines (1938) [96].

Villat dirige également, dans la même décennie et hors contrats avec le ministère de l'Air, trois autres thèses :

- Jean Leray, *Étude de quelques équations intégrales non linéaires et de quelques problèmes que pose l'hydrodynamique* (1933). Leray sera professeur à l'université de Nancy, puis maître de conférences à l'université de Paris (où il succède à Pérès en 1941), puis professeur au Collège de France [97].

---

[93] Gispert & Leloup (2009), p. 92.

[94] Gay (1930) ; A. Gay, *C. R.* **188** 143, 375 (1929).

[95] Poncin (1932).

[96] Sédille (1938).

[97] Jean Leray (1906–1998) est un mathématicien majeur du XXe siècle, dont l'œuvre porte sur les propriétés des équations aux dérivées partielles de la mécanique et de la physique. Normalien et agrégé de mathématiques, il soutient sa thèse en 1933, à la faculté des sciences de Paris (Leray, 1933). Il y établit un théorème d'existence de "solutions turbulentes" des équations de Navier-Stokes. Il est nommé professeur à Nancy en 1936. Fait prisonnier en 1940, il crée une "université en captivité", et élabore de nouveaux concepts de topologie algébrique. Nommé professeur au Collège de France en 1947, il obtient d'importants résultats sur les équations hyperboliques et sur le problème de Cauchy. Il entre à l'Académie des sciences de Paris en 1953, puis est admis

- Marie-Louise Dubreil-Jacotin, *Sur la détermination rigoureuse des ondes permanentes périodiques d'ampleur finie* (1934)[98]. Dubreil-Jacotin (1905–1972) enseignera à l'université de Rennes et de Lyon, puis sera professeur à Poitiers et Paris[99].
- Caius Jacob, *Sur la détermination des fonctions harmoniques conjuguées par certaines conditions aux limites : applications à l'hydrodynamique* (1935)[100].

Il accueille également à l'institut de mécanique des mathématiciens liés à d'autres laboratoires, tels Florin Vasilesco et Georges Durand[101].

Le brillant tableau des activités de Villat comporte cependant quelques ombres. Tout d'abord, Villat envisage la mécanique des fluides sous un angle strictement mathématique, sans intérêt véritable pour les observations expérimentales. Ses cours et ouvrages les excluent, dit-il, « par souci de concision ». La valeur d'une théorie repose plus sur son « élégance » que par sa capacité à rendre compte de phénomènes précis. L'application de ses recherches à l'aéronautique ne le soucie pas beaucoup non plus, le ministère de l'Air le lui reprochera. Autre ombre au tableau, Villat reste fixé sur le cadre conceptuel des écoulements non visqueux potentiels, élaboré au XIXe siècle. Or, dans l'entre-deux-guerres, de nouvelles théories se développent vigoureusement en Allemagne et en Angleterre, relatives à la turbulence et à la couche limite (cf. Chap. 3). Mais Villat juge ces théories insuffisamment rigoureuses, il ne les traitera dans aucun de ses ouvrages d'enseignement. Il pourra même vouloir entraver leur diffusion en France[102]. Nous y reviendrons dans le dernier chapitre.

5.5 Le laboratoire d'analogies électriques

En mai 1932, Joseph Pérès, professeur de mécanique rationnelle et directeur de l'IMF de Marseille, est élu maître de conférences à la Sorbonne ; en octobre de la même année, il est nommé professeur sans chaire. Son assistant Lucien Malavard le suit, s'inscrit à Sup'Aéro pour compléter sa formation et devient ingénieur civil de l'Aéronautique en 1934. Pérès et Malavard sont accueillis « très cordialement » dans

---

dans les plus grandes académies étrangères (États-Unis, Union soviétique, Londres, Göttingen, etc.). Ses derniers travaux portent sur la théorie des développements asymptotiques. Honoré de nombreux prix internationaux, commandeur de la Légion d'honneur. Sources : Arch. Acad. Sc., Collège de France.

[98] Dubreil-Jacotin (1934).

[99] https://www-history.mcs.st-andrews.ac.uk/Biographies/Dubreil-Jacotin.html.

[100] Jacob (1935).

[101] Rapport de Villat au doyen (1932), Arch. Nat AJ16 5776. Vasilesco a soutenu sa thèse en 1925 (jury : Goursat, Montel, Chazy) et publie dans les PST (Vasilesco, 1933) ; Durand soutient sa thèse *Sur une généralisation des surfaces convexes* en 1931 (jury : Vessiot, Villat et Garnier) et publie dans les PST (Durand, 1933).

[102] Wesfreid (2017).

le laboratoire de Bénard à la Cité de l'Air. Assistés par Lucien Romani, technicien, ils y reprennent les études initiées à Marseille sur les analogies rhéoélectriques (cf. Chap. 7), les appliquant à divers problèmes de mécanique des fluides [103]. Leur collaboration se poursuivra pendant plus de vingt ans et donnera lieu à de nombreuses publications communes. Pérès collabore également avec Bénard, notamment autour de la thèse de Michel Luntz qu'ils coencadrent.

> Dès 1934, racontera Malavard, des installations de moyenne importance purent être aménagées grâce à l'appui du Service Technique de l'Aéronautique. Dans les années qui suivirent, les techniques analogiques de base furent développées et appliquées à la résolution de différents problèmes de mécanique des fluides, d'élasticité, d'électrostatique, de magnétisme, etc. Dans le domaine de l'aérodynamique, l'état d'avancement de ces méthodes permit, dans la période 1938–1939, d'aborder une phase active d'exploitation au cours de laquelle de nombreuses études théoriques et pratiques furent effectuées à la demande des Services de l'Aéronautique et au bénéfice des constructeurs d'avions [104].

Les "calculateurs d'ailes" de Pérès et Malavard attirent en effet, à partir de 1937, des clients de plus en plus nombreux : des constructeurs d'avions français – notamment la Société nationale de constructions aéronautiques (SNCA) du Sud-Ouest –, mais aussi des constructeurs britanniques et l'industrie électrotechnique (Alsthom, LMT). Pérès l'explique dans une lettre à Villat où il lui réclame des locaux :

> Ces recherches sont maintenant connues des principaux constructeurs qui se rendent compte des services que peuvent leur rendre les méthodes de calcul électrique que Malavard a mises au point. Le "calculateur d'ailes" de ce dernier donne, sur la répartition des efforts dans une aile, des renseignements précis qui permettent effectivement un allègement constructif donnant un gain très appréciable à tous points de vue. Quand un constructeur constate, comme l'ont fait hier les ingénieurs de Latécoère, que les résultats du "calculateur d'ailes" [sur la répartition des efforts sur une aile] recoupent très précisément les essais de maquettes plus longs et coûteux [en soufflerie], tout en donnant des résultats plus complets, les demandes d'essais affluent et le laboratoire devient une manière de bureau d'études où les constructeurs apportent les cas embarrassants [105].

Pérès détaille ensuite les demandes d'essais en cours pour Nieuport, Latécoère (essai de l'aile de l'hydravion Laté 610), Dewoitine (aile du chasseur D510 – « l'avion est trop lourd et il s'agit de savoir si on peut l'alléger l'aile dans certaines parties »). Ces essais, poursuit Pérès,

> …nécessitent un véritable laboratoire d'analogies électriques, lequel existe bien dans les deux pièces à ma disposition, mais dans des conditions d'inconfort qui deviennent insupportables. Le manque de place fait qu'il est impossible d'ajouter de nouvelles installations qui seraient pourtant indispensables. Les appareils actuellement existants ne peuvent même pas être installés à point fixe et, pour chaque essai, il faut détruire un montage précédent, qui sera à refaire le jour suivant. […]
> Je demande seulement des mètres carrés (100 par exemple) et c'est tout. Mais c'est très urgent et je ne crois pas avoir le droit d'attendre par exemple un an. J'irai donc où je

[103] Malavard (1934).

[104] Malavard, *in* (Pérès 1955), p. 95.

[105] Lettre-rapport de Pérès à Villat, 3 févr. 1937. Arch. Nat. AJ16 5775, chemise IMF 1929–1941.

> trouverai ces mètres carrés et la première question qui se pose est la suivante : y a-t-il possibilité d'une solution dans le cadre de l'Institut de Mécanique ?
> Vous concevez que cette éventualité ait de beaucoup mes préférences. Je souhaiterais que ma demande soit l'occasion d'installer un Service de Mécanique des Fluides théorique dans lequel, à côté du laboratoire d'analogies électriques, trouveraient place des appareils auxilliaires de calcul (tels que les appareils à transformation conforme de M. Barrillon qui existent, dans une très belle installation, au bassin des carènes. Les constructeurs qui trouveraient le chemin d'un tel super bureau d'études ne l'oublieraient pas.
> Je résume ma demande : superficie d'environ 100 m^2 avec les installations usuelles d'eau, de gaz et d'électricité. Pour l'équipement, je pourrai me tirer d'affaires avec l'aide du Service des Recherches [de l'Aéronautique] et celle des constructeurs, mais comme je pense qu'il est bien plus aisé d'avoir des crédits d'outillage que des locaux, je demande 200.000 Frs – demande à laquelle je n'attache qu'une importance secondaire.
> L'essentiel est d'avoir un local – et je me contenterai même d'un local provisoire et insuffisant pourvu que je l'aie tout de suite. [. . .]

Sous l'impatience de Pérès, on peut deviner, une nouvelle fois, le peu de d'empressement de Villat pour le développement de l'activité expérimentale dans son institut. Le service des recherches de l'Aéronautique apportera la solution, en cédant des locaux mitoyens de ceux de Bénard, au 6 rue de la Porte d'Issy.

En 1938, Pérès se tourne vers le Centre national de la recherche scientifique appliquée (CNRSA) nouvellement créé, pour une demande de subvention [106]. Henri Longchambon, directeur du CNRSA, fait évaluer la demande par Yves Rocard, chargé de mission, qui rédige un rapport circonstancié et très favorable :

> L'utilité du laboratoire n'est pas douteuse. Son activité est certaine, il a déjà rendu de grands services. [. . .] Le difficile problème de la liaison avec l'industrie semble avoir été particulièrement bien résolu. [. . .] [Il faut] stabiliser la situation de M. Malavard, un des plus brillants parmi les collaborateurs scientifiques de l'Aéronautique [107].

Dans les nouveaux locaux du laboratoire, où travaillent une quinzaine de personnes, est poursuivie l'étude par analogies électriques de problèmes régis par l'équation de Laplace ou équation du même type. Il s'agit en premier lieu de problèmes d'hydro- et aérodynamique : écoulements plans ou de révolution (portance de profils d'ailes, effets d'ailerons, sillages, pressions d'un clapotis sur une jetée), et ailes d'envergure finie (formes de bouts d'ailes, effets d'ailerons, corrections de souffleries). Il s'agit également de problèmes d'élasticité et de résistance des matériaux (notamment de torsion de poutres), et de problèmes de technique électrique (représentation de champs électriques et magnétiques pour des constructeurs tels que LMT et Alsthom). Ces problèmes font l'objet de la thèse de doctorat ès sciences de Malavard, publiée dans les PST [108]. Malavard, collaborateur scientifique du ministère de l'Air depuis 1930, est recruté en 1938 comme attaché de recherche à la Caisse nationale de la recherche scientifique.

---

[106] Lettre-rapport de Pérès au directeur du CNRSA, du 6 déc. 1938, demandant notamment une subvention de 250 000 francs; lettre d'appui de Villat, du 16 mars (Arch. Nat. 19800284 53).

[107] Y. Rocard, rapp. du 1er mars 1939 (Arch. Nat. 19800284 53). Une convention est signée en mai 1939; Pérès envoie un rapport d'activité le 20 sept. 1939 (Arch. Nat. 19800284 39).

[108] Malavard (1939).

En dehors des analogies rhéoélectriques, Pérès dirige la thèse de Mohammed-Ali Modjtahédi, sur l'écoulement visqueux autour d'un obstacle ellispoïde au voisinage d'une paroi, généralisant le résultat de Faxén pour un obstacle sphérique[109]. Modjtahédi, iranien, sera plus tard recteur de l'université polytechnique de Téhéran.

Joseph Pérès (1890–1962)

Né à Clermont-Ferrand le 31 octobre 1890, Joseph Pérès passe son enfance à Caen où son père enseigne la philosophie, et entre en 1908 à l'École normale supérieure. Agrégé de mathématiques, il part faire une thèse à Rome sous la direction de Vito Volterra, à qui Émile Borel l'a présenté, sur les fonctions permutables (1915).

Professeur au lycée de Montpellier (1914–1918) puis maître de conférences dans les facultés de Toulouse (1919) et Strasbourg, il obtient en 1921 un poste de professeur de mécanique rationnelle et appliquée à la faculté des sciences de Marseille. C'est alors qu'il s'oriente vers la mécanique. En 1930, il fonde et dirige l'institut de mécanique des fluides de Marseille. En mai 1932, il est nommé maître de conférences à la faculté des sciences de Paris, puis professeur sans chaire dès le mois d'octobre. En 1941, il obtient la chaire de mécanique rationnelle (cédant la maîtrise de conférences à Jean Leray), puis, en 1950, la chaire la mécanique des fluides et applications (Painlevé-Villat). Il y renouvelle l'enseignement de la mécanique des fluides et publie des traités de référence (Mécanique des fluides, 1936; Mécanique générale, 1953). Ses qualités d'enseignant le font appeler dans de nombreuses écoles : Polytechnique, Centrale, Aéronautique, École normale de Sèvres, Beaux-Arts. En 1946, il crée l'institut Blaise Pascal du CNRS. Doyen actif de la

(*Suite*)

[109] Modjtahédi (1938).

faculté des sciences de Paris de 1954 à 1961, très respecté des étudiants, il crée les campus d'Orsay et du Quai Saint-Bernard (Jussieu) à Paris.

Après des travaux sur les chocs avec frottement (1923–1924), il initie à Marseille, avec son étudiant Lucien Malavard, des travaux sur la « méthode des analogies rhéoélectriques » pour l'investigation des écoulements autour d'obstacles, méthode qu'il développe ensuite à Paris, toujours avec Malavard.

Après la guerre, il crée le département de mécanique de la faculté des sciences de Paris, l'Association universitaire de mécanique des fluides, et le *Journal de Mécanique*. Il occupe un grand nombre de fonctions académiques, dont la direction adjointe du CNRS, la première présidence de l'IUTAM (1948–1952), et la présidence de la Fédération internationale d'astronautique. Il est aussi membre du bureau du Conseil international des unions scientifiques (ICSU). Élu à l'Académie des sciences en 1942 après en avoir été trois fois lauréat, il est aussi membre des académies de Rome, Turin et Washington. Commandeur de la Légion d'honneur, humaniste généreux à la vaste culture scientifique et philosophique, il participe à partir de 1956 au Comité national d'histoire et de philosophie des sciences[a]. Il meurt accidentellement en février 1962.

[a]Costabel (1962); Germain (1977); J. Pérès, Notice sur les titres et travaux scientifiques (1942), Arch. Acad. Sc.

Lucien Malavard (1910–1990)

Né à Marseille le 7 octobre 1910, licencié ès sciences, Malavard est nommé en 1930 assistant de Pérès et boursier du ministère de l'Air. En 1932, il suit Pérès à Paris, entre sur titres à l'École nationale supérieure

(*Suite*)

de l'aéronautique, et obtient en 1936 une bourse de la Caisse nationale de la recherche scientifique. Docteur de l'université de Paris (1934) et docteur ès sciences (1939), ses travaux portent sur la résolution, par la méthode rhéoélectrique, de problèmes d'aérodynamique, d'élasticité et d'électricité[a].

Malavard poursuit sa carrière au CNRS comme chargé (1938), maître (1944) et directeur de recherches (1952). Il dirige à partir de 1950 le laboratoire de calcul expérimental analogique de l'institut Blaise Pascal, devenu centre de calcul analogique, puis, en 1971, laboratoire d'informatique pour la mécanique et les sciences pour l'ingénieur (LIMSI). Il effectue de nombreuses missions à l'étranger, notamment pour l'AGARD (comité de l'OTAN pour l'aéronautique). Il enseigne à la faculté des sciences de Paris et dans plusieurs écoles, ainsi qu'à la chaire de von Kármán à Bruxelles.

À la création de l'ONERA, il est adjoint à son directeur scientifique (1947) puis chef des relations scientifiques (1949–1954). En 1954, il est nommé professeur à la faculté des sciences de Paris, sur la chaire d'aviation, et dirigera l'UER de mécanique de l'université Paris VI. Il est le premier directeur, de 1961 à 1965, de la direction des recherches et moyens d'essais (DRME) du ministère des Armées.

À partir de 1956, il participe à plus de vingt comités et conseils, du Comité national de la recherche scientifique (dont il préside la section de mécanique de 1966 à 1970) à la présidence de la Commission de la recherche du VIe Plan (1969) et la présidence du Haut conseil scientifique de l'ONERA (1985–1990). Il est membre et président de plusieurs sociétés savantes, dont secrétaire-fondateur de l'Association universitaire de mécanique des fluides (AUMF).

Élu membre de l'Académie des sciences en 1979 après en avoir été deux fois lauréat, père de la turbo-voile de l'*Alcyone* – étrange voilier à deux cheminées avec lequel le commandant Cousteau traverse l'Atlantique en 1985 –, Malavard est honoré par dix-huit prix, médailles et distinctions, dont ceux de membre étranger de la *National academy of engineering* (Washington 1975). Commandeur de la Légion d'honneur (1972), Grand-Croix de l'Ordre national du mérite (1989), Malavard aura été un homme de science et animateur complet, enthousiaste et créatif, admiré pour sa clarté et son élégance. Il décède à Paris le 2 mars 1990.

[a]L. Malavard, Notice de titres et travaux scientifiques (1979); Plaquette d'hommages rendus le 13 mars 1991, Arch. Acad. Sc.; Germain (1991).

5.6 Le laboratoire d'aérodynamique de Saint-Cyr

À la création de l'institut de mécanique des fluides, l'institut aérotechnique de Saint-Cyr lui a été rattaché sous le nom de laboratoire d'aérodynamique. Ce laboratoire est dirigé par Albert Toussaint, maître de conférences à la faculté des sciences de Paris à partir de 1930. Toussaint est assisté par Frédéric Gruson, sous-directeur, boursier de la Caisse nationale des sciences (CNS), et par Jean Lacaine, collaborateur du ministère de l'Air. Ce ministère ordonne et finance la plupart des études réalisées par le laboratoire [110].

Les recherches dirigées par Toussaint, d'aérodynamique expérimentale, sont bien informées des travaux de Prandtl à Göttingen, sur la couche limite et la portance des ailes d'envergure finie. Entre 1930 et 1940, quatre thèses de doctorat ès sciences et une thèse d'ingénieur-docteur sont soutenues dans le cadre de collaborations scientifiques avec le ministère de l'Air :

- Henry Girerd, pilote de l'École Morane, ingénieur de l'École supérieure d'aéronautique (1928) et licencié ès sciences (1930), travaille sur les caractéristiques aérodynamiques des ailes biplanes (1934) [111]. Girerd sera plus tard membre du comité scientifique de l'ONERA (1946) et professeur au CNAM sur la chaire de technique aéronautique (1951–1973) [112].
- Miroslav Nénadovitch, poursuit le travail de Girerd sur les ailes biplanes (essai de 145 configurations différentes, et élaboration d'une théorie approchée) (1936) [113]. Nénadovitch sera plus tard professeur à l'université de Belgrade.
- Robert Silber, licencié en droit, contribue à l'adaptation du propulseur à un avion et au calcul de ses performances, en vol horizontal à diverses altitudes et en vol de montée (1938) [114]. Une partie du travail est réalisée dans la grande soufflerie du service des recherches de l'Aéronautique, où Silber est conseillé par Jacques Valensi, chargé de conférences à Marseille. Après la guerre, Silber sera maître de conférences à l'université de Grenoble.

1. Svetopolk Pivko, ingénieur civil de l'Aéronautique, travaille sur l'interaction aérodynamique entre une hélice et une aile située dans son sillage (1938) [115].

- René Hirsch, ingénieur agronome de formation, travaille sur la sensibilité des avions aux perturbations atmosphériques et sur l'effet d'ailerons auxiliaires, par des essais en soufflerie de la stabilité de maquettes soumises à des « rafales

---

[110] F. Gruson, *C. R.* **204**, 473 (1937). J. Lacaine, Comparaison des méthodes en usage pour mesurer les résistances aérodynamiques des véhicules. *In* (Kampé de Fériet, 1935), t. 1, pp. 253–266.

[111] Girerd (1934).

[112] A. Grelon *in* Fontanon & Grelon (1994), pp. 567–569.

[113] Nénadovitch (1936) ; quatre notes aux *C. R.* **201** (1935).

[114] Silber (1938).

[115] Pivko (1938).

d'incidence » et à des « rafales de vitesse » (thèse d'ingénieur-docteur)[116]. Hirsch retourne après sa thèse à Alger où il travaille aux Ateliers industriels de l'Air – intégrés à l'ONERA en 1947.

Un autre collaborateur scientifique, Michel Scherer, licencié ès sciences, travaille sur l'efficacité des empennages horizontaux sur planeurs et avions. Sa thèse est interrompue par la guerre. On retrouve Scherer en 1941 à l'Atelier industriel de l'Air d'Alger-Maison-Blanche[117]. Maurice Denis met au point, avec Frédéric Gruson, une technique d'enregistrement optique des efforts mesurés par les balances aérodynamiques[118].

Enfin, Élie Carafoli conduit des expériences sur la distribution de pression sur les ailes d'envergure finie, détermine leurs polaires et confronte ses résultats à la théorie de Lanchester-Prandtl, en tenant compte de corrections liées à la taille finie de la veine d'air[119]. Ingénieur roumain, Carafoli a précédemment soutenu une thèse d'État en 1928, sur la théorie de la portance[120]. Retourné en Roumanie, il poursuivra une carrière d'ingénieur et de professeur à l'École polytechnique de Bucarest. Il sera membre de l'Académie des sciences de Roumanie[121].

Notons que les mémoires de thèse et PST ne mentionnent nulle part le Conservatoire national des arts et métiers (CNAM), sous la tutelle duquel est passé le laboratoire d'aérodynamique en 1933 – sur la volonté de Painlevé, voir plus haut. Toussaint signe toujours les préfaces en tant que professeur à la Sorbonne (sans chaire) et directeur de l'institut aérotechnique de Saint-Cyr, sans mentionner son titre, obtenu en 1934, de professeur de navigation aérienne au CNAM. Les avant-propos et remerciements de l'étudiant n'y font pas référence non plus ; ils s'adressent, au-delà des personnels techniques, à Henri Villat, directeur de l'institut de mécanique, et à Joseph Pérès.

---

[116] Hirsch (1938), jury : Villat, Pérès, Toussaint. Notice biographique *in* IG Suffrin-Hébert au recteur de l'univ. d'Alger, 17 déc. 1943, Arch. Nat. 19800284 53.

[117] M. Scherer, Sur un dispositif permettant la mesure simultanée des réactions sur deux voilures juxtaposées, *C. R.* **206**, 481 (1938). Notice biographique *in* IG Suffrin-Hébert au recteur de l'univ. d'Alger, 17 déc. 1943, Arch. Nat. 19800284 53.

[118] M. Denis, Sur les méthodes expérimentales comportant l'enregistrement, simultané et continu, des forces et des couples en soufflerie. *In* (Kampé de Fériet, 1935), t. 1, pp. 33–42. M. Denis, *C. R.* **201**, 34 (1935) ; *C. R.* **206**, 580 (1938). Voir également J. Tourkia, La balance dynamométrique enregistreuse à six composantes Denis-Gruson, *l'Aérophile*, mai 1935, pp. 137–142.

[119] Carafoli (1932).

[120] Carafoli (1928).

[121] H. Dimitrescu, Élie Carafoli - a fatigueless researcher. *INCAS Bulletin* n°2 (2009). https://doi.org/10.13111/2066-8201.2009.1.2.7.

Albert Toussaint (1885–1956)

Albert Toussaint, né le 22 mars 1885 à Autreppes (Belgique), est ingénieur de l'École des arts et métiers de Lille et de l'École centrale des arts et manufactures (1907)[a]. Après deux ans en entreprise, il entre en 1910 à l'institut aérotechnique de Saint-Cyr (IAT). Il en devient sous-directeur puis directeur en 1921, au départ de Charles Maurain.

Il soutient sa thèse en 1924, *Contribution à l'étude expérimentale des lois de similitude en aérodynamique* (jury : Painlevé, Marchis, Maurain). Ses travaux sont bien informés des recherches menées à Göttingen autour de Prandtl, sur la couche limite et la portance des ailes d'envergure finie (Toussaint en reproduit les expériences, sur la base de rapports obtenus par la France au titre des réparations de guerre, dans le cadre du traité de Versailles)[b]. Il met notamment au point, avec Élie Carafoli, un tunnel hydrodynamique, dit « de Toussaint-Carafoli », que l'on retrouve dans plusieurs laboratoires pour la visualisation des écoulements plans autour de profils d'ailes.

En 1929, l'IAT est rattaché à l'institut de mécanique des fluides de Paris et Toussaint est nommé sur la nouvelle maîtrise de conférences de technique aéronautique à la faculté des sciences. En 1934, il devient professeur sans chaire et obtient simultanément la chaire de navigation aérienne du CNAM (où il succède à Rodolphe Soreau), emplois qu'il cumulera jusqu'à sa retraite.

Ses travaux d'aérodynamique en soufflerie sont soutenus par les constructeurs aéronautiques, notamment Louis Breguet, et reconnus internationalement. Il est l'un des rares français sollicité par le *National Advisory Committee for Aeronautics* (NACA) américain, en 1935, pour contribuer à un

[a] M.-D. Seiffert *in* Fontanon & Grelon (1994), pp. 607–610.

[b] Toussaint (1921).

(*Suite*)

ouvrage collectif sur l'aérodynamique[c]. En 1947, Toussaint cède sa chaire du CNAM àHenry Girerd, et poursuit ses enseignements à la faculté et à l'École centrale jusqu'en 1953.

« C'était un homme de petite taille, simple, doux, et dont la science associée au rayonnement tranquille faisait un apôtre. Les élèves l'aimaient, pour lui comme pour la discipline qu'il enseignait. À l'époque surtout, et malgré sa rigueur, l'enseignement de la technique aéronautique avait un caractère affectif qui nous émouvait tous[d]. »

[c]Toussaint (1935).

[d]M. Vigouroux, http://archives-histoire.centraliens.net/pdfs/revues/rev88.pdf.

5.7 Période 1940–1950

À la déclaration de guerre le 3 septembre 1939, les services de l'Aéronautique d'Issy-les-Moulineaux et de Chalais-Meudon, ainsi que les personnels non mobilisables ou en affectation spéciale de l'institut aérotechnique de Saint-Cyr, sont repliés à Toulouse (cf. Chap. 8). L'institut de mécanique de Paris – passé sous la tutelle du CNRSA qui organise la mobilisation scientifique – doit s'y replier de même. Le 28 mai 1940, Foch expédie le matériel de son laboratoire (optique, électrique, etc.), à l'Établissement des recherches aéronautiques de Toulouse (ERAT) qui doit en assurer « le gardiennage et la protection » [122]. Les Allemands entrent dans Paris le 14 juin 1940 et réquisitionnent la Cité de l'Air. Le matériel non évacué est saisi et transporté en Allemagne, ou détruit ; les films de Bénard sont perdus [123].

Dans son rapport annuel au conseil de l'université de Toulouse, en décembre 1940, le directeur de l'institut électrotechnique (IET) et de l'institut de mécanique des fluides, Charles Camichel, rapporte :

> Au moment de la bataille des Flandres et de la bataille de France, l'Institut électrotechnique a été heureux d'accueillir les Services de M. Kampé de Fériet, Directeur de l'Institut de mécanique des fluides de Lille ; de MM. Villat, Villey, Pérès, Foch, professeurs à la Sorbonne. Un certain nombre de professeurs et leurs familles ont logé à l'Institut électrotechnique : MM. Emile Picard, Kampé de Fériet, Villey, etc..., ainsi que les assistants de MM. Pérès et Foch [124].

Le séjour toulousain des personnels de l'institut de mécanique de Paris est de courte durée ; ils rejoignent leur domicile probablement dès la fin de l'année 1940.

[122] Lettre de Foch au directeur du CNRSA, du 28 mai, lui adressant l'inventaire du matériel expédié, dressé par Raymond Tremblot (Arch. Nat. 19800284 39–40).

[123] Aubin (2008), p. 367.

[124] Rapport de Camichel au conseil de l'université de Toulouse, 20 déc. 1940, Arch. univ. Toulouse.

5.7.1 Le laboratoire de mécanique des fluides

Quelques travaux expérimentaux de mécanique des fluides sont poursuivis pendant la guerre, dans une semi-clandestinité, à l'École normale supérieure. Guy Littaye y travaille sur les jets liquides, sous la direction de Foch. Sa thèse, soutenue en 1942, est publiée dans les PST et dans le *Journal de Physique et du Radium* [125]. Les jets de gaz font l'objet d'études par Maurice Dubois, publiées dans les PST après la guerre [126].

À la Libération, les locaux de la rue de la Porte d'Issy qu'occupait le laboratoire de mécanique des fluides sont récupérés par le ministère de l'Air. Plusieurs projets de réinstallation sont successivement échafaudés puis abandonnés. Le laboratoire, toujours dirigé par Foch, trouve finalement refuge au sein du laboratoire de mécanique physique dirigé par Béghin, à Saint-Cyr-l'École. Au départ à la retraite de Béghin, en 1947, Foch est nommé sur la chaire libèrée et prend la direction du laboratoire de mécanique physique. Sur la chaire devenue vacante de mécanique expérimentale des fluides, est nommé André Fortier, ancien doctorant de Foch [127].

L'activité du laboratoire dans l'après-guerre est brièvement résumée par Fortier aux *Journées de mécanique des fluides* de Marseille en 1952 (Pérès, 1955). Fortier y poursuit des travaux sur la ventilation du tunnel routier de la Croix-Rousse, travaux sur modèle réduit initiés à Lyon. Il étudie également divers problèmes amenés par le Syndicat des constructeurs de matériel de ventilation (pertes de charge dans les divergents, coefficient de débit des orifices). Son étudiant Raymond Comolet soutient une thèse sur la genèse de la turbulence dans les conduites, publiée dans les PST [128].

Un autre étudiant de Foch, Léon Agostini, soutient une thèse sur l'influence du libre parcours moléculaire sur l'écoulement d'un gaz à la vitesse du son à travers un orifice, thèse publiée dans les PST [129]. Agostini se tourne ensuite vers l'étude de la turbulence. En 1950, il publie avec Jean Bass, dans les PST, un mémoire sur les théories de la turbulence, préfacé par Fortier ; l'ouvrage sera traduit en anglais par le *National Advisory Committee for Aeronautics* (NACA) américain [130].

---

[125] Littaye (1942) ; G. Littaye, Diamètre et vitesse d'un jet issu d'un ajutage cylindrique. *J. Phys. Radium* **4** 103–104 (1943) ; Oscillations d'un jet liquide. *J. Phys. Radium* **7**, 310–312 (1946) (cf. archives ouvertes HAL).

[126] Dubois (1951).

[127] André Fortier (1907–1996), normalien, agrégé de physique en 1932, est collaborateur extérieur du ministère de l'Air de 1933 à 1937. Il est ensuite maître de conférences en physique à la faculté des sciences de Grenoble (1942–1946), puis professeur, jusqu'en 1975, sur la chaire de mécanique expérimentale des fluides de Paris, où il succède à Foch. Il est auteur d'une monographie sur la *Mécanique des suspensions* (Masson, 1967).

[128] Comolet (1950).

[129] Agostini (1948).

[130] Agostini & Bass (1950). Agostini décède en 1949.

Lors de l'extension de la faculté des sciences à Orsay, en 1955, Fortier obtient un terrain pour la réinstallation du laboratoire de mécanique expérimentale des fluides. Des bâtiments enfin confortables sont construits (bureaux, bibliothèque, etc.), ainsi qu'une vaste halle de plus de 1500 m^2 pour les expériences et essais, le "bâtiment 502". En 1968, le laboratoire compte deux professeurs (Fortier et Comolet), cinq chefs de travaux, maîtres-assistants et assistants, six chercheurs CNRS, neuf chercheurs du CHETA (centre de hautes études thermiques et aéroliques), dix-neuf techniciens et administratifs, et deux agents de service [131].

5.7.2 La mécanique théorique

Du côté de la mécanique théorique des fluides, Villat dirige cinq thèses dans la décennie 1940–1950 :

- Julien Kravtchenko, *Sur le problème de représentation conforme de Helmholtz ; théorie des sillages et des proues* [132] ; Kravtchenko sera ensuite professeur et directeur de l'institut de mécanique de l'université de Grenoble.
- Adalbert Oudart, *Sur le schéma de Helmholtz-Kirchhoff* [133] ; Oudart (1897–1984), polytechnicien, publiera ensuite, entre 1949 et 1952, quatre PST sur la couche limite et une PST sur les jets [134].
- Ion Carstoiu, *Recherches sur la théorie des tourbillons* [135].
- Roger Huron, *Contribution à l'étude de l'unicité des solutions du problème de représentation conforme de Helmholtz* [136].
- Henri Cabannes, *Contribution à l'étude théorique des fluides compressibles, écoulements transsoniques, ondes de choc*, thèse codirigée par Pérès [137].

Les thèses ci-dessus se rapportent toutes, à l'exception de la dernière codirigée par Pérès, aux écoulements potentiels plans et aux sillages de Helmholtz [138]. Villat continue donc, dans la décennie 1940–1950, d'engager des étudiants dans l'étude d'un problème – celui de sa thèse (1911) – rendu largement caduc par les théories

[131] R. Comolet, Le Laboratoire de mécanique expérimentale des fluides (nov. 1968). Arch. FAST. Le bâtiment 502 sera détruit en 2019.

[132] Kravtchenko (1941).

[133] Oudart (1944).

[134] Oudart (1948, 1949a,b,c) pour les quatre premières PST.

[135] Carstoiu (1948).

[136] Huron (1950).

[137] Cabannes (1950).

[138] Signalons ici la thèse de Maurice Roseau, réalisée en grande partie au *Courant Institute* de l'université de New-York et soutenue en 1951 à la faculté des sciences de Paris. Cette thèse, sur les ondes de gravité potentielles, a pu profiter d'échanges avec Villat et Pérès et a été publiée dans les PST (Roseau, 1951). Roseau (1925–2015) sera professeur à l'université de Paris (1962) et membre de l'Académie des sciences (1982).

de la couche limite et de la turbulence. Nous reviendrons sur ce point au dernier chapitre.

5.7.3 *Du laboratoire d'analogies électriques au LIMSI*

Pendant la guerre, où les laboratoires de la rue de la Porte d'Issy sont occupés par les Allemands, Pérès et Malavard parviennent en 1941 à reprendre une activité de recherche dans un sous-sol de l'École normale supérieure prêté par Georges Bruhat, directeur du laboratoire de physique [139]. À la fin de l'année, Malavard est chargé par les services de l'Aéronautique de monter un laboratoire d'applications des analogies électriques à Cannes – alors en zone libre –, à proximité d'une soufflerie de la SNCA du Sud-Est, pour des études purement techniques. L'invasion de la zone libre en novembre 1942 compromet le projet, et le laboratoire d'applications est finalement aménagé clandestinement dans une nouvelle pièce de l'ENS. Ce laboratoire, géré par la SNCA du Sud-Ouest, est alors dirigé par Henry Girerd, un ancien étudiant d'Albert Toussaint.

À la Libération, Pérès participe à un Conseil supérieur provisoire scientifique de l'Air, dont les propositions aboutissent à la création, en mai 1946, de l'Office national d'études et de recherches aéronautiques (ONERA, cf. Chap. 1). Cet Office intègre notamment le laboratoire d'applications de la SNCA du Sud-Ouest toujours hébergé à l'ENS.

En 1946, le CNRS fonde un grand centre de mathématiques appliquées : l'institut Blaise Pascal, dont Pérès (devenu directeur-adjoint du CNRS) prend la direction. Cet institut réunit le laboratoire d'analogies électriques – renommé laboratoire de calcul expérimental analogique, dirigé par Malavard –, et le laboratoire de calcul mécanique de Louis Couffignal [140]. Les deux laboratoires de cet institut, géographiquement séparés, auront peu d'interactions. L'année suivante, le laboratoire de calcul expérimental analogique quitte l'ENS pour des locaux plus spacieux à la Cité de l'Air. On y poursuit la réalisation de calculateurs de profils d'ailes ou de turbines, notamment pour Dassault et la SNECMA. En 1950, ce laboratoire aménage dans un nouveau bâtiment de l'ONERA à Châtillon-sous-Bagneux, où le rejoint l'ex-laboratoire d'applications de la SNCA du Sud-Ouest. Malavard dirige alors les deux laboratoires, fonctions qu'il cumule avec celle de chef des relations scientifiques de l'ONERA. Pérès et Malavard organisent en 1948 un colloque international sur les méthodes de calcul en mécanique des fluides, à l'Institut Henri Poincaré (IHP), avec le soutien de la fondation Rockefeller [141].

---

[139] L. Malavard, Notice de titres et travaux scientifiques (1979). Arch. Acad. Sc.

[140] Mounier-Kuhn (2010), pp. 91–116 ; Guthleben (2013), pp. 201–205.

[141] Mounier-Kuhn (2010), pp. 83–90 ; Arch. Nat. 19800284 146.

Dans la période 1945–1950, Pérès dirige quatre thèses :

- Jean Legras, *Contribution à l'étude de l'aile portante*, publiée dans les PST [142] ;
- Paul Germain, *La théorie générale des mouvements coniques et ses applications à l'aérodynamique supersonique* [143] ;
- Raymond Siestrunck, *Écoulements à potentiel dans les machines hélicoïdales simples* [144] ;
- Henri Cabannes, *Contribution à l'étude théorique des fluides compressibles, écoulements transsoniques, ondes de choc*, thèse codirigée avec Villat [145].

En 1962, le laboratoire de calcul expérimental analogique est séparé de l'institut Blaise Pascal et devient le centre de calcul analogique (CCA). Le calcul numérique sur ordinateur (un CAB 500 puis un IBM 1130) y prend de l'importance. En 1970, le CCA quitte Châtillon-sous-Bagneux pour s'installer sur le nouveau campus d'Orsay, et devient, l'année suivante, le laboratoire d'informatique pour la mécanique et les sciences de l'ingénieur (LIMSI), que Malavard dirige jusqu'à sa retraite en 1979.

5.7.4 Le laboratoire d'aérodynamique de Saint-Cyr

Le laboratoire d'aérodynamique de Saint-Cyr est passé en 1933 dans le giron du CNAM, sur décision de Painlevé alors ministre de l'Air. Son directeur Toussaint, qui cumule depuis 1934 les emplois de professeur sans chaire à la faculté des sciences de Paris et de professeur de navigation aérienne au CNAM, ne fait cependant aucune référence au CNAM dans ses publications et préfaces de PST, après comme avant la guerre. Une seule thèse semble avoir été soutenue entre 1940 et 1950, celle de Raymond Goethals sur les diffuseurs de soufflerie, publiée dans les PST [146].

En 1954, Malavard est nommé directeur scientifique de l'institut aérotechnique de Saint-Cyr, fonction alors associée à la chaire d'aviation de la faculté des sciences, recréée pour lui [147].

[142] Legras (1948).

[143] Germain (1949).

[144] Siestrunck (1949).

[145] Cabannes (1950).

[146] Goethals (1948).

[147] L'IAT, toujours rattaché au CNAM mais sans plus de lien avec l'université, a maintenu jusqu'en 2018, semble-t-il, une activité de service auprès de l'industrie automobile, avec deux ingénieurs contractuels. http://www.iat.cnam.fr/institut/histoire/histoire-details.htm.

5.7.5 *Une nouvelle génération*

Au cours de la guerre, un jeune normalien agrégé de mathématiques, Raymond Siestrunck, rejoint l'équipe Pérès-Malavard à l'ENS. Il y développe le calculateur d'ailes pour l'adapter à l'étude des hélices, sujet de sa thèse [148]. En septembre 1944, Siestrunck met en contact l'un de ses camarades de promotion, Paul Germain, avec Pérès [149]. Germain vient de rentrer au CNRS comme attaché de recherche. Sa rencontre avec Pérès et Malavard le décide à orienter sa carrière vers la mécanique des fluides. Pérès lui propose un premier travail de nature calculatoire (le calcul numérique d'une intégrale singulière intervenant dans une transformation conforme). En décembre, Pérès est informé par Jacques Valensi, réfugié à Londres, de l'existence d'une bourse de visiteur au *National Physical Laboratory*, où il travaille (cf. Chap. 7). Pérès propose l'invitation à Germain, qui l'accepte. Au cours de son séjour londonien de six mois, Germain rencontre notamment Sydney Goldstein, et travaille avec les aérodynamiciens V. M. Falkner et R. A. Frazer.

> Surtout, raconte Germain, je passais des heures à la bibliothèque. C'est là que j'ai lu entièrement sous forme dactylographiée un livre de Courant et Friedrichs : *Supersonic Flow and Shock Waves*, publié seulement en 1947 en livre commercial. Que ces deux mathématiciens, à juste titre très réputés, aient jugé utile de traiter ces questions – sur la suggestion insistante, certes, des autorités de la Défense – était pour moi un encouragement précieux. Il y avait donc, à côté des questions fondamentales de mathématiques pures bien développées en France, des champs d'investigation concernant la mécanique des fluides et susceptibles d'intéresser de vrais mathématiciens [150].

De retour à Paris, Germain entreprend une thèse sous la direction de Pérès, sur les écoulements coniques supersoniques. En 1946, il est détaché à l'ONERA qui vient d'être créé. Il suit les cours d'Henri Villat à la Sorbonne. Germain soutient sa thèse en 1948 et obtient en octobre 1949 un poste de maître de conférences à l'École nationale supérieure de mécanique et d'aérotechnique (ENSMA) de Poitiers,

---

[148] Siestrunck (1949). Raymond Siestrunck (1919–2005) obtient après sa thèse un poste de maître de conférences à Poitiers et entre à l'ONERA dont il sera directeur scientifique. En 1960, il succède à Foch sur la chaire de mécanique physique. Il développe, au laboratoire de Saint-Cyr-l'École, l'acoustique physique avec Pierre Alais, la thermodynamique appliquée avec Rostislav Vichnievsky, et l'électronique et le traitement du signal avec Jean Sapaly. Il dirige la thèse d'Émile Leipp, luthier, qui entre au CNRS et crée le laboratoire d'acoustique musicale (LAM, 1963). Il initie des recherches sur la synthèse et la reconnaissance de la parole, ensuite développées au LIMSI. Il dirige environ 60 thèses d'État et 120 thèses de docteur-ingénieur. À la faculté des sciences, Siestrunck développe l'enseignement de la mécanique appliquée en créant notamment un certificat de machines et mécanismes, et crée une maîtrise de technologie à l'ENS de Cachan. Fondateur et président de l'agrégation de mécanique (1969), il crée et dirige l'institut des sciences et technologies de l'université Paris VI (1985). Docteur Honoris Causa de l'université libre de Bruxelles. Époux de Denise Pérès, fille de son patron de thèse. Humaniste célébré pour son charisme et ses qualités humaines. Source : fascicule édité lors de l'hommage à R. Siestrunck, le 17 nov. 2005, communiqué à l'auteur par Renée Gatignol.

[149] Germain (2006), pp. 100–102 ; Maugin (2017); Suquet (2010).

[150] Germain (2006), p. 103.

récemment fondée par Henri Poncin. Il y reste quatre ans, tout en poursuivant ses recherches à l'ONERA ; puis il est nommé professeur à Lille (1953), et ensuite à Paris (1958). Germain effectuera au cours de sa carrière plusieurs séjours en Angleterre et aux États-Unis. Ses *Mémoires* témoignent de ces séjours et des réflexions qu'il lui inspiraient à propos des laboratoires français. Ainsi à propos d'un séjour, en 1949, au département de mathématiques appliquées de Manchester, dirigé par Sydney Goldstein puis James Lighthill :

> J'ai surtout fait l'expérience de ce qu'était un département de recherche vivant, où les chercheurs travaillent dans un même lieu, déjeunent ensemble, passent un certain temps au moment du café pour parler ensemble, non nécessairement, bien sûr, de leur travail en cours. Pourquoi n'étions-nous pas capables d'instaurer en France un cadre de vie aussi stimulant et aussi amical [151] ?

[151] Germain (2006), p. 106.

Chapitre 6
L'institut de Lille

« Il y eut encore des pannes, encore des captivités. Elles furent assez bénignes. Jusqu'à cette aube de juin 1928 où l'avion qui portait le pilote Marcel Reine, l'ingénieur Édouard Serre et l'interprète marocain Abdallah vint heurter dans la brume une haute dune du Rio de Oro, Sahara espagnol. Sortis indemnes de l'appareil inutilisable, les trois hommes furent presque aussitôt capturés par des R'Guibat. Ces nomades et guerriers maures appartenaient à une tribu particulièrement farouche et avide. [...]
En France, leurs noms étaient devenus célèbres. On suivait leur aventure au jour le jour avec angoisse et passion. Quand ils furent enfin libérés on les accueillit, on les fêta comme des triomphateurs. »

Joseph Kessel, Vent de sable, 1929

6.1 Les sciences appliquées, forte tradition lilloise

Le dynamisme économique régional. Lille est au cours du XIXe siècle une cité industrielle très active dans les domaines des mines, du textile et de la chimie. Sa propérité est soutenue par une vigoureuse politique municipale de formation d'ouvriers et de techniciens, notamment par le biais de cours scientifiques et techniques où la Ville engage des sommes considérables [1]. Elle ne possède cependant pas de centres de formation universitaire, lesquels sont la fierté de sa voisine et rivale Douai, capitale intellectuelle historique.

Dans la bataille qu'elle engage pour ravir à Douai la prééminence intellectuelle, la municipalité lilloise marque un premier succès avec l'installation du chimiste Frédéric Kuhlmann, qui, à partir de 1824, organise des enseignements de chimie, et monte un laboratoire de recherche et une petite industrie. L'enseignement

[1] A. Grelon, Lille : Kuhlman, Pasteur ou la science comme source de développement industriel. *In* Grossetti (1996).

F. Charru, *Ailes, Nuages et Tourbillons*, Science Networks. Historical Studies 61,
https://doi.org/10.1007/978-3-030-70236-6_6

scientifique n'est cependant pas suffisant, il faut aussi un enseignement technique que pourrait dispenser une école d'arts et métiers :

> On verrait une foule de jeunes gens rechercher le bienfait d'une bonne instruction manufacturière. [...] Les industriels n'éprouveraient plus autant de difficultés à se procurer d'habiles directeurs de fabrique et des contremaîtres intelligents. Une pareille création aurait assurément une grande influence sur le développement des divers genres d'industrie [2].

En dépit de son volontarisme, Lille devra attendre la fin du siècle pour que soit créée une telle école.

En 1854, au terme d'une âpre lutte avec sa rivale, Lille obtient la création d'une faculté des sciences. Cette faculté compte au départ quatre professeurs, dont Louis Pasteur, son doyen, professeur de chimie. La faculté dispense des cours de sciences publics et gratuits, qui ont lieu le soir « afin de permettre aux chefs de fabriques, aux contremaîtres et aux ouvriers d'y assister ». Pasteur, sollicité par l'industrie sucrière, met ainsi en place un cours sur la fabrication d'alcool et de sucre à partir des betteraves, associant à ce cours des conférences et travaux pratiques de laboratoire. La personnalité de Pasteur et le contexte industriel font alors de Lille l'un des rares foyers de science appliquée en province – l'autre foyer important étant Lyon.

Le développement universitaire. À l'issue de la guerre de 1870, l'instauration d'un Gouvernement conservateur fait le jeu des milieux catholiques du département du Nord [3]. Dès la promulgation de la loi de 1875 sur la liberté de l'enseignement supérieur, un institut catholique est fondé sous l'impulsion, non des autorités religieuses, mais de patrons de l'industrie qui recherchent pour leurs usines les personnels qualifiés que l'enseignement public ne leur fournit pas. L'institut, qui a rang d'université, compte ainsi en 1877 un ensemble complet de six facultés : droit, lettres, sciences, médecine, pharmacie, et théologie.

Le développement de l'institut catholique va cependant être entravé, après la chute de Mac-Mahon, par l'arrivée au pouvoir des Républicains, qui lui interdisent notamment de porter le nom d'université. Le dynamisme des institutions catholiques demeure cependant vigoureux. Une École de hautes études industrielles et commerciales voit ainsi le jour en 1885, qui délivre les premiers diplômes d'ingénieur en 1893 (cette école deviendra l'EDHEC en 1921). Une section spécialisée en électrotechnique y ouvre en 1912. La formation des ouvriers et contremaîtres n'est pas oubliée, avec la création en 1898 d'un institut catholique des arts et métiers, sur le modèle des écoles des arts et métiers de l'État.

Face au dynamisme des catholiques, la Ville et le département du Nord se mobilisent. Pour la formation des ingénieurs, un institut industriel, agronomique et commercial du Nord est fondé en 1872, sur le modèle de l'École centrale de Paris, qui devient en 1883 institut industriel du Nord (IDN, future École centrale de Lille). Pour la formation des contremaîtres, une loi crée en 1881 une École nationale

---

[2] A. Grelon, *ibid.*, p. 49.

[3] A. Grelon, Lille, la concurrence entre catholiques et laïcs et le combat pour la suprématie régionale. *In* Grossetti (1996).

d'arts et métiers, au terme d'une rude bataille avec le ministère du Commerce (dont dépend l'enseignement technique). Mais l'État n'envoie pas les crédits promis, au motif d'une dépression économique, si bien l'établissement n'ouvrira qu'en 1900.

L'université de Lille, de son côté, qui ne compte en 1877 qu'une faculté des sciences isolée, va prendre son essor par la conjugaison de plusieurs facteurs. Le ministère de l'Instruction publique, par son puissant et omniprésent directeur des enseignements supérieurs, Louis Liard, met celle-ci au nombre des universités de province qu'il s'agit de promouvoir. Il ne faut pas, en effet, laisser l'institut catholique occuper toute la place, comme l'exprime le ministre Jules Ferry dépêché sur place en 1880 :

> On a dit que la ville de Lille était, d'un certain point de vue, une citadelle du cléricalisme. Messieurs, nous élevons ici citadelle contre citadelle, dans le vaste champ de la liberté [4].

Lille bénéficie par ailleurs de bons relais politiques dans la capitale. En fin de compte, un décret de 1887 réunit toutes les facultés à Lille, au détriment de Douai, et la grande loi de 1896 érige ces facultés en université [5].

Les instituts techniques. L'université nouvelle fait rapidement preuve de son dynamisme en créant notamment deux instituts techniques : un institut de chimie en 1894, et un institut électrotechnique en 1902. La question des débouchés professionnels est bien au cœur de ces créations, comme l'explicite un conseil de l'université du 23 juin 1897 :

> Les étudiants qui sortent des autres facultés peuvent gagner leur vie à l'aide des diplômes qu'ils ont acquis, tandis que les jeunes gens qui ont des diplômes de sciences ne peuvent presque plus obtenir de situation du côté de l'enseignement qui était leur principal débouché. Si on ne cherche pas à leur en procurer d'autres par la création de diplômes ayant de la valeur auprès des industriels, on laissera tomber presque à rien le nombre des élèves [6].

L'électricité devient à Lille un enjeu scientifique et industriel. Bernard Brunhes, maître de conférences à la faculté des sciences [7], crée en 1892 un cours d'électricité industrielle à l'IDN. Deux ans plus tard, il crée un cours public semestriel de physique industrielle à l'institut de physique de la faculté des sciences. Brunhes parti à Dijon en 1895, c'est Charles Camichel – futur directeur de l'institut de mécanique des fluides de Toulouse – qui reprend ses cours à l'IDN et à la faculté des sciences. Camichel met sur pied un laboratoire, et prend en charge, l'année suivante, les enseignements d'un nouveau certificat de physique industrielle. C'est là qu'il se convainc de l'importance des relations entre université, municipalité et industrie,

[4] A. Grelon, *ibid.*, p. 110.

[5] Prost (1968), pp. 235–240.

[6] A. Grelon, *ibid.*, p. 111.

[7] Bernard Brunhes (1867–1910), normalien, enseigne la physique successivement dans les universités de Lille, Dijon, et Clermont-Ferrand où il dirige l'observatoire du Puy-de-Dôme. Il découvre notamment les inversions du champ magnétique terrestre.

relations qui s'avèreront essentielles, quelques années plus tard, au succès de ses projets toulousains :

> C'est à Lille que j'ai compris la nécessité des relations des Universités et des Villes [...] et aussi de l'adaptation d'un service universitaire à la région, ou, ce qui revient au même, la liaison entre l'usine et le laboratoire [8].

Camichel quitte Lille pour Toulouse en 1900. René Swyngedauw, qui lui succède à la maîtrise de conférences, crée en 1902 un institut électrotechnique, troisième institut de ce type après ceux de Nancy et Grenoble.

La Première Guerre mondiale porte un coup d'arrêt au développement universitaire lillois. L'institut électrotechnique est ravagé par un incendie en août 1914, et Swyngedauw ne parviendra pas, après la guerre, à rassembler les fonds nécessaires à sa reconstruction. Mais l'électricité reste enseignée dans deux établissements importants : à l'IDN, qui forme des ingénieurs électriciens depuis 1892, et à la "Catho" qui a ouvert une école d'électricité. C'est donc plutôt un institut électromécanique que Swyngedauw s'attache à recréer, et qui ouvre en 1924 dans les locaux de l'École nationale des arts et métiers [9].

Dans l'entre-deux-guerres, la dynamique universitaire lilloise doit beaucoup à la détermination d'un jeune professeur, doyen puis recteur : Albert Châtelet [10]. Mathématicien, Châtelet est arrivé à Lille juste avant la guerre comme maître de conférences. Mobilisé en 1914, il a servi à la Commission d'expériences de l'artillerie navale de Gâvre (Morbihan), où il a participé au grand mouvement national de mobilisation des scientifiques pour l'effort de guerre. Il y a notamment côtoyé Joseph Kampé de Fériet qu'il retrouvera à Lille [11]. La paix revenue, Châtelet devient en 1921 doyen de la faculté des sciences, puis recteur d'académie en 1924. Ardent promoteur des sciences appliquées, âme de bâtisseur, il soutient la création de nombreux instituts dans son université : électromécanique, mécanique

---

[8] C. Camichel, *in* Association Amicale des Ingénieurs Anciens Élèves de l'IETMA de Toulouse (1936), p. 48.

[9] A. Grelon, Lille et la reconstruction difficile de l'enseignement supérieur local. *In* Grossetti (1996), p. 190.

[10] Albert Châtelet (1883–1960), normalien, agrégé de mathématiques (1908), docteur ès sciences mathématiques (1911, bourse de la fondation Commercy), débute sa carrière universitaire à Toulouse, comme chargé d'un cours de mécanique rationnelle. En 1914, il est nommé maître de conférences de mécanique à la faculté des sciences de Lille, puis professeur de mathématiques générales (1920), puis de mécanique rationnelle et appliquée (1922). Doyen de la faculté des sciences en 1921 puis recteur de l'académie de Lille en 1924, il est alors le plus jeune recteur de France. Sous son impulsion sont fondés de nombreux instituts, dont l'institut de mécanique des fluides. En 1937, il est appelé par Jean Zay à prendre la direction de l'Enseignement du second degré, dont il est révoqué en 1940 par le Gouvernement de Vichy. N'ayant jamais rompu avec son métier initial, il est nommé professeur à la faculté des sciences de Paris en 1945, faculté dont il est doyen de 1949 à 1954 (Joseph Pérès lui succèdera). En 1958, il est candidat à la présidence de la République, présenté par l'Union des forces démocratiques qui fédère la gauche non communiste. Sources : Arch. dép. du Nord, carton 2T201, dossier Châtelet ; Condette (2006, pp. 111–113).

[11] Demuro (2018), p. 73. Pour la Commission de Gâvre, cf. Aubin (2017).

des fluides, radiotechnique, houille, agriculture, stomatologie, médecine légale, commerce. L'éloge qui lui est rendu en 1933 campe le personnage :

> Mathématicien, ancien élève de l'Ecole Normale Supérieure, vos origines, vos goûts personnels, votre éducation, votre passé font de vous un fervent adepte de la science pure. [...] Mais vous n'êtes pas de ceux qui refusent à la science de s'occuper d'applications pratiques et veulent l'édifier hautaine et impénétrable. La science ne perd rien de sa dignité quand elle contribue, par ses progrès, à l'amélioration du sort des humains. [...]
>
> Ainsi, Monsieur le Recteur, le mathématicien que vous êtes ne s'est pas complu dans les abstractions ; depuis dix ans, vous avez été un animateur, un réalisateur, et l'on pourrait vous appliquer, en la modifiant un peu, la fière devise, très américaine, que les hommes de San Francisco ont attachée à leur belle métropole : "The City that knows how". La ville qui sait comment. Vous avez été "le Recteur qui sait comment" [12].

La Troisième République a l'art des discours et de la rhétorique : il faut séduire les cœurs tout autant que les intelligences. Les qualités de bâtisseur de Châtelet, son « amour passionné de la grandeur nationale que nous servons », son souci d'une université qui « réponde aux besoins du pays qui l'entoure », jointes à la détermination du doyen de la faculté des sciences, Albert Maige, vont jouer un rôle décisif dans le choix de Lille pour la création par le ministère de l'Air d'un institut de mécanique des fluides.

6.2 Naissance et développement de l'IMFL (1929–1939)

6.2.1 Création et organisation

Création. Lille possède de forts atouts pour l'implantation d'un institut de mécanique des fluides : une forte tradition dans le domaine des sciences appliquées, le dynamisme de son recteur Châtelet, et la mémoire des illustres savants Pasteur et Painlevé – auxquels s'ajoutent ici Boussinesq et Duhem [13]. Il y a aussi l'important constructeur d'avions Henry Potez, basé à Méaulte au sud de Lille. Un dernier atout est la présence d'un directeur potentiel de l'institut, Joseph Kampé de Fériet, maître de conférences en mathématiques à la faculté des sciences.

Kampé de Fériet a servi pendant la guerre à la Commission d'expériences de l'artillerie navale de Gâvre, comme Châtelet ; il s'y est distingué par des calculs de balistique ainsi que par la mise au point d'une technique cinématographique de suivi de projectiles [14]. Henri Villat connaît ses travaux, et le recommande au ministère de l'Air pour la création d'une chaire. Le ministre Laurent-Eynac résiste dans un

---

[12] Allocution de M. Le Fort, le 9 mars 1933, lors d'une célébration de la promotion de Châtelet au grade d'officier de la Légion d'honneur (Arch. dép. du Nord, carton 2T201, dossier Châtelet).

[13] Joseph Boussinesq (1842–1929) enseigne à Lille de 1872 à 1886. Pierre Duhem (1861–1916) enseigne à Lille de 1887 à 1891 avant de poursuivre sa carrière à Bordeaux. Paul Painlevé (1863–1933) enseigne à Lille de 1887 à 1892.

[14] (Demuro, 2018), pp. 65–70.

premier temps, jugeant Lille trop proche de la frontière. Le doyen de la faculté des sciences Albert Maige se mobilise à son tour, et envoie à Laurent-Eynac et Albert Caquot un rapport faisant valoir l'importance universitaire de la ville, et son vivier d'étudiants potentiels pour un institut de mécanique des fluides. Le directeur du service des recherches de l'Aéronautique, M. Seguin, est envoyé sur place pour juger de la situation, accompagné par Jean Villey. À l'issue de cette visite, le doyen rédige un projet détaillé de création d'un institut aérotechnique, et demande audience à Caquot. Le constructeur d'avions Potez appuie la démarche. L'audience, en avril 1929, convainc définitivement Caquot [15].

Le recteur de Lille est donc destinataire de la lettre de cadrage qu'Albert Caquot adresse le 22 mai 1929 aux recteurs des trois universités de province où il envisage la création d'un institut de mécanique des fluides. La faculté des sciences se déclare immédiatement favorable à cette création et élabore un projet précis, qui reçoit l'aval du ministère de l'Air. L'institut de mécanique des fluides de Lille (IMFL) ouvre ses portes en novembre 1929, en même temps que celui de Paris, comme *centre d'enseignement supérieur et de recherche scientifique pour l'aérodynamique et l'hydrodynamique* [16]. Un décret du 26 mars 1930 officialise sa création, approuvant une délibération du conseil d'université du 21 janvier. Joseph Kampé de Fériet est nommé professeur sur la nouvelle chaire de mécanique des fluides fondée par le ministère de l'Air, et prend la direction de l'institut. André Martinot-Lagarde, normalien et agrégé de physique, est nommé chef de travaux attaché à la chaire. L'IMFL est installé provisoirement dans les locaux de l'institut de physique, au 50 rue Gauthier de Châtillon, « utilisant des caves et des greniers ».

Le conseil d'administration de l'institut est mis en place. Présidé par le recteur, il comprend des représentants des institutions concernées :

- le ministère de l'Air (A. Caquot et L. Couhé),
- la faculté des sciences (A. Maige et J. Kampé de Fériet),
- l'observatoire et l'institut électromécanique,
- l'enseignement technique (École des arts et métiers et IDN),
- les corps élus régionaux (conseil général du Nord, municipalité, un député, deux sénateurs),
- les industries locales (H. Potez et H. Neu),
- les associations aéronautiques régionales et la chambre de commerce.

Henry Potez et le fabricant de ventilateurs Henri Neu manifestent rapidement leur intérêt pour une soufflerie où conduire des essais sur maquettes.

[15] Rapport du doyen au conseil de la faculté des sciences de l'université de Lille, séance du 16 mai 1934. Arch. Acad. Sc., fonds Villat 61J.

[16] J. Kampé de Fériet, L'Institut de mécanique des fluides de l'Université de Lille. *In* (Kampé de Fériet, 1935), t. 1, pp. XV-XXXII.

Dans son rapport au premier conseil d'administration, comme dans diverses présentations, Kampé de Fériet rappelle fermement les orientations de l'institut telles que les a voulues Caquot, qui distingue bien deux types de recherche :

> À la base de tous les progrès techniques il y a le laboratoire ou plutôt les laboratoires, et il faut distinguer par là, non seulement les laboratoires de spécialités diverses, mais aussi deux catégories de laboratoires de natures différentes : les laboratoires industriels où se précisent les progrès d'aujourd'hui et les laboratoires purement scientifiques où se préparent ceux de demain [17].

Seules les facultés des sciences peuvent fournir aux laboratoires industriels « le cadre de direction scientifique sans lequel [ils] seraient un corps sans âme ». Kampé de Fériet affirme aussi une ambition internationale pour son institut. Bon germanophone, il évoque en particulier la situation de l'Allemagne où la mécanique des fluides occupe une place privilégiée :

> L'activité des laboratoires de Recherche scientifique est la condition nécessaire du développement des laboratoires industriels. Le prodigieux essor de certaines branches de l'Industrie allemande, de l'Aéronautique en particulier, ne vient-il pas à ce que nos voisins sont, plus que nous, pénétrés de cette doctrine? [...] La mécanique des fluides [...] ne possédait en France qu'une seule grande chaire, celle de la Sorbonne, occupée par un éminent spécialiste, M. Villat; que l'on veuille bien m'excuser de prendre une dernière fois un point de comparaison à l'étranger en ajoutant qu'en Allemagne elle était enseignée dans 17 universités.

Le nouveau bâtiment. Dès la création de l'institut, Kampé de Fériet s'attache à la construction de bâtiments propres, et fait esquisser deux avant-projets. La nouvelle construction s'inscrirait dans un vaste projet d'extension de l'université, poussé énergiquement par le recteur Châtelet. La municipalité offre un terrain de 2000 mètres carrés dans le périmètre d'anciennes fortifications démantelées, entre les portes de Valenciennes et de Douai, à proximité du futur champ d'aviation de Ronchin. Une subvention de 2,4 millions de francs est obtenue du ministère de l'Instruction publique, sur des crédits du plan d'Outillage national. Une subvention de 600 000 francs est par ailleurs attribuée par le ministère de l'Air, en avril 1932, pour l'équipement expérimental [18]. La soufflerie grevant le budget de 870 000 francs à elle seule, une partie de son équipement est cédé par le service des recherches de l'Aéronautique. L'équipement et l'installation du laboratoire d'hydraulique (500 000 francs), pour lesquels l'ingénieur en chef du port de Dunkerque a été sollicité, sont réalisés par la société Alsthom et les Ateliers Neyret-Beylier & Piccard-Pictet (Grenoble). La soufflerie et la station d'essais de ventilateurs sont équipées par les Établissements Neu.

La première pierre des nouveaux bâtiments est posée par Caquot en juin 1932, lors d'une cérémonie riche en discours. Le recteur Châtelet, après un historique

[17] A. Caquot, *Discours inaugural du Conseil supérieur des recherches scientifiques intéressant l'aéronautique* (CSRSA), cité par J. Kampé de Fériet, Rapport au conseil de l'IMFL, 2 juin 1930 (Arch. IMFL, ONERA Lille).

[18] J. Kampé de Fériet, Rapport au conseil de l'IMFL, 23 mai 1933.

bien informé de la mécanique des fluides, célèbre la collaboration de la science et l'industrie qui, née dans la nécessité, « fleurit pendant la guerre » où elle a donné « des résultats admirables », pour se reconstituer ensuite « pour l'œuvre de paix » [19]. Les figures régionales sont bien entendu convoquées :

> L'Université de Lille, fière d'avoir compté parmi ses Maîtres, l'éminent savant qui préside aujourd'hui aux destinées de l'Aéronautique Monsieur Paul Painlevé, a foi dans l'avenir de cette Maison, où s'affichera d'une manière étroite l'accord de la Science et de l'Industrie.

L'événement prend chez Caquot des accents religieux :

> La construction de l'Institut de Mécanique des Fluides est, comme vient de nous le faire comprendre si justement Monsieur le Recteur, un acte de foi. La crise que nous traversons donne une valeur particulière à ces décisions énergiques qui affirment la vitalité de notre pays et, plus spécialement, de cette région où sont honorées par-dessus tout les hautes qualités de travail, d'intelligence et de volonté. [...] [Le président de la chambre syndicale des industries aéronautiques, M. Potez] me disait ce matin ce qu'il attendait de votre Institut. Non seulement des essais et des résultats sur modèles, dans la belle soufflerie que vous construisez, mais encore ce ferment d'imagination qui en se transmettant par le contact des idées est la grande cause du progrès [20].

Les nouveaux locaux sont inaugurés en avril 1934, en présence de nombreuses personnalités régionales et nationales, dont le ministre de l'Air le général Denain [21], et le directeur de l'Enseignement supérieur Jacques Cavalier [22]. L'inauguration est associée à un colloque national de mécanique des fluides (cf. section suivante).

Le bâtiment (Fig. 6.1) comprend, en façade, les services généraux : au rez-de chaussée, un amphithéâtre de 60 places, une salle des collections, et une salle de travaux pratiques ; à l'étage, des bureaux, des laboratoires, une salle de dessin et une bibliothèque [23]. L'arrière du bâtiment est occupé par l'atelier et les trois services principaux de l'institut : la soufflerie aérodynamique, le canal hydrodynamique, et la station d'essais de turbines et ventilateurs :

- Le hall central, de 27 mètres de long, 14 de large et 12,5 de haut, abrite une soufflerie Eiffel de type classique à retour d'air libre, autorisant une vitesse d'air de 55 m/s dans une veine de diamètre 2,20 mètres (Fig. 6.2) ; l'hélice du ventilateur, de 3,80 mètres de diamètre, est mue par un moteur électrique de 140 kW.

[19] Allocution de A. Châtelet du 23 juin 1932, Arch. IMFL, ONERA Lille.

[20] Allocution de A. Caquot du 23 juin 1932, Arch. IMFL, ONERA Lille.

[21] Victor Denain (1880–1952), chef d'état-major général de l'armée de l'Air, puis ministre de l'Air du 9 févr. 1934 au 24 janv. 1936.

[22] Jacques Cavalier (1869–1937), normalien, agrégé de sciences physiques, docteur ès sciences sur les éthers phosphoriques (Paris, 1898) ; professeur à l'université de Rennes (1905–1909) puis successivement recteur des académies de Poitiers (1909–1914), Toulouse (1914–1922) et Lyon (1922–1926) ; directeur de l'Enseignement supérieur de 1926 à sa mort accidentelle en 1937 (Condette, 2006, pp. 103–104).

[23] Martinot-Lagarde (1934).

Fig. 6.1 L'institut de mécanique des fluides de Lille, sur le nouveau boulevard Paul Painlevé, en bordure du champ d'aviation de Ronchin ; à l'arrière, voûte circulaire de la soufflerie ; au fond à droite, le bâtiment de la soufflerie verticale ajouté en 1938

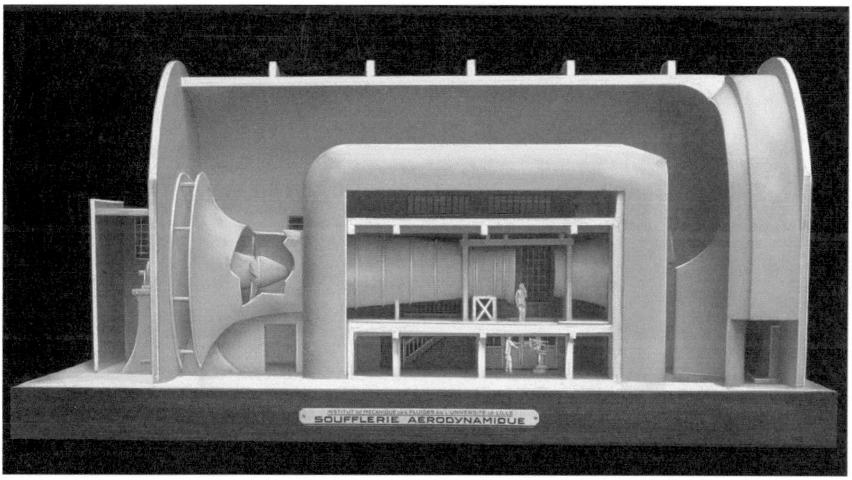

Fig. 6.2 Maquette en plâtre de la grande soufflerie de l'IMFL (Arch. IMFL, ONERA Lille)

– Le hall central est flanqué de deux ailes dont l'une est occupée par un canal hydrodynamique de 22 mètres de long et de section $1{,}50 \times 1{,}50\,\mathrm{m}^2$, équipé d'un chariot de traction de carènes ; l'écoulement autour d'un obstacle mobile peut être visualisé à travers des parois en verre ; l'autre aile abrite les laboratoires du chef des travaux et de l'assistant.
– La station d'essais hydrauliques de pompes et turbines occupe une série de trois salles étagées l'une sur l'autre à partir de la cave ; un réservoir d'eau sur le

toit en terrasse, de 43 mètres cubes, permet d'obtenir un débit de 100 litres par seconde, avec des hauteurs de chute de 5 mètres, 12 mètres, ou 80 mètres, cette dernière étant obtenue par la pressurisation du réservoir. L'ensemble sera plus tard complété par une station d'essais de ventilateurs, jusqu'à 370 kW.

– En 1938, une soufflerie verticale vient s'ajouter (Fig. 6.1), pour l'étude des sorties de vrille d'avions. Dans sa veine de 2 mètres de diamètre, le courant ascendant atteint 35 m/s. Le bâtiment qui l'abrite, de 16 mètres de hauteur, est construit sur une nouvelle parcelle de terrain de 10×50 mètres carrés.

Joseph Kampé de Fériet (1893–1982)

Né le 14 mars 1893 à Paris, licencié de mathématiques, Joseph Kampé de Fériet soutient en 1915 une thèse de doctorat dirigée par Paul Appell, *Sur les fonctions hypersphériques*. Affecté en 1916 à la Commission de l'artillerie navale de Gâvre, il met au point un dispositif d'enregistrement photographique dees projectiles, et introduit les fonctions hypergéométriques dans les calculs de balistique. Maître de conférences (1919) puis professeur sans chaire (1927) à la faculté des sciences de Lille, enseignant à l'Institut industriel du Nord (1923), ses travaux se portent vers la mécanique des fluides. Il séjourne à Prague, Varsovie et Cracovie.

En 1930, il obtient la chaire de mécanique des fluides fondée par le ministère de l'Air, et prend la direction de l'institut associé. Il obtient la construction d'un nouveau bâtiment avec soufflerie et bassin des carènes, et noue des relations fortes avec l'industrie régionale. Théoricien curieux des expérimentations, il participe avec Martinot-Lagarde à la réalisation d'un appareil breveté et diffusé à l'étranger, l'anémoclinomètre. Ses recherches, ainsi que son enseignement, se portent vers l'étude de la turbulence dont il est l'un des pionniers français. Membre de la Commission de la turbulence atmosphérique, il participe à de nombreuses campagnes expérimentales,

(*Suite*)

en montagne et en avion. Il se passionne pour le vol à voile, « ce sport magnifique », et préside plusieurs aéro-clubs. Il correspond avec plusieurs universitaires américains dont Th. von Kármán.

En mai 1940, alors que l'IMFL est passé sous la gérance du Groupement des recherches aéronautiques (GRA), il doit replier son institut à Toulouse. Il y réinstalle un laboratoire clandestin dans une chapelle désaffectée. Il y dirige la thèse de F. N. Frenkiel, futur fondateur de la revue américaine *Physics of Fluids*.

De retour à Lille en 1945 et en désaccord avec le GRA, il quitte l'institut. Il se consacre dès lors à la théorie statistique de la turbulence, séjourne régulièrement aux États-Unis (Harvard, MIT, CalTech), et participe assidûment aux conférences internationales (il donne une pleinière à l'ICAM de Londres en 1948). Élu correspondant de l'Académie des sciences en 1954, il cherche à élaborer une « théorie générale des milieux évolutifs aléatoires » fondée sur la théorie de l'information.

Scientifique d'envergure internationale, grand voyageur, membre de nombreuses académies et sociétés savantes étrangères, président du Rotary club de Lille, Joseph Kampé de Fériet laisse aussi le souvenir d'un homme bienveillant et d'un excellent pédagogue. Il décède le 6 avril 1982 à Villeneuve-d'Ascq[a].

[a]Delporte (2002); Malavard (1983) ; Arch. Acad. Sc., dossier Kampé de Fériet. Liste des publications sur le site internet de l'univ. de Lille.

Personnels. L'institut comprend initialement trois personnes : Kampé de Fériet, directeur, Martinot-Lagarde, chef de travaux, et Henri Guillemet, collaborateur extérieur (boursier) du ministère de l'Air. Début 1932, l'équipe s'est agrandie à huit chercheurs, dont cinq collaborateurs extérieurs. En 1934, au seuil du déménagement dans les nouveaux locaux, l'équipe comprend[24] :

- un directeur, J. Kampé de Fériet ;
- un chef des travaux, chargé de cours, A. Martinot-Lagarde ;
- un assistant, L. Perrin, ingénieur arts et métiers ;
- un chef de la soufflerie et de la station d'essais des ventilateurs, Jacques Le Paisant, ingénieur IDN ;
- un chef du canal et de la station d'essais hydrauliques, H. Guillemet, licencié ès sciences ;
- six collaborateurs scientifiques : M. Blanc, Jean Demontis, G. Flament, L. Hennebutte, Jean Sauvegrain, Jean-Daniel Vagner ;
- un secrétaire-gestionnaire, M. Lenglet.

[24] J. Kampé de Fériet, L'Institut de mécanique des fluides de l'Université de Lille. *In* (Kampé de Fériet, 1935), t. 1, pp. XV-XXXII.

Dans les années suivantes, l'augmentation du nombre d'études ordonnées par l'industrie et par le service des recherches de l'Aéronautique, conduit à de nombreuses embauches de personnel technique. En juin 1939, l'institut compte ainsi 38 personnes :

– personnel enseignant : un professeur (J. Kampé de Fériet), un maître de conférences (A. Martinot-Lagarde), et un assistant, chef de travaux pratiques (H. Guillemet) ;
– personnel scientifique et technique : cinq ingénieurs (J.-D. Vagner, Paul Guienne, André Fauquet, Pierre Dupuis, Georges Rollin) ;
– personnel auxilliaire :
  – 4 secrétaires et comptables,
  – 4 dessinateurs,
  – 8 mécaniciens,
  – 7 expérimentateurs,
  – 2 soldats météorologistes,
  – 3 personnels de service ;
– 2 stagiaires étrangers.

6.2.2 *Enseignement*

Un certificat d'études supérieures (CES) de mécanique des fluides est créé en 1930. Un second certificat, d'aérodynamique et hydrodynamique supérieures, est ouvert l'année suivante, pour les titulaires d'une licence préparant un diplôme d'études supérieures (DES) et pour les candidats à l'agrégation. Des accords sont conclus avec l'Institut industriel du Nord (IDN), permettant aux élèves-ingénieurs de suivre ces enseignements dans le cadre d'une nouvelle section de mécanique aéronautique.

Le CES de mécanique des fluides. L'enseignement annuel – dispensé dans l'amphithéâtre de l'institut – comporte 25 leçons de mécanique des fluides théorique (Kampé de Fériet), 25 leçons de mécanique des fluides expérimentale et 25 leçons d'aérodynamique appliquée à l'aviation (Martinot-Lagarde). Il est complété par 25 conférences d'application et 20 séances de manipulations au laboratoire. Les cours sont illustrés par des expériences et des projections de films. Le programme correspond au programme national proposé par le ministère de l'Air (cf. Chap. 4). La formation pratique est complétée par des visites de laboratoires (souffleries des services techniques de l'Aéronautique, institut aérotechnique de Saint-Cyr, bassin d'essais des carènes de la Marine, station d'essais des moteurs de Chalais-Meudon, etc.) et aux usines de la région (Potez à Méaulte, Neu à Lille, ateliers et chantiers de France à Dunkerque, etc.). Ces enseignements sont sanctionnés par le certificat de mécanique des fluides, ou par un diplôme d'université pour les non-bacheliers « simplement désireux de se mettre au courant des principes scientifiques d'une branche de l'Industrie en plein développement ». Les licenciés titulaires de ce

Tableau 6.1 Nombre d'inscrits au certificat de mécanique des fluides et au certificat d'aérodynamique et hydrodynamique supérieures ; entre parenthèses, élèves-ingénieurs de l'IDN

	1930	1931	1932	1933	1934 ... 1937	1938	1939
CES de méca. flu.	5	7 (5)	7 (5)	10 (4)	≈ 10	8	12
CES d'aéro. sup	—	4	6	6	≈ 6	1	2

certificat peuvent entrer sans concours en 2e année de l'ENSAé, les conduisant au titre d'ingénieur civil de l'Aéronautique.

Le CES attire cinq étudiants la première année (1929–1930), et sept l'année suivante dont cinq élèves-ingénieurs de l'IDN. L'effectif tourne autour de la dizaine au cours de la décennie (Table 6.1). À ces auditeurs réguliers, s'ajoutent des élèves de l'institut électromécanique qui suivent le seul cours de mécanique expérimentale des fluides. (À titre comparatif, l'université de Lille compte 267 étudiants en 1920, et 513 en 1936[25].)

La Fig. 6.3 montre une visualisation d'écoulement autour d'une aile, obtenue par des étudiants dans le cadre de travaux pratiques.Au concours général annuel organisé par le ministère de l'Air, les étudiants lillois sont les plus nombreux. Ils décrochent la place de major en 1931 et en 1932 (A. Ratib Berker et L. Perrin).

André Martinot-Lagarde (1903–1986)

Né à Versailles le 29 octobre 1903, André Martinot-Lagarde entre à l'École normale supérieure de Paris à l'âge de 17 ans. Un stage de diplôme d'études supérieures au laboratoire Eiffel, en collaboration avec le service technique de l'Aéronautique, l'initie à l'aérodynamique. Après l'agrégation en 1924, il

(*Suite*)

[25] Rapports annuels du recteur, cf. https://nordnum.univ-lille.fr/.

passe trois ans à l'institut aérotechnique de Saint-Cyr. En 1929, il est nommé chef des travaux à l'institut de mécanique des fluides de Lille, auprès de Kampé de Fériet, chargé du cours de mécanique des fluides expérimentale. Il participe activement au démarrage de l'institut et à son installation, en 1934, dans le nouveau bâtiment. Il conçoit notamment la grande soufflerie et en supervise la construction. Ses recherches portent sur la visualisation des écoulements en soufflerie et le développement de l'instrumentation (l'"anémoclinomètre"). Il est nommé maître de conférences en 1934 (sans le doctorat qu'il ne soutiendra qu'en 1958). Professeur sans chaire en 1946, il est nommé titulaire de la chaire de mécanique expérimentale en 1960.

En 1940, il organise avec Kampé de Fériet le repli de l'institut à Toulouse et sa réinstallation dans une église désaffectée. En 1945, de retour à Lille, il en prend la direction suite à la démission de Kampé de Fériet. L'IMFL connaît alors une période troublée, balloté entre le GRA, l'ONERA et l'université de Lille, tandis que ses personnels et ses ressources diminuent fortement. En dépit de ces difficultés, Martinot-Lagarde ouvre de nouvelles recherches en aérodynamique compressible, avec une soufflerie sonique (1948) équipée en 1961 d'un dispositif de visualisation strioscopique. La demande industrielle croissant, il obtient une extension de terrain et équipe l'institut d'installations d'envergure : un bassin d'amerrissage (1957), une station d'étude des rafales verticales (1962), une piste d'atterrissage pour maquettes (1966) et une deuxième soufflerie verticale de 4 mètres de diamètre (1967). Il quitte la direction de l'IMFL en 1968.

Très engagé dans l'enseignement, il publie plusieurs ouvrages pédagogiques dont une *Mécanique des Fluides* en deux volumes, en collaboration avec E. Brun et J. Mathieu (Dunod, 1968 pour la 2e éd.), suivi d'un 3e volume de *Thermique classique et introduction à la mécanique des évolutions irréversibles* (1971). Prix Gegner de l'Académie des sciences (1958), chevalier de la Légion d'honneur (1954), André Martinot-Lagarde meurt à Paris le 12 novembre 1986[a].

[a]G. Gontier, Notice biographique du Pr. Martinot-Lagarde, https://asap.univ-lille.fr/.

Le certificat d'aérodynamique et hydrodynamique supérieures. Ce second certificat a pour objectif « de mettre des auditeurs, déjà en possession du Certificat de mécanique des fluides, au courant de l'état actuel d'un chapitre déterminé de mécanique des fluides ». Il consiste en une leçon hebdomadaire complétée par une conférence faite par le chef des travaux. « Foyer d'appel pour le recrutement de nos futurs chercheurs dans le public si intéressant des candidats à l'Agrégation », il donne l'équivalence d'un diplôme d'études supérieures (DES). Le certificat est suivi par quatre étudiants la première année, effectif à peu près maintenu par la

Fig. 6.3 Visualisation de l'écoulement autour d'une aile, obtenue par des étudiants dans le cadre de travaux pratiques (1937)

suite (Table 6.1). Le sujet du cours varie chaque année : fluides visqueux (1930–31), théories modernes de la résistance des fluides (1931–32), les divers régimes d'écoulement des fluides (1932–33). Pour ce dernier, Kampé de Fériet précise :

> Je me suis attaché surtout à exposer la théorie de la couche limite et les recherches expérimentales et théoriques suscitées par le problème de la turbulence, le plus important peut-être de tous ceux qui se posent aujourd'hui en Mécanique des Fluides [26].

Les années suivantes, les cours s'intituleront :

- mécanique et thermodynamique de l'atmosphère (1935–36) ;
- turbulence (1936–37) ;
- mécanique statistique de la turbulence (en 1937–38) ;
- le spectre de la turbulence (1938–39).

Kampé de Fériet y présente la pointe de la recherche (frottement turbulent de von Kármán, théorie statistique de la turbulence de G. I. Taylor...) et, plus généralement, la physique statistique si peu enseignées en France [27] (probabilités,

[26] J. Kampé de Fériet, Rapport au conseil de l'IMFL (1933) (Arch. IMFL, ONERA Lille).

[27] Pestre (1992), pp. 46–49.

théorie cinétique des gaz, mécanique statistique de Boltzmann et de Gibbs, théorie des fluctuations...). Ce certificat, poursuit Kampé de Fériet,

> [concourt à] l'un des buts les plus importants de l'institut : être un centre où [citant Caquot] "pourront se coordonner intimement les recherches théoriques des mathématiciens et les recherches expérimentales des physiciens, et où les résultats de cette collaboration devront être mis à la portée des utilisateurs" ; pour attirer vers la Mécanique des Fluides les jeunes chercheurs désireux d'effectuer des travaux scientifiques en vue d'un Diplôme d'Études Supérieures, d'une Thèse de Doctorat ou d'un Diplôme d'Ingénieur-Docteur, le Ministère de l'Air met à la disposition de l'Institut des bourses qui peuvent contrebalancer auprès des jeunes ingénieurs et des étudiants déjà licenciés l'attrait qu'exerce trop souvent un gain immédiat, au détriment de l'approfondissement de leur culture scientifique. [...] La Faculté des Sciences de Lille, avec la qualité et le nombre de ses étudiants, garantit [à l'Institut] un recrutement digne de notre active et laborieuse région.

Les conférences et travaux pratiques sont également suivis par les élèves de 3e année de l'École nationale des arts et métiers (50 en 1938, 60 en 1939), et aussi, en partie, par tous les élèves de 2e année de l'IDN (20 en 1938, 21 en 1939). Enfin, l'IMFL accueille des étudiants pour des stages de quelques mois ; ainsi pour 1938–39 : un capitaine de l'aviation polonaise, un ingénieur de l'université de Gand (F. N. Frenkiel), un élève de l'ENS, et un élève des Arts et Métiers.

6.2.3 Météorologie et turbulence

L'IMFL, centre pour la météorologie. Dès sa création, l'institut de Lille est agréé Centre de renseignements météorologiques pour l'Aéronautique. Ce centre, lié à l'Office national météorologique (ONM) et exploité par du personnel militaire, participe avec ses avions-laboratoire Potez au développement d'un réseau d'observation, essentiel à la sécurité des vols autant qu'à leur économie. Les relevés de l'état de l'atmosphère, réalisés plusieurs fois par jour, sont transmis par téléphone à une dizaine d'autres centres français et étrangers, notamment à Londres, Bruxelles, Cologne et Paris [28]. Ces centres transmettent en retour leurs propres mesures. Une carte de l'état du ciel est ainsi dessinée à l'IMFL tous les jours à sept heures, avec prévision d'évolution pour la journée. Les données sont transmises par émetteur radio à partir de 1938.

À la demande de l'Association aéronautique du Nord de la France, et de l'Association astronomique du Nord, Martinot-Lagarde entreprend une série de dix conférences sur le sujet. Ces conférences sont données en soirée devant une vingtaine d'élèves-pilotes et d'élèves-mécaniciens « dans un esprit de vulgarisation scientifique élevée », et relayées dans la presse locale.

Les liens se développent par ailleurs avec l'ONM, où Kampé de Fériet rencontre deux interlocuteurs privilégiés avec qui partager ses idées d'une théorie statistique

[28] Note sur l'organisation de l'IMFL, 7 déc. 1935, Arch. IMFL, ONERA Lille.

de la turbulence : Philippe Wehrlé[29], directeur de l'ONM à partir de 1934, et Georges Dedebant[30], chef de son service scientifique.

La Commission de la turbulence atmosphérique. En 1935, le ministère de l'Air crée une Commission de la turbulence atmosphérique afin de mettre en relation météorologues et mécaniciens des fluides, et favoriser l'application des études sur la turbulence à l'aéronautique et la météorologie. Cette Commission, présidée par Wehrlé, réunit des personnalités suivantes[31] :

- Albert Baldit, chef de section technique à l'ONM, prix Victor Raulin de l'Académie des sciences (1930, Physique du globe) ;
- Henri Bénard, professeur à l'institut de mécanique de Paris, qui dirige, dans le cadre de cette Commission, la thèse de Dusan Avsec (1939) ;
- Georges Dedebant, sous-directeur scientifique de l'ONM ;
- Paul Dupont, ingénieur en chef de l'Aéronautique, représentant le service technique et des recherches scientifiques de l'Aéronautique ;
- Paul Idrac, professeur à l'institut océanographique ;
- Joseph Kampé de Fériet ;
- Albert Métral, professeur au CNAM.

Paul Idrac, décédé peu après la mise en place de la Commission[32], est remplacé par Antonin Lapresle, directeur des Établissements d'expériences techniques de Chalais-Meudon (EETIM). La Commission accueille également Jean Villey, professeur à la Sorbonne et chargé de mission du ministère de l'Air, ainsi que Jean Bass, Michel Kiveliovitch et Philippe Schereschewsky[33].

---

[29] Philippe Wehrlé (1890–1965), polytechnicien, entre à l'ONM en 1921 comme chef de la section des Avertissements. S'intéressant à la question de la prévision du temps, il développe la notion d'échelle de la turbulence, « recul qui permet de fondre les irrégularités », et introduit la représentation des grandeurs turbulentes comme variables aléatoires. Intégré au corps des ingénieurs de l'Aéronautique, il dirige l'ONM à partir de 1934, et enseigne à l'École nationale supérieure de l'aéronautique. Ses travaux s'attachent à une formalisation mathématique de la turbulence, sans nécessairement chercher de solution ni de "fermeture" aux équations. Son groupe disloqué par la guerre, et sans postérité scientifique, il s'installe ensuite dans le sud-est de la France (Juvanon du Vachat, 1995).

[30] Georges Dedebant (1902–1965), polytechnicien du corps du Génie, est dans les années 1920 chef de la section de l'ONM au Maroc, où il participe à des travaux de climatologie. En 1934, Wehrlé le nomme chef de la section scientifique. Il dirige l'enseignement de la météorologie à l'École nationale supérieure de l'aéronautique. En 1943, il quitte l'ONM, rejoint le Portugal, puis s'installe en Argentine comme professeur à l'université de La Plata (Juvanon du Vachat, 1995).

[31] Les travaux de cette Commission sont présentés par Wehrlé (1940) dans une conférence prononcée en mai 1939 pour la Société française de navigation aérienne, dont le texte est conservé au fonds Zaharoff de l'institut d'Alembert (Paris).

[32] Les travaux de Idrac sont présentés dans la thèse de Dusan Avsec, étudiant de Bénard (1939, pp. 13–14 & 184–185) ; voir notamment *C. R.* **171**, 42 (1920).

[33] Pour une biographie de Bass, cf. Dhombres (2007) ; pour la thèse de Kiveliovitch sur le problème des trois corps (1932), cf. Numdam ; pour Wehrlé et Dedeband, cf. Juvanon du Vachat (1995) ; voir également Demuro (2017, 2018, pp. 156–162).

Les travaux de la Commission, théoriques, expérimentaux et techniques, donnent lieu à de fructueuses collaborations avec l'IMFL. Wehrlé commente ainsi ces collaborations :

> En terminant cet aperçu sur les campagnes de la Banne d'Ordanche [Puy-de-Dôme], il importe de souligner un caractère des travaux qui est particulièrement intéressant, c'est le développement de l'esprit d'équipe. On peut dire que les collaborateurs de l'Institut de Mécanique des Fluides de Lille sous la direction de M. Kampé de Fériet, ceux de M. Dupont et ceux de l'Office National Météorologique sous la direction de M. Baldit, constituent maintenant de véritables équipes qui ont pris l'habitude, le goût et même la passion du travail collectif[34].

Ces travaux sont brièvement présentés plus loin dans ce chapitre (Sect. 6.3.3). Parmi les travaux non directement liées à l'IMFL, notons ceux, dirigés par Dedebant, de Juliette Roquet, licenciée ès sciences, sur la mesure de la turbulence à l'aide d'une source de radium[35]. La Commission interrompt ses activités en 1940, et ses membres se dispersent.

6.2.4 Vol à voile, "propagande aéronautique"

Le vol à voile. À l'initiative de Kampé de Fériet, une section universitaire de Vol sans moteur est créée en 1932 par l'Association aéronautique du Nord. Cette association organise des conférences, où intervient notamment le directeur général de la société Avia lors d'une manifestation présidée par le recteur – Avia est une société aéronautique tchèque de construction de planeurs. Sous la direction d'un moniteur de l'Avia, un groupe d'une vingtaine d'étudiants s'initie chaque semaine, sur le terrain de Ronchin, à la pratique de ce sport « appelé à avoir une si grande influence sur le développement de l'Aéronautique, par l'attrait qu'il suscite ou avive pour les choses de l'Air et par les recherches scientifiques qu'il suggère déjà d'entreprendre à nos étudiants[36]. »

La "propagande aéronautique". L'IMFL consacre une partie de son activité à la "propagande aéronautique", en direction, d'une part, d'un public curieux des progrès de l'aviation et des sciences en général, et d'autre part, des industries susceptibles de devenir de nouveaux partenaires. Ainsi Kampé de Fériet mentionne-t-il dans son rapport de 1932 :

> Comme l'année dernière, le Comité de la Foire Commerciale de Lille a mis aimablement à notre disposition un panneau d'exposition dont nous avons bien volontiers profité pour faire connaître, au grand Public, par des photographies particulièrement frappantes, l'activité de nos Laboratoires[37].

---

[34] Wehrlé (1940), p. 54.

[35] Roquet (1939) ; Wehrlé (1940), p. 46.

[36] J. Kampé de Fériet, Rapport au conseil de l'IMFL, 23 mai 1933.

[37] J. Kampé de Fériet, Rapport au conseil de l'IMFL du 23 juin 1932.

L'année suivante, un « vaste stand » est offert à l'IMFL :

> En particulier, les photographies d'expériences concernant l'adaptation aérodynamique des carrosseries automobiles ont attiré l'attention et ont provoqué des demandes d'industriels qui me font espérer que nos efforts de propagande n'auront pas été inutiles.

L'IMFL est également présent au Salon de l'aéronautique de Paris de 1932, où le ministère de l'Air lui a réservé un stand. Des maquettes et des photographies résumant les travaux scientifiques y sont présentées, ainsi que des films sur les régimes d'écoulement autour d'ailes d'avions et sur la formation de tourbillons. L'IMFL est fier d'y accueillir le président de la République accompagné du ministre de l'Air[38].

En 1937, des appareils pédagogiques créés par Guillemet sont réalisés en série par le ministère de l'Air, et distribués dans les établissements d'enseignement technique. De nombreuses conférences (trois par mois en moyenne) sont données à des groupes venant visiter l'institut : officiers de réserve, élèves de lycées et d'écoles d'ingénieurs, syndicats d'ingénieurs, associations d'aviation populaire, etc. Le groupe d'aviation populaire de l'aéro-club de Lille suit un cours hebdomadaire, sur un semestre, organisé par Martinot-Lagarde. Le *Modèle Air Club des Flandres* se réunit régulièrement dans un local de l'institut. En 1938, l'institut expose au Salon de l'aéronautique dans trois stands : celui du service des recherches de l'Aéronautique, celui de la Commission de la turbulence atmosphérique, et celui du Groupement des recherches aéronautiques (GRA). Il est également présent, en 1939, à l'Exposition de Liège et à l'Exposition du progrès social à Lille.

6.2.5 La tutelle du GRA

Depuis sa création, l'IMFL fonctionne comme un institut d'université, dans les mêmes conditions que ceux de Paris, Marseille et Toulouse. Ce fonctionnement, qui garantit à la fois des financements généreux du ministère de l'Air et une grande liberté des recherches, est défini par une convention entre le ministère de l'Air et l'université de Lille, formalisée – tardivement – en septembre 1938[39]. La convention fixe en particulier le montant de la subvention forfaitaire annuelle – deux fois le traitement maximal d'un professeur titulaire, soit 140 000 francs en 1938 –, qui assure les traitements des deux emplois créés par l'université (un professeur et un maître de conférences).

Une nouvelle situation se présente en 1938, liée à la création, par le ministère de l'Air et les sociétés nationales de construction aéronautique (SNCA), du Groupement pour les recherches aéronautiques (GRA), fondation qui a pour vocation de coordonner la recherche appliquée de ces sociétés (cf. Chap. 4). Le GRA décide de

[38] J. Kampé de Fériet, Rapport au conseil de l'IMFL du 23 mai 1933, p. 16.

[39] Convention du 17 sept. 1938 (Arch. IMFL, ONERA Lille).

s'appuyer fortement, pour l'aérodynamique, sur l'institut de mécanique des fluides de Lille [40]. Ainsi, comme le rapporte un article de revue pour le grand public,

> ... le GRA a pu entrer immédiatement dans la phase des réalisations sans avoir à créer de moyens expérimentaux nouveaux, grâce à une entente avec l'Université de Lille. [...] Depuis le 1er juillet 1938, la plus grande partie de l'activité de cet Institut est, en vertu d'une convention conclue entre l'Université de Lille et le GRA, réservée aux recherches demandées par celui-ci et financées par lui [41].

Les premiers articles de la nouvelle convention stipulent que...

> ... l'Université met à la disposition exclusive du Groupement la totalité des installations immobilières et mobilières de [l'IMFL], à l'exclusion de celles qui sont affectées à des besoins pédagogiques. [...] Le Groupement laissera à la disposition des Services du Ministère de l'Air (Office National Météorologique et Service de la Signalisation) les locaux de l'Institut mis à la disposition de ces Services. [...]
>
> Le Groupement assurera directement la rémunération du personnel de toute nature de l'Institut à l'exclusion de celle du Professeur [...] et du Maître de Conférences. [...]
>
> Au moyen des installations mises à sa disposition, le Groupement effectuera (a) toutes recherches exécutées pour son propre compte; (b) toutes recherches exécutées pour des tiers, en particulier pour le Ministère de l'Air et pour l'industrie privée. Les recettes correspondant aux recherches de la catégorie b) seront encaissées par le Groupement et les tarifs correspondants seront fixés par lui.

Enfin, les travaux de l'institut seront « exécutés » sous la direction du directeur de l'institut, sous le contrôle de son conseil d'administration auquel le Groupement donnera les délégations nécessaires.

Par cette convention, l'essentiel de l'activité de l'institut se trouve donc soumise, désormais, aux volontés du GRA. L'université se trouve *de facto* dépossédée du pilotage d'une structure qui pourtant lui appartient – au fonctionnement duquel il semble qu'elle ne s'était pas, il est vrai, beaucoup intéressé. Comment Kampé de Fériet a-t-il perçu la situation ? Il a pu considérer que la nouvelle situation le soulagerait de la lourde gestion de l'activité contractuelle, et lui permettrait de consacrer plus de temps à ses recherches. Il a pu aussi estimer que le retour de Caquot dans les affaires de l'aéronautique, en 1938, serait un garde-fou, qui garantirait sa liberté de chercheur et sa responsabilité de directeur [42]. L'imminence de la guerre et la mobilisation scientifique ont pu également compter. Toujours est-il que la mainmise du GRA va engendrer des tensions croissantes, qui aboutiront, en novembre 1942, à une grave crise. Cette crise pèsera lourd dans l'évolution de l'institut après la guerre, nous y reviendrons.

---

[40] Convention GRA-Université de Lille de juillet 1939 conclue pour 20 ans, renouvelant la convention de juillet 1938 (Arch. IMFL, ONERA Lille).

[41] Rôle et moyens d'action du « G.R.A. », *La Science Aérienne et l'Aéronautique* n°1, janv.-févr. 1939.

[42] En septembre 1938, Caquot est appelé par Daladier, président du Conseil, à prendre la direction des six sociétés nationales de construction aéronautique. En septembre 1939, le ministre de l'Air le rappelle à la direction générale technique dont il avait démissionné en 1934. Mais ce retour est éphémère, et les successeurs de Caquot n'auront pas la même ouverture d'esprit (cf. Chap. 4).

Le poids croissant de l'activité contractuelle a pour corollaire qu'aucune nouvelle thèse n'est soutenue après 1937. L'évolution de l'institut est perceptible dans les rapports annuels de son directeur : très enthousiastes et circonstanciés les premières années, ils se font plus secs et distanciés à partir de 1937. Sans doute Kampé de Fériet y consacre-t-il aussi moins de temps : ses recherches sur la turbulence et ses relations scientifiques à l'étranger l'absorbent de plus en plus.

6.3 Recherches

À l'IMFL comme dans les autres instituts, la recherche s'appuie sur le système des collaborateurs scientifiques financés par le ministère de l'Air. Le premier collaborateur de l'IMFL est Henri Guillemet. En 1932, ils sont cinq [43] :

- Martinot-Lagarde, chef des travaux, étudie les forces aérodynamiques et les régimes d'écoulements autour de profils d'ailes, visualisés par des filets d'air chaud ; sa forte implication dans la construction et l'aménagement des nouveaux bâtiments retardent ses travaux de recherche personnels. Il ne soutiendra sa thèse qu'après la guerre, en 1958 [44].
- Guillemet étudie, dans un petit canal hydrodynamique, la résistance à l'avancement d'obstacles cylindriques accélérés.
- Vagner, ingénieur IDN, mène des expériences sur le mouvement accéléré de corps de révolution, dans un liquide, par la méthode d'enregistrement photographique mise au point par Kampé de Fériet à Gâvre. Sa thèse, soutenue en 1937, est publiée dans les PST [45].
- Demontis, ingénieur IDN, étudie la couche limite d'un écoulement plan dans un divergent d'ouverture variable, et les moyens de retarder son décollement. Sa thèse d'ingénieur-docteur est soutenue en 1936 et publiée dans les PST [46].
- Sauvegrain, licencié ès sciences, étudie la micrométéorologie avec le constructeur d'avions tchèque Avia, s'intéressant notamment aux ascendances sur le terrain de vol à voile de Saint-Inglevert, près de Calais.

À ces chercheurs, s'ajoute Ahmed Ratib Berker, boursier du Gouvernement turc, qui étudie en théoricien l'écoulement plan d'un fluide visqueux autour d'un cylindre. Il soutient sa thèse en 1936 [47]. Rentré en Turquie, il sera doyen de la faculté des sciences d'Istambul, et organisera 8e ICAM en 1952. Un autre chercheur, M. Cluzel, professeur à l'École nationale professionnelle d'Armentières, étudie l'écoulement

[43] J. Kampé de Fériet, Rapport au conseil du 23 juin 1932 (Arch. IMFL, ONERA Lille), et *La Science Aérienne* **2**, 142–146 (1932).

[44] Martinot-Lagarde (1958).

[45] Vagner (1937).

[46] Demontis (1936).

[47] Berker (1936) ; A. R. Berker, *C. R.* **197**, 575 (1933).

d'huiles en conduite ; nommé à Paris, il interrompt ses recherches. En 1933, L. Perrin, ingénieur Arts et Métiers, démarre une thèse sur « un essai de théorie fonctionnelle de l'écoulement d'un fluide autour d'un corps solide » ; mais il ne la terminera pas.

Les trois thèses de Vagner, Demontis et Berker seront les seules soutenues à l'IMFL dans la décennie 1930. La suivante sera celle d'André Fauquet, en 1954.

6.3.1 Recherches pour l'industrie

Dans son rapport annuel de 1933, donc avant l'installation de l'institut dans ses nouveaux locaux, Kampé de Fériet expose tout le bénéfice que l'institut pourra tirer de sa soufflerie, pour une large gamme d'applications. Cette soufflerie servira en premier lieu l'industrie aéronautique...

> ... mais ce serait une erreur de croire qu'elle doit être la seule à en bénéficier. Le problème de l'adaptation des automobiles et des chemins de fer aux lois de la résistance de l'air lui ouvre un vaste champ d'application ; les idées que j'ai pu échanger cet hiver dans les milieux industriels, à la suite de quelques conférences que j'avais faites sur le sujet, m'ont démontré que le problème commence à mûrir : la France ne tardera pas, je l'espère, à entrer dans la voie où l'Amérique, avec Tietjens, l'Allemagne avec Rumpler et Jaray, et l'Angleterre avec Sir Dennistoun Burney, ont déjà récolté des résultats qui promettent de bouleverser complètement les conceptions acquises.
>
> À côté de ce problème d'une grande actualité j'indiquerai encore une série d'applications possibles, dont certaines sont très importantes : l'étude des appareils de tirage naturel et des appareils de ventilation pour chemins de fer et bateaux, la recherche sur maquette de la position optimale pour les cheminées (question capitale en construction navale), l'étude de l'écoulement de l'air aux moyennes et grandes vitesses à travers des résistances diverses (toiles métalliques, colonnes d'épuration dans l'industrie chimique), la détermination des effets du vent sur certains éléments de constructions métalliques, l'étude des moulinets et des centrales éoliennes, l'étude des échanges thermiques entre une paroi et l'air à grande vitesse (refroidissement de moteurs, radiateurs, chauffage).
>
> En visitant, cet été, le *Wasserbaulaboratorium* de Zürich j'ai été frappé par une série de recherches effectuées pour la Belgique : maquette d'une écluse géante, sur laquelle on étudiait la rapidité de remplissage et de vidange, maquettes de déversoirs pour réduire au minimum l'affouillement du fond, maquettes de canaux pour déterminer la loi des ensablements... Je n'ai pu m'empêcher de penser que si, un jour, la réputation de nos laboratoires s'établit solidement, on s'apercevrait sans doute que Lille est moins loin de Bruxelles que Zürich [48] !

L'institut installé dans ses nouveaux locaux en 1934, l'activité d'études techniques croît rapidement, sous la pression de l'industrie et de la direction des constructions aériennes du ministère de l'Air (qui a remplacé en 1934 la direction générale technique dont Caquot a démissionné).

[48] J. Kampé de Fériet, Rapport au conseil de l'IMFL, 23 mai 1933.

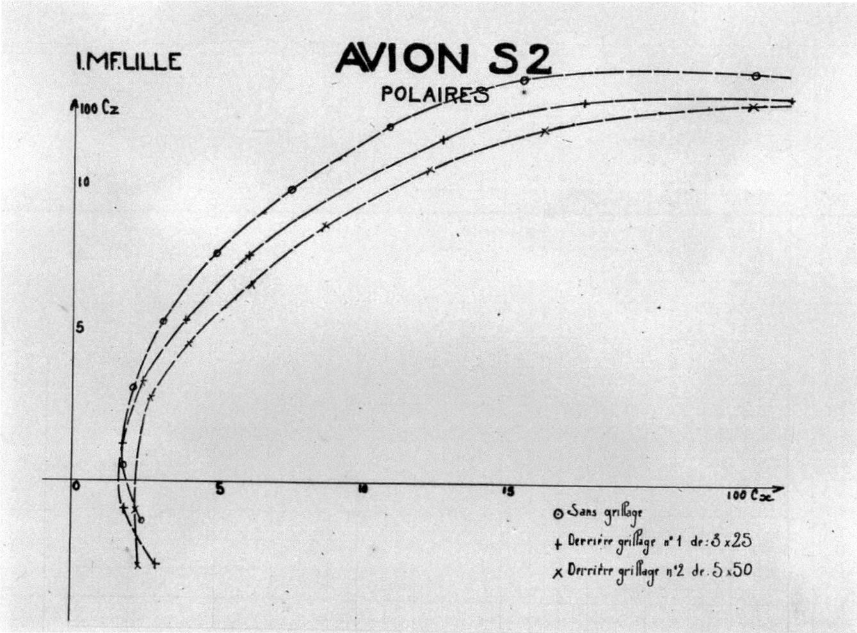

Fig. 6.4 Polaire d'une maquette d'avion, et effet de la turbulence de la soufflerie : sans grille, avec grille fine, avec grille large

La part la plus importante de l'activité est consacrée aux essais de maquettes d'avions pour divers constructeurs, notamment Potez, la CAMS, et Avia[49]. Les essais les plus courants consistent à déterminer, à l'aide de balances, les forces de traînée et de portance sur des profils d'aile, d'où est déduite leur polaire (relation entre portance et traînée, paramétrée par l'incidence de l'aile qui varie typiquement de $-10°$ à $+20°$). La Fig. 6.4 montre une telle polaire, et l'effet défavorable de la turbulence – ici modulée par des grilles placées à l'amont de la maquette.

On mesure également les moments de tangage (stabilité longitudinale) et de giration (stabilité de lacet). Un dispositif original est mis au point pour la délicate mesure du moment de roulis, pour des angles d'incidence et de dérapage réglables (Fig. 6.5).

L'étude des sillages est réalisé par visualisation de l'écoulement (émission de fumées), ou par des mesures de pression au tube de Pitot. La Fig. 6.6 montre la reconstitution d'un tel sillage derrière les fuseaux moteurs d'un hydravion, sous la forme de courbes d'égale vitesse dessinées sur une série de plans parallèles, en plexiglass; le tracé de ces courbes a nécessité 1040 mesures de pression.

[49] J. Kampé de Fériet, Rapport de présentation de l'IMFL lors de la visite de la Commission de l'aéronautique de la Chambre des députés, le 11 mars 1937. Sauf indication contraire, les figures de cette section sont extraites de ce rapport.

Fig. 6.5 Montage pour la mesure des moments de roulis (stabilité transversale)

Fig. 6.6 Représentation du sillage des fuseaux moteurs d'un hydravion par des courbes d'égale vitesse dessinées sur des plans transparents, pour deux incidences : 0° (à tribord) et 6° (à bâbord)

L'étude indique en particulier que les empennages de queue doivent être positionnés suffisamment haut pour ne pas se trouver dans le sillage des fuseaux moteurs.

Hors aéronautique, des essais sont réalisés pour les industries automobile et ferroviaire (automotrices). Afin de restituer l'effet du sol, la maquette est suspendue

Fig. 6.7 Tapis roulant de la soufflerie pour l'étude des automobiles et automotrices en contact avec le sol

au-dessus d'un tapis roulant qui défile à la même vitesse que l'air dans la soufflerie (Fig. 6.7). Ce tapis roulant est le premier mis en service en France. Une autre étude vise la détermination, en soufflerie, de la position optimale des orifices d'entrée d'air d'une voiture de tramway.

Des essais de machines sont aussi réalisées pour diverses industries : ventilateurs, roues de pompes et de turbines (visualisation d'écoulements par chronophotographie), refroidisseurs, éoliennes, cheminées.

À partir de 1936, la soufflerie fonctionne à plein régime. Ses performances et son équipement sont continûment améliorés par Martinot-Lagarde et Paul Guienne, ingénieur en chef de la grande soufflerie[50]. Sur 2000 heures de travail annuelles, le ventilateur tourne 625 heures en 1937 et 624 heures en 1938. En 1938, 28 maquettes sont étudiées, relatives à 21 prototypes. La Table 6.2 témoigne de la progression de l'activité. Les recettes issues des constructeurs passent de 54 000 francs en 1935 à 186 000 francs en 1938. Ces progressions entraînent l'embauche de nouveaux personnels techniques et administratifs (dessinateurs, mécaniciens, gestionnaires) et l'accélération des montages et du dépouillement des mesures.

Les études exécutées pour le GRA, à partir de 1938, concernent notamment :

- la mise au point d'un appareil enregistreur multiple (vitesses, pressions, accélérations) pour les essais en vol (G. Rollin) ;
- l'effet du souffle de l'hélice sur l'aérodynamique de l'avion (A. Fauquet) ;

[50] Après la guerre, Paul Guienne poursuivra sa carrière dans la société Bertin, où il dirigera les recherches sur les aérotrains et aéroglisseurs.

Tableau 6.2 Nombre des essais réalisés pour l'industrie dans la soufflerie horizontale, par type d'essai, entre 1936 et 1938

	Balance		Girouette				Photos
	Polaire	Moment	Tangage	Giration	Roulis	Sillages	(décollement)
1936	121	12	64	35	54	136	0
1937	382	18	213	43	36	119	0
1938	497	38	193	62	0	269	244

- l'effet de rafales verticales ou horizontales sur des maquettes lancées par une catapulte (J.-D. Vagner) ;
- la comparaison des niveaux de turbulence dans les souffleries françaises (G. Rollin).

6.3.2 *Recherches pour les services de l'Aéronautique*

Des recherches à caractère plus prospectif sont effectuées pour le service des recherches de l'Aéronautique. Ces recherches, en général publiées dans les *Publications Scientifiques et Techniques* du Ministère de l'Air ou dans les *Comptes Rendus de l'Académie des sciences*, portent sur les questions suivantes.

Stabilité du vol et tourbillons :

- Tourbillons hélicoïdaux émis par les pales d'une hélice en rotation, étudiés sur maquettes (Fig. 6.8), et effet du souffle de l'hélice sur l'écoulement autour des empennages ;
- Vrille à plat des avions (phénomène d'auto-rotation dont un pilote sort difficilement) étudiée dans la soufflerie verticale (voir encadré ci-après) ;
- Stabilité transversale des avions, en soufflerie (cf. ci-dessus) et en vol au centre de Villacoublay sur un avion Potez 56 ;
- Premiers dispositifs hypersustentateurs à volets orientables disposés sur le bord de fuite d'une aile.

Écoulements instationnaires :

- Ailes battantes, en canal hydrodynamique (Fig. 6.9) [51] ;
- Traînée sur un cylindre accéléré, en canal hydrodynamique, cinématographie de la croissance du système tourbillonnaire dans le sillage, effet de la turbulence [52] ;
- Efforts sur les gouvernes lors d'un changement brusque de braquage (M. Flament).

[51] H. Guillemet, Influence du mouvement périodique transversal du bord d'attaque d'une aile d'avion sur la réaction exercée par le fluide. *C. R.* **208**, 1477–1479 (1939).

[52] H. Guillemet, Influence de l'accélération sur la réaction subie par une aile de la part d'un fluide. *C. R.* **209**, 786–788 (1939).

Fig. 6.8 Visualisation du tourbillon hélicoïdal émis à l'extrémité d'une hélice, visualisé par un filet de fumée intercepté par un plan lumineux

Fig. 6.9 Canal hydrodynamique et son chariot de traction, pour des études de force de traînée

La soufflerie verticale de l'IMFL pour l'étude des vrilles

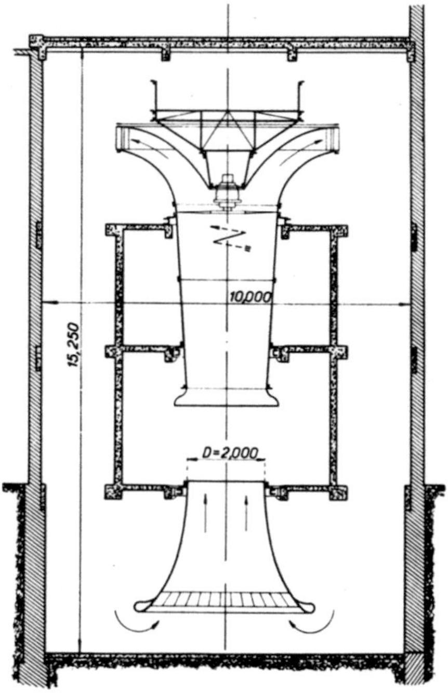

« ... L'étude de la vrille se fera par deux méthodes. La première consiste à observer ou à cinématographier les évolutions qu'effectue, dans la veine d'expérience de la soufflerie, une maquette libre, géométriquement et dynamiquement semblable à l'avion qu'elle représente. On peut, par ce moyen, déterminer quelle est l'influence de la position et du braquage des gouvernes, du centrage et de la répartition des masses dans le fuselage et les ailes, sur les caractéristiques de la vrille d'un avion.

Cette méthode est actuellement utilisée pour étudier la vrille d'une maquette de monoplan à aile haute de 0,60 mètre d'envergure. À l'intérieur de celle-ci se trouve un déclencheur qui, au bout de 30 secondes, modifie le braquage du gouvernail de direction ; cette action a pour effet de faire cesser la vrille de la maquette, qui amorce alors une glissade et se précipite contre le filet entourant la veine d'expérience. Cet essai permet donc de s'assurer immédiatement de l'efficacité du gouvernail de direction d'un avion en vrille. Il est également possible d'étudier par le même procédé l'influence d'une modification du braquage des ailerons ou du gouvernail de profondeur.

(*Suite*)

La seconde méthode d'étude de la vrille consistera à fixer la maquette sur un support tournant et à mesurer, au moyen de balances solidaires de ce support, les six composantes des actions aérodynamiques s'exerçant sur la maquette lorsqu'elle effectue une vrille géométriquement semblable à celle de l'avion qu'elle représente. La détermination des six composantes se fera successivement au moyen de deux balances. La première mesurera les quatre composantes suivant deux axes perpendiculaires situés dans le plan horizontal passant par le point homologue du centre de gravité de l'avion ; la seconde balance mesurera les deux composantes suivant l'axe vertical passant par ce point. »

J.-D. Vagner, extrait de *L'Aéronautique* n°230 (1938).

Écoulements turbulents :

- Effet de la turbulence – contrôlée par l'interposition de grilles dans la veine de la soufflerie – sur les forces aérodynamiques et sur la réponse des anémomètres. la Fig. 6.4 illustre la diminution de portance et l'augmentation de traînée, à incidence donnée, lorsque la turbulence augmente. Cet effet, étudié en relation avec Clark Millikan à Pasadena (Californie), est important vis-à-vis des conditions d'atterrissage et de la stabilité transversale des avions. La turbulence est caractérisée par la méthode de la sphère étalon ou par la dispersion de bulles (cf. section suivante) (P. Guienne, A. Fauquet, G. Rollin).
- Effet de la turbulence atmosphérique, mesurée à l'anémoclinomètre (cf. section suivante), sur la polaire d'un avion en vol. (L'anémoclinomètre fournit la vitesse de l'avion et son incidence ; connaissant la verticale et le poids de l'avion, on en déduit la traînée et la portance.)

Une part importante des recherches financées par le service des recherches de l'Aéronautique est liée à l'étude de l'atmosphère et de sa turbulence. Cette thématique va devenir le cœur des recherches personnelles de Kampé de Fériet.

6.3.3 Recherches sur la turbulence atmosphérique

La turbulence émerge comme objet de recherches en 1933, à l'initiative de Kampé de Fériet[53]. Celui-ci noue alors des contacts avec les universités américaines, notamment avec von Kármán avec qui il entretiendra une abondante correspondance. Kampé de Fériet engage des réflexions théoriques sur la notion de moyenne[54], sur le caractère multi-échelles de la turbulence, son analyse statistique, et ses propriétés

[53] Kampé de Fériet (1934); Kampé de Fériet & Martinot-Lagarde (1937).

[54] Kampé de Fériet (1957) ; Chassaing (2019), pp. 245–246.

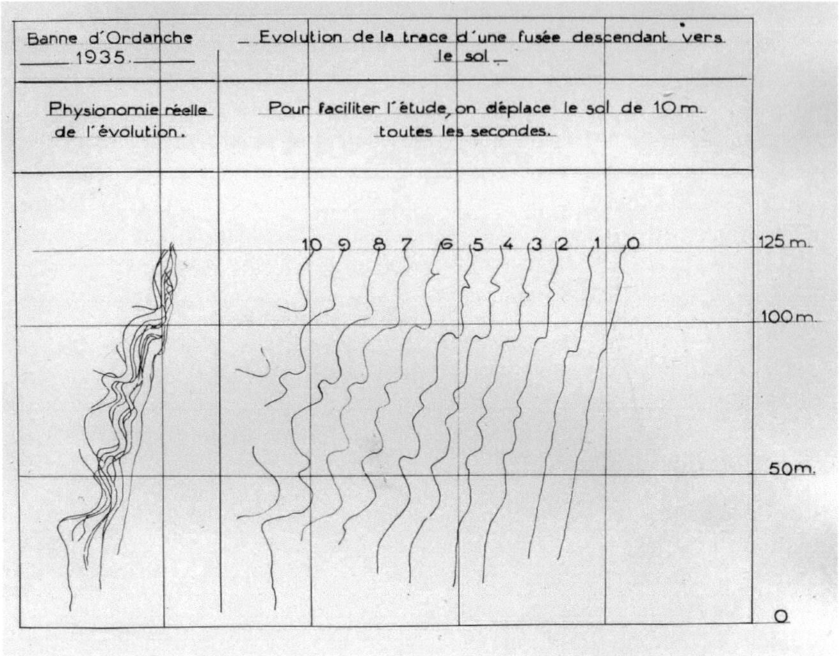

Fig. 6.10 Évolution, à intervalles d'une seconde, d'un filet de fumée de 125 mètres de hauteur émis par une fusée traceuse (1935)

de diffusion. Sur le plan expérimental, des développements métrologiques originaux visent à améliorer la dynamique (bande passante) des mesures de vitesse. À partir de 1935, ces recherches se développent sur le terrain, dans le cadre de la Commission de la turbulence atmosphérique.

Exploration des basses couches de l'atmosphère. La basse atmosphère est explorée à l'aide d'enregistrements photographiques de guirlandes de manches à air suspendues à des cerf-volants (J. Sauvegrain)[55]. Une autre méthode consiste à cinématographier l'évolution d'un filet de fumée émis par une fusée traceuse tombant d'une hauteur de quelques centaines de mètres. La Fig. 6.10 illustre ces observations, montrant notamment la présence, à l'altitude de 100 mètres environ, d'une surface de discontinuité de la vitesse du vent. Une troisième méthode consiste à enregistrer les fluctuations du vent à l'aide d'un "anémoclinomètre" (cf. ci-dessous) embarqué sur l'avion mis à la disposition de l'institut (un Potez 58, piloté par le sergent Cocu). Ces observations sont effectuées au-dessus des falaises du cap Blanc-Nez (Pas-de-Calais) et au Centre aérologique national de la Banne d'Ordanche (Puy-de-Dôme).

[55] J. Sauvegrain, Sur une méthode d'étude de la structure du vent au voisinage du sol. *In* (Kampé de Fériet, 1935), t. 1, pp. 309–312.

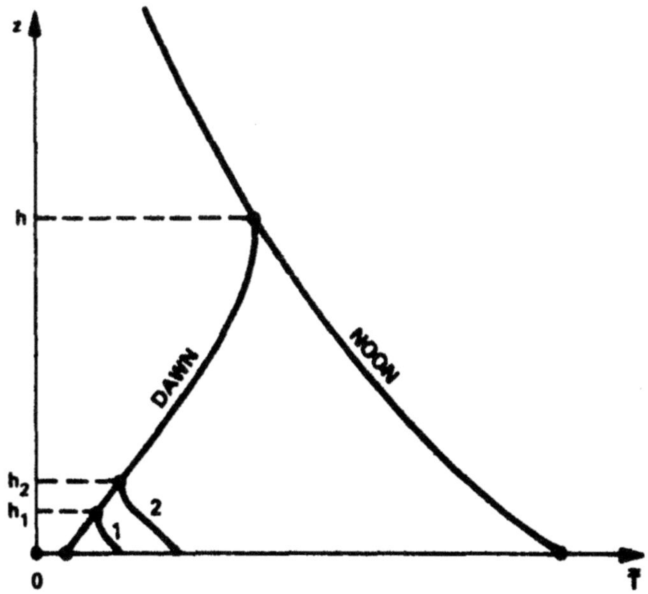

Fig. 6.11 Évolution du profil vertical de la température de l'atmosphère, mesuré en 1940 au Sahara, de l'aube (*dawn*) à midi (*noon*) ; la hauteur *h* est de l'ordre de 10 mètres (Kampé de Fériet, 1975)

La couche limite atmosphérique fait cependant intervenir une complication, explique Kampé de Fériet :

> L'atmosphère offre un laboratoire grandiose où la couche limite turbulente a une épaisseur de 10 à 100 mètres [...] Mais un nouveau phénomène intervient : la variation de la densité de l'air avec l'altitude ; des idées théoriques neuves sont donc nécessaires.

En février et mars 1940, Kampé de Fériet et Guillemet effectuent un séjour sur une hamada saharienne (plateau rocheux). Les conditions y sont exceptionnellement favorables : planéité du sol presque parfaite, homogénéité de l'atmosphère sur des centaines de kilomètres. La loi logarithmique du profil de vitesse du vent – établie par von Kármán et Prandtl en 1932 – est vérifiée. Une autre étude porte sur l'évolution, au cours de la journée, du profil vertical de température (Fig. 6.11). La nuit, ce profil s'inverse du fait du refroidissement du sol par rayonnement, jusqu'à des températures proches de 0°C (profil *dawn*) ; au lever du soleil, la température remonte à partir du sol (profils 1 et 2). Les profils sont mesurés, au 1/10 de degré près, à l'aide d'un appareil mis au point à l'IMFL, et breveté.

La dynamique de l'atmosphère par l'observation des nuages. Les premières observations cinématographiques des nuages ont été réalisées, dès 1912, par le

Meteorological Office de Londres. Kampé de Fériet poursuit ces investigations en leur donnant un caractère plus quantitatif :

> Depuis 1933 j'ai systématiquement utilisé les nuages comme méthode de visualisation des mouvements atmosphériques; les gouttelettes d'eau microscopiques (0,1 à 0,01 mm habituellement) qui constituent un nuage ont des vitesses de chute très lente par rapport à l'air (quelques centimètres par seconde); les mouvements des gouttelettes ne diffèrent donc que très peu des mouvements de l'air qui les porte, la présence du nuage ayant ainsi l'immense avantage de rendre visibles les mouvements atmosphériques.
>
> Les mouvements des masses nuageuses s'effectuent à la vitesse de quelques mètres par seconde et s'observent en général à des distances de plusieurs kilomètres; contrairement à ce qui se passe pour la plupart des phénomènes de Mécanique des Fluides observés dans les laboratoires, il y a intérêt à accélérer ces mouvements.
>
> En prenant un film à une cadence très lente [...] la projection normale (20 vues par seconde) accélère de 20 à 200 fois l'évolution des nuages observés. La projection d'un tel film produit un effet saisissant, une véritable révélation. [...]
>
> Sur chacun de ces films on a pointé le déplacement de certains détails fins de la masse nuageuse, bien identifiables d'une vue à la suivante; on en déduit facilement un faisceau de trajectoires des particules d'air atmosphérique [56].

La position du nuage dans l'espace est repérée par une triangulation mettant en œuvre deux théodolithes « déclenchés simultanément à distance par une horloge électrique à des intervalles réglables [57]. » Quant à la technique cinématographique, « c'est aux écrans rouges très foncés et aux émulsions sensibles à l'infrarouge (longueur d'onde voisine de 0,8 μm) que je donne maintenant ma préférence. »

Les campagnes sont effectuées successivement en Haute-Savoie, en Auvergne, dans l'Oberland Bernois, et dans le Haut-Valais. Les observations portent notamment sur les mouvements périodiques qui animent les « tours cumuliformes » dominant une mer de nuages, autour du Mont Blanc, et à la station scientifique du Jungfraujoch à l'altitude de 3457 m. Lors de la troisième campagne en 1936, avec Guienne et Descamps, les appareils sont placés au sommet du Mönch, à 4105 mètres.

> En plaçant l'appareil cinématographique sur le glacier du Joch, situé entre la Jungfrau et le Mönch à une altitude de 3500 mètres, il arrive fréquemment qu'on domine d'immenses mers de nuages à sommets cumuliformes occupant toute la partie de la Suisse qui s'étend du nord du Massif de la Jungfrau jusqu'au Jura, aux Vosges et à la Forêt Noire; sur une distance de 200 à 250 kilomètres, tout l'horizon moutonne, les tours cumuliformes s'élevant et s'abaissant, tout en roulant sur elle-mêmes comme des vagues qui déferlent sur une mer parsemée de récifs. [...] La valeur moyenne de la période du mouvement vertical d'une tour est de cinq minutes. Les influences thermiques ressortent nettement de la différence d'amplitude des mouvements; [en cours de journée] les tours sont activement bourgeonnantes, [au coucher du soleil] elles deviennent flasques et molles [58].

[56] J. Kampé de Fériet, Rapport pour une Commission parlementaire, 1937 (Arch. IMFL, ONERA Lille).

[57] J. Kampé de Fériet, L'étude des courants aériens par enregistrement cinématographique des nuages. *C. R. du Congrès de l'Union Géodésique et Géophysique Internationale*, Edimbourg (1936). Texte reproduit par Demuro (2018), pp. 330–342.

[58] J. Kampé de Fériet, *ibid.*

Fig. 6.12 Nuage de sillage du Mont Cervin (4505 mètres) photographié par Kampé de Fériet

Une autre étude, sur l'écoulement d'origine orographique autour du Mont Cervin, s'avère particulièrement instructive. La géométrie de ce mont est très pure : c'est une pyramide à quatre faces quasi-planes, culminant à 4505 mètres, et posée sur un socle bien dégagé et relativement plat entre 2000 et 2500 mètres (Fig. 6.12).

> Par vent de secteur Nord à Ouest, un nuage de sillage manifeste un premier rouleau tourbillonnaire d'une épaisseur d'environ 500 mètres dont la branche descendante est à deux kilomètres du sommet; au-delà s'étend un second rouleau très net dont le centre est vers quatre kilomètres; en outre, dans la partie inférieure de la face au vent se déroule un tourbillon hélicoïdal analogue aux tourbillons marginaux [prenant naissance aux extrémités] des ailes d'avions.

Les films sont confrontés à des essais réalisés dans la soufflerie de l'IMFL sur une maquette du Mont Cervin, de 0,40 mètre de hauteur, pour deux directions de vent.

> On a commencé par déterminer les limites du sillage, en mesurant la pression totale en 600 points; dans la veine de la soufflerie loin de tout obstacle la pression totale demeure constante; dès qu'on pénêtre dans le sillage elle diminue brusquement et devient en même temps turbulente. [...]
>
> On a ensuite exploré le champ des vitesses à l'intérieur du sillage avec des fumées et des fils de soie [...]. Toutes les circonstances observées pour l'écoulement atmosphérique se sont fidèlement reproduites.

Kampé de Fériet se dit le premier surpris de la similarité des deux écoulements autour du Mont Cervin et autour de la maquette :

> À première vue les conditions de similitude définies par les valeurs du paramètre de Reynolds $R = Vd/\nu$ paraissent violées dans une proportion extravagante. [Mais] selon les vues si fécondes de M. Wehrlé, il convient sans doute d'adopter dans chaque cas pour la

viscosité ν la valeur qui correspond à *l'échelle* des mouvements étudiés. [...] Le nombre de Reynolds devient alors du même ordre de grandeur pour la maquette et pour le Cervin.

Sur le dernier point, il est intéressant de comparer l'approche de Kampé de Fériet à celle de Camichel à Toulouse (cf. Chap. 8) : le premier s'attache à restaurer une similitude de Reynolds faisant intervenir une viscosité turbulente ; le second retient l'idée d'un "régime hydraulique" indépendant de la viscosité (pour ce qu'il appelle les « ouvrages courts »), où la similitude de Reynolds perd sa pertinence.

Développements métrologiques. Dans les années 1930, la turbulence d'un écoulement est couramment qualifiée par différentes méthodes :

- La première, rustique mais simple à mettre en œuvre, est la méthode de la sphère ; il s'agit, par la mesure de la force de traînée sur une sphère, à l'aide d'un dynamomètre, de déterminer le nombre de Reynolds Re_c de la "crise de traînée", lequel est d'autant plus élevé que la turbulence est faible (cf. Chap. 3) ;
- Une deuxième méthode consiste à déterminer, dans la couche limite d'une maquette, la position du point de transition à la turbulence (au fil de laine ou au tube de Pitot), « cette position étant un excellent détecteur de cette turbulence » ;
- Une méthode plus quantitative consiste à mesurer, à l'aide d'un anémomètre, les fluctuations de vitesse et d'en déterminer le spectre ;
- Une dernière méthode consiste à étudier la diffusion par la turbulence du panache thermique d'un fil chauffé, ou du panache d'un nuage de petites bulles de savon.

Ces méthodes seront toutes utilisées à l'IMFL, les deux dernières – les plus fines – faisant l'objet de développements métrologiques particuliers.

La question de la détermination des fluctuations de vitesse, en grandeur et en direction, va conduire au développement d'un instrument original : "l'anémoclinomètre". Il s'agit d'une sphère de quelques centimètres de diamètre percée de trous reliés à des manomètres (Fig. 6.13). Trois mesures de pression différentielle permettent de mesurer les trois composantes de la vitesse de l'air[59]. Cet instrument sera breveté et utilisé par plusieurs laboratoires étrangers. L'appareil fonctionne à partir de 1935, reproduisant fidèlement des rafales dont la durée est inférieure à la seconde. En 1937, cette durée est réduite à 0,1 seconde grâce à un dispositif enregistreur optique sur bande de papier sensible, qui permet de se libérer « des caprices des plumes à frottement variable ». Il fera ensuite l'objet de nombreuses améliorations : miniaturisation, mesures électriques, diminution du temps de réponse, etc.

Embarqué sur un avion et disposé en avant du fuselage (Fig. 6.14), l'anémoclinomètre permet, en premier lieu, de déterminer la vitesse de l'avion et les angles d'incidence et de dérapage. Les fluctuations renseignent par ailleurs sur la turbulence de l'air environnant, particulièrement intense dans le voisinage et à l'intérieur des nuages convectifs de type cumulus et cumulonimbus. L'étude est publiée dans les *Bulletins des Services Techniques* du ministère de l'Air par Paul

[59] Kampé de Fériet et al. (1938).

Fig. 6.13 Anémoclinomètre (boule percée) et son manomètre triple à enregistrement optique

Fig. 6.14 Anémoclinomètre monté en avant du fuselage de l'avion-laboratoire (Potez 54) de la Commission de la turbulence atmosphérique

Dupont, ingénieur en chef de l'Aéronautique et membre de la Commission de la turbulence atmosphérique[60].

L'anémoclinomètre suit fidèlement les variations "lentes" de la vitesse de l'air, c'est-à-dire celles qui se produisent sur un temps typiquement supérieur à quelques dixièmes de seconde. Mais, du fait de l'inertie de l'eau dans ses branches, il ne peut pas restituer les variations plus rapides. L'anémomètre à fil chaud, plus sensible, reproduit les variations de l'ordre du centième de seconde. Il existe donc, pour chaque type d'anémomètre (à coupelles, à moulinet, anémoclinomètre, à fil chaud,...), un temps caractéristique de réponse aux fluctuations. Une des premières études pour la Commission de la turbulence atmosphérique, porte sur la détermination, dans la grande soufflerie de l'IMFL, de la réponse de ces divers anémomètres à des fluctuations imposées.

Deux méthodes sont mises en œuvre. La première consiste à déplacer rapidement l'anémomètre, monté sur un chariot, d'un bord à l'autre de la veine de la soufflerie : la durée de la montée du signal lorsque l'instrument entre dans le courant d'air, ou de sa descente lorsqu'il en sort, donne le temps caractéristique de la réponse. La seconde méthode consiste à hacher le courant d'air par une "hélice coupe-vent" placée juste à l'amont de l'instrument (Fig. 6.15). La vitesse de l'air dans la soufflerie étant fixée, et à faible vitesse de rotation de la pale, l'instrument enregistre fidèlement la variation de vitesse de l'air lors du passage de la pale (Fig. 6.16). Au-delà d'une certaine vitesse de rotation, l'instrument ne "voit" plus l'occultation. On détermine ainsi la fréquence de coupure de l'instrument.

L'anémométrie à fil chaud, introduite en France en 1923 par Magnan (cf. Chap. 3)[61], arrive à l'IMFL vers 1935, avec un appareil « HMP » (Huguenard-Magnan-Planiol) prêté par l'Office national météorologique (ONM). L'appareil fait l'objet d'études de temps de réponse. La Fig. 6.17a montre l'anémomètre et la caméra à défilement continu filmant l'écran de l'oscilloscope cathodique. La Fig. 6.17b montre un extrait d'un film d'enregistrement de l'anémomètre placé derrière l'hélice coupe-vent.

Les études menées sur le sujet au cours de la décennie donnent lieu à une publication de synthèse, en 1939, dans les *Publications Scientifiques et Techniques* du ministère de l'Air[62].

Analyse statistique de la turbulence. L'analyse statistique des fluctuations à partir de leur enregistrement temporel requiert de longs dépouillements. Cette analyse peut être simplifiée à l'aide d'un dispositif optique et photographique, étudié en

[60] Dupont (1938).

[61] Huguenard et al. (1923, 1926).

[62] Kampé de Fériet et al. (1939).

Fig. 6.15 "Hélice coupe-vent" en rotation devant un anémomètre (à droite) ; sur la table, trois enregistreurs à cylindres tournants

collaboration avec Georges Dedebant de l'ONM, qui supprime « l'intermédiaire "historique" du déroulement du phénomène » :

> Dans la recherche de la loi de fréquence des valeurs d'une grandeur physique, autour d'une valeur moyenne, l'idée nouvelle consiste à remplacer le laborieux dépouillement de la courbe donnant la variation de cette grandeur en fonction du temps, par l'analyse au microphotomètre du noircissement d'une plaque photographique fixe impressionnée par le spot de l'appareil mesurant cette grandeur ; cette conception supprime l'intermédiaire "historique" du déroulement du phénomène, tout à fait inutile pour aboutir à une description statistique comme celle que donne une loi de fréquence ; le temps total que le spot a placé entre deux divisions de l'échelle se déduit en effet du noircissement de la plaque ; le quotient

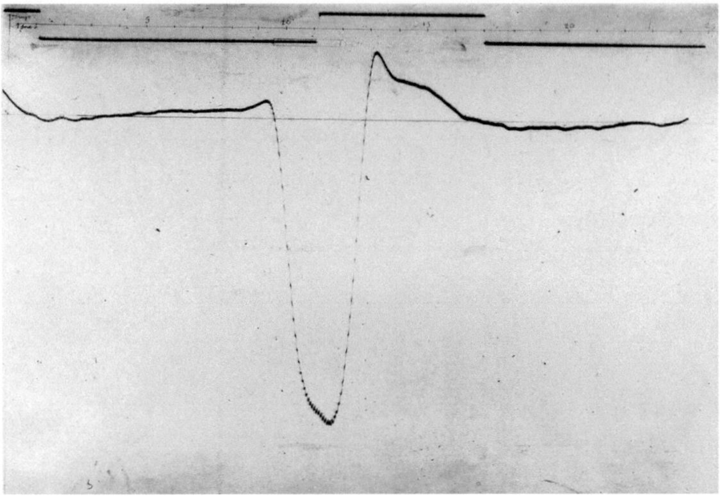

Fig. 6.16 Enregistrement de la vitesse de l'air sur un anémomètre Papillon (ONM) au passage d'une pale en rotation; durée du passage : 2,2 secondes

de ce temps par la durée totale de l'épreuve donne la fréquence de la valeur correspondante de la grandeur étudiée[63].

Des études de corrélation spatiale de la turbulence sont aussi entreprises, afin de tester l'hypothèse de Taylor d'une turbulence "gelée" transportée par l'écoulement moyen. Deux campagnes d'étude de la turbulence du vent au niveau du sol sont réalisées en 1935 et 1936, à la Banne d'Ordanche, mettant en œuvre trois anémoclinomètres disposés en triangle, ou alignés. La vitesse des tourbillons est ainsi mesurée – elle peut être différente de la vitesse moyenne du vent.

Diffusivité turbulente. Une caractéristique de la turbulence est sa capacité à disperser toute grandeur attachée au fluide, telle que la température, la concentration d'une espèce chimique, ou de petites particules (fumées, brouillard de gouttelettes). G. I. Taylor, en 1921, a établi une loi statistique – la première, restée fameuse – de croissance du déplacement quadratique moyen, dans une direction, d'une particule fluide, en fonction de l'intégrale de la fonction de corrélation de la vitesse dans la même direction (cf. Chap. 3). Grand admirateur de Taylor et de "sa merveilleuse intuition physique", Kampé de Fériet s'attache à intégrer cette loi (une équation différentielle), et à la généraliser en faisant intervenir le spectre de Fourier des fluctuations[64] – Taylor lui-même reprend la question à partir de 1935. Cette loi prédit notamment qu'à partir d'un point d'émission, le panache formé par la grandeur diffusée prend, vers l'aval, tout d'abord la forme d'un cône puis d'un

[63] J. Kampé de Fériet, Rapport pour le GRA, déc. 1941.

[64] Kampé de Fériet (1939a,b).

(a)
(b)

Fig. 6.17 (**a**) Anémomètre à fil chaud (à droite, devant la paroi circulaire de la soufflerie) et caméra à défilement continu filmant l'écran de l'oscilloscope cathodique (à gauche) ; (**b**) extrait du film d'enregistrement de l'anémomètre placé derrière l'hélice coupe-vent (Kampé de Fériet et al., 1939)

paraboloïde. Cette prédiction est testée par des expériences à La Banne d'Ordanche (Fig. 6.18).

De façon plus quantitative, Kampé de Fériet entreprend, dans la soufflerie de l'institut, des expériences de diffusion de petites bulles de savon à partir d'une buse. La Fig. 6.19 montre le dispositif expérimental[65]. La soufflerie est dans l'obscurité, seul un plan normal à l'axe OO' de la soufflerie est éclairé. Le passage des bulles B dans ce plan est enregistré par l'appareil photo C. Le dépouillement des clichés

[65] Kampé de Fériet (1940).

Fig. 6.18 Panache de diffusion d'une fumée dans le vent, à La Banne d'Ordanche (1937)

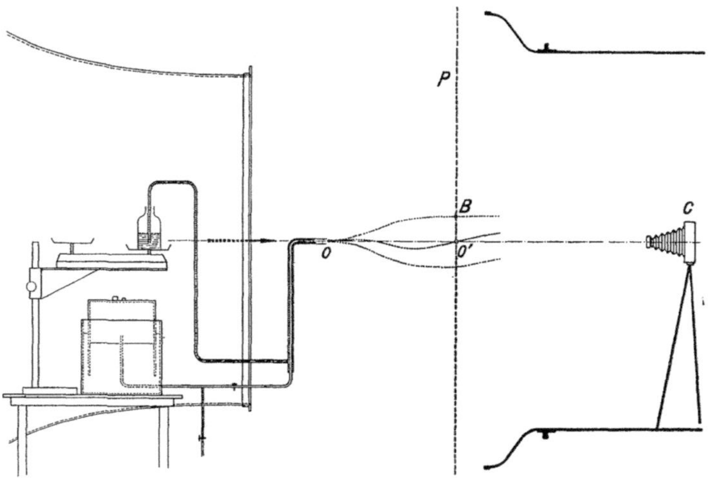

Fig. 6.19 Installation d'étude de la dispersion de petites bulles de savon par un écoulement turbulent ; les bulles sont émises au point O ; le passage des bulles B dans le plan lumineux P est enregistré par l'appareil photo C

permet d'obtenir le nombre de bulles passées dans des couronnes concentriques centrés sur l'axe du panache (Fig. 6.20). Des courbes ainsi tracées, d'allure gaussienne, la prédiction de Taylor peut être testée – notamment la croissance linéaire de la variance à partir d'une certaine distance du point d'émission (Fig. 6.21). L'étude, publiée lors du 5e ICAM, en 1938 à Cambridge (Massachusetts), est ensuite reprise par son étudiant Frenkiel.

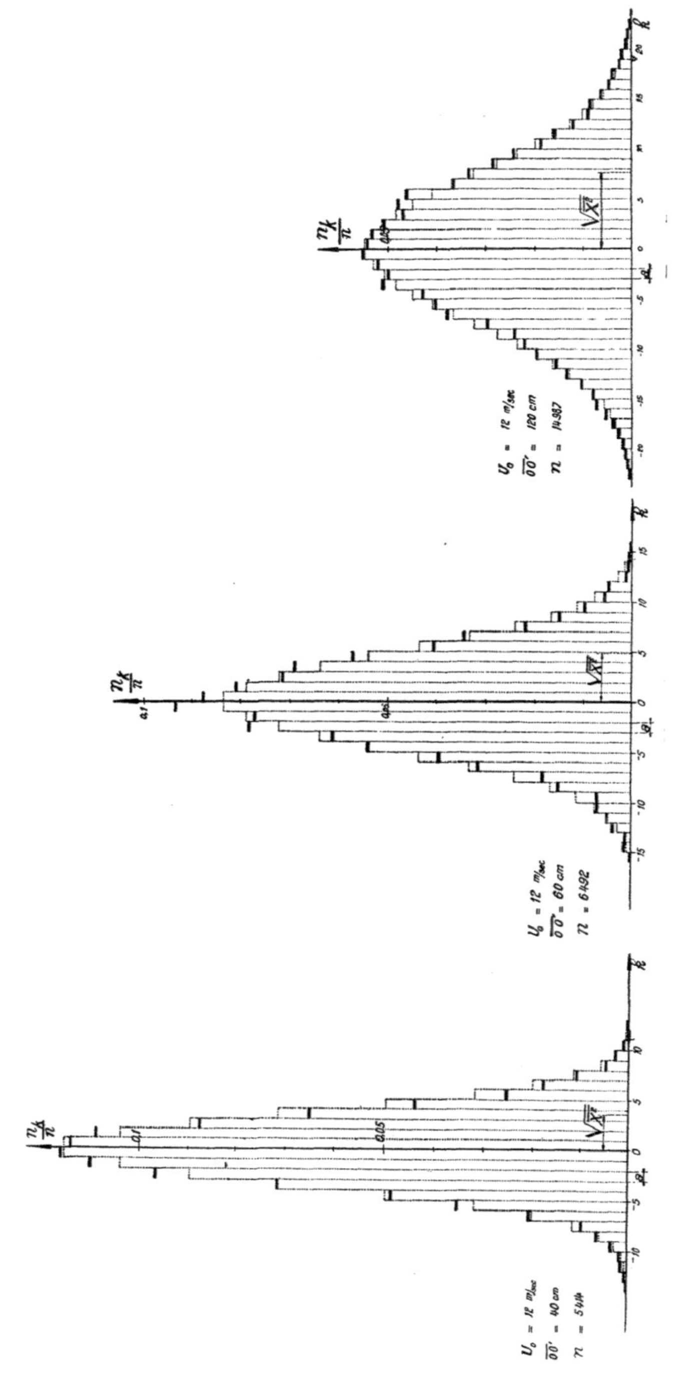

Fig. 6.20 Distribution radiale des bulles (unité de longueur = 4 mm) pour trois distances de la source, $OO' = 40$, 60 et 120 cm ; vitesse de l'écoulement : 12 m/s ; nombre de bulles enregistrées : 5414, 6492 et 14987

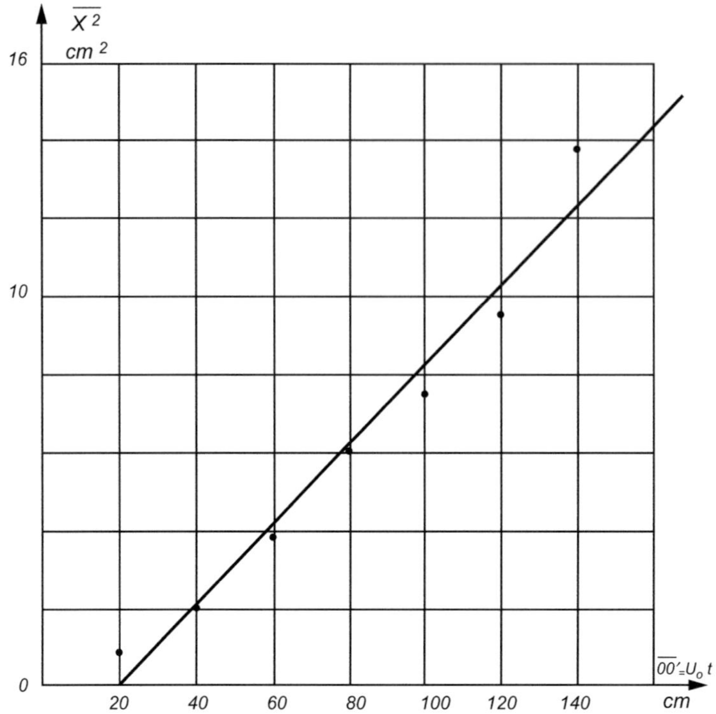

Fig. 6.21 Variance de la distribution en fonction de la distance OO'

6.3.4 *Rayonnement international de Joseph Kampé de Fériet*

Les travaux de Kampé de Fériet sur la turbulence donnent lieu, dans les années 1930, à neuf publications internationales dont trois aux congrès de mécanique appliquée (ICAM)[66]. Dans le contexte de l'entre-deux-guerres, ce nombre est important. Kampé de Fériet est alors, pour la mécanique des fluides, la personnalité française la plus reconnue à l'étranger. Considérons plus précisément son activité autour de l'année 1938. En octobre 1937, il est nommé membre étranger de la *Lilienthal Gesellshaft für Luftfahrtforschung*, société aéronautique allemande, et prend part à l'assemblée annuelle de cette société à Munich[67]. En mars 1938, il participe à une campagne d'études des nuages à la station scientifique du Jungfraujoch dans l'Oberland Bernois. Quelques jours plus tard, il donne une conférence sur

[66] Une discussion plus complète des publications de l'IMFL et des autres instituts de mécanique des fluides est présentée au dernier chapitre.

[67] Pour l'histoire de cette société fondée en 1935 par Adolf Baeumker, et ses liens avec le régime nazi, cf. Eckert (2006), §8.2.

"la turbulence atmosphérique" à l'aéro-club royal d'Amsterdam et une autre à l'université de Delft. de Berne, meeting dont il rend compte en juillet dans une conférence à l'aéro-club de Paris. Il participe en septembre au 5e ICAM à Cambridge (Massachusetts). Il donne ensuite une série de conférences sur la turbulence au CalTech, à l'invitation de von Kármán. Début 1939, il accomplit une longue mission aux États-Unis, en tant que chargé de mission par le ministère de l'Air, qui l'amène à visiter New-York University, Columbia University, le Bureau of Standards (Washington), le NACA (Langley Field, Virginie), le MIT (Boston), Caltech (Pasadena), Stanford University (San Francisco), University of Michigan (Ann Arbor), et les usines Douglas et Lockheed à Los Angeles. Ces voyages et conférences s'interrompent pendant la guerre, puis reprennent intensément à la Libération.

Les publications de Kampé de Fériet les plus citées dans l'après-guerre – notamment dans les ouvrages de Batchelor et de Monin & Yaglom)[68] – sont, en plus de celles déjà mentionnées :

- Le tenseur spectral de la turbulence homogène, non isotrope, dans un fluide incompressible, *C. R.* **227**, 760–761 (1948) ;
- Averaging processes and Reynolds equations in atmospheric turbulence, *J. Meteor.* **8**, 358–361 (1951) ;
- Fonctions aléatoires et théorie statistique de la turbulence homogène, chapitre du livre *Théorie des fonctions aléatoires* de A. Blanc-Lapierre & R. Fortet Éds, Masson, Paris (1953), pp. 568–623 ;
- Problèmes mathématiques posés par la mécanique statistique de la turbulence. *In Proc. Int. Congress Math. Amsterdam* **3**, pp. 237–242, North-Holland Publ. Co., Amsterdam (1956).

6.4 Les Journées de Lille (1934)

L'inauguration des nouveaux locaux de l'institut, le 7 avril 1934, est couplée avec le congrès de la Société des ingénieurs civils de France, lui-même organisé à l'occasion de la Foire commerciale de Lille. Ce congrès est opportunément consacré cette année-là à « l'examen des problèmes de physique des fluides et leurs applications industrielles ». La Fig. 6.22 en montre de comité de patronage. La participation rassemblée par Kampé de Fériet en fait un véritable événement scientifique, premier colloque national de mécanique des fluides, dont les Actes seront publiés en deux tomes (Fig. 6.22)[69].

[68] Batchelor (1953); Monin & Yaglom (1965).

[69] (Kampé de Fériet, 1935). Les colloques de la Société hydrotechnique de France (SHF) sont plus anciens que le colloque de Lille, mais plus spécialisés autour de l'hydraulique technique.

Fig. 6.22 Comité de patronage du congrès de Lille. 1. Général Denain, ministre de l'Air ; 2. A. Guillon, préfet ; 3. J. Cavalier, directeur de l'Enseignement supérieur ; 4. M. Châtelet, recteur ; 5. M. Kampé de Fériet, directeur de l'IMF, 6. M. Rousseau, conseiller municipal ; 7. Verlhomme, secrétaire de la préfecture ; 8. A. Métral, chef de cabinet du ministère de l'Air ; 9. H. Neu, industriel, membre du CA de l'IMF ; 10. M. Delannoy, architecte ; 11. H. Potez, président de la chambre syndicale des industries aéronautiques ; 12. A. Caquot, directeur général honoraire de l'Aéronautique ; 13. M. Villat, professeur à la Sorbonne, membre de l'Institut ; 14. A. Descamps, président de la Première Région économique ; 15. M. Gadenne, président de section L.R.T. de la Société des ingénieurs civils de France

6.4.1 Discours d'ouverture

Les discours d'ouverture du congrès illustrent bien le contexte politique de la création des instituts de mécanique des fluides. Le directeur de l'Enseignement supérieur, Jacques Cavalier, commence par y rendre hommage appuyé au directeur général technique Caquot. Puis, après un éloge de la mécanique des fluides,

« science neuve et désormais d'un intérêt primordial », il en dresse un panorama bien informé :

À la vérité, [la mécanique des fluides] n'était pas tout à fait inexistante : plusieurs universités, profitant de la liberté d'action que leur avait donnée la réforme de 1896, avaient délibérément, dès avant la Guerre, tourné une partie de leur activité vers les applications de la science. À Nancy, à Grenoble, à Toulouse, s'étaient créés des Instituts d'Électrotechnique, organes d'enseignement et de recherches en contact étroit avec les Industries électriques. Il ne pouvaient se désintéresser de la production de l'électricité et, par suite, de l'aménagement des chutes d'eau, de l'hydraulique en général.

Aussitôt après la guerre, sur l'initiative de M. Bedouce, alors Rapporteur du Budget des Forces Hydrauliques à la Chambre, un crédit fut affecté spécialement aux « Recherches pour la production et l'utilisation des forces hydrauliques ». Depuis lors, ce crédit continue à être réparti chaque année par le ministère des Travaux publics, qui en a la gestion, entre les différents organismes extérieurs, parmi lesquels nos Universités figurent en bonne place.

Je tiens à souligner la collaboration cordiale qui s'est établie ainsi entre les deux Minstères des Travaux publics et de l'Éducation nationale.

Grenoble et surtout Toulouse, possèdent aujourd'hui, grâce à cela, un outillage de premier ordre pour l'étude des questions d'hydraulique, grâce à quoi M. Camichel, – un ancien Lillois, puisque c'est ici qu'il fit ses premières armes – a pu réaliser ses belles recherches expérimentales, grouper autour de lui une équipe de travailleurs bien entraînés et constituer un centre de premier ordre pour les recherches de l'hydraulique.

Si l'eau était à peu près bien dotée, il n'en va pas de même pour l'air. Grosse lacune à combler ! Avec le concours moral et la contribution financière du ministère de l'Air, quatre Instituts de Mécanique des Fluides ont été créés à Toulouse, Marseille, Paris et Lille.

On eut été bien surpris de ne pas trouver Lille dans cette affaire et cette énumération. Depuis toujours, et surtout aujourd'hui, sous la direction intelligente, active et enthousiaste de son jeune Recteur, l'Université de Lille ne s'est-elle pas intéressée à la science appliquée, n'a-t-elle pas cherché et gardé le contact avec les industriels de sa région laborieuse ? [...]

Pour former [les hommes] de demain, et aussi et surtout pour éveiller les vocations futures, on a créé des enseignements de Mécanique des Fluides. D'abord les chaires des quatre Instituts, puis des enseignements dans cinq autres facultés : à Strasbourg, Lyon, Poitiers, Caen et Rennes. La Mécanique des Fluides a désormais droit de cité dans plus de la moitié des facultés des Sciences [70].

Élargissant la perspective, Cavalier développe ensuite un point de vue sur l'enseignement supérieur témoignant d'un bel esprit d'ouverture :

Gros effort, et l'on doit se demander si les résultats répondent aux efforts et aux sacrifices consentis. Un industriel dirait : « L'opération paie-t-elle ? » Peut-être est-il trop tôt pour en juger définitivement ; [...] Je voudrais seulement affirmer ma foi dans la valeur, non seulement morale et esthétique, mais aussi pratique de la science, fût-elle la plus désintéressée dans ses intentions premières ; les sacrifices que le Pays fait pour elles finissent toujours par trouver, dans l'ensemble, leur récompense et leur salaire.

Il y a loin souvent de la recherche de laboratoire ou de la conception du savant dans son cabinet à une réalisation pratique qui en découle ; il y a loin des équations de Maxwell à la fabrication en série des appareils bon marché de T.S.F. ; entre les deux extrêmes, que de recherches, que de travaux dont les auteurs ne voyaient certes pas le point d'arrivée ! [...] Peut-être [quelques recherches] n'ont-elles pas abouti ? Faut-il s'en étonner ? Gagne-t-on à chaque tirage de la Loterie ? [...] Ici, c'est le plan d'ensemble qu'il conviendra un jour d'apprécier et non les cas particuliers.

---

[70] *Ibid.*, t. 1, pp. XLV-XLVIII.

Dans le discours qui suit, Albert Caquot – qui, un mois auparavant, a démissionné de sa direction au ministère de l'Air – réaffirme son *credo* dans une politique de commande de prototypes, qui permet selon lui de stimuler l'invention et de sélectionner les meilleurs appareils. Il fait ensuite un éloge de Kampé de Fériet et de ses études sur la turbulence et leurs applications. Il décrit aussi avec précision les activités de l'institut de chimie appliquée (sur le magnésium) et de l'institut électromécanique (sur la tribologie). Le discours du ministre de l'Air, qui clôture la séance, paraît bien pâle au regard des précédents. Il annonce surtout une mauvaise nouvelle : une période de compressions budgétaires, « indispensables pour l'avenir même du pays ». C'est lui qui dira bientôt : « Le temps des recherches est terminé ; le temps des réalisations commence[71] ! »

6.4.2 Contributions scientifiques

Les Actes des *Journées* de Lille rassemblent les contributions de représentants des principaux centres de recherche français : instituts de mécanique des fluides de Paris, Lille, Toulouse et Marseille, institut aérotechnique de Saint-Cyr, Conservatoire national des arts et métiers, et laboratoires de Strasbourg et de Nantes. Des industriels y présentent également des communications, tels Louis Breguet sur les gyroplanes – futurs hélicoptères –, et Georges Darrieus pour une *Note sur la théorie de la couche limite*. L'aérodynamique y est bien entendu largement présente, mais aussi « l'aérolique » et l'hydraulique. Le colloque fait apparaître sept thématiques :

- L'aile (14 communications) : essais en soufflerie sur maquette (A. Martinot-Lagarde, W. Margoulis, L. Toussaint), métrologie et balances aérodynamiques (M. Denis), volets hypersustentateurs, visualisation des lignes de courant (A. Favre), couche limite (G. Darrieus), ... ;
- La carène (7) : accélérations (J. Luneau : « à vitesse égale, la résistance croît considérablement avec l'accélération »), hydroplanage (G. Gruson), capotage des moteurs, résistance des véhicules (J. Lacaine), matériel ferroviaire ;
- Le vent (6) : ventilation et tirage, forces exercées par le vent sur les bâtiments (Nokkentwed, Copenhague), « théorie mécanique des nuages en bandes » (A. Métral) ;
- L'hélice (6) : théorie et expériences (A. Lapresle, A. Tenot, J. Valensi, D. Riabouchinsky), voilures tournantes des « gyroplanes », futurs hélicoptères (L. Breguet) ;
- Le ventilateur et le compresseur (7) : pompes à vide, compresseurs, turbomachines (W. Margoulis) ;
- La canalisation (12) : lien entre écoulements entre glaces parallèles et écoulements bidimensionnels (R. Thiry et L. Sackmann), débitmétrie, pertes de charge,

[71] Cité par Rocard (1988), p. 41.

régimes transitoires (Ch. Camichel), phénomènes thermiques (E. Brun), stabilité de l'équilibre préconvectif (H. Bénard), instabilité de la couche limite d'un cylindre tournant (M. Luntz et P. Schwartz), auto-oscillations ;
- L'air conditionné (4).

La nombreuse participation et la diversité thématique des communications témoignent déjà, quatre ans après sa fondation, du dynamisme et du rayonnement scientifique de l'institut de Lille, et plus généralement de la vigueur de la mécanique des fluides française, où se côtoient théoriciens, expérimentateurs, et industriels.

6.5 Les années de guerre (1940–1945)

6.5.1 Le repli à Toulouse

La France et l'Allemagne entrent en guerre le 3 septembre 1939. L'IMFL, depuis 1938 sous la tutelle du Groupement pour les recherches aéronautiques (GRA), vit dès lors dans les incertitudes de la "drôle de guerre". En janvier 1940, le général Dumanois, président du GRA, informe Kampé de Fériet du plan d'un transfert prochain de l'institut, sans en préciser la date ni la destination[72]. Seuls les personnels de « l'échelon A » (Kampé de Fériet, Martinot-Lagarde, Guillemet, Vagner et Rollin) sont mis au courant de ce plan, à titre confidentiel. Le reste du personnel, correspondant à « l'échelon B », n'en sera informé que le jour où arrivera l'ordre de transfert. Kampé de Fériet doit désigner un ingénieur de l'échelon A, sous l'autorité duquel seront placés les divers services de l'institut ainsi que tous les personnels de l'échelon B. Cet ingénieur relèvera directement du siège du GRA.

L'armée allemande lance son offensive le 10 mai 1940, contournant la ligne Maginot par la Hollande et la Belgique. Le 16 mai, l'IMFL reçoit l'ordre de se replier à Orléans, où le GRA s'est installé. Le jour même, Kampé de Fériet réunit le personnel dans l'amphithéâtre de l'institut et l'informe de l'ordre de rejoindre Orléans dès le lendemain. Seul restera à Lille le concierge Gaston Helvig. On part précipitamment, avec les familles, en bicyclette pour les plus jeunes, en voiture ou en train pour les autres. Seulement quelques valises de documents de l'IMFL sont emmenées, notamment ceux de Kampé de Fériet, les dossiers intéressant la défense, et les études sur la météorologie. La camionnette de l'institut, tombée en panne à la sortie de Lille avec sa remorque, est ramenée à l'institut avec l'aide d'un garagiste, et détruite.

L'institut reste trois semaines à Orléans, reprenant tant bien que mal son activité dans la salle de bal de l'hôtel Saint-Aignan : inventaires, dépouillement des derniers essais, rédaction de notes techniques. Kampé de Fériet, parti en prospection, téléphone le 6 juin de Toulouse : il a trouvé une chapelle désaffectée où réinstaller

[72] Lettre du président du GRA au directeur de l'IMFL, 23 janv. 1940 (Arch. IMFL, ONERA Lille).

Fig. 6.23 Le château de Péchestier où l'IMFL se retrouve en juin 1940 ; au premier plan, Louisette Desbottes, secrétaire (Arch. IMFL, ONERA Lille)

l'institut, 26 rue Riquet. Cette chapelle, propriété de la Ville, est mitoyenne de l'institut électrotechnique dirigé par Charles Camichel. C'est probablement par l'entremise de Camichel ou de son adjoint Escande que la chapelle a été repérée. Le 10 juin, l'ensemble du personnel quitte Orléans pour Toulouse. « Les Allemands approchent de Paris, exode des parisiens, trains bondés », écrit Maurice Dubois, dessinateur de l'institut [73].

Le personnel s'installe précairement dans le château de Péchestier, à dix kilomètres à l'est de Toulouse (Fig. 6.23). Ce château a été trouvé par l'un des ingénieurs, Pierre Dupuis, parti en reconnaissance quelques jours auparavant avec sa Simca 5. Durant l'été qui suit, on y fait l'inventaire des dossiers sauvés et récupérés (certaines valises confiées à la SNCF ont été perdues, on en retrouve quelques-unes éventrées sur le quai de la gare, jusqu'à deux mois plus tard). On poursuit le dépouillement de mesures effectuées à Lille, et la rédaction de notes techniques ; Kampé de Fériet dispense un cours de météorologie au personnel ; des études d'aérologie sont entreprises dans le parc, en particulier des mesures de profils de température et de vitesse du vent (Guillemet et Vagner) ; on étudie un profil

[73] Les indications données ici sont tirées de précieuses notes rédigées par Maurice Dubois, dessinateur collaborateur de Georges Rollin, rassemblées sous le titre *Activités de l'IMFL de mai 1940 à début 1945* (Arch. IMFL, ONERA Lille).

d'aile emporté sur le toit d'une Citroën (Guillemet et Rollin) ; on étudie un projet de soufflerie pour la chapelle.

Kampé de Fériet, veuf depuis 1934, s'est installé à Péchestier avec ses trois fils. L'un deux, dans un texte de souvenirs, raconte l'installation à Péchestier :

> La répartition des locaux se fit au mieux, grâce au doigté du Chef du personnel, et un des grands mérites de mon Père fut de réussir à créer, dans ce groupe assez disparate, une véritable ambiance familiale : les femmes se mirent à la cuisine ; on mangeait tous ensemble puis on passait dans la pièce voisine écouter avec anxiété les nouvelles données par une mauvaise radio [...]
>
> Une équipe allait naturellement chaque jour à Toulouse et travaillait activement à l'aménagement des locaux du collège (que désormais on appellera "La Chapelle"). Mais pour les autres, mon Père ne tolérait pas qu'on perde son temps : tous ceux qui le pouvaient venaient s'asseoir sur l'herbe, à l'ombre d'un bosquet du parc, et mon Père cherchait à compléter leur formation en Mécanique des Fluides pour les aider dans leurs activités professionnelles. [...]
>
> À l'approche de l'hiver 1940/1941, la plupart du personnel trouva à se loger à Toulouse, de façon plus confortable qu'à Péchestier, provisoirement aménagé en dortoirs dans le grenier ! [...] Mon Père ne garda auprès de lui au Château que quelques collaborateurs ... et nous [74].

6.5.2 *Réinstallation de l'institut*

La chapelle, désaffectée en 1905 lors de la séparation de l'Église et de l'État, a abrité un garage, il reste des affiches de vieilles voitures sur les murs. L'école de filles voisine l'a utilisée comme salle de gymnastique. Les premiers travaux d'aménagement réalisés, financés par le GRA, elle est investie en septembre. L'urgence est la construction de souffleries.

La grande soufflerie. Un avant-projet de grande soufflerie, de cinq mètres de diamètre, à faible niveau de turbulence, avait été conçu avant la guerre, où pourraient être étudiées des maquettes complètes avec moteurs, hélices et volets de gouverne. Compte tenu des circonstances, c'est une soufflerie plus modeste qui est mise en chantier à Toulouse, mais l'idée initiale d'un faible niveau de turbulence est maintenue comme l'explique Kampé de Fériet :

> Des essais récents, effectués en particulier aux États-Unis et en Grande-Bretagne, il résulte que certaines caractéristiques des maquettes d'ailes ou d'avions (portance maximum, traînée minimum) varient rapidement avec la turbulence. Or, la turbulence correspondant aux rafales du vent naturel rapportées à la vitesse des avions est le plus souvent extrêmement faible, beaucoup plus faible que celle de la plupart des souffleries. Il est donc essentiel de

[74] Père Lambert Kampé de Fériet, *Quelques souvenirs de mon père : le professeur Joseph Kampé de Fériet*, 27 pages, Abbaye d'En-Calcat (nov. 2008). Arch. Acad. Sc.

Fig. 6.24 Intérieur de la chapelle toulousaine où se réinstalle l'IMFL ; à droite, la veine octogonale de la soufflerie en construction (Arch. IMFL, ONERA Lille)

réaliser une turbulence bien définie, identique à elle-même, et assez petite pour être voisine de celle des essais en vol [75].

On construit donc, sous la direction de Rollin, une soufflerie en bois à retour guidé, de section octogonale de diamètre 1,20 mètres (Fig. 6.24). Mise en service en janvier 1942, ce sera la plus importante réalisation dans la chapelle. Une grande chambre amont de tranquillisation, suivie d'un collecteur contractant fortement la veine, doit assurer un niveau de turbulence faible. Les aubages des grands coudes du retour guidé, réalisés par la société Fouga à Aire-sur-Adour (Landes), sont installés à l'automne 1942. Une balance Denis-Gruson, que Martinot-Lagarde a lui-même évacuée de la soufflerie de Saint-Cyr lors de la débâcle, et envoyée à Toulouse, est remise en état. De nombreux ajustements améliorent la qualité de l'écoulement dans la veine d'expériences. La turbulence y est qualifiée par les méthodes classiques : méthode de la sphère, méthode du point de transition à la turbulence dans la couche limite de maquettes, mesure des fluctuations de vitesse à l'anémoclinomètre. La méthode de la sphère donne, pour la veine fermée, un nombre de Reynolds critique égal à $\mathrm{Re}_c = 370\,000$, ce qui situe la soufflerie parmi les moins turbulentes, en particulier moins turbulente que la soufflerie de l'institut de Toulouse, à Banlève, où sont faites les mêmes mesures. Fin 1942, la mort de l'ingénieur Pierre Dupuis prive l'institut de son spécialiste de l'anémométrie à fil chaud. Un anémomètre avec son

[75] Rapport sur la construction à Toulouse d'une maquette de soufflerie, 25 sept. 1940. Arch. IMFL, ONERA Lille.

analyseur de fréquences est commandé à un ingénieur-conseil à Grenoble, mais cet appareil ne sera jamais livré.

Petite soufflerie. Une petite soufflerie à retour guidé de 0,30 mètre, modèle réduit de la précédente, est également mise en chantier sous la direction de Vagner. Terminée la première, elle est inaugurée par le président du GRA en avril 1941. En travers de la chambre de tranquillisation, sont tendus des filtres en tissu à rideau ou tôle perforée. Associés au fort convergent qui suit, ils doivent réduire la turbulence à un niveau très faible. Les premières mesures montrent que le niveau atteint est en effet inférieur à celui des souffleries classiques, mais le décès de Dupuis, spécialiste du fil chaud, interrompt les mesures de turbulence fine.

Autres souffleries. Deux autres petites souffleries seront réalisées, l'une pour la visualisation des écoulements et l'autre pour l'étalonnage des appareils de mesure. La construction d'une soufflerie inclinable, pour l'étude de maquettes libres pilotées, est également engagée mais n'ira pas au bout. La soufflerie de visualisation, de type ouvert, est installée dans le chœur de la chapelle. La chambre de visualisation prend place entre deux glaces parallèles distantes de 70 mm, entre lesquelles peuvent être émis 66 filets de fumée distants de 15 mm l'un de l'autre. Mise en route fin 1942, cette soufflerie permettra l'étude de l'aspiration et du soufflage de couches limites, et l'étude de volets hypersustentateurs.

Étude comparative de la turbulence dans les souffleries françaises. Avant la guerre, des campagnes de qualification de la turbulence ont été réalisées dans diverses souffleries françaises, dans le but de les comparer. Les mesures ont été faites à l'anémoclinomètre équipé de son dispositif, mis au point à Lille, d'enregistrement optique et photographique. Une petite partie des clichés a pu être emmenée à Toulouse, mais le microphotomètre nécessaire à leur dépouillement est resté à Lille. On trouvera la solution au début de l'année 1943 auprès du directeur de l'observatoire de Toulouse, Émile Paloque, qui prêtera un instrument analogue.

Expérimentations extérieures. En dehors de la chapelle, quelques travaux sont menés à la soufflerie de l'IMFT. Frenkiel y réalise des "spectres aérodynamiques" (photographies d'écoulements ensemencés de fines particules) et des mesures du panache de diffusion d'une source ponctuelle de gaz ammoniac, par impression sur des tissages de fils imprégnés de substances réactives. Ses mesures sont ensuite dépouillées au château.

Afin de relancer les études de couche limite et de turbulence atmosphérique, Kampé de Fériet prend par ailleurs contact avec l'association de vol à voile de la Montagne Noire – dont il devient vice-président –, et avec les ateliers Fouga à Aire-sur-Adour[76]. Un avion Caudron-Goëland est mis à disposition de l'institut par

[76] Le Centre national d'aviation légère et sportive de la Montagne Noire, créé en 1931, est très tôt devenu une école de vol à voile de renommée nationale, formant l'élite des vélivoles français, enchaînant les records (Gaste, 2016).

la compagnie Air France, pour les trajets de l'aérodrome de Toulouse-Francazal à Aire-sur-Adour, trajets au cours desquels sont effectuées diverses expériences.

Une question importante, pour la traînée d'une aile, est celle de la position de la transition à la turbulence dans la couche limite, qui doit être aussi éloignée que possible du bord d'attaque. Une étude vise la détermination en vol de ce point de transition, et la mesure de la traînée correspondante. Les premiers essais sont réalisés sur une planche en bois profilée montrée sur la voiture Citroën de l'institut. Ils sont poursuivis au Centre de vol à voile de la Montagne noire sur un planeur Castel 24, et sur trois avions : un Mauboussin 202, le Caudron-Goëland, et un LéO 45 de la SNCA du Sud-Est. En vol, le point de transition est déterminé à l'aide d'un grappin mobile à trois prises de pression, que l'on déplace sur la profondeur de l'aile. La traînée est déterminée à l'aide d'un tube de Pitot mobile balayant le sillage selon un arc de cercle de grand rayon. Sur la voiture, le décollement est trouvé à 4 cm du bord d'attaque, ce qui correspond à $\mathrm{Re}_x = 60\,000$, valeur très faible attribuée aux vibrations de la voiture. Des valeurs plus élevées sont trouvées sur le planeur et sur les avions. On observe qu'un profil qui respecte la continuité du rayon de courbure est meilleur, et qu'une peinture améliore également les performances : recul du point de transition et diminution de la traînée.

L'étude d'un planeur-laboratoire est engagée début 1942. Un planeur a l'avantage d'être exempt des perturbations créées par le souffle d'une hélice et par les vibrations du moteur. Il a l'inconvénient d'être lent et de n'offrir que de courtes phases de vol stationnaire, mais ces limitations peuvent être surmontées avec un planeur remorqué. L'appareil, livré en avril 1943, s'avère trop lourd : 323 kg au lieu des 230 kg du cahier des charges; le centrage longitudinal n'est pas bon non plus : il pose un problème de stabilité mis en évidence sur une maquette au 1/10 à Banlève. Les nécessaires mises au point, comme la réalisation du deuxième planeur prévu, sont compromises par l'arrêt des usines Fouga. L'invasion de la "zone libre" en novembre 1942, suite au débarquement des Alliés en Afrique du Nord, met fin à tous les essais aériens.

6.5.3 Tensions avec le GRA

Le GRA, tutelle de l'IMFL depuis 1938 (Sect. 6.2.5), exerce une forte pression sur les travaux à mener. Un rapport d'activité doit lui être remis tous les six mois, où sont égrenés les travaux en cours et leur état d'avancement, à l'intérieur d'une nomenclature pointilleuse d'études et sous-études, divisions et sous-divisions. Toute vision un peu générale des questions d'aérodynamique ou de turbulence s'en trouve exclue.

Kampé de Fériet et Martinot-Lagarde, universitaires, demeurent toutefois hors de l'autorité directe du GRA. Lors du repli à Toulouse, ils ont été mis à la disposition du recteur de Toulouse, à la demande du secrétariat d'État à l'Aviation (qui a remplacé le ministère de l'Air). Mais la gestion bureaucratique qui lui est imposée interdit à Kampé de Fériet toute recherche personnelle. Une crise finit par éclater. Le 5 novembre 1942, Kampé de Fériet adresse au directeur du GRA, Léon Poincaré [77] une lettre de quatre pages, structurée en six sections numérotées, commençant ainsi :

> 1. Comme suite à nos deux entretiens téléphoniques du Jeudi 4 Novembre, j'ai l'honneur de vous rendre compte que j'ai le très pénible devoir de me séparer du Groupement de Recherches Aéronautiques.

Il explique alors « notre désaccord, chaque jour plus profond, [...] l'usure de la lutte quotidienne ».

> 3.2. Mon sort actuel me condamne à me débattre dans les arcanes, incompréhensibles pour moi, d'une administration chaque jour plus compliquée.
>
> Par une cruelle ironie mon rôle au Groupement se réduit à celui d'un agent subalterne, chargé d'appliquer à l'organisme, fruit du meilleur de moi-même, des mesures qui sont souvent en contradiction avec mes convictions les plus profondes.
>
> La recherche scientifique n'existe plus pour moi ; depuis le début de cette année je n'ai pas pu consacrer plus d'une centaine d'heures à la méditation des idées dont j'attends la solution de quelques-uns des problèmes posés par la turbulence.
>
> 4.1. La conclusion logique de cet exposé devrait se terminer ici, après vous avoir prié d'accepter ma démission. [...]
>
> 4.2 Mais ma situation s'oppose à cette solution; il m'est en effet impossible juridiquement de me dessaisir de mes pouvoirs entre les mains d'une autorité qui ne me les a pas confiés. Car, par un paradoxe, qui n'est sans doute pas étranger au malaise dont les conséquences ultimes se révèlent aujourd'hui, aucun des pouvoirs que je détiens, ne m'a été délégué par le Directeur du Groupement de Recherches Aéronautiques.

Kampé de Fériet rappelle que du fait de son statut de directeur d'un institut d'université, il tient ses pouvoirs du recteur de l'académie de Lille, et qu'il est responsable devant le conseil d'administration que celui-ci préside. Il conclut :

> 6.1. Pour aboutir à la libération recherchée je ne vois qu'une seule voie ouverte : la dénonciation de l'accord signé le 3 juillet 1939 entre le Groupement de Recherches Aéronautiques et l'Université de Lille. [...]
>
> J'ai donc l'honneur de vous proposer d'étudier d'un commun accord un avant-projet réglant dans leurs grandes lignes les clauses de la cessation de la collaboration [de l'IMFL et du GRA] [78].

La réponse du directeur du GRA reste inconnue. Kampé de Fériet reste finalement à son poste. Mais il prend ses distances. Il délègue ainsi, pour la première fois, la signature du rapport d'avril 1943 à Guillemet, qui signe "Secrétaire Général"; en juin et juillet, il séjourne à la Station d'essais du Mont-Lachat, aux Houches (Alpes). On apprend aussi, au détour d'une lettre adressée par le directeur du GRA

[77] Léon Maurice Poincaré (1893–1972), fils du mathématicien Henri Poincaré (1854–1912).

[78] Lettre de Kampé de Fériet au directeur du GRA, 5 nov. 1942. Arch. IMFL, ONERA Lille.

au personnel de l'IMFL, en novembre 1944 :

> À deux reprises au moins Monsieur Kampé de Fériet a pensé quitter Toulouse, une première fois pour gagner l'Afrique du Nord, une seconde fois pour gagner l'Amérique du Sud afin de ne pas risquer d'avoir à travailler un jour pour les Allemands. C'est la Direction du G.R.A. qui l'a dissuadé de mettre ses projets à exécution [79].

La sincérité de ces lignes est cependant incertaine, compte tenu des circonstances : le rapport de forces a tourné, la Libération approche.

Le caractère très bureaucratique du GRA, que dénonce Kampé de Fériet, apparaît dans toute sa lumière dans un programme de recherches établi en 1944 par son directeur. Ce programme est piloté par trois comités (aérodynamique, moteurs, matériaux) et une douzaine de sous-comités. Son « Plan général » découpe les études en 3 « Parties », 12 « Titres » et 53 « Chapitres », chaque chapitre se subdivisant ensuite en « Articles » [80]. Les études propres à l'IMFL, en cours ou à entreprendre, sont distribuées sur 27 divisions et 21 sous-divisions.

6.5.4 La Libération

Le 19 août 1944, les Allemands quittent Toulouse, en mettant le feu au pâté de maisons où se trouve la chapelle. Le quartier brûle, sauf la chapelle qui résiste à l'incendie. Kampé de Fériet, reprenant contact avec ses collègues américains, raconte ainsi les événements :

> Comme vous savez, j'ai fui de Lille à Toulouse, avec tous mes collaborateurs ; pendant deux ans nous avons été parfaitement tranquilles ici et j'ai pu travailler à mes recherches sur la turbulence.
>
> Après le 11 novembre 1942, il est devenu très dangereux de mener des recherches aéronautiques sans accord allemand ; mais, par bonheur, notre laboratoire était caché dans une vieille église et les Allemands ne nous ont jamais trouvés ; la soufflerie était dans le chœur et l'appareil à fil chaud dans la tribune de l'orgue ; je pourrai un jour vous en envoyer quelques photos. Toulouse était remplie d'Allemands, mais aucun n'a jamais eu l'idée de regarder ce qui se faisait dans cette vieille bâtisse.
>
> Lorsque les troupes allemandes ont été chassées de Toulouse (le 19 août 1944) elles ont mis le feu à notre quartier ; toutes les maisons ont complètement brûlé ; mais notre vieille église est restée debout, fière, dans l'incendie et, merveille, notre laboratoire est encore aujourd'hui intact au milieu des ruines.

[79] Lettre du directeur du GRA au personnel de l'IMFL, 9 nov. 1944. Arch. IMFL, ONERA Lille.

[80] L. Poincaré, Plan général 1944 des recherches intéressant l'aéronautique, GRA, Clermont-Ferrand, août 1944 (Arch. IMFL, ONERA Lille).

> Je serais vraiment très heureux si vous pouviez m'envoyer quelques nouvelles de l'Institut des Sciences Aéronautiques, en particulier de M. Lester, D. Gardner, A. M. Kuethe, Th. von Karman, Clark B. Millikan, Hugh L. Dryden [81].

Plusieurs courriers de Kampé de Fériet font état de la clandestinité des recherches menées dans la chapelle. La thèse de recherches poursuivies « à l'insu de l'ennemi » est également reprise dans la déposition que fait Martinot-Lagarde, en 1946, au procès du général Jean Bergeret, ex-secrétaire d'État à l'Aviation du Gouvernement de Vichy, inculpé d'atteintes à la sûreté de l'État par la Haute Cour de justice [82]. Cette thèse est troublante : comment l'activité d'un laboratoire où ont travaillé jusqu'à 80 personnes, avec le bruit des souffleries et les entrées et sorties de gros matériels, a-t-elle pu échapper aux Allemands pendant près de deux années ? D'autant que plusieurs services de l'État connaissaient bien l'activité dans la chapelle, et notamment l'inspection du travail de Toulouse – comme en témoigne une lettre du directeur du GRA à Kampé de Fériet, à propos du Service du travail obligatoire (STO) et de la réquisition de certains personnels [83]. À plus grande échelle, une autre question se pose : comment le GRA, structure dépendant étroitement du secrétariat d'État à l'Aviation, a-t-il pu ordonner des activités hautement stratégiques sans éveiller la curiosité de l'occupant ? Le général Bergeret, lors de son procès, prétend que l'État français avait pour objectif de maintenir, en dépit des contraintes imposées par les clauses de l'Armistice, une industrie aéronautique nationale avec ses bureaux d'études et recherches. Les historiens ont depuis montré que ceci n'avait été possible que par le biais d'une « épuration » des sociétés nationales, et d'un important programme de fourniture d'avions et de moteurs à l'Allemagne [84]. C'est sans doute à ce prix que l'occupant allemand a pu fermer les yeux sur les activités du GRA.

Dans les semaines qui suivent la libération de Toulouse, l'IMFL connaît une période agitée. Une longue lettre du directeur du GRA au personnel de l'IMFL, déjà évoquée, en témoigne :

> Il m'est rendu compte qu'une certaine agitation se manifeste à l'IMFL, qui traverserait actuellement une crise morale. [...] À plus de deux mois de la Libération un certain nombre

[81] « As you know, I fled from Lille to Toulouse, with all my collaborators; during two years we were perfectly quiet here and were able to work at my researches on turbulence. After the 11 November 1942 it became very dangerous to do aeronautical researches without the german agreement; but, by chance, our laboratory was hidden in an old church and the Germans never found them; the wind tunnel was in the choir and the hot wire apparatus on the organloft; perhaps, one day, I will send you some pictures of this scenery. Toulouse was full of Germans, but none had the idea to look what was done in this old building. As the German troops were driven out of Toulouse (19 August 1944) they set fire to our block; all houses in the block were burnt to the ground; but our old church stood, proud, in the fire and, wonder, our laboratory is still now untouched and unharmed in the ruins. Il will be very glad indeed if you can send me some news of the Institute of Aeronautical Sciences, especially of ... » Lettre de Kampé de Fériet au secrétaire de l'Institute of Aeronautical Sciences, 28 nov. 1944 (Arch. IMFL, ONERA Lille).

[82] Procès-verbal de la déposition faite le 26 juill. 1946 par A. Martinot-Lagarde, directeur de l'IMFL. Arch. Nat. 3W66, dossier "Affaire Bergeret".

[83] Lettre 19 mars 1943. Arch. IMFL, ONERA Lille.

[84] d'Abzac Epezy (2016).

> d'entre vous ont cru nécessaire de constituer un Comité de Libération à l'Institut, et le Président de ce Comité se trouve être quelqu'un que je considère comme ne faisant plus partie du personnel de l'Institut depuis le 3 juin 1944 [85].

Le directeur du GRA s'interroge sur les motivations de ce comité, et de son président qu'il semble craindre. Il reprend la rhétorique de la clandestinité des activités du GRA. On y apprend que Kampé de Fériet a été recherché à Lille tout de suite après l'Armistice par le ministère de l'Air du Reich ; que la *Lilienthal Gesellshaft* a ordonné une enquête sur l'activité du GRA ; et « que la légende a fini par s'accréditer qu'à la suite d'une grave maladie, Monsieur Kampé de Fériet avait dû se retirer pour se reposer dans un château des environs de Toulouse ». L'objectif de cette lettre reste trouble ; on peut y percevoir, le vent ayant tourné, la construction du « récit glorificateur » et du « mythe résistancialiste » étudiés par l'historienne C. d'Abzac-Epezy [86].

6.5.5 François Naftali Frenkiel

Parmi les personnels de l'IMFL repliés à Toulouse, se trouve François Naftali Frenkiel (1910–1986), future grande figure de la mécanique des fluides américaine. Né à Varsovie, Frenkiel a fait des études d'ingénieur mécanicien à l'université de Gand (1933), est retourné en Pologne, puis est revenu à Gand où il a obtenu en 1937 un diplôme d'ingénieur des constructions aéronautiques. Il a ensuite travaillé, sous la direction du professeur F. Haus, au laboratoire aérotechnique de Belgique (aujourd'hui institut von Kármán).

En juin 1939, il entre à l'IMFL pour entreprendre, sous la direction de Kampé de Fériet, une thèse sur la théorie statistique de la turbulence. En mai 1940, il suit l'IMFL à Toulouse. Ses recherches portent sur l'établissement de relations entre fonctions de corrélation spatiales et temporelle des fluctuations, spectres de Fourier, et coefficients de diffusion. Il obtient ainsi quelques généralisations de résultats de Taylor. Sur le plan expérimental, il étudie la diffusion par un écoulement turbulent d'une source ponctuelle de chaleur (fil chauffé détecté à l'aval par un thermocouple), ou de masse (gaz ammoniac détecté par des fils de coton sensibilisés). Les expériences sont réalisées dans la petite soufflerie de la chapelle et dans la soufflerie de l'IMFT.

Frenkiel, de confession juive, est congédié par son employeur, le GRA, en décembre 1940 [87]. Fortement soutenu par Kampé de Fériet, il poursuit ses recherches en tant que contractuel, tout en cherchant à émigrer vers les États-Unis avec une recommandation de von Kármán et une promesse d'emploi (un affidavit) à

[85] Lettre du 9 nov. 1944, Arch. IMFL, ONERA Lille.

[86] d'Abzac Epezy (2016).

[87] Correspondance de Kampé de Fériet pendant la guerre, conservée dans les archives de l'IMFL. Voir également Demuro (2018, p. 282–284).

l'université du Michigan. En dépit de multiples interventions de Kampé de Fériet, de Martinot-Lagarde, et du doyen de la faculté des sciences, les complications sans fin opposées par l'administration française empêcheront son départ. En avril 1942, le couple Frenkiel est assigné à résidence au camp d'Aulus dans les Pyrénées, puis libéré. En mars 1943, sur le point d'être à nouveau arrêté, le couple décide de fuir vers l'Italie. Il est intercepté le mois suivant à Barcelonnette par les autorités italiennes, et assigné à résidence [88]. Suite au retrait des Italiens, en septembre, et à l'occupation des Alpes-Maritimes par les Allemands, Naftali et Malka sont envoyés au camp de Drancy, d'où ils sont déportés le 7 décembre vers Auschwitz. Malka, enceinte, y meurt. Naftali est transféré au camp de Buchenwald. Libéré en avril 1945, malade du typhus, il est hospitalisé dans un hôpital parisien où il reste en convalescence pendant un an.

De retour à Lille, Frenkiel cherche à soutenir sa thèse, mais les circonstances lui ayant interdit d'obtenir une licence française, une autorisation de soutenance dérogatoire lui est nécessaire. On ne connaît pas la réponse à la demande adressée au doyen de la faculté des sciences [89], mais la soutenance d'une thèse d'université, en juillet 1946, est indiquée dans le rapport annuel du conseil de l'université [90]. La date précise – le 3 juillet – peut être déduite de photos conservées dans les archives de l'IMFL. Dans sa lettre au doyen, Frenkiel annonce comme titre : *Étude statistique de la turbulence : fonctions spectrales et coefficients de corrélation*. Ce titre est aussi celui d'un rapport technique pour le GRA daté de 1948, ce qui laisse penser que ce rapport, traduit en 1958 par le NACA américain, correspond à la thèse [91]. Il y est indiqué que les travaux ont été réalisés en 1941, à Toulouse donc, mais sans précision aucune sur les conditions des expériences. Les travaux de Frenkiel sont également publiés en 1946 dans cinq notes aux *Comptes Rendus à l'Académie des sciences* et deux notes techniques pour le GRA [92]. Des publications ultérieures dans des revues américaines [93] sont référencées par Agostini et Bass dans un ouvrage sur la turbulence, lui-même traduit par le NACA [94].

[88] J. Ribot-Sarfati, *Camps d'internement et déportations des juifs dans les Basses-Alpes, de la guerre aux occupations italienne et allemande (1939-1944)*. https://books.openedition.org/pup/6877. La note 94 mentionne le couple Frenkiel.

[89] Arch. IMFL (ONERA Lille). La lettre de Frenkiel est citée par Demuro (2018), p. 291.

[90] Rapport annuel du conseil de l'université de Lille pour l'année 1945–1946. Martinot-Lagarde, dans la liste des publications de l'IMFL qu'il produit aux *Journées* de Marseille, en 1952, ne mentionne pas la thèse de Frenkiel (Pérès, 1955).

[91] Frenkiel (1946, 1948).

[92] Frenkiel (1946). Les notes pour le GRA sont conservées à l'ONERA de Lille : L'emploi de l'anémomètre à fil chaud dans l'étude de la turbulence, NT n°41 (1946); Sur la mesure de la diffusion de la chaleur, NT n°47 (1946).

[93] On the kinematics of turbulence, *J. Aero. Sc.* **15** (1) 57 (1948) ; The decay of isotropic turbulence, *J. Appl. Mech.* 311 (1948); On third order correlation and vorticity in isotropic turbulence, *Quarterly of Appl. Math.* **VI** (1) 86 (1948).

[94] Agostini & Bass (1950).

En 1947, Frenkiel quitte la France pour les États-Unis, invité par von Kármán au département de *Mechanical engineering* de l'université de Cornell (Californie). Il poursuit sa carrière dans diverses institutions scientifiques et universités américaines. En 1958, il propose la création d'un nouveau journal à l'*American Physical Society*, qui a fondé, en 1947, une *Division of Fluid Dynamics*. George K. Batchelor, qui craint là une mauvaise concurrence au *Journal of Fluid Mechanics* qu'il vient de créer à Cambridge (UK), tente de décourager Frenkiel :

> Do you not think that the Fluid Dynamics Division would be doing science a service by strengthening an international Journal rather than setting up another national journal ?

Mais Frenkiel persévère dans son projet, confiant dans le fait, répond-il à Batchelor, que « the competition between JFM and the new journal be of a constructive nature »[95]. La revue *The Physics of Fluids* – aujourd'hui *Physics of Fluids* – naît en 1958. Frenkiel la dirige jusqu'à sa retraite en 1981. L'autorité scientifique de Frenkiel et son action au niveau institutionnel américain en feront un « Mr Fluid Dynamics » très respecté[96]. L'*American Physical Society* honore sa mémoire en décernant chaque année un prix à son nom, le *François Frenkiel Award for Fluid Mechanics*.

6.6 Après-guerre 1945–1952

Le retour à Lille. Lille libérée le 3 septembre 1944, Kampé de Fériet et Martinot-Lagarde y effectuent plusieurs séjours au cours de l'automne, pour préparer le retour des personnels lillois de l'institut. De nombreux toulousains ayant été embauchés au cours de la guerre (Kampé de Fériet évoque 80 collaborateurs en septembre 1944), ceux-ci sont affectés à un nouveau centre toulousain du GRA[97]. Ce nouveau centre, dont Léopold Escande, directeur de l'institut de mécanique des fluides de Toulouse, est nommé administrateur provisoire[98], est absorbé par l'ONERA lors de sa création en 1946. La chapelle est abandonnée en 1948. La soufflerie à section octogonale est démontée et déménagée à l'École nationale supérieure de mécanique et aéronautique (ENSMA) de Poitiers, où, en 2020, elle fonctionne toujours.

La nouvelle direction de l'IMFL. Kampé de Fériet démissionne de sa fonction de directeur en juillet 1945[99], et fait ses adieux à l'institut le 3 juillet 1946, jour de la soutenance de thèse de Frenkiel (Fig. 6.25). La raison avancée est qu'il souhaite désormais se consacrer à ses propres recherches sur la turbulence, mais les

[95] Eckert (2012).

[96] Emrich et al. (1987).

[97] Note de service du GRA n°66/L, *Réinstallation de l'IMFL à Lille et création d'un nouveau Centre du GRA à Toulouse* (Arch. IMFL, ONERA Lille).

[98] L. Escande, rapport annuel au doyen de la faculté (1945).

[99] Rapport du doyen au recteur (1945), p. 82 ; G. Gontier *in* https://asap.univ-lille.fr/.

Fig. 6.25 Dans le bureau de Kampé de Fériet le 3 juillet 1946, jour de son départ et jour de la soutenance de thèse de Frenkiel. De g. à dr. (au premier rang en italique) : Maurice Dubois - *Michel Olive* - Mme Rollin - Joseph Stankiewicz - *Naftali Frenkiel* - Gaston Helvig - Lucien Beaurain - Julien Ochin - *Maurice Damiens* - Paul Massemyn - Michel K. de F. - *J. Kampé de Fériet* - Joseph Pauriche - André Fauquet - *François Warlop* - Jean Gobelz - *A. Martinot-Lagarde* - Stéphane Stankiewicz - Gilbert Vansteenkiste - *Georges Olive* - Gérard Gontier - Pierre Gryson - Jules Toilliez (Photo M. Dubois, Arch. IMFL, ONERA Lille)

déceptions et le découragement qu'il manifestait dans sa lettre de novembre 1943 gardent sans doute toute leur actualité. Martinot-Lagarde lui succède, et conservera la direction de l'institut jusqu'en 1968.

En 1947, le GRA est dissout et ses personnels lillois sont intégrés à l'ONERA nouvellement créé. La gérance de l'IMFL passe donc à l'ONERA. En septembre 1950, nouveau changement : l'ONERA – alors présidé par Maurice Roy – résilie le contrat de gérance et rend l'institut à l'université de Lille. L'IMFL doit alors chercher de nouvelles ressources, qu'il trouve notamment auprès de la direction technique des constructions aéronautiques (DTCA) du ministère de la Défense nationale.

En 1952 à Marseille, lors du colloque rassemblant les instituts et laboratoires de mécanique des fluides français, Martinot-Lagarde fait une présentation de son institut[100]. Le personnel est alors constitué du directeur (lui-même, seul fonctionnaire), trois ingénieurs, sept techniciens expérimentateurs, deux secrétaires et six personnels auxilliaires. Les recherches sont dictées, pour l'essentiel, par l'Air, la Marine, les Ponts et Chaussées, les constructions navales et diverses industries mécaniques, c'est-à-dire « par les organismes qui paient les recherches ». Une nouvelle thématique a été ouverte en 1948, sur les écoulements compressibles transsoniques, avec la mise en service d'une soufflerie sonique à veine déformable (nombre de Mach compris entre 0,7 et 1,2).

[100] A. Martinot-Lagarde, L'institut de mécanique des fluides de Lille. *In* (Pérès, 1955).

La première thèse soutenue après la guerre est celle d'André Fauquet, en 1954, qui porte sur la théorie des ailes munies de "spoilers" [101]. C'est la cinquième thèse de l'institut, en incluant la thèse d'université de Frenkiel. Martinot-Lagarde ne soutiendra la sienne qu'en 1958. Paul Germain, professeur à Lille de 1954 à 1958 sur la chaire de mécanique rationnelle – rattachée à l'institut de mathématiques et non à l'IMFL –, donne dans ses *Mémoires* quelques pages sur l'IMFL et ses difficultés structurelles après 1950 [102].

[101] A. Fauquet, *Sur l'application de la théorie des lignes portantes à des ailes munies de spoilers.* PST n°289 (1954).

[102] Germain (2006), pp. 145–149.

Chapitre 7
L'institut de Marseille

> *« Au milieu de l'ancien champ civil de Madrid, un trimoteur Junker prisonnier (son pilote, entendant Radio-Séville annoncer la prise de Madrid, était descendu plein de confiance) brillait de tout son aluminium.*
> *Vingt cigarettes au moins s'allumèrent à la fois. Camuccini, le secrétaire de l'escadrille, venait de dire :*
> *— Deux heures et quart, en tout, pour le B...*
> *Ce qui voulait dire que le multiplace de combat B n'avait d'essence que pour ce temps ; or tous, Leclerc assis en singe sur le comptoir, ou les austères qui potassaient le perfectionnement éventuel de la mitrailleuse, tous savaient que l'avion et leurs camarades étaient partis pour la Sierra depuis deux heures cinq. »*
>
> *André Malraux, L'Espoir, 1937*

7.1 Contexte régional

En 1930, la ville de Marseille compte 800 000 habitants, son aire urbaine est la troisième de France après Paris et Lyon. C'est un port important, autour duquel prospère une activité de négoce et une industrie chimique et mécanique. Son histoire aéronautique est marquée par le vol de Henri Fabre au-dessus de l'étang de Berre, en mars 1910, sur l'un des premiers hydravions [1]. Pour l'invention des flotteurs de son appareil, Fabre a reçu en 1912 le prix Plumey de l'Académie des sciences. En 1919, la société Lioré & Olivier a installé au bord de l'étang une station d'essais de ses hydravions *LeO*. Dix ans plus tard, la société Gnôme & Rhône y crée une école de pilotage, à Saint-Chamas. En 1935, Berre abrite la plus importante base aéronavale de France. Une partie des hangars y est occupée par la société Breguet. Un autre pôle de construction aéronautique est né en 1925 à La Ciotat, avec la Société provençale de constructions aéronautiques (SPCA). En 1937, dans le cadre de la nationalisation de l'aéronautique militaire décidée par le Front populaire, la

[1] Marchis (1934), pp. 235–244.

F. Charru, *Ailes, Nuages et Tourbillons*, Science Networks. Historical Studies 61,
https://doi.org/10.1007/978-3-030-70236-6_7

Société nationale de constructions aéronautiques du Sud-Est (SNCA-SE) absorbe les principales sociétés aéronautiques de la région : Lioré et Olivier, la SPCA, les usines Potez de Berre et Vitrolles, et les chantiers d'hydravions d'Étienne Romano à Cannes.

L'inauguration de la « gare aérienne » de Marignane, en octobre 1922, associée à un grand meeting aérien, a rassemblé une foule nombreuse. Dès 1927, une liaison quotidienne est assurée vers Lyon et Paris. Deux ans plus tard, de nouvelles liaisons sont ouvertes vers Alger, Beyrouth, et Saïgon (plus de 12 000 kilomètres effectués en dix ou onze jours). Avec près de 35 000 passagers en 1938, Marignane est alors l'un des principaux aérodromes européens.

Du côté de la formation supérieure, l'université d'Aix-Marseille compte, en 1929–1930, 2865 étudiants, effectif en forte augmentation par rapport à l'année précédente [2]. La faculté des sciences inscrit cette année-là 657 étudiants – dont un quart d'étudiantes –, et délivre 220 certificats d'études supérieures (CES) [3], onze diplômes d'études supérieures (DES), et trois diplômes d'ingénieur chimiste. Elle délivre également un titre de docteur ès sciences naturelles, et un de docteur de l'université. Quant à la bibliothèque, précise le recteur à son ministre,

> [elle] s'est enrichie considérablement par les prestations en nature de l'Allemagne qui, attendues depuis longtemps, nous ont enfin donné cette année toute satisfaction. Des milliers de volumes, représentant une valeur de 408 470 francs ont ainsi accru notre dépôt.

Un laboratoire de recherche mérite d'être ici mentionné pour les liens qu'il noue dans les années trente avec l'institut de mécanique des fluides : le laboratoire de la guerre sous-marine de Toulon. Créé par la Marine nationale en 1917, ce laboratoire a notamment accueilli Paul Langevin qui s'y est illustré pour ses travaux sur la détection acoustique. Il devient en 1941 le centre de recherches scientifiques industrielles et maritimes de Marseille (CRSIM), laboratoire propre du CNRS [4].

7.2 Premières années (1929–1932)

7.2.1 Organisation

Les premiers contacts entre le ministère de l'Air et la faculté des sciences de Marseille sont établis début mai 1929, lors d'une visite de M. Seguin, directeur du service des recherches de l'Aéronautique. Le 25 mai, le conseil de la faculté

[2] Rapport annuel 1929–1930 du conseil de l'université d'Aix-Marseille, et procès-verbaux des séances du conseil de la faculté des sciences, disponibles sur le site internet de l'université.

[3] Dont 34 de physique générale, 31 de mathématiques générales, 26 de mécanique rationnelle, 18 de calcul différentiel et intégral, 13 d'astronomie, et 19 de physique industrielle.

[4] Guthleben (2013), Gazanhes (2000). Le CRSIM, dirigé par François Canac (1886–1969) sera transformé en 1962 en centre de recherches physiques (CRP), toujours dirigé par Canac, puis, en 1973, en laboratoire de mécanique et d'acoustique (LMA).

discute l'organisation proposée par celui-ci. Le 9 octobre, ce conseil se prononce favorablement pour la création d'un institut de mécanique des fluides, dans les conditions offertes par le ministère de l'Air :

> Le Ministère de l'Air assurerait à l'université une subvention égale au traitement moyen d'un professeur titulaire de faculté ; ce crédit servirait à assurer le traitement d'un emploi de Chef de travaux, transformé ultérieurement en une Maîtrise de conférences et enfin en une Chaire d'aérodynamique expérimentale. [...] D'autre part, l'Université prendrait à sa charge les crédits nécessaires à l'organisation d'un centre d'enseignement théorique, soit par la création d'une Chaire de mécanique des fluides, soit, à la rigueur, de cours complémentaires. Enfin l'Université créerait un emploi d'Ingénieur, emploi essentiellement temporaire, réservé à un candidat au Doctorat (Doctorat ès-sciences, ou diplôme d'Ingénieur-Docteur). Cet emploi serait rémunéré par le Service des Recherches de l'Aéronautique [5].

Des subventions de ce service couvriraient également les dépenses de recherches. On voit dans ces propositions le principe de réciprocité cher à Albert Caquot : le ministère de l'Air s'engage sur la fondation d'une chaire d'aérodynamique expérimentale, à charge pour l'université de fonder une seconde chaire de mécanique des fluides théorique. L'environnement régional soutient l'initiative : la chambre de commerce a voté une subvention de 25 000 francs pour le projet, et les industriels contactés ont manifesté leur intérêt, notamment la Société provençale de constructions aéronautiques (SPCA).

L'institut de mécanique des fluides de Marseille (IMFM) est créé le 18 janvier 1930 par délibération du conseil de l'université, approuvée par un décret du 26 mars 1930. Joseph Pérès, titulaire de la chaire de mécanique rationnelle et appliquée, en est nommé directeur. Normalien et agrégé de mathématiques, Pérès (1890–1962) a fait sa thèse à Rome sous la direction de Vito Volterra, sur la théorie des fonctions (1915). Nommé professeur à l'université de Marseille en 1921, ses recherches s'orientent alors vers la mécanique des chocs avec frottement, et la mécanique des fluides non visqueux (résistance à l'avancement d'un solide et dynamique des tourbillons) [6].

Pérès sera assisté par Jacques Valensi, nommé chef des travaux, chargé de conférences de mécanique des fluides expérimentale. Jacques Valensi est ingénieur de l'École centrale de Paris et a travaillé au service des recherches de l'Aéronautique, à Issy-les-Moulineaux, sur l'aérodynamique des hélices. Lucien Malavard, un étudiant de Pérès qui termine une licence de physique, est recruté comme collaborateur scientifique, faisant fonction d'assistant. C'est le début d'une longue collaboration scientifique entre les deux hommes, et d'une longue amitié (Fig. 7.1). M. Castella, secrétaire de la faculté des sciences, prend en charge le secrétariat de l'institut.

Le conseil d'administration de l'institut, présidé par le recteur, comprend notamment le doyen de la faculté (vice-président), le directeur de l'institut (membre de droit), et trois professeurs désignés par la faculté des sciences : Louis Houllevigue

[5] Procès-verbal de la séance du 9 oct. 1929 du conseil de la faculté des sciences.

[6] Pour une biographie plus complète de Pérès, cf. Chap. 5.

Fig. 7.1 Joseph Pérès et Lucien Malavard à Bandol, en 1932 (R. & D. Siestrunck, Hommage à L. Malavard, 1991, Arch. Acad. Sc.)

(physique générale), Albert Tian (chimie), et C. E. Traynard (mathématiques). Il comprend également le président et le vice-président de la chambre de commerce, ainsi qu'un représentant du ministère de l'Air, M. Paquignon, ingénieur en chef de l'Aéronautique et chef de l'arrondissement du Midi.

La création de l'institut marseillais est associée, comme dans les autres instituts, à la création d'un certificat de mécanique des fluides, et, pour les étudiants non bacheliers, d'un diplôme de mécanique des fluides. Les enseignements sont assurés par Pérès pour la mécanique théorique, par Houllevigue pour la mécanique expérimentale, et par Valensi pour les exercices et travaux pratiques, assisté par Malavard. Chacune des trois parties du certificat correspond à 25 heures d'enseignement. La première année (1930–1931), trois certificats sont délivrés, et deux diplômes. L'année suivante, les cours sont suivis régulièrement par quinze étudiants, dont cinq obtiennent le certificat. Cette même année, l'institut envoie quatre étudiants au concours général organisé par le ministère de l'Air, concours qui rassemble 17 candidats. Les marseillais font très bonne figure : sur 17 candidats, ils se classent 1er ex-æquo (Alexandre Favre), 3e, 6e et 7e.

L'institut s'installe dans l'immeuble de l'ancienne faculté des sciences, au 125 de la Canebière, dans « des locaux assez commodes et assez vastes pour y installer, après une sérieuse remise en état, bureaux et bibliothèque, laboratoires et atelier ». Pérès et Malavard y engagent des recherches sur les « analogies rhéoélectriques », décrites ci-dessous. Valensi y poursuit ses études sur les hélices dans deux souffleries qu'il aménage, l'une par refoulement et l'autre du type Eiffel (diamètre 65 cm, vitesse 40 m/s). Un tunnel hydrodynamique (écoulement d'eau en charge) est également installé.

Les premières publications de l'institut, en 1930, sont (i) une communication de Pérès au 3e Congrès international de mécanique appliquée (ICAM, Stockholm), sur la résistance des fluides, et (ii) un article dans le *Journal de Mathématiques*, sur les tourbillons [7]. Les deux années suivantes, Pérès publie une note aux *Comptes Rendus de l'Académie des Sciences*, sur l'écoulement autour d'un obstacle dans la limite d'une viscosité tendant vers zéro (mouvement d'Oseen) [8], quatre autres notes, avec Malavard, sur l'analogie rhéoélectrique, et une communication au Congrès international des mathématiciens à Zurich. Valensi, de son côté, publie en 1932 une note sur l'utilisation d'hélices de ventilateur à pales orientables pour le réglage de la vitesse du vent dans une soufflerie [9].

7.2.2 Recherches sur les analogies rhéoélectriques

Lorsque Pérès prend la direction du nouvel institut, il engage avec son assistant Malavard des recherches sur les analogies rhéoélectriques existant entre le courant électrique dans un liquide faiblement conducteur – de l'eau ou une solution saline –, et l'écoulement potentiel d'un fluide (où le champ des vitesses est le gradient d'un potentiel scalaire). Pour un tel écoulement, le potentiel de la vitesse du fluide obéit en effet à la même équation que le potentiel électrique : l'équation de Laplace. L'idée de cette analogie n'est pas nouvelle, elle était connue de Gustav Kirchhoff (1845). Ernest Hahn, à l'institut électrotechnique de Nancy, l'a mise en œuvre pour le calcul des aubages de turbines hydroélectriques, en collaboration avec la Société hydrotechnique de France (SHF) [10]. Vito Volterra, à Rome, a mis en œuvre une analogie semblable pour résoudre des problèmes de thermique.

Pérès et Malavard vont développer cette analogie pour répondre au problème de l'aérodynamique autour des ailes, et en faire un véritable outil de calcul capable de fournir des solutions numériques. Malavard raconte ainsi les débuts :

> Je disposais de 50 francs par mois pour l'achat de matériel. Le bassin fut réalisé en bois, puis, pour son étanchéité, recouvert de paraffine qu'il fallut gratter soigneusement pour obtenir un fond aussi plan que possible... L'alimentation électrique alternative était assurée par une bobine à induction (jouet de ma jeunesse) et la détection du potentiel par des écouteurs téléphoniques provenant d'un vieux poste à galène !

---

[7] J. Pérès, Sur la détermination des vitesses en fonction des tourbillons dans un fluide incompressible, *J. Mathématiques* **113** (1930). Sur une formule pour le calcul de la résistance d'un solide dans un fluide parfait incompressible, Comptes-rendus du 3e ICAM, Stockholm (1930).

[8] J. Pérès, Sur le mouvement limite d'Oseen, *C. R.* **192**, 210–212 (1931).

[9] J. Valensi, De l'utilisation d'hélices ventilateurs à pales orientables pour le réglage de la vitesse du vent dans une soufflerie système Eiffel, *C. R.* **195**, 28–30 (1932); Lignes de courant dans l'écoulement autour d'un cylindre de révolution à nombre de Reynolds élevé, *C. R.* **196**, 244–245 (1933).

[10] Hahn & Hager (2003), Mounier-Kuhn (2010), pp. 77–79. E. Hahn, Méthode expérimentale pour la résolution des équations du mouvement des fluides, *Revue Générale d'Électricité* **21**, 485–489 (1927) (travail présenté à l'ICAM de 1926 à Zurich).

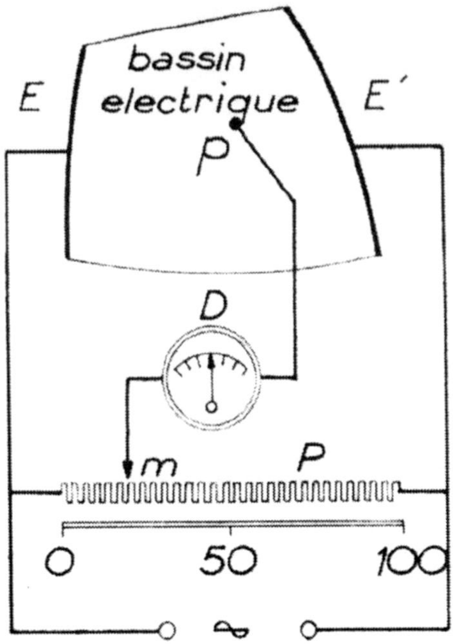

Fig. 7.2 Schéma d'une cuve rhéologique (ou bassin électrique) entre les parois conductrices E et E', et principe de détermination des équipotentielles par annulation du courant électrique entre la pointe exploratrice p et le potentiel imposé au point mobile m (Malavard, 1939)

Finalement cet ensemble rudimentaire permit les premiers relevés des lignes équipotentielles autour d'un cylindre en cuivre pour figurer les lignes de courant de l'écoulement de fluide parfait autour du cercle [11].

L'obstacle ou profil d'aile à étudier est donc placé au centre du bassin. Une différence de potentiel électrique est imposée entre certains bords métalliques du bassin, les autres bords étant isolants (Fig. 7.2). Un point du bassin correspondant à un potentiel donné est recherché en explorant la surface de l'eau à l'aide d'une pointe p, portée à ce potentiel par un potentiomètre P, de façon à annuler le courant dans le galvanomètre D. La ligne équipotentielle correspondante est obtenue en déplaçant la pointe selon le chemin qui maintient le courant nul. Les lignes de courant, orthogonales aux équipotentielles, s'en déduisent graphiquement. Une autre façon de déterminer ces lignes de courant, plus directe, consiste à les rechercher comme les équipotentielles du problème conjugué où les frontières isolantes et conductrices sont permutées. Dans une version ultérieure (Fig. 7.3), l'alimentation est réalisée par un générateur basse fréquence et l'annulation du courant est visualisée sur l'écran d'un oscilloscope.

De la distance entre les lignes de courant, on déduit le champ des vitesses – le débit entre deux lignes de courant est conservé – puis le champ de pression à l'aide

[11] Cité par R. et D. Siestrunck, *Les années d'étudiant*, in *Hommage au professeur Lucien Malavard*, Ministère de la recherche et de la technologie, 13 mars 1991. Arch. Acad. Sc., dossier Malavard.

Fig. 7.3 Installation pour le tracé des lignes équipotentielles : cuve (au centre), générateur basse fréquence (à dr.), pont potentiométrique, oscilloscope cathodique, et dispositif de report des points sur une feuille de papier (à g.) (Malavard, 1939)

du théorème de Bernoulli. La force exercée par l'écoulement sur l'obstacle est enfin déterminée par intégration de la pression [12].

Au-delà de l'application élémentaire décrite ci-dessus, l'analogie rhéoélectrique permet d'étudier de nombreux problèmes : écoulements avec circulation de la vitesse autour de l'obstacle, avec surfaces de discontinuité, écoulements axisymétriques, profils d'ailes biplans ou munis de volets, etc. La méthode est plus souple, plus rapide et moins coûteuse qu'un essai en soufflerie. Elle donne une bonne mesure de la force de portance pour des écoulements non décollés de l'obstacle.

En 1932, Pérès et Malavard résolvent par cette méthode, pour une aile d'envergure finie, le problème de la distribution de la circulation de la vitesse le long de l'aile (au bout de laquelle cette circulation s'annule) [13]. L'idée consiste à déterminer l'écoulement potentiel secondaire induit, dans le plan normal à l'écoulement principal, par l'envergure finie. Pour cet écoulement secondaire, l'aile est une condition aux limites particulière, correspondant à une équation intégro-différentielle – établie par Prandtl – où interviennent le potentiel, sa dérivée normale,

[12] J. Pérès & L. Malavard, Sur les analogies électriques en hydrodynamique, *C. R.* **194**, 1314 (1932); Tracé des lignes de courant dans l'écoulement d'Oseen autour d'un cercle, *C. R.* **194**, 1560 (1932).

[13] J. Pérès & L. Malavard, Application de la méthode électrique à un problème concernant l'aile d'envergure finie, *C. R.* **195**, 599–601 (1932); L. Malavard, Sur le problème fondamental concernant l'aile d'envergure finie, *C. R.* **195**, 733–736 (1932).

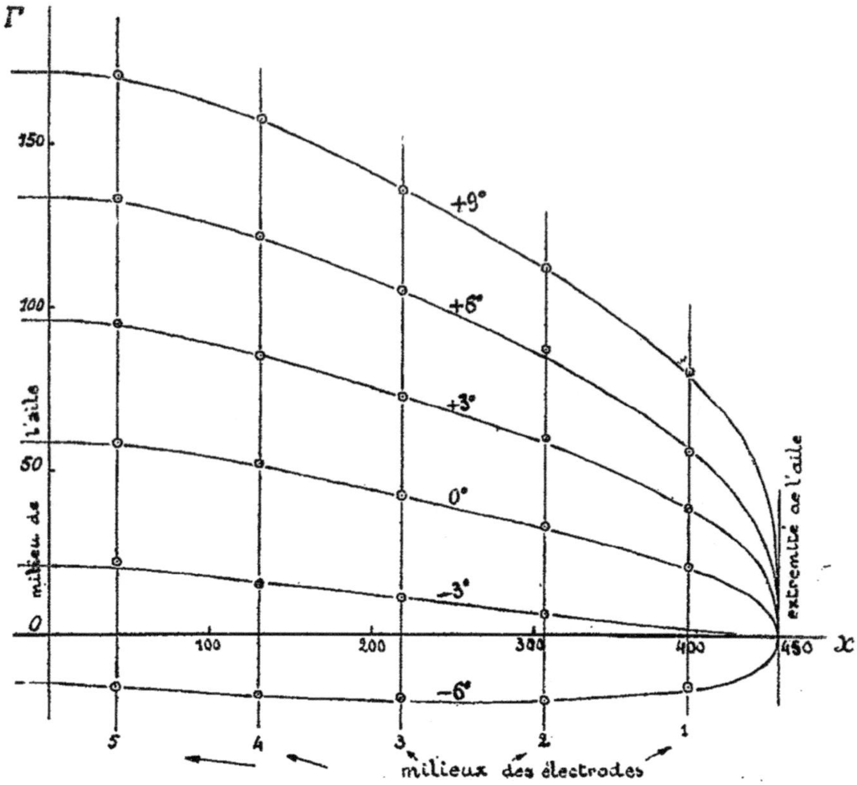

Fig. 7.4 Circulation Γ de la vitesse le long d'une aile (emplanture en $x = 0$), pour des angles d'incidence variant de $-6°$ à $+9°$; (∘) mesures électriques, (—) solution numérique de l'équation de Prandtl (Malavard, *C. R.* **195**, 1932)

et la géométrie de l'aile – variable le long de l'envergure. La difficulté, que Pérès et Malavard parviennent à résoudre, est de traduire cette condition dans un schéma électrique. La Fig. 7.4 montre la distribution ainsi obtenue le long d'une aile fournie par la SPCA, ainsi que le résultat d'un calcul numérique : l'accord démontre la validité de la méthode rhéoélectrique.

7.3 Développement de l'institut (1932–1939)

7.3.1 Organisation et personnels

En mai 1932, Pérès est nommé maître de conférences à la Sorbonne – où il obtiendra six mois plus tard un poste de professeur sans chaire. Il quitte Marseille, accompagné par Malavard. Le mois suivant, le conseil de la faculté des sciences de Marseille se réunit pour examiner deux candidatures à la chaire de mécanique rationnelle libérée. Henri Buisson, professeur de physique et membre correspondant de l'Académie des sciences, manifeste son insatisfaction face à ces deux candidatures de mathématiciens : il objecte « qu'aucun d'eux n'a fait de travaux originaux de mécanique » et déplore « que dans beaucoup de Facultés les chaires de mécanique soient occupées ou postulées par des mathématiciens non spécialisés. » Le candidat local, André Marchaud, antérieurement professeur sans chaire, est toutefois élu en première ligne, à la quasi-unanimité. Il prend naturellement la direction de l'institut. Les travaux scientifiques de Marchaud resteront de nature mathématique, sans lien notable avec la mécanique. Quant au poste d'assistant libéré par Malavard, c'est Alexandre Favre, licencié ès sciences et ingénieur de l'École d'ingénieurs de Marseille, qui y est nommé.

Jacques Valensi soutient sa thèse de docteur ès sciences physiques en 1935, à la Sorbonne [14]. Cette thèse, dirigée par Pérès, rassemble ses travaux expérimentaux sur les hélices aériennes, menés avant 1930 au service des recherches de l'Aéronautique (à Issy-les-Moulineaux) puis à l'institut de Marseille. En janvier 1938, son poste de chef des travaux est transformé en maîtrise de conférences. Alexandre Favre, assistant boursier du ministère de l'Air, prépare une thèse dirigée par Marchaud, qu'il soutient en 1938, sur divers problèmes d'écoulements plans autour de profils d'ailes [15]. Les travaux de Valensi et Favre sont présentés ci-après.

Marchaud, doyen de la faculté à partir de 1934, s'attache à la construction d'un institut « digne d'une grande université ». En 1937, il obtient de l'université un terrain de 1200 m^2, située à l'angle de la place Victor Hugo et de la rue Honnorat, entre la gare Saint-Charles et la faculté des sciences [16]. L'avant-projet, établi par l'architecte de l'université (J. Rozan), comporte trois parties principales :

- un bâtiment pour des bureaux, des laboratoires, une bibliothèque et deux salles de travaux pratiques pour l'enseignement ;
- un bâtiment pour un atelier et deux souffleries en circuit ouvert : une petite pour la recherche (diamètre 85 cm, 40 m/s) et une grande pour les essais industriels (2 mè, 60 m/s) ;
- un bâtiment pour un canal hydrodynamique en circuit fermé (pouvant être mis en dépression pour des études sur la cavitation) et surmonté d'un réservoir de 25 m^3.

Dans la grande soufflerie, le réglage de la vitesse du vent serait réalisé par variation du pas de l'hélice-ventilateur, entraînée par un moteur à courant alternatif (à vitesse constante), une nouveauté pour une soufflerie de cette dimension. Valensi s'investit

[14] Valensi (1935).

[15] Favre (1938).

[16] La parcelle fait partie d'un vaste terrain cédé en 1930 par la Ville à l'université, pour la nouvelle faculté de médecine et de pharmacie. Ce terrain ne convenant finalement pas à l'université, pour diverses raisons, il est échangé avec un autre, mais la parcelle réservée à l'institut de mécanique des fluides est conservée par l'université. Le terrain est également convoité par l'administration des Postes, Télégraphes et Téléphones (PTT) pour l'agrandissement du bureau de tri postal. Arch. Nat. F17 14484 et F17 17577.

fortement dans le projet, au côté de l'architecte de l'université. Les plans sont terminés en novembre 1937, mais les travaux ne démarrent qu'un an plus tard, retardés notamment par la question d'une servitude frappant le terrain. Le budget s'élève à 3 500 000 francs :

- 2 000 000 du ministère de l'Éducation nationale,
- 700 000 du ministère de l'Air,
- 300 000 de la Caisse nationale de la Recherche scientifique (CaNRS),
- 300 000 de l'université,
- 200 000 de la chambre de commerce de Marseille.

Le gros œuvre des bâtiments est achevé à l'automne 1939. La guerre ralentira beaucoup les aménagements et la construction de la grande soufflerie, qui ne sera mise en service qu'en 1948. Le projet de canal hydrodynamique sera abandonné. En plus des deux souffleries principales, Valensi étudie également une soufflerie à grande vitesse (100 m/s), avec un étudiant, M. Dauphin –major du concours du ministère de l'Air en 1936.

À l'automne 1938, Marchaud, directeur de l'institut et doyen de la faculté des sciences, est nommé recteur de l'université de Clermont-Ferrand. René Thiry, professeur à l'université de Strasbourg, est nommé sur la chaire de mécanique rationnelle et prend la direction de l'institut. Il termine cependant l'année universitaire 1938–1939 à Strasbourg, n'effectuant que de courts séjours à Marseille. L'intérim de la direction est assuré par Henri Buisson, professeur de physique et membre du conseil de l'institut, tandis que l'enseignement de la mécanique des fluides théorique est assuré par André Marty, maître de conférences de mathématiques[17]. Thiry s'installe à Marseille le 1er octobre 1939, « dans le trouble de la mobilisation générale et de l'état de guerre ».

7.3.2 Enseignement et « propagande »

L'enseignement du certificat de mécanique des fluides est suivi, dès 1931, par une quinzaine d'étudiants – inscrits et auditeurs libres. Ce nombre diminue entre 1937 et 1940 (du fait général de l'arrivée des classes creuses de la Première Guerre mondiale) puis remonte au niveau des années précédentes. La Fig. 7.5 montre l'évolution, entre 1931 et 1950, du nombre d'étudiants examinés et reçus : ces nombres fluctuent autour de la dizaine pour les examinés et de la demi-douzaine pour les reçus (114 diplômés en vingt ans). En 1936, le directeur de l'institut se félicite de la qualité des étudiants, qu'il attribue à la « propagande » faite l'année précédente, en collaboration avec l'aéro-club de Provence.

Les étudiants marseillais participent, comme les étudiants des autres instituts et centres d'enseignement, au concours national organisé par le ministère de l'Air, et

[17] André Marty mourra « au Champ d'Honneur » le 14 juin 1940.

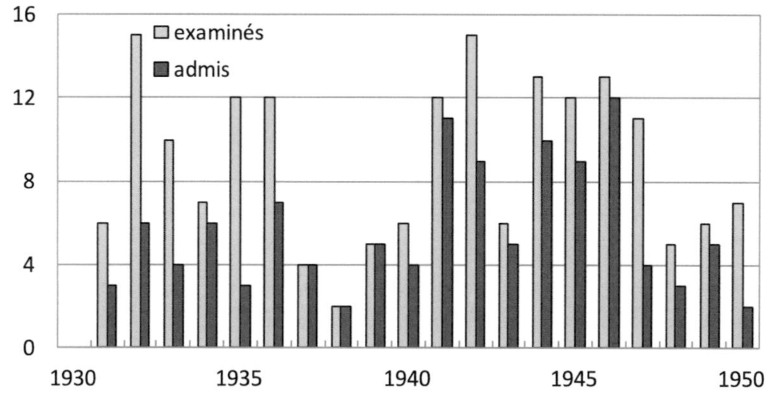

Fig. 7.5 Nombre de candidats examinés et admis au certificat de mécanique des fluides, entre 1931 et 1950 (cumul des deux sessions de juin et d'octobre). Source : Arch. univ. Marseille

s'y classent généralement bien. Les meilleurs d'entre eux – deux ou trois par an – sont admis sans concours à l'École nationale supérieure de l'aéronautique (ENSAé).

Au cours de la décennie 1930–1940, l'institut participe à de nombreuses manifestations publiques de promotion de l'aéronautique : Salon de l'aéronautique à la Cité de l'Air à Paris (exposition de photographies, de graphiques), Foire de Marseille, organisation de visites des laboratoires pour les membres de l'aéro-club de Provence, accompagnées de démonstrations et d'expériences.

> Ces visites, déclare Marchaud au doyen, ont eu un vif succès. Elles ne seront sans doute pas sans influence sur le recrutement de nos élèves.

La revue grand public *L'Aéronautique* publie en 1933 un article sur l'institut de Marseille [18]. Lors de l'Exposition internationale des arts et techniques de 1937, à Paris, Marchaud et Valensi obtiennent la médaille d'or du ministère de l'Air, et Favre une médaille d'argent. En 1939, l'institut participe à l'Exposition internationale de la technique de l'eau, à Liège.

7.3.3 *Recherches*

De 1932 à 1940, les activités de recherche de l'institut sont menées principalement par Jacques Valensi et Alexandre Favre. Menés indépendamment, les travaux de ces deux chercheurs font ci-dessous l'objet de présentations disjointes.

[18] Des articles semblables sont publiés, au cours de l'année 1933, sur les autres instituts de mécanique des fluides et sur l'institut polytechnique de l'Ouest de Nantes. Ces articles sont accessibles sur le site gallica de la BNF.

Fig. 7.6 Tourbillon émis par l'extrémité d'une hélice monopale, visualisé par l'émission de fumées ; l'écoulement est de droite à gauche (Valensi, 1938)

Travaux de Jacques Valensi. Les travaux de Valensi portent essentiellement, dans la décennie 1930–1940, sur l'aérodynamique des hélices et des ailes d'envergure finie. Ils sont menés entre le service des recherches de l'Aéronautique (où Valensi a débuté sa carrière) et l'institut de Marseille, en collaboration avec des constructeurs aéronautiques, notamment Morane-Saulnier et la SPCA – dont deux ingénieurs, MM. Vinsonneau et Mornay, travaillent à l'institut à partir de 1934. Ils font l'objet de nombreux *Comptes Rendus à l'Académie des sciences* et de deux *Publications Scientifiques et Techniques* du ministère de l'Air – dont la première correspond à la thèse de Valensi [19].

La thèse de Valensi porte sur l'écoulement autour des hélices aériennes et les tourbillons hélicoïdaux générés en bout de pale. L'hélice – monopale ou bipale – fonctionne en mode propulsif (pour les faibles valeurs de V/nD, où V est la vitesse de l'air, et n et D sont la vitesse de rotation et le diamètre de l'hélice), ou en mode "moulinet" (pour les grands V/nD). L'écoulement est visualisé par l'émission, en un point juste à l'amont de l'hélice, de fumées blanches de chlorhydrate d'ammoniaque (fumées blanches intenses). Une injection continue, associée à une illumination par éclairs à la fréquence de rotation de l'hélice, permet d'immobiliser l'image du sillage et de visualiser une section du tourbillon (Fig. 7.6). Les éclairs –

[19] Valensi (1935), Valensi (1938) ; *C. R.* **196**, 1639 (1933) ; *C. R.* **197**, 514, 612 (1933) ; *C. R.* **198**, 1383, 2137 (1934) ; *C. R.* **199**, 634 (1934).

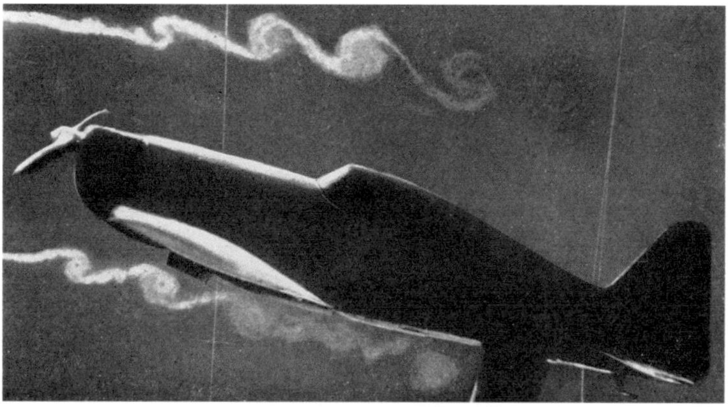

Fig. 7.7 Tourbillons marginaux de l'hélice d'un Morane-Saulnier 405 (incidence $i = 20$ř6, vitesse $V/nD = 0,71$) visualisés au stroborama au 1/1 000 000 seconde (Valensi, 1938)

de brèves étincelles de fréquence s'élevant à 500 Hz – sont produits par un appareil mis au point par les frères Laurent et Augustin Seguin au service des recherches de l'Aéronautique, le « stroborama »[20]. Valensi détermine ainsi le pas de la ligne moyenne du tourbillon hélicoïdal et la forme de la surface de révolution sur laquelle s'enroule cette ligne. Une injection intermittente des fumées, par petites bouffées, synchronisée avec la rotation de l'hélice, permet de suivre les particules fluides et de mesurer leur vitesse. La thèse se conclut par une détermination de la variation, le long de son envergure, de la circulation autour d'une hélice, obtenue en combinant la théorie de Joukovski, des mesures de pas du tourbillon hélicoïdal, et des mesures de pression (au tube de Pitot) en son cœur.

À partir de 1935, Valensi porte son intérêt sur l'aérodynamique autour des ailes. Il caractérise, en soufflerie, l'écoulement autour de maquettes d'avions (Morane-Saulnier, Breguet, Dewoitine), par l'émission de fumées de chlorhydrate d'ammoniaque ou de glace carbonique pour des démonstrations publiques (Fig. 7.7). Il révèle notamment un décollement de l'écoulement au voisinage de l'emplanture de l'aile sur le fuselage, et montre qu'un "congé de raccordement" (arrondi) prévient ce décollement avec un effet favorable sur la portance. Il étudie également l'effet du souffle de l'hélice sur l'écoulement au raccordement aile-fuselage et au voisinage de l'empennage.

[20] Lapresle (1949), pp. 75–83.

Jacques Valensi (1903–1992)

Né à Marseille le 23 mars 1903, ingénieur de l'École centrale des arts et manufactures en 1927, Jacques Valensi débute sa carrière comme chargé d'études au service des recherches de l'Aéronautique (SRAé) à Issy-les-Moulineaux[a]. En juin 1930, il est nommé chef de travaux à l'institut de mécanique des fluides de Marseille, financé par le ministère de l'Air. Il y construit une soufflerie, et met au point une méthode de visualisation des écoulements par filets de fumée qu'il applique aux hélices aériennes, sujet de sa thèse de doctorat qu'il soutient en 1935, à Paris. En 1938, il est nommé maître de conférences à la faculté des sciences de Marseille. Il enseigne également à l'École de l'air à Salon-de-Provence.

La loi de Vichy sur le statut des israëlites le prive de son emploi en décembre 1940. Il continue de travailler bénévolement à l'aménagement du nouvel institut, dans lequel il est très engagé. Recherché par la Gestapo, il passe en Espagne en 1943 et rejoint les Forces Françaises Combattantes à Londres. Affecté à l'état-major d'un groupe de bombardement, il est détaché en 1944 au *National Physical Laboratory* pour des recherches d'aérodynamique, puis à la Mission scientifique française à Londres, puis attaché du ministère de l'Air à l'ambassade de France.

Réintégré dans son emploi à la Libération, et de retour à Marseille en juin 1946, Valensi est nommé professeur sans chaire puis titulaire de la nouvelle chaire de mécanique des fluides expérimentale. Il met au point la grande soufflerie elliptique. Au départ de René Thiry en 1948, il prend la direction de l'institut qu'il conservera jusqu'à sa retraite. Il oriente alors l'institut vers l'aérodynamique instationnaire, avec le soutien de l'ONERA, de la division hélicoptères de la SNIAS, et de Hispano-Suiza (compresseurs axiaux). Il équipe l'institut de deux souffleries supersoniques (pour les interactions

[a] Arch. Acad. Sc., dossier Valensi.

(*Suite*)

onde de choc - couche limite), puis d'une soufflerie hypersonique (Mach 8), et engage des études sur les plasmas et la magnéto-hydrodynamique. Il intervient dans divers organismes : collaborateur extérieur de l'ONERA, membre du Comité de dynamique des fluides de l'AGARD (OTAN), du Comité de la DGRST et du Comité national de la recherche scientifique (trois mandats entre 1949 et 1968), président de l'Association universitaire de mécanique des fluides (1962–63), et administrateur du CROUS.

Élu correspondant de l'Académie des sciences en 1969 (lauréat des prix Boileau et Montyon), il est aussi membre associé de l'*Institute for Aeronautical Sciences* (New-York) et de la *Royal Aeronautical Society* (Londres). Honoré de plusieurs médailles militaires, officier de la Légion d'honneur (1967), Jacques Valensi meurt à la Ciotat le 21 juin 1992.

D'autres études portent sur le tourbillon marginal (longitudinal) qui prend naissance au bout de l'aile. La mesure du champ de pression dans un plan perpendiculaire au tourbillon, au tube de Pitot, permet de déterminer la circulation de ce tourbillon, et l'évolution de cette circulation vers l'aval. On peut ainsi estimer la portance de l'aile, et l'effet sur cette portance de la forme de l'extrémité de l'aile[21].

La circulation autour d'une section particulière d'une aile, et son évolution le long de l'envergure, est déterminée à partir de la mesure de l'angle de déflexion des lignes de courant au droit du bord de fuite – déflexion liée à la différence de pression entre l'intrados et l'extrados. La théorie de Prandtl (cf. Chap. 3) permet de relier cet angle à la diminution de la circulation vers l'extrémité (où elle s'annule), et de déterminer, par intégration, la portance de l'aile (en considérant satisfaite la condition de Kutta-Joukovski). La Fig. 7.8 montre la distribution de circulation ainsi obtenue, et sa comparaison avec des « mesures anglaises », sur la même aile. Ce type de problème est également étudié par Pérès et Malavard à l'institut de Paris, par la méthode rhéoélectrique, mais il ne semble pas y avoir eu beaucoup d'interactions entre les deux instituts sur cette question.

Notons que l'institut fait l'acquisition en 1937 d'une caméra rapide, financée par des subventions de l'université et de la Caisse nationale de la recherche scientifique (CaNRS), jointes à un « prélèvement important » sur les ressources de l'institut.

Travaux d'Alexandre Favre. Les premières études de Favre portent sur l'écoulement autour de divers obstacles (cylindres, plaques, maquettes d'ailes) dans un canal plan, confiné entre deux plaques de verre horizontales et immergées dans une cuve remplie d'eau ("tunnel hydrodynamique de Toussaint-Carafoli")[22]. L'écoulement autour de l'obstacle – placé au voisinage de l'entrée du canal où les couches limites

[21] *C. R.* **201**, 940 (1935); *C. R.* **202**, 113 (1936); *C. R.* **203**, 489 (1936).

[22] A. Toussaint & E. Carafoli, Actes du 2e ICAM, Zurich (1926).

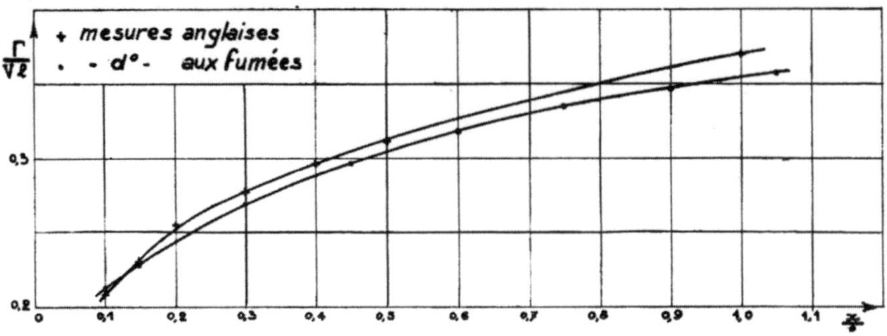

Fig. 7.8 Circulation Γ de la vitesse le long de l'envergure d'une aile, et comparaison avec des mesures anglaises (V : vitesse de l'air, ℓ : corde de l'aile) (Valensi, 1938)

restent minces – est visualisé par l'injection de filets de colorant, en perfectionnant une technique due à Étienne-Jules Marey. La vibration de la rampe distributrice, à fréquence imposée, fait apparaître le long de chaque filet une « pseudo-longueur d'onde » à partir de laquelle le champ des vitesses peut être déterminé. On détermine également ainsi le réseau des « lignes isochrones » constituées des particules de colorant émises au même instant [23]. Des écoulements secondaires et phénomènes d'enroulement au voisinage de l'obstacle, liés au confinement transverse, sont discutés (ces phénomènes sont également étudiés par Louis Sackmann à Strasbourg). Des prises de pression sur l'obstacle permettent de déterminer le coefficient de portance C_z, d'extrapoler ce coefficient à une aile d'envergure finie équivalente dans un écoulement non confiné, et de le comparer à la théorie de Prandtl. L'effet d'un volet d'intrados est aussi étudié.

À partir du champ des vitesses, Favre détermine les dérivées spatiales premières et secondes de la vitesse, ce qui lui permet d'évaluer la vorticité et la dissipation locales, et, *in fine*, d'évaluer l'importance de chacun des termes de l'équation de Navier-Stokes – en 580 points ! Il confirme ainsi qu'au nombre de Reynolds considéré (voisin de 250 000), et en dehors des couches limites, les termes visqueux sont négligeables et l'écoulement est bien potentiel.

Une autre partie de sa thèse est consacrée à un procédé « hypersustentateur » consistant à rendre la paroi supérieure de l'aile (extrados) mobile à la vitesse de l'écoulement extérieur (Fig. 7.9). Cette paroi mobile réalise l'équivalent d'une condition de glissement pour le fluide, supprimant la couche limite. L'écoulement reste ainsi attaché, sans décollement ni sillage, même à forte incidence du profil. Les premières expériences, réalisées dans le tunnel hydrodynamique, confirment la faisabilité de l'idée et son intérêt : l'écoulement reste non décollé jusqu'à des incidences importantes (Fig. 7.10) [24].

[23] A. Favre, *C. R.* **196**, 1958 (1933).

[24] A. Favre, Étude de spectres d'ailes dans le canal hydrodynamique ; hypersustentation. *In* (Kampé de Fériet, 1935), t. 1, pp. 93–102.

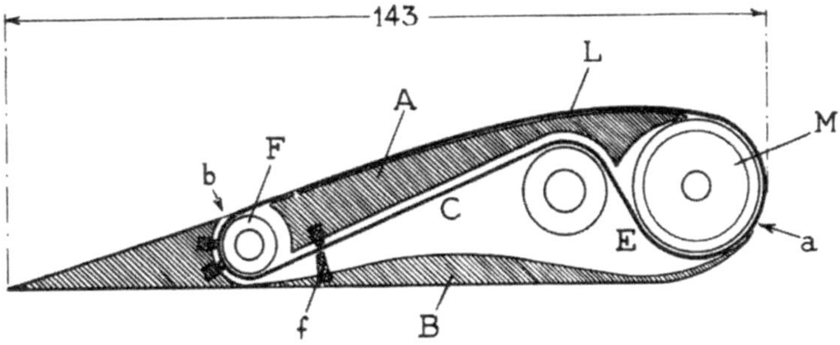

Fig. 7.9 Section d'un profil "hypersustentateur" : la courroie tendue entre les poulies M et F, entraînée par un moteur électrique, réalise une paroi mobile entre les points a et b. La vitesse de translation de 100 km/h atteinte correspond à une vitesse de rotation de la poulie F de 33 500 tours par minute (Favre, 1938)

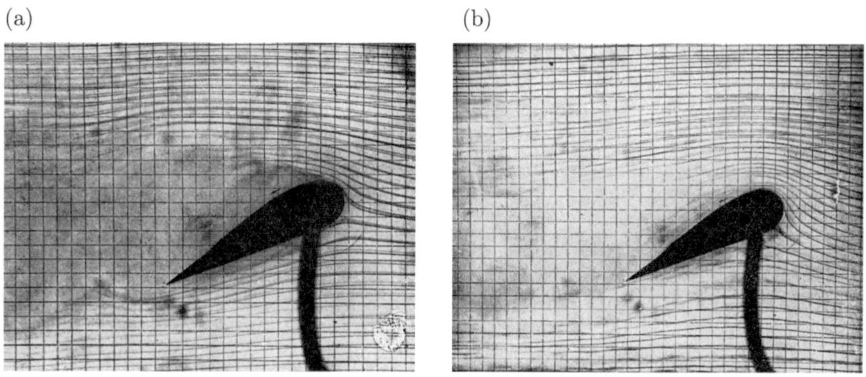

Fig. 7.10 Aile à paroi d'extrados mobile dans le tunnel hydrodynamique : (**a**), paroi immobile ; (**b**), animée d'une vitesse voisine de celle du fluide (Favre, 1935)

Ces expériences en tunnel hydrodynamique sont prolongées par des études dans la soufflerie Eiffel de l'institut[25]. Les visualisations par des fumées de talc montrent que le dispositif hypersustentateur supprime le décollement jusqu'à 115° d'incidence. La Fig. 7.11 montre qu'une vitesse suffisante de l'extrados permet, pour une incidence donnée, d'atteindre la polaire théorique (non visqueuse) calculée par Prandtl, ceci pour des incidences aussi élevées que 55° (sans paroi mobile, l'écoulement décolle au voisinage de 7°). La portance théorique peut même être dépassée, pour des vitesses de paroi supérieure à la vitesse de l'écoulement.

[25] A. Favre, *C. R.* **202**, 634 (1936) ; *C. R.* **220**, 386 (1945) ; *C. R.* **220**, 434 (1945).

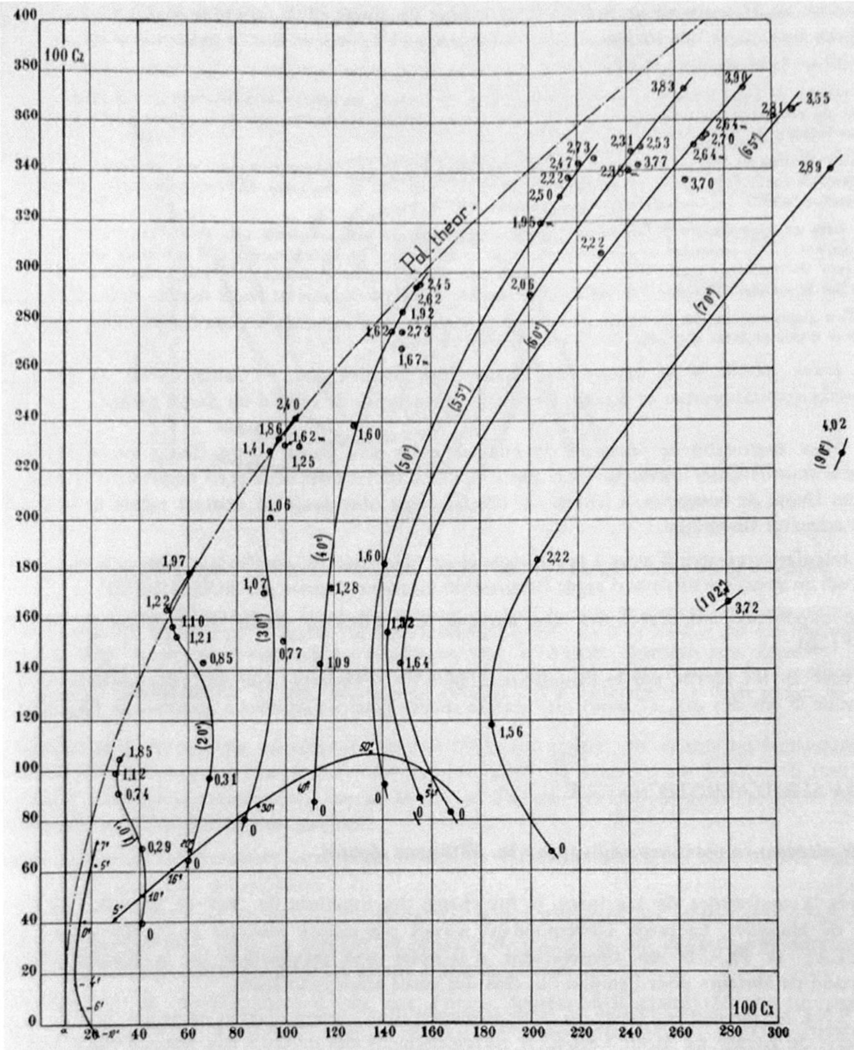

Fig. 7.11 Polaire de l'aile à paroi d'extrados mobile. La courbe inférieure correspond à l'aile à extrados fixe et la courbe supérieure ("Pol. théor.") à l'écoulement potentiel non décollé ; chacune des lignes intermédiaires correspond à une incidence fixe (comprise entre 0° à 70°) paramétrée par le rapport u/v de la vitesse u de la paroi et de la vitesse v du fluide libre (Favre, 1938)

Alexandre Favre (1911–2005)

Né à Toulon le 23 février 1911, dans une famille d'ingénieurs navals, Alexandre Favre obtient en 1932 une licence ès sciences et un diplôme de l'École d'ingénieurs de Marseille[a]. Remarqué par Joseph Pérès, il est embauché à l'institut de mécanique des fluides de Marseille comme collaborateur scientifique du ministère de l'Air. Il y prépare une thèse, sous la direction d'André Marchaud, qu'il soutient en 1938 pendant son service militaire. Il conçoit et réalise au cours de cette thèse une aile « hypersustentatrice » à paroi mobile permettant d'éviter, à forte incidence, le décollement de l'écoulement.

En 1939, dans l'attente d'un poste de chef des travaux, il est engagé comme chef des essais aéronautiques à la Société nationale de construction de moteurs (SNCM). Il y invente un compresseur centrifuge supersonique à diffuseurs séparés, qui résout le problème de l'alimentation des turboréacteurs d'avion à haute altitude. Il renonce à breveter son invention, pour prévenir son exploitation par les Allemands, et l'envoie à Londres. Elle y sera mise en œuvre dans les premiers turboréacteurs britanniques, et, plus tard, à l'usine du CEA à Pierrelatte pour la séparation isotopique de l'uranium par diffusion gazeuse. Démobilisé en 1940, il réintègre son poste d'assistant à la faculté des sciences, faisant fonction de chef des travaux.

À partir de 1942, Favre oriente ses recherches vers la turbulence. Maître de conférences en 1945, il crée en 1947 le laboratoire de mécanique de l'atmosphère et météorologie, avec le concours de l'ONERA nouvellement créé. Il y développe la mesure des corrélations temporelles et spatiales de la turbulence, notamment avec Jean Gaviglio. Nommé professeur sans chaire en 1949, sa maîtrise est transformée en chaire en 1951. Il effectue, à partir de

[a]Coantic (2006) ; Arch. Acad. Sc., dossier Favre.

(*Suite*)

1954, plusieurs séjours à l'université John Hopkins à Baltimore, où il se lie avec Leslie Kovasznay (qui fera lui-même de nombreuses visites à Marseille).

En 1960, il fonde l'institut de mécanique statistique de la turbulence (IMST), associé au CNRS, qu'il dirige jusqu'à sa retraite en 1980. L'inauguration de l'IMST est l'occasion d'un colloque international sur la turbulence, resté fameux. Élu correspondant de l'Académie des sciences en 1971, puis membre en 1977, il y mène une réflexion interdisciplinaire avec Henri et Jean Guitton, André Lichnerowicz et Étienne Wolff, qui aboutit à un ouvrage commun, *De la Causalité à la Finalité*. Il est honoré de plusieurs distinctions dont le prix Marquet de l'Académie des sciences en 1960, et le grade d'officier de la Légion d'honneur. Il décède le 25 mai 2005.

Sa thèse soutenue et son service militaire terminé, et dans l'attente d'une nomination comme chef des travaux, Favre est embauché en 1939 comme chef de la section aérodynamique à la Société nationale de constructions de moteurs (SNCM) à Argenteuil (usines Hispano-Suiza). Il y conçoit une nouveau type de compresseur centrifuge, qui résoud le problème de l'alimentation des premiers turbopropulseurs équipant les avions à grande vitesse (Fig. 7.12). Le principe consiste à canaliser l'air, à la sortie des aubages radiaux du compresseur, dans plusieurs diffuseurs indépendants placés à la périphérie du rotor, dont les profils sont déterminés de façon à minimiser les décollements et les ondes de choc. Le rendement du compresseur s'en trouve fortement augmenté. La guerre survenant,

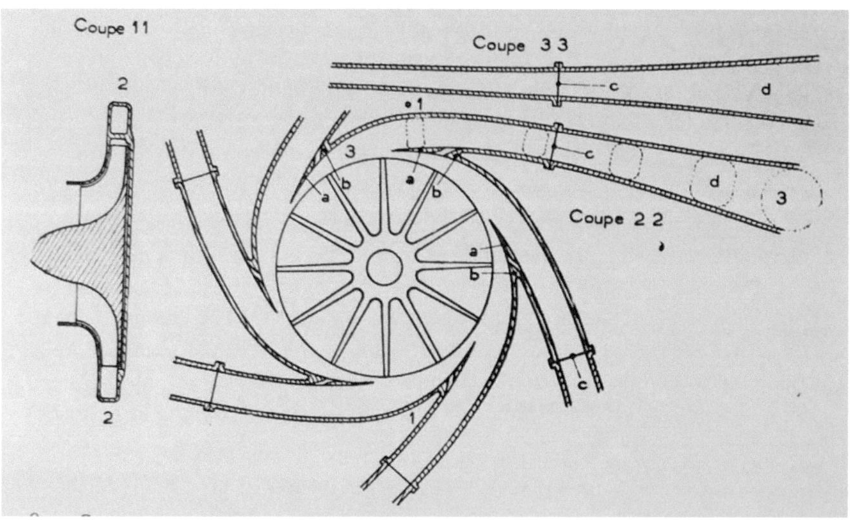

Fig. 7.12 Compresseur centrifuge à diffuseurs séparés, pour écoulements sub-trans-supersoniques. Arch. Acad. Sc., dossier Favre

Favre renonce à breveter son invention pour éviter qu'elle ne tombe aux mains des Allemands, et envoie les plans aux Français de Londres. Sans doute les britanniques en auront-ils connaissance, puisque leurs premiers turboréacteurs seront équipés de compresseurs très semblables. Lorsque Favre entrera à l'Académie des sciences, en 1978, Edmond Brun qui le reçoit note que le bouton de la chape de l'épée qui lui est remise « reproduit le dessin original du compresseur centrifuge supersonique ; il est surmonté par des ailes car votre invention a servi l'aviation ».

7.4 Les années de guerre (1939–1945)

7.4.1 Une organisation renforcée en dépit des difficultés

Personnels. La guerre déclarée, le 3 septembre 1939, Thiry obtient de rester attaché à la direction de l'institut où il vient d'arriver, et poursuit ses enseignements avec le concours de M. Dauphin pour les travaux pratiques. Valensi est placé en affectation spéciale au Centre national de la recherche scientifique appliquée (CNRSA). Il participe à la conception d'une soufflerie supersonique à Meudon-Bellevue et réalise des essais à la soufflerie Hispano-Suiza (à Bois-Colombes), notamment sur des hélices en tandem et sur le refroidissement du moteur des avions Morane 406 et Dewoitine D520[26]. De retour à Marseille après l'armistice, il perd son poste de maître de conférences, victime de la loi d'octobre 1940 sur le statut des Israélites promulguée par le Gouvernement de Vichy. Il cesse ses enseignements le 18 décembre 1940 et disparaît des listes d'effectifs. Il continue toutefois de travailler, bénévolement, à l'achèvement de la construction du nouvel institut – projet dans lequel il était très engagé – aux côtés de l'architecte de l'université. Recherché par la Gestapo dès l'invasion de la zone libre, en novembre 1942, il émigre à Londres où il s'engage dans les Forces Françaises Combattantes, puis trouve un emploi à la Mission scientifique française.

Louis Sackmann, ancien assistant de Thiry à Strasbourg, mobilisé comme officier du personnel non navigant du ministère de l'Air, est détaché à Marseille et mis à la disposition de Thiry. Il est chargé des fonctions de maître de conférences de mécanique des fluides expérimentale à partir d'octobre 1941, en remplacement de Valensi.

Favre, de retour à l'institut en septembre 1940, retrouve son poste d'assistant et sa bourse de collaborateur extérieur du ministère de l'Air (devenu secrétariat d'État à l'Aviation). Le poste de chef de travaux demandé par la faculté sera créé au début de l'année 1943. Entre-temps, Favre a ouvert un nouveau cours de mécanique de l'atmosphère et de météorologie, avec le concours de l'Office national météorologique (ONM). Le succès des conférences de Favre incite le secrétariat d'État à l'Aviation, appuyé par l'ONM, à offrir la transformation de la chefferie de

[26] Arch. Nat. 19800284 53, dossier Valensi.

travaux nouvellement créée en maîtrise de conférences[27]. Cette maîtrise sera créée en 1945.

En 1941, le CNRS affecte à l'institut de Marseille H. Parigi, ingénieur civil de l'Aéronautique, comme aide-technique. Très actif pour l'aménagement et l'équipement de l'institut, il en est nommé régisseur (responsable technique) en juillet 1943. Cette année-là, un chargé de recherches CNRS est affecté à l'institut, L. Hugues, pour une thèse sur la perméabilité des milieux poreux, dirigée par Sackmann.

M. Castella, secrétaire de la faculté qui assurait également le secrétariat de l'institut depuis le 31 mai 1930 (pour une « très modeste » indemnité annuelle de 2000 francs), a cessé ses fonctions le 1er juillet 1943. Une secrétaire sténo-dactylo a été embauchée et placée sous l'autorité de Parigi. Le garçon de courses de l'institut, Jean Narbonne, ouvrier de la première heure, meurt en 1943.

Installation dans le nouveau bâtiment. La mobilisation de Valensi à Meudon-Bellevue, conjuguée à la mort de l'architecte-adjoint de l'université en charge du projet, entravent l'achèvement de la construction du nouvel institut. L'offensive allemande de mai 1940 interrompt à peu près totalement les aménagements. L'institut de Marseille a cependant pris une importance stratégique pour la défense nationale. En effet, dans la France non occupée, la seule soufflerie en service est celle de l'institut de Toulouse. Cette dernière, de 2,20 mètres de diamètre, est trop petite pour "passer" des maquettes motorisées et, surtout, ne peut suffire à elle seule aux besoins des services de l'Aéronautique (repliés à Toulouse) et des sociétés de construction, même dans leur activité réduite.

Le service technique de l'Aéronautique du secrétariat d'État à l'Aviation demande donc d'activer la construction de la soufflerie de Marseille, et y détache des ingénieurs. Le projet primitif, d'une soufflerie classique à veine circulaire, est modifié : ce sera une soufflerie elliptique, de section $3{,}30 \times 2{,}20\ \mathrm{m}^2$, permettant de passer des maquettes d'avion motorisées. La Société nationale de constructions aéronautiques (SNCA) du Sud-Est, qui, après l'évacuation de son bureau d'études à Paris, s'est mise en rapport avec l'institut, met à disposition des machines-outils et des matières premières devenues introuvables dans « le commerce libre ». De son côté, la SNCA du Midi – qui a une usine à Marseille – prête deux dessinateurs d'études et un mécanicien. La Cie Électro-Mécanique est en mesure de fournir le moteur du ventilateur de la grande soufflerie, mais Alsthom ne peut plus garantir la livraison du transformateur, ses usines étant en zone occupée. Le parc d'Artillerie de la XVe Région militaire met alors à disposition deux moteurs d'automobile et un moteur Diesel. Enfin, du matériel de l'ancien laboratoire de Thiry à Strasbourg (dont une petite soufflerie) est transféré à Marseille au cours de deux missions, l'une de Thiry en janvier, l'autre de Sackmann en avril. Des collaborations sont envisagées avec le Centre d'études de la Marine, transféré de Toulon à Marseille.

L'institut s'installe dans ses nouveaux bâtiments en décembre 1940, la Fig. 7.13 en montre une vue d'ensemble. Les deux souffleries en activité – celle de 65 cm,

[27] Conseils de la faculté des sciences des 2 oct. et 4 déc. 1943.

Fig. 7.13 L'institut de mécanique des fluides de Marseille vers 1940 ; à l'arrière-plan à droite, le bâtiment de couverture de la soufflerie elliptique (Valensi, *in* (Pérès 1955))

et celle de 30 cm à grande vitesse formant maquette du projet initial de grande soufflerie – y sont réinstallées. Une nouvelle soufflerie de 85 cm est mise en service au cours de l'année 1941, avec sa balance à deux composantes et une girouette (Fig. 7.14) ; elle sert aux essais demandés par diverses sociétés privées et par les Sports aériens. La construction de la grande soufflerie avance peu, du fait des difficultés d'approvisionnement en matériaux. Le ventilateur ne pourra être mis en marche qu'en 1945.

En 1941, la situation financière de l'institut procure à son directeur « les plus graves soucis ». Les frais de construction et d'installation s'avèrent bien plus élevés que prévu. Une subvention promise par l'université tarde à venir. Le versement prévu de la chambre de commerce de Marseille s'est heurté à une opposition du ministère du Commerce. La situation s'améliore l'année suivante, où Thiry obtient 180 000 francs de l'université, 500 000 francs du secrétariat d'État à l'Aviation, une promesse de 500 000 francs de l'Éducation nationale, ainsi qu'un financement d'appareils scientifiques par le CNRS. D'autre part, l'institut a négocié une convention avec le Groupement pour les recherches aéronautiques (GRA, cf. Chap. 1), par laquelle celui-ci s'engage à confier, à partir de 1942, des travaux de recherches pour un montant annuel minimum de 200 000 francs.

En 1944 et 1945, le CNRS accorde deux subventions pour l'achèvement de la balance et l'achat d'un stroborama (de 250 000 et 275 000 francs), et le secrétariat à l'Aviation promet une subvention d'un million de francs pour l'appareillage scientifique de la soufflerie.

7.4.2 *Enseignement*

La guerre affecte peu le déroulement des enseignements. La révocation de Valensi en décembre 1940 est palliée par l'arrivée de Sackmann, détaché puis nommé à la

Fig. 7.14 Soufflerie de 0,85 m (40 m/s, 15 kW) mise en service au cours de l'année 1941, et balance à deux composantes (Valensi, *in* (Pérès 1955))

faculté des sciences de Marseille. En 1940–1941, plus de vingt d'étudiants suivent régulièrement les cours du certificat de mécanique des fluides.

En 1941, un nouvel enseignement de météorologie et de mécanique de l'atmosphère est créé par la faculté des sciences, et confié à Favre. Ce cours, financé par l'Office national météorologique (ONM), connaît immédiatement un grand succès, tant auprès des étudiants que du personnel de la navigation marchande et des compagnies d'aviation. L'année suivante, ce cours libre est transformé en conférences régulières, et deux brevets sont créés, l'un de météorologie, et l'autre de mécanique de l'atmosphère et météorologie supérieure [28]. En 1944, 38 brevets de météorologie sont délivrés (tous les candidats sont reçus), et 4 brevets de mécanique de l'atmosphère (pour 6 candidats) [29].

Ces succès conduisent à la demande de création d'un nouveau certificat d'hydrodynamique et aérodynamique supérieures, afin d'alléger le programme du certificat de base et de traiter de plus nombreuses applications. Ce certificat nouveau comprend également, dans son programme, les conférences de mécanique de l'atmosphère. En 1942–1943, huit étudiants s'y présentent, et six sont reçus [30].

7.4.3 *Recherches et études*

Au cours de la guerre, Favre reprend ses recherches sur le dispositif hypersustentateur à paroi mobile, objet de sa thèse. La courroie en tissu constituant la paroi mobile est remplacée par un cylindre tournant placé au bord d'attaque du profil, de réalisation bien plus facile. Ce dispositif simplifié, installé non sur l'aile mais sur son volet de courbure (au bord de fuite), fait l'objet d'études pour le GRA. Des expériences sont réalisées dans la soufflerie de l'institut de Toulouse – seule grande soufflerie française alors en fonctionnement [31]. L'idée sera redécouverte dans les années 1960 par la NASA, aux États-Unis, qui fera voler un appareil équipé de tels volets [32]. Favre étudie également la possibilité d'utiliser une aile ainsi équipée comme radiateur pour dissiper la chaleur du moteur et comme dispositif de dégivrage.

À partir de 1942, Favre se porte vers la mécanique de l'atmosphère. Il supervise, sur cette thématique, les travaux d'un ancien élève de l'École polytechnique, M. Franceschi, en vue d'une thèse de doctorat (qui, semble-t-il, n'a pas abouti). En 1945, ses recherches s'orientent plus nettement vers la turbulence, recherches menées (pour des raisons non explicitées) au centre de recherches scientifiques industrielles et maritimes (CRSIM).

---

[28] Ces brevets sont créés le 11 nov. 1941 par le secrétariat d'État à l'Éducation nationale et à la Jeunesse, comme l'indique Thiry au conseil de la faculté du 28 nov. 1941.

[29] En 1942, ces chiffres sont 19/23 pour le premier brevet, et 6/6 pour le second. En 1943, ils sont inférieurs du fait de la diminution du nombre d'étudiants admis à l'École de navigation maritime et à l'École d'ingénieurs.

[30] En 1944, ce certificat est suivi par sept auditeurs, mais aucun se présente à l'examen. En 1945, les deux candidats sont reçus.

[31] Rapports du laboratoire de Banlève de l'IMFT, n°449 (mars 1943) et n°489 (juin 1944), réalisés pour le GRA (Arch. dép. de la Haute-Garonne, 7003 W). A. Favre, Aile d'avion, munie d'un volet hypersustentateur à paroi mobile. *C. R.* **220**, 386 et 434 (1945).

[32] A. Favre, *Notice de titres et travaux* (1972). Arch. Acad. Sc.

Sackmann, quant à lui, poursuit ses études sur le sillage des hélices et le décollement le long des pales, en collaboration avec la SNCA du Sud-Est[33]. Travaillent sous sa direction, à partir de 1943, trois étudiants :

- Mlle Séraphino, pour une thèse de doctorat (qui n'aboutira pas) ;
- M. Espitalier, ingénieur des Travaux publics de la ville de Marseille, en vue d'une thèse d'ingénieur-docteur en collaboration avec la Société des eaux de Marseille (qui n'aboutira pas non plus) ;
- L. Hugues, titulaire d'une bourse d'ingénieur-docteur du CNRS, pour des travaux sur la perméabilité et la sédimentation des terres, « susceptibles d'intéresser les Services de l'Agriculture ». La thèse sera soutenue le 8 mars 1946 à Marseille[34].

Parigi, outre ses activités dans la soufflerie, poursuit des études sur la lubrification des coussinets de paliers tournants. À partir de 1942, la plupart des travaux sont effectués dans le cadre de la convention avec le GRA.

7.4.4 *Rapport du directeur pour l'année 1940–1941*

Les rapports annuels des directeurs successifs de l'institut de Marseille sont, comme ceux de Lille, très instructifs. Ils contrastent avec les rapports de l'institut de Paris – qui s'en tiennent, au mieux, à des aspects strictement scientifiques – et avec ceux l'institut de Toulouse – lapidaires. Nous reproduisons ci-dessous le rapport de René Thiry pour l'année 1940–1941, pour ce qu'il restitue de l'atmosphère particulière de ces années de guerre.

> **Personnel et enseignement.** L'année scolaire 1940–1941 a été marquée par le fait que M. Valensi, atteint par les dispositions du statut des Israélites a dû cesser son enseignement à la date du 18 décembre 1940. L'Institut perdait ainsi un collaborateur précieux qui nous avait rendu de signalés services depuis la création de l'Institut, dont le développement était, en grande partie, son œuvre. Très sensible sur le plan de l'enseignement, cette perte était du reste beaucoup plus grave, envisagée dans ses conséquences sur l'achèvement du nouvel Institut, puisque les projets qui en sont à la base avaient été presque tous mis au point par notre collaborateur. J'ai fait différentes démarches pour essayer de garder à M. Valensi la possibilité de conserver son activité dans le domaine de la recherche. J'ai bon espoir qu'une solution pourra être apportée prochainement à cette délicate situation. En attendant, M. Valensi a bien voulu continuer à nous accorder son concours bénévole en ce qui concerne la mise an point et l'achèvement de nos installations ; je tiens à l'en remercier ici.
>
> L'enseignement du Certificat s'est naturellement ressenti de cette situation. M. Valensi avait eu le temps de faire son enseignement pendant deux mois et il s'était arrangé pour que le cours professé forme un ensemble à peu près complet ; par la suite, j'en ai moi-même pris

[33] Sackmann (1942) ; neuf *Comptes Rendus* entre 1943 et 1945.

[34] Hugues (1946). Les références de la thèse sont données par Sackmann dans les actes des *Journées* de Marseille (Pérès, 1955). Dans son rapport annuel de 1946, Thiry ne mentionne pas la thèse, et Hugues ne figure plus dans la liste du personnel de l'institut. Les travaux de Hughes sont également publiés dans trois *Comptes Rendus* en 1945, dont un avec Sackmann, et dans le *Journal de Physique*.

la charge, en en allégeant légèrement le programme. J'ai confié, d'autre part, à un de nos anciens étudiants, M. Depraz, le soin de s'occuper des Travaux Pratiques. Naturellement cette situation ne pouvait être que provisoire et la Faculté a demandé, pour remplacer M. Valensi dans son enseignement, la nomination de mon ancien assistant de Strasbourg, M. L. Sackmann, qui, du reste, avait déjà été détaché auprès de notre Institut au cours du printemps de 1940. Cette nomination a été effectivement faite à la date du 1er octobre 1941, si bien que nous sommes assurés que, pour la prochaine année scolaire, l'enseignement reprendra son cours normal.

Les étudiants ont été, du reste, particulièrement nombreux, et plus de 20 ont suivi régulièrement les cours. 8 d'entre eux se sont présentés à l'examen du Certificat, à la session de juin, 7 ont été reçus ; 5, d'autre part, se sont inscrits pour la session d'octobre, 4 d'entre eux ont effectivement passé les épreuves et ont été reçus.

M. Favre a continué, eu tant que collaborateur du Service Technique, d'intéressantes recherches sur l'utilisation sur un volet de courbure du dispositif hypersustentateur à paroi mobile, imaginé par lui dans sa Thèse, et sur la possibilité d'utiliser une aile ainsi équipée comme radiateur pour la dissipation de la chaleur du moteur et comme dispositif de dégivrage. J'espère, du reste, que la nomination de M. Sackmann me permettra prochainement de stabiliser la situation de M. Favre à l'Institut, ce qui ne serait qu'une bien juste reconnaissance des services qu'il nous a rendus.

Un autre collaborateur du Service Technique, M. Volkovisky, que les événements avaient amené dans la région Marseillaise, a également poursuivi chez nous, pendant quelques mois, des recherches sur l'utilisation des carburants de remplacement dans les moteurs à explosion et a mis au point un carburateur adapté à cet emploi.

Enfin, la Faculté des Sciences a pris l'initiative de créer un enseignement de Météorologie et de Mécanique de l'Atmosphère. Cet enseignement a d'abord eu la forme d'un cours libre confié à M. Favre, particulièrement qualifié sur ces questions ; ce cours a eu un réel succès, tant auprès de nos étudiants qu'auprès du personnel de la navigation marchande et des compagnies d'aviation. Ce succès, ainsi que le fait que l'Office National Météorologique, s'intéressant à notre création, avait décidé de la subventionner, a incité la Faculté à demander la transformation du cours libre primitivement prévu en conférences régulières de la Faculté, ainsi que la création d'un Brevet de Météorologie et d'un Brevet de Mécanique de l'Atmosphère et de Météorologie Supérieure.

Construction et matériel L'année scolaire 1940–1941 a été marquée par l'installation de l'institut dans ses nouveaux bâtiments, au début de décembre 1940. En conséquence, notre activité a été essentiellement consacrée à l'aménagement des locaux, au montage des appareils que nous venions d'y transporter et à leur adaptation à leurs nouvelles conditions de fonctionnement. En même temps, nous avons poursuivi l'étude et la construction des installations propres du nouvel Institut.

Celui-ci dispose, à présent, de la soufflerie de 30 cm. à grande vitesse, formant la maquette de la grande soufflerie telle qu'elle avait été initialement projetée, et de la soufflerie de 65 cm. provenant, toutes deux, de l'ancien Institut. Le Service Technique nous ayant demandé de modifier les projets primitifs et de construire la grande soufflerie avec une veine elliptique de 3,30 m. × 2,20 m., nous avons également été amenés à construire une maquette équipée d'un moteur monté en banc balance, qui constituera un remarquable instrument d'étude et de démonstration. Enfin, la soufflerie de 85 cm., destinée au nouvel Institut, a été terminée et équipée d'une balance à deux composantes et d'une girouette. Nous l'utilisons, depuis plusieurs mois, pour des recherches et pour des essais demandés par diverses sociétés privées et par les Sports Aériens. Enfin, la grande soufflerie est toujours l'objet de nos préoccupations. Nous avons rencontré, et nous continuons à rencontrer, les plus grandes difficultés dans l'approvisionnement en matériaux, surtout au moment de la mise en service de la monnaie-matière.

La situation financière de l'Institut m'a donné – et me donne malheureusement encore – les plus graves soucis. Tout d'abord, les frais de construction et d'installation dépasseront de beaucoup les évaluations primitives. De plus, une subvention, sur laquelle je comptais de la part de l'Université et que je croyais automatiquement disponible, par suite d'une mauvaise interprétation de faits antérieurs à ma prise de direction de l'Institut, n'a pu nous être versée. Le versement primitivement prévu de la Chambre de Commerce s'est aussi heurté à une opposition de la part du Ministère du Commerce. Tous ces faits ont eu comme conséquence que nos crédits se sont trouvés complètement épuisés vers le mois de juillet, et je me trouvais même en présence d'engagements de dépenses que je ne pouvais couvrir.

J'ai fait tout ce qui dépendait de moi pour que ces circonstances n'apportent pas un trop grand préjudice à l'exécution de nos projets, – qui, malgré tout, se trouvent, de ce fait, eu retard de plusieurs mois –, et j'ai immédiatement demandé au Secrétariat d'État à l'Aviation de nous aider à sortir de ces difficultés. J'ai reçu l'assurance qu'une aide efficace nous sera très prochainement apportée. Mais cette aide, pour considérable qu'elle soit, puisqu'elle porte sur une subvention exceptionelle de 500.000 francs, sera à peine suffisante pour compenser l'augmentation des frais de construction due aux circonstances actuelles. L'appui de l'Université nous reste toujours aussi nécessaire et j'ai le ferme espoir qu'elle aura à cœur de nous aider à terminer l'œuvre entreprise en commun, il y a quelques années.

Au milieu de ces difficultés, la tâche du Directeur est assez ingrate et il lui est pratiquement impossible de trouver, en dehors de ses fonctions d'enseignement, le moindre temps pour se consacrer à la recherche personnelle. J'entrevois cependant à cette situation une amélioration dans un avenir prochain. Nous avons, en effet, l'intention de passer avec le Groupement Français pour le Développement des Recherches Aéronautiques [GRA] une convention dans laquelle cet organisme nous chargera de recherches scientifiques l'intéressant et nous donnera, en contre-partie, les moyens d'assurer à l'Institut une vie moins précaire et digne de son importance actuelle [35],

7.5 Après-guerre (1945–1952)

7.5.1 Un nouvel essor

La Libération. Le 15 mars 1944, la faculté a dû fermer ses portes aux étudiants sur ordre des « autorités occupantes ». Le 27 mai, Marseille est bombardée par les Alliés. Les bâtiments de l'institut sont ébranlés, deux blessés graves sont déplorés, et « il n'y a plus de vitres aux fenêtres ». Mais en octobre, et bien que les réparations tardent (« les froids arrivent et il n'y a pas de charbon »), Thiry peut se réjouir que « la rentrée scolaire se fera heureusement dans l'air vivifiant d'une France libérée ! ».

Un épisode fâcheux vient cependant troubler la joie de la Libération. En septembre, une unité de DCA de l'armée américaine s'installe dans l'institut, dans l'attente d'autres locaux, pour une durée qui doit être courte. Or, cette occupation se prolonge plusieurs mois et se révèle fort envahissante, entraînant des plaintes de Thiry quant à « la transformation d'un Établissement d'Enseignement Supérieur en locaux de casernement pour des troupes ». Les locaux sont finalement libérés le 10

[35] Rapport de M. Thiry directeur de l'institut de mécanique des fluides de Marseille, au conseil de l'université, pour l'année 1940–1941. Arch. univ. Marseille.

avril après intervention, auprès des américains, des deux ministères concernés[36]. Dans son rapport de 1945, Thiry peut noter malicieusement :

> Le seul changement dans le personnel fixe de l'Institut est le départ de notre secrétaire, Mlle Dijou, devenue Mme Wellbaum par son mariage avec un officier américain, conséquence, heureuse celle-là, de l'occupation de l'Institut.

Personnels. Valensi est réintégré dans ses fonctions de maître de conférences. De retour à Marseille en mai 1946, il est nommé l'année suivante professeur sans chaire, sur proposition de la faculté, « juste compensation, déclare le doyen, des mesures prises contre [lui] par le Gouvernement de Vichy et consécration des services rendus [...] comme conseiller technique à Londres »[37]. Quelques mois plus tard, il est nommé, par transformation de sa maîtrise de conférences, professeur titulaire de la chaire de mécanique des fluides expérimentale. Associés à cette chaire, sont créés en 1947 un poste de chef des travaux, attribué à M. Bonnardel, et un poste d'assistant, attribué à Claire Clarion (antérieurement aide-technique CNRS, depuis octobre 1946). Sackmann retourne à Strasbourg. Favre est nommé maître de conférences de météorologie et mécanique de l'atmosphère, dans la maîtrise créée en juillet 1945. Parigi, aide-technique CNRS, est promu ingénieur.

En juin 1948, Thiry est appelé à la Sorbonne sur la chaire vacante de mécanique appliquée. Valensi prend alors la direction de l'institut. En 1949, Claire Clarion est promue chef des travaux, suite à la démission de Bonnardel ; sur le poste d'assistant qu'elle occupait, est nommé André Papon. Cette même année, l'institut acquiert plusieurs machines à calculer électriques et crée un bureau de calcul. À ce bureau, sont affectés Papon et un comptable retraité engagé à mi-temps, sous la direction de Frédéric Zerner, docteur ès sciences mathématiques et attaché de recherche au CNRS[38].

L'accroissement de l'activité contractuelle exige un renforcement du bureau d'études : deux dessinateurs, MM. Pellotier et Coste, sont mis à la disposition des ingénieurs MM. Rebond et Bordat. À l'atelier, sont engagés plusieurs nouveaux personnels : un contremaître, trois ouvriers, et un manœuvre. Au laboratoire de mécanique de l'atmosphère et météorologie, est engagé comme mécanicien M. Zecconi, suite à la démission de M. Destoulins. Enfin, une nouvelle sténo-dactylo, Mlle Chappe, est engagée en soutien à Mlle Rey, secrétaire de l'institut. L'institut compte alors vingt personnes. En 1951, il gère près de 500 factures pour plus de cinq millions de francs.

Fonctionnement et souffleries. La convention qui lie l'institut au GRA depuis 1942 lui apporte une certaine aisance financière, mais au risque d'une limitation de sa liberté de recherche. Thiry voit le danger, comme Kampé de Fériet à Toulouse (cf. Chap. 6). Dans son rapport de 1946, il déclare : « Je crois [...] indispensable

---

[36] Arch. Nat. F17 14484.

[37] Conseil de la faculté des sciences du 29 juin 1946.

[38] F. Zerner décèdera d'un accident de montagne en 1951. Il est auteur, avec Albert Métral, d'une PST sur l'effet Coanda (Métral & Zerner, 1948).

de maintenir dans un Institut d'Enseignement Supérieur, un secteur de recherche libre alimenté par un minimum de crédits. Ce sont malheureusement ces derniers qui, finalement, se trouvent amputés chaque fois que nos difficultés deviennent plus pressantes. »

La situation financière de l'institut s'améliore bien dès l'année suivante. L'ONERA, qui en 1947 se substitue au GRA lui-même dissout, reconduit la convention. Le ministère de l'Air accorde 900 000 francs pour l'achèvement de la soufflerie, et une avance supplémentaire de 300 000 francs. Le CNRS accorde 252 000 francs pour l'appareillage scientifique de la soufflerie, et offre une machine à calculer électrique ; son soutien se maintiendra au cours des années suivantes. L'activité contractuelle est importante, notamment avec le service technique de l'Aéronautique et la Marine nationale. Dans son rapport pour l'année 1948–1949, Valensi voit « un net développement de l'Institut de Mécanique des Fluides, dans toutes les branches de son activité ». Les dégâts causés par le bombardement de mai 1944 ne sont toutefois pas encore réparés : « Il pleut dans nos amphithéâtres et dans nos salles de cours et les laboratoires sont inondés » se plaint Valensi.

La soufflerie elliptique est mise en service en janvier 1948, et connaît immédiatement une forte activité contractuelle (Fig. 7.15). Au cours des trois années suivantes, diverses améliorations sont apportées à son instrumentation : mise au point de la balance à fils, mise au point de dynamomètres à anneau pour la mesure des forces et de dynamomètres à arbre de torsion pour la mesure des trois composantes

Fig. 7.15 Vue, de l'intérieur du diffuseur, du ventilateur de la soufflerie elliptique mise en service en 1948 (3,3 m × 2,2 m, 50 m/s, 180 kW) ; elle est équipée d'une balance à six composantes (Valensi, *in* (Pérès 1955))

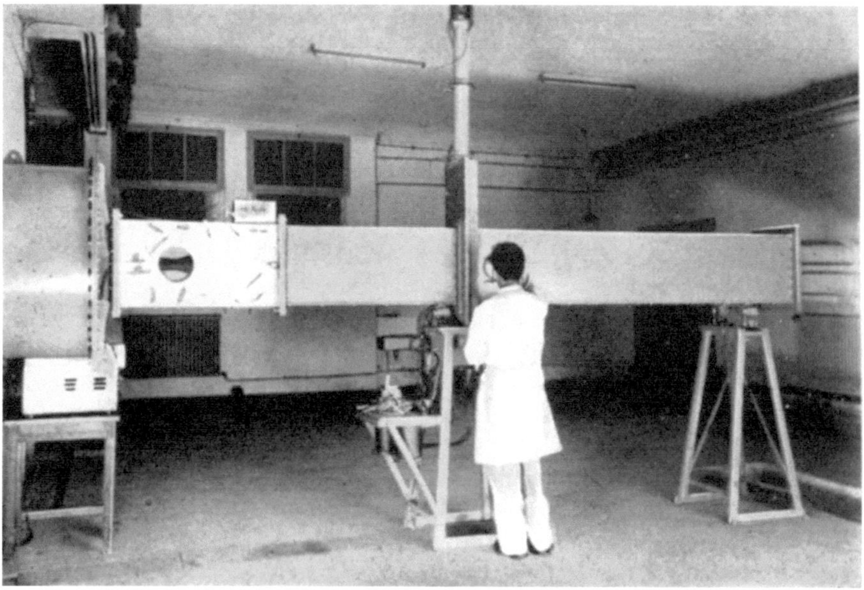

Fig. 7.16 La soufflerie à grande vitesse, mise en service en 1951 (nombre de Mach 0,9 à 5) ; sa section d'essai est de $8 \times 16\,\text{cm}^2$ pour les longues rafales (40 s) et de $20 \times 20\,\text{cm}^2$ pour les rafales courtes (12 s) (Valensi, *in* (Pérès 1955))

de moments, enregistrement par caméra de l'écran de l'oscillographe cathodique. L'institut fait l'acquisistion d'une caméra à enregistrement rapide, de stroboflashes, et d'un lecteur de microfilms. Le moteur triphasé de la petite soufflerie (0,85 m, 40 m/s) est remplacé par un moteur à courant continu, pour un réglage plus facile de la vitesse de l'air.

La bibliothèque s'enrichit, en 1949, de 64 ouvrages et de 80 mémoires du NACA envoyés gracieusement par Hugh Dryden, du *National Bureau of Standarts* à Washington. L'institut est abonné à 18 périodiques scientifiques et techniques, dont ceux du NACA.

Ses locaux devenus insuffisants, l'IMFM s'agrandit, en 1949, sur une parcelle de terrain de 720 m^2 sur la place Victor Hugo, cédée par la Ville. Cette parcelle va permettre la construction d'une soufflerie à grande vitesse, à rafales, avec le concours du ministère du ministère de la Défense nationale (direction de l'Aéronautique), de l'Éducation nationale, de l'ONERA et du CNRS. Envisagée dès 1948, mais retardée par des difficultés de financement – il s'agit de réunir 15, puis 22 millions de francs –, la construction est achevée en 1952 (Fig. 7.16)[39].

[39] Arch. Nat. F17 17577.

7.5.2 *Enseignement et conférences*

Le certificat de mécanique des fluides est suivi par une douzaine d'étudiants, dont environ la moitié l'obtiennent (Fig. 7.5). À partir de 1947, ce certificat introduit « une question que le développement de l'aviation moderne met de plus en plus au premier plan, celle de la mécanique des fluides compressibles ». Le certificat d'aérodynamique et hydrodynamique avancée, créé en 1942, délivre quant à lui deux ou trois diplômes par an. Les "cours à sujet variable"y font une place grandissante, là aussi, aux écoulements compressibles (enseignés par Valensi) ainsi qu'à la turbulence « considérée du point de vue statistique » (Favre). Six leçons sur le calcul opérationnel sont données bénévolement par Théodore Vogel, maître de recherches au CNRS [40]. Entre 1946 et 1950, le brevet de météorologie amène à l'examen 68 étudiants, et le brevet de mécanique de l'atmosphère, 27 étudiants (nombres cumulés sur cinq ans des candidats examinés à la session de juin).

Un nouveau certificat de mécanique de l'atmosphère et de météorologie est créé en 1947, confirmant des enseignements donnés depuis 1941. Entre 1948 et 1951, 60 étudiants se présentent à l'examen, 41 sont reçus. Ce certificat comporte notamment une quinzaine de séances de travaux pratiques dirigés par M. Galzi, ingénieur à la Météorologie nationale. Ces travaux pratiques sont également suivis par les élèves-officiers de l'École de l'air de Salon (l'institut encaissant les droits correspondants).

L'institut accueille par ailleurs des visites d'universitaires étrangers (financées par une subvention de la direction générale des affaires culturelles), tandis que, dans l'autre sens, Valensi effectue des séjours à l'Institut royal aérotechnique de Stockholm (Pr. Luthander) et au *National propulsion laboratory* de Farnborough (Angleterre). Pour l'année 1949, les conférenciers invités sont :

- L. Couffignal (institut Blaise Pascal), sur les grandes machines mathématiques modernes ;
- A. Young et Lilley (collège aéronautique de Cranfield, Angleterre), sur la couche limite des écoulements compressibles ;
- S. Goldstein (univ. Manchester), sur la mécanique des fluides compressibles ;
- Th. von Kármán (CalTech), sur les problèmes non linéaires dans l'art de l'ingénieur.

Cette année-là, von Kármán reçoit le titre de Docteur Honoris Causa de l'université d'Aix-Marseille.

[40] Théodore Vogel (1903–1978), né en Ukraine, licencié ès sciences de l'université d'Aix-Marseille et ingénieur de l'École supérieure d'électricité de Paris (1923), débute sa carrière comme ingénieur. Dans les années 1930, il réoriente son activité vers la recherche et obtient, à la Libération, un poste de chercheur CNRS au CRSIM. Grand connaisseur de l'œuvre de Henri Poincaré, il deviendra un spécialiste reconnu des oscillations non linéaires et des systèmes dynamiques. En 1969, il succède à F. Canac à la direction du centre de recherches physiques (CRP) qui s'est substitué au CRSIM en 1962 (Gazanhes, 2000).

7.5.3 *Recherches et études*

Recherches académiques autour de Valensi. Rentré de Londres, Valensi engage de nouvelles recherches sur les écoulements supersoniques autour d'un dièdre, objet d'une communication à l'ICTAM de Paris en 1946, en collaboration avec F. Pruden. Il reprend par ailleurs la question de la distribution de la circulation le long de l'envergure des ailes (par la méthode des fumées), du décollement aux grands angles (atterrissage), et du décollement sur les ailes en flèche, études financées par le secrétariat d'État aux Forces armées[41]. Cette étude associe H. Parigi et M. Paret, ingénieur de l'École centrale de Paris.

Valensi entreprend également l'étude, financée par l'ONERA, des régimes d'oscillations et de la transition à la turbulence d'un fluide oscillant dans un tube en U, en collaboration avec Vogel, du CRSIM[42]. Ce problème fait l'objet de la thèse de Claire Clarion, soutenue en 1954 et publiée dans les PST[43]. Cette thèse donne lieu à sept publications entre 1947 et 1952, dont cinq *Comptes Rendus* et une communication à l'ICAM d'Istanbul en 1952.

Une autre collaboration avec le CRSIM porte sur l'anémométrie par ultrasons. La soufflerie de 0,30 m. mise à disposition de Mlle Merle, attachée de recherches CNRS au CRSIM. Cette dernière participe à la construction d'un tube à choc[44], puis réalise des mesures sur la formation de l'onde de choc à l'aide d'un émetteur d'ultra-sons à grande puissance mis au point au CRSIM.

Les autres études du laboratoire pour la période sont :

- L'effet Coanda, par F. Zerner, en collaboration avec A. Métral professeur au lycée Thiers[45] ;
- Le régime transitoire dans une conduite forcée munie d'une cheminée d'équilibre, après la fermeture rapide d'une vanne placée à l'aval de la cheminée[46] ;
- La détermination en soufflerie des coefficients aérodynamiques intervenant dans les équations des petits mouvements dissymétriques de l'avion autour de son centre de gravité, à partir d'une position de vol horizontal ;
- L'écoulement à travers une grille d'aubes de compresseur axial pour moteur d'avion, pour la société Hispano-Suiza ; le problème est de définir, par transformation conforme de grilles d'ovales, un profil assurant de grandes déflexions à des nombres de Mach proches de l'unité, avec un profil de vitesse le plus plat possible sur l'extrados (A. Papon, deux *Comptes Rendus*) ;

[41] Valensi (1952).

[42] Valensi & Vogel (1948).

[43] C. Clarion, *Mouvement oscillatoire avec viscosité et inertie*. Thèse de doctorat de l'univ. de Marseille (1954). PST n°303.

[44] La section du tube est de $8 \times 16\,\text{cm}^2$, et sa longueur, 3 m.

[45] Métral & Zerner (1948).

[46] C. Clarion, *C. R.* **235**, 17 (1952).

– La lubrification des coussinets de paliers, par H. Parigi, responsable technique de l'institut; M. Rebond, ingénieur-dessinateur, soutient en 1947 un diplôme d'études supérieures (DES) sur un dispositif de freinage électro-magnétique pour la balance de la grande soufflerie.

Recherches académiques autour de Favre. Favre oriente nettement ses recherches sur la turbulence, « envisagée au point de vue statistique et aléatoire, [...] domaine difficile où l'Étranger avait sur la France une avance considérable », déclare Thiry dans son rapport en 1947. Les expériences sont réalisées initialement dans une soufflerie à faible niveau de turbulence située dans un local prêté par la faculté. En 1947, Thiry obtient de la préfecture un local plus approprié à proximité du CRSIM, rue Saint-Sébastien. Ces recherches sont financées par l'ONERA et le ministère de l'Air. Favre s'attache au perfectionnement des appareils de mesure de la corrélation dans le temps (20–3000 Hz) et dans l'espace, et à l'amélioration des anémomètres à fil chaud. Il documente la turbulence homogène et isotrope en soufflerie. Il publie par ailleurs une étude sur les diffuseurs des compresseurs d'air centrifuges des turboréacteurs, étude réalisée en 1940 et depuis conservée secrète (rendement amélioré, taux de compression égal à 4). Ces travaux font l'objet d'une communication à l'ICTAM en 1946, de conférences à l'Établissement d'études et de recherches météorologiques de Paris en 1947, de six rapports à l'ONERA et d'une note aux *Comptes Rendus* en 1949.

Études techniques et essais industriels. Comme indiqué plus haut, l'après-guerre voit un développement important des études pour l'industrie. En 1947, il s'agit notamment d'essais d'une maquette du planeur Fauvel AV17, pour la Société aéronautique du Rhône (289 000 francs), et d'études sur la prévention du rabattement des fumées sur le pont des navires, pour la Société des forges et chantiers de la Méditerranée et pour les Chantiers de la Méditerranée à La Seyne (78 000 francs). Cette étude sur les fumées aboutit à l'invention de la cheminée profilée "Strombos-Valensi", qui équipe de nombreuses unités[47].

En 1949, les deux études principales, réalisées dans la soufflerie elliptique, portent sur les parachutes – ouverture, stabilité, traînée – pour le secrétariat d'État aux Forces armées (Fig. 7.17), et sur la stabilité du vol d'une maquette, pour la Marine nationale. D'autres études sont réalisées pour la Société des forges et chantiers de la Méditerranée, et la Société du matériel naval du Midi. Neufs rapports sont rendus cette année-là, pour 6 120 heures de bureau d'études, 9 050 heures d'atelier, et 720 heures de soufflerie. Les recettes correspondantes s'élèvent à six millions de francs, soit trois fois celles de l'année précédente. En 1951, douze rapports sont rendus, pour plus de 6 000 heures de bureau d'études et 4 000 heures d'atelier.

Le calcul sur machines à calculer électriques se développe : en 1949, l'institut en possède trois, achetées au CNRS. Les calculs réalisés portent sur l'écoulement

[47] J. Valensi, Sur les formes de carénage de cheminées de navires propres à éviter le rabattement des fumées. *Bulletin de l'Association technique maritime et aéronautique*, Paris (juin 1948).

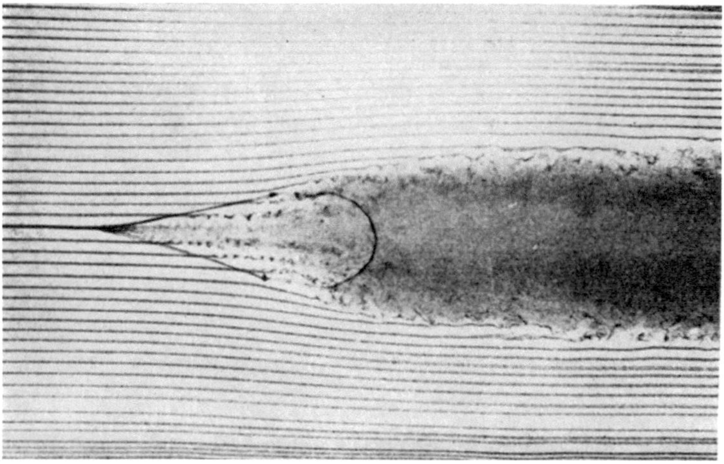

Fig. 7.17 Écoulement autour d'une bande de toile poreuse représentant un parachute, dans le tunnel plat de la cuve de Toussaint-Carafoli. Photographie extraite d'un film réalisé par M. Dombs, ingénieur des travaux de l'Air (Valensi, *in* (Pérès 1955))

autour de parachutes, sur l'écoulement dans une turbine Kaplan – pour le bureau d'études Neyrpic –, et sur les écoulements autour de grilles d'aubes de compresseurs – pour la société Hispano-Suiza.

7.5.4 Le laboratoire de mécanique de l'atmosphère et météorologie

Alexandre Favre fait des écoulements turbulents son domaine d'étude privilégié[48]. Il développe l'analyse de la structure de la turbulence par la comparaison des fluctuations de vitesse en deux points – séparés non seulement dans l'espace mais aussi dans le temps. Ces corrélations spatio-temporelles lui permettent de caractériser la "mémoire" que le mouvement moyen du fluide conserve de la turbulence qu'il transporte, et de tester l'"hypothèse de Taylor".

Organisation. Souhaitant disposer d'une plus grande autonomie, Favre crée en 1947 le laboratoire de mécanique de l'atmosphère et météorologie, avec le soutien du GRA puis de l'ONERA. Le laboratoire s'installe dans une chapelle désaffectée située au 66 rue Saint-Sébastien, louée par l'institut à la préfecture des Bouches-du Rhône. En 1951, Favre est nommé professeur de mécanique de l'atmosphère et

[48] Clarac (2007); Coantic (2006).

météorologie, avec l'appui du secrétariat d'État aux Forces armées, sur une nouvelle chaire créée par transformation de sa maîtrise de conférences [49].

Les premiers collaborateurs de Favre dans son nouveau laboratoire sont des personnels de l'ONERA : Jean Gaviglio, ingénieur, et L. Mirane et A. Borel, techniciens. En 1949, un attaché de recherches au CNRS, Régis Dumas, les rejoint. Ils sont assistés par A. Zecconi, mécanicien de l'IMFM, et M. Galzi, ingénieur de la Météorologie nationale chargé des travaux pratiques des étudiants.

Travaux scientifiques. Jean Gaviglio, artisan majeur des développements métrologiques du laboratoire, raconte :

> Les débuts de ce laboratoire furent marqués par une dure pénurie de crédits et de matériel. Un jour nous recevons de l'ONERA deux enregistreurs magnétiques, objets rares car nouveaux à l'époque, donc cadeau royal, ô combien ! Il nous faut avant tout tester leurs qualités, mais nous n'avons encore ni générateurs de signaux, ni oscilloscope... Or, nous venons d'engager un menuisier-modeleur italien qui, ancien choriste occasionnel à la Scala de Milan, interprète souvent des airs d'opéra pour se donner du cœur à l'ouvrage. Ses roulades et ses vocalises, d'une parfaite justesse, sont enregistrées incontinent, et la pureté de leur reproduction nous convainc de la qualité de nos appareils, dans le grave comme dans le suraigu ! Des expériences rigoureuses devraient confirmer plus tard cette conclusion [50].

La soufflerie du laboratoire et sa veine de section carrée (80 cm × 80 cm) ont été étudiées pour présenter un faible niveau de turbulence. Un collecteur à fort coefficient de contraction et des filtres anti-turbulence permettent de descendre le taux de turbulence à 0,15%. En 1952, ce taux est abaissé à 0,038% « au niveau des meilleures souffleries étrangères ».

L'enregistreur magnétique évoqué par Gaviglio permet de réaliser les corrélations selon le schéma de la Fig. 7.18 : les deux signaux de vitesse (issus du même point ou de deux points différents), mesurés par des anémomètres à fil chaud, sont enregistrés sur bande magnétique, puis lus avec un décalage temporel L_1/V_1 et L_2/V_2 où V_1 et V_2 sont les vitesses des bandes et L_1 et L_2 les distances entre les têtes d'enregistrement et de lecture. Les signaux sont ensuite multipliés et intégrés en temps, par voie électronique, pour obtenir le coefficient de corrélation. La variation de L_2, par déplacement d'un galet, permet de faire varier l'intervalle de temps [51]. Le temps correspondant au maximum de la corrélation définit la célérité du champ turbulent entre les deux points.

Favre montre que dans le sillage d'une grille, où la turbulence est à peu près homogène et isotrope, les corrélations conservent une valeur élevée jusqu'à de grandes distances à l'aval, et que la turbulence est transportée à la vitesse de l'écoulement moyen. Un filtrage des fluctuations montre que les fréquences basses, correspondant aux gros tourbillons, se conservent plus loin que les fréquences

[49] A. Favre, *Notice de titres et travaux - Pièces annexes* (1951). Arch. Acad. Sc.

[50] Allocution de J. Gaviglio à la cérémonie de remise de son épée d'académicien à A. Favre (1978). Arch. Acad. Sc.

[51] A. Favre, J. Gaviglio & R. Dumas, Mesures de la corrélation dans le temps et l'espace, et spectres de la turbulence en soufflerie. *In* (Poncin, 1951*b*).

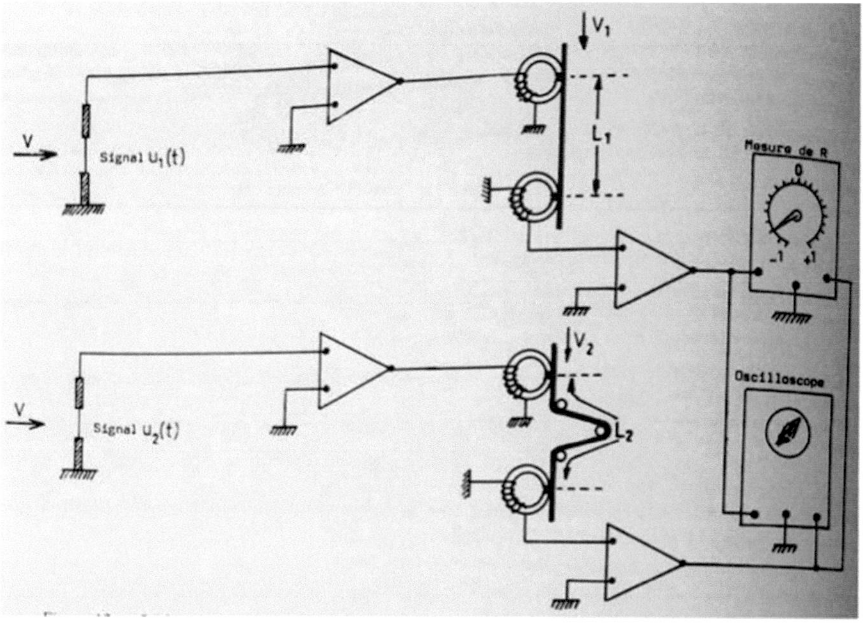

Fig. 7.18 Schéma de l'appareil de mesure d'une corrélation temporelle ou spatio-temporelle. Les deux signaux sont enregistrés sur bande magnétique puis lus avec un retard L_1/V_1 et L_2/V_2, puis multipliés et intégrés en temps électroniquement. Arch. Acad. Sc., dossier Favre

élevées. Dans un écoulement cisaillé – une couche limite par exemple –, où la turbulence n'est plus homogène ni isotrope, seuls les petits tourbillons sont transportés à la vitesse moyenne, tandis que les gros tourbillons ont des célérités qui dépendent de leur échelle et de leur position dans la couche limite ; ils ont aussi une durée de vie plus longue. La Fig. 7.19a montre un résultat pour une couche limite sur une plaque plane : profil de la vitesse moyenne, et profils des fluctuations turbulentes longitudinales (écart-types) normalisés par la vitesse moyenne maximale ou locale [52]. La Fig. 7.19b montre le coefficient de corrélation de ces fluctuations, en fonction de l'intervalle temporel entre les signaux.

À la suite d'une visite à Marseille de Leslie Kovasznay, professeur à l'université John Hopkins à Baltimore, Favre effectue en 1954 un premier séjour de plusieurs mois aux États-Unis, à Baltimore et au CalTech en Californie. Une longue coopération avec Kovasznay s'ensuit (celui-ci sera Docteur Honoris Causa de l'université d'Aix-Marseille). Favre s'intéressera ensuite aux écoulements turbulents compressibles, établissant des équations statistiques nouvelles fondées sur des moyennes pondérées par la masse volumique, devenues les « moyennes de Favre ».

[52] Favre et al. (1955).

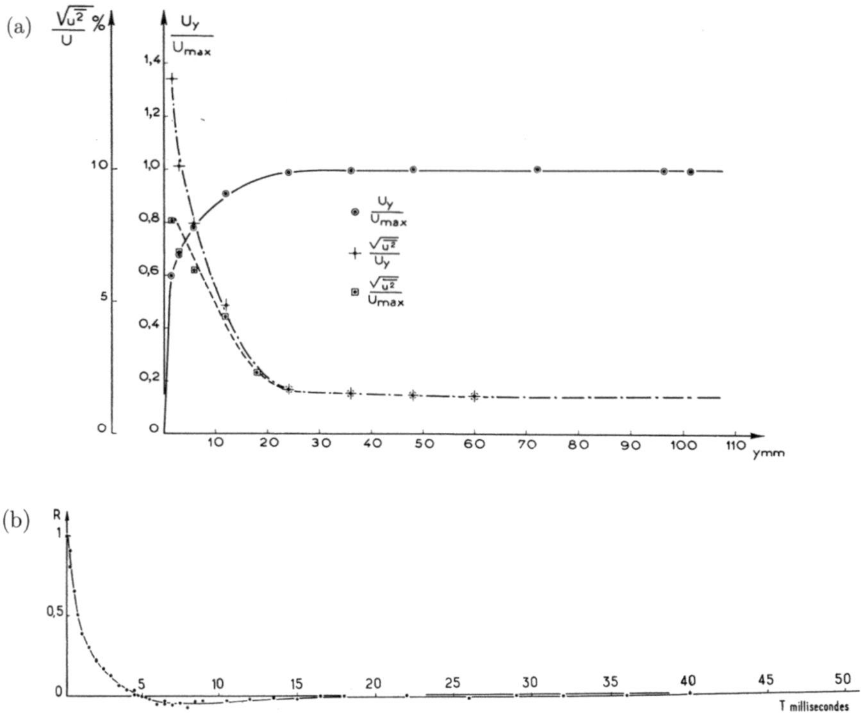

Fig. 7.19 Couche limite sur une plaque plane ; (**a**), profil de la vitesse moyenne et profils des fluctuations turbulentes longitudinales (écart-types) normalisés par la vitesse moyenne maximale ou locale ; (**b**) coefficient de corrélation (Favre et al., 1955)

Création de l'IMST. À partir de 1951, année de la nomination de Favre sur la nouvelle chaire de mécanique de l'atmosphère et météorologie, l'activité du laboratoire est présentée, dans le rapport annuel au conseil de l'université, en dehors de celle de l'institut de mécanique des fluides. L'année suivante, aux *Journées de mécanique des fluides* de Marseille, Favre marque un peu plus encore la distance :

> Nos travaux, commencés en 1932 dans les Laboratoires de l'Institut de Mécanique des Fluides, se poursuivent depuis novembre 1947 dans un bâtiment loué par l'Institut, pour y installer un Laboratoire de Mécanique de l'Atmosphère et Météorologie (LMA). Le LMA dépend, d'une part de la Faculté des Sciences, et, d'autre part, de l'IMFM. Les recherches scientifiques sont effectuées avec l'aide de l'Office National d'Études et Recherches Aéronautiques, de la Direction Technique et Industrielle de l'Aéronautique, du Centre National de la Recherche Scientifique, et de la Météorologie Nationale[53].

[53] A. Favre, Le Laboratoire de mécanique de l'atmosphère de l'Institut de mécanique des fluides de Marseille. *In* (Pérès, 1955), pp. 87–92.

En 1960, Favre prend son autonomie complète : encouragé par von Kármán, dira-t-il, à transformer son laboratoire « en un centre [...] pour la turbulence, dans un esprit de coopération internationale », il quitte l'institut de mécanique des fluides, et crée, sur la base de son laboratoire de mécanique de l'atmosphère, l'institut de mécanique statistique de la turbulence (IMST), associé au CNRS [54]. L'institut s'installe dans un nouveau bâtiment sur le site de Saint-Charles de la faculté des sciences. Son inauguration, en 1961, est l'occasion d'un colloque international rassemblant les grands noms de la mécanique de la turbulence. Son comité scientifique est composé de G. Batchelor, A. Favre, J. Kampé de Fériet, L. Kovasznay, H. Schlichting et L. Sedov. Parmi les 63 participants, figurent 22 Américains, 19 Français, 9 Britanniques, 5 Russes (dont Kolmogorov), 4 Allemands, un Hollandais, un Canadien et un Japonais [55]. Le contraste entre la forte représentation américaine et la faible représentation allemande témoigne du déplacement du centre de gravité de la discipline, dû en particulier aux scientifiques allemands ayant fui le régime nazi. Les Français viennent de Paris, Lille et Marseille (l'institut de Toulouse est absent), et de Grenoble (Antoine Craya) dont le poids national s'accroît [56]. Ce colloque se prolonge, la semaine suivante, par un symposium sur la turbulence géophysique, organisé conjointement par l'*International union of geodesy and geophysics* (IUGG) et l'IUTAM. Son comité scientifique est présidé par F. N. Frenkiel [57].

L'IMST se dotera par la suite d'une soufflerie supersonique, et, en 1970, d'une grande soufflerie aéro-hydrodynamique sur le site de Luminy, destinée à l'étude des interactions entre l'atmosphère et l'océan.

7.5.5 Les Journées de Marseille de 1952

En 1952, le ministère de l'Air et le CNRS organisent un colloque national de mécanique des fluides, destiné à faire le point sur l'état de la discipline vingt ans après la création des instituts. L'institut de Marseille est choisi pour accueillir ces *Journées*, dont les actes seront publiées dans les PST [58]. Cet institut apparaît en effet, dans l'après-guerre, comme le plus dynamique des centres français. Ce dynamisme est tout d'abord lié à la ténacité de son directeur René Thiry à conduire, dans les années de guerre, l'achèvement et l'équipement des nouveaux bâtiments, et à maintenir la cohésion de son équipe. Il tient aussi à l'activité scientifique et contractuelle de Valensi et Favre – stimulée par leur rivalité – et

[54] L'université d'Aix-Marseille présente l'IMFM et l'IMST dans une plaquette éditée en 1966, disponible sur le site https://odyssee.univ-amu.fr/items/show/341.

[55] Les actes du colloque sont disponibles sur le site http://www.turbulence.ens.fr/.

[56] Cambon (2017).

[57] Eckert (2012).

[58] Actes des *Journées de mécanique des fluides – Marseille 1952*, (Pérès, 1955).

aux relations internationales qu'ils ont nouées. Ce dynamisme tient enfin au fort soutien qu'accordent à l'institut les ministères de l'Air et de l'Éducation nationale, l'ONERA, le CNRS, et l'industrie régionale. Nous reviendrons au dernier chapitre sur la situation de la mécanique des fluides française telle qu'elle se présente alors.

Notons ici les travaux de Henri Cabannes, qui, bien que n'étant pas rattaché à l'institut de mécanique des fluides, mène des recherches qui lui sont liées. Né en 1923, normalien et agrégé de mathématiques, Cabannes entre en 1946 au CNRS comme attaché de recherches. En 1946, il est nommé maître de conférences à la faculté des sciences de Marseille, et soutient l'année suivante une thèse de doctorat sur les ondes de choc, dirigée par Pérès[59]. Il est nommé professeur trois ans plus tard (à l'âge de 30 ans). Ses travaux, présentés dans les actes des *Journées* de 1952 – en annexe de la présentation de Valensi – portent sur les ondes de choc au voisinage d'un obstacle en écoulement supersonique.

[59] Cabannes (1950) ; jury : Villat, Pérès, Valiron.

Chapitre 8
L'institut de Toulouse

> *« Le radio navigant du courrier de Patagonie, une heure plus tard, se sentit soulevé doucement, comme par une épaule. Il regarda autour de lui : des nuages lourds éteignaient les étoiles. Il se pencha vers le sol : il cherchait les lumières des villages, pareilles à celles des vers luisants cachés dans l'herbe, mais rien ne brillait dans cette herbe noire. [...]*
> *Maintenant, il apercevait, en face d'eux, un miroitement imperceptible au ras de l'horizon : une lueur de forge. Le radio toucha l'épaule de Fabien, mais celui-ci ne bougea pas. Les premiers remous de l'orage lointain attaquaient l'avion. »*
>
> *Antoine de Saint-Exupéry, Vol de nuit, 1931*

8.1 De l'électrotechnique à l'hydraulique

La décision du ministère de l'Air de créer un institut de mécanique des fluides à Toulouse est liée à l'existence, dans cette ville, d'une industrie aéronautique et d'un laboratoire d'hydraulique réputé. C'est par l'histoire de ce laboratoire d'hydraulique, et de l'institut électrotechnique qui en est à l'origine, qu'il nous faut commencer.

8.1.1 L'institut électrotechnique (1907)

Les réformes de l'enseignement supérieur engagées dans les deux dernières décennies du XIXe siècle s'accompagnent d'un essor vigoureux d'instituts techniques dans les facultés des sciences, notamment dans les domaines de l'agronomie, de la chimie et de l'électricité industrielle (cf. Chap. 2). Pour cette dernière discipline, trois instituts électrotechniques sont créés, à Grenoble et Nancy en 1900, puis à Lille en 1902. Les autorités politiques locales appuient fermement la création de ces nouvelles formations techniques, dans lesquelles elles voient une opportunité de développement économique et social. Le contexte industriel est également

F. Charru, *Ailes, Nuages et Tourbillons*, Science Networks. Historical Studies 61,
https://doi.org/10.1007/978-3-030-70236-6_8

favorable. À Grenoble, il s'agit de l'essor de l'industrie hydroélectrique et hydraulique autour de la "houille blanche"; à Nancy, c'est le mécénat de l'industriel belge Ernest Solvay et le dynamisme d'universitaires ayant fui Strasbourg après la défaite de 1870; à Lille, c'est l'industrie minière et textile, et l'émulation liée à la concurrence de puissantes facultés catholiques.

Toulouse, quant à elle, demeure une cité essentiellement agricole, peu industrialisée du fait de l'absence de ressources naturelles et de son éloignement des grandes routes commerciales. Son université, dominée par une faculté de droit séculaire, reste dans l'ombre de ses voisines de Bordeaux et de Montpellier. Les interventions de Jean Jaurès, député et maître de conférences à l'université de Toulouse, et du recteur Claude-Marie Perroud, convainquent toutefois le ministère d'inclure Toulouse dans la liste des capitales universitaires à promouvoir. La faculté des sciences va dès lors se développer sous les efforts conjugués de trois personnalités : deux universitaires, Paul Sabatier et Charles Camichel, et le maire de Toulouse, Albert Bedouce [1].

Charles Camichel, normalien et docteur de la faculté des sciences de Paris, arrive à Toulouse en 1900, sur un poste de maître de conférences à la faculté des sciences. Il vient de Lille où il avait, en 1895, obtenu son premier poste, et découvert la physique industrielle. À Toulouse, il se lie avec Paul Sabatier (1854–1941), professeur de chimie bientôt doyen de la faculté des sciences, et futur prix Nobel 1912 [2].

Comme Sabatier, Camichel est convaincu de l'intérêt de renforcer les liens entre l'université et l'industrie. Fort de son expérience lilloise, il crée en 1902 un cours public d'électricité industrielle, soutenu par une municipalité soucieuse de développer l'enseignement des sciences appliquées. L'enjeu est de promouvoir l'hydroélectricité pyrénéenne et de faire de Toulouse une importante cité industrielle sur le modèle de Grenoble, et pour cela il faut former des ouvriers et cadres techniques. Le cours de Camichel rencontre immédiatement un succès public considérable. Ce succès éveille toutefois la jalousie de Henri Bouasse, professeur de physique à la faculté des sciences, et forte personnalité [3]. Cédant à la demande

---

[1] M. Grossetti & B. Milard, Toulouse devient scientifique, *in* (Grossetti, 1996), pp. 136–156; C. Barrera & M. Grossetti, La rénovation de l'enseignement supérieur toulousain (1870–1940), *in* (Barrera, 2020), pp. 50–60.

[2] Lattes (2019).

[3] Henri Bouasse (1866–1953), normalien et agrégé de physique (1888), puis préparateur au Collège de France, est docteur ès sciences mathématiques de l'université de Paris (1892). Nommé maître de conférences à Toulouse, il soutient une seconde thèse ès sciences physiques en 1897, et obtient la chaire de physique. Il écrit de nombreux ouvrages, dont une monumentale *Bibliothèque de l'ingénieur et du physicien* en 45 volumes (1911–1932, Delagrave, Paris) dont les préfaces polémiques sont restées légendaires – il y pourfend notamment « l'institut idiotechnique » ou « électrocomique » de Toulouse. Sa *Bibliothèque* achevée, Bouasse entreprend des recherches en mécanique des fluides, notamment sur les jets d'air turbulents, les nappes liquides, la formation des rides et des ondes, et la stabilité des trombes. Entre 1932 et 1939, il publie onze mémoires dont trois dans les PST. Infatiguable et solitaire, il travaille jusqu'au bout dans le laboratoire que l'université lui a concédé à sa retraite (Fert, 1954).

de celui-ci, le recteur retire le cours à Camichel et laisse Bouasse le réorganiser en cours fermé à petit effectif[4].

La décision du recteur ne satisfait évidemment ni Sabatier ni Camichel, ni la municipalité. Le rapport de force bascule quatre ans plus tard, en 1906, à la faveur de deux événements. Le premier est que Sabatier devient doyen de la faculté des sciences, fonction dont Perroud l'avait longtemps tenu écarté du fait de son militantisme catholique : « ses opinions et ses croyances le situent un peu trop à l'extérieur du camp laïc » avait écrit le recteur à son ministre. Le second événement est qu'un nouveau maire socialiste, Albert Bedouce, prend la tête de la municipalité. Très attaché à l'idée de donner aux ouvriers une instruction qui leur permette « d'éviter qu'ils ne deviennent les rouages insconscients de leurs usines[5], » il offre à la faculté, en juillet 1906, de financer une chaire municipale d'électricité industrielle, dont le titulaire serait Camichel. Cette proposition reçoit un avis favorable, à l'unanimité, du conseil de la faculté[6]. Sabatier fait connaître cet avis au maire dans une lettre reproduite par la *La Dépêche*. Le lendemain, à un journaliste venu le rencontrer, Sabatier fait état en termes mesurés mais fermes du différend qui l'oppose au recteur[7]. Puis il poursuit par un plaidoyer en faveur de l'électricité industrielle :

> Aujourd'hui la science de l'électricité est plus que jamais nécessaire. Les nombreux auditeurs de M. Camichel manifestent le désir de voir se rouvrir un cours public, un cours de vulgarisation sur ces questions passionnantes. La houille blanche dont M. Camichel s'est d'ailleurs également occupé, va jouer un rôle considérable dans notre région et déplacer à notre profit des industries métallurgiques et chimiques. Des chutes formidables sont captées. À Vicdessos, par exemple, une usine de 20 000 chevaux fonctionnera en juin prochain. La proposition de la municipalité toulousaine vient donc bien à son heure. Il est urgent, ainsi que le maire l'a dit justement quelque part, de former à Toulouse de bons ouvriers électriciens, de bons contremaîtres, pour qu'on n'aille pas recruter le personnel nécessaire aux usines des Pyrénées, soit à Lille, soit à Grenoble, soit même à l'étranger.

Le recteur freine le projet autant qu'il le peut, en se retranchant derrière des questions de procédure. Le conseil municipal, qui s'émeut du piétinement du projet, renouvelle son soutien à la proposition du maire :

> La création d'un enseignement municipal d'électrotechnique a été très favorablement accueilli par la population ouvrière tout entière de notre région et, suivant l'expression de *La Dépêche* (23 juillet 1906) : « a même passionné le public [...] qui est unanime à désirer vivement cet enseignement ».
>
> La population industrielle elle-même a favorablement accueilli l'initiative municipale. Nous lisons, en effet, dans *La Dépêche* du 30 juillet 1906 : « Les ingénieurs et industriels électriciens de la ville et de la région, ayant conservé un excellent souvenir du cours électrotechnique, professé à la Faculté des sciences en 1902–03, ont appris avec plaisir la création d'une chaire de physique industrielle et émettent les vœux suivants, etc., etc. ».

---

[4] Séance du 22 juill. 1903 du conseil de la faculté des sciences.

[5] M. Grossetti and B. Milard, Toulouse devient scientifique. *in* Grossetti (1996), p. 151.

[6] Séance du 18 juill. 1906 du conseil de la faculté.

[7] *La Dépêche* des 21 et 22 juill. 1906 (Arch. ENSEEIHT) ; *Bulletin municipal* du 11 sept. 1906.

> Devant un accueil si sympathique de la population, le devoir de la municipalité était tout tracé [8].

Fort de ce soutien, le maire hausse le ton : « Si, au mois d'octobre, il [le recteur] ne se hâte pas d'apporter une solution à cette affaire, nous irons où il faudra : nous nous adresserons au Ministre. ».

La chaire est créée en 1907. Un article du *Bulletin municipal* se fait l'écho du succès rencontré :

> Le nombre des auditeurs du cours public dépasse 300, à tel point que le grand amphithéâtre de la Faculté des sciences se trouve manifestement trop petit et que les auditeurs arrivent une heure à l'avance [...].
>
> Indépendamment de la leçon du jeudi, le professeur chargé de cet enseignement fait, chaque dimanche matin, une conférence pratique dans laquelle il explique l'excursion prochaine et où il développe certains points laissés de côté par les cours du jeudi. Cette conférence dure une heure au moins et assez souvent deux heures.
>
> Après cette conférence, commencent les visites d'usines avec explications devant les machines, tableaux de distribution, mise en marche des moteurs, etc., ce qui fait au minimum trois heures de cours tous les dimanches [9].

Le projet prend de l'ampleur et aboutit l'année suivante à la création de l'institut électrotechnique (IET) de l'université de Toulouse, fondation de la Ville [10]. Dans le même mouvement de rapprochement de l'université et de l'industrie, cher à Sabatier, un institut de chimie et un institut agricole voient le jour respectivement en 1906 et 1909.

La Ville finance une chaire de professeur et un emploi de chef des travaux [11]. Elle s'engage à concéder à l'université des locaux pour y installer des travaux pratiques, une salle des machines, et un musée de dessin industriel. Elle prend à sa charge la mise en état de ces locaux et leur entretien. L'IET comprend une section élémentaire, qui conduit en deux ans à un brevet de conducteur-électricien, et une section supérieure qui conduit en trois ans à un diplôme d'ingénieur-électricien [12]. « Aucun titre, aucun grade ne sont requis pour être admis à suivre l'enseignement en vue de ce diplôme. » L'IET comprend également un bureau de contrôle technique des appareils industriels, qui utilise, pour les essais, un petit canal parallèle au canal latéral de la Garonne aux Ponts-Jumeaux. Une année préparatoire à la formation d'ingénieur est organisée à partir de 1909. La même année, un emploi de mécanicien est créé par l'université.

[8] Délibérations du conseil municipal du 10 sept. 1906, *Bulletin municipal* du 15 sept. 1906.

[9] *Bulletin municipal*, 31 mai 1907.

[10] Convention entre la Ville et l'université, 1er oct. 1908 (Arch. ENSEEIHT). Cette convention prend effet au 1er nov. 1907.

[11] Cet emploi est confié à Léon Jouane, nommé maître de conférences en 1914.

[12] Arrêté du ministre de l'Instruction publique et des Beaux-Arts, 21 janv. 1908.

Fig. 8.1 Le laboratoire de mécanique appliquée de l'IET en 1914. Arch. IMFT

Camichel racontera ainsi le choix de l'emplacement de l'IET :

> La Ville de Toulouse me confia les clés de divers locaux vacants, et j'entrepris tout seul une promenade, je dirais presque un pélerinage pour fixer l'endroit où s'élèverait plus tard l'Institut Électrotechnique. [...] J'arrivais, enfin, à la rue Caraman [aujourd'hui rue Sylvain Dauriac], et mon choix se fixa sur une salle de cette rue [13].

Les conditions de travail initiales sont précaires :

> Les débuts de l'Institut électrotechnique furent pénibles. [...] Nous n'avions ni appareils ni machines ; les industriels de la région, en particuler la *Société Toulousaine du Bazacle*, nous prêtèrent du matériel. Nous n'avions pas de personnel ; les travaux pratiques avaient lieu, le soir, de dix heures à minuit, et nous faisions nous-mêmes toutes les manipulations [14].

Le soutien de la municipalité et du ministère des Travaux publics vont ensuite permettre un développement rapide :

> Des cessions successives de terrains, au nombre de sept, par la Ville à l'Université, ont permis à l'Institut électrotechnique de se développer, d'aboutir d'abord au canal du Midi. C'était en quelque sorte une "fenêtre sur la mer". Nous avions besoin d'eau pour les machines et les expériences. Ce fut ensuite la construction d'un amphithéâtre, l'aménagement de la salle des machines [Fig. 8.1] et des laboratoires d'enseignement ; plus tard, les laboratoires de recherches, nos grands réservoirs, la tour, sorte de grande éprouvette, qui s'élevèrent un jour en plein Toulouse, réalisation concrète d'une idée que j'avais longtemps envisagée, celles des expériences régulières [15].

---

[13] C. Camichel, *in* Association Amicale des Ingénieurs Anciens Élèves de l'IETMA de Toulouse (1936), pp. 60.

[14] C. Camichel, *ibid.*, pp. 50.

[15] C. Camichel, *ibid.*, p. 60.

De 1911 à 1914, L'IET diplôme 60 à 70 ingénieurs par an, dont trois quarts d'étrangers[16]. Du fait de préoccupations croissantes liées à l'hydroélectricité et à la mécanique, une quatrième année d'études est instaurée en 1913, portant le titre de section spéciale de mécanique appliquée[17]. Cette quatrième année est ouverte aux licenciés titulaires de quatre certificats d'études supérieures (mathématiques générales, mécanique rationnelle, mécanique appliquée, physique générale), et aux ingénieurs diplômés. Elle est sanctionnée par un diplôme d'ingénieur-mécanicien. L'IET se transforme alors en institut électrotechnique et de mécanique appliquée (IETMA).

Charles Camichel (1871–1966)

Charles Moïse Camichel naît le 15 septembre 1871 à Montagnac (Hérault), d'un père pasteur protestant et d'une mère musicienne[a]. Reçu en 1889 à l'École normale supérieure, agrégé de sciences physiques en 1892, il prépare une thèse sous la direction de Marcel Brillouin, sur l'absorption de la lumière par les cristaux. Nommé professeur au lycée de Rennes en 1894, il obtient de rester à l'ÉNS pour terminer sa thèse, qu'il soutient en février 1895. Le mois suivant, il est nommé maître de conférences à la faculté des sciences de

[a] Arch. Acad. Sc., dossier Camichel; P. Cabanel et A. Encrevé (dir.), *Dictionnaire biographique des protestants français de 1787 à nos jours*, Éd. Max Chaleil (Paris), t. 1, pp. 557–558.

(*Suite*)

[16] L'Institut Électrotechnique et de Mécanique Appliquée. *Bulletin Municipal* de Toulouse, juill. 1934, 479–487.

[17] Arrêté du 30 mai 1913 (Arch. ENSEEIHT).

Lille, où il enseigne l'électrotechnique et développe des liens avec l'industrie locale.

En 1900, Camichel obtient un poste de maître de conférences à la faculté des sciences de Toulouse, où il initie l'enseignement de l'électricité industrielle. En 1907 il crée un institut électrotechnique (IET), fondé par la municipalité désireuse de développer l'hydroélectricité pyrénéenne. Soutenu par le ministère des Travaux publics, l'IET se développe rapidement et ouvre en 1913 une section de mécanique appliquée. La même année, Camichel crée un laboratoire d'hydraulique qui acquiert une grande réputation pour ses études sur modèles réduits et ses recherches plus fondamentales en mécanique des fluides. En 1926 à Zurich, il donne la première conférence invitée française dans un Congrès international de mécanique appliquée (ICAM).

En 1930, la notoriété du laboratoire d'hydraulique incite le ministère de l'Air à créer à Toulouse un institut de mécanique des fluides, associant des recherches sur l'hydraulique et l'aérodynamique. Camichel en prend la direction, sur une chaire d'électricité industrielle et mécanique des fluides.

Élu correspondant de l'Académie des sciences en 1922 (il en a reçu deux fois le prix Bazin), il en devient membre non résidant en 1936. Membre de l'institut de Coïmbra (1925), professeur d'échange à l'université de Bruxelles (1931), il occupe de nombreuses fonctions nationales : membre du Comité consultatif de l'Enseignement supérieur au ministère de l'Instruction publique, membre de commissions et comités pour les aménagements hydrauliques au ministère des Travaux publics, membre de comités de diverses sociétés savantes, président en 1930 de la section d'hydraulique générale de la Société hydrotechnique de France (SHF).

Camichel prend sa retraite en 1941. Il conserve encore un an la direction de l'IET et de l'IMF, puis la cède à son disciple Léopold Escande. Commandeur de la Légion d'honneur (1952), il continue de travailler dans son laboratoire et de publier, jusqu'à son décès le 27 janvier 1966.

En 1925, Camichel obtient la transformation du statut de l'IETMA, d'institut de faculté en institut d'université [18]. Cette transformation lui permet de disposer pleinement de ses ressources propres – élevées –, dans un budget propre, et facilite l'obtention de subventions. L'institut connaît alors un gros succès. En 1927–28, le nombre d'inscrits y est de 492, représentant un tiers de la faculté des sciences. Ce nombre chutera fortement dans les années 1930, comme partout dans les universités françaises, du fait de l'arrivée à l'âge adulte des classes creuses de la guerre [19].

[18] Projet de transformation soumis par Camichel au conseil de la faculté des sciences, 16 nov. 1923 ; décret du 28 avr. 1925 et règlement de l'IETMA (Arch. ENSEEIHT).

[19] M. Idrac, Le développement difficile des instituts toulousains. *In* Grossetti (1996), pp. 224–226.

En 1935, une section de radio-électricité est créée, préparant au diplôme d'ingénieur radio-électricien de l'université de Toulouse [20]. Pierre Dupin y développe notamment les communications hertziennes par ondes courtes, avec le pic du Midi où est installé l'astronome Henri Camichel, neveu de Charles [21].

8.1.2 Le laboratoire d'hydraulique (1913)

L'hydraulique à l'IET. Dans un Sud-Ouest de la France pauvre en charbon, le développement du chemin de fer incite les compagnies exploitantes à se tourner vers la traction électrique, et à construire des usines hydroélectriques dans les Pyrénées et le Massif central. Dans ce contexte, la Compagnie des chemins de fer du Midi sollicite Camichel, en 1910, pour l'aider à résoudre les problèmes d'hydraulique qui se présentent dans ses installations. La demande industrielle et l'intérêt des questions posées, du point de vue de la physique, amènent Camichel à créer à l'IET, en 1913, un laboratoire d'hydraulique. Le ministère des Travaux publics lui apporte un soutien important, notamment en lui accordant une subvention de 200 000 francs en 1918, et une autre subvention de 240 000 francs l'année suivante [22].

La première étude du laboratoire d'hydraulique porte sur la mesure des gros débits dans les conduites forcées. Cette étude fait l'objet, en 1914, d'un article dans la revue *La Lumière Électrique* – première publication du laboratoire – et, l'année suivante, d'une note dans les *Comptes Rendus de l'Académie des sciences* – transmise par Henry Bazin [23]. Les recherches se portent ensuite sur les "coups de bélier", ondes de pression se propageant le long des conduites lors de manœuvres rapides de vannes, et responsables d'importantes avaries. Ces coups de bélier font l'objet de plusieurs notes aux *Comptes Rendus* – transmises par Joseph Boussinesq [24], et de la thèse de doctorat ès sciences de Denis Eydoux, première thèse du laboratoire, soutenue en 1919. [25]

De nouveaux problèmes se présentent, liés à l'aménagement d'ouvrages sur les rivières, à la navigation, ou à la prévention des inondations. Les essais pour cette « hydraulique fluviale » sont réalisés sur des modèles réduits installés dans la cour de l'IET (Fig. 8.2). Les résultats sont extrapolés aux sites réels à l'aide de lois de changement d'échelle, dites lois de "similitude hydrodynamique des écoulements", lesquelles deviennent un objet de réflexion majeur de Camichel.

[20] Arrêté du ministère de l'Éducation nationale, 24 juill. 1935 (Arch. ENSEEIHT).

[21] Davoust (2000), pp. 231–232.

[22] Ch. Camichel, Rapport sur les études hydrauliques menées à l'IETMA, 6 juin 1919, Arch. Nat. F17 14566.

[23] Camichel, Eydoux & Lhériaud (1914, 1915).

[24] Camichel (1915).

[25] Eydoux (1919).

Fig. 8.2 Dans la cour de l'IET, modèle réduit de la Garonne et du Pont-Neuf à Toulouse (Arch. IMFT). Les modèles réduits seront transférés sur le site de Banlève à partir de 1920

Extension sur l'île du Ramier. Les locaux de l'IET s'avérant insuffisants, ainsi que les débits d'eau disponibles pour les expériences, Camichel obtient en 1920 un terrain sur l'île du Ramier du Château, en bordure d'un barrage-déversoir, la "chaussée de Banlève". La convention entre la Ville et l'université situe le contexte :

> La ville de Toulouse, désireuse de contribuer au développement de la Houille Blanche dans la région des Pyrénées dont elle est la capitale, et de lutter contre la crise du charbon si préjudiciable à la France, donne à bail à l'Université de Toulouse, pour une période de 50 ans [...] et moyennant une redevance annuelle de 1 franc, un terrain indiqué dans le plan ci-annexé et destiné à l'aménagement d'un laboratoire d'hydraulique.
>
> Ce laboratoire s'adonnera en collaboration étroite avec les industries régionales à l'étude de l'énergie hydraulique et de tous ses emplois industriels.

> La Ville de Toulouse joindra ses efforts à ceux de l'Université pour que le laboratoire d'hydraulique ainsi créé soit reconnu officiellement par le Ministère des Travaux Publics et la Société Hydrotechnique de France [SHF] comme laboratoire des Pyrénées et du Massif Central.
>
> L'Université prend l'engagement dès que ses moyens financiers le lui permettront d'y adjoindre une exposition permanente de la Houille Blanche et de tout ce qui est relatif aux usines hydro-électriques ; le public sera admis à visiter cette exposition chaque dimanche [26].

La convention précise le débit d'eau maximal que le laboratoire est autorisé à prélever, afin de ne pas pénaliser la nouvelle usine hydroélectrique installée juste à l'aval.

Le site autorise des débits d'eau importants du fait du dénivelé entre les deux bras de la Garonne. Les premières études, confiées par le Service central des forces hydrauliques du ministère des Travaux publics, sont menées dans un canal coudé préexistant (Fig. 8.3). Il s'agit d'aménagements sur des rivières – notamment le déversoir du barrage de Pinet, sur le Tarn – et d'ouvrages pour des basses chutes. Les quelques personnels nécessaires aux expérimentations sont installés de façon précaire dans un petit bâtiment au bout du canal. [27]

Un nouveau canal pour l'hydraulique fluviale. Le nombre d'études demandées au laboratoire augmentant, le canal coudé s'avère rapidement insuffisant. Camichel sollicite alors la Ville, en juillet 1924, pour la cession d'une nouvelle parcelle du parc Toulousain : une bande de 550 mètres de long et 30 mètres de large, située le long de la Poudrerie nationale occupant le sud de l'île. L'ingénieur de la Ville s'y déclare favorable, mais le directeur de la poudrerie soulève des objections liées aux servitudes imposées autour d'établissements « servant à la conservation, à la manipulation ou à la fabrication des poudres, munitions ou explosifs ». [28] Le projet semble alors suspendu.

En 1926, sollicité par le ministère des Travaux publics et la Société hydrotechnique de France (SHF) pour des études relatives à l'aménagement du canal d'Alsace, entre le Rhin et le Rhône, Camichel revient à la charge. Le rapport soumis au conseil municipal y est favorable :

> Messieurs, Le Ministre des Travaux Publics et la Société Hydrotechnique de France se préoccupent de faire procéder à des études pour l'aménagement du Rhin et du Rhône, afin de concilier l'organisation de la navigation et l'aménagement des forces hydrauliques.
>
> Il avait été primitivement question d'entreprendre ces études, qui ont la plus grande importance, à Grenoble, au laboratoire de Beauvert ; mais, à la suite d'une enquête à Toulouse, de M. de la Brosse, Inspecteur Général des Ponts & Chaussées, il a été reconnu préférable de les poursuivre dans notre ville, en raison des recherches analogues qui ont déjà été effectuées par l'Institut Électrotechnique et aussi des facilités que l'on a pour dériver des débits notables du bras supérieur vers le bras inférieur de la Garonne, sans nuire au fonctionnement de l'Usine du Ramier.

---

[26] Convention entre la Ville et l'Université, 17 mai 1920 (Arch. ENSEEIHT).

[27] Charru (dir.) (2016), pp. 24–27.

[28] Arch. ENSEEIHT ; Arch. Ville de Toulouse, dossier 1R325–327.

Fig. 8.3 Le canal coudé du laboratoire de Banlève, et sa nacelle de mesure du débit par déversoir de Bazin (Arch. IMFT)

> Le Conseil Municipal, qui a donné à l'Institut Électrotechnique, tant de marques de sollicitude, consentira certainement à céder à l'Université une bande de terrain parallèle à la Poudrerie où les expériences sur le canal d'Alsace pourront être exécutées et qui constituera ensuite un laboratoire d'hydraulique fluviale[29].

Le maire est autorisé à céder à l'université le terrain demandé. Mais du fait de la résistance persistante de la poudrerie, conjuguée à des difficultés budgétaires, le projet d'un grand canal ne se réalisera pas. En 1927, Camichel sollicite donc la Ville

[29] Délibération du conseil municipal, 7 avr. 1926 (Arch. ENSEEIHT).

pour l'aménagement d'un canal beaucoup plus modeste, dans les limites du terrain concédé en 1920[30]. Le projet retenu, entre plusieurs variantes, est celui d'un canal rectiligne de 117 mètres de longueur, large de 4 mètres et profond d'autant. Ce canal est mis en service en 1932 (Fig. 8.4). Il autorise un débit de 25 m^3/s, très supérieur à celui des autres laboratoires français. La fermeture des vannes amont et aval permet de le transformer en bassin des carènes, notamment pour des essais de coques et flotteurs d'hydravions. Le ministère de l'Éducation nationale alloue en 1933 une subvention de 300 000 francs pour un chariot de traction de carènes[31].

8.1.3 De l'hydraulique à la mécanique des fluides

Les problèmes d'hydraulique posés par l'industrie font l'objet de nombreuses études et de quatre thèses de doctorat ès sciences – en plus de celle, déjà citée, de Denis Eydoux sur les coups de bélier (1919). Les trois premières sont celles d'Adrien Foch, sur les coups de bélier dans les conduites, et de Charles Ledoux et Charles Boujon, sur les déversoirs[32]. La quatrième, de Léopold Escande, ingénieur IET, porte sur les conditions de similitude hydrodynamique des écoulements, dans diverses situations d'écoulements laminaires ou turbulents, en charge ou à surface libre :

> Dans la construction des grands ouvrages hydrauliques modernes, explique Escande, [...] les ingénieurs ont recours à l'emploi de modèles reproduisant à petite échelle l'ouvrage projeté, et sur lesquels on étudie, en réduction, les diverses circonstances de l'écoulement. [...] La similitude hydrodynamique a précisément pour objet de fournir l'ensemble des lois qui régissent ainsi la technique des essais sur modèles réduits[33].

La Fig. 8.5 présente, à titre d'illustration, la chute de pression normalisée $\phi = \Delta p/\rho V^2$ dans un coude à angle droit, en fonction du nombre de Reynolds – lequel varie ici sur plus de cinq ordres de grandeur, variation considérable. On y voit que la similitude de Reynolds, bien vérifiée dans la partie décroissante de la courbe où l'écoulement est laminaire, perd sa pertinence dans la région où, l'écoulement étant devenu turbulent, ϕ devient quasi-constant. Camichel remarque la région de transition entre les deux régimes – ici pour $Re \approx 5000$ – définit la dimension minimale du modèle réduit pour lequel une autre condition de similarité peut alors être satisfaite – typiquement la similarité de Froude pour les écoulements à surface libre. Cette remarque orientera l'étude de nombreux ouvrages.

De ces problèmes d'hydraulique, Camichel s'attache à dégager des questions générales et fondamentales de mécanique des fluides. De remarquables études expérimentales vont ainsi être entreprises dans l'entre-deux-guerres, appuyées sur

[30] Lettre de Camichel au Maire, 11 mai 1927. Arch. Ville de Toulouse.

[31] Le chariot est réalisé par l'entreprise E. Brondel (Lyon). Arch. Nat. F17 14566, et conseil de l'université du 7 juill. 1933.

[32] Foch (1920); Boujon (1931); Ledoux (1929). Charles Boujon est professeur au lycée de Toulouse.

[33] Escande (1929).

Fig. 8.4 Le canal droit mis en service en 1932 ; au fond, le chariot de traction de carènes ; à gauche, le terrain sur lequel sera édifiée en 1937 la grande soufflerie (Arch. IMFT)

la culture de Camichel en électricité, mécanique, et optique – acquise au cours de sa thèse avec Marcel Brillouin sur la propagation de la lumière dans les cristaux. Une première direction de recherche porte sur la visualisation des écoulements, perfectionnant une technique de chronophotographie mise au point par Étienne-Jules Marey [34]. L'écoulement, ensemencé de fines particles d'aluminium, est éclairé

[34] Pour un bon compte-rendu des recherches de Marey, voir Noguès (1933).

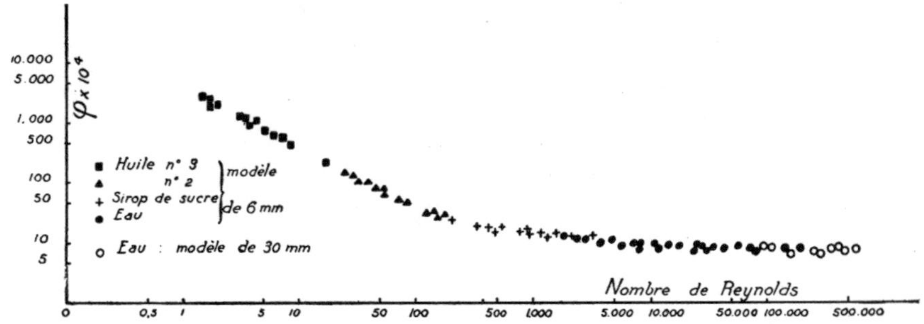

Fig. 8.5 Chute de pression normalisée $\phi = \Delta p/\rho V^2$ dans un coude à angle droit, fonction du nombre de Reynolds; les viscosités des fluides utilisés varient dans un rapport de 373 (Camichel et al., 1931)

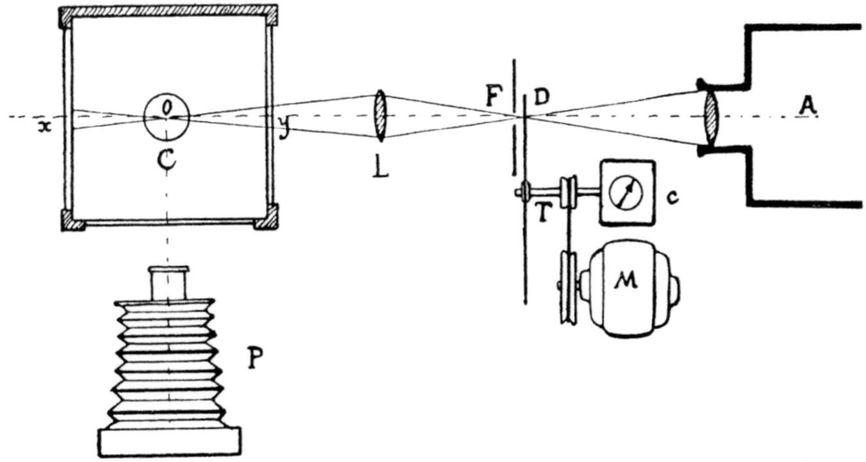

Fig. 8.6 Montage de chronophotographie : le faisceau lumineux issu de la source A est intercepté par un disque denté D entraîné en rotation par le moteur M. Le faisceau intermittent sortant de la fente F éclaire un plan xOy de l'écoulement dans la conduite C, photographié par l'appareil P (Camichel, 1920)

de façon intermittente par un dispositif schématisé sur la Fig. 8.6. Le flou de bougé des particules lors de chaque éclair permet de déterminer le champ des vitesses instantanées du fluide dans le plan éclairé; la Fig. 8.7 en donne une illustration[35]. On peut ainsi caractériser les grandes structures de l'écoulement (tourbillons, lignes de courant), discuter leur nature (potentielle ou rotationnelle) et tester les lois de similitude. L'emploi d'un disque denté à fentes, comme montré sur la Fig. 8.8,

[35] Camichel (1920).

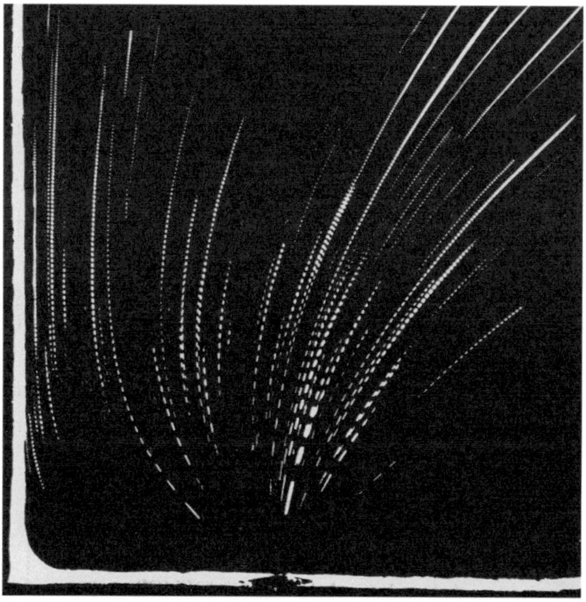

Fig. 8.7 Chronophotographie de l'écoulement dans une chambre d'eau percée d'un trou à 3 cm de la paroi latérale gauche ; on distingue nettement l'accélération des particules à l'approche du trou (Camichel, 1920)

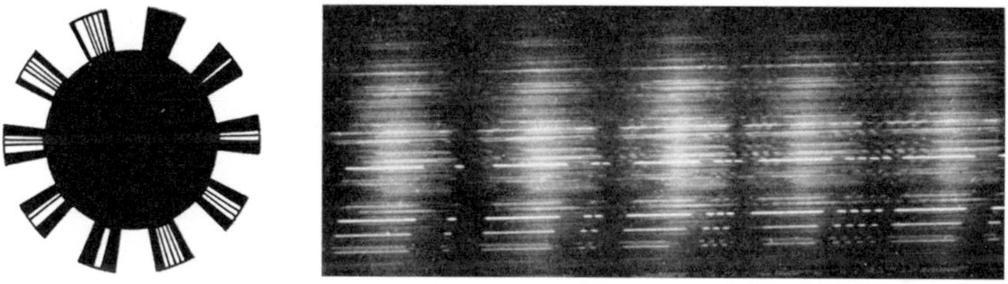

Fig. 8.8 Disque à fentes inégales permettant de lever certaines indéterminations du sens de parcours des particules fluides, et photographie illustrant l'effet produit (Baubiac, 1936)

induit des tiretés inégaux sur la photographie, ce qui permet de lever certaines indéterminations quant au sens de parcours des trajectoires des particules.

La Fig. 8.9 montre l'image obtenue avec un éclairement continu pour l'écoulement autour d'une palette inclinée, mettant en évidence une frontière nette entre la région laminaire et le sillage turbulent[36]. La Fig. 8.10 illustre le décollement d'un écoulement débouchant dans un élargissement brusque : à vitesse faible, les lignes de courant sont symétriques ; la vitesse augmentant, la longueur des recircu-

[36] Camichel, Escande & Ricaud (1925).

Fig. 8.9 Visualisation des lignes de courant autour d'une palette inclinée, et du sillage turbulent (la partie sombre correspond à l'ombre du profil) (Camichel et al., 1925)

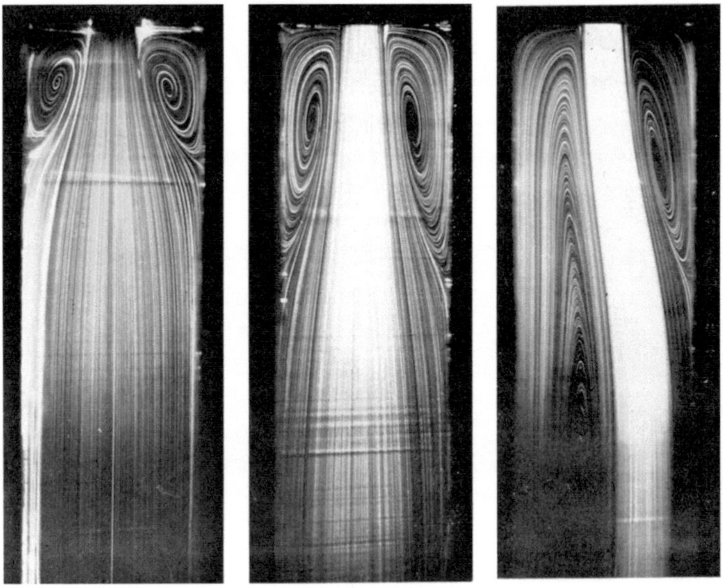

Fig. 8.10 Écoulement (de haut en bas) à la sortie d'un élargissement brusque. L'écoulement, symétrique à faible vitesse (à gauche), s'oriente vers l'une ou l'autre des parois latérales lorsque la vitesse augmente (à droite) (Camichel, 1935)

lations latérales augmente ; au-delà d'une certaine vitesse critique, la symétrie est rompue [37]. Camichel remarque que l'orientation de la veine fluide, d'un côté ou de l'autre, peut être contrôlée par l'introduction d'une petite perturbation juste à l'aval de l'élargissement, générée par exemple par une tige ou un fil tendu. Cette perte de symétrie et son contrôle font l'objet de plusieurs études, en liaison avec des questions de manœuvres de barrages mobiles en hydraulique fluviale.

La caméra devient un instrument de base du laboratoire, permettant d'observer des écoulements rapidement variables. L'anémométrie au fil chaud (cf. Chap. 3) est également utilisée [38], en liaison avec les travaux de Magnan à Paris. Ces techniques de visualisation et de mesure permettent d'aborder plusieurs problèmes fondamentaux de mécanique des fluides, tel que celui des oscillations de sillages à l'aval d'un obstacle, illustrées sur la Fig. 8.11. Ces sillages oscillants engendrent des allées de tourbillons alternés, ainsi que l'ont montré Bénard et von Kármán (cf. Chap. 5). La naissance et le développement de ces tourbillons sont étudiées en détail dans les thèses de doctorat ès sciences de Pierre Dupin (1930) et de Max Teissié-Solier (1931), puis dans la thèse d'ingénieur-docteur de Louis Castagnetto (1939) [39].

Concernant ces tourbillons, il est montré – résultat majeur illustrant les lois de similitude – que leur fréquence de détachement, rapportée aux échelles de l'écoulement (nombre de Strouhal), est une fonction universelle du nombre de Reynolds. La courbe montrée sur la Fig. 8.12 illustre ce résultat pour un barreau de section circulaire. Publiée en 1927 dans les *Comptes Rendus de l'Académie des sciences*, cette courbe reste une référence [40].

Fait remarquable dans un milieu académique plutôt individualiste, Camichel a constitué avec quelques collaborateurs talentueux une véritable équipe de recherche. Les publications, dans les *Comptes Rendus de l'Académie des sciences* pour la plupart, sont en général cosignées par plusieurs auteurs [41]. Ces travaux témoignent d'un souci croissant d'échanges avec la communauté scientifique, en particulier avec Henri Bénard à Paris, et avec l'Allemagne, l'Angleterre et la Russie. Lorsque les français acceptent, en 1926, de surmonter leur hostilité anti-allemande et de participer à des conférences internationales, Camichel est l'un des deux français invités pour une conférence générale au Congrès international de mécanique appliquée (ICAM) de Zurich (cf. Chap. 3). Un résumé des travaux du laboratoire est publié par le *Journal of Rheology* [42]. La qualité et le rayonnement de ses travaux valent à Camichel d'être élu, en 1922, correspondant de l'Académie des sciences – il en deviendra membre non résidant en 1936.

---

[37] Camichel (1935).

[38] Dupin (1930); Crausse & Baubiac (1931a).

[39] Castagnetto (1939); Dupin (1930); Teissié-Solier (1931).

[40] Camichel, Dupin & Teissié-Solier (1927).

[41] Pour un bilan général des publications, cf. Chap. 10. Pour une présentation plus complète des recherches menées durant l'entre-deux-guerres, cf. Charru (2017).

[42] Camichel with collab. (1932).

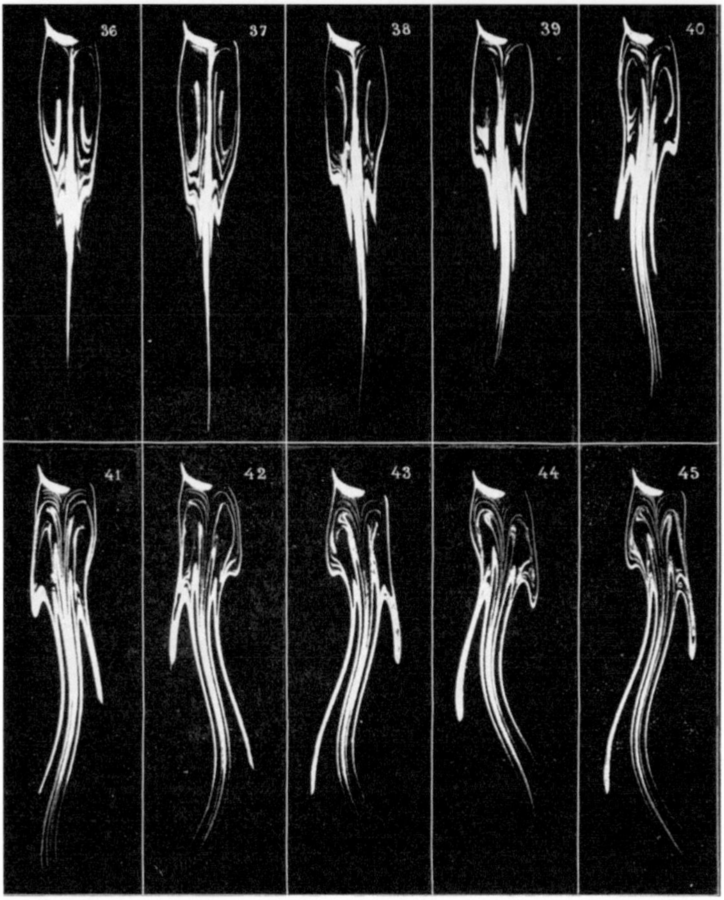

Fig. 8.11 Photographies extraites d'un film montrant le développement d'un sillage ondulant à l'aval d'un barreau cylindrique (Camichel et al., 1927)

8.2 L'institut de mécanique des fluides

Un nouveau chapitre de l'histoire la mécanique des fluides toulousaine s'ouvre en 1930, lié non plus à l'hydraulique mais à l'aéronautique, lorsque le ministère de l'Air choisit Toulouse pour l'implantation d'un institut de mécanique des fluides. Ce choix paraît guidé par deux raisons. La première est la réputation du laboratoire de Camichel, et la possibilité de mener dans ses canaux des essais de coques et flotteurs d'hydravions. La seconde est l'existence d'une industrie aéronautique régionale, avec les constructeurs Latécoère et Dewoitine.

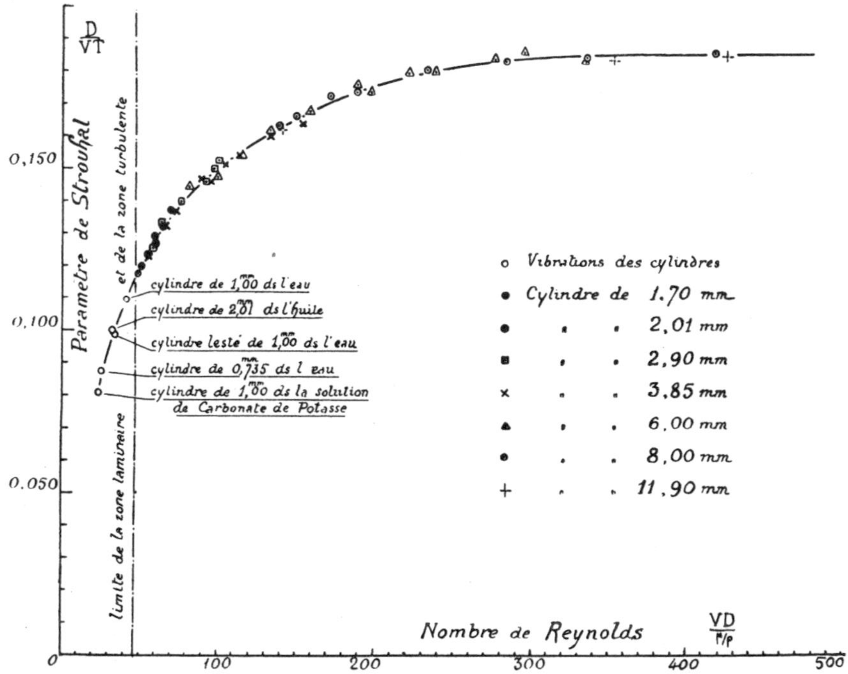

Fig. 8.12 Nombre de Strouhal (fréquence $1/T$ ramenée à l'échelle D/V) des tourbillons dans le sillage de cylindres de diamètre D dans un écoulement de vitesse V, en fonction du nombre de Reynolds. On notera les points en-dessous du nombre de Reynolds critique $Re_c \approx 48$, où les oscillations, excitées par une perturbation impulsionnelle, ne sont que transitoires (Camichel et al., 1927)

8.2.1 Contexte aéronautique

Latécoère et Dewoitine. Rappelons brièvement ici les débuts de l'histoire aéronautique de Toulouse, et l'importance alors stratégique des hydravions. Cette histoire est initiée par Pierre-Georges Latécoère, un ingénieur centralien qui a repris la menuiserie familiale à Tarbes. Désireux de diversifier son activité, il obtient en 1911 une commande de 1500 wagons pour la Compagnie des chemins de fer du Midi. Il construit alors une usine à Toulouse, qui devient l'une des plus importantes de la ville. Durant la guerre, grâce à ses appuis politiques dans le camp radical-socialiste, il obtient du ministère de la Guerre la fabrication d'obus, puis, en 1917, la commande de mille avions de reconnaissance biplaces Salmson. La société étant novice dans le domaine de la construction aéronautique, l'administration lui affecte plusieurs personnels spécialisés, dont Émile Dewoitine, technicien issu de l'école Breguet.

Après la guerre, alors que l'industrie aéronautique doit se reconvertir dans le civil, Latécoère décide de développer des lignes aériennes. Le 25 décembre 1918, le premier appareil Salmson décolle de Montaudran, direction Barcelone. Trois mois plus tard, Rabat est atteint, puis Casablanca et Dakar. La société s'implante en Amérique du Sud, et devient en 1927 la *Compagnie générale aéropostale*, dite *L'Aéropostale*. Antoine de Saint-Exupéry, engagé comme pilote en 1926, exaltera l'épopée dans ses premiers romans *Courrier sud* (1929) et *Vol de Nuit* (1931). *L'Aéropostale* disparaît en 1933 – elle était en difficulté financière depuis plusieurs années –, absorbée dans la nouvelle compagnie *Air France* créée par Pierre Cot, ministre de l'Air[43].

Dewoitine, ingénieur talentueux devenu chef de fabrication, quitte Latécoère en 1920 pour fonder son propre bureau d'études, puis monte une première usine à Francazal au sud de Toulouse : les Constructions aéronautiques Dewoitine. L'entreprise, qui a les faveurs de Caquot, conçoit de nombreux prototypes pour le ministère de l'Air, notamment le fameux chasseur D.520 mis en service en 1940. Elle est nationalisée en 1937, et absorbée dans Société nationale de construction aéronautique (SNCA) du Midi – nationalisation que Latécoère, de son côté, refusera toujours[44]. L'entreprise sera, après la guerre, intégrée à Sud-Aviation (1957), laquelle sera absorbée dans la SNIAS (1970), puis dans l'Aérospatiale.

Les hydravions. Les hydravions, apparus dès avant la Première Guerre mondiale – la Coupe Schneider, concours d'hydravions, est créée en 1913 –, sont considérés dans l'entre-deux-guerres comme l'avenir de l'aviation commerciale. Ils ont de forts atouts : ils ne nécessitent pas la construction coûteuse de longues pistes de décollage, permettent l'utilisation des infrastructures portuaires, et, en cas d'avarie, autorisent un amerrissage à peu près partout, sur la mer, un lac ou une rivière.

Latécoère, qui s'est orienté après la guerre vers le transport aérien, poursuit cependant la fabrication d'appareils et se spécialise dans les hydravions. En 1930, il installe sur l'étang de Biscarosse, dans les Landes, une tête de ligne vers l'Amérique du Sud, les Antilles, et New-York. Ses hydravions transatlantiques, tels le Laté 521 "Lieutenant de Vaisseau Paris" lancé en 1935, ou le Laté 631 lancé en 1942 (57 mètres d'envergure, 6 moteurs) sont de véritables paquebots volants, comportant plusieurs ponts et offrant à leurs passagers d'authentiques salons.

Les hydravions ont des atouts, ils ont aussi de graves inconvénients : leurs performances aérodynamiques ne sont pas bonnes, et les décollages et amerrissages sont très sensibles à l'état de la mer. Ces inconvénients conduiront à leur abandon dans l'après-guerre, sauf pour quelques missions particulières.

[43] Chadeau (1987), p. 169.

[44] Chadeau (1987), pp. 247–248.

8.2.2 *Création de l'institut*

D'âpres négociations initiales. Les premiers contacts entre le ministère de l'Air et l'université de Toulouse sont noués début mai 1929, lors d'une visite à Toulouse du directeur du service des recherches de l'Aéronautique, l'inspecteur général Seguin[45]. Le 22 mai, le recteur reçoit d'Albert Caquot la lettre de cadrage de la collaboration envisagée (cf. Chap. 4), qu'il transmet pour avis au doyen de la faculté des sciences. Une commission d'examen des propositions de l'Air est constituée, dont le rapport est discuté en assemblée générale de la faculté, le 19 juin. Ce rapport est favorable à la création d'un institut de mécanique des fluides, mais pose toutefois des conditions – dictées par Camichel. Il y est en particulier demandé la création non pas d'un seul, mais de deux emplois : une maîtrise de conférences de mécanique des fluides, et un poste de mécanicien. Le rapport, adopté à l'unanimité par l'assemblée générale, se conclut ainsi :

> En invoquant les termes mêmes de la lettre ministérielle, la Faculté demande donc que le Ministère de l'Air fasse, dès maintenant, les créations permanentes suivantes :
>
> 1. Un cours annuel de Mécanique des Milieux Continus qui serait confié à M. le Professeur Roy [titulaire de la chaire de mécanique rationnelle].
> 2. Une maîtrise de Conférences de Mécanique des Fluides, transformable en chaire, dans les conditions indiquées par la lettre ministérielle, qui serait attribuée à M. Escande, Docteur ès Sciences. Ces deux enseignements permettraient à la Faculté des Sciences, après l'acceptation par le Ministère de l'Air de la présente demande, la création d'un Certificat d'études supérieures de Mécanique des Fluides, dont tous les éléments au point de vue de l'organisation des travaux pratiques, existent déjà à l'Institut électrotechnique et dans ses annexes.
> 3. Un poste de Mécanicien principal, attaché au laboratoire de Mécanique des Fluides. Ce poste serait confié à M. Raymond Rieu, conducteur Electricien Mécanicien de l'Université de Toulouse, et serait assimilé, au point de vue du traitement et de l'avancement, à celui de Professeur technique.
> 4. En outre, le laboratoire de Mécanique des Fluides de l'Institut Électrotechnique serait transformé en un Institut autonome de Mécanique des Fluides dont la Direction serait confiée à M. Camichel[46].

Le conseil de l'université, saisi à son tour, approuve également le rapport. Début novembre, Caquot précise « la modalité et les conditions du concours [qu'il est] disposé à apporter à l'Université de Toulouse ». Il y exprime en préambule la nécessaire coordination entre les activités hydrauliques et aéronautiques :

> L'Institut serait créé, ainsi que les emplois nouveaux qu'il comporte, par l'Université de Toulouse qui y grouperait les installations hydrauliques dont elle assure le fonctionnement avec le concours du Ministère des Travaux Publics, et les installations et enseignement généraux de Mécanique des Fluides (orientés vers les applications aérodynamiques) qu'elle réaliserait avec l'aide du Ministère de l'Air. Les liens profonds qui existent entre les diverses

[45] Lettre de Seguin du recteur, 4 mai 1929; visite à Toulouse le 10 mai (Arch. dép. de la Haute-Garonne (AD31) 2559 162).

[46] Assemblée générale de la faculté des sciences, 19 juin 1929 (AD31 2559 162).

> branches de la mécanique des fluides rendent cette coordination intime éminemment désirable [47].

Il y précise ensuite que la subvention annuelle versée par le ministère de l'Air serait égale – comme pour les autres instituts de province – au traitement moyen d'un professeur. Vient ensuite la question de la direction :

> La Direction de l'Institut serait confiée, conformément aux propositions de la Faculté, à Monsieur Camichel. Il serait du plus haut intérêt, à ce sujet, que le titre de sa chaire pût être transformé et devenir "Mécanique des Fluides" ou, à tout le moins, contenir cette appellation. Cette mesure [...] réaliserait cette condition nécessaire que l'Institut comporte une chaire.

Ce point ne présentera pas de difficulté, la Ville – qui voit le projet d'un bon œil – donnant rapidement son accord pour le titre « électricité industrielle et mécanique des fluides » [48]. Puis Caquot en vient à la question plus délicate des emplois, où il s'en tient à sa proposition initiale de création d'un seul emploi, de chef des travaux :

> L'Université de Toulouse créerait un emploi de Chef de Travaux chargé de conférences, qu'elle s'engagerait à transformer ultérieurement en maîtrise de conférences [...].
>
> L'Université de Toulouse assurerait d'autre part, par des cours supplémentaires, la partie mathématique de l'enseignement correspondant au certificat de Mécanique des Fluides.
>
> Les fonctions d'assistant seraient remplies par un collaborateur scientifique du Service des Recherches [...]. Cette disposition, en évitant à l'Université la charge d'un traitement d'assistant, lui faciliterait la création d'un emploi de mécanicien demandé par la Faculté des Sciences. [...]
>
> Enfin des contributions locales importantes seraient à obtenir, non seulement pour ce qui concerne les laboratoires hydrauliques, mais aussi pour les recherches et expériences aérodynamiques.

En réponse, la faculté rappelle que les contributions locales pour la mécanique des fluides sont déjà très importantes, avec notamment la chaire municipale. Elle insiste sur son vœu de création immédiate d'une maîtrise de conférences. Et elle déclare ne pas désirer, finalement, la création d'un nouvel institut. Le revirement de la faculté sur le dernier point est lié au fait qu'elle préfère, « pour des raisons d'administration » dit-elle, que les enseignements de mécanique des fluides soient organisés en son sein et non au sein d'un nouvel institut [49] Il est vraisemblable qu'un autre raison anime Camichel : le ministère des Travaux publics pourrait prendre ombrage de la création, par l'Air, d'un institut absorbant le laboratoire d'hydraulique qu'il a largement contribué à créer [50]

[47] Lettre de Caquot au recteur, 5 nov. 1929 (Arch. ENSEEIHT, AD31 2559 162).

[48] Lettre de Camichel au doyen, 28 nov. 1929 (AD31 2559 162); conseil de la faculté, 4 déc. 1929; décret du 2 févr. 1930 (Arch. ENSEEIHT).

[49] Lettre du recteur à Caquot, 28 déc. 1929; Lettre du recteur au directeur de l'Enseignement supérieur, 28 déc. 1929 (AD31 2559 162).

[50] Lettre du Camichel au doyen, 28 nov. 1929 (AD31 2559 162).

Mais Caquot tient fermement à la création d'un institut de mécanique des fluides :

> Je crois devoir vous signaler, déclare-t-il au recteur, l'importance de cette condition. Elle figure explicitement dans les accords de principe convenus entre les ministères de l'Air, de l'Instruction Publique et des Finances, et dans les rapports des Commissions du Budget [...] Aucune difficulté n'a été rencontrée dans les créations, déjà réalisées, des Instituts de Mécanique des Fluides de Lille et de l'Université de Paris et je vous serais reconnaissant de bien vouloir me faire connaître si des circonstances particulières feraient obstacle à l'adoption à Toulouse de la formule qui y a été mise en application, et qui répond très bien aux buts poursuivis [51].

Camichel et la faculté cèdent. Caquot, de son côté, cède sur la question des emplois : « brûlant la première étape prévue », dira Villey, le poste créé sera une maîtrise de conférences, et la subvention incluera le traitement d'un poste de mécanicien créé par l'université.

Les difficultés aplanies, le ministère de l'Air attribue à l'université de Toulouse, dès le mois de février 1930, une subvention de 12 250 francs pour le premier trimestre de l'année (somme représentant le quart de la subvention annuelle prévue) [52]. L'institut est officiellement créé par un décret du 30 novembre 1930. Un règlement intérieur est annexé au décret.

Mise en route de l'institut. Le personnel de l'institut comprend initialement cinq personnes :

- un directeur, professeur à la faculté des sciences (Ch. Camichel) ;
- un professeur chargé du cours de mécanique des fluides théorique (Louis Roy, titulaire de la chaire de mécanique rationnelle) ;
- un maître de conférences de mécanique des fluides, emploi créé par l'université [53] (L. Escande, ingénieur IET, docteur ès sciences) ;
- un collaborateur scientifique extérieur du ministère de l'Air, faisant fonction d'assistant et désigné sous le nom d'"ingénieur de l'institut" (Jean Baubiac, ingénieur de l'IET et de l'École supérieure d'électricité, antérieurement préparateur temporaire à l'IET) ;
- un mécanicien chargé du montage des travaux pratiques, emploi créé par l'université (R. Rieu, conducteur électricien-mécanicien de l'IET).

Notons que Louis Roy (1882–1959), membre correspondant de l'Académie des sciences depuis 1927, et dont les recherches portent sur l'astronomie [54], ne participera pas réellement à l'activité de l'institut en dehors de sa charge d'enseignement.

Un autre chercheur, Étienne Crausse, ingénieur IET, rejoint l'institut en novembre, en tant que préparateur temporaire à l'IET, puis chargé de conférences. Il entreprend une thèse sur les phénomènes transitoires en mécanique des fluides.

[51] Lettre de Caquot au recteur, 13 janv. 1930 (AD31 2559 162).

[52] Arrêté du 15 févr. 1930 (AD31 2559 162).

[53] Conseil de la faculté des sciences, 24 avr. 1931.

[54] Rapports annuels du conseil d'université ; Arch. Acad. Sc., dossier L. Roy.

Il bénéficie à partir de 1932 d'une bourse de chargé de recherches de la Caisse nationale des sciences (CNS), renouvelée tous les ans jusqu'en 1936.

Jean Baubiac, ingénieur de l'institut, se voit préciser son sujet de thèse par le service des recherches de l'Aéronautique :

> Vous poursuivrez, sous la direction de M. Camichel, au Laboratoire de l'Institut de Mécanique des Fluides de Toulouse, des recherches expérimentales sur le sillage des corps immergés qui constituent le sujet de votre thèse d'Ingénieur Docteur. À ces recherches vous vous engagez à consacrer toute votre activité.

Caquot précise qu'il s'agit bien d'une collaboration temporaire :

> Mon désir, marqué par cette appellation même, est de voir se succéder, dans ces fonctions, des candidats au Doctorat ou au diplôme d'Ingénieur-docteur, qui aillent ensuite apporter, dans les industries aéronautiques, les habitudes de méthode scientifique qu'ils y auront acquises [55].

La subvention du ministère de l'Air comporte finalement trois parties :

- une subvention annuelle de 49 000 francs, couvrant l'indemnité versée à Roy (3 000 francs) et les traitements des emplois créés de maître de conférences et de mécanicien (34 000 francs et 8 000 francs, respectivement, hors indemnités secondaires) ;
- une « subvention indirecte » correspondant au traitement d'un collaborateur scientifique faisant fonction d'assistant, à la charge du service des recherches de l'Aéronautique, évaluée à 17 000 francs (coût d'un assistant) ;
- « des subventions variables pour exécution des recherches ».

La partie fixe de la subvention sera ensuite arrêtée à 70 000 francs, identique à celle des deux autres instituts de province, montant maintenu à peu près constant au cours de la décennie.

Le conseil d'administration de l'institut est constitué. Présidé par le recteur, il comprend, outre des représentants des institutions de tutelle, l'ingénieur en chef des Ponts et Chaussées, directeur du service des Forces hydrauliques du Sud-Ouest, et le directeur des Établissements Latécoère. S'y adjoindront en 1931 un représentant du ministère de l'Air – Caquot, initialement oublié ! – et les directeurs des observatoires de Toulouse (Eugène Cosserat puis Émile Paloque à partir de 1931) et du pic du Midi (Camille Dauzère puis Jules Baillaud à partir de 1937) [56].

Enseignement. Anticipant la création des nouveaux enseignements, Camichel a organisé dès le mois de novembre 1929 un cours de mécanique des fluides, suivi « par vingt élèves » [57]. Au mois de mars suivant, le ministère de l'Instruction publique approuve une délibération du conseil d'université relative à l'organisation de la maîtrise de conférences. Il autorise la faculté des sciences à délivrer un

---

[55] Lettre de Caquot au recteur, 23 févr. 1931 (AD31 2559 162).

[56] Davoust (2000), pp. 238–239.

[57] Camichel au doyen, 28 nov. 1929 (AD31 2559 162).

certificat d'études supérieures (CES) de mécanique des fluides, et à créer une mention "mécanique des fluides" du diplôme d'ingénieur mécanicien [58].

Le programme du CES comporte 75 leçons et 20 séances de travaux pratiques, « consacrées à un programme minimum commun à tous les instituts, arrêté par le Comité d'enseignement de la mécanique des fluides, et soumis à l'agrément du ministre de l'Air. » (cf. Chap. 4). Le cours de mécanique théorique des fluides, inauguré le 7 mars, est donné par Louis Roy. La mécanique expérimentale des fluides est enseignée par L. Escande. Les travaux pratiques sont encadrés par R. Rieu. Ces cours sont suivis par les étudiants inscrits au certificat de mécanique des fluides, et également par les élèves-ingénieurs de l'IET, candidats à la mention mécanique des fluides du dipôme d'ingénieur mécanicien [59].

Évolutions du personnel au cours de la décennie. En 1934, l'institut se voit attribuer un second collaborateur scientifique, faisant fonction d'assistant, pour les études de coques d'hydravions. Georges Sabathé, l'ingénieur IET retenu pour cette collaboration, a pour mission d'étudier, par des expériences dans le canal droit de Banlève, « les mouvements fluides provoqués par les redans dans les coques d'hydravions » (Fig. 8.13) [60]. Il étudiera notamment le Laté 631, fleuron de Latécoère. De 1932 à 1937, Sabathé publie dix notes aux *Comptes Rendus*, en seul auteur [61] ou en collaboration avec Escande et Camichel. Arrive également en 1934 Louis Castex (1913–1986), ingénieur IET, qui, partir de 1938 et jusqu'à sa retraite, assurera la direction technique des laboratoires de Banlève [62].

Crausse soutient sa thèse en octobre 1936 [63], et quitte aussitôt Toulouse pour prendre la direction de l'École française d'ingénieurs de Beyrouth (rattachée à l'université de Lyon). Baubiac soutient sa thèse en janvier 1937 [64]. Son contrat de collaborateur scientifique est alors renouvelé pour une étude « de dispositifs dynamométriques à lampes triodes pour la mesure des résistances hydrodynamiques » [65].

En novembre 1936, dans un rapport pour le ministre de la Défense nationale, et en vue de la mobilisation des laboratoires en temps de guerre, Camichel présente l'organisation de l'IET comme suit [66] :

[58] Arrêtés ministériels du 15 mars et du 26 juin 1930 (Arch. ENSEEIHT).

[59] L'évolution des effectifs d'étudiants est discutée au dernier chapitre.

[60] Arrêté du 23 févr. 1934, rapport annuel de Camichel au conseil de l'université, 1934.

[61] G. Sabathé, Sur l'origine et la suppression de la discontinuité dans la résistance hydrodynamique des flotteurs d'hydravions. *C. R.* **202**, 1836 (1936).

[62] J. Nougaro, *Les principaux événements qui jalonnent l'histoire d'un laboratoire d'hydraulique et de mécanique des fluides*. Arch. IMFT (non daté).

[63] Crausse (1936).

[64] Baubiac (1936).

[65] Arrêté du 12 déc. 1936, rapport annuel de Camichel au conseil de l'université, 1937.

[66] Arch. Nat. 19800284 14.

Fig. 8.13 Balance de mesure des efforts sur une coque d'hydravion, installée sous le chariot de traction du canal droit. À gauche, la soufflerie encore à découvert (1937)

1. Laboratoires d'hydraulique, bassin d'essais des coques d'hydravions :
   - Léopold Escande, ingénieur principal, sous-directeur de l'IET,
   - Jean Baubiac, ingénieur IET et ESE, collaborateur scientifique de l'Air,
   - M. Borel, ingénieur IET,
   - M. Descomps, mécanicien ;

2. Service des essais en soufflerie (en projet) :
   - Georges Sabathé, ingénieur IET, collaborateur scientifique de l'Air,
   - Marcel Sabathé, ingénieur IET,
   - M. Salva, conducteur IET, mécanicien,
   - Raymond Rieu, conducteur IET, mécanicien ;
3. Service de sans-fil (émission, réception, transmission) :
   - Pierre Dupin, ingénieur IET, docteur ès sciences
   - Roger Favre-Artigues, ingénieur IET et ÉSE,
   - M. Perriard, mécanicien-électricien ;
4. Bureau de contrôle, laboratoire d'essais :
   - Max Teissié-Solier, ingénieur IET, docteur ès sciences, chef des travaux à la faculté des sciences,
   - Jean Lhomme, ingénieur IET, directeur des ateliers,
   - M. Perriard, mécanicien-électricien.

L'IET compte également un secrétaire, Georges Bouteille. La Fig. 8.14 montre une "photo de famille" du personnel enseignant vers 1935.

Fig. 8.14 Photo de famille, vers 1935. Assis de g. à dr. : M. Teissié-Solier, L. Escande, Ch. Camichel, P. Dupin, X ; debout : X, É. Crausse, R. Favre-Artigues, J. Baubiac, J. Lhomme (fonds P. Crausse et Arch. IMFT)

La maîtrise de conférences d'Escande est transformée en chaire en 1937. Une convention en bonne et due forme, entre l'université et le ministère de l'Air, est signée l'année suivante[67]. Cette convention supprime notamment le poste d'assistant occupé par Sabathé, qui semble alors quitter l'institut. L'année suivante, deux nouvelles études sont commanditées par le ministère de l'Air, l'une sur les ondes radio-électriques décimétriques, l'autre sur la mise au point d'une balance hydrodynamique pour le chariot auto-tracté du bassin des carènes.

8.2.3 Recherches menées entre 1930 et 1939

Dans l'esprit du laboratoire d'hydraulique des années vingt, le nouvel institut de mécanique des fluides connaît dans les années trente une période de créativité exceptionnelle, autour de la petite dizaine de chercheurs réunis par Camichel. De remarquables résultats d'hydrodynamique générale sont obtenus par Crausse et Baubiac. Leurs études, publiées dans les PST, portent sur les écoulements transitoires (mise en mouvement d'écoulements ou d'obstacles dans un fluide au repos) ou périodiques (oscillations de masses d'eau, vibrations de tiges et de fils tendus dans un écoulement, interactions de ces vibrations avec le détachement de tourbillons, hystérésis). Le cadre théorique général est celui de la similitude des écoulements à différentes échelles, ou autrement dit, des lois d'échelle des phénomènes (similitude de Reynolds, de Froude, des écoulements laminaires ou turbulents, etc.). Les techniques expérimentales mises au point permettent d'accéder à des résolutions spatiales inférieures au millimètre et à des résolutions temporelles de l'ordre de la milliseconde. Ces études, et les recherches antérieures menées au laboratoire d'hydraulique depuis sa fondation, feront l'objet en 1938 d'un volumineux mémoire (356 pages) des *Publications scientifiques et techniques* (PST) du ministère de l'Air, signé par Camichel et Escande.[68] Quelques résultats sont brièvement présentés ci-dessous.

Tourbillons de Kelvin-Helmholtz. Dans sa thèse, soutenue en 1936[69], Crausse étudie notamment le développement de tourbillons à l'aval d'un obstacle, sur la "surface de discontinuité" fortement cisaillée qui sépare le sillage quasi immobile et l'écoulement extérieur (Fig. 8.15a). Ces "tourbillons secondaires", qu'il nomme ainsi pour les distinguer des tourbillons alternés de Bénard-Kármán, montrent des enroulements caractéristiques. Crausse détermine les lois d'échelle de leur période de détachement, en faisant varier la vitesse de l'écoulement et la viscosité du fluide – les plus courtes périodes, mesurées au fil chaud, sont de l'ordre de

[67] La convention est signée le 16 août 1938 (AD31 2559 162).

[68] Camichel & Escande (1938).

[69] Crausse (1936).

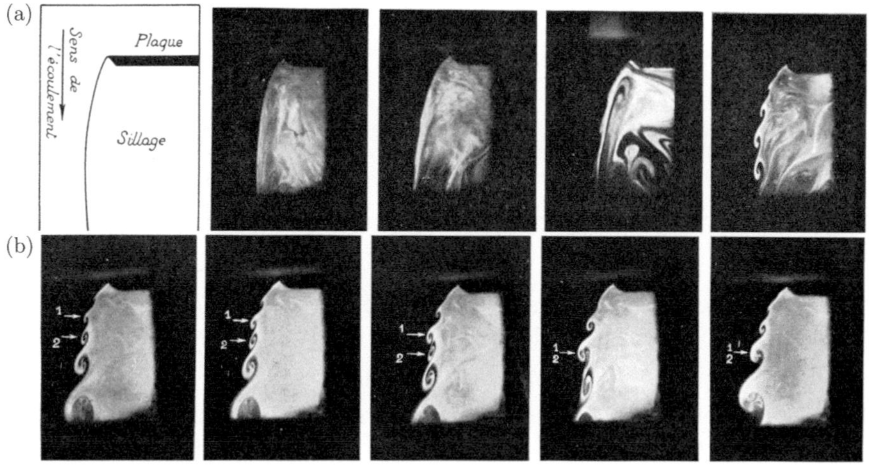

Fig. 8.15 (**a**) Développement au cours du temps de tourbillons dans la couche cisaillée bordant le sillage d'une plaque ; (**b**) appariement des tourbillons (Crausse, 1936)

dix millisecondes[70]. Il note également l'appariement des tourbillons lors de leur advection vers l'aval (Fig. 8.15b).

En 1930, l'instabilité donnant lieu à ces tourbillons est connue, mais n'a pas encore fait l'objet d'études expérimentales à proprement parler. Elle a été remarquée par Helmholtz en 1868 en liaison avec l'observation, dans l'atmosphère, de nuages présentant de tels enroulements. Kelvin, en 1871, a analysé l'instabilité analogue d'une surface d'eau plane cisallée par le vent. Rayleigh, en 1879, a donné l'analyse moderne de cette instabilité linéaire non visqueuse. Lamb, dans l'édition de 1924 de son ouvrage *Hydrodynamics*, en fait une présentation complète. En 1930, Rosenhead publie un calcul non linéaire du raidissement ddu front de l'onde par le second harmonique, et montre, par un calcul numérique de l'évolution d'une ligne discrète de tourbillons ponctuels, la formation d'enroulements[71]. Crausse a sans doute eu connaissance de ces références bibliographiques, mais, comme ses collègues toulousains, il ne les mentionne que rarement (des correspondances personnelles sont évoquées). Symétriquement, les résultats de Crausse ont été méconnus de la communauté scientifique internationale. Ces tourbillons correspondent à une instabilité fondamentale des écoulements cisaillés, aujourd'hui dénommée instabilité de Kelvin-Helmholtz – dénomination qui n'apparaîtra dans la littérature que dans les années 1950.

Profil logarithmique de vitesse dans une couche limite turbulente. Un autre résultat de Crausse, obtenu en 1935, porte sur la distribution des vitesses dans une

[70] Crausse & Baubiac (1931a,b).

[71] L. Rosenhead 1930 The formation of vortices from a surface of discontinuity. *Proc. Roy. Soc. London A* **134**, 170–192.

couche limite turbulente en canal. L'étude est menée dans le canal d'amenée de l'usine hydroélectrique de Gentille, en Haute-Garonne, lors des essais de réception de cette usine. Il s'agit de tester, dit Crausse,

> ... les théories dues à Kármán et à Prandtl qui, presque simultanément (1932) et par des développements analogues, aboutirent aux mêmes résultats. [...] [Nos mesures montrent que] les profils verticaux de vitesse y obéissent avec une bonne exactitude à la loi logarithmique [...]. Les autres formes usuelles, telles la loi de puissance à exposant convenablement choisi ou la loi parabolique du second degré, représentent moins bien la réalité [72].

Cette observation, sans doute la première confirmation de la loi logarithmique à l'échelle d'un ouvrage hydraulique (Re $\approx 10^7$), sera publié en 1943 par l'École française d'ingénieurs de Beyrouth où Crausse a trouvé un poste de professeur.

Force de "masse ajoutée" dans les régimes transitoires. La résistance de corps immergés dans des écoulements instationnaires est l'objet principal de la thèse de Jean Baubiac Baubiac (1936), soutenue trois mois après celle de Crausse. Baubiac montre en particulier que dans un mouvement de chute à partir du repos, le corps accéléré subit, à chaque instant t où sa vitesse est $V(t)$, une force supérieure à celle qu'il subirait s'il était animé de la même vitesse V constante. La Fig. 8.16 rend compte quantitativement de cette observation. Il met ainsi en évidence la résistance supplémentaire, aujourd'hui appelée "force de masse ajoutée", liée au fait que l'accélération du corps est accompagné d'une accélération du fluide environnant. Pour les corps de grande dimension, les expériences sont menées sur le lac d'Oô, dans les Hautes-Pyrénées, à partir d'un radeau préparé par la Compagnie d'électricité industrielle de Luchon-Marignac : le mouvement de chute de corps de grandes dimensions peut ainsi être suivi sur les 80 mètres de profondeur du lac (Fig. 8.17).

Transition à la turbulence. Temps de relaxation d'une instabilité. Baubiac contribue également aux études de mise en vitesse des écoulements en conduite. Il observe que lorsque le nombre de Reynolds de l'écoulement excède une certaine valeur critique Re_c, l'écoulement de Poiseuille (profil parabolique des vitesses) est instable et devient turbulent. Le phénomène est connu, Osborne Reynolds a montré en 1883 que la transition ne dépend que d'un nombre sans dimension (cf. Chap. 3). La contribution originale de Baubiac porte sur le transitoire de la transition à la turbulence, caractérisé par la durée de relaxation vers une valeur constante de la vitesse moyenne sur l'axe du tube. Baubiac montre que cette durée est d'autant plus longue que le nombre de Reynolds Re de l'écoulement établi est proche de la valeur critique Re_c, comme représenté sur la Fig. 8.18. Il décrit ses observations ainsi :

> L'apparition du régime turbulent se manifeste alors par une baisse lente de la vitesse au point étudié, sans donner l'apparence d'un changement de régime. Les filets liquides restent en effet parallèles, l'écoulement est laminaire, mais la répartition des vitesses autour du point étudié présente des irrégularités qui vont en s'amplifiant de plus en plus, jusqu'au moment

[72] Crausse (1943).

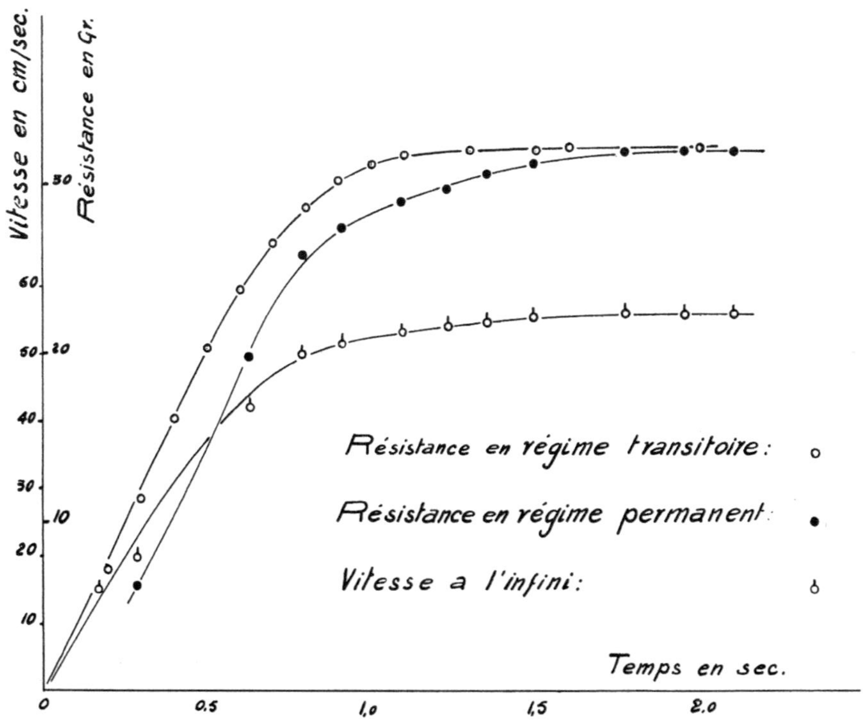

Fig. 8.16 Force hydrodynamique sur un corps immergé en accélération (Baubiac, 1936)

> où la configuration habituelle du régime turbulent, avec enchevêtrement des filets, apparaît. On assiste en somme à une *lente dislocation* du régime non turbulent.

Baubiac conjecture que ce temps diverge à l'infini au seuil, et que cette divergence constitue une bonne définition de la transition :

> Il serait possible de donner alors une définition théorique très précise du critérium R_c. Le critérium serait, pour un ouvrage déterminé, le nombre de Reynolds pour lequel [...] on verrait apparaître le régime turbulent au bout d'un temps infini.

La même idée apparaît dans son étude des oscillations de sillage : le nombre de Reynolds critique d'apparition des oscillations correspond à la divergence à l'infini de la durée du transitoire. L'oscillateur de van der Pol (1927) offre le cadre conceptuel de l'étude. Ces idées, très novatrices, de caractérisation d'une transition par la divergence d'un temps de relaxation, seront dans les années soixante au fondement de l'analyse des "phénomènes critiques" de la physique.

Mentionnons, pour conclure ce survol de l'activité scientifique de l'IMFT dans la décennie 1930–1940, la thèse d'ingénieur-docteur de Louis Castagnetto (ingénieur

Fig. 8.17 Radeau des expériences du lac d'Oô, de 80 mètres de profondeur (Baubiac, 1936)

IET) consacrée aux allées de tourbillons alternés de Bénard-Kármán[73]. Cette thèse présente d'une part une théorie de la stabilité de ces tourbillons, et d'autre part une étude expérimentale et théorique d'un forçage de leur détachement de l'obstacle où ils prennent naissance. La thèse donne un nombre de références bibliographiques significativement plus élevé que les précédentes.

[73] Castagnetto (1939).

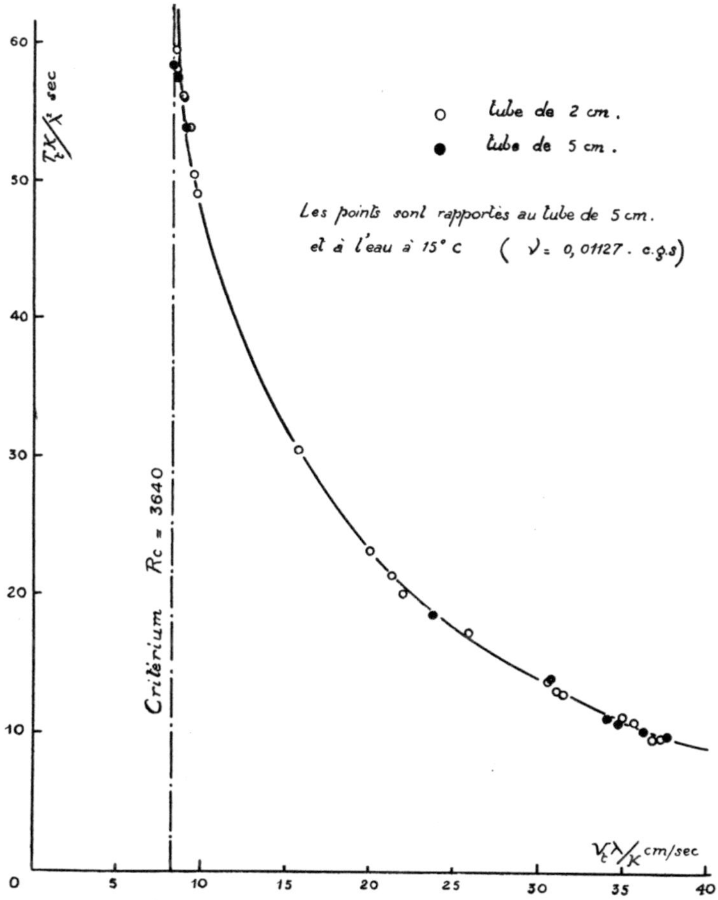

Fig. 8.18 Temps de relaxation de l'écoulement de Poiseuille en fonction du nombre de Reynolds (Baubiac, 1936)

8.2.4 Construction de la soufflerie

La construction d'une soufflerie aérodynamique, évoquée par Caquot dans sa première lettre en 1929, est décidée en 1935. En novembre, le maire de Toulouse accorde à Camichel l'occupation d'une nouvelle parcelle du parc Toulousain, de 1661 mètres carrés, contiguë au canal droit [74]. Deux subventions, de 450 000 francs et 75 000 francs, sont allouées l'année suivante par le ministère de l'Air [75], et les

[74] Lettre du maire de Toulouse à Camichel, 27 nov. 1935 (Arch. ENSEEIHT).

[75] Dossier Rouzaud (16 pages) et décision du 18 mars 1936 de versement de la première subvention (Arch. Nat. F17 14566) ; la seconde subvention date du 30 septembre.

Fig. 8.19 Esquisse de la soufflerie ; de gauche à droite : structure en nid d'abeilles de l'entrée d'air, bâtiment contenant la section d'essais, et diffuseur à l'extrémité duquel se trouve le ventilateur (hauteur 9 m, diamètre de la section d'essai 2,40 m, vitesse 40 m/s) (Arch. IMFT)

travaux démarrent en août (Fig. 8.19). La construction est réalisée par l'entreprise Rouzaud & Fils (440 000 francs), la balance aérodynamique est fournie par M. Denis et F. Gruson, de l'institut aérotechnique de Saint-Cyr (balance "Denis-Gruson", 66 000 francs). Les essais de réception sont réalisés en septembre 1938. L'activité croît rapidement, notamment pour les constructeurs Latécoère et Dewoitine[76]. En 1939, les recettes commerciales encaissées s'élèvent à 182 045 francs, soit déjà le tiers du coût de la construction[77].

La Fig. 8.20 illustre les résultats de la première étude, réalisée au cours de l'été 1938 : le coefficient de portance d'un profil d'aile en magnésium (métal très léger et alors en vogue), en fonction de l'incidence[78]. Ces résultats montrent un bon accord avec les mesures réalisées entre 1934 et 1938, sur le même profil, dans les principales souffleries françaises : celles du service des recherches de l'Aéronautique (à Issy-les-Moulineaux et à Chalais-Meudon), du laboratoire Eiffel, et de l'institut de Lille.

[76] Boisson & Crausse (2014).

[77] Arch. ENSEEIHT.

[78] Annexe au rapport n°1 (nov. 1938) (AD31 7003 W 1). Les archives de la Haute-Garonne sont dépositaires de l'ensemble des 1100 rapports d'essais réalisés à la soufflerie de l'IMFT entre 1938 et 1996 (fonds 7003 W).

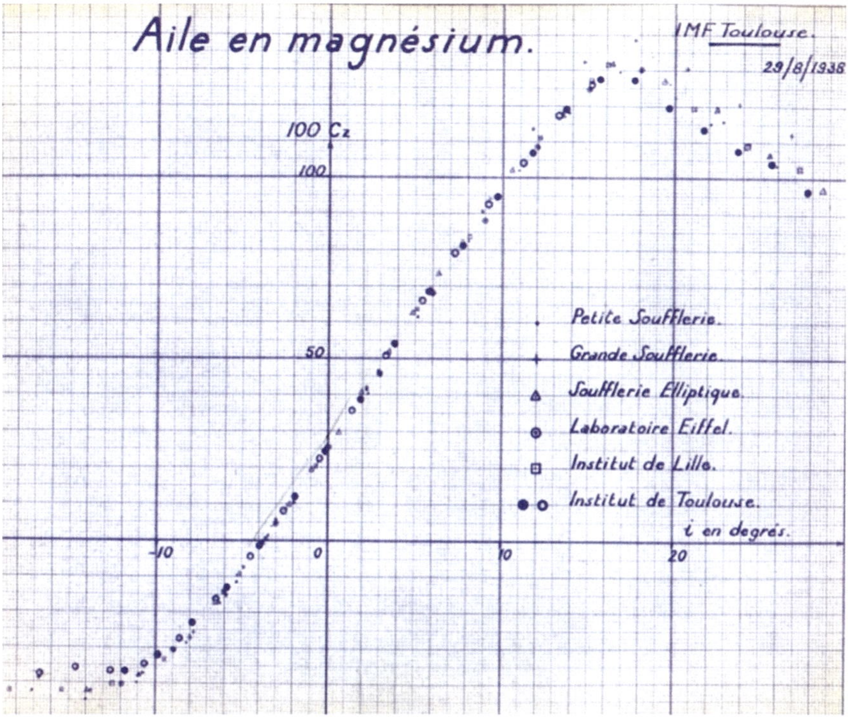

Fig. 8.20 Coefficient de portance d'une aile en magnésium, en fonction de l'angle d'incidence, mesuré dans les souffleries du SRAé ("petite" et "grande"), de Chalais-Meudon, d'Auteuil (Eiffel), de Lille et de Toulouse ; vitesse de l'air : 30 m/s (AD31, dossier 7003 W 1)

Léopold Escande (1902–1980)

(*Suite*)

Né à Toulouse le 1er juin 1902, Léopold Escande est ingénieur de l'IET (1922) et docteur de l'université de Toulouse (1929). Sa thèse porte sur les conditions de similitude des écoulements. Il obtient en 1930 la maîtrise de conférences de mécanique des fluides fondée par le ministère de l'Air, maîtrise transformée en chaire en 1937.

Camichel parti en retraite en 1941 et son équipe dispersée, Escande prend la direction de l'IET et de l'IMFT. Passionné d'hydraulique, il spécialise l'institut sur les études d'ouvrages sur modèles réduits. En 1943, il obtient de la municipalité une extension de terrain pour un laboratoire dédié à ces études. Organisateur entreprenant et charismatique, il obtient de nombreux contrats de l'industrie. Devenu un personnage influent au sein de l'industrie hydro-électrique, il est sollicité pour des études et expertises dans de nombreux pays (180 missions entre 1948 et 1976, participation à 260 études d'ouvrages). Il publie en 1943 une *Hydraulique générale* en trois tomes.

Élu correspondant de l'Académie des Sciences en 1953, il en devient membre l'année suivante. Dans les années 1960, il obtient des crédits importants pour la construction de nouveaux bâtiments, tant pour l'IET que pour l'IMFT sur l'île du Ramier. Il préside l'Association internationale de recherches hydrauliques (AIRH) de 1960 à 1964, et occupe plusieurs responsabilités académiques, notamment de conseiller scientifique à la DGRST et de président de la section 3 (mécanique générale et mathématiques appliquées) du Comité national de la recherche scientifique. Lors de la création par le CNRS des "laboratoires associés", en 1966, l'IMFT est l'un des premiers à obtenir ce statut (LA n°5).

En 1970, Escande crée et préside l'institut national polytechnique de Toulouse, qui fédère, en dehors de l'université, quatre écoles d'ingénieurs issues des instituts techniques créés au début du siècle autour du doyen Paul Sabatier.

Prix Bazin de l'Académie des sciences – partagé avec son collègue Marcel Ricaud (1926) – Escande est auteur de 502 publications dont 284 notes à l'Académie des sciences. Membre de nombreuses sociétés savantes, docteur Honoris Causa de plusieurs universités, grand officier de la Légion d'honneur, il est aussi estimé pour ses qualités de professeur, et pour sa distinction et sa générosité. Également auteur de sonnets, Léopold Escande meurt à Toulouse le 13 septembre 1980[a].

[a] Arch. Acad. Sc., dossier Escande ; Recueil des discours prononcés lors de la cérémonie de remise de l'épée d'académicien à L. Escande (1956), Arch. IMFT ; (Favre, 1981).

8.3 Décennie 1940–1950

8.3.1 *Toulouse, ville de repli de l'aéronautique*

Réorganisations. À la déclaration de la guerre, le 3 septembre 1939, les services de l'Aéronautique d'Issy-les-Moulineaux et de Chalais-Meudon sont repliés à Toulouse, ainsi que ceux de l'institut aérotechnique de Saint-Cyr. Ils reprennent leurs essais à la soufflerie de Banlève, qui est alors la seule soufflerie disponible dans la zone libre. Le service des recherches de l'Aéronautique est relogé dans des bâtiments neufs et encore inoccupés de l'École vétérinaire, où se structure un Établissement de recherche aéronautique de Toulouse (ERAT) [79]. L'École nationale supérieure de l'aéronautique, qui suit le mouvement, est hébergée à la caserne Pérignon [80]. L'institut de Lille, contraint lui aussi, en mai 1940, de rejoindre Toulouse, investit une église désaffectée mitoyenne de l'IET (cf. Chap. 6). Son directeur Joseph Kampé de Fériet et le personnel de l'institut y construisent une soufflerie, et reprennent leurs expériences et essais pour le GRA. Fin mai, les personnels de l'institut de mécanique de Paris se replient également à Toulouse – notamment Villat, Villey, Pérès et Foch, ainsi que Picard. Certains d'entre eux sont logés à l'IET, avec leurs familles [81]. Les Parisiens regagnent la capitale dès la fin de l'année 1940, tandis que les Lillois resteront jusqu'à la Libération.

Les enseignements à l'institut de Toulouse, interrompus pendant l'année scolaire 1939–1940, reprennent en novembre 1940. Quatorze conférences y sont données au cours de l'année 1940–1941, dont deux par Kampé de Fériet, sur « La turbulence en soufflerie et son influence sur les mesures aérodynamiques », et sur « La turbulence atmosphérique et quelques-unes de ses conséquences pour la météorologie et pour l'avion ». Une autre conférence est donnée par Georges Dubois, ingénieur-docteur indique Camichel, sur l'étude en soufflerie verticale de la vrille des avions [82]. Un ingénieur en chef de l'Aéronautique, M. de Valroger, discute « La propulsion par réaction et ses applications prochaines à l'aviation stratosphérique à grande vitesse » [83].

Peu de liens sont noués entre les instituts de Lille et de Toulouse, en dehors de quelques expériences de diffusion turbulente réalisées dans la soufflerie de Banlève par François Naftali Frenkiel (cf. Chap. 6). En 1942, seulement deux conférences sont données, par un inspecteur général du ministère de l'Air espagnol, M. Terradas :

[79] Après la guerre, ces bâtiments hébergeront l'École nationale supérieure d'ingénieurs des constructions aéronautiques (ENSICA), tandis que l'ERAT sera restructuré en Centre d'études aéronautiques de Toulouse (CEAT).

[80] C. Barrera, L'université dans la guerre. *In* (Barrera, 2020), p. 574.

[81] Rapport de Camichel au conseil de l'université de Toulouse, 20 déc. 1940.

[82] Il doit s'agir du Georges Dubois dont Lapresle (1949, pp. 152–162) résume les travaux sur la turbulence en soufflerie, réalisés au laboratoire de mécanique des fluides de la faculté des sciences de Caen (Dubois, 1938, 1946).

[83] Rapport de Camichel au conseil de l'université de Toulouse, 1941.

« L'influence des vents sur la hauteur de la mer à la côte et dans les estuaires », et « Problème d'ordre technique dans le projet des aérodromes à grand trafic ». En novembre, les Allemands envahissent la zone libre, et occupent la soufflerie[84].

Du côté des recherches à l'institut de Toulouse, la glorieuse période de l'entre-deux-guerres se clôt. Camichel prend sa retraite en septembre 1941 – il a 70 ans. Il conserve quelques mois encore la direction de l'IET et de l'IMFT, puis la cède, en mars 1942, à Escande. Baubiac démissionne de ses fonctions d'ingénieur de l'institut et de chargé de cours à l'IET, pour prendre, le 1er janvier 1941, la direction du service électrique de la Ville de Toulouse. Dupin et Teissié-Solier se détournent de la mécanique des fluides pour développer l'électrotechnique et la radioélectricité à l'IET. Crausse est parti en 1936. Il ne reste à l'IMFT qu'Albert Castex, ingénieur contractuel, pour organiser, à peu près seul, les essais techniques des laboratoires d'hydraulique et de la soufflerie.

Activité de la soufflerie. À l'automne 1939, dans un contexte de mobilisation générale, le ministère de l'Air met son aviation sur le pied de guerre. Dans une lettre à Camichel, Caquot se fait pressant :

> La Société nationale de constructions aéronautiques du Midi [avions Dewoitine] me communique le programme des essais à effectuer par la soufflerie de Toulouse. Je vous demande de bien vouloir prendre les mesures nécessaires pour que ce programme puisse être exécuté sans retard, au besoin en faisant travailler à deux et même à trois équipes s'il est indispensable. J'attache en effet la plus grande importance à ce que toutes les usines de la Région s'adressent à vous pour satisfaire aux essais qui peuvent leur être nécessaires. Je vous serais reconnaissant de bien vouloir me tenir au courant de ce que vous aurez pu faire, en ce sens[85].

Quelques jours plus tard, Camichel répond à une autre sollicitation du directeur du service des recherches de l'Aéronautique, Antonin Lapresle, dont le repliement sur Toulouse est en cours :

> En ce qui concerne l'utilisation de notre soufflerie actuelle pour vos services de recherches, cette utilisation est possible, mais il faut toutefois remarquer que tous les prototypes de la Société Nationale des Constructions Aéronautiques du Midi (Avions Dewoitine) sont étudiés chez nous depuis plus d'un an et absorbent intégralement l'activité de notre soufflerie, à raison d'une moyenne de 55 heures par semaine environ, avec des pointes plus intenses. Une lettre récente de M. Caquot, dont nous joignons copie ci-inclus, nous fait prévoir un programme notablement plus important. Dans ces conditions, nous pensons qu'il sera indispensable de prévoir la marche à deux et peut-être trois équipes si vous utilisez cette soufflerie.

Les échanges font par ailleurs mention d'un projet de soufflerie supersonique (qui ne verra le jour que beaucoup plus tard, dans les années 1960). Notons, parmi les utilisateurs de la soufflerie, Georges Darrieus, « savant et industriel » qui a replié son entreprise à Toulouse en 1940. Il y retrouve son ancien professeur Camichel. Avec son associé Lacroix, il expérimente un nouveau type d'éolienne, à axe vertical.

---

[84] J. Nougaro, *op. cit.*, p. 5.

[85] Lettre de Caquot à Camichel, 14 nov. 1939 (Arch. ENSEEIHT).

Fig. 8.21 David Decomps, ouvrier mécanicien spécialisé dans la réalisation de maquettes pour la soufflerie. Recruté à l'IET en 1932, il habite avec sa famille la conciergerie du laboratoire

La soufflerie, construite en plein air comme le montre la Fig. 8.19, souffre des aléas météorologiques, les mesures s'avèrent sensibles aux conditions de vent. Au début de 1940, la construction d'un bâtiment de couverture est décidée. La demande de crédits de Camichel auprès du ministre de l'Air est appuyée par l'administrateur-délégué de la Société méridionale aéronautique (SMA) « étant donné l'intérêt que présente l'usage de cette soufflerie par tous les temps, pour les études d'appareils nouveaux projetés et construits par notre société »[86]. Les travaux, engagés en avril 1941, sont achevés en 1942, dans un délai remarquablement court au vu des circonstances et de la taille du bâtiment[87]. Les bureaux peuvent accueillir une vingtaine de personnels (Figs. 8.21 et 8.22).

[86] Lettre de l'administrateur-délégué de la SMA au ministre de l'Air, 12 févr. 1940 (Arch. ENSEEIHT). La SMA a été fondée fin 1938 par Breguet et Latécoère (Chadeau, 1987, p. 334).

[87] Rapport 1942 de Camichel au conseil de l'université. En 1998, la soufflerie et son bâtiment seront inscrits à l'inventaire des Monuments historiques.

Fig. 8.22 Paulette Héraud en 1948, première technicienne du laboratoire. Elle sera intégrée au CNRS en 1965

Plus de 60 personnes travaillent alors à la soufflerie, à raison de 60 à 70 heures par semaine, pour les services de l'Aéronautique et pour les sociétés aéronautiques françaises. Près de 150 rapports d'essais sont fournis en 1942, en particulier pour le Groupement pour les recherches aéronautiques (GRA), et autant l'année suivante alors que l'armée allemande occupe Toulouse depuis novembre 1942 (Fig. 8.23). En juillet 1943, un accident entraîne la destruction du ventilateur de la soufflerie, mettant celle-ci hors d'usage. Escande – qui désormais dirige l'IMFT –, dans son rapport au conseil de l'université, se veut rassurant :

> La soufflerie a subi en juillet un incident mécanique qui a provoqué la rupture de plusieurs pales de la turbine à air. Les travaux de réparation, engagés sans retard, seront relativement longs en raison des difficultés de toutes sortes qui découlent de la situation exceptionnelle dans laquelle nous nous trouvons. Cette interruption de plusieurs mois de notre soufflerie aérodynamique n'affectera nullement la situation financière de l'institut de mécanique des fluides, les recettes de cette soufflerie pendant le premier semestre ayant atteint nos prévisions budgétaires pour l'année entière qui semblaient pourtant optimistes. [...] C'est ainsi que la soufflerie aérodynamique apporte depuis sa création, en 1939, son concours le plus complet aux entreprises régionales; SNCASE à Toulouse, société des Ateliers d'aviation Louis Breguet, Société industrielle d'aviation Latécoère, etc [88].

L'« incident mécanique » correspond très probablement à une attaque de la Résistance, qui considère que les essais aéronautiques profitent à l'occupant allemand [89]. Après dix mois d'interruption, la soufflerie reprend son activité, en mai 1944, avec un programme d'essais très chargé. La reprise est entravée, déclare Escande, « par

[88] Rapport 1943 d'Escande au conseil de l'université. La SNCA du Midi a été absorbée par la SNCA du Sud-Est en 1941 (Chadeau, 1987, p. 247, 363).

[89] Entretien de l'auteur avec Clair Juilliet, déc. 2016.

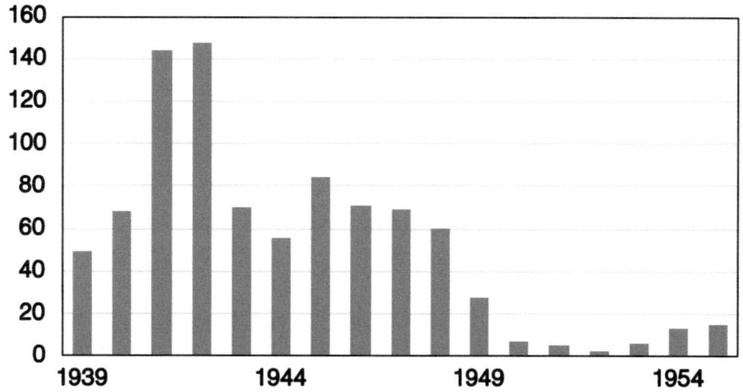

Fig. 8.23 Nombre de rapports d'essais réalisés à la soufflerie entre 1940 et 1955, pour les services de l'Aéronautique et pour les constructeurs (source : AD31, fonds 7003 W)

une instabilité très grande de notre personnel due essentiellement à l'insuffisance des salaires que nous pouvions lui offrir, vis-à-vis de ceux qui étaient appliqués par les Sociétés Industrielles régionales »[90]. Les salaires ont pu être augmentés et alignés sur ceux de l'industrie, conclut Escande.

La reprise des essais est également marquée par une affaire avec l'ingénieur Georges Sabathé. Collaborateur scientifique entre 1934 et 1937, cet ingénieur IET semble avoir quitté l'institut en 1938 lors de la suppression de son poste d'assistant. On le retrouve cependant en 1941 responsable technique de la soufflerie, assistant et collaborateur scientifique du ministère de l'Air – il a pu reprendre le poste de Baubiac, qui en a démissionné en janvier. Mais Sabathé est sanctionné au cours de l'année 1943 pour une faute – dont le motif est perdu, les archives sont très lacunaires sur cette affaire –, et exclu de la soufflerie. Une autorisation d'accès temporaire lui est donnée en mai 1944 (date où la soufflerie redémarre après « l'incident »), pour assister un ingénieur de la SNCA du Sud-Est[91]. Le nom de Sabathé ensuite disparaît.

Fin 1943, et peut-être pour remplacer Sabathé, Escande cherche à recruter un assistant, Charles Bory, qui serait financé par le GRA. Celui-ci termine alors une étude, ordonnée par le GRA, sur « la convection naturelle par les fils et les cylindres »[92]. Bory publie trois notes aux *Comptes Rendus* en 1944 et 1945, avec Camichel, puis son nom disparaît des archives.

[90] Rapport 1944 d'Escande au conseil de l'université.

[91] Lettre d'Escande au recteur, 6 mai 1944 (Arch. ENSEEIHT).

[92] Lettres d'Escande au doyen, 13 oct. et 17 déc. 1943 ; le recteur au doyen, 21 déc. 1943 ; conseil de la faculté, 5 janv. 1944 (Arch. ENSEEIHT, AD31 2559 162). Charles Bory, professeur au lycée de Toulouse, est collaborateur scientifique d'octobre 1942 à septembre 1943. Il soutient sa thèse en 1943, comme l'indique le doyen de la faculté au conseil de l'université (rapport 1943). Escande n'indique pas cette thèse dans ses rapports.

Un canal pour les études d'hydravions. Un projet de construction à Toulouse d'un canal de grande longueur, en liaison avec l'aménagement du Rhin, avait été discuté entre 1924 et 1927, puis abandonné. Ce projet est réactivé en 1939, en liaison cette fois avec l'étude des hydravions, et un rapport est établi par un ingénieur du service technique de l'Aéronautique (STAé)[93]. Sur la base d'études américaines et d'une analyse dimensionnelle du problème, ce rapport définit les dimensions requises pour un tel canal (largeur, profondeur et longueur), l'échelle des maquettes (comprise entre 1/4 et 1/9), la vitesse minimale du chariot de traction (correspondant à un équilibre entre la portance et le poids de la maquette), et le temps d'essai complet d'une coque. Une longueur minimum de 500 mètres apparaît nécessaire. Deux sites complémentaires sont envisagés, l'un en région parisienne, à Bois d'Arcy, et l'autre sur l'île du Ramier de Toulouse.

En février 1940, une commission d'étude réunit à Paris le directeur du service des recherches de l'Aéronautique (Lapresle), le directeur de l'institut aérotechnique de Saint-Cyr (Toussaint), le directeur de l'IMFT (Escande, représentant Camichel), et l'ingénieur auteur du rapport, représentant le STAé.

> [La Commission s'accorde sur] la nécessité de construire des bassins de carènes destinés uniquement aux essais de coques d'hydravions [et sur] l'implantation proposée pour deux bassins de carènes à Bois d'Arcy et Toulouse.
>
> La raison en est que les problèmes posés par la construction d'un bassin des carènes pour hydravions sont totalement différents de ceux posés par la construction d'un bassin de carènes de bateaux : c'est la raison qui a fait échouer depuis plus de dix ans les divers projets de bassins mixtes hydravions-bateaux et d'où résulte qu'il n'existe pas à l'heure actuelle de bassin de carènes pour coques d'hydravions[94].

L'implantation envisagée dans les années vingt, le long de la poudrerie nationale, s'avère maintenant impossible du fait de contraintes de sécurité imposées par la guerre. Une autre implantation est imaginée, toujours sur l'île mais parallèle au bras supérieur de la Garonne, juste à l'amont de l'IMFT. Le canal, long de 500 mètres, serait recouvert par une coupole en béton armé de forme parabolique, de 8 m de hauteur et de 12 m de largeur, occupant un terrain d'une surface approximative de 20 000 m^2. Le projet est vivement récusé par les services techniques de la Ville. En effet, un parc municipal des Sports, récemment ouvert, a déjà réduit la partie du parc Toulousain librement accessible au public, et le bassin des carènes envisagé amputerait encore ce parc. De plus, « les nombreux promeneurs qui vont en été chercher le repos sous les ombrages de notre parc [goûteraient peu le bloc de béton de sa superstructure], longue muraille coupant l'horizon[95] ». Cette « immense construction » entraverait par ailleurs sérieusement la réalisation d'une nouvelle voie d'accès au parc des Sports, comprenant un pont enjambant le bras droit de la Garonne.

[93] M. Garry, rapport transmis le 3 janv. 1940 au directeur de l'IMFT (Arch. ENSEEIHT).

[94] Projet de Procès-verbal de la réunion de la Commission du 24 févr. 1940 (Arch. ENSEEIHT).

[95] Rapport de l'ingénieur de la Voirie, 4 mai 1940 (Arch. ENSEEIHT).

Le projet initial d'installation au fond du parc Toulousain, en bordure de la poudrerie, est donc repris. Les autorisations sont données, en dépit des réserves de l'ingénieur de la Ville quant au « véritable barrage », en cas de crue de la Garonne, que constituerait la couverture en béton, « qui aggraverait, en amont, les conséquences de l'inondation ». Un projet de convention est rédigé. Des innovations techniques apparaissent : un ingénieur de Latécoère discute la télécommande du chariot par ondes radio, à partir de la rive ; « pour l'observation, il serait intéressant de prévoir [un] fonctionnement du chariot sans observateur avec enregistrement cinématographique et transmission des images par télévision ». Des entreprises sont contactées, mais surgissent des difficultés d'approvisionnement en matériaux, alors sévèrement contingentés. Par ailleurs, bien que le nouveau projet offre a priori « moins d'inconvénients que celui présenté en avril 1940 », les services municipaux traînent les pieds. Dans une lettre au recteur, en janvier 1941, la Ville demande des compléments de dossier. Les échanges semblent alors s'interrompre. Camichel prend sa retraite et son successeur Escande a d'autres idées : obtenir de la Ville une extension de terrain pour des études d'hydraulique. Le grand canal pour les hydravions ne verra finalement jamais le jour. Les études se poursuivront dans le canal construit en 1932.

8.3.2 *Un nouveau "laboratoire plat" pour l'hydraulique*

Léopold Escande, directeur de l'IMFT à partir de mars 1942, a la passion de l'hydraulique. Dès sa prise de fonction, il spécialise l'IMFT dans les études d'ouvrages, et délaisse les recherches à caractère plus fondamental. Peu intéressé non plus par l'aérodynamique, il délègue la gestion des essais en soufflerie à Louis Castex et Georges Sabathé.

En août 1942, il demande au maire de Toulouse une nouvelle extension de terrain pour le laboratoire de Banlève :

> Ces terrains nous sont nécessaires pour l'exécution de nombreuses études sur les modèles réduits d'ouvrages hydrauliques. L'expérience nous a d'ailleurs prouvé que ces modèles doivent être conservés pendant plusieurs années, de façon à permettre d'étudier toutes les modifications susceptibles d'intervenir dans la conception des ouvrages avant que leur réalisation soit achevée [96].

La parcelle demandée est située à l'intérieur du terrain concédé par la convention de 1920, mais un avenant à cette convention avait précisé que l'occupation de toute parcelle non encore utilisée devrait faire l'objet d'une demande d'autorisation [97]. Le maire, qui n'a plus l'empressement de ses prédécesseurs, ne réagit qu'à une relance

[96] Lettre d'Escande au maire de Toulouse, 3 août 1942.

[97] Avenant n°1, du 10 mai 1921, à la convention du 17 mai 1920 (Arch. ENSEEIHT).

d'Escande, en demandant des précisions sur les travaux et expériences envisagés. Escande explique le contexte et détaille les essais en cours :

> La pénurie de charbon et d'énergie électrique dont nous souffrons impose à la France un très gros effort dans le domaine de l'équipement des chutes d'eau. Conformément au programme élaboré par le Gouvernement, nous sommes actuellement chargés par des industriels, à la demande des Services du contrôle des Ponts et Chaussées, de l'étude sur modèles réduits d'importants ouvrages d'hydraulique en cours d'exécution ou en projet. Le nombre et l'ampleur de ces modèles réduits exigent d'assez grands espaces que nous ne trouvons plus à l'intérieur de nos limites actuelles. [...]
>
> La parcelle de terrain que nous vous demandons doit nous permettre d'aménager [...] ce que nous appelons notre laboratoire plat. Ce laboratoire plat nous permettra de tenir nos engagements vis-à-vis des Ponts et Chaussées en procédant sans retard à la construction des modèles réduits suivants dont les études doivent être terminées, au plus tard, fin mai prochain :
>
> – Barrage de Luzech sur le Lot ;
> – Prise d'eau de Saint-Lary sur la Neste d'Aure ;
> – Prise d'eau de Bordes sur le Lez près de St Girons ;
> – Vanne de Chastang et galerie de vidange ;
> – Étalonnage sur modèle réduit des déversoirs établis dans la région de Cauterets ;
> – Barrage de Montbrun sur le Lot [98].

Après avis favorable du conseil municipal, l'extension est concédée en mai 1943 [99]. La superficie occupée par l'institut passe ainsi à près de 10 000 m^2.

8.3.3 *L'après-guerre, âge d'or de l'hydraulique*

Dans l'après-guerre, la moitié de la production nationale d'électricité est d'origine hydraulique. Dans ce contexte, Escande obtient de nombreux contrats pour des études d'ouvrages, et d'importantes subventions du ministère de l'Industrie [100]. Les études portent sur les chambres d'équilibre des conduites forcées, les déversoirs, les évacuateurs de crues, les prises d'eau et les barrages mobiles (Fig. 8.24). Le "laboratoire plat" est géré par son directeur technique, Louis Castex, qui dirige plusieurs dizaines de techniciens et ouvriers. Il est assisté par Jean Nougaro, Jean Claria et Albert Claria. Ce dernier est responsable de la soufflerie, qui, après avoir été très mobilisée pendant la guerre, voit son activité diminuer fortement (Fig. 8.23). Escande, devenu un personnage influent au sein de l'industrie hydroélectrique, est fréquemment sollicité pour des conseils et expertises dans de nombreux pays étrangers. Il préside en 1949 l'Exposition nationale de l'Électricité, au parc des Sports de Toulouse.

---

[98] Lettre d'Escande au maire, 25 janv. 1943 (Arch. ENSEEIHT).

[99] Avenant n°3, du 13 mai 1943, à la convention du 17 mai 1920 (Arch. ENSEEIHT).

[100] L. Escande et J. Nougaro, La recherche en France. Liaison entre la recherche universitaire et la recherche industrielle. *La machine-outil*, n°142, avr. 1959, 65–77.

Fig. 8.24 « Le laboratoire plat » des maquettes d'hydraulique, vers 1950 ; au fond, le bâtiment de la soufflerie ; à droite, la couverture du canal

Une plaquette de présentation des « laboratoires d'hydraulique » de l'IMFT, publiée en 1959 [101], témoigne de ce qu'est devenu l'IMFT dans l'après-guerre. On y trouve, après quelques pages de présentation générale, une liste des 136 études sur modèle réduit réalisées, pour 19 pays sur les cinq continents, et des 37 cheminées d'équilibre calculées (sujet favori d'Escande). La plaquette recense ensuite les publications de l'institut. Pour la période 1939–1950, on y compte 207 publications, dont 201 sont signées d'Escande seul. Ces 201 publications – un grand nombre de notes aux *Comptes Rendus* et deux *PST* du ministère de l'Air [102] – portent exclusivement sur l'hydraulique des ouvrages hydroélectriques, dont une bonne partie sur les chambres et cheminées d'équilibre. Trois publications sont cosignées avec un étudiant, une autre avec Camichel – sur la défense contre les inondations à Toulouse ; les deux dernières sont signées Camichel et Bory, sur l'orientation des veines liquides débouchant dans un élargissement brusque [103].

[101] Les laboratoires d'hydraulique de l'École nationale supérieure d'électrotechnique, délectronique et d'hydraulique de Toulouse. Éd. Privat (1959).

[102] Escande (1940, 1943). La première PST fait l'objet d'une seconde édition en 1946.

[103] Ch. Camichel, Ch. Bory & M. Teissié-Solier, *C. R.* **218**, 816 (1944) ; Ch. Camichel & Ch. Bory, *C. R.* **220**, 418 (1945).

La prolixité d'Escande contraint les Secrétaires perpétuels de l'Académie des sciences à intervenir auprès de Camichel, qui transmet les notes d'Escande :

> Cher Confrère,
>
> Nous vous rappelons que l'article 2 du règlement relatif aux Comptes rendus, dont le texte figure généralement au verso de la couverture, limite à cinq le nombre de Notes qui peuvent être admises, d'un auteur, au cours d'une année.
>
> Nous nous apercevons que, depuis le mois de janvier, vous nous avez adressé quatorze notes de M. Escande. Les neuf premières sont insérées, soit presque le double de ce qui était autorisé. Nous vous renvoyons ci-joint les manuscrits des cinq suivantes qu'il ne nous est pas possible de laisser passer, et nous vous demandons, à l'avenir, de veiller à ce que les auteurs dont vous présentez les Notes restent dans les limites règlementaires [104].

Nougaro, ingénieur IET (1946), assistant d'Escande, soutient sa thèse de doctorat en 1952 [105]. Cette thèse est une étude expérimentale des vagues déferlantes se propageant dans les canaux (vagues appelées intumescences, de même nature que les mascarets des rivières). Le peu d'ouverture du laboratoire à la littérature scientifique s'y manifeste : dans le premier chapitre de présentation générale des ondes de surface, la seule référence bibliographique est l'ouvrage d'hydraulique d'Escande [106]. Cette thèse – la première soutenue au laboratoire après treize années d'interruption – amorce toutefois un redémarrage de la recherche. Entre 1953 et 1960, cinq thèses de doctorat ès sciences sont soutenues (Sébastien Gerber, Jean Gruat, Fabien Sananès, Jean Piquemal, Claude Thirriot), toujours sur l'hydraulique (chambres et cheminées d'équilibre, déversoirs, surpressions dans les conduites forcées, canaux découverts). Dans la même période, vingt-quatre autres thèses sont soutenues (d'ingénieur-docteur, de troisième cycle, d'université), correspondant, pour la plupart, à des études techniques plutôt qu'à de véritables travaux de recherche. Notons le passage au laboratoire, en 1952–1953, de Pierre Guével, ingénieur IET et « boursier de la Recherche Scientifique ». Son travail porte sur les infiltrations d'eau sous les barrages [107]. Pierre Guével poursuivra sa carrière à l'École nationale supérieure de mécanique de Nantes (ENSM), dont il dirigera le laboratoire de mécanique des fluides (cf. Chap. 9). L'exceptionnel savoir-faire en mécanique expérimentale des fluides développé avant-guerre par Camichel et son équipe, perdu lors de la dispersion de cette équipe au début de la guerre, se reconstituera progressivement dans les années 1960 avec une nouvelle génération de chercheurs.

---

[104] Les Secrétaires perpétuels de l'Académie des sciences à M. Camichel, le 22 oct. 1943.

[105] Nougaro (1952).

[106] Escande (1950).

[107] P. Guével, Étude du coefficient de perméabilité d'un milieu poreux. *C. R.* **236** 1745 (1953). Application de la transformation de Schwartz-Christoffel à l'étude d'un écoulement souterrain. *C. R.* **237** 597 (1953).

8.3.4 De l'IET à l'ENSEHT

À la fin des années trente, Max Teissié-Solier et Pierre Dupin, respectivement chef de travaux et assistant à la faculté des sciences, ont orienté leurs recherches vers l'électrotechnique et la radioélectricité, ouvrant une voie nouvelle à l'ingénierie dans l'université de Toulouse. En octobre 1941, ils sont nommés maîtres de conférences, par transformation de la chaire vacante de Camichel et de l'emploi associé de chef de travaux [108].

En 1948, ces maîtrises sont transformés en chaires, l'une d'électrotechnique générale et appliquée, et l'autre de radiotechnique générale et appliquée, toujours financées par la Ville [109]. Dans le même mouvement, l'intitulé de la chaire d'Escande est modifié, de "mécanique des fluides" à "électricité industrielle et mécanique des fluides", afin de correspondre avec le fait qu'Escande est directeur de l'IET et de l'IMFT [110]. Escande ne modifie pas ses cours pour autant, annonçant au ministère de l'Air « de la façon la plus catégorique, que cette extension du titre de cette Chaire ne pourra, en aucune circonstance, entraîner une modification quelconque de la nature des enseignements correspondants qui resteront exclusivement consacrés à la Mécanique des Fluides. »

La même année, le ministère de l'Air est absorbé dans un ministère des Armées. Les emplois d'université qu'il finançait sont transférés au budget du ministère de l'Éducation nationale. L'IETMA est transformé, ainsi qu'une dizaine d'instituts techniques en France, en École nationale supérieure d'ingénieurs (ENSI), et prend le nom d'École nationale supérieure d'électrotechnique et d'hydraulique de Toulouse (ENSEHT). Cette école dépend toujours de la faculté des sciences [111]. Au concours d'admission (instauré en 1947), 30 places sont offertes en 1951, puis 40 en 1952, et 50 en 1954. Une option de spécialisation en électronique est ouverte en 1956. En 1958, on dénombre 29 ingénieurs diplômés électrotechniciens, 23 électroniciens et 13 hydrauliciens. Cette année-là, est créée une section spéciale d'hydraulique (4e année) qui permet à des ingénieurs en titre d'acquérir un diplôme de spécialisation. Une option et une section spéciale de mathématiques appliquées sont ouvertes en 1959, rebaptisées "informatique" en 1967.

En 1953, la Ville de Toulouse parachève la cession à l'université de la totalité des terrains situés dans le périmètre des quatre rues à l'intérieur desquelles s'est développé l'IET puis l'ENSEHT. La dernière cession concerne une chapelle désaffectée – celle où s'était installé l'institut de Lille pendant la guerre – et quelques constructions attenantes à l'angle des rues Riquet et Caraman (rebaptisée rue

[108] Rapport annuel de Camichel au doyen (1941) et arrêté du recteur du 23 oct. 1941.

[109] Conseil d'université du 24 oct. 1947 ; décrets du 29 nov. 1948 ; convention du 5 juin 1952 (Arch. ENSEEIHT).

[110] Décret du 6 avr. 1948 (Arch. ENSEEIHT).

[111] Décret du 2 nov. 1948. C. Barrera & M. Grossetti, L'enseignement supérieur toulousain de 1945–1968. *In* Barrera (2020), p. 82.

Sylvain Dauriac)[112]. Du fait de retards dans le relogement de services municipaux, la cession ne sera effective qu'en 1967 (et la chapelle sera alors détruite)[113]. En 1962, la rue des Écoles bordant l'ENSEHT est rebaptisée rue Camichel.

[112] À la Libération, la chapelle libérée par l'institut de Lille est conservée par le Groupement des recherches aéronautiques (GRA), qui y maintient une soufflerie. À l'échéance du bail entre la Ville et le GRA, en 1947, la Ville cède le bâtiment à l'IET. Ce dernier autorise le GRA (devenu ONERA) à poursuivre pendant quelques temps des expériences dans la soufflerie.

[113] Convention du 12 mai 1952 ; lettre du maire à Escande, directeur de l'ENSEHT, 13 janv. 1953 ; acte d'acquisition amiable par l'État du 30 janv. 1967 (Arch. ENSEEIHT).

Chapitre 9
Les Centres d'enseignement annexes

> *« À cette époque – nous étions en 1925 – l'aviation féminine n'était guère encombrée. Certes, il y avait eu de belles aviatrices, aux temps héroïques de l'aviation... pour ne citer que Thérèse Pelletier qui était déjà en 1908 élève de Delagrange, la baronne de Laroche, Hélène Dutrieux, Marie Marvingt, Jeanne Herven, Marthe Richard, Mlle Pallier, toutes excellentes pilotes.*
> *Mais durant la période qui avait suivi immédiatement la guerre, à part Adrienne Bolland dont le magnifique exploit de 1921 par-dessus la Cordillère des Andes, avait émerveillé le monde, les femmes ne se passionnaient pas beaucoup pour l'aviation. Moi, je rêvais d'obtenir mon brevet. »*
>
> *Maryse Bastié, Ailes ouvertes – Carnets d'une aviatrice, 1937*

9.1 Organisation générale

L'enseignement de la mécanique des fluides est considéré par le ministère de l'Air comme un élément essentiel de la formation des futurs chercheurs et ingénieurs pour l'aéronautique (cf. Chap. 4). Dans le cadre du plan ambitieux engagé en 1929, il propose donc aux cinq universités de Strasbourg, Poitiers, Rennes, Caen et Lyon, la création de "centres annexes d'enseignement". Ces centres ne font pas l'objet de création d'emplois nouveaux, comme dans les quatre instituts de Paris, Lille, Marseille et Toulouse, mais de subventions pour des "cours supplémentaires" (6 000 francs par an). Ces centres sont aussi envisagés comme des centres de recherches. Le ministère finance donc dans chacun d'entre eux un collaborateur scientifique, faisant fonction d'assistant en mécanique des fluides (18 000 francs par an). La durée de son engagement est de quatre à cinq ans, période au terme de laquelle un bilan devra être dressé pour décider de la suite à donner à l'opération. Ce bilan sera l'objet du

F. Charru, *Ailes, Nuages et Tourbillons*, Science Networks. Historical Studies 61,
https://doi.org/10.1007/978-3-030-70236-6_9

rapport, en 1935, de Jean Villey [1]. Ce chapitre présente l'activité menée dans chacun des cinq centres.

9.2 Le Centre de Strasbourg

À l'issue de la Première Guerre mondiale, l'université de Strasbourg, allemande pendant quarante-huit ans, redevient française. L'État français s'emploie dès lors à en faire une vitrine de la science nationale. De brillants universitaires y sont nommés, notamment les mathématiciens Maurice Fréchet, Henri Villat et Arnaud Denjoy, et l'astronome Ernest Esclangon, tous futurs membres de l'Académie des sciences. Sur les sept thèses de mathématiques soutenues en province entre 1918 et 1930, quatre le sont à Strasbourg [2]. La renommée acquise par la faculté des sciences incite donc le ministère de l'Air à y créer un enseignement de mécanique des fluides. Celui-ci est confié à René Thiry, titulaire de la chaire de mécanique rationnelle et ancien étudiant de Villat à Strasbourg (cf. encadré ci-après). Thiry est entouré de Louis Sackmann, assistant, et Charles Sadron, collaborateur scientifique du ministère de l'Air. Un laboratoire de mécanique des fluides est installé dans les locaux du Palais universitaire [3]. Le certificat d'enseignement supérieur (CES) de mécanique des fluides, ouvert en 1930, accueille une demi-douzaine d'étudiants – nombre qui se maintiendra les années suivantes.

René Thiry. Thiry, mathématicien intéressé par les réalisations pratiques, participe activement à l'installation du laboratoire. L'un de ses camarades d'études témoigne avec sensibilité de ses qualités manuelles :

> Une caractéristique de Thiry était son habileté manuelle, je dirai mieux : corporelle. Que ce soit pour monter des canulars, grâce surtout à la fée électricité, ou pour fabriquer des modèles géométriques en carton ou en bois, il faisait merveille. Il savait remarquablement se servir de ses longs bras : le maître d'armes que nous avait procuré le Néo-Bonvoust l'avait eu en haute estime, comme aussi ses partenaires au tennis ou au billard [4].

[1] J. Villey, Rapport sur les Instituts et les Enseignements de Mécanique des Fluides (1935). Arch. Nat. AJ16 5775.

[2] Leloup (2009), §3.1.

[3] L. Sackmann, Le Laboratoire de mécanique des fluides de la faculté des sciences de Strasbourg, *in* (Pérès, 1955), pp. 167–198.

[4] G. Cerf, Notice nécrologique (1968) (Arch. Acad. Sc., dossier Thiry).

René Thiry (1886–1968)

Né le 26 juin 1886 à Langres (Haute-Marne), René Thiry perd très jeune son père employé des chemins de fer. Boursier, il entre à l'École normale supérieure en 1907, et obtient l'agrégation de mathématiques en 1910. Il est alors nommé professeur de mathématiques spéciales au lycée de Reims. Mobilisé en août 1914, il participe à la bataille de la Marne, est blessé, retourne au front, est fait prisonnier à Verdun. Nommé au lycée de Strasbourg en 1919, il prépare une thèse sous la direction de Henri Villat, soutenue en 1921. Sa thèse porte sur les écoulements non visqueux autour d'un obstacle, dans une configuration (une concavité dirigée vers l'amont) donnant lieu à des solutions multiples. Il y étudie aussi l'effet d'une "rugosité" à la surface de l'obstacle (perturbation géométrique), et l'effet sur l'écoulement d'un petit obstacle secondaire placé dans le voisinage du premier. L'année suivante, il est chargé du cours Peccot au Collège de France, et nommé maître de conférences de mathématiques générales à la faculté des sciences de Strasbourg. En 1927, il obtient la chaire de mécanique rationnelle. Thiry s'intéresse à la théorie de la relativité générale et au calcul tensoriel sur lequel cette théorie se fonde. Il collabore au fameux *Traité de mécanique rationnelle* de Paul Appell dont il rédige le tome « Éléments de calcul tensoriel »[a].

En 1930, il est chargé de la mise en place d'un enseignement de mécanique des fluides, dans le cadre du programme du ministère de l'Air. Il installe un laboratoire avec L. Sackmann et Ch. Sadron, et participe activement aux expériences. Il dirige à partir de 1931 un nouvel institut de mathématiques.

En 1938, il obtient la chaire de mécanique rationnelle à Marseille et prend la direction de l'institut de mécanique des fluides. Sa motivation est de développer un grand institut de mécanique, que la situation géographique de Strasbourg interdisait. Il se rapproche aussi d'une résidence familiale à Mar-Vivo dans le Var. La guerre contrarie son projet de grand institut, mais Thiry parvient tout de même à mener à bien l'achèvement de la construction des nouveaux bâtiments de l'institut de mécanique des fluides, et de sa grande soufflerie.

En 1948, il quitte Marseille pour la chaire de mécanique appliquée à la Sorbonne, qu'il occupe jusqu'à sa retraite dix ans plus tard. Il enseigne également à l'École nationale supérieure de l'aéronautique et à l'École normale supérieure de Cachan.

[a] P. Appell, *Traité de mécanique rationnelle*, 2e éd. (1955), disponible sur le site gallica de la BNF.

(*Suite*)

Prix Montyon de l'Académie des sciences en 1928, il est élu correspondant de cette Académie en 1933. Médaillé de la Grande Guerre, membre de la Légion d'honneur et de l'Ordre national du Mérite, René Thiry décède à la Seyne-sur-mer le 3 octobre 1968[b].

[b]Arch. Acad. Sc., dossier Thiry ; Villat (1968).

Thiry lui-même, dans sa notice de titres et travaux, confirme sa tournure d'esprit, peu répandue parmi ses collègues mathématiciens et même mécaniciens :

> D'un esprit beaucoup plus à l'aise dans les problèmes concrets que dans les spéculations abstraites, je me suis toujours passionné pour les questions de mécanique, à condition que celles-ci soient envisagées sous leur véritable aspect réel et physique et ne servent pas de simples prétextes à des développements mathématiques [5].

Mais la situation géographique de Strasbourg ne permet pas le développement de l'institut de mécanique complet que souhaite Thiry. En 1938, il obtient une mutation à Marseille et prend, l'année suivante, la direction de l'institut de mécanique des fluides de cette ville (cf. Chap. 7).

Louis Sackmann. Les recherches de Louis Sackmann (1905–1990), assistant de Thiry, ont en vue

> ... d'étudier de façon détaillée toutes les singularités d'un écoulement d'eau entre glaces parallèles (voisinages des parois, points de décollement, domaines tourbillonnaires, etc.) et de rechercher dans quelle mesure les résultats observés [peuvent] être d'accord avec les solutions des problèmes plans de l'hydrodynamique théorique [non visqueuse] [6].

L'étude, qui révèle la complexité inattendue de ce type d'écoulement, est présentée aux *Journées de mécanique des fluides* de Lille, en 1934 [7]. La Fig. 9.1 en donne une illustration pour l'écoulement autour d'un obstacle cylindrique. La vue de côté (en bas de la figure) montre un filet de colorant injecté à l'amont, dans le plan de symétrie vertical et un peu au-dessus du plan de symétrie horizontal. À l'approche de l'obstacle, le filet reflue vers l'amont et s'enroule sur lui-même. La vue de dessus montre que le filet se divise ensuite en deux branches contournant symétriquement l'obstacle. Seul le filet injecté à l'intersection des deux plans de symétrie parvient au contact de l'obstacle, et s'y étale en nappe. La Fig. 9.2 montre le faisceau de trajectoires obtenu à partir de différents points d'injection du colorant, et les lignes séparatrices ainsi identifiées. Dans sa thèse d'État, publiée dans les

[5] R. Thiry, Notice de titres et travaux (1946) (Arch. Acad. Sc.).

[6] R. Thiry & L. Sackmann, Sur une disposition particulière des lignes de courant à l'avant d'un obstacle. *C. R.* **195**, 759–761 (1932).

[7] R. Thiry & L. Sackmann, Sur les liens qui existent entre les écoulements entre glaces parallèles et les écoulements théoriques à deux dimensions. *In* (Kampé de Fériet, 1935), t. 2, pp. 167–174.

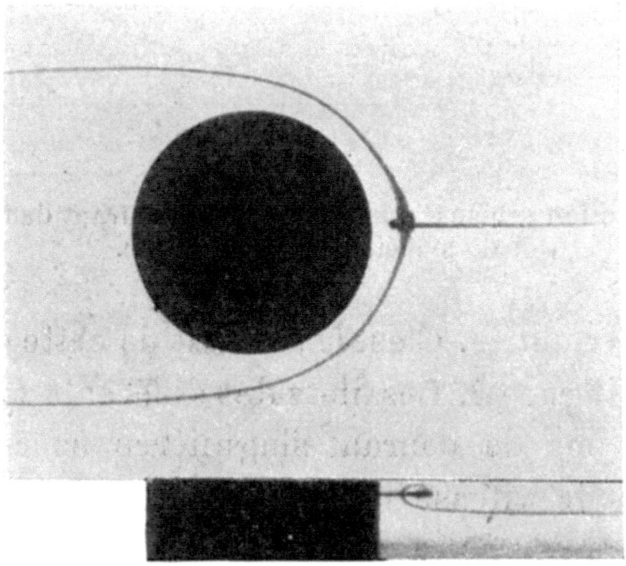

Fig. 9.1 Vue de dessus et demi-vue de côté de l'écoulement autour d'un obstacle cylindrique (de droite à gauche) entre deux glaces parallèles. À l'approche de l'obstacle, le filet de colorant s'enroule sur lui-même avant de se diviser pour le contourner. Diamètre du cylindre : 30 mm ; vitesse de l'eau : 62 mm/s

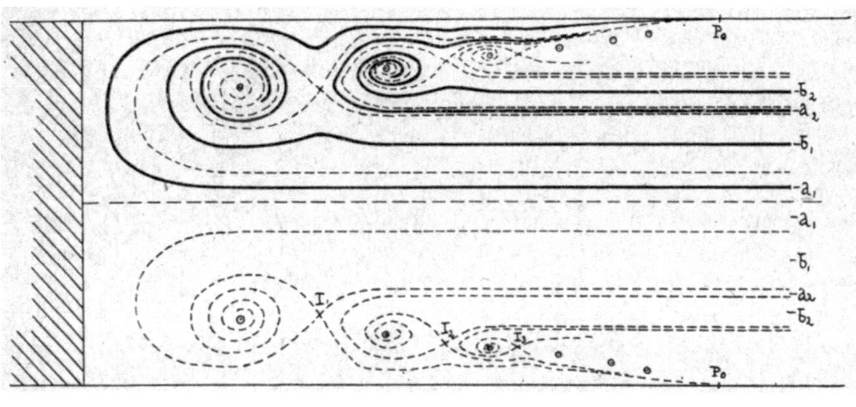

Fig. 9.2 Trajectoires des particules fluides selon leur position initiale dans le plan de symétrie vertical. Les lignes en pointillé correspondent aux séparatrices

Publications Scientifiques et Techniques (PST) du Ministère de l'Air [8], Sackmann discute ses observations pour différentes valeurs du diamètre de l'obstacle (1 à

[8] Sackmann (1936).

40 mm), d'écartement des plaques (1 à 20 mm) et de vitesse de l'eau (2 à 615 mm/s). La discussion de ces enroulements est reprise par Alexandre Favre dans sa thèse à l'institut de mécanique des fluides de Marseille [9].

Par la suite, Sackmann monte avec Sadron une petite soufflerie aérodynamique et travaille notamment sur les balances de mesure des efforts sur les maquettes [10]. À la déclaration de guerre, l'université de Strasbourg est évacuée et se replie à Clermont-Ferrand. Sackmann obtient de rejoindre l'institut de mécanique des fluides de Marseille dont Thiry vient de prendre la direction. Il s'y associe aux études sur les hélices entreprises par Jacques Valensi [11].

Charles Sadron. Charles Sadron (1902–1993), né dans l'Indre, fait des études de physique à la faculté des sciences de Poitiers. Son travail de recherche de diplôme d'études supérieures (DES) porte sur les anneaux tourbillonnaires, sous la direction de G. Reboul et G. Bouligand [12]. Agrégé de physique, il est affecté au lycée de Strasbourg en 1928, et entreprend, au laboratoire de Pierre Weiss, une thèse sur le ferro-magnétisme qu'il soutient en 1932.

Il poursuit des recherches en hydrodynamique en tant que collaborateur scientifique (boursier) du ministère de l'Air, chargé du cours de mécanique expérimentale à la faculté des sciences. Il publie ses travaux sur les tourbillons dans les PST [13]. Bénéficiaire d'une bourse de la fondation Rockefeller, il part, fin décembre 1932, rejoindre von Kármán au *California Institute of Technology* (Caltech). C'est alors l'un des rares français – avec Joseph Kampé de Fériet et Philippe Wehrlé – à s'intéresser à la turbulence. Dans la perspective de mesurer la contrainte de frottement exercée par un écoulement turbulent sur une paroi, il met au point une méthode optique de mesure de vitesse, fondée sur la propriété de certains liquides de devenir optiquement anisotropes lorsqu'ils sont placés dans un gradient de vitesse – phénomène de "biréfringence dynamique" découvert par Maxwell [14].

À son retour en France en juillet 1934, il est recruté comme chargé de recherche par la Caisse nationale de la recherche scientifique (CaNRS), au laboratoire de mécanique des fluides de Thiry. Ses travaux américains sur la turbulence sont publiés dans les PST et trois articles du *Journal de Physique et du Radium* [15].

---

[9] Favre (1938), pp. 59–62.

[10] Sackmann (1939).

[11] Sackmann (1942).

[12] Sadron (1926); http://www.histcnrs.fr/Sadron.html.

[13] Sadron (1933); Ch. Sadron, Étalonnage d'une soufflerie pour faibles vitesses, *C. R.* **195**, 647–649 (1932).

[14] Ch. Sadron, Sur une nouvelle méthode optique d'exploration d'un champ de vitesse bidimensionnel, *C. R.* **197**, 1293–1295 (1933).

[15] Sadron (1935a,b,*c*, 1936). Dans le dernier article, correspondant à des travaux réalisés à Strasbourg, à son retour de Californie, Sadron remercie R. Thiry, directeur du laboratoire, Henri Weiss, directeur de l'École nationale du pétrole, et M. Hugel, professeur à la faculté des sciences.

Désirant publier un livre sur la mécanique des fluides, il se heurte alors au tout-puissant Villat qui « torpille » le projet, ainsi qu'il le raconte à von Kármán :

> Évidemment, tout ça est un peu dégoûtant, mais vous ne devez pas oublier, mon cher Patron, que les hommes qui sont en ce moment influents dans l'Université française ne sont pas tous des caractères admirables, et que leurs petites combinaisons les intéressent beaucoup plus que la Science [16].

En 1937, Sadron obtient une maîtrise de conférences de physique à la faculté des sciences de Strasbourg. Il y poursuit ses études sur la biréfringence avec des solutions de polymères, plus sensibles au phénomène que l'eau. Il quitte alors la mécanique des fluides pour s'orienter vers la physique des colloïdes et des macromolécules [17].

Après-guerre. À la Libération, Sackmann retourne à Strasbourg. Il y reprend ses enseignements et redémarre le laboratoire de mécanique des fluides dont les installations ont été démontées ou détruites durant l'Occupation. Ses recherches s'orientent alors sur l'hydraulique des canalisations et la transition à la turbulence – objet de six notes aux *Comptes Rendus de l'Académie des sciences*. Il est l'un des premiers à étudier le caractère intermittent de cette transition et à en faire une analyse statistique [18]. De nouveaux locaux plus spacieux sont trouvés en 1950, au 2 rue Boussingault, dans l'ancienne École du pétrole elle-même transférée dans la région parisienne. Le ministère de l'Air attribue au laboratoire un lot important de machines-outils.

En 1952, le laboratoire est composé de L. Sackmann, directeur et professeur à la faculté des sciences, F. Debeauvais, licencié ès sciences et assistant, et de cinq "chercheurs libres" : un licencié ès sciences, trois professeurs de l'enseignement secondaire et un professeur retraité. Il compte en outre trois personnels techniques (M. Henry, technicien à mi-temps, M. Stockbauer, dessinateur à mi-temps, M. Schwab, mécanicien) et une secrétaire (Mme Guerrier). Les recherches en cours portent sur :

- l'anémométrie par fil chaud (L. Sackmann),
- la pulvérisation de carburant dans les carburateurs (F. Debeauvais, assistant),

[16] Lettre à von Kármán du 7 juin 1936, citée par Wesfreid (2017), p. 463. Sur le caractère "féodal", de chasse gardée, du système universitaire français, qui écarte tant les hétérodoxes que les jeunes, cf. Pestre (1992), p. 217.

[17] À la déclaration de guerre, Sadron se replie, avec son université, à Clermont-Ferrand. Il y étudie la physique statistique des macromolécules. Entré dans la Résistance, il est arrêté par la Gestapo en novembre 1943 et déporté au camp de Buchenwald, puis au camp de Dora-Mittelbau où il est affecté à la production des missiles V2. Approché par Wernher von Braun qui lui propose de travailler dans son laboratoire, Sadron refuse, et poursuit des sabotages discrets du système de guidage des missiles V2. Après la guerre, il crée à Strasbourg le centre de recherches sur les macromolécules (CNRS), et obtient, en 1961, la chaire de biophysique du Muséum national d'histoire naturelle. Fortement investi dans l'organisation de la recherche française, il fonde également le centre de biophysique moléculaire d'Orléans. Sources : Monsigny (2014), et documents communiquées par Germain Rousseaux.

[18] Letellier (2017).

– la mise en suspension de particules solides par fluidisation (E. Diemer, licencié ès sciences),
– la mesure de la perméabilité des milieux poreux (L. Schuler, professeur retraité, boursier CNRS),
– la mesure de viscosité (A. Wagner, enseignant, boursier CNRS),
– les régimes transitoires des écoulements en tube (E. Pérès, enseignant),
– les méthodes de calcul numérique (A. Ziller, enseignant).

Pour les années 1946–1952, les publications, signées de Sackmann seul, consistent en un rapport pour le GRA sur l'aérodynamique des hélices, les six *Comptes Rendus* déjà mentionnés sur la transition à la turbulence en conduite, un brevet sur un dispositif anti-affouillement au pied des piles de pont, un volume des PST décrivant un avant-projet de soufflerie à eau, et une communication au colloque de mécanique de Poitiers en 1950[19]. Le projet de développement alors présenté par Sackmann prévoit un déploiement de l'activité sur plusieurs entités : un laboratoire de physique des liquides – le seul qui ait alors une réalité –, un laboratoire rhénan d'hydraulique, un laboratoire d'applications, et une grande soufflerie aérodynamique. Dans les années 1960, Sackmann oriente ses activités vers les écoulements dans les milieux poreux, l'hydrologie et l'hydrogéologie[20].

9.3 Le Centre de Poitiers

9.3.1 Du centre d'enseignement au laboratoire de recherche

Création du centre d'enseignement. Au lendemain de la Première Guerre mondiale, la France avait voulu faire de Strasbourg un pôle d'excellence universitaire, en y affectant les plus brillants savants, notamment en mathématiques. La situation change à la fin des années 1920 avec l'émergence d'un nouveau centre de pointe en mathématiques, Poitiers, dont on parle alors comme d'un possible « Göttingen français »[21]. Une personnalité déterminante dans cette émergence est Georges Bouligand, normalien et agrégé de mathématiques, professeur titulaire de la chaire de mécanique rationnelle et appliquée (1921–1931) puis de la chaire de calcul dif-

[19] PST : (Sackmann, 1949) ; comm. à Poitiers : (Poncin, 1951*b*, pp. 221–229) ; détail de l'activité et liste des publications du laboratoire : (Pérès, 1955, pp. 167–198).

[20] Pour une présentation du laboratoire en 1971, cf. L. Sackmann, *La Houille Blanche* n°8, 717–722 (1971).

[21] Leloup (2009), §3.2.

férentiel et intégral (1931–1938), et auteur de quelques publications en mécanique des fluides [22].

La notoriété de Poitiers est à l'origine de la proposition du ministère de l'Air, en 1929, d'y développer l'enseignement de la mécanique des fluides. Un certificat d'enseignement supérieur (CES) est alors ouvert, dont les conférences sont financées par une subvention de l'Air, complétée par des contributions du conseil général de la Vienne, de la municipalité de Poitiers et de la chambre de commerce. Deux cours annuels sont créés. Le premier, d'hydrodynamique théorique, est attribué à Bouligand puis à Louis Got qui lui succède en 1931 sur la chaire de mécanique rationnelle et appliquée [23]. Le second cours, de mécanique expérimentale des fluides, est confié à Albert Grumbach, titulaire de la chaire de physique qu'il détient depuis 1928 – il travaille sur les piles photovoltaïques et les phénomènes photocapillaires [24]. Les séances de travaux pratiques sont dirigées par Grumbach secondé par un collaborateur du ministère de l'Air, faisant fonction d'assistant [25].

Les rapports annuels du doyen de la faculté des sciences insistent, à Poitiers comme dans les autres universités, sur les nombreuses tâches assumées par les professeurs, dont la charge et la faiblesse des moyens n'entament pourtant pas leur attachement à la « recherche désintéressée » et aux « travaux de laboratoire si minutieux et si absorbants » :

> Les professeurs de la Faculté des Sciences accomplissent une tâche variée ; ils assurent le haut enseignement, ils font des cours de licence, des conférences d'agrégation, des conférences d'extension universitaire ; ils assument la direction des travaux pratiques ; ils dirigent les étudiants qui préparent des diplômes d'études supérieures ou des thèses de Doctorat, sans compter qu'ils ont à s'occuper de mille détails nécessaires à la bonne marche d'un laboratoire : achats d'appareils, de livres, de produits divers, de collections, installations matérielles, etc...
>
> À la fin de l'année scolaire les professeurs de la Faculté des Sciences ont à faire passer les examens des certificats d'études supérieures, du P.C.N. et des diplômes d'études supérieures [320 étudiants examinés en 1929–1930, contre 26 en 1893–1894]. [...] Ensuite, les Professeurs de la Faculté des Sciences ont leur part du baccalauréat [...] ; cette tâche est des plus pénibles, en raison du nombre des candidats [...] ; au retour de cette mission, ils ont à corriger des copies et à faire passer les oraux [...].

---

[22] G. Bouligand, Les courants de pensée cantorienne et l'hydrodynamique, ou le problème de la naissance des cavitations dans un liquide, *Rev. Gén. Sc. Pures Appl.*, n°4, pp. 103–110 (1931). G. Bouligand (1889–1979) obtient en 1931 la chaire de calcul différentiel et intégral. En 1938, il quitte Poitiers pour une maîtrise de conférences à la Sorbonne. Il obtient en 1948 la chaire d'applications de l'analyse à la géométrie, qu'il conservera jusqu'à sa retraite en 1961. Membre de l'Académie des sciences (1968).

[23] Louis Got (1873–1966), polytechnicien (1891), agrégé de sciences mathématiques, docteur ès sciences, professeur au lycée Pasteur de Nancy puis maître de conférences de mécanique appliquée (1927) à la faculté des sciences de cette ville. Il arrive à Poitiers en 1928 comme chargé du cours de calcul différentiel et intégral à la faculté des sciences.

[24] A. Grumbach, Sur l'écoulement libre des liquides dans les tubes capillaires. *J. Phys. Radium* **9** (2), 49–51 (1938) (disponible sur HAL).

[25] M. Boissonnade (dir.), *Histoire de l'université de Poitiers – Passé et présent (1432–1932).* Imprimerie moderne, Poitiers (1932), disponible sur le site gallica de la BNF.

> Malgré ces diverses tâches professionnelles accablantes, les professeurs de la Faculté des Sciences trouvent encore le temps de se consacrer activement à la recherche scientifique désintéressée, qui constitue le but le plus élevé et le plus noble de l'Enseignement supérieur; en effet, c'est grâce aux travaux de laboratoire si minutieux et si absorbants que les progrès de la science s'accomplissent, pour le bon renom scientifique de la France, et souvent pour le plus grand bien de tous [26].

Le laboratoire de mécanique des fluides. En 1938, Bouligand quitte Poitiers pour la Sorbonne. Il est remplacé dans ses enseignements de mécanique des fluides par Henri Poncin, ancien étudiant de Henri Villat et maître de conférences de physique mathématique depuis 1935 (cf. encadré ci-après). Poncin obtient en 1939 la chaire de mécanique rationnelle et appliquée libérée par Louis Got.

Un poste de chef des travaux attaché à cette chaire est alors financé par le ministère de l'Air, et attribué à Charles Chartier, docteur de l'université de Paris qui a fait sa thèse sous la direction d'Adrien Foch au laboratoire de Bénard (cf. Chap. 5) [27]. En 1942, Poncin et Chartier créent le laboratoire de recherches en mécanique des fluides, rue de l'université. Chartier y poursuit ses études sur la visualisation des écoulements, en les orientant plus nettement que dans sa thèse vers des questions d'aéronautique [28]. Le laboratoire s'équipe d'un tunnel hydrodynamique, d'une soufflerie Eiffel (aspirant l'air dans la rue) et d'une soufflerie supersonique. L'alimentation électrique du moteur de celle-ci (100 kW) semble avoir posé quelques problèmes, coupant parfois l'alimentation du quartier ! En 1945, le poste de Chartier est transformé en maîtrise de conférences, puis, en 1948, en chaire de mécanique des fluides fondée par le ministère de l'Air.

---

[26] M. Boissonnade (dir.), *op. cité*, p. 433.

[27] Charles Chartier, né en 1905, est docteur de l'université de Paris (1937), cf. Chap. 5. Pendant la guerre, il est affecté spécial au CNRSA, au service de l'Hydraviation au Maroc, où il étudie sur modèle réduit le désensablement des appontements. À la Libération, il est nommé maître de conférences à la faculté des sciences de Poitiers (1945) puis professeur à l'École nationale supérieure de mécanique et d'aérotechnique (ENSMA, 1948). Dans le laboratoire de mécanique des fluides créé en 1942 avec Henri Poncin, il poursuit ses études sur la chronophotographie des écoulements dans les machines tournantes (pompes et turbines). Il oriente ensuite ses recherches vers les écoulements supersoniques et hypersoniques, et vers les effets magnétiques et électriques. Lauréat de trois prix de l'Académie des sciences, il est chevalier de la Légion d'honneur (Arch. Acad. Sc., dossier Chartier).

[28] Chartier (1942).

Henri Poncin (1904–1994)

Né à Poitiers le 1er octobre 1904, Henri Poncin entre à l'ENS de Paris en 1924 et obtient l'agrégation de mathématiques en 1927. Boursier de la fondation Commercy (1928) puis pensionnaire de la fondation Thiers (1929–1932), il prépare, sous la direction d'Henri Villat, une thèse de mécanique des fluides sur les écoulements autour de bulles de cavitation, qu'il soutient en 1932[a].

Poncin est ensuite collaborateur au service des recherches de l'Aéronautique (1930–1933), puis chargé de recherches à la Caisse nationale des sciences (CNS, 1933–1934), puis chargé de conférences à la faculté des sciences de Poitiers (1934–1936). Il obtient en 1936 la maîtrise de conférences de physique mathématique de cette faculté, puis, en 1939, la chaire de mécanique rationnelle et appliquée. Mobilisé en 1939 au service technique de l'Aéronautique et au Centre d'études balistiques, il retourne en 1941 enseigner à Poitiers. En 1945, il crée et dirige l'institut de mécanique et d'aéronautique de Poitiers (IMAP).

En 1948, Poncin fonde l'École nationale supérieure de mécanique et d'aérotechnique de Poitiers (ENSMA), et obtient, la même année, la maîtrise de conférences de mécanique théorique des fluides à la faculté des sciences de Paris. L'ENSMA est inaugurée en 1950 à l'occasion d'un congrès international de mécanique, qu'il organise. Ses recherches s'orientent ensuite vers l'élasticité, la thermique et la mesure de température. Il obtient en 1958 la chaire de mécanique générale à la Sorbonne, qu'il occupe jusqu'à sa retraite en 1970. Il est dans les années 1960 membre de la section de mécanique générale et mathématiques appliquées (section 3) du Comité national de la recherche scientifique. Il est lauréat de trois prix de l'Académie des sciences :

[a]Poncin (1932).

(*Suite*)

Henri de Parville (1934), Saintour (1944) et Montyon (1946). Henri Poncin meurt le 22 février 1994[b].

[b]Arch. Acad. Sc., dossier Poncin ; notices biographiques et bibliographiques des nouveaux professeurs de l'université (Ann. univ. Paris, pp. 273–276, 1948).

9.3.2 De l'institut de mécanique et d'aérotechnique à l'ENSMA

Après-guerre. En 1945, Poncin crée l'institut de mécanique et d'aérotechnique de Poitiers (IMAP), dont le laboratoire de mécanique des fluides devient une composante. Il s'agit d'un institut de faculté régi par une convention entre le ministère de l'Air, l'université de Poitiers et l'université de Paris. Cet institut, « spécialisé dans l'étude des fluides et des solides », comprend deux chaires financées par le ministère de l'Air : l'une de mécanique des fluides (Chartier), et l'autre de mécanique des solides, attribuée en 1946 à Raymond Jacquesson – qui arrive de l'institut polytechnique de l'Ouest (IPO), à Nantes, où il a fait sa thèse [29]. Le certificat de mécanique des fluides est suivi par une quarantaine d'étudiants, dont une petite moitié l'obtient.

En 1948, Poncin crée l'École nationale supérieure de mécanique et d'aérotechnique (ENSMA), dans le fil de la création, l'année précédente, des écoles nationales supérieures d'ingénieurs (ENSI). Il en prend la direction, en même temps qu'il obtient une maîtrise de conférence à la Sorbonne. L'enseignement à l'ENSMA porte sur la mécanique générale, l'aérodynamique, et la thermique. L'institut de mécanique subsiste en tant que structure d'enseignement pour les élèves non ingénieurs de la faculté des sciences, et structure de recherche fédérant les laboratoires de mécanique rationnelle et de mécanique des fluides. La direction de cet institut revient à Robert Mazet, titulaire de la chaire de mécanique rationnelle

[29] R. Jacquesson, Contribution à l'étude des dislocations cristallines produites dans les métaux par des torsions simples et alternées. PST n°188 (1943). Recherches récentes sur la texture et les propriétés physiques et mécaniques des métaux écrouis. PST n°199 (1946).

libérée par Poncin[30]. Dans le même temps, Poncin et Chartier, à l'étroit dans les locaux de la faculté des sciences, persuadent les autorités locales de leur céder le terrain et les bâtiments de la caserne Dalesme (trois hectares), sur la place Montierneuf, ainsi que des terrains situés en bordure de l'aérodrome de Poitiers-Biard. Les bâtiments rénovés, inaugurés en avril 1950, abritent l'institut de mécanique de la faculté des sciences (salle de cours pour les étudiants non élèves-ingénieurs, laboratoires et bureaux), la nouvelle ENSMA (administration, salles de cours, etc.), et un nouvel institut de recherches scientifiques et techniques du Centre-Ouest, à vocation plus appliquée[31].

Au laboratoire de mécanique des fluides, Chartier poursuit ses travaux sur la visualisation des écoulements[32], et dirige, sur cette thématique, la thèse de Joseph-Maurice Bourot, publiée dans les PST[33]. Bourot obtient un poste de chargé de recherches CNRS, et s'oriente vers l'étude des écoulements à grande vitesse, par ensemencement de particules. Il engage un travail théorique sur les conditions pour que ces particules suivent bien l'écoulement : leur inertie doit être la plus faible possible et leur taille doit par conséquent être très petite. Les expériences sont réalisées dans une soufflerie récupérée chez le constructeur aéronautique Nieuport (Fig. 9.3). La Fig. 9.4 montre un tourbillon de bout d'aile obtenu dans cette soufflerie. Il est visualisé par de fines particules de talc éclairées par de puissantes lampes à décharge ou à étincelles, avec des temps de pose très courts (1/6000 s).

Chartier et Bourot collaborent avec Jean-Jacques Moreau, mécanicien théoricien chargé de recherches au CNRS. Moreau, qui soutient sa thèse à Paris sur les

[30] Robert Mazet (1903–1991), normalien et agrégé de mathématiques, fait sa thèse à Rome – envoyé par Painlevé – sous la direction de V. Volterra et T. Levi-Civita (Mazet, 1928; Tazzioli, 2016, pp. 25–27). Il est ensuite maître de conférences puis professeur à Lille, titulaire de la chaire de mécanique rationnelle et mécanique expérimentale, et travaille sur les lois du frottement. Fait prisonnier en 1940, il crée et administre, à l'Oflag IV D, une importante "université de captivité" (rapp. du Centre d'entr'aide aux étudiants mobilisés, 15 mai 1941, Arch. Nat. 19800284 53). À la Libération, il est recteur de l'académie de Caen puis de celle de Poitiers. En 1948, il retourne à son activité de professeur de mécanique rationnelle à la faculté des sciences de Poitiers, et dirige l'institut de mécanique. Il est aussi directeur scientifique à l'ONERA, spécialiste des vibrations de structures et des instabilités aéroélastiques. En 1961, il quitte Poitiers pour Orsay, et oriente ses recherches vers la plasticité des matériaux. Il enseigne durant 18 ans à l'École nationale supérieure de l'aéronautique. Il est élu correspondant de l'Académie des sciences en 1969, après en avoir obtenu trois prix (Fourneyron en 1934, Montyon et 1941 et Muteau en 1942). (Arch. Acad. Sc.; Germain (1992)).

[31] On peut voir les bâtiments et leurs aménagements en 1968 dans un film d'archives de l'INA, à l'adresse https://www.ina.fr/video/RXF05005928.

[32] Ch. Chartier, Le Laboratoire de mécanique des fluides de la faculté des sciences de Poitiers, *in* (Pérès, 1955), pp. 139–165.

[33] Bourot (1949).

Fig. 9.3 Soufflerie du laboratoire de mécanique des fluides de Poitiers, ex-soufflerie Nieuport. Diamètre de la veine : 1,70 m, vitesse : 50 m/s (Chartier, *in* (Pérès 1955))

écoulements rotationnels[34], deviendra une grande figure de la mécanique théorique française[35]. Les autres thématiques du laboratoire portent sur :

[34] Moreau (1952). Jean-Jacques Moreau (1923–2014), agrégé de mathématiques et docteur de la faculté des sciences de Paris, a débuté sa carrière à Poitiers, comme chargé de recherches au CNRS puis professeur de méthodes mathématiques pour la physique. En 1958, il est nommé professeur de mécanique générale à Montpellier. Il y crée le Groupe d'analyse convexe, qui formera le noyau du laboratoire de mécanique et génie civil (LMGC). Grande figure de la mécanique théorique française, J.-J. Moreau est l'auteur de contributions majeures à la mécanique dite "non régulière" (qui traite de lois de comportement non différentiables, pour des problèmes de contact unilatéral entre corps indéformables ou déformables, de contact avec frottement, de chocs, de plasticité des matériaux, etc.). À partir de 1984, il applique ses résultats à la simulation numérique des écoulements granulaires. En mécanique des fluides, il découvre en 1962 un nouvel invariant des écoulements non visqueux : l'hélicité. Il est honoré par plusieurs prix de l'Académie des sciences, dont le Grand prix Joanidès. En hommage à ses travaux, la Société de mathématiques appliquées et industrielles (SMAI) et la Société mathématique de France (SMF) ont créé en 2019 le prix Jean-Jacques Moreau en optimisation.

[35] Villermaux & Suquet (2018).

Fig. 9.4 Section droite d'un tourbillon de bout d'aile, visualisé à l'aide de particules d'aluminium (Chartier, *in* (Pérès 1955))

- La visualisation des vibrations de l'air au passage d'ondes acoustiques, dans des tuyaux ou au voisinage de haut-parleurs, avec Bourot[36], J. Noël et M. Morin, professeurs de lycée ;
- Les écoulements subsoniques et supersoniques autour d'obstacles, avec M. Couvertier, qui soutient un diplôme d'études supérieures (DES) en 1951 et obtient un poste d'assistant l'année suivante ;
- L'hydrodynamique de la houle et du clapotis, par visualisation du champ de vitesse, avec M. Buresté, professeur de lycée ;
- La micro-chronophotographie d'écoulements par contraste de phase, pour l'étude de la couche limite, avec M. Bataillé, ingénieur ENSMA et stagiaire de recherches CNRS.

En 1952, le laboratoire dispose de deux tunnels hydrodynamiques[37], de la soufflerie subsonique déjà mentionnée, et d'une soufflerie supersonique. Les travaux sont publiés dans les PST citées, dans les habituels *Comptes Rendus* (neuf pour Chartier entre 1933 et 1941, sept pour Bourot entre 1945 et 1952 avec Chartier, Noël et

[36] Bourot (1952).

[37] L'un de section 0,5 × 0,5 m^2 et vitesse 3 m/s, et l'autre de section 1 × 1 m^2 et vitesse 1 m/s.

Moreau comme coauteurs ponctuels), dans des revues techniques ainsi que dans quelques congrès (dont celui de Poitiers en 1950).

À l'institut de recherches scientifiques et techniques du Centre-Ouest, à vocation plus appliquée et liée à l'activité économique régionale, sont menées des études d'aérodynamique et d'aérothermique[38]. Les études d'aérodynamique utilisent trois souffleries subsoniques (dont une soufflerie octogonale ramenée de Toulouse après la guerre, et l'ex-soufflerie Nieuport exploitée par Chartier et Bourot) et une soufflerie supersonique. Les études d'aérothermique portent sur les écoulements compressibles à grande vitesse et sur les échangeurs de chaleur[39]. Quoique cet institut affiche une vocation de recherche appliquée, plusieurs mécaniciens théoriciens y sont rattachés. En 1952, ce sont :

- Jean-Jacques Moreau, sur la formulation tensorielle des problèmes de mécanique et les problèmes avec singularités (dix *Comptes Rendus*, un *J. Math. Pures Appl.*) ;
- Henri Poncin, sur les problèmes mixtes non linéaires du type elliptique, et leur application à des problèmes pratiques d'hydraulique et d'aérothermique (*Comptes Rendus*, deux *J. Math. Pures Appl.*, collaborations avec Bourot, Adrien Saigne, Mathurin) ;
- Pierre Brousse, sur les équations elliptiques avec singularités, la torsion des arbres avec clavetages, et les analogies rhéoélectriques (deux *Comptes Rendus*, une PST sur la torsion (n°257, 1952), un *Métaux et Corrosion* avec Jacquesson 1947) ;
- Paul Germain, sur les écoulements transsoniques (équation de type mixte), en liaison avec les travaux expérimentaux de Gérard Gontier à l'institut de Lille (sept *Comptes Rendus*) ;
- Henri Cordier, sur l'écoulement supersonique d'un gaz non idéal, les gaz raréfiés et les ondes de choc (Congrès national de l'aviation civile, *Mémoires de l'AFAS*), avec Poncin et Mme Liger.

Les activités expérimentales portent sur les thèmes suivants :

- Les mesures de viscosité à haute précision, avec Poncin, Godefroy, Bourot et Urbain (*Comptes Rendus*) ;
- Les échanges thermiques et refroidissement des moteurs à combustion, avec Cordier, Saigne et Jean Gosse (*Mémoires de l'AFAS*, *Cahiers de l'IRST*) ;
- Les techniques générales de mesure, avec Pierre Thureau (*Cahiers de l'IRST*) ;
- L'aérodynamique pure (cols soniques, turbopropulseurs, gouvernes, empennages, action du vent sur les bâtiments et les ponts, effets de rugosité), avec Raymond Goethals – arrivé de l'institut de Saint-Cyr –, Bouquet et Jacques Prat (*Revue Gén. Électricité*, *Comptes Rendus*, *Cahiers de l'IRST*, *Cahiers du CSTB*).

---

[38] H. Poncin, L'École nationale supérieure de mécanique et d'aérotechnique et l'Institut de recherches scientifiques et techniques du Centre-ouest (Poitiers), *in* (Pérès, 1955), pp. 119–138.

[39] On peut voir les bâtiments et leurs aménagements en 1968 dans un film d'archives de l'INA, à l'adresse https://www.ina.fr/video/RXF05005928.

Les publications citées par Poncin dans sa présentation de l'institut du Centre-Ouest sont toutes postérieures à 1945, à l'exception de ses propres travaux.

Université et écoles d'ingénieurs, complémentaires? La structure de la mécanique universitaire poitevine, telle que la présente Poncin au colloque de mécanique de Poitiers en 1950, ainsi qu'aux *Journées de mécanique des fluides* de Marseille en 1952, apparaît complexe[40]. Trois institutions s'y entrecroisent : l'institut de mécanique de la faculté, dirigé par Mazet, l'école d'ingénieurs (ENSMA), dirigée par Poncin, et l'institut de recherches et d'essais du Centre-Ouest, dirigé par un inspecteur général de l'Économie nationale. Les activités de ces institutions sont présentées par Poncin comme bien distinctes. Ainsi, insiste-t-il, la faculté des sciences de Poitiers dispense, avec Mazet et Chartier, un « enseignement de haute culture » sous la forme de deux certificats (CES), de mécanique rationnelle et appliquée, et de mécanique des fluides. (Notons incidemment le succès de ce dernier : 44 étudiants examinés et 22 admis en 1949, nombres sensiblement maintenus les années suivantes[41]). À l'ENSMA, qui vise « le service de l'économie du pays », et « ne se préoccupe que de façon indirecte de la culture scientifique de ses élèves », on valorise plutôt les enseignements spécialisés (aérodynamique, mécanique des solides, phénomènes thermiques, dessin industriel, etc.) – donnés par des personnels de l'Enseignement supérieur et de l'Enseignement technique, et par des ingénieurs –, ainsi que les enseignements pratiques (travaux pratiques, projets, travaux d'atelier).

En réalité, les activités des trois institutions poitevines se recoupent plus largement que ne le présente Poncin. L'enseignement dispensé à la faculté par Mazet fait en effet une bonne place, lui aussi, aux travaux pratiques et aux applications. Ainsi, lors du même colloque, ce dernier déclare à propos des travaux pratiques qu'il organise :

> En obligeant les étudiants à procéder eux-mêmes à la « schématisation du concret », sans laquelle aucune étude technique de phénomène naturel ou de machine ne saurait être abordée avec fruit, ils [les appareils étudiés] leur rappellent que la Mécanique rationnelle est, avant toute chose, une branche particulière de la Physique et les préparent plus directement à leur futur rôle d'ingénieurs[42].

La future fonction de Mazet de directeur scientifique à l'ONERA, témoigne plus clairement encore de son intérêt pour les applications. Par ailleurs, du côté de la recherche, l'activité des « théoriciens » est présentée par Poncin dans l'institut du Centre-Ouest lié à l'ENSMA, alors qu'on l'attendrait plutôt dans l'institut de mécanique de Mazet. Ces chevauchements peuvent être liés à des rivalités de personnes, mais on peut aussi y voir la manifestation d'une recomposition en cours dans l'après-guerre, tendant à opposer facultés des sciences et écoles d'ingénieurs.

---

[40] H. Poncin *in* (Poncin, 1951a), pp. 9–13; H. Poncin *in* (Pérès, 1955), pp. 119–138.

[41] 42 examinés et 16 admis en 1950, et 38 et 17 en 1951. Ch. Chartier, *ibid*, p. 139.

[42] R. Mazet *in* (Poncin, 1951a), pp. 15–16.

Nous reviendrons au chapitre suivant sur le clivage entre science pure et sciences appliquées, clivage que le mouvement de création d'instituts techniques dans les facultés des sciences avait atténué au début du siècle, mais qui, dans les années cinquante, semble se renforcer du fait d'une volonté de ces instituts d'une plus grande autonomie.

9.4 Le Centre de Nantes

9.4.1 *L'institut polytechnique de l'Ouest (IPO)*

Création de l'IPO. La situation nantaise, pour être comprise, demande un bref retour de quelques siècles en arrière, à l'université ducale de Bretagne. Cette université, fondée en 1460, est supprimée en 1793 par la Convention nationale, comme alors toutes les universités et facultés de France. Peu soutenue par les élites locales, elle avait en fait décliné au fil des années au bénéfice de sa rivale de Rennes. Lors de la création de l'Université impériale par Napoléon, en 1806, Nantes est alors oubliée. Au début du XXe siècle, il n'existe donc pas à Nantes d'établissement universitaire. Il existe cependant quelques institutions d'enseignement supérieur : une École libre de médecine et de pharmacie, une École de droit, une École d'hydrographie, et une École supérieure de commerce et d'industrie.

En 1919, la municipalité apporte son soutien à l'initiative d'un enseignant d'une école nationale professionnelle, Aymé Poirson, de fonder un établissement du type de l'École supérieure de l'aéronautique et des constructions mécaniques, dont il est lui-même ingénieur. Ainsi naît l'institut polytechnique de l'Ouest (IPO). La municipalité lui accorde d'importantes subventions qui financent les frais de personnels et les premiers aménagements, dans un ancien séminaire rue Saint-Clément (aujourd'hui rue du Maréchal Joffre). L'IPO, qui comme tous les établissements d'enseignement technique est sous la tutelle du ministère du Commerce et de l'Industrie, forme en trois ans des ingénieurs dans quatre spécialités : mécanique, électricité, chimie et travaux publics. Il forme aussi des techniciens, en un an, dans les mêmes spécialités. Une soixantaine d'étudiants s'incrivent dès la première année pour les cours de jour, et autant pour les cours du soir. Trois ans plus tard, en 1922, dix-huit ingénieurs sont diplômés. Les étudiants désirant passer des certificats d'enseignement supérieur (CES) doivent cependant s'inscrire à Poitiers. Les industriels restent en dehors du mouvement : en réponse à une question du conseil municipal sur leur implication dans le projet, un premier adjoint répond : « Ma réponse sera très courte : ils n'ont rien fait. »[43]

[43] Une large part de la documentation à la base de cette section est issue de la thèse de doctorat de Virginie Fonteneau-Champeau (2001), et de l'ouvrage de Hervouët & Fonteneau (2009).

L'IPO rattaché à l'université de Rennes. La quête d'une caution universitaire, recherchée tant par la municipalité que par les étudiants, conduit en 1922 à la reconnaissance de l'IPO par l'université de Rennes. L'université n'envoie cependant ni enseignant ni subvention, et la ville de Nantes conserve la gestion administrative et financière de l'institut. Point important pour Poirson qui souhaite développer la recherche, l'institut est habilité à délivrer le diplôme d'ingénieur-docteur (institué en 1923), dans les spécialités de métallurgie-fonderie et de moteurs thermiques. En 1925, une spécialité de constructions navales est ouverte (4e année d'études) en réponse à un besoin de l'industrie régionale, notamment des Ateliers et Chantiers de Bretagne.

En 1927, l'IPO acquiert le statut d'institut de la faculté des sciences de Rennes. Un maître de conférences de mécanique physique, Paul Le Rolland, y est affecté. La municipalité conserve toutefois la gestion administrative et financière de l'établissement, et continue de l'héberger. Dans le projet de convention avec la faculté, elle insiste notamment sur l'importance de la recherche et de son soutien par les pouvoirs publics :

> Plus que jamais, il est nécessaire que nos ingénieurs soient imprégnés de l'esprit scientifique qu'on ne peut acquérir sans être initié aux travaux de recherches. Or, ces travaux ne sont possibles qu'avec des laboratoires et un personnel bien préparé à sa mission ; ils entraînent un budget élevé pour lequel l'intervention de l'État est vraiment indispensable. C'est ainsi que les pouvoirs publics accordent des ressources importantes aux Instituts de Nancy, de Grenoble, de Toulouse qui permettent, en outre, d'adjoindre aux Laboratoires de recherches un laboratoire de contrôle reconnu par le Ministre des Travaux Publics[44].

Le Rolland (1887–1957), agrégé de physique et spécialiste des matériaux, a fait sa thèse avec Gabriel Lippmann (prix Nobel de physique 1908). Il a mis au point un appareil de détermination de dureté à partir de l'amortissement des oscillations d'un pendule :

> La durée d'oscillation, mesurée aux petites amplitudes, d'un pendule à couteau ou à cylindre roulant sur le plan, est d'autant plus petite que la dureté superficielle du support est plus faible.

Le Rolland poursuit à l'IPO le perfectionnement de son appareil, pour lequel il obtient en 1930 le prix Montyon de l'Académie des sciences.

Création d'un centre de mécanique des fluides (1930). En octobre 1929, la faculté de Rennes est destinataire de la lettre du ministère de l'Air proposant aux universités de développer l'enseignement de la mécanique des fluides. La faculté se déclare favorable à la création d'un certificat d'enseignement supérieur (CES). Les cours seraient assurés par Marcel Légaut, maître de conférences de mathématiques, et Paul Le Rolland. « L'Aéroclub de l'Atlantique fournirait gratuitement tout le matériel nécessaire à l'exécution du programme des certificats », écrit le doyen. Les enseignements sont ouverts en 1930. Émile Ravilly, ingénieur IPO 1929 (spécialité constructions navales) et licencié ès sciences, est nommé assistant, chef des travaux

[44] Projet de convention du 20 nov. 1926, reproduit par Fonteneau-Champeau (2001), p. 351.

pratiques. Il est financé en tant que collaborateur scientifique du ministère de l'Air pour des recherches sur la photoélasticité[45]. En 1935, l'IPO est agréé comme centre de contrôle pour les essais mécaniques pour l'aéronautique (aciers, cuivre, alliages, bois, toiles...). Cette année-là, une plaquette de présentation de l'IPO informe que celui-ci a délivré, entre 1930 et 1935, six CES de mécanique des fluides[46].

Recherche et contrats aéronautiques. Les années 1920 voient les entreprises régionales de construction navale se tourner vers l'aéronautique. Une première raison tient à la baisse d'activité que connaît le secteur naval, après une période d'expansion liée à la guerre. Les Chantiers de la Loire à Saint-Nazaire reprennent ainsi en 1929 l'avionneur Wibault, puis entrent dans le capital de Breguet. La deuxième raison tient au fait que les constructeurs développent les compagnies aériennes, et ont besoin pour cela de l'expérience des compagnies maritimes (Chargeurs réunis, Compagnie générale transatlantique, Forges et ateliers de Saint-Nazaire, Penhoët, Chantiers de la Loire)[47]. L'Association technique maritime devient ainsi, en 1924, Association technique maritime et aéronautique. Louis Breguet entre à son conseil d'administration, ainsi que le directeur général de la société Nieuport-Astra.

À l'IPO, des recherches sur la rigidité des structures aéronautiques sont engagées par Le Rolland, en collaboration avec Pierre Sorin (ingénieur IPO 1922). Des mesures *in situ* sont réalisées au centre d'aviation de Tours, sur des appareils Potez construits aux Chantiers de la Loire. En 1934, une étude porte sur la résistance de lignes de rivets, suite à l'accident d'un trimoteur Dewoitine, sur un vol Saïgon-Paris, où ont péri plusieurs personnes dont le directeur général d'Air France.

Poirson parti à la retraite en 1934, Le Rolland lui succède à la direction de l'IPO et obtient le grade de professeur sans chaire. L'IPO participe cette année-là au Salon de l'aéronautique à Paris, et y présente divers appareils et études :

– un anémomètre à fil chaud mis au point par Jean Luneau (agrégé de physique, chef du laboratoire de mécanique des fluides)[48] ;
– des appareils de mesure de déformation élastique, par pendule (Sorin, Le Rolland) ;
– une étude des propriétés mécaniques et physico-chimique de vernis et caoutchoucs (viscosité, élasticité, dureté, séchage), pour Citroën et pour le service technique de l'Aéronautique (Fournery, Le Rolland).

[45] É. Ravilly est grand connaisseur du jésuite et scientifique Pierre Teilhard de Chardin, et amateur de voitures anciennes – il possède une Salmson qui fait l'admiration de ses collègues.

[46] Arch. Nat 19800285 13. Depuis 1920, l'IPO a alors délivré 501 CES, dont 184 de mathématiques générales, 106 de mécanique rationnelle, 64 de calcul intégral, 57 de physique générale, 53 de mécanique appliquée, 20 de mécanique physique, et 7 de physique appliquée. L'institut a également délivré 21 diplômes d'ingénieur dans la spécialité de constructions navales, créée en 1925.

[47] Chadeau (1987), p. 179, 208.

[48] J. Luneau publie, avant 1940, trois notes sur la résistance à l'avancement dans l'air : *C. R.* **203**, 1234 (1936) ; *C. R.* **206**, 1788 (1938) ; *C. R.* **208**, 1876 (1939).

Le Rolland et Sorin publient cette année-là, dans les PST, une étude sur la mesure de coefficients élastiques par une méthode de pendules[49]. Un brevet est déposé. L'IPO reçoit alors des subventions de la Caisse nationale de la recherche scientifique (CaNRS), puis, à partir de 1938, du Centre national pour la recherche scientifique appliquée (CNRSA). Une autre orientation se dessine en 1935 à l'occasion d'un congrès des étudiants belges, où Le Rolland emmène ses étudiants et profite du voyage pour rendre visite à Peter Debye (1884–1966), à Liège. Ce dernier a mis au point une méthode de détermination de la structure atomique des matériaux par diffraction de rayons X, que Le Rolland va adopter. Deux thèses dans cette thématique sont soutenues à l'IPO : sur les dislocations cristallines qui accompagnent la fatigue de torsion, et sur l'anisotropie de dureté des cristaux.

En 1938, deux études sont publiées dans les PST : l'une de Ravilly, sur la résistance à la fatigue des ressorts de soupapes des moteurs, et l'autre de Mlle Chailloux, sur les propriétés mécaniques des alliages légers à basse température[50]. C'est vers cette année-là que Ravilly construit, dans l'atelier de l'institut, un bassin destiné à l'étude de carènes de navires. Ce bassin, d'une longueur d'une vingtaine de mètres, en tôle, préfigure celui du futur laboratoire de mécanique des fluides[51].

L'orientation des recherches vers la physique des matériaux correspond aux demandes du service technique de l'Aéronautique, mais s'accorde mal avec les débouchés offerts aux ingénieurs, tournés plutôt vers la construction navale. À l'exception des chantiers navals Penhouët, il y a donc peu de relations avec l'industrie, laquelle demande d'ailleurs des techniciens plutôt que des ingénieurs. La faible part des études industrielles, dans les budgets de l'IPO, en témoigne. Ainsi pour 1938, ce budget se répartit, hors subventions du ministère de l'Air, comme suit :

- subvention de la municipalité : 405 000 francs,
- subvention de l'État : 41 000 francs,
- droits d'inscription : 158 000 francs,
- études industrielles : 25 000 francs.

L'IPO diplôme, dans les années 1930, une demi-douzaine d'ingénieurs par an. Une filière prépare plus spécifiquement à la licence, encouragée en sous-main par Le Rolland et par la municipalité qui voudrait voir renaître son université. Les effectifs se féminisent, évolution favorisée par Le Rolland. Ainsi en 1935, trois des quatre lauréats du certificat de mathématiques générales sont des femmes; en physique générale, elles sont trois sur neuf lauréats. Cette évolution rencontre cependant

[49] P. Le Rolland & P. Sorin, *Étude d'une méthode utilisant le couplage entre deux systèmes oscillants pour la détermination de la résistance mécanique des constructions et la mesure des modules d'élasticité.* PST n°47 (1934).

[50] É. Ravilly, *Contribution à l'étude de la rupture des fils métalliques soumis à des torsions alternées.* PST n°120 (1938). Mlle Chailloux, *Le module d'élasticité des alliages légers et sa variation avec la température.* PST n° 122 (1938).

[51] Ce bassin sera remplacé en 1956 par un bassin plus grand, puis, vingt ans plus tard, lors de la reconstruction de l'ENSM, par l'actuel bassin de l'École centrale de Nantes.

des résistances comme en témoigne l'histoire suivante. En 1936, la première femme diplômée de l'IPO, Aimée Abivent, souhaite s'inscrire dans l'année de spécialisation en construction navale. Une délégation d'anciens élèves intervient alors auprès du directeur de l'IPO pour s'y opposer, au motif que leur diplôme en serait déprécié ! Le directeur cède, l'étudiante devra s'inscrire dans l'autre spécialité d'ingénieur-physicien.

Notons que plusieurs ingénieurs IPO poursuivent ensuite des recherches hors de l'IPO, tels Tchang Te Lou (IPO 1926) qui soutient une thèse d'ingénieur-docteur à Paris sur la caractérisation des gaz d'échappement des moteurs thermiques, Marcel Pellegrin (IPO 1924), sur la conductivité thermique des matériaux, ou Maurice Denis (IPO 1926), sur l'aérodynamique et les vibrations des ailes aux grandes incidences[52].

La Seconde Guerre mondiale. En janvier 1939, une fiche établie par le CNRSA (en charge de la mobilisation scientifique) fait état, à l'IPO, de quatre personnels scientifiques et six personnels techniques[53]. Les scientifiques sont Le Rolland et Fournery (fonctionnaires) et Sorin et Hébert (non fonctionnaires). Une note de Le Rolland y ajoute Ravilly. À la déclaration de la guerre, Le Rolland est affecté au CNRSA, et maintenu à la direction de l'IPO pour des études liées à la Défense nationale. Des recherches sont engagées, à la demande du CNRSA, sur la détection des gaz asphyxiants (Fournery, Hébert, Liénard), et sur la localisation, par induction magnétique, des éclats de projectiles dans le corps des blessés (Ravilly, Mlle de Lacoste, chercheuse bénévole). Sur le dernier point, l'invention proposée laisse sceptique le service de santé de l'Armée : « l'appareil comporte un téléphone et jamais un chirurgien n'acceptera de mettre un casque sur la tête » !

L'industrie aussi fait appel à l'IPO pour diverses études, notamment la Société nationale de construction aéronautiques (SNCA) de l'Ouest – qui construit à Bouguenais des chasseurs Morane-Saulnier – pour des essais de traction sur des aciers traités et alliages légers. Ces études s'interrompent à peu près complètement après l'offensive allemande de mai 1940. Une étude est encore réalisée pour Kodak-Pathé, qui demande des mesures de propriétés mécaniques de supports cellulosiques de films photographiques (module d'élasticité, dureté).

À la démobilisation, en mai 1940, les enseignements reprennent. Les effectifs d'étudiants sont même importants du fait de l'arrivée de réfugiés. L'IPO devient un foyer de la Résistance, dont Le Rolland est un animateur. Dix étudiants seront déportés ou fusillés, dont trois parmi les *Cinquante Otages* fusillés à Nantes le 22 octobre 1941. Les effectifs d'étudiants décroissent à partir de l'instauration du Service du travail obligatoire (STO), en février 1943, qui entraîne de nombreux départs dans la clandestinité. Le Rolland est emprisonné à Rennes, s'évade (ou est libéré) et poursuit ses activités clandestines à Paris.

---

[52] M. Denis, *C. R.* **201**, 34 (1935) ; *C. R.* **206**, 580 (1938).

[53] Arch. Nat. 19800285 13.

9.4.2 *L'école nationale supérieure de mécanique (ENSM)*

Départ de Le Rolland. À la Libération, Le Rolland, membre du Parti communiste et proche de Langevin, est appelé par le Gouvernement provisoire à prendre la direction de l'Enseignement technique au ministère de l'Éducation nationale. Il participe à ce titre aux travaux de la Commission Langevin-Wallon de réforme de l'enseignement[54], qui souhaite notamment homogénéiser la qualification d'ingénieur. Le Rolland quittera cette direction en 1948 et poursuivra sa carrière à la faculté des sciences de Paris.

L'ENSM. En 1948, huit instituts techniques de faculté ou d'université sont transformés en École nationale supérieure d'ingénieurs (ENSI). L'IPO est l'un d'eux, et devient ainsi École nationale supérieure de mécanique (ENSM) – dépendant toujours de l'université de Rennes. En janvier 1946, Max Schmitt, chimiste, succède à Le Rolland à la direction de l'IPO. Maître de conférences à la faculté de Rennes, il est nommé professeur sans chaire l'année suivante. Il obtient que les épreuves des CES de mécanique physique et de mécanique des fluides aient lieu à Nantes et non plus à Rennes. Entre 1950 et 1954, quatre maîtrises de conférences sont créées à l'ENSM, en mathématiques appliquées (Trotat, puis Hervé, puis Bass), mécanique des fluides (Pauc), chimie appliquée (Dunoyer de Ségonzac), et physique (Ravilly).

Le départ de Le Rolland affecte gravement la recherche nantaise. Sorin a suivi Le Rolland à Paris, Liénard est parti diriger la division acoustique de l'ONERA, et Schmitt poursuit ses études en laboratoire à Rennes. La recherche disparaît des procès-verbaux des conseils d'administration de l'ENSM. Elle reprend à partir de 1955, notamment avec la création, en 1957, d'une chaire de mécanique des fluides (Ravilly) et de deux maîtrises de conférences, en mécanique appliquée (Y. Pironneau) et électrotechnique (R. Mézencev). L'enseignement est alors structuré autour de trois spécialisations : constructions mécaniques et navales, constructions mécaniques et civiles, et constructions mécaniques et électroniques. Ravilly, responsable du laboratoire de mécanique des fluides, modernise son bassin des carènes, et acquiert en 1959 son premier ordinateur, un IBM 650. En 1975, Pierre Guével (1929–2007), ingénieur de l'ENSEH de Toulouse, succède à Ravilly à la tête du laboratoire.

L'ancienne aspiration nantaise à retrouver son université est enfin satisfaite en 1959, avec la création d'une faculté des sciences. Celle-ci sera officiellement ouverte en 1962.

---

[54] Prost (1968), pp. 420–421.

9.5 Le Centre de Caen

Un centre d'enseignement de mécanique des fluides est ouvert en 1930 à la faculté des sciences de Caen. L'enseignement y est donné par Ludovic Zoretti, professeur de mécanique rationnelle et appliquée et fondateur-directeur de l'institut technique de Normandie [55]. Cet enseignement attire un candidat au certificat en 1933, deux en 1934, et aucun en 1935. C'est peu, mais, tempère Villey, « le cours a des auditeurs nombreux, car il est suivi par les élèves-ingénieurs de l'Institut technique de Normandie » [56].

Côté recherches, Zoretti dirige la thèse d'ingénieur-docteur de J. Lemains, soutenue en 1934 et publiée dans les PST [57]. Il s'agit « d'une étude expérimentale méthodique » de l'écoulement et des pertes de charge à travers les grilles aérodynamiques et les filtres à maille métallique. La thèse a été effectuée dans le cadre d'un congé donné à son auteur par la direction des Aciéries réunies de Burbach-Eich-Dudelange.

Une autre travail réalisé au laboratoire de mécanique des fluides de la faculté des sciences de Caen est celui de Georges Dubois, sur la mesure de la turbulence en soufflerie [58]. Ce Dubois est vraisemblablement celui qui, en 1941, fait une conférence à Toulouse, et que Camichel présente comme ingénieur-docteur.

9.6 Le Centre de Lyon

La faculté des sciences de Lyon, sollicitée en 1929 par le ministère de l'Air, semble ne pas avoir rejoint le mouvement. Selon Villey,

> [le centre de Lyon] n'a jamais présenté de concurrents au concours général, et n'a d'ailleurs jamais réalisé de contacts effectifs avec les Services de l'Aéronautique. Il semble que les intentions du Ministère de l'Air n'aient pas été bien comprises. On peut le regretter d'autant

[55] Ludovic Zoretti (1880–1948), fils d'immigrés italiens, normalien, est agrégé de mathématiques et docteur de l'université de Paris (1905). D'abord maître de conférences à Grenoble, il est nommé en 1911 professeur de mécanique rationnelle et appliquée à la faculté des sciences de Caen. Grande figure de la SFIO et syndicaliste CGT, déçu par le Front populaire, son anticommunisme et ses convictions pacifistes le font dériver vers le fascisme. Exclu de la SFIO, il est conseiller ministériel de Marcel Déat dans le gouvermenent de Vichy. Condamné pour collaboration à la Libération, il meurt emprisonné en 1948. Sources : Y. Le Couturier, Du Front Populaire à la Collaboration. *Annales de Normandie* **48** (5), pp. 571–582 (1998) ; Prost (1968), pp. 406–411 ; https://www.persee.fr/doc/.

[56] J. Villey, Rapport sur les Instituts et les Enseignements de Mécanique des Fluides (1935). Arch. Nat. AJ16 5775.

[57] Lemains (1934).

[58] Dubois (1938, 1946). Un résumé des travaux sur la turbulence de Dubois est donné par Lapresle (1949, pp. 152–162).

plus que l'Université de Lyon représente un potentiel de recrutement qu'il eût été intéressant de mettre en valeur pour la Mécanique des Fluides.

Trois décennies plus tard, en 1962, un laboratoire de mécanique des fluides sera créé à Lyon, au sein de l'École centrale, par Jean Mathieu et Geneviève Comte-Bellot[59]. La "préhistoire" de ce laboratoire, antérieure à 1962, reste à écrire.

[59] M. Lance, Le laboratoire de mécanique des fluides et d'acoustique, *in* Histoire de l'École Centrale de Lyon, sur le site internet de cette école.

Chapitre 10
Histoire longue et recompositions

> *« Petit Lillois de Paris, rien ne me frappait davantage que les symboles de nos gloires ; nuit descendant sur Notre-Dame, majesté du soir à Versailles, Arc de Triomphe dans le soleil, drapeaux conquis frissonnant à la voûte des Invalides. Rien ne me faisait plus d'effet que la manifestation de nos réussites nationales : enthousiasme du peuple au passage du Tsar de Russie, revue de Longchamp, merveilles de l'Exposition, premiers vols de nos aviateurs. »*
>
> *Charles de Gaulle, Mémoires de guerre – L'Appel 1940-1942, 1954*

10.1 Retour sur la situation en 1930

Avant de discuter un bilan des actions entreprises, nous revenons ici sur le contexte universitaire et culturel dans lequel, à la fin des années vingt, ces actions se sont inscrites, en distinguant la Sorbonne des facultés de province.

10.1.1 La « science française » vue de la Sorbonne

Quel est l'état d'esprit du milieu universitaire parisien lorsque le ministère de l'Air s'apprête, en 1929, à lui proposer son vaste plan ? Cet état d'esprit, tel que l'a analysé Dominique Pestre pour la physique [1], n'est pas *a priori* des plus favorables. Les facultés sont structurées autour de chaires disciplinaires. Cette structure, individualiste, n'encourage ni les collaborations ni les échanges. Le renouveau universitaire des années 1880–1890 a permis le développement, au sein des chaires, d'une activité de recherche, mais celle-ci, organisée en général autour des laboratoires de travaux pratiques pour les étudiants, manque cruellement de

[1] Pestre (1992), chap. 6.

F. Charru, *Ailes, Nuages et Tourbillons*, Science Networks. Historical Studies 61,
https://doi.org/10.1007/978-3-030-70236-6_10

moyens. Les conférences et séminaires, où l'on partage les derniers résultats, y sont rares. On y cultive par ailleurs une science « pure et désintéressée », défiante vis-à-vis de l'industrie. Émile Picard, mathématicien, secrétaire perpétuel de l'Académie des sciences et membre de l'Académie française, et futur membre du conseil d'administration de l'institut de mécanique de Paris, s'insurge ainsi, en 1907, dans un conseil de la faculté des sciences, contre la place croissante des enseignements de sciences appliquées :

> L'université de Paris n'a plus qu'un seul souci : fabriquer des produits pour l'industrie. Dans dix ans, si nous ne résistons pas à l'injonction des étudiants, la Faculté ne sera plus qu'une École d'arts et métiers. Nous devons penser d'abord à la science pure et consacrer à son développement toutes nos ressources [2].

On concède aux sciences appliquées d'être utiles au développement économique du pays, mais leur noblesse est moindre que celui des sciences « pures ». D'ailleurs, prévient Picard,

> ... la source tarirait promptement si un esprit exclusivement utilitaire venait à dominer dans nos sociétés trop préoccupées de jouissances immédiates [3].

Cet état d'esprit tend à valoriser les sciences plus abstraites, et en premier lieu les mathématiques. Son fond philosophique s'enracine dans un idéalisme d'inspiration platonicienne. Ainsi, poursuit Picard, à l'étude de la science,

> ... il est des heures, où on voit se dégager de la connaissance scientifique des idées de beauté et d'harmonie, qui élèvent l'homme au-dessus d'intérêts immédiats et concourrent en quelque manière au développement de la moralité.

Cet idéalisme renvoie à la Grèce antique, référence culturelle fréquemment invoquée dans les discours. Le physicien et haut fonctionnaire Lucien Poincaré, chantre du bon sens et de la clarté française, y trouve ses métaphores pour exprimer la nature de la science nationale :

> Partout où elle porta son activité, [la science française] sut mettre l'ordre, la netteté, la précision, [semblable] à ces monuments grecs, dont les lignes hardies et sûres excitent l'admiration par leur fermeté gracieuse et leur pureté élégante [4].

Cette science française se tient dans un juste milieu raisonnable, à l'écart des excès où peuvent s'égarer nos voisins étrangers, comme l'explique Picard :

> La façon de poser notions et concepts peut différer parfois d'un peuple à un autre, de sorte que la science, en une certaine mesure, a un caractère national. Ainsi les mathématiciens français s'efforcent de maintenir un sage équilibre entre l'étude de théories purement formelles [...] et les applications de l'analyse mathématique à la géométrie, à la mécanique et à la physique.

---

[2] Séance du 15 mai 1907 du conseil de la faculté des sciences, Arch. Nat. AJ16 5123, p. 58.

[3] É. Picard, Introduction à *L'histoire des sciences en France*. *In* G. Hanotaux (dir.), *Histoire de la nation française*, Paris (1924), t. XIV. Cité par Pestre (1992), p. 177.

[4] L. Poincaré, préface à *La science française*. p. 10, Larousse (1915), cf. site gallica de la BNF. Lucien Poincaré (1862–1920) est le frère cadet de Raymond, président de la République, et cousin germain d'Henri, mathématicien.

> En physique et en chimie, le savant anglais préfère souvent les modèles mécaniques aux théories abstraites [...]; on sait d'ailleurs que le goût des représentations figurées et d'une vision concrète des choses est une des caractéristiques de l'esprit anglais se souciant peu de l'unité logique.
>
> À l'opposé de la mentalité scientifique anglaise, on peut signaler certaines tendances de la science allemande posant *a priori* des notions et des concepts, et en suivant indéfiniment les conséquences sans se préoccuper de leur accord avec le réel, trouvant même un certain plaisir à s'éloigner du sens commun. La lecture de cette histoire laissera l'impression que la science, dans le pays de Pascal et de Descartes, a toujours gardé une position moyenne entre des tendances extrêmes [5].

10.1.2 Les facultés des sciences en province

L'état d'esprit décrit ci-dessus, bien vivace dans l'université parisienne, est cependant loin d'être unanimement partagé. Les sciences appliquées trouvent des défenseurs au sein même de la Sorbonne, et plus encore dans les facultés de province. À Paris, Gabriel Kœnigs, professeur de mécanique physique, parvient ainsi à imposer, en 1923, la création du titre d'ingénieur-docteur (cf. Chap. 2). Cette création, appelée à un bel avenir, vise à développer la recherche appliquée à l'université, et à propager vers l'industrie un état d'esprit plus favorable à la recherche et à l'innovation. En province, les facultés des sciences ont créé depuis le début du siècle de nombreux instituts techniques, par nature ouverts aux relations avec « l'usine ». Ces créations, à l'initiative d'universitaires en général, ont été accompagnées par un soutien important de municipalités soucieuses d'attirer des industries. Ces instituts techniques rencontrent par ailleurs un vif succès auprès des étudiants. Les facultés de province seront donc très réceptives aux propositions du ministère de l'Air.

10.1.3 La mécanique des fluides

La mécanique des fluides, quant à elle, n'existe pas, au début des années 1920, en tant que discipline universitaire. Il existe bien, à la Sorbonne, une chaire d'Aviation, fondée en 1909 par l'industriel Basil Zaharoff, mais l'enseignement y porte sur la technique seulement, et son titulaire Lucien Marchis ne mène pas de véritables recherches. Dans les ouvrages d'enseignement de la mécanique, la partie dévolue aux fluides consiste typiquement en deux chapitres sans grande articulation, l'un sur les fluides "parfaits", dans l'esprit purement théorique de la « mécanique rationnelle », et l'autre sur l'hydraulique, réduit en général à un recueil de lois empiriques. Les ouvrages du physicien toulousain Henri Bouasse, dont l'épigraphe

[5] É. Picard, Introduction au tome XIV *L'histoire des sciences en France*, in *Histoire de la nation française*, dir. G. Hanotaux, Paris (1924). Cité par Pestre (1992), p. 196, 201.

claironne *Beaucoup de Science ; mais en vue des Applications !*, s'efforcent, à grand renfort d'érudition, d'établir des liens entre savoirs théoriques et pratiques, mais ils font figure d'exception.

La mécanique des fluides connaît pourtant, dans le premier tiers du XXe siècle, des développements majeurs. Les principaux foyers en sont l'Allemagne – à Göttingen autour de Ludwig Prandtl –, et l'Angleterre – autour de Geoffroy Taylor (cf. Chap. 3). Mais la France reste à l'écart du mouvement. Fait significatif, le seul interlocuteur français de Prandtl est, à la veille de la Première Guerre mondiale, l'ingénieur Gustave Eiffel, reconverti, à l'âge de soixante ans, dans l'aérodynamique expérimentale.

10.1.4 Le programme du ministère de l'Air

Dans le contexte décrit ci-dessus, l'initiative du sous-secrétariat à l'Aéronautique, en 1923, de créer une chaire de « mécanique des fluides et applications » à la Sorbonne, apparaît remarquable. Une mission de cette chaire, clairement affichée, est le développement de liens entre théorie, expérimentation, et applications à l'aéronautique. Paul Painlevé, grande autorité scientifique, député et ministre, en est nommé titulaire. Ses convictions quant à la nécessité d'une science soucieuse des applications, sont incontestables. Grand prosélyte de l'aviation dès ses débuts, il a créé en 1915 la première direction des inventions au ministère de l'Instruction publique. Mais, très occupé à de multiples fonctions, Painlevé n'engage pas lui-même de nouvelles recherches. Il délègue l'organisation des travaux pratiques à Albert Toussaint, à l'institut aérotechnique de Saint-Cyr, et celle des conférences et recherches à un ingénieur attaché à sa chaire, Dimitri Riabouchinsky. Deux ans après la mise en route effective de la chaire, en 1927, il en démissionne au profit du mathématicien Henri Villat. Celui-ci est une forte et brillante personnalité scientifique, mais, à l'inverse de Painlevé, il se montre peu soucieux des applications. En 1929, à la veille du lancement du plan du nouveau ministère de l'Air, la chaire de « mécanique des fluides et applications » n'a donc pas donné les effets escomptés de coopération de l'université et de l'industrie.

Le ministère de l'Air créé en 1928 rassemble différents services de l'État, auparavant dispersés, sous l'autorité d'une direction générale technique. Cette direction est confiée à Albert Caquot, ingénieur réputé pour sa hauteur de vue et son sens de l'organisation. Le programme de Caquot vise d'une part, côté industriel, une meilleure structuration et une amélioration de la production, et d'autre part, côté universitaire, le développement de la formation et de la recherche dans les disciplines intéressant l'aéronautique. Parmi ces disciplines, Caquot entend notamment promouvoir vigoureusement la mécanique des fluides (cf. Chap. 4).

C'est ainsi que le ministère de l'Air crée en 1929–1930, avec le concours empressé des facultés, quatre instituts de mécanique des fluides, avec fondation de chaires, et qu'il s'engage d'autre part à financer l'enseignement de cette discipline dans cinq centres annexes d'enseignement (cf. Chap. 4). L'enseignement doit viser la formation de cadres ingénieurs et techniciens, avec, en particulier, la création par les facultés d'un certificat d'enseignement supérieur (CES) de mécanique des fluides. Le programme est complété par le financement généreux de projets de recherche et de bourses de thèse, *via* le système des « collaborateurs scientifiques ». La recherche ainsi promue sera ouverte – non cantonnée à des questions strictement aéronautiques.

Un point-clé du programme de Caquot, maintes fois réaffirmé, est le nécessaire rapprochement des points de vue théorique, expérimental, et technique, point sur lequel la chaire Painlevé-Villat avait échoué. Pour cela, les instituts et centres associeront étroitement mathématiciens-théoriciens et physiciens-expérimentateurs. La hiérarchie traditionnelle n'est cependant pas remise en question : la direction des instituts et des centres annexes est confiée à un mathématicien professeur, assisté par un physicien chef des travaux ou maître de conférences. Certains mathématiciens joueront le jeu et sauront s'intéresser aux expérimentations et à la technique – tel Kampé de Fériet à Lille –, et d'autres non – notamment Villat à Paris.

La première décennie est marquée par l'investissement de moyens considérables dans ce programme, maintenus en dépit de la crise économique et des compressions budgétaires qui sévissent à partir de 1933. La décennie suivante est, bien entendu, fortement affectée par la Seconde Guerre mondiale. Tentons maintenant un bilan, vingt ans après leur lancement, des actions entreprises.

10.2 Quelles avancées pour la mécanique des fluides ?

Comment, en 1950, se présente la situation, à l'issue de deux décennies de fonctionnement ? Sont ici successivement évalués, à l'aide de quelques indicateurs statistiques, l'enseignement, la recherche à l'institut de Paris, et la recherche dans les instituts de province. Les chapitres précédents sont résumés et complétés par sept tableaux relatifs aux certificats d'enseignement supérieur (CES) délivrés, aux thèses soutenues, et aux publications.

10.2.1 Enseignement

Pour ce qui est de l'enseignement, l'initiative principale du ministère de l'Air est d'avoir fait ouvrir par les universités concernées, entre 1929 et 1931, un certificat d'enseignement supérieur (CES) de mécanique des fluides (rappelons que le diplôme de licence correspond alors à l'acquisition de trois certificats, choisis par l'étudiant). Les neuf universités concernées sont Paris, Lille, Marseille et Toulouse (où ont été créés des instituts), ainsi que Strasbourg, Poitiers, Rennes, Lyon et Caen (où ont été créés des centres d'enseignement annexes). Le programme du CES a été établi au niveau national. Un concours annuel, où vont se mesurer les étudiants issus des différentes universités, permet d'entretenir une émulation entre les instituts.

Fig. 10.1 Tableau de classement du concours général entre les étudiants des instituts de mécanique des fluides (juin 1931). Source : rapport annuel du doyen de la faculté des sciences de Lille

1. - RATIB	Lille
2. - PINEL	Paris
3. - MALAVARD	Marseille
4. - VASSILAKI	Paris
5. - HUREAU	Lille
6. - CRILLON	Lille
7. - PRAVAUSEL	Marseille
8. - DEMONTIS	Lille

Tableau 10.1 Nombre de candidats examinés au CES de mécanique des fluides dans les instituts et centres annexes, et, entre parenthèses, présentés au concours général ; (*) inclut les élèves-ingénieurs de l'IET, mention mécanique des fluides, non inscrits au CES ; (**) cours organisé sur un cycle de deux ans. Sources : rapport Villey (1935) et, pour Paris, rapports annuels du doyen

	1930	1931	1932	1933	1934	1935
Paris	4	7 (2)	3 (4)	8 (?)	9	8
Lille	5	7 (4)	7 (6)	10 (10)	9	10
Marseille	–	6 (2)	11 (4)	7 (3)	7	7
Toulouse (*)	–	0	3 (3)	1 (0)	2	0
Strasbourg	–	5	2 (2)	2 (1)	3	4
Nantes	–	4	3 (1)	1 (0)	2	2
Poitiers (**)	–	2	–	1 (1)	–	3
Caen	–	0	0	1 (0)	2	0
Lyon	–	0	0	0	0	0

La Fig. 10.1 montre le tableau de classement pour l'année 1931, tout à la gloire, cette année-là, de l'institut de Lille. Au CES de base, s'ajoutent dans les années suivantes des certificats plus spécialisés, d'aérodynamique ou hydrodynamique « avancée », ou « supérieure » [6], ou de mécanique de l'atmosphère et météorologie. À la Sorbonne, un certificat ancien de technique aéronautique, lié à la chaire d'Aviation créée en 1909, continue de fonctionner.

Quelle audience le CES de mécanique des fluides a-t-il rencontrée ? Le Tableau 10.1 présente, pour chaque institut et centre annexe, l'effectif des candidats examinés pour les cinq premières années, d'après le rapport de Jean Villey (1935) [7]. Il apparaît que le nombre de candidats est de l'ordre de la dizaine pour les instituts de Paris, Lille et Marseille, et de quelques unités seulement pour l'institut de Toulouse et les centres annexes. De façon surprenante, les effectifs parisiens ne sont pas plus importants que ceux de province, alors que le vivier d'étudiants y est au moins cinq fois plus important. La faiblesse des effectifs toulousains doit être relativisée par le fait que les cours y sont suivis par les nombreux élèves-ingénieurs de l'institut

[6] À Paris, six certificats d'aéro- et hydrodynamique supérieures sont ainsi décernés en 1932 (Rapp. Villat, Arch. Nat. AJ16 5776).

[7] J. Villey, Rapport sur les Instituts et les Enseignements de Mécanique des Fluides (1935). Arch. Nat. AJ16 5775. Pour Paris, les données proviennent des rapports du doyen, Arch. Nat. AJ16 5758.

Tableau 10.2 Nombres de candidats examinés au CES de mécanique des fluides et nombre de CES délivrés (entre parenthèses), par période de cinq ans; (*) données incomplètes. Sources : rapports annuels des doyens de faculté

	1929–1934	1935–1939	1940–1944	1945–1950
Paris	31 (18)	39 (30)	27 (18) (*)	(*)
Lille	17 (14)	33 (24)	0 (0)	37 (26)
Marseille	38 (19)	35 (21)	52 (39)	54 (35)
Toulouse	2 (1)	6 (5)	26 (18)	66 (28) (*)

électrotechnique, sans inscription au CES. Les chiffres entre parenthèses indiquent le nombre de candidats au concours national. Il apparaît que l'institut de Lille y est le plus présent. C'est aussi un étudiant lillois qui se classe en tête du concours en 1931 et en 1932 (ex-aequo cette année-là avec un marseillais).

Pour les centres annexes, ceux de Strasbourg et Nantes (dépendant de l'université de Rennes) apparaissent les plus dynamiques. À Nantes, s'ajoutent aux étudiants inscrits au certificat les élèves-ingénieurs de l'institut polytechnique de l'Ouest (IPO) qui suivent facultativement les cours. Le centre de Poitiers montre une activité assez faible, mais il est bien soutenu par les pouvoirs locaux. Le centre de Caen n'a délivré que trois certificats en cinq ans, mais les cours sont suivis par les élèves-ingénieurs de l'institut technique de Normandie. Quant au centre de Lyon, le certificat n'y a pas été ouvert.

Le Tableau 10.2 élargit la perspective jusqu'à 1950, donnant, par demi-décennie et pour chacun des quatre instituts, le nombre des examinés et, entre parenthèses, le nombre de CES délivrés. Le nombre des examinés reste relativement stable, de l'ordre d'une petite dizaine par an, sauf à Toulouse où, très faible dans la première décennie, il croît fortement ensuite. Le "trou" à Lille pendant la guerre est lié au repli de l'institut à Toulouse. Le taux de réussite est d'environ deux sur trois. À titre de comparaison, la faculté des sciences de Paris délivre, sur la même période, environ un millier de CES par an dont une petite centaine de CES de mécanique rationnelle ; les facultés de Marseille et Toulouse délivrent chacune environ 200 CES dont une dizaine pour la mécanique rationnelle (ce dernier est très sélectif : un quart seulement des examinés l'obtiennent, contre une moitié pour les autres certificats) [8]. D'un institut à l'autre, il apparaît que les plus actifs sont ceux de Marseille et de Lille, et non celui de Paris où, comme déjà noté, le vivier d'étudiants est pourtant cinq fois supérieur.

En conclusion, les enseignements créés ont attiré des effectifs d'étudiants relativement modestes, mais qui sont de l'ordre de ceux des nombreux "petits certificats". Ils ont permis de délivrer, sur la base d'un programme national éclairé, une bonne

[8] Nombre de CES examinés/délivrés par la faculté des sciences de Paris : en 1927–28, 2553/1077 hors PCN, dont 190/65 pour la mécanique rationnelle; en 1933–34, 3057/1070 dont 360/90; en 1937–38, 2561/925 dont 159/42 à la session de juin. Pour Toulouse : en 1928–29, 466/220 hors PCN, dont 27/7 pour la mécanique rationnelle; en 1933–34, 477/193 dont 57/13; en 1937–38, 296/161 dont 31/6.

culture de mécanique des fluides, alliant à parts égales théorie, expérimentation et applications à l'aéronautique. Le succès, relativement au vivier d'étudiants, est nettement plus important en province qu'à Paris.

10.2.2 Recherches à l'institut de Paris

La recherche menée à l'institut de mécanique de Paris est ici évaluée à partir de trois critères : l'organisation de conférences, les thèses et les publications. L'institut de Paris organise, entre 1930 et 1939, trente-quatre conférences dont vingt-cinq de mécanique des fluides et neuf de mécanique physique (ces conférences s'interrompent pendant la guerre). La liste complète – auteurs et titres – en est donnée en annexe. Sur les vingt-cinq de mécanique des fluides, dix sont données par des chercheurs étrangers : N. Zeilon (univ. Lund), A. Rosenblatt (Cracovie), T. Levi-Civita (Rome, deux conférences), J. M. Burgers (Delft), A. Weinstein (Breslau), V. Volterra (Rome), R. Wawre (Genève), S. Zaremba (Cracovie), et Th. von Kármán (Pasadena). Sur les quinze nationales, quatre sont données par des français extérieurs à l'institut : J. Leray (2), Y. Rocard, M.-L. Dubreil-Jacotin, et les onze autres sont données par trois membres de l'institut : D. Riabouchinsky (8) ; G. Sartory (2) et M. Luntz (1). La politique des conférences se montre donc assez active, et ouverte aux chercheurs étrangers. Au fil de la décennie, on voit cependant le nombre d'étrangers invités diminuer (entre 1935 et 1939, von Kármán est le seul) et la part de la mécanique physique augmenter.

En ce qui concerne les thèses de mécanique des fluides réalisées à l'institut de Paris, on en dénombre 37 soutenues entre 1929 et 1950[9]. Le Tableau 10.3 en donne la répartition par demi-décennie et par laboratoire. On en compte onze en mécanique théorique des fluides (dirigées par Villat ou Riabouchinsky), quatorze au laboratoire de Bénard-Foch, six au laboratoire d'analogies électriques de Pérès, et six au laboratoire d'aérodynamique de Toussaint. Les thèses des laboratoires de Bénard et Toussaint sont toutes publiées dans les PST, tandis que celles, plus théoriques, dirigées par Villat et Pérès le sont plus rarement. Passons à une analyse plus fine, par laboratoire.

Le laboratoire de mécanique expérimentale des fluides. Lorsque Henri Bénard est nommé, en 1929, à la chaire de mécanique expérimentale des fluides, il a déjà réalisé deux découvertes majeures, qui feront sa réputation : les cellules polygonales de convection thermique dans une couche de fluide chauffée par le bas (convection dite de Rayleigh-Bénard, ou de Bénard-Marangoni), objet de sa thèse en 1901, et les allées de tourbillons de sillage à l'aval d'un obstacle (dites de Bénard-Kármán) qu'il

[9] Les thèses de Dupin, Favre et Valensi, soutenues à l'université de Paris, ne sont pas comptées ici mais dans les instituts où elles ont été réalisées, à Toulouse et à Marseille.

Tableau 10.3 Nombres de thèses de mécanique des fluides (ès sciences et ingénieur-docteur) réalisées dans les laboratoires de l'institut de Paris ; entre parenthèses : publiées dans les PST. Les auteurs et titres de ces thèses sont donnés dans une section spécifique de la bibliographie

	1929–1934	1935–1939	1940–1944	1945–1950
Mécanique théorique	5 (2)	2 (1)	2 (0)	2 (0)
Mécanique expérimentale	1 (1)	9 (9)	2 (2)	2 (2)
Analogies électriques	0	2 (1)	0	4 (1)
Aérodynamique	1 (1)	4 (4)	0	1 (1)

a étudiées à Lyon puis à Bordeaux. Une originalité de ses travaux est l'utilisation de la cinématographie comme instrument de mesure [10].

Dans son nouveau laboratoire, il poursuit, avec de nombreux étudiants, l'étude de ses deux thèmes de prédilection dans des situations variées : thermoconvection dans des cellules de grande dimension, effet d'un écoulement transverse, électroconvection, effet du confinement des tourbillons de sillage, etc (cf. Chap. 5). Bénard s'intéresse également, dans le cadre de la Commission de la turbulence atmosphérique – créée par le ministère de l'Air en 1935 –, à la structure des formations nuageuses, en tant que manifestation de mouvements convectifs. Il envisage l'intervention, dans cette convection, d'effets électriques. Ces questions font l'objet de la remarquable thèse de son étudiant slovène Dusan Avsec, à qui n'échappe pas l'universalité des structures périodiques observées (ou « motifs », *patterns* en anglais) :

> L'intérêt pratique des tourbillons cellulaires de Bénard s'est accru dès qu'on s'est aperçu qu'on pouvait expliquer, par leur mécanisme, différents phénomènes naturels appartenant aux domaines de la *métallographie, cristallographie, géologie structurale* (colonnes de basalte, sols structuraux des régions septentrionales et des sites alpestres), *océanographie* (courants convectifs dans la couche supérieure de la mer, rendus visibles par des algues rassemblées en réseaux polygonaux, *astrophysique* (cirques lunaires, granulations de la photosphère solaire), etc., et aussi *météorologie* [11].

Les travaux sont publiés dans de nombreux *Comptes Rendus de l'Académie des sciences* et actes de colloques – sans avoir fait l'objet, malheureusement, de publication de synthèse. Les mémoires de thèse sont publiés dans les PST du ministère de l'Air. Bénard est l'un des rares français à participer régulièrement aux congrès internationaux (ICAM, congrès Volta en Italie), non sans déplorer d'y retrouver peu de compatriotes. Dans un rapport au doyen sur sa participation à

---

[10] Aubin (2008); Wesfreid (2006, 2017).

[11] Avsec (1939), p. 4.

l'ICAM de Stockholm en 1930, où il présidait la délégation chargée de représenter le ministère de l'Air, il note ainsi :

> Nos collègues suédois nous ont admirablement reçus et guidés, ainsi que les autorités locales. Il y a seulement lieu de regretter que nos compatriotes n'aient pas été plus nombreux [12].

Bénard déclare y avoir été accompagné par Riabouchinsky et Kampé de Fériet (Pérès, auteur d'un article dans les Actes du congrès, y était sans doute aussi).

Au côté des résultats scientifiques proprement dits, nous avons rapporté, au chapitre 5, quelques propos de Bénard relatifs à « l'atmosphère de grande cordialité » qu'il s'attachait à créer entre les chercheurs de son laboratoire. Sa "philosophie scientifique" le rend attentif aux objets ordinaires de la vie commune. Ainsi déclare-t-il, dans le discours inaugural de sa chaire :

> S'il m'est permis de parler de mes recherches personnelles, l'historique des tourbillons cellulaires, observables tous les jours dans les conditions les plus banales (lavage d'un pinceau imprégné de peinture à la poudre d'aluminium, dans un godet plein d'essence ou d'alcool, chauffage culinaire d'une friture ou d'une huile dans une poële en fer, etc.), celui également des tourbillons alternés derrière un obstacle, observables si facilement dans le sillage d'une canne qu'on déplace à travers une flaque d'eau, ou derrière un brin d'herbe immergé dans le courant d'eau d'un ruisseau, m'avaient déjà montré que l'on trouve du nouveau quand on veut bien s'en donner la peine en regardant autour de soi, en interrogeant la nature à propos des faits les plus courants, que tout le monde connaît, mais que personne n'a encore observés scientifiquement [13].

L'élaboration d'une théorie des faits observés reste l'objectif ultime, mais, poursuit-il :

> ... il n'y a pas toujours lieu, dans les sciences expérimentales, à propos de faits nouveaux, de se préoccuper, *a priori*, de l'absence momentanée de toute théorie mathématique complète : si les faits sont correctement observés et les mesures consciencieusement faites, la théorie viendra plus tard.

Les travaux de Bénard sont interrompus par sa mort soudaine en 1939, et semblent oubliés dans l'après-guerre (son nom n'est pas même cité dans les Actes des *Journées de mécanique des fluides* de Marseille en 1952). Leur importance ne sera reconnue et célébrée, au niveau national et international, qu'à partir des années soixante, et plus encore dans les années quatre-vingt dans le grand mouvement des études de « transition vers le chaos » des systèmes physiques [14]. Bénard est aujourd'hui le plus connu des mécaniciens des fluides français de la première moitié du XXe siècle (la convection de Rayleigh-Bénard, les allées de tourbillons de Bénard-Kármán).

Adrien Foch, maître de conférences associé à Bénard, mène des recherches plus proches des applications à l'aéronautique, sur les écoulements compressibles et les ondes de choc, et sur les techniques de visualisation par chronophotographie et

[12] H. Bénard, 15 oct. 1930, Arch. Nat. AJ16 5758.

[13] Bénard (1929).

[14] Bergé et al. (1984).

interférométrie. Il encadre également des travaux de physique des fluides sur la viscosité des gaz et la rupture de filaments liquides. Nommé titulaire de la chaire en 1939 (à la mort de Bénard) et délogé par la guerre des locaux de la rue de la Porte d'Issy, il se réinstalle à la Libération à Saint-Cyr-l'École dans le laboratoire de mécanique physique dirigé par Henri Béghin. Au départ à la retraite de Béghin en 1947, il obtient la chaire de mécanique physique. La chaire de mécanique des fluides revient alors à André Fortier.

Les recherches menées dans le laboratoire de Bénard-Foch-Fortier font l'objet, entre 1930 et 1950, de quatorze thèses soutenues, dont neuf pour les cinq années 1935 à 1939 – période la plus féconde –, toutes publiées dans les PST (Tableau 10.3).

Le laboratoire des analogies électriques. Ce laboratoire, créé à Marseille par Joseph Pérès et Lucien Malavard, a intégré l'institut de Paris en 1932 lors de la mutation de Pérès. Sa spécialité est la résolution, en cuve rhéoélectrique, de problèmes gouvernés par des équations aux dérivées partielles du type de l'équation de Laplace. Ces problèmes sont issus de la mécanique des fluides (aérodynamique, clapotis, écoulements dans les milieux poreux), puis, à partir de 1938, de l'élasticité, de l'électrostatique ou du magnétisme. Les études, réalisées en coopération avec les services de l'Aéronautique, permettent aux constructeurs de résoudre des problèmes de conception des ailes. Elles reçoivent dès 1939 le soutien du CNRS. Pendant la guerre, le laboratoire survit clandestinement dans des sous-sols de l'École normale supérieure. À la Libération, il est rattaché au CNRS sous le nom de laboratoire de calcul expérimental analogique, et intégré à un nouvel institut Blaise Pascal dirigé par Pérès. En 1950, l'institut Blaise Pascal s'installe avec l'ONERA à Chatillon-sous-Bagneux. Les recherches de Pérès et Malavard connaissent alors une forte dynamique, amplifiée par les responsabilités que l'un et l'autre prennent au CNRS et à l'ONERA.

Une liste des publications du laboratoire d'analogies électriques est donnée par Malavard dans les Actes des *Journées* de Marseille de 1952 [15]. Le Tableau 10.4 en résume l'analyse, par type de publication et par tranche de cinq années (six pour les tranches extrêmes). Les notes aux *Comptes Rendus de l'Académie des sciences* constituent une petite moitié de ces publications, une autre petite moitié correspondant à d'autres publications nationales (revues techniques, congrès, publications de l'ONERA). Les revues nationales étrangères (belges, roumaines, etc.), prisées dans les autres instituts, sont ici absentes. Le nombre de publications internationales augmente nettement après la guerre (aux ICAM de Paris en 1946 puis de Londres en 1948). Les thèses, dirigées par Pérès, sont également en petit nombre dans la décennie 1930 (on y a inclus la thèse d'université de Malavard en 1934), mais elles se multiplient après la guerre (Legras, Germain, Siestrunck, Cabannes).

Le laboratoire d'aérodynamique de Saint-Cyr. Le rattachement de l'institut aérodynamique de Saint-Cyr-l'École à l'institut de mécanique des fluides de Paris

---

[15] L. Malavard, Le Laboratoire de calcul expérimental analogique de l'Institut Blaise Pascal, *in* (Pérès, 1955), pp. 95–109.

Tableau 10.4 Publications du laboratoire d'analogies électriques de Paris entre 1929 et 1950 : *C. R. Acad. Sc.*, autres nationales françaises (dont PST du ministère de l'Air), nationales étrangères, journaux et congrès internationaux (dont ICAM), thèses (dont publiées aux PST), rapports techniques (GRA). Source, hors thèses : Malavard *in* (Pérès, 1955)

	1929–1934	1935–1939	1940–1944	1945–1950
C. R. Acad. Sc.	4	8	7	8
Autres nat. fr. (PST)	0	9	3	13 (1)
Nat. étrangères	0	0	0	0
Internat. (ICAM)	1	1 (1)	0	7 (4)
Thèses (PST)	1 (1)	2 (1)	0	4 (1)
Rapp. techn.	0	0	1	1
Total	6	19	11	29

correspondait, en 1930, à un vœu appuyé du ministère de l'Air, visant à rapprocher études fondamentales et études appliquées. Ce rattachement ne semble pas avoir donné lieu à de réelles collaborations avec les autres laboratoires de l'institut. Des relations plus actives ont été nouées avec le service des recherches de l'Aéronautique d'Issy-les-Moulineaux. Toussaint ne semble pas participer aux ICAM, mais bénéficie d'une reconnaissance internationale : il est l'un des deux français (avec Émile Barrillon) à contribuer à un ouvrage de synthèse sur l'aérodynamique, dirigé par William Durand de l'université de Stanford. Six thèses de doctorat ès sciences sont soutenues entre 1929 et 1950, dirigées par Toussaint, toutes publiées dans les PST.

La mécanique théorique des fluides (Villat). La majeure partie des recherches dirigées par Villat porte sur le problème que celui-ci aura poursuivi tout au long de sa carrière : les écoulements potentiels autour d'obstacles avec sillage de Helmholtz. Cette constance paraît déconcertante compte tenu de l'impasse que constitue ce problème – bien établie dès le début des années 1920 –, et des développements que connaissent, en Allemagne et en Angleterre puis aux État-Unis, les théories de la couche limite et de la turbulence. La minceur de son legs scientifique, et son caractère même réactionnaire, contrastent donc fortement avec l'*aura* dont il bénéficie auprès de ses contemporains et avec la puissance de sa position institutionnelle – tant à l'institut de mécanique de Paris, qu'à la faculté des sciences et à l'Académie des sciences. La section suivante développe une critique des positions scientifiques de Villat, appuyée par divers témoignages. Nous tenterons ensuite de replacer cette critique dans une analyse plus large.

10.2.3 Critique des positions scientifiques de Henri Villat

Rappelons brièvement quelques éléments biographiques. Normalien et agrégé de mathématiques, Villat s'intéresse à la mécanique des fluides dès ses premières années d'enseignement à Caen, et soutient sa thèse en 1911 sur le problème de la résistance rencontrée par un obstacle en mouvement dans un fluide. En 1919, il est nommé professeur de mécanique rationnelle à Strasbourg. Il y préside en 1920 le congrés international de mathématiques. Éditeur du réputé *Journal de mathématiques pures et appliquées*, correspondant de l'Académie des sciences en 1923, il est nommé en 1927 à la Sorbonne sur la chaire de mécanique des fluides et applications. Aux yeux des mathématiciens français, Villat fait figure de novateur par son intérêt pour la mécanique des fluides et les applications potentielles de ses recherches à l'aéronautique [16]. En 1929, le ministère de l'Air trouve en lui un directeur naturel pour l'institut de mécanique des fluides de Paris.

Villat et l'expérimentation. Sans revenir sur l'œuvre de Villat présentée au chapitre 5, tentons ici de cerner le rapport qu'il entretient avec l'expérimentation. Mathématicien, Villat aborde naturellement la mécanique en théoricien. Le théoricien se montre cependant exclusivement préoccupé de théorie ; expériences et applications sont exclues de ses cours « par souci de concision ». Cet état d'esprit est bien apparent dans son premier livre, paru en 1920, sur la résistance des fluides. Le lecteur est averti dès la préface :

> Le présent petit Livre a pour but de donner, en un abrégé aussi succinct que possible, les résultats théoriques que l'on peut obtenir en appliquant les équations de l'Hydrodynamique des fluides parfaits, à l'étude du mouvement d'un solide dans un fluide. Il ne s'agit donc pas ici d'un livre technique, avec description d'expériences [17].

La description d'expériences relèverait donc d'un livre technique : le parti-pris – ou la confusion – interroge. Et en effet, le livre ne rapporte pas la moindre observation expérimentale. Sur le plan théorique, il est exclusivement consacré aux écoulements sans viscosité, sans allusion à la couche limite ni à la turbulence. L'hydrodynamique théorique y apparaît comme une discipline autonome, qui n'a pas besoin de se confronter aux expériences, sinon de très loin. Lorsque Villat mentionne – superficiellement – une observation expérimentale, celle-ci n'apparaît bien vite qu'un prétexte au développement d'une théorie, laquelle n'aura pas besoin d'être justifiée par un retour à l'observation. Ainsi par exemple, à propos de la double allée de tourbillons de sillage étudiée par Bénard, Villat reprend un calcul de von Kármán en y introduisant l'effet des parois latérales bornant l'écoulement. L'article où il publie ses résultats, intitulé *La théorie de l'expérience de M. Henri Bénard sur les tourbillons alternés dans une cuve limitée par deux parois fixes parallèles* [18], annonce dans sa première phrase :

> Nous n'avons pas besoin de rappeler ici le détail des belles expériences de M. Henri Bénard sur les tourbillons alternés qui prennent naissance à l'arrière d'un solide cylindrique en mouvement dans un liquide, dans certaines conditions de vitesses. Une théorie de ces expériences a été donnée par MM. Th. von Karman et Rubach (Physikal. Zeitchrift, 1912, p. 49). Ces auteurs ont supposé qu'il s'agissait d'un fluide *infini dans toutes ses directions*. Or en fait, les expériences ont été réalisées dans une cuve de très grande longueur mais

[16] Gispert & Leloup (2009).

[17] Villat (1920).

[18] Villat (1929a).

> d'une largeur relativement faible (de 20 à 30 centimètres), en sorte qu'il est désirable que les circonstances puissent être examinées du point de vue théorique précisément dans des conditions analogues. Dans les lignes qui suivent nous avons tenté l'établissement de la théorie dans un bassin de largeur finie.

Voilà tout pour « les belles expériences » de Bénard : elles sont belles et cela suffit, inutile d'en « rappeler le détail ». Il n'y sera plus fait référence dans la suite de l'article, ni à aucune autre expérience. On ne saura pas si le nouveau calcul améliore ou non les prédictions de von Kármán.

L'année suivante, Villat publie des *Leçons sur la théorie des tourbillons*[19]. Une recension de l'ouvrage dans la revue américaine *Nature* relève son caractère très théorique et le peu d'intérêt manifesté pour les observations expérimentales :

> Le traitement par le Prof. Villat du mouvement des tourbillons a les vertus et les défauts des traités français. Le traitement mathématique est clair et logique, et présenté de façon attractive. Mais, bien que le cours dont est issu ce livre ait été donné dans un institut fondé par le ministère de l'Air, on ne trouve quasiment aucune référence à des données expérimentales. Dans le désert des symboles mathématiques, il n'y a qu'une oasis (p. 80) où on lit que si l'on déplace un barreau cylindrique dans un liquide, on voit bien, dans certaines circonstances, deux allées de tourbillons conformes à ceux qu'a observés Bénard. À cette exception près, le livre laisse penser que son auteur prend grand soin de l'analyse mathématique, mais beaucoup moins, voire aucunement, des fluides réels. Si l'on accepte ce point de vue, il n'y a aucun doute quant à la qualité du travail. Après une présentation des résultats classiques, on trouve un bon exposé de travaux plus récents, en particulier ceux de Bénard, Synge, Rosenhead, Caldonazzo, Riabouchinsky, et Lichtenstein. Le dernier chapitre utilise l'équation intégrale d'Oseen pour discuter des tourbillons dans un fluide visqueux[20].

Le manque d'intérêt que Villat porte à l'expérimentation se manifeste aussi dans les rapports annuels qu'il adresse au doyen de la faculté des sciences : son activité propre et celle de Bénard y sont présentées indépendamment, sans aucun lien. Cette attitude se traduit également dans le peu d'entrain qu'il manifeste à soutenir Bénard puis Pérès dans leurs vœux de locaux plus confortables pour leurs expériences. Foch, après la guerre, se trouve également bien seul à tenter de remonter une

[19] (Villat, 1930).

[20] « Prof. Villat's treatment of vortex motion has both the virtues and defects which are usually found in French treatises on mathematical physics. The mathematical treatment is clear and logical, and presented in an attractive style. On the other hand, although the lectures on which the book is based were delivered at an Institute founded by the Ministry of Air, we have scarcely any reference to experimental data. There is one oasis in the desert of mathematical symbols (p. 80), where we read that a cylinder moving in liquid is really found, in certain circumstances, to set up two series of vortices closely conforming to those calculated by Bénard. With this exception, the book suggests that the author cares much for mathematical analysis and little, if at all, for real fluids. However, if we accept his point of view, there can be no question as to the quality of the work. After an exposition of the classical results, we have a good account of more recent work, in particular that of Bénard, Synge, Rosenhead, Caldonazzo, Riabouchinsky, and Lichtenstein. The last chapter uses Oseen's integral equation to discuss vortices in a viscous fluid. » Recension anonyme, *Nature* **125** (1930), p. 969. https://www.nature.com/articles/125969b0.

activité expérimentale, et trouvera finalement asile dans le laboratoire de mécanique physique à Saint-Cyr.

Le peu de souci de Villat vis-à-vis des attentes du ministère de l'Air, en matière d'aéronautique, lui est également reproché par ce ministère [21]. Ce peu de souci est sans doute le motif pour lequel Painlevé, ministère de l'Air en 1932, décide de détacher de l'institut de Paris le laboratoire d'aérodynamique de Saint-Cyr, pour le rattacher au CNAM.

L'attitude de Villat n'influence pas seulement ses propres enseignements mais aussi ceux que professe son entourage. Ainsi le *Cours de mécanique des fluides* de Joseph Pérès, dispensé dans le cadre du certificat de mécanique des fluides, et publié en 1936 avec une préface de Villat, contient-il très peu de références aux observations expérimentales [22]. Ce cours, dans l'esprit de la « mécanique rationnelle », est entièrement consacré aux fluides parfaits, à l'exception du dernier chapitre sur les "sillages d'Oseen" des écoulements faiblement visqueux (voir ci-dessous). La couche limite n'y est pas présentée, du fait, annonce l'auteur dans son avant-propos, que les théories correspondantes « n'ont peut-être pas leur forme définitive ». Affranchi, dans l'après-guerre, de la tutelle de Villat, Pérès infléchira nettement son enseignement vers les applications.

Villat et la théorie. Depuis sa thèse et jusqu'à la fin de sa carrière, Villat reste essentiellement attaché au problème de l'écoulement plan, non visqueux, autour d'un obstacle, auquel est attaché un "sillage de Helmholtz". Ce problème, défini dans les années 1860–1880, pose diverses questions théoriques, que Villat soumet à de nombreux étudiants en thèse, de René Thiry en 1921 à Roger Huron en 1950.

Par ces travaux et quelques autres sur les écoulements visqueux, inspirés d'Oseen, Villat cherche une alternative à la théorie de la couche limite de Prandtl. Cette dernière s'est pourtant imposée dès les années 1910 comme une excellente façon de traiter le problème de l'écoulement au voisinage d'une paroi. Elle offre un mécanisme de génération de la portance d'une aile, et permet un calcul de la traînée visqueuse. Prandtl a aussi montré que la couche limite peut devenir turbulente, et expliqué ainsi la "crise de traînée" mise en évidence par Eiffel en 1912 (cf. Chap. 3). L'étude de la couche limite amorce également, dans les années 1930, le développement des puissantes méthodes de perturbations singulières [23]. En dépit de la richesse considérable du concept de couche limite, et de l'accumulation de résultats théoriques et expérimentaux en sa faveur, Villat juge la théorie peu rigoureuse, et ne la traitera dans aucun de ses livres. Maurice Roy, l'un de ses

[21] C. Fontanon, *in* Fontanon & Franck (2005), p. 52.

[22] Pérès (1936).

[23] O'Malley Jr. (2010), Lagrée (2017).

anciens élèves, invité au Congrès français de mécanique de Toulouse, en 1975, pourra dire [24] :

> Vers les années 1925 et même plus tard, j'entendis d'éminents mathématiciens exprimer leur dédain pour cette théorie [de la couche limite] qu'ils jugeaient d'insuffisante rigueur, ce qui était faux. N'a-t-elle pas depuis suscité, par la méthode des développements asymptotiques raccordés, un progrès notable de la Mathématique appliquée à de tels problèmes [25] ?

Le « dédain » de Villat – non nommé par Roy mais tout à fait identifiable – tient au fait que pour élaborer sa théorie, Prandtl a négligé certains termes dans les équations de Navier-Stokes, sur la base d'estimations d'ordres de grandeur. Sa solution est donc approchée. Selon Villat, cette procédure n'est pas « rationnelle ». Attaché à la recherche de solutions exactes, il n'accepte pas ce trait pourtant essentiel de la mécanique des fluides du XXe siècle, compris par ses contemporains Prandtl, von Kármán et Taylor : il faut, pour avancer, faire des approximations, et ces approximations contribuent à la compréhension du problème, même si, du point de vue de la rigueur mathématique, la justification n'est pas complète ; l'expérience sera juge.

Pour les mêmes raisons, Villat reste étranger aux théories de la turbulence qui se développent dans les années 1920–1930, d'abord en Allemagne et en Angleterre puis aux États-Unis. Jusqu'au bout, il dira le peu de goût qu'il leur porte. Ainsi en 1949 – il a 70 ans –, écrit-il dans une préface :

> L'auteur insiste notablement sur les méthodes de Tollmien (l'un des premiers qui se soient attaqués à la turbulence), de Reichardt et de Karman. Le lecteur sera frappé, dans la partie historique de l'exposé, par la précarité de certaines des hypothèses faites, souvent en vue de commodité pratique, étrangères à des bases solides : ainsi, les définitions, par leurs introducteurs, des coefficients de transfert, ou de la longueur de mélange, ne satisfont guère le logicien pur... [26]

Célébré en France pour ses qualités scientifiques et sa brillante personnalité, Villat reste peu connu à l'étranger. Une lettre de von Kármán à Jerome Hunsaker, organisateur de l'ICAM de 1938 à Cambridge (Massachusetts), situe sa notoriété :

> Au sujet des recommandations de Levi-Civita pour les représentants français de la mécanique appliquée, je reconnais que Villat et Pérès sont des hommes excellents ; cependant, Villat se situe bien au-delà de la ligne qu'on peut appeler la frontière de la mécanique utile

---

[24] Maurice Roy (1899–1985), ancien élève de l'École polytechnique et des Mines de Paris, est docteur ès sciences de la faculté des sciences de Strasbourg (1923, direction Villat). Ingénieur dans les chemins de fer (1923–1935), il poursuit sa carrière comme professeur dans plusieurs écoles (Ponts et Chaussées, ENSAé, X), et mène des recherches sur les turbines à gaz et la propulsion par turboréacteur. Élu correspondant (1937) puis membre (1949) de l'Académie des sciences, il préside cette Académie en 1966. Il est directeur général de l'ONERA de 1949 à 1962 et conseiller technique à la SNECMA. Il préside l'ICTAM de 1964 à 1968. Grand officier de la Légion d'honneur (Legendre, 1985).

[25] Roy (1975), conférence inaugurale du Congrès français de mécanique de Toulouse. Arch. Acad. Sc., dossier M. Roy.

[26] Préface à un mémoire sur les jets de Adalbert Oudart, publié dans les PST (1949c).

> ou appliquée. Je crois vraiment que l'homme le plus pertinent pour une conférence générale est Kampé de Fériet, directeur de l'institut de mécanique des fluides de Lille. Ces dernières années, il a publié deux revues des progrès récents sur les ondes et la turbulence. Les deux revues sont excellentes et juste à la frontière des points de vue pratique et théorique, comme nous l'aimons. À côté de ça, il s'intéresse de près aux recherches expérimentales, alors que Villat, bien qu'il dirige une institution expérimentale, n'a aucune idée des questions expérimentales [27].

Quinze ans plus tard, dans une série de conférences où il retrace l'histoire de l'aérodynamique, von Kármán discute les expériences d'Eiffel, cite les travaux de Bénard et de Riabouchinsky à l'institut de Paris, mais ne cite pas Villat [28].

L'homme de pouvoir. L'*aura* de Villat, en France, lui confère un important poids institutionnel. C'est lui qui, en 1929 et 1930, désigne à Albert Caquot les professeurs à qui confier les instituts et centres annexes : Kampé de Fériet à Lille, Pérès à Marseille, Thiry à Strasbourg, Bouligand à Poitiers. Son influence peut aussi s'exercer dans le sens opposé : lorsque Charles Sadron, de retour d'un séjour dans le laboratoire de von Kármán à CalTech, en 1934, voudra publier un livre sur le frottement turbulent, Villat saura « torpiller » le projet, écrit Sadron à von Kármán (cf. Chap. 9) [29].

Après la guerre, Villat, en fin de carrière, est éclipsé par la personnalité rayonnante de Joseph Pérès. L'institut de mécanique, dont les laboratoires se sont dispersés, n'est guère plus qu'une coquille vide – mais il continue de s'en déclarer directeur, à vie. Villat garde cependant la main haute sur l'Académie des sciences, qu'il préside en 1948. En 1953, où se libère une place de correspondant, il est rapporteur pour Joseph Kampé de Fériet et Léopold Escande. Son rapport sur le premier, très bref, le présente comme un mathématicien honorable, et passe à peu près sous silence son action de directeur de l'institut de Lille, ainsi que ses travaux sur la turbulence et ses nombreux contacts et séjours américains. C'est Escande, son cadet de neuf ans, à l'œuvre scientifique bien plus mince mais hydraulicien réputé et « distingué », qui est élu. L'année suivante, Escande sera élu titulaire et Kampé de Fériet accèdera alors au rang de correspondant [30].

---

[27] « Concerning Levi-Civita's recommendation of French representatives of Applied Mechanics, I agree that Villat and Pérès are excellent men; however, Villat is far beyond the line of what we would call the frontier of useful or applied mechanics. I really believe that the man we could use best for a general lecture is Kampé de Fériet, director of the Institute for fluid mechanics, in Lille. In the last years, he published two reviews on recent progress concerning waves and turbulence. Both reports were excellent and just on the limit between the practical and theoretical viewpoint as we like it. Besides that, he follows the experimental research, whereas Villat, in spite of the fact that he is director of an experimental institution, has no idea of experimental questions. » Lettre du 2 mars 1937, von Kármán papers, boîte 47, chemise 3, *CalTech*, citée par Tazzioli (2016).

[28] von Kármán (1954).

[29] Les travaux de Sadron sont publiés en 1935 dans les PST (Sadron, 1935*c*) et dans le *Journal de Physique et du Radium* (Sadron, 1935a,b).

[30] Arch. Acad. Sc., dossier Villat.

À son actif, Villat aura largement contribué à imposer, dans l'entre-deux-guerres, la mécanique des fluides dans le paysage universitaire. Albert Caquot aura trouvé en lui la personnalité scientifique nécessaire à la mise en œuvre du programme du ministère de l'Air. La clarté de son enseignement aura fait l'unanimité. Laissons le dernier mot à l'un de ses derniers élèves, Paul Germain :

> Henri Villat était un professeur remarquable, un brillant mathématicien de la mécanique théorique des fluides. Les sujets qu'il traitait étaient différents chaque année. Je crois avoir suivi ses cours pendant quatre à cinq ans. Les auditeurs étaient émerveillés par l'élégance des calculs et séduits par la culture de leur maître. Avec lui, j'ai commencé à fréquenter les fonctions spéciales, si utiles en mathématiques appliquées, le calcul symbolique, les équations intégrales, les fonctions hypergéométriques. Toutes ces questions ne faisaient pas partie des enseignements classiques de la Faculté[31].

10.2.4 Recherches dans les instituts de province et centres annexes

L'institut de Lille (IMFL). Soutenu par une forte dynamique locale, l'institut de Lille dirigé par Joseph Kampé de Fériet connaît un développement rapide (cf. Chap. 6). Des bâtiments propres sont construits, comprenant notamment une grande soufflerie aérodynamique, à laquelle s'ajoute en 1938 une soufflerie verticale pour l'étude des vrilles d'avions. Kampé de Fériet, mathématicien curieux des expérimentations, et son directeur-adjoint André Martinot-Lagarde, physicien expert des mesures en soufflerie, sont très complémentaires. Ils bénéficient d'un soutien important du ministère de l'Air, qui leur affecte plusieurs collaborateurs scientifiques, et du constructeur aéronautique Potez. En 1934, à l'occasion de l'inauguration des nouveaux bâtiments, Kampé de Fériet organise un colloque de mécanique des fluides – premier du genre en France –, qui rassemble 60 conférenciers mathématiciens, physiciens et ingénieurs. Les Actes de ce colloque témoignent de la vigueur impulsée à la discipline par le programme du ministère de l'Air[32].

L'institut de Lille réalise, outre des études pour l'industrie, des développements métrologiques visant l'étude des fluctuations turbulentes. Il s'agit notamment de caractériser la fréquence de coupure des manomètres et anémomètres. Un appareil original est mis au point et breveté, l'anémoclinomètre, pour des mesures de la turbulence atmosphérique à bord d'un avion-laboratoire. Les recherches personnelles de Kampé de Fériet, théoriques, portent sur l'analyse statistique de la turbulence et la diffusion turbulente. Il collabore notamment avec Philippe Wehrlé, directeur de l'Office national météorologique, et participe activement aux travaux de la

[31] Germain (2006), p. 108.

[32] Kampé de Fériet (1935).

Commission de la turbulence atmosphérique. Il noue de nombreuses relations au niveau international, notamment aux États-Unis où ses travaux sont reconnus.

L'IMFL va se trouver paradoxalement victime de son succès lorsque, en 1938, l'université de Lille cède sa tutelle au Groupement pour les recherches aéronautiques (GRA) – fondation contrôlée par le ministère de l'Air et les sociétés nationales de construction aéronautique (SNCA). La politique "court-termiste" et bureaucratique du GRA, jointe au déséquilibre numérique entre les deux seuls personnels universitaires (le directeur et le sous-directeur) et les quelque quarante personnels contractuels du ministère de l'Air et des sociétés aéronautiques (ingénieurs et techniciens), vont tendre à transformer l'IMFL en super-bureau d'études.

En mai 1940, l'IMFL reçoit du GRA l'ordre de se replier à Toulouse. Il va y mener, pendant plus de quatre ans, une activité semi-clandestine dans une chapelle désaffectée. Parmi les personnels repliés, figure François Naftali Frenkiel, ingénieur polonais en thèse avec Kampé de Feriet ; arrêté par la Gestapo en 1943, Frenkiel est déporté dans un camp nazi. Libéré en 1945, il soutient l'année suivante une thèse d'université à Lille. Il émigre ensuite aux État-Unis où il deviendra une figure majeure de la mécanique des fluides ; il y fondera notamment le journal *Physics of Fluids*. La gestion bureaucratique du GRA et le caractère purement technique des études que celui-ci ordonne à l'IMFL, entraînent, en novembre 1942, une grave crise. Kampé de Fériet demande la dénonciation de la convention liant l'IMFL au GRA. Cette convention n'étant pas dénoncée, il démissionne, à la Libération, de la direction de l'IMFL. Privé de son leader scientifique, et balloté entre l'ONERA (qui se substitue au GRA en 1947) et l'université de Lille, l'IMFL peinera à trouver un second souffle.

Le Tableau 10.5 présente un bilan des publications de l'IMFL entre 1929 et 1950. Les publications nationales y sont majoritaires, sans surprise. Les publications internationales y font cependant bonne figure dans la décennie 1929–1939 ; elles sont essentiellement dues à Kampé de Fériet, qui participe régulièrement aux ICAM. Les thèses sont au nombre de trois, soutenues entre 1936 et 1937, auxquelles on doit ajouter la thèse d'université de F. N. Frenkiel soutenue en 1946. La faiblesse de la

Tableau 10.5 Publications de l'IMF de Lille entre 1929 et 1950 : *C. R. Acad. Sc.*, autres nationales françaises (dont PST du ministère de l'Air), nationales étrangères, journaux et congrès internationaux (dont ICAM), thèses (dont publiées aux PST), rapports techniques (GRA, ONERA) ; Kampé de Fériet disparaît de la liste des publications de l'IMFL en 1945. Sources : Martinot-Lagarde *in* (Pérès, 1955), et rapports annuels du doyen de la faculté

	1929–1934	1935–1939	1940–1944	1945–1950
C. R. Acad. Sc.	7	7	0	5
Autres nat. fr. (PST)	6	18 (1)	5	20
Nat. étrangères	4	6	0	2
Internat. (ICAM)	4 (2)	5 (1)	1	1
Thèses (PST)	0	3 (2)	0	1
Rapp. techn.	–	4	22	20
Total	21	43	28	48

seconde décennie est liée à la guerre puis au départ de Kampé de Fériet ; on y relève peu de publications à proprement parler scientifiques.

L'institut de Marseille (IMFM). Après la courte direction de Pérès, de 1930 à 1932, l'institut est dirigé par André Marchaud puis René Thiry, tous deux mathématiciens. L'œuvre majeure de ces deux directeurs, assistés par Jacques Valensi, est d'avoir obtenu un terrain et des crédits pour la construction de nouveaux bâtiments et d'une grande soufflerie. Le nouveau site est investi en 1940, mais la soufflerie ne sera mise en service qu'après la guerre, en 1948. Les recherches sont menées essentiellement par Jacques Valensi et Alexandre Favre, tous deux successivement chef des travaux puis maître de conférences. Valensi développe la visualisation, par fumées, du champ aérodynamique des hélices aériennes. Il adapte ensuite la technique à l'étude des maquettes d'avions en soufflerie. Favre développe de son côté un procédé d'hypersustentation par paroi d'extrados mobile, puis s'investit pendant la guerre dans la mécanique des fluides atmosphérique.

Après la guerre, Valensi, de retour de Londres où il avait dû se réfugier du fait de ses origines juives, prend la direction de l'IMFM. Favre y crée en 1947 un laboratoire de mécanique atmosphérique, hébergé dans des locaux extérieurs à ceux de l'IMFM. Il y développe, avec le soutien de l'ONERA et du CNRS, l'anémométrie par fil chaud et l'analyse de la turbulence par corrélations de vitesse, dans une soufflerie à turbulence réglable. Ce laboratoire prendra sa complète autonomie en 1960 avec la création d'un nouvel institut de mécanique statistique de la turbulence (IMST). Cet institut est inauguré à l'occasion d'un colloque sur la turbulence – resté fameux – qui réunit tous les grands noms du domaine, notamment anglais, américains et russes.

Le Tableau 10.6 résume l'activité de publication de l'IMFM. Ici comme ailleurs, les publications nationales dominent. Les participations aux ICAM sont, avant la guerre, celles de Pérès et Valensi, et après la guerre, celles de Valensi et Favre. Sur les deux décennies, trois thèses sont produites (celles de Valensi et Favre, soutenues à Paris, et celle de Hugues sur les milieux poreux, dirigée par Sackmann). Le nombre relativement élevé de publications internationales après la guerre rend compte du

Tableau 10.6 Publications de l'IMF de Marseille entre 1929 et 1950 (années universitaires) : *C. R. Acad. Sc.*, autres nationales françaises (dont PST du ministère de l'Air), nationales étrangères, journaux et congrès internationaux (dont ICAM), thèses (dont publiées aux PST), rapports techniques. Source : rapports annuels du doyen, Arch. univ. Aix-Marseille

	1929–1934	1934–1939	1939–1944	1944–1950
C. R. Acad. Sc.	19	9	5	16
Autres nat. fr. (PST)	15 (1)	18 (1)	1 (1)	18
Nat. étrangères	1	0	0	5
Internat. (ICAM)	2 (1)	2 (1)	0	5 (4)
Thèses (PST)	0	2 (2)	0	1
Rapp. techn.	–	–	1	9
Total	37	31	7	51

dynamisme que connait alors l'IMFM – stimulé par la rivalité entre Favre et Valensi –, et de son ouverture internationale croissante.

L'institut de Toulouse (IMFT). L'institut de Toulouse est issu du laboratoire d'hydraulique créé par Camichel en 1913, au sein de l'institut électrotechnique de Toulouse. Ce laboratoire, soutenu par le ministère des Travaux publics, acquiert dans l'entre-deux-guerres une grande réputation auprès de l'industrie hydroélectrique. Une conviction profonde de Camichel, qu'il a acquise à Lille, est la liaison nécessaire, profitable aux deux parties, entre la recherche universitaire et les études pour l'industrie. Dans cet esprit, des recherches remarquables sont menées, notamment sur la propagation des ondes de pression dans les conduites, sur les différents types de similitude des écoulements, et sur les tourbillons de sillage. Rappelons, sur le dernier point, la relation obtenue entre le nombre de Reynolds et le nombre de Strouhal pour la fréquence de détachement des tourbillons à l'aval d'un obstacle cylindrique. Sept thèses sont soutenues entre 1919 et 1931, nombre important dans le contexte national. Camichel a constitué autour de lui une véritable équipe de chercheurs qui travaillent ensemble, à rebours d'une tradition plutôt individualiste. Son invitation pour une conférence générale à l'ICAM de Zurich, en 1926, témoigne de la reconnaissance internationale de ses travaux.

L'institut fondé en 1930 par le ministère de l'Air, autour du laboratoire d'hydraulique, a pour vocation particulière l'étude des coques et flotteurs d'hydravions. Les deux thèses d'Étienne Crausse et Jean Baubiac, soutenues en 1936, ne portent cependant pas directement sur cette question. Elles traitent plutôt, dans la continuité des travaux antérieurs, de divers problèmes de mécanique des fluides : tourbillons de sillage, forces sur des obstacles en régime instationnaire, vibrations de fils tendus, transition à la turbulence en conduite – définie de façon très novatrice à partir de la divergence d'un temps de relaxation. Ces travaux témoignent d'une exceptionnelle maîtrise expérimentale, où les phénomènes physiques sont résolus à l'échelle du millimètre et de la milliseconde. Les installations d'hydraulique – dont un canal de 90 mètres de long – sont complétées en 1936 par une grande soufflerie aérodynamique. Cette soufflerie est essentiellement dédiée à des études pour les constructeurs aéronautiques Latécoère et Dewoitine. Elle connaît pendant la guerre une activité considérable. L'équipe réunie par Camichel se disperse à la fin des années trente, et Escande, qui lui succède en 1942, oriente alors résolument l'institut vers l'hydraulique au service de l'industrie.

Le Tableau 10.7 résume la production scientifique. Le nombre de publications nationales, notamment dans les *Comptes Rendus de l'Académie des sciences*, y apparaît important (six par an en moyenne, rythme maintenu pendant deux décennies). Les publications internationales sont en revanche rares, on n'y trouve en particulier qu'une participation aux ICAM (celle de 1926). Les thèses, nombreuses dans la décennie 1930, sont taries après 1939.

Notons que l'institut de mécanique des fluides créé par Camichel est le seul institut encore en activité, en 2021, sur son site d'origine sur l'île du Ramier. Il compte plus de 200 personnes.

Tableau 10.7 Publications de l'IMF de Toulouse entre 1929 et 1950 : *C. R. Acad. Sc.*, autres nationales françaises (dont PST du ministère de l'Air), nationales étrangères, journaux et congrès internationaux (dont ICAM), thèses (dont publiées aux PST), rapports techniques. Source : Arch. IMFT

	1929–1934	1935–1939	1940–1944	1945–1950
C. R. Acad. Sc.	37	29	29	34
Autres nat. fr. (PST)	36	20 (1)	13 (2)	28 (1)
Nat. étrangères	1	0	0	10
Internat. (ICAM)	3 (1)	1	0	2
Thèses (PST)	5	3 (2)	0	0
Rapp. techn.	–	–	–	–
Total	82	53	42	74

10.2.5 Les Journées de mécanique des fluides de 1952

La situation de la mécanique des fluides en France, au lendemain de la Seconde Guerre mondiale, est restituée par les Actes des *Journées de mécanique des fluides* organisées en 1952 à Marseille [33]. Ce colloque, placé sous l'égide du ministère de l'Air et du CNRS, est le premier d'une série voulue par le directeur du CNRS Gaston Dupouy ; son directeur-adjoint, Joseph Pérès, le préside. Il est organisé par la section 3 (mécanique générale et mathématiques appliquées) du tout jeune Comité national de la recherche scientifique [34]. Son objectif, comme l'indique Pérès dans la préface des Actes, est de rétablir une liaison entre les instituts, « afin de confronter les activités de recherche et d'établir un inventaire des ressources de divers ordres ».

Le choix de Marseille comme lieu de ces *Journées* est lié au dynamisme de son institut de mécanique des fluides, à son ouverture internationale, et au fort soutien qu'il reçoit de l'ONERA et du CNRS. Participent à ce congrès des représentants des instituts de Paris, Lille, Marseille et Toulouse, et des centres annexes de Strasbourg et Poitiers (ceux de Nantes, Caen et Lyon sont absents). Le laboratoire d'hydraulique et d'aérodynamique de l'université de Grenoble, non inclus en 1930 dans le programme du ministère de l'Air, est représenté par son directeur Félix Esclangon. Sont également représentés des laboratoires CNRS dont l'activité est liée à la mécanique des fluides et la thermique : Edmond Brun pour le laboratoire des échanges thermiques et de mécanique des fluides (à Meudon-Bellevue) [35], Malavard pour celui de calcul expérimental analogique (à Chatillon-sous-Bagneux), et François Canac pour le CRSIM (à Marseille). Participent aussi des représentants du ministère de l'Air et des services de l'État (dont Malavard pour l'ONERA), et des industriels (Hispano-Suiza, Neyrpic, et la SNCASE de Marignane).

[33] Actes des *Journées de mécaniques des fluides – Marseille 1952* (Pérès, 1955).

[34] Guthleben (2013), p. 114.

[35] Pour l'histoire de ce laboratoire, cf. Daout (2000).

Des quatre directeurs-fondateurs d'instituts, seul Pérès est présent. Kampé de Fériet a démissionné en 1945 de la direction de l'institut de Lille et a réorienté ses recherches vers l'étude des systèmes aléatoires ; Camichel a pris sa retraite ; Villat, à la retraite depuis 1950 mais inamovible directeur de l'institut de Paris, ne s'est pas déplacé. Les nouveaux directeurs des trois instituts de province sont les directeurs-adjoints initiaux : Martinot-Lagarde, Valensi, et Escande.

Dans son discours introductif, Pérès rend hommage aux initiateurs du programme de 1929 : Caquot, Villat et Villey. Pierre Vernotte, ingénieur général de l'Air, se félicite du succès de l'entreprise :

> Si ce Colloque avait eu lieu il y a quinze ans, il n'aurait pu être organisé que par le Ministère de l'Air, et il serait resté un événement strictement aéronautique. C'est donc avec beaucoup de satisfaction que le représentant de l'Air observe que les choses ont marché et que la politique du regretté Jean Villey a porté ses fruits.

Une communauté nationale de la mécanique des fluides s'est constituée et s'est installée dans le paysage académique. L'enseignement s'est beaucoup enrichi :

> Autrefois, poursuit Vernotte, la Mécanique des Fluides consistait en un exposé élémentaire de la théorie des milieux déformables, l'équation du potentiel, deux mots d'hydraulique, un aperçu de la représentation conforme, les équations de Navier, la description d'un manomètre et d'une soufflerie. Aujourd'hui, c'est un enseignement très éducatif et très riche, qui englobe la mécanique et la physique du fluide, et va de l'exposé de théories mathématiques spéciales à l'utilisation des techniques les plus inattendues de la physique.

Au cours des trois journées du colloque, se succèdent des exposés de présentation des laboratoires, et six exposés proprement scientifiques. La situation parisienne fait l'objet de quatre exposés. Fortier, pour le laboratoire de mécanique expérimentale des fluides, ne laisse qu'une courte page dans les Actes : après quelques lignes sur la période de la guerre, où le laboratoire a été, dit-il, « vidé de son contenu par les Allemands [puis] repris par le Ministère de l'Air », il évoque son exil à Saint-Cyr où il a été accueilli par Foch au laboratoire de mécanique physique. Il dispose de peu de moyens et vit d'activités contractuelles, notamment une étude sur la ventilation du tunnel routier de la Croix-Rousse initiée lorsqu'il était à Grenoble. Il mentionne trois collaborateurs, Comolet, Agostini et Bass. Étonnamment, la personne de Bénard, décédé en 1939, n'est pas même évoquée. Trois autres exposés complètent le panorama parisien : Malavard pour le laboratoire de calcul expérimental analogique de l'institut Blaise Pascal – présentation vigoureuse et approfondie –, Brun pour le laboratoire des échanges thermiques et de mécanique des fluides (CNRS), et Gustave Ribaud pour le laboratoire des hautes températures (faculté des sciences et Gaz de France)[36].

Martinot-Lagarde, pour l'institut de Lille, fait un bref historique puis décrit les moyens à sa disposition. Il précise être le seul fonctionnaire, les autres personnels (ingénieurs, techniciens, secrétaires) étant payés sur les contrats du laboratoire (Air,

---

[36] L. Malavard, Notice nécrologique sur Edmond A. Brun, *C. R.* **290**, 153–159 (1980). A. Kastler, Notice sur la vie et les travaux de Gustave Ribaud, https://www.academie-sciences.fr/pdf/eloges/ribaud_notice.pdf.

Marine, Ponts et Chaussées, construction navale, industrie minière, ONERA). Il indique aussi que « plusieurs de ses techniciens confirmés » ont dû être cédés à l'ONERA. Les recherches sont gouvernées par l'activité contractuelle : « le programme est fixé par les organismes qui paient les recherches, l'initiative venant tantôt de ces organismes, tantôt de l'IMFL qui propose des essais ». Ces essais consistent en visualisations d'écoulements, mesures de pression (miniaturisation de l'anémoclinomètre par Fauquet), étude de vrilles d'avions dans la soufflerie verticale (Gobeltz), études d'écoulements compressibles dans une soufflerie sonique (Gontier).

L'institut de Marseille fait l'objet de deux présentations, par Valensi et par Favre. Après un bref historique, Valensi présente des activités en cours, notamment sur les oscillations d'un fluide dans un tube en U (thèse en cours de Claire Clarion, future chercheuse CNRS et professeure), sur les écoulements dans les grilles d'aubes de compresseurs (Papon), et sur la métrologie par ultra-sons dans le cadre d'une collaboration avec le CRSIM. Favre, de son côté, rappelle la création du laboratoire de mécanique atmosphérique qu'il dirige, qui dépend « d'une part de la faculté des sciences, et d'autre part de l'institut de mécanique des fluides » – façon de marquer ses distances avec Valensi. Les recherches sont financées par l'ONERA, l'Air, le CNRS et la Météorologie nationale. Le laboratoire compte, en plus de son directeur, un chargé de recherches CNRS (Dumas) et deux ingénieurs ONERA (Gaviglio et Miranne). Favre conclut par un exposé de ses travaux sur la mesure de la turbulence, publiées pour l'essentiel à l'ONERA (travaux qui font par ailleurs l'objet de deux présentations scientifiques spécifiques).

Escande, directeur de l'institut de Toulouse et de l'École nationale supérieure d'électrotechnique et d'hydraulique (ENSEH), est accompagné de son jeune assistant Jean Nougaro – futur directeur de l'IMFT et de l'ENSEH (1970–1980). Il y présente essentiellement les installations des « laboratoires d'hydraulique de l'institut », et dresse la liste des 71 études d'ouvrages sur modèles réduits, illustrée de nombreuses photos (non datées, ces photos couvrent en réalité trois décennies d'études initiées par Camichel). Il ne dit rien de la riche activité de l'entre-deux-guerres autour de la mécanique des fluides – disparue après le départ de Camichel – et rien non plus des activités de la soufflerie.

L'activité du centre de Poitiers fait l'objet de deux présentations, par Poncin, directeur de l'École nationale supérieure de mécanique et d'aéronautique (ENSMA), et par Chartier, responsable du laboratoire de mécanique des fluides. Le laboratoire de Strasbourg est présenté par Sackmann. Ces présentations sont centrées, comme la plupart des précédentes, sur les moyens expérimentaux disponibles et sur les études contractuelles.

Esclangon présente le laboratoire d'hydraulique et d'aérodynamique de Grenoble, qu'il dirige. Ce laboratoire, créé en 1928, appartenait à un institut polytechnique devenu, en 1948, l'École nationale supérieure d'électrotechnique et d'hydraulique[37]. Il est fortement lié à un organisme d'essais, le laboratoire dauphi-

[37] Pour l'histoire de cet institut électrotechnique puis polytechnique, cf. Robert (2001).

nois d'hydraulique des Établissements Neyrpic, qui intervient dans l'enseignement et l'orientation des recherches. Le laboratoire d'Esclangon étudie sur modèles réduits divers problèmes d'hydraulique fluviale, tels que la reconstruction de ponts sur la Moselle, les évacuateurs de crues du barrage d'Aussois, et les infiltrations sous la digue en terre du barrage de Serre-Ponçon (par la méthode des analogies électriques) ; il réalise également des mesures chimiques du débit des rivières (par mesure de concentration d'un soluté). Robert Silber, maître de conférences, réalise des travaux théoriques sur la détermination des courbes de remous – il est auteur de sept des neuf publications du laboratoire entre 1948 et 1952, dont une étude remarquée sur l'hydraulique des canaux découverts[38]. Esclangon précise que la plupart des travaux ont fait l'objet de rapports pour leurs commanditaires, sans publication associée. Une activité aérodynamique, sur la ventilation du tunnel routier de la Croix-Rousse, a été initiée par Fortier (retourné à Paris en 1947). Une soufflerie supersonique fonctionne depuis 1946.

Quels traits saillants émergent de ces *Journées* de Marseille ? Le nombre de laboratoires représentés montre qu'une communauté scientifique nationale a indéniablement pris corps. On est cependant frappé par l'absence, dans les Actes, de considérations sur les enjeux scientifiques de la discipline, et par la morosité des conclusions. Les participants ont détaillé les performances des souffleries et autres installations, ont décliné les études techniques et contrats industriels en cours. Mais on ne voit pas de tentative de bilan des avancées scientifiques réalisées, ni d'évaluation du dispositif des collaborations scientifiques du ministère de l'Air – qui a financé une grande partie des thèses. Les six exposés scientifiques, hétérogènes, sont autant de points isolés, sans mise en perspective. Seule la commission d'enseignement fait état d'une réflexion collective, mais son compte-rendu – deux pages – se contente « de constater l'absence de doubles-emplois » et se satisfait que « les activités des Laboratoires des différentes Universités se complètent sans se concurrencer ». Le ton général reste celui de l'entre-deux-guerres, où le souci majeur des laboratoires était le respect de l'autonomie de chacun. La question du positionnement international des recherches est quasiment absente. Les personnalités et travaux propres de Bénard, Camichel et Kampé de Fériet, – le meilleur, nous apparaît-il aujourd'hui, du legs de l'entre-deux-guerres –, ne sont évoqués par personne.

Cette impression de morosité doit toutefois être tempérée par le contexte de ces *Journées*. La France se relève d'une guerre, l'heure est aux inventaires ; les énergies sont tendues vers la reconstruction, vers l'avenir. Les cinq années de cette guerre font écran aux découvertes de la décennie antérieure. Ces découvertes, dont les principaux acteurs ne sont plus là pour les remettre dans la lumière, resteront dans l'ombre des avancées réalisées en Allemagne, en Angleterre et aux États-Unis, puis seront oubliées. Une autre raison de tempérance est le peu d'intérêt que manifeste la IVe République pour la recherche, et le peu de moyens qu'elle lui affecte ; il faudra attendre la fin des années cinquante pour voir revenir celle-ci dans les priorités

[38] Silber (1950).

nationales, avec notamment la création de la Délégation générale à la recherche scientifique et technique (DGRST), préfiguration des ministères de la recherche ultérieurs[39].

Concluons la discussion des *Journées* de Marseille par un mot sur leur président, Joseph Pérès. Celui-ci est désormais le chef de file de la mécanique française ; son envergure et ses initiatives seront déterminantes dans le redressement de cette dernière dans les années cinquante. Au niveau international, il sera parmi les fondateurs – et le premier président – de l'Union internationale de mécanique théorique et appliquée (IUTAM), nous y reviendrons.

10.3 Éléments d'analyse

L'histoire de la mécanique des fluides, telle qu'elle s'est présentée dans cet ouvrage, apparaît comme un théâtre où se construit, par touches successives, un corpus d'observations et de théories, et où se confrontent également, et s'affrontent parfois, différentes conceptions de la science et manières de penser. Ce sont ces tensions, qui traversent sans doute toutes les disciplines scientifiques, que nous voudrions ici, avant de conclure cet ouvrage, tenter très modestement d'appréhender. Nous y recroiserons une dernière fois les acteurs principaux de cette histoire, pour un hommage critique engageant un point de vue plus personnel de l'auteur de ces lignes.

10.3.1 Éloge des traversiers

Une tension majeure qui traverse les débats dans les facultés et les laboratoires est celle qui oppose les tenants d'une science « pure et désintéressée », aux promoteurs d'une science plutôt utile, susceptible d'applications rapides à l'industrie ou à la société. Une autre tension se dessine entre théoriciens et expérimentateurs, distinction recouvrant à peu près celle entre mathématiciens et physiciens. Selon un partage des rôles classique, les premiers cherchent à élaborer un discours rationnel unifiant la diversité des phénomènes physiques, dans le cadre d'un formalisme mathématique autorisant autant que possible des prédictions. Les seconds cherchent à découvrir et isoler, sous la complexité foisonnante du réel, des phénomènes élémentaires, au sein de la nature elle-même ou dans le cadre mieux contrôlé d'expériences de laboratoire, afin d'y repérer des régularités mesurables. Tous sont d'accord pour dire qu'ils ne peuvent vivre les uns sans les autres, et qu'ils s'enrichissent mutuellement. Un tel partage des rôles, pour « rationnel » qu'il apparaisse, n'est cependant pas sans risque de sclérose s'il érige des frontières trop

[39] Prost (1988).

nettes. Les uns risquent alors de s'isoler dans les délices apaisants de l'abstraction, et les autres dans la poursuite de la perfection expérimentale pour elle-même. Le même risque vaut pour les tenants exclusifs de la science pure ou de la science utile – lesquelles ne sont en général, dans leur pureté ou leur utilité revendiquées, que des fictions confortables.

L'histoire présentée dans les chapitres précédents confirme ainsi une règle bien connue, que les chercheurs les plus féconds sont ceux qui savent traverser la frontière de leur spécialité pour se confronter à d'autres expériences et façons de penser. De tels "traversiers", on peut, nous semble-t-il, en distinguer quatre pour l'entre-deux-guerres, période la plus active du demi-siècle. Sans être à l'origine de « révolutions scientifiques » radicales, au sens de l'historien des sciences Thomas Kuhn[40], ils ont su cependant outrepasser les limites d'une science trop « normale », dans différentes directions :

- Ainsi apparaît Joseph Kampé de Fériet, artisan majeur de la réussite exceptionnelle de l'institut de Lille ; mathématicien rompu aux équations différentielles et s'engageant, pour l'étude de la turbulence, sur le terrain mal assuré des théories statistiques issues de la physique ; curieux d'expériences en soufflerie pour l'analyse des fluctuations turbulentes ; s'embarquant dans un avion-laboratoire, ou escaladant les glaciers des Alpes pour étudier la turbulence atmosphérique à partir du mouvement des nuages ; entretenant de nombreuses relations internationales tant en Allemagne qu'aux États-Unis ;
- ainsi Charles Camichel, expérimentateur hors pair, s'intéressant en physicien autant qu'en ingénieur aux ondes dans les conduites forcées des usines hydroélectriques, ou aux phénomènes de l'hydraulique fluviale ; s'attachant à reproduire ces phénomènes en laboratoire, sur modèles réduits, et engageant par là une réflexion originale sur le concept de loi d'échelle ; analysant l'apparition des tourbillons de sillage, ou la transition à la turbulence en conduite, avec les concepts alors émergeants de la physique des phénomènes critiques ; bâtisseur et animateur d'équipe ;
- ainsi Henri Bénard, physicien expérimentateur lui aussi, faisant de la caméra un véritable instrument d'investigation et de mesure des phénomènes rapides ; pionnier de l'observation des structures périodiques (*patterns*) déployées par la nature ; repérant les analogies entre des situations extrêmement variées, des cellules thermoconvectives dans une mince couche d'huile aux nuages en bandes dans le ciel et aux granulations à la surface du Soleil ;
- ainsi Joseph Pérès, mathématicien et mécanicien de grande culture, explorateur, avec Lucien Malavard, des analogies rhéoélectriques, et par là précurseur du calcul analogique et du calcul numérique ; autorité intellectuelle nourrie d'histoire et de philosophie des sciences ; personnalité humaniste respectée tant par ses collègues que par ses étudiants, grand organisateur de la mécanique de l'après-guerre au niveau national comme au niveau international.

[40] Kuhn (1970).

Notons que de ces quatre personnalités, seuls Camichel et Pérès sont entrés à l'Académie des sciences, Kampé de Fériet est resté correspondant, et Bénard – aujourd'hui le plus connu – n'y est jamais entré. Notons aussi que tous quatre avaient un fort souci de la dimension collective de la recherche, et que leurs succès sont aussi ceux de leurs étudiants. Citons encore la personnalité originale d'Antoine Magnan, professeur au Collège de France sur la chaire de mécanique animale appliquée à l'aviation, pionnier de l'anémométrie par fil chaud (1923), et auteur d'observations remarquables tant sur la turbulence atmosphérique que sur le vol des oiseaux et le vol à voile (cf. Chap. 3).

A contrario, nous avons vu comment Henri Villat, personnalité séduisante et théoricien virtuose, mais fasciné par les perfections abstraites et indifférent aux expériences, avait pu s'enferrer dans un problème obsolète au point d'ignorer les deux révolutions de la mécanique des fluides de son temps – les théories de la couche limite et de la turbulence –, et même avait pu, du fait de sa forte position institutionnelle, entraver la diffusion des idées nouvelles.

La contribution française à l'avancement général de la mécanique des fluides, au cours de la première moitié du XXe siècle, est donc loin d'être négligeable. On peut cependant remarquer la quasi-absence de travaux sur les couches limites, lesquels restent menés, pour l'essentiel, dans l'entourage de Prandtl et de von Kármán[41]. Les travaux sur la turbulence sont plus nombreux, en dépit d'une culture universitaire française rétive aux objets d'étude trop désordonnés et appelant des approches statistiques. Rappelons les travaux de Kampé de Fériet sur la diffusion, ceux de la Commission de la turbulence atmosphérique animée par Philippe Wehrlé, et ceux de l'équipe de Camichel sur la transition en conduite. Rappelons aussi les publications de Charles Sadron sur la couche limite turbulente, au retour, en 1933, de son séjour dans le laboratoire de von Kármán à Caltech – publications qui semblent néanmoins avoir eu peu d'échos. Notons enfin les travaux engagés pendant la guerre par Alexandre Favre, et qui feront de Marseille, dans les années soixante, un pôle français de la turbulence – l'autre pôle émergeant étant alors Grenoble.

10.3.2 « Au pays de Descartes »

Les mécaniciens français de l'entre-deux-guerres apparaissent donc très divers dans leurs manière de penser et de travailler. Villat, leur chef de file paradoxal, en est un point singulier. Il reste à comprendre comment ce point singulier a pu acquérir une telle *aura* parmi ses contemporains, et rassembler dans ses mains autant de pouvoirs. Il a fallu pour cela qu'au-delà de ses qualités propres, Villat corresponde à un modèle, à un emblème, qu'il soit un objet d'identification. Et en effet, Villat a incarné à la perfection les valeurs d'une certaine « science française », soucieuse avant tout d'ordre et d'unité logique, se prévalant jusqu'à l'obsession

[41] Eckert (2006), Eckert (2017), Bodenschatz & Eckert (2011).

d'être rigoureuse et « rationnelle ». Dominique Pestre a discuté, pour les physiciens, les deux avatars de cette raison, la "raison raisonnable" et la "raison rationaliste", la première penchant politiquement plutôt à droite, du côté conservateur, et l'autre à gauche, du côté progressiste[42]. Il montre combien les manuels de physique de l'entre-deux-guerres en sont imprégnés :

> La prééminence dans les manuels de physique d'une démarche classique et cohérente, la présentation de la physique sous son aspect le plus ordonné même si cela se fait au détriment des travaux perturbateurs les plus récents, la tendance à s'en tenir aux classements du XIXe siècle et à ne pas évoquer les théories modernes – a fortiori leurs limites ou leurs contradictions – nous semblent trouver leurs racines dans la volonté toujours réaffirmée en France de suivre des principes de clarté dans l'exposition et de logique dans l'énoncé des postulats et des théorèmes, dans le désir de ramener la science à une synthèse close et définitive : les maîtres-mots toujours répétés sont logique rigoureuse, ordonnance solide, fermeté gracieuse, pureté élégante. Le désordre de la science en construction – voire en révolution – ne saurait être toléré.
>
> On préfère donc exposer une science dépassée mais dont la stabilité et le sérieux ont fait leurs preuves, à une science mouvante, heuristiquement plus riche, initiant au doute mais malheureusement incertaine[43].

Villat, chantre de la rigueur et de l'élégance, est un prosélyte flamboyant de cette science bien ordonnée – quelques illustrations en ont été données plus haut. Qu'il soit perçu comme un « moderne » par ses contemporains mathématiciens, du fait de son intérêt pour la mécanique des fluides[44], ne contredit pas qu'il soit un « ancien » du point de vue de la mécanique des fluides en tant que branche de la physique. En restant sur le versant des mathématiques, qui progressent plutôt par élargissements et accumulation de certitudes démontrées, il se met ainsi à l'abri des remises en question que peuvent connaître les sciences de la nature (un théorème correctement démontré, dans un certain cadre d'axiomes, ne peut être incertain ni devenir faux[45]).

La célébration récurrente d'une science bien ordonnée trouve sa caution intellectuelle dans une haute figure nationale : celle de René Descartes. Celui-ci est à l'arrière-plan de tous les discours, on se réclame à toute occasion de son goût pour les « idées claires et distinctes ». La citation de Picard rapportée plus haut en est une illustration :

> ... la science, dans le pays de Pascal et de Descartes, a toujours gardé une position moyenne entre des tendances extrêmes.

Que signifie et que vaut cette référence ? La critique du cartésianisme par Gaston Bachelard, dans les années trente, peut éclairer la question.

Dans *Le Nouvel Esprit Scientifique*, paru un 1934, Bachelard discute la fameuse *Seconde Méditation* où Descartes expose sa méthode philosophique du Doute[46].

---

[42] Pestre (1992), pp. 180–201.

[43] Pestre (1992), p. 199.

[44] Gispert & Leloup (2009).

[45] Cette affirmation pourrait être contestée par les tenants – tel le mathématicien Alain Connes – d'une réalité objective des concepts mathématiques. Ce débat sort du cadre de ce livre.

[46] R. Descartes, *Méditations, II*, Pléiade Gallimard (1953).

Pour illustrer le caractère très incertain des « qualités » que nos sens attribuent à la réalité, Descartes examine celles d'un morceau de cire « qui vient d'être tiré de la ruche ». Ces qualités, il en démonte, un par un, tout caractère de certitude – non sans manifester là, soit dit en passant, une sensibilité aiguë –, pour finalement conclure sur la certitude ultime à laquelle il s'arrête, celle du *Je* de l'entendement humain : le fameux *Cogito*. Rendons la parole à Bachelard :

> Pour Descartes, le morceau de cire est un clair symbole du caractère fugace des propriétés matérielles. Aucun des aspects d'ensemble, aucune des sensations immédiates ne demeurent permanents. Il suffit d'approcher le morceau de cire du feu pour que sa consistance, sa forme, sa couleur, son onctuosité, son odeur vacillent et se transforment. Cette expérience vague prouve chez Descartes le vague des qualités objectives. Elle est une école de doute. Elle tend à éloigner l'esprit de la connaissance expérimentale des corps qui sont plus difficiles à connaître que l'âme. [...] On voulait, dans l'objet, toucher de prime abord la simplicité, l'unité, la constance. Au premier échec, on a douté de *tout*[47].

Bachelard identifie bien ici la racine cartésienne du scepticisme vis-à-vis de l'expérimentation, et le repli qui en résulte sur l'étude de « l'âme », c'est-à-dire, pour ce qui nous intéresse ici, le repli sur les équations fermes et reposantes de la mécanique rationnelle.

> On n'a pas remarqué, continue Bachelard, le rôle coordonnateur de l'expérience factice [de laboratoire], on n'a pas vu que la pensée unie à l'expérience pouvait restituer le caractère organique et par conséquent entier et complet du phénomène.

Cette expérience coordonnatrice, c'est par exemple celle de Bénard, dans sa quête d'une description unifiée des structures périodiques de tourbillons cellulaires. La critique de Bachelard ensuite s'approfondit :

> D'autre part, en ne se soumettant pas docilement aux leçons de l'expérience, on se condamnait à ne pas voir que le caractère mobile de l'observation objective se reflétait immédiatement en une mobilité parallèle de l'expérience subjective. Si la cire change, je change ; je change avec ma sensation qui est, dans le moment où je la pense, toute ma pensée, car sentir c'est penser dans le large sens cartésien du *cogito*. Mais Descartes a une secrète confiance dans la réalité de l'âme comme substance. Ébloui par la lumière instantanée du *cogito*, il ne met pas en doute la permanence du *je* qui forme le sujet du *je pense*.

Si la cire change, je change. Selon Bachelard, Descartes se serait arrêté au seuil de cette réflexion, il n'aurait pas poursuivi au-delà son œuvre de déconstruction – laissant à d'autres l'exploration des gouffres qu'elle ouvrirait. Ce que Bachelard ne fait ici que suggérer, un autre philosophe l'a explicité dans un cadre quelque peu inattendu, où se trouvaient rassemblés tous nos mécaniciens. Déplaçons-nous donc au congrès international de mécanique organisé à Poitiers en 1950, à l'occasion de l'inauguration de l'ENSMA. Cette date correspond au tricentenaire de la mort de Descartes – orginaire du village de La Haye à trente kilomètres de Poitiers. Pour honorer sa mémoire, un philosophe a été invité, M. Pos, professeur à l'université d'Amsterdam, membre de l'Académie royale des Pays-Bas et président de la

[47] Bachelard (1934), p. 171.

Fédération internationale des sociétés de philosophie. Le discours de Pos, dont le fil conducteur est le caractère libérateur de la raison cartésienne, interroge, en contrepoint, la nature du doute que cette raison a érigé en méthode, ses racines psychologiques. Sa conclusion a pu surprendre ses auditeurs :

> Descartes [...] a eu le très grand courage de poser en principe méthodique ce qui dans son être personnel fut probablement une obsession angoissante : le doute. Un homme n'est pas libre de douter autant qu'il le veut, et non plus de s'abstenir de douter à son gré ; chacun connaîtra le doute dans la mesure que sa nature intime lui impose [48].

Ces réflexions rejoignent celles, dans les mêmes années, du *Songe de Descartes* du critique littéraire Georges Poulet [49]. Elles indiquent le chemin que le doute cartésien devra emprunter, après Descartes, pour demeurer une pensée vivante : une exploration des obscurités d'une âme humaine incertaine, où les pouvoirs de la volonté se trouveront singulièrement circonscrits.

Ainsi, le rationalisme incantatoire du milieu universitaire, ses « idées claires et distinctes », et *a fortiori* son embrigadement au service d'un nationalisme douteux, ne sauraient correspondre à la pensée courageuse de Descartes. Ce rationalisme-là ressemble plutôt à une image d'Épinal destinée à justifier une bien-pensance conservatrice et des positions de pouvoir, qu'à l'expression d'une pensée philosophique.

10.3.3 Coup d'œil à l'étranger

Ouvrant aujourd'hui un manuel de mécanique des fluides, on trouve de nombreux noms de Français du XIXe siècle – Navier, Saint-Venant, Poiseuille, Boussinesq –, mais à peu près aucun de la première moitié du XXe siècle. Là, deux personnalités scientifiques dominent, exceptionnelles : Prandtl et Taylor (tant pour la mécanique des solides, d'ailleurs, que pour la mécanique des fluides). Sans vouloir ici "expliquer" cette prééminence, il est instructif de rechercher ce que ces deux personnalités auraient en commun, et dont les Français seraient *a contrario* moins bien pourvus. Un trait commun se dégage en effet : leur polyvalence et leur capacité à traverser les frontières disciplinaires. Dans un hommage posthume rendu à Taylor, Sir Brian Pippart précise ces qualités, qui sont celles aussi d'une certaine école anglaise :

> Sir Geoffroy Ingram Taylor, mort à 89 ans, a été l'un des grands scientifiques de notre temps et peut-être le dernier représentant d'une école de pensée qui court de Kelvin à Maxwell

[48] M. Pos, Considérations générales sur l'œuvre de Descartes. *In* (Poncin, 1951a), p. 34.

[49] Poulet (1952), chap. 2.

et Rayleigh, lesquels étaient à la fois physiciens, mathématiciens appliqués et ingénieurs – distinctions en fait non pertinentes car leurs compétences ne connaissaient pas de tels cloisonnements [50].

Von Kármán évoque la mémoire de Prandtl en termes similaires :

> Prandtl, ingénieur de formation, était doté d'une rare vision pour la compréhension des phénomènes physiques et d'une habileté peu commune pour les mettre sous une forme mathématique relativement simple. Sa maîtrise des méthodes mathématiques était limitée ; beaucoup de ses collaborateurs et successeurs le surpassaient dans la résolution de problèmes mathématiques difficiles. Mais son habileté à établir des systèmes d'équations simplifiées, qui rendent compte des relations physiques essentielles et laissent tomber les autres, était unique [51].

Une telle polyvalence et souplesse d'esprit se rencontre plus difficilement en France, où les disciplines sont plus cloisonnées et hiérarchisées sous la domination des mathématiques, et où persiste un clivage vivace entre sciences « pures » et sciences appliquées. Au ministère de l'Air, Albert Caquot, en 1929, avait bien identifié ces obstacles potentiels à la réalisation de son programme, et avait imposé des mesures visant à les contourner ou les affaiblir : association d'un mathématicien et d'un physicien dans chaque chaire, insistance sur la nécessaire conjugaison de théorie, d'expérimentation et de technique, etc. À Paris, où les gardiens des hiérarchies établies restaient puissants, ces mesures ont imparfaitement réussi, les cloisons sont restées debout – sauf entre Bénard et Pérès. Les facultés de province, mieux préparées à l'exercice, du fait de l'existence d'instituts techniques depuis le début du siècle, ont su mieux en profiter.

Parmi les quatre "traversiers" identifiés plus haut, le plus proche de Prandtl et Taylor serait Kampé de Fériet, pour sa sensibilité de "théoricien-bricoleur". Théoricien-bricoleur, c'est-à-dire, comme Pestre en a dressé, pour la physique, le portrait trop rare en France [52], théoricien sachant passer d'un domaine à un autre, sachant organiser par touches successives des éléments de théorie, pour rendre compte, imparfaitement toujours, des observations expérimentales. Le physicien Yves Rocard, maître de conférences de mécanique expérimentale des fluides entre 1939 et 1941, correspondrait bien aussi à cette image, comme en attestent ses

[50] « Sir Geoffroy Ingram Taylor, who died at the age of 89, was one of the great scientists of our time and perhaps the last representative of that school of thought that includes Kelvin, Maxwell and Rayleigh, who were physicists, applied mathematicians and engineers – the distinction is irrelevant because their skill knew no such boundaries. » Sir Brian Pippart (1975) cité par Sreenivasan (2011).

[51] « Prandtl, an engineer by training, was endowed with rare vision for the understanding of physical phenomena and unusual ability in putting them into relatively simple mathematical form. His control of mathematical methods and tricks was limited; many of his collaborators and followers surpassed him in solving difficult mathematical problems. But his ability to establish systems of simplified equations which expressed the essential physical relations and dropped the nonessentials was unique. » (von Kármán, 1954, pp. 50–51).

[52] Pestre (1992), p. 111.

ouvrages et mémoires[53], mais il est passé trop brièvement à l'institut de mécanique de Paris pour y marquer son empreinte.

10.4 Le renouveau des années soixante

Concluons sur les effets à long terme, dans la seconde moitié du XXe siècle, que l'on peut attribuer au programme du ministère de l'Air. Les années cinquante sont une période de reconstruction – comme en témoignent les Actes[54] des *Journées de mécanique des fluides* de Marseille en 1952 –, où se fait durement sentir le départ ou la disparition des leaders scientifiques de l'entre-deux-guerres. Les années soixante, dans le contexte favorable de la France gaullienne, voient un net renouveau, qui se manifeste tant dans la recherche que dans l'enseignement, au niveau national comme au niveau international.

Premier élément de ce renouveau, de nouveaux laboratoires apparaissent. À Paris, le laboratoire de mécanique expérimentale des fluides, exilé à Saint-Cyr après la guerre, se reconstitue à partir de 1955 à Orsay autour de Fortier et Comolet[55]. Le laboratoire d'analogies électriques de Pérès-Malavard a quitté en 1946 le giron de l'institut de mécanique pour intégrer un nouvel institut Blaise Pascal, de mathématiques appliquées, dirigé par Pérès. Ce laboratoire devient autonome en 1962, s'installe à Orsay en 1970 et devient l'année suivante le laboratoire d'informatique pour la mécanique et les sciences de l'ingénieur (LIMSI), dirigé par Malavard jusqu'en 1979[56]. À Marseille, le laboratoire de mécanique de l'atmosphère de Favre se sépare de l'IMFM en 1960 et se constitue en institut de mécanique statistique de la turbulence (IMST)[57]. Les instituts de Lille et de Toulouse, qui ont après la guerre nettement infléchi leur activité vers les études pour l'industrie – le premier vers l'aéronautique et le second vers l'hydraulique –, lancent dans les années soixante de nouvelles directions de recherche[58]. Le laboratoire de mécanique des fluides de Nantes se spécialise dans l'hydrodynamique navale (Ravilly, Guével), celui de Strasbourg dans les milieux poreux, l'hydrologie et l'hydrogéologie (Sackmann), et celui de Poitiers dans l'aérothermique (Poncin). Par

---

[53] Cf. Chap. 5, et Rocard (1988).

[54] Pérès (1955).

[55] R. Comolet, Le Laboratoire de mécanique expérimentale des fluides (nov. 1968). Arch. FAST.

[56] Le LIMSI vit en 2020 sa dernière année, broyé par les recompositions politico-scientifiques sur le plateau de Saclay.

[57] L'IMFM et l'IMST disparaîtront à la fin des années 1990 lors d'une grande recomposition de la mécanique marseillaise. Les équipes de l'IMFM se disperseront dans divers laboratoires, tandis que celles de l'IMST se partageront entre l'institut de recherches sur les phénomènes hors équilibre (IRPHE) et l'institut universitaire des systèmes thermiques et industriels (IUSTI).

[58] Pour Toulouse, (Charru (dir.), 2016), pp. 88–135 ; pour Lille, G. Gontier *in* Histoire de la Faculté des Sciences de Lille et de l'Université des Sciences et Technologies de Lille, t. 1, pp. 127–136, https://asap.univ-lille.fr/.

ailleurs, de nouveaux laboratoires de mécanique des fluides émergent à Grenoble et à Lyon – sans lien direct avec le ministère de l'Air[59]. Notons enfin, au crédit du ministère de l'Air, que celui-ci a permis l'émergence de grands physiciens, tels Yves Rocard et Charles Sadron, en leur offrant leur premier poste dans l'enseignement supérieur.

La mécanique française bénéficie par ailleurs de la dynamique de développement du CNRS, dont Pérès est directeur-adjoint dans l'après-guerre. Au Comité national de la recherche scientifique – sorte de parlement du CNRS –, la troisième section est celle de mécanique générale et mathématiques appliquées. Pérès la préside pour la mandature 1960–1963. Neuf de ses vingt membres sont alors liés aux instituts de mécanique des fluides : A. Caquot, L. Escande, A. Fortier, P. Germain, J. Kampé de Fériet, L. Malavard, J. Pérès, H. Poncin et J. Valensi. Dans la mandature suivante, qui comprend vingt-deux membres, ils sont encore six (l'informatique y a fait une entrée en force, et Pérès est décédé)[60]. La mécanique des fluides française est donc bien installée dans les institutions de pilotage de la recherche nationale. Autre aspect de la structuration de la discipline, plus scientifique, Pérès crée en 1961 le *Journal de Mécanique*, avec Malavard, Germain et Siestrunck dans le comité de rédaction[61]. Ce journal a depuis fusionné avec d'autres revues européennes pour former le *European Journal of Mechanics*.

Un autre élément de renouveau est la vitalité des structures d'enseignement, dans un mouvement général de développement des universités. La formation de chercheurs et d'ingénieurs était un point fort du projet du ministère de l'Air. Des certificats d'enseignement supérieur (CES) avaient été créés dans une dizaine d'universités, associés à des certificats plus spécialisés d'hydrodynamique avancée, de mécanique de l'atmosphère, etc. Sans attirer au départ de fortes cohortes d'étudiants, ces enseignements se développent dans l'après-guerre et constituent le noyau de départements universitaires de mécanique et d'écoles d'ingénieurs, notamment des écoles nationales supérieures d'ingénieurs (ENSI) créées en 1948 : l'ENSEH à Toulouse, l'ENSMA à Poitiers, et l'ENSM à Nantes. Ces départements et écoles forment les futurs chercheurs et enseignants-chercheurs du CNRS et des universités, ainsi que les ingénieurs de l'industrie et des organismes publics d'études et recherches.

Au niveau international, les personnalités de Bénard, Kampé de Fériet et Pérès avaient largement contribué au rayonnement de la mécanique des fluides française de l'entre-deux-guerres – Bénard conduisant les délégations françaises aux Congrès internationaux de mécanique appliquée (ICAM). Un témoignage de ce rayonnement est le choix de Paris pour le 6e ICAM, initialement prévu en 1942 et tenu en 1946.

---

[59] M. Lance, Le laboratoire de mécanique des fluides et d'acoustique, *in* Histoire de l'École Centrale de Lyon, sur le site internet de cette école.

[60] Il s'agit d'Escande (président), Favre, Germain, Malavard, Poncin et Valensi. La section 3 représente, dans les années 1960, une cinquantaine de chercheurs CNRS (un peu plus que la section 1 de Mathématiques pures, et trois fois moins que la section 2 de Théories physiques, Probabilités, Applications (Mounier-Kuhn 2010, Annexe 1)).

[61] Germain (2006), p. 153.

C'est lors de ce congrès de Paris qu'est créée l'Union internationale de mécanique théorique et appliquée (IUTAM)[62]. Pérès en est le premier président, de 1948 à 1952. À l'assemblée générale de cette Union, la France a initialement deux délégués – Pérès et Caquot – puis quatre à partir de 1952 (l'Angleterre et l'Allemagne en comptent le même nombre, et les États-Unis, cinq). Les années soixante voient un autre président français de l'IUTAM, Maurice Roy.

Enfin, du côté des liaisons avec l'industrie, on doit au ministère de l'Air d'être à l'origine de la création, en 1946, de l'Office national d'études et de recherches aéronautiques (ONERA), qui regroupe les structures de recherche appliquée mises en place avant la guerre (dont le GRA). Malavard, Pérès et Germain se trouveront étroitement associés à la vie de cet organisme, et contribueront à faire de la France un leader européen dans les domaines aéronautique et aérospatial.

[62] J. Hult & N. J. Hoff, Post World War II activities : from Paris to Lyngby, *in* Eberhard & Juhasz (2016), p. 32.

Annexe A
Récit d'une traversée de l'Atlantique Sud (1930)

Le Grand Raid Transatlantique-Sud du capitaine Challe et du colonel Larre-Borges

Récit publié en avril 1930 dans la rubrique « Raids et voyages » de la *Revue de la Société Générale Aéronautique* (extraits)

F. Charru, *Ailes, Nuages et Tourbillons*, Science Networks. Historical Studies 61,
https://doi.org/10.1007/978-3-030-70236-6

« Le bel exploit réalisé en décembre dernier par le Capitaine Challe et le Colonel uruguayen Larre-Borges est encore présent à toutes les mémoires et nous donnons ici un récit fait par le Capitaine Challe, lui-même, de leur immense randonnée au-dessus de l'Atlantique-Sud. Rappelons qu'ils montaient un avion *Bréguet* équipé du moteur *Lorraine* 450 CV, surcomprimé, à réducteur.

Prévisions et départ. Deux considérations d'égale importance nous avaient fait fixer notre départ au 15 décembre à midi 45 : Il fallait d'abord que nous ayions la certitude de pouvoir reconnaître le lendemain matin à la pointe du jour, l'île souvent brumeuse de Santiago-du-Cap-Vert dont les feux sont à peu près inexistants. Nous voulions aussi écarter l'éventualité d'un atterrissage de nuit, le surlendemain matin sur la côte brésilienne, si nous venions à manquer d'essence.

En effet, nous devions nous baser sur un rayon d'action correspondant à 43 heures de vol environ, que nous aurions d'ailleurs facilement atteint sans une fuite d'essence à nos « vide-vite » et si nous n'avions dû prendre un régime supérieur à celui que nous avions prévu, pour lutter, pendant la seconde partie du voyage, contre des orages et des vents particulièrement violents, bien que des régimes inférieurs de 50 tours à nos prévisions de marche, aient pu être tenus pendant la première partie.

Lestés d'un bon déjeuner pris à Séville, nous arrivons vers midi sur le terrain de Tablada, où se trouvent déjà de nombreux amis parmi lesquels, les officiers du centre espagnol, les représentants de l'Aéro-Club et des colonies uruguayennes et françaises. Le peu de place dont nous disposons à bord, nous oblige à réduire singulièrement nos bagages et nous ne pouvons embarquer que quelques vivres et nos cartes.

A midi 42, nous décollons face au Nord par un vent légèrement de côté à droite, sur la piste aménagée dans le prolongement de la plus grande diagonale du terrain. Nous quittons le sol très facilement après avoir roulé 800 mètres. Les préparatifs de l'ingénieur Carol et de nos deux mécaniciens nous donnaient d'ailleurs la certitude que l'appareil était capable de décoller avec le plein d'essence complet (4.200 litres) et j'ai même la conviction que nous aurions pu emporter une charge supérieure. Après un virage à gauche nous survolons notre point de départ et prenons la direction du Sud, à 50 mètres d'altitude.

Nous quittons la côte.... Nous quittons bientôt la côte d'Espagne au Sud de Cadix et croisons a basse altitude, plusieurs bateaux en direction ou en provenance de Gibraltar. Une heure après notre départ nous sommes à Tanger ayant parcouru 185 kms. Longeant les côtes du Maroc, nous passons successivement à Rabat à 15 heures et à Casablanca à 15 h. 20.

Entre temps notre antenne de T.S.F. a été déroulée, mais nous sommes surpris de n'obtenir aucune réponse à nos messages. En effet, un câble venant de la génératrice s'est rompu. Avec des moyens de fortune (un couteau et une partie de l'antenne) Larre-Borges répare la connexion brisée, non sans recevoir de violentes secousses dans les doigts, car la génératrice, en l'absence de frein, continue à tourner. Au premier essai qui suit cette réparation nous obtenons une réponse immédiate ce qui nous comble d'aise, car il est rare et toujours difficile de pouvoir ainsi réparer une telle panne, en vol, surtout quand on ne peut remuer ni bras ni jambes.

Nous sommes alors au Sud de Casablanca. L'horizon devient plus brumeux et la côte disparaît bientôt sous les nuages. La nuit approche vite et est complète quand nous coupons la baie d'Agadir à 17 heures. Nous retrouvons la côte plus au Sud, au Rio-de-Oro, où les multiples feux de nomades semblent s'être donné rendez-vous pour notre passage. Larre-Borges se trouve là en pays de connaissance et m'indique, au passage, l'épave de son hydravion naufragé en 1927.

A 20 heures, nous survolons Cap-Juby où nous apercevons les feux de la Cie Gle Aéropostale ; nous sommes à 500 m. d'altitude, mais le vent d'Est a soulevé une grande quantité de sable qui rend la visibilité très mauvaise. Elle devient presque nulle à partir de 22 heures et jusqu'à Port-Etienne. Ne pouvant songer à monter très haut, l'indicateur de vol gyroscopique me rend grand service dans cette atmosphère rougeâtre et sans horizon. Fort heureusement, nous apercevons Port-Etienne à la verticale au-dessous de nous. Le temps de lire le compas pour mettre le cap sur Santiago et la côte a définitivement disparu quand nous nous retournons pour prendre une mesure de dérive...

La nuit sur l'Océan. Il est 1 h. 40 du matin et 960 kilomètres nous séparent encore de Porto-Praïa... A une centaine de milles de la côte, nous rencontrons quelques nuages, la visibilité s'améliore et nous descendons en-dessous de 1.000 mètres pour essayer de profiter des vents alizés. Depuis Séville notre moyenne n'a pu être que de 160 km. à l'heure par suite du vent S.E. contre lequel nous avons dû lutter depuis le Maroc.

Pendant le parcours de Port-Etienne à Praïa, nous entrons en communication avec le paquebot *Lutetia*, qui rentre en France et se trouve légèrement au nord de notre route. Nous sommes également en liaison avec les postes de la Cie Gle Aéropostale. Malheureusement, il ne nous est pas possible d'obtenir les relèvements radiogoniométriques que nous espérions.

A 5 heures, nous apercevons les feux de l'unique bateau que nous devions voir de toute la traversée (sans doute un cargo sans T.S.F.). A 6 heures du matin, il fait encore nuit noire quand, grâce au reflet de la lune, nous devinons une masse assez sombre loin à notre droite, sur laquelle nous nous dirigeons, et que nous identifions comme devant être l'île Do-Sal. Aussitôt, laissant Boavista à notre gauche, nous mettons le cap sur l'île de Santiago. Nous avons été dérivés de 4° vers la droite.

Le jour se lève. A 7 heures, le jour, enfin, se lève et nous apercevons l'île de Santiago, dont nous coupons la partie orientale et que nous quittons à 7 h. 35. C'est en vain que nous cherchons à obtenir de nouveau des relèvements radiogoniométriques pour tracer notre route. Il faut en faire notre deuil.

Une première inquiétude nous vient pour notre essence. Nous venons en effet, de terminer une rapide toilette à l'eau de Vichy, quand nous sentons l'odeur caractéristique de l'essence éthylisée. C'est certainement le « vide-vite » qui fuit comme cela était à craindre, mais les jaugeurs fonctionnant régulièrement, pendant les quelques heures qui suivent nous n'attachons pas autrement d'importance à cet ennui, qui, à la longue nous a cependant fort incommodés.

Le temps est beau, la mer est à perte de vue parsemée de petits nuages bas au-dessus desquels nous volons à 1400 m. d'altitude car la chaleur commence à se faire sentir.

Nous avons un appétit féroce, mais nos vivres sont malheureusement trop bien rangés... Ceux qui se trouvent à portée de la main sont vite absorbés, mais il faudrait pourvoir lâcher les commandes pour atteindre les autres... et notre poste de double commande ne peut pas être utilisé à cause de l'encombrement du poste de T.S.F. Je dois renoncer, après avoir essayé de toutes les façons à atteindre mon déjeuner. De plus, la véritable gymnastique que j'ai dû faire dans ce but, jointe à l'action du café trop fort que nous avons à bord me donne des crampes fort désagréables que dissipe un peu d'aspirine, heureusement emportée pour combattre l'intoxication par l'essence.

Premiers orages. Vers 11 heures, les premiers orages et un ciel menaçant dans le lointain, nous font penser à autre chose. Nous prenons de l'altitude et à 3.800 mètres nous passons entre les sommets de plusieurs grains. Mais le ciel se couvre complètement en altitude à plus de 6 et 7.000 mètres. A 15 heures, le temps est tout à fait bouché et nous devons voler vers 2500 m. entre deux couches de nuages et dans la pluie jusque vers 18 heures. A ce moment nous laissons le mauvais temps à droite de notre route. Il y avait, en général, 3 couches nuageuses : vers 300 m., vers 2.500 m. et, au-dessus, vers 3.500 à 4.000 m. ; couches se joignant par endroit les unes aux autres.

Entre temps, nous entrons en communication avec un aviso de la Cie Générale Aéropostale, puis nous recevons un message de Noronha dont le poste, à l'estime de l'intensité de nos signaux, avait situé notre position très en avance sur notre horaire et nous croyait même entre l'île et la côte du Brésil. Nous ne tenons d'abord pas compte de ce renseignement qui nous paraît trop optimiste, mais, comme il nous est confirmé à deux reprises, nous obliquons vers le S.-W. pour gagner Natal et éclaircir au plus vite le doute d'une telle indication. Nous volons ainsi plusieurs heures et la nuit tombe sans rien amener de nouveau.

Nous ressentons alors la seule mauvaise impression depuis notre départ, mais elle est assez désagréable car nous retrouvons un temps très orageux. Des éclairs jaillissent constamment très près de notre avion et l'antenne de T.S.F. recevant de fortes décharges athmosphériques, notre poste devient inutilisable.

Sur la Côte Brésilienne. En l'absence de renseignements, nous devons nous en rapporter à notre raisonnement, qui ne nous trompe pas et nous fait prendre la bonne route puisqu'elle nous amène deux heures plus tard sur la côte que nous apercevons à 23 h. 50. D'après l'orientation du rivage, nous nous situons au N.W. de Natal à environ 250 km. mais un vent très violent en altitude nous donne l'impression de rester sur place au régime de 1440 tours que nous indique notre tableau de marche. Nous descendons vers 600 mètres, mais les remous de chaleur et les orages locaux nous obligent à reprendre de l'altitude.

Pour gagner du temps, nous coupons à l'intérieur pour rejoindre la côte vers Natal, mais, fortement dérivés par le vent d'Est, nous passons à l'Ouest de cette ville, sans l'apercevoir et sans nous en rendre compte. Nous nous trouvons à l'intérieur des terres, sur une région assez montagneuse, couverte de broussailles, avec une lune assez voilée, quand se déclare la panne d'essence sur nos réservoirs. Le temps de faire piquer l'avion pour empêcher que l'hélice s'arrête, et d'ouvrir le robinet d'essence de fin de vol, notre vaillant 450 repart allègrement... Mais il ne nous reste malheureusement qu'une quarantaine de litres d'essence dans la petite nourrice de secours, et il nous paraît difficile dans ces conditions, de sauver l'appareil, car le jour ne paraîtra pas avant deux ou trois heures.

Nous volons encore quelque temps en direction de la côte, mais celle-ci semblant encore loin, je décide d'atterrir avant d'y être forcé, dans un endroit paraissant moins accidenté que les autres.

L'atterrissage. Mais nous arrivons sur des taillis que je distingue assez mal... et l'avion tombe de 2 ou 3 mètres, sans capoter, écrasant son train d'atterrissage. Nous avons volé plus de 40 heures !

Le choc m'a fait donner de la tête dans mon « gyrorector », placé juste en face de moi ; une forte hémorragie m'aveugle, et me force à m'étendre. Je ne tarde pas à perdre connaissance. Larre-Borges, ayant pu se cramponner, réquisitionne des nègres accourus au bruit, et me fait transporter par eux dans un hamac suspendu à une branche d'arbre.

Les balancements de ce mode de transport à bras, me procuraient de courts réveils de mon évanouissement et je voyais, avec une impression de cinéma, les nègres s'agiter autour de nous. J'ai gardé notamment dans la mémoire la vision humoristique d'un négrillon portant religieusement mon barographe avec un respect évident de cet instrument étrange. Nous parcourons ainsi 6 à 7 km. – Larre-Borges à cheval – pour gagner une ferme où un médecin, arrivé à midi, me donne les premiers soins nécessaires.

Vers 15 heures, une avionnette de Natal atterrit dans une clairière à quelques kilomètres de la ferme avec le Ct Petit, aviateur brésilien, et Depecker, pilote de la Compagnie Générale Aéropostale. Je suis transporté à Natal et soigné le soir-même. [...] »

Annexe B
Programme d'enseignement et conférences

B.1 Programme du certificat de mécanique des fluides

Le programme du certificat de mécanique des fluides, adopté par les facultés des sciences entre 1929 et 1931, est très complet et détaillé [1]. Ses grandes lignes sont les suivantes :

Mécanique des fluides théorique (25 leçons).

- Principes fondamentaux : équations du mouvement d'un milieu continu, théorèmes généraux, mouvements irrotationnels, équation de Laplace et fonctions harmoniques, construction d'un champ de courant au moyen de sources et de tourbillons, théorèmes généraux, mouvement rapporté à des axes mobiles, propagation d'ondes, théorie d'Hugoniot
- Les mouvements continus sans tourbillons : mouvements plans, potentiel complexe, représentation conforme, circulation, théorème de Kutta-Joukovski, aile d'envergure infinie
- Les mouvements continus avec tourbillons : champ de courant avec tourbillons libres ou liés, ailes d'envergure finie, hélices
- Les mouvements discontinus : paradoxe de d'Alembert, théorie générale, application à l'obstacle plan ou anguleux
- Les fluides visqueux : mouvements lents, notions sur la turbulence et les changements de régime, notions sur diverses théories modernes (couches limites de Prandtl, mouvements limites d'Oseen, etc...)

Mécanique des fluides expérimentale (25 leçons).

- corps flottants
- équations d'état, compressibilité, tension superficielle

[1] Arch. ENSEEIHT, Toulouse.

F. Charru, *Ailes, Nuages et Tourbillons*, Science Networks. Historical Studies 61,
https://doi.org/10.1007/978-3-030-70236-6

– mesure des pressions et des vitesses (dont appareils à fil chaud)
– éléments de théorie cinétique, viscosité
– techniques photographiques
– phénomènes dus à la compressibilité, ondes dans les tuyaux, coups de bélier, ultra-sons, etc...
– ondes de surface, vitesse de groupes d'ondes, ondes de sillage...
– mouvements giratoires
– régimes d'écoulement : laminaire, intermédiaire à tourbillons fixes ou alternés, turbulent
– mesures de viscosité, variations avec la température
– lois de similitude dynamique
– résistance à l'avancement, expériences sur modèles, lignes de décollement
– frottements turbulents
– jets liquides, jets gazeux
– éléments d'aérologie : ballons-cerfs volants, vitesses du vent et des nuages, atmosphère normale

Aérodynamique appliquée à l'aviation (25 leçons).

– ailes sustentatrices d'envergure infinie et d'envergure finie
– hélices propulsives
– stabilité, performances.

Programme des travaux pratiques[2].

(a) Écoulement et viscosité.

1. Vérification de la formule de Bernoulli, pertes de charge singulières (coudes, élargissements brusques ou progressifs, obstacles, etc.).
2. Détermination de la viscosité par la méthode de Poiseuille. Variation du coefficient de viscosité avec la température.
3. Mesure du coefficient de viscosité par la méthode de Couette. Existence de deux régimes.
4. Vérifications expérimentales du théorème des quantités de mouvement. Hélices.

(b) Détermination des vitesses dans les liquides.

5. Emploi comparatif d'un tube de Pitot et d'une tuyère noyée.
6. Emploi comparatif d'un déversoir et d'un Venturi.
7. Emploi de la méthode chimique.

[2] Transmis par Villat au doyen le 2 avril 1930, pour compléter un dossier pour le ministère. Arch. Nat. AJ16 5775.

(c) Détermination de la vitesse dans les gaz.

8. Tube de Pitot et ses diverses formes. Influence de l'orientation du Pitot par rapport aux filets fluides. Clinomètres.
9. Appareils à fil chaud. Etalonnage par compteurs.

(d) Formes des lignes de courant autour des obstacles.

10. Méthode chronophotographique et méthode des filets colorés.
11. Méthode des stries.

(e) Répartition des pressions autour d'un obstacle

12. Étude des divers micro-manomètres.
13. Répartition des pressions autour d'un obstacle cylindrique. Influence de la vitesse.
14. Disque de Recknagel.
15. Autorotation.

(f) Résistance des ailes.

16. Polaire d'un plan d'aspect long ou large.
17. Polaire d'un cylindre. Comparaison des résultats avec ceux du n°13.

(g) Jets.

18. Strioscopie et stroboscopie des jets.

(h) Rides et tourbillons.

19. Méthode optique des rides (mercure et eau). Mesure de la tension superficielle.
20. Tourbillons alternés. Étude optique et cinématographique.
21. Étude de l'onde solitaire dans un bassin long.

(i) Acoustique aérienne et sous-marine.

22. Acoustique. Vitesse des ébranlements dans les tubes. Coups de bélier. Vitesse à l'air libre. (Méthode graphique.)
23. Résonateurs aériens de diverses formes.

B.2 Conférences de l'institut de mécanique de Paris (1927–1939)

On donne ici, pour les années scolaires 1927–1928 à 1938–1939, les auteurs et titres des conférences données à l'institut de mécanique de Paris, d'après les rapports annuels des doyens des facultés des sciences [3]. Ces rapports ne mentionnent plus de séminaires à partir de l'année 1939–1940.

- 1927–1928
  - D. Riabouchinsky : Les paradoxes de l'hydrodynamique
  - A. Toussaint : Aérodynamique appliquée : théorie et expériences sur les profils d'ailes sustentatrices
  - H. Bénard : Tourbillons cellulaires et tourbillons en bandes dus à la convection de la chaleur
  - A. Métral : Dynamique générale des fluides visqueux et non visqueux
  - H. Villat : Quelques problèmes liés à la résistance des fluides visqueux
  - Ch. Camichel : Sur quelques problèmes d'hydrodynamique et d'hydraulique
- 1928–1929
  - A. Toussaint : Aérodynamique appliquée
  - Y. Rocard : L'hydrodynamique d'après la théorie cinétique des gaz
- 1929–1930
  - D. Riabouchinsky : Vingt-cinq années de recherches théoriques et expérimentales sur la mécanique des fluides
  - N. Zeilon, professeur à l'univ. de Lund : Quelques récents progrès dans l'hydrodynamique des fluides peu visqueux
- 1930–1931
  - A. Rosenblatt, professeur à l'univ. de Cracovie : Sur certaines mouvements des fluides visqueux incompressibles
  - T. Levi-Civita, prof. à l'unv. de Rome, membre correspondant de l'Institut : (1) Sur les jets liquides ; (2) Sur la cavitation d'un tube mince
- 1931–1932
  - J. M. Burgers, dir. de l'institut aéro et hydrodynamique de Delft : Le mouvement d'un fluide sous l'action de forces extérieures
  - A. Weinstein, prof. à l'univ. de Breslau : Sur le mouvement d'un fluide à travers un milieu perméable – Sur la notion de multiplicité des solutions en hydrodynamique – Sur les ondes d'un fluide dans un canal
  - E. G. Richardson, prof. à l'univ. de Durham : mesure par appareils à fil chaud (rapp. Villat 1932)
  - V. Volterra, membre de l'Académie des sciences : Les méthodes de Green et l'hydrodynamique

[3] Source : Arch. Nat. AJ16 5758 ; AJ16 5776.

- 1932–1933
  - J. Leray : Sur les équations intégrales non linéaires et sur problèmes que pose l'hydrodynamique
  - M. Sainturat, ingénieur : Les moteurs à explosion à grande vitesse
  - Y. Rocard : Sur la propagation et l'absorption des ondes acoustiques dans l'air
  - M. Chapelon, ingénieur : La locomotive Compound actuelle et son avenir
  - D. Riabouchinsky : Sur quelques méthodes analytiques nouvelles suggérées par l'étude du problème de la cavitation
- 1933–1934
  - R. Wawre, prof. à l'univ. de Genève : Le théorème de Stokes-Poincaré relatif aux masses fluides en rotation
  - S. Zaremba, prof. à l'univ. de Cracovie : Sur une théorie nouvelle de la viscosité
  - Mme M.-L. Dubreil-Jacotin : Sur la théorie des ondes, en profondeur finie ou infinie
  - D. Riabouchinsky : La résistance des fluides incompressibles
- 1934–1935
  - D. Riabouchinsky : Mouvement et résistance ondulatoire des fluides
  - H. Ricardo, ingénieur : Le moteur Diesel
  - M. Sainturat, ingénieur : Le problème de la transmission dans les véhicules automobiles
  - T. Levi-Civita, prof. à l'univ. de Rome, correspondant de l'Académie des sciences : Le problème relativistique des deux corps et son rôle dans la théorie des planètes fluides
  - M. Labarthe, assistant du Laboratoire de mécanique physique : Le problème de l'injection dans les moteurs Diesel
  - P. Dumanois : dir. des Constructions aériennes au ministère de l'Air : L'évolution du moteur Diesel
  - F. Vasilesco, boursier de la Caisse nationale des sciences : Recherches sur une méthode d'étude des mouvements fluides plans, susceptibles de s'étendre à l'espace
- 1935–1936
  - D. Riabouchinsky : Nouvelles recherches sur la résistance des fluides compressibles
  - J. Leray, chargé de cours à la faculté des sciences de Strasbourg : Recherches sur la théorie des sillages
  - F. Vasilesco : Applications des intégrales de Stieltjes à la physique mathématique

- 1936–1937
  - D. Riabouchinsky : Sur les hélices propulsives
  - M. Luntz : (1) Structure de la turbulence, mouvements pseudo-turbulents, corrélations ; (2) Naissance de la turbulence, tourbillons thermo- et électroconvectifs
  - Th. von Kármán, univ. de Pasadena : La théorie statistique de la turbulence
- 1937–1938
  - D. Riabouchinsky : Sur les singularités des mouvements supersoniques
- 1938–1939
  - J. P. den Hartog, prof. à l'univ. Harvard : L'équilibrage des machines rotatives
  - D. Riabouchinsky : Sur quelques problèmes de mécanique des fluides
  - G. Colonnetti, prof. à l'École polytech. de Turin : (1) Un théorème fondamental sur l'équilibre des systèmes élastiques en état de coaction ; (2) Le rôle des états de coaction élastique dans la technique des travaux
  - A. Weinstein, maître de recherches : Sur les vibrations et le flambage des plaques et des membranes élastiques

Annexe C
Sources documentaires

C.1 Archives nationales

Sous-série F17 (ministère de l'Instruction publique)

- F17 17147, comité des travaux historiques et scientifiques, correspondance de Villat
- F17 17267, service des missions, subventions de la Caisse des recherches scientifiques à Bénard
- F17 17466, CNRS, correspondance laboratoires 1938–1941, replis
- F17 17492, Office national des recherches scientifiques et industrielles et des inventions (ONRSII), correspondance avec le ministère de la Guerre
- F17 17493, ONRSII, correspondance avec le ministère de l'Air, 1935–1939
- F17 17494, ONRSII, laboratoires de Bellevue
- F17 17495, ONRSII, laboratoires de Bellevue
- F17 17577, IMF Marseille, création d'une soufflerie à grande vitesse (1947–1951)

- F17 14484, IMF Marseille, construction (1937–1945)
- F17 14510, IMF Lille (1932–1937)
- F17 14537, IMF Paris (1932)
- F17 14566, institut électrotechnique de Toulouse (1919–1946) et IMF de Toulouse (1936–1938).

Sous-série AJ16 (académie de Paris)

- AJ16 5123, conseils de la faculté des sciences de Paris 1902–1923
- AJ16 5732 à AJ16 5754, dossiers administratifs du personnel de l'académie de Paris, né entre 1850 et 1900.
- AJ16 5758, rapports annuels du doyen de la faculté des sciences, 1929–1942
- AJ16 5759, correspondance de la faculté des sciences
- AJ16 5775, instituts de mécanique des fluides, 1929–1941

F. Charru, *Ailes, Nuages et Tourbillons*, Science Networks. Historical Studies 61,
https://doi.org/10.1007/978-3-030-70236-6

- AJ16 5776, instituts de mécanique des fluides
- AJ16 5822, CNRS, affectations spéciales 1938–1940.

Autres dossiers consultés

- 313AP 208, correspondance privée Painlevé 1923–1924
- 3W 66, Haute Cour de justice, affaire Bergeret (microfiches)
- 19800284 13–14, CNRSA, mobilisation scientifique 1938–1939,
- 19800284 39–40, CNRSA, comité de mécanique des fluides de l'institut de la recherche scientifique appliquée à la Défense nationale
- 19800284 51–52, CNRSA, correspondance (Breton, Brun, IPO Nantes...)
- 19800284 53–54, CNRSA, correspondance (Pérès, Valensi, Rocard...)
- 20010498 160, laboratoire de mécanique physique (Paris).

C.2 Archives universitaires et départementales

Institut de Paris

L'institut ∂'Alembert de la faculté des sciences et d'ingénierie de Sorbonne-Université (ex-université Pierre et Marie Curie) conserve les archives de la chaire d'aviation fondée en 1909 par Basil Zaharoff [1]. Ce fonds, très riche, contient plus de 2000 ouvrages et revues. Un sommaire en est disponible sur le site internet de cet institut.

Le site Wikipedia offre un historique des chaires de la faculté des sciences de Paris et une liste des thèses de mathématiques de cette faculté.

Institut de Lille

Les archives de l'institut de mécanique des fluides de Lille sont conservées par le site de l'ONERA de Lille, qui occupe les locaux historiques de l'institut [2].

Les archives départementales du Nord conservent des documents relatifs à la construction de l'institut (dossier 2T1054).

Les rapports annuels du conseil de l'université, pour les années 1889 à 1965, sont disponible sur le site internet de la bibliothèque numérique d'histoire régionale du Nord et du Pas-de-Calais :

`https://nordnum.univ-lille.fr/search?query=annales+universite+lille`

[1] L'auteur remercie Renée Gatignol, professeur émérite, pour son accueil pour la consultation de ce fonds.

[2] Remerciements à Laurence Lesne, documentaliste.

Institut de Marseille

Les rapports annuels du conseil de l'université de Marseille sont disponibles sur le site internet[3] :

`https://odyssee.univ-amu.fr/items/show/312`

Pour les procès-verbaux des séances du conseil de la faculté des sciences :

`https://odyssee.univ-amu.fr/items/show/340`

Patrick Bontoux et l'Amicale de l'institut de mécanique des fluides de Marseille conservent des documents et photos relatifs à l'IMFM (38 rue Frédéric Joliot-Curie, 13013 Marseille).

Institut de Toulouse[4]

Les archives de l'institut électrotechnique de Toulouse et de l'IMFT sont conservées à l'ENSEEIHT et à l'IMFT.

Les archives du département de la Haute-Garonne conservent certains documents administratifs relatifs à l'institut électrotechnique, à son laboratoire d'hydraulique, et à la création de l'institut de mécanique des fluides (cotes 2559 W 159 et 2559 W 162)[5]. On y trouve également l'ensemble des rapports d'essais en soufflerie réalisés pour l'industrie aéronautique entre 1939 et 1996 (fonds 7003 W), dont le sommaire est disponible sur internet :

`https://archives.haute-garonne.fr/archive/fonds/FRAD031_7003W/view:73863`

Les archives des *Annales de la faculté des sciences de Toulouse*, numérisées dans le cadre du programme *NumDam*, sont disponibles sur le site :

`http://picard.ups-tlse.fr/~annales/`

C.3 Archives de l'Académie des sciences

Tout correspondant ou membre de l'Académie des sciences possède un dossier dans les archives de cette Académie, à l'Institut de France. Quelques prétendants non élus ont également un dossier. Ces dossiers comportent notamment une notice des titres et travaux. Dossiers consultés : Camichel, Chartier, Escande, Favre, Kampé

[3] Remerciements à Barbara Sanchez-Gomez, archiviste.

[4] Remerciements à Caroline Barrera, maître de conférences en histoire contemporaine au laboratoire Framespa, pour les renseignements et documents relatifs à l'histoire et aux archives de l'université de Toulouse. L'auteur remercie également Emmanuel Davoust, professeur émérite à l'observatoire Midi-Pyrénées, pour lui avoir remis des documents ayant appartenu à Charles Camichel, transmis par Henri Camichel, astronome et neveu de Charles.

[5] Remerciements à Pascal Gaste, archiviste, pour son accueil.

de Fériet, von Kármán, Malavard, Mazet, Pérès, Poncin, Riabouchinsky, L. Roy, Taylor, Thiry, Valensi, Villat et Villey.

Notices biographiques numérisées (également disponibles via le site gallica de la BNF, voir ci-dessous) :

`https://www.academie-sciences.fr/fr/Notes-biographiques/notes-biographiques.html`

C.4 Site gallica et autres sites internet

Le site internet *gallica* de la Bibliothèque nationale de France (BNF) offre de nombreux documents numérisés intéressant l'histoire des sciences et l'histoire de l'aéronautique. Ci-dessous quelques liens, vers *gallica* et vers d'autres sites.

Publications de l'Académie des sciences.

- Notes aux *Comptes Rendus* publiées entre 1835 et 1965 :

  `https://gallica.bnf.fr/ark:/12148/cb343481087/date.langFR`

- Table générale des *Comptes Rendus*, par auteur, de 1926 à 1940 (tomes 182 à 211) :

  `https://gallica.bnf.fr/ark:/12148/bpt6k3215w/`

- Notices et discours (1924–1974, six volumes) :

  `https://catalogue.bnf.fr/ark:/12148/cb37420265k`

Autres revues.

- *Revue générale des sciences pures et appliquées* (1890–1947) :

  `https://gallica.bnf.fr/ark:/12148/cb343784049/`

- *Annales de Chimie et de Physique* (1816–1913) (où est notamment publiée la thèse de Bénard) :

  `https://gallica.bnf.fr/ark:/12148/cb343780820/`

Collections du Musée Air France. Le musée Air France a numérisé une partie de son important fonds documentaire, dont plusieurs revues techniques ou généralistes sur la conquête de l'air (*L'Aérophile*, *L'Aéronautique*, *Revue du ministère de l'Air…*), disponibles sur gallica :

`https://gallica.bnf.fr/edit/und/musee-air-france`

Bibliothèque numérique française de mathématiques. De nombreuses publications à caractère théorique citées dans cet ouvrage (notamment les thèses de Villat, Pérès, Kampé de Fériet, et de certains de leurs étudiants, articles de revues, etc.), sont disponibles sur le site *Numdam* de la bibliothèque numérique française de mathématiques :

`http://www.numdam.org/`

UMS Persée. L'unité mixte de service (UMS) Persée (ENS Lyon - CNRS) offre un grand nombre de documents numérisés, et notamment deux dictionnaires biographiques par C. Charle et E. Telkès : celui des professeurs de la faculté des sciences de Paris (1901–1939) :

`https://www.persee.fr/issue/inrp_0298-5632_1989_ant_25_1`

et celui des professeurs au Collège de France :

`https://www.persee.fr/issue/inrp_0298-5632_1988_ant_3_1`

Références

Thèses de doctorat soutenues entre 1928 à 1952

On donne ici la liste des thèses de doctorat ès sciences et thèses d'ingénieur-docteur, de mécanique des fluides, réalisées dans les instituts et centres annexes d'enseignement, et soutenues entre 1928 et 1952. On y a ajouté celle d'André Martinot-Lagarde (1958), ainsi que la thèse d'université de François Naftali Frenkiel (1946). Le cas échéant, on indique la référence de l'édition dans les *Publications Scientifiques et Techniques* (PST) du ministère de l'Air. L'index permet, à partir du nom de son auteur, de retrouver la page où chacune des thèses est citée.

AGOSTINI, L. 1948 *Influence du libre parcours sur l'écoulement d'un gaz à la vitesse du son à travers un orifice*. Thèse de doctorat ès sciences phys. de l'univ. de Paris. PST n°214.

AUGER, L. 1943 *Auto-oscillations dans les tuyaux sonores à anches battantes*. Thèse de doctorat ès sciences phys. de l'univ. de Paris. PST n°194 (1945).

AVSEC, D. 1939 *Tourbillons thermoconvectifs dans l'air. Application à la météorologie*. Thèse de doctorat ès sciences phys. de l'univ. de Paris. PST n°155.

BAUBIAC, J. 1936 *Étude expérimentale, en régime transitoire, du sillage et de la résistance des corps immergés*. Thèse d'ingénieur-docteur de l'univ. de Toulouse. PST n°98.

BERKER, A. R. 1936 *Sur quelques cas d'intégration des équations du mouvement d'un fluide visqueux incompressible*. Thèse de doctorat ès sciences math. de l'univ. de Lille.

BOUJON, C. 1931 *Expériences sur l'écoulement en déversoir. Étude du déversoir d'Herschel et des déversoirs à talus et à crête arrondie*. Thèse de doctorat ès sciences de l'univ. de Toulouse.

BOUROT, J.-M. 1949 *Chronophotographie des champs aérodynamiques*. Thèse de doctorat ès sciences phys. de l'univ. de Poitiers. PST n°226.

BOURRIÈRES, F.-J. 1939 *Sur un phénomène d'oscillation auto-entretenu en mécanique des fluides réels*. Thèse de doctorat ès sciences phys. de l'univ. de Paris. PST n°147.

CABANNES, H. 1950 *Contribution à l'étude théorique des fluides compressibles, écoulements transsoniques, ondes de choc*. Thèse de doctorat ès sciences math. de l'univ. de Paris.

CARAFOLI, E. 1928 *Contributions à la théorie de la sustentation en aérodynamique*. Thèse de doctorat ès sciences phys. de l'univ. de Paris.

CARSTOIU, I. 1948 *Recherches sur la théorie des tourbillons*. Thèse de doctorat ès sciences math. de l'univ. de Paris.

CASTAGNETTO, L. 1939 *Contribution à l'étude des tourbillons alternés de Bénard-Kármán*. Thèse d'ingénieur-docteur de l'univ. de Toulouse (doct. ès sciences 1948).

F. Charru, *Ailes, Nuages et Tourbillons*, Science Networks. Historical Studies 61,
https://doi.org/10.1007/978-3-030-70236-6

CHARTIER, C. 1937 *Sur la chronophotographie stéréoscopique et ses applications à l'étude des écoulements liquides autour d'hélices et d'obstacles.* Thèse de doctorat ès sciences phys. de l'univ. de Paris. PST n°114.

COMOLET, R. 1950 *Recherche sur la genèse de la turbulence dans les conduites en charge - Influence de la viscosité sur la propagation des ondes de pression dans les conduites.* Thèse de doctorat ès sciences phys. de l'univ. de Paris. PST n°246.

CRAUSSE, E. 1936 *Contribution à l'étude expérimentale de phénomènes transitoires et de phénomènes périodiques se produisant dans les liquides en mouvement.* Thèse de doctorat ès sciences phys. de l'univ. de Toulouse. PST n°95.

DEMONTIS, J. 1936 *Recherches sur l'influence de l'angle d'ouverture d'un ajutage divergent sur l'écoulement à deux dimensions de l'air à travers cet ajutage.* Thèse d'ingénieur-docteur de l'univ. de Lille. PST n°87.

DEMTCHENKO, B. 1928 *Sur les cavitations solitaires dans un liquide infini.* Thèse de doctorat ès sciences math. de l'univ. de Paris.

DUBOIS, G. 1938 *Contribution à l'étude de la turbulence en soufflerie.* Thèse d'ingénieur-docteur de l'univ. de Caen. PST n°135.

DUBREIL-JACOTIN, M.-L. 1934 *Sur la détermination rigoureuse des ondes permanentes périodiques d'ampleur finie.* Thèse de doctorat ès sciences math. de l'univ. de Paris.

DUPIN, P. 1930 *Étude expérimentale sur les tourbillons alternés de Bénard-Kármán.* Thèse de doctorat ès sciences phys. de l'univ. de Paris.

DUPUY, J. 1939 *Contribution à l'analyse expérimentale des champs aérodynamiques par les méthodes interférentielles.* Thèse d'ingénieur-docteur de l'univ. de Paris. PST n°150.

ESCANDE, L. 1929 *Étude théorique et expérimentale sur la similitude des fluides incompressibles pesants.* Thèse de doctorat ès sciences phys. de l'univ. de Toulouse.

FAVRE, A. 1938 *Contribution à l'étude expérimentale des mouvements hydrodynamiques à deux dimensions.* Thèse de doctorat ès sciences phys. de l'univ. de Paris. PST n°137.

FORTIER, A. 1937 *Contribution à l'étude de la viscosité de l'air et des gaz.* Thèse de doctorat ès sciences phys. de l'univ. de Paris. PST n°111.

FRENKIEL, F. N. 1946 *Étude statistique de la turbulence : fonctions spectrales et coefficients de corrélation.* Thèse d'université de l'univ. de Lille, mention sciences physiques.

GAY, A. 1930 *Mouvement lent varié d'un solide en liquide visqueux indéfini et incompressible.* Thèse de doctorat ès sciences math. de l'univ. de Paris. PST n°2.

GERMAIN, P. 1949 *La théorie générale des mouvements coniques et ses applications à l'aérodynamique supersonique.* Thèse de doctorat ès sciences math. de l'univ. de Paris.

GIRERD, H. 1934 *Contribution à l'étude expérimentale du biplan d'envergure finie.* Thèse de doctorat ès sciences math. de l'univ. de Paris. PST n°53.

GOETHALS, R. 1948 *Contribution à l'étude des diffuseurs en vue de l'application aux souffleries aérodynamiques subsoniques.* Thèse de doctorat ès sciences phys. de l'univ. de Paris. PST n°243.

HIRSCH, R. 1938 *Recherches théoriques et expérimentales sur les moyens de soustraire un avion aux accélérations que peuvent engendrer les perturbations atmosphériques.* Thèse d'ingénieur-docteur de l'univ. de Paris. PST n°138.

HUGUES, L. 1946 *Étude théorique et expérimentale sur les propriétés hydrodynamiques d'un sol pulvérulent et les lois de la filtration.* Thèse de doctorat de l'univ. de Marseille.

HURON, R. 1950 *Contribution à l'étude de l'unicité des solutions du problème de représentation conforme de Helmholtz.* Thèse de doctorat ès sciences math. de l'univ. de Paris.

JACOB, C. 1935 *Sur la détermination des fonctions harmoniques conjuguées par certaines conditions aux limites : applications à l'hydrodynamique.* Thèse de doctorat ès sciences math. de l'univ. de Paris.

KRAVTCHENKO, J. 1941 *Sur le problème de représentation conforme de Helmholtz; théorie des sillages et des proues.* Thèse de doctorat ès sciences math. de l'univ. de Paris.

LEDOUX, C. 1929 *Contribution à l'étude théorique et expérimentale de l'écoulement par déversoir.* Thèse de doctorat ès sciences de l'univ. de Toulouse.

LEGRAS, J. 1948 *Contribution à l'étude de l'aile portante.* Thèse de doctorat ès sciences math. de l'univ. de Paris. PST n°222.

LEMAINS, J. 1934 *Recherches sur l'écoulement et les pertes de charge à travers les grilles et les filtres à maille*. Thèse d'ingénieur-docteur de l'univ. de Caen. PST n°59.
LERAY, J. 1933 *Étude de quelques équations intégrales non linéaires et de quelques problèmes que pose l'hydrodynamique*. Thèse de doctorat ès sciences math. de l'univ. de Paris.
LITTAYE, G. 1942 *Contribution à l'étude des jets liquides*. Thèse de doctorat ès sciences phys. de l'univ. de Paris. PST n°181.
LUNTZ, M. 1934 *Recherches sur la résistance des fluides dans un mouvement non permanent : méthode des profils virtuels*. Thèse de doctorat ès sciences phys. de l'univ. de Paris. PST n°55.
MALAVARD, L. 1939 *Étude de quelques problèmes relevant de la théorie des ailes. Application à leur solution de la méthode rhéoélectrique*. Thèse de doctorat ès sciences phys. de l'univ. de Paris. PST n°153.
MARTINOT-LAGARDE, A. 1958 *Sur quelques problèmes posés par l'expérimentation en soufflerie aérodynamique*. Thèse de doctorat ès sciences de l'univ. de Lille. PST n°353.
MAZET, R. 1928 *Sur deux mouvements non permanents d'un liquide parfait sous l'action de la pesanteur*. Thèse de doctorat ès sciences math. de l'univ. de Paris.
MODJTAHÉDI, M.-A. 1938 *Quelques problèmes concernant le mouvement des fluides visqueux*. Thèse de doctorat ès sciences math. de l'univ. de Paris.
MOREAU, J.-J. 1952 *Bilan dynamique d'un écoulement rotationnel*. Thèse de doctorat ès sciences math. de l'univ. de Paris.
NÉNADOVITCH, M. 1936 *Recherches sur les cellules biplanes rigides d'envergure infinie*. Thèse de doctorat ès sciences phys. de l'univ. de Paris. PST n°86.
NOUGARO, J. 1952 *Étude théorique et expérimentale de la propagation des intumescences dans les canaux découverts*. Thèse de doctorat ès sciences phys. de l'univ. de Toulouse. PST n°284.
OUDART, A. 1944 *Sur le schéma de Helmholtz-Kirchhoff*. Thèse de doctorat ès sciences math. de l'univ. de Paris.
PIVKO, S. 1938 *Recherches sur les possibilités de l'envol vertical des avions*. Thèse de doctorat ès sciences phys. de l'univ. de Paris. PST n°134.
PONCIN, H. 1932 *Sur le mouvement d'un fluide pesant dans un plan vertical (1e thèse). Sur les cavitations de forme permanente (2e thèse)*. Thèse de doctorat ès sciences math. de l'univ. de Paris. PST n°16, PST n°18.
ROSEAU, M. 1951 *Contribution à la théorie des ondes liquides de gravité en profondeur variable*. Thèse de doctorat ès sciences math. de l'univ. de Paris. PST n°275.
SACKMANN, L. 1936 *L'écoulement des fluides au voisinage des points singuliers des obstacles*. Thèse de doctorat de l'univ. de Strabourg. PST n°92.
SANTON, L. 1935 *Contribution expérimentale à l'étude des souffleries supersoniques*. Thèse de doctorat ès sciences phys. de l'univ. de Paris. PST n°68.
SCHWARTZ, P. 1937 *Recherches sur les tourbillons alternés*. Thèse de doctorat ès sciences phys. de l'univ. de Paris. PST n°100.
SÉDILLE, M. 1938 *Contribution à l'étude des roues hélico-centrifuges de turbo-machines*. Thèse de doctorat ès sciences phys. de l'univ. de Paris. PST n°136.
SIESTRUNCK, R. 1949 *Écoulements à potentiel dans les machines hélicoïdales simples*. Thèse de doctorat ès sciences phys. de l'univ. de Paris.
SILBER, R. 1938 *Étude de l'adaptation et du fonctionnement de l'ensemble planeur-moteur-propulseur*. Thèse de doctorat ès sciences phys. de l'univ. de Paris. PST n°123.
TEISSIÉ-SOLIER, M. 1931 *Contribution à l'étude des corps immergés*. Thèse de doctorat ès sciences phys. de l'univ. de Toulouse.
TREMBLOT, R. 1932 *Application des interférences à l'étude de l'écoulement de l'air aux grandes vitesses*. Thèse de doctorat ès sciences phys. de l'univ. de Paris. PST n°10.
VAGNER, J.-D. 1937 *Résistance des sphères en mouvement accéléré dans un fluide*. Thèse d'ingénieur-docteur de l'univ. de Lille. PST n°110.
VALENSI, J. 1935 *Étude de l'écoulement de l'air autour d'une hélice*. Thèse de doctorat ès sciences phys. de l'univ. de Paris. PST n°73.
VOLKOVISKY, V. 1939 *Étude des tourbillons thermo-convectifs dans les liquides*. Thèse de doctorat ès sciences phys. de l'univ. de Paris. PST n°151.

WORONETZ, C. 1934 *Mouvements des fluides en couches minces sur des surfaces courbes*. Thèse de doctorat ès sciences math. de l'univ. de Paris.

Bibliographie primaire

On indique ici les références les plus importantes : articles marquants, articles de synthèse, ouvrages et *Publications scientifiques et techniques* (PST) du ministère de l'Air ne correspondant pas à une thèse. D'autres références – notamment les notes aux *Comptes Rendus de l'Académie des sciences* – sont données en notes de bas de page dans le corps du texte. Les PST correspondant aux thèses sont indiquées dans la liste précédente des thèses.

AGOSTINI, L. & BASS, J. 1950 *Les théories de la turbulence. PST n°237*. Ministère de l'Air. Trad. angl. : NACA techn. memo. n°1377, 1955.

ASSOCIATION AMICALE DES INGÉNIEURS ANCIENS ÉLÈVES DE L'IETMA DE TOULOUSE 1936 *M. Charles Camichel à l'Académie des sciences*. Les Frères Douladoure, Toulouse.

BÉNARD, H. 1929 La mécanique expérimentale des fluides. *Revue scientifique* (24), 737–747.

BOUASSE, H. 1912 *Cours de mécanique physique, 2e éd.* Delagrave, Paris.

BOUASSE, H. 1928 Hydrodynamique générale – Fluides parfaits et visqueux. Ailes d'avion. In *Bibliothèque scientifique de l'ingénieur et du physicien*. Delagrave, Paris.

BOUROT, J.-M. 1952 *Chronophotographie des vibrations d'un fluide. PST n°264*. Ministère de l'Air.

BRILLOUIN, M. 1907 *Leçons sur la viscosité des liquides et des gaz*. Gauthier-Villars, Paris (2 tomes).

BRILLOUIN, M. 1911 Les surfaces de glissement d'Helmholtz et la résistance des fluides. *Ann. de Chim. et de Phys.* **23**, 145–230.

BRUHAT, G. 1933 *Cours de physique générale - Mécanique*. Masson, Paris (5 rééditions).

CAMICHEL, C. 1915 Sur les coups de bélier; oscillations en masse. *C. R. Acad. Sc. Paris* **161**, 343–345.

CAMICHEL, C. 1920 Sur le régime permanent dans les chambres d'eau. *Revue Générale de l'Électricité* **8** (11), 331–338.

CAMICHEL, C. 1935 Contribution à l'étude des veines liquides – les indéterminations et les solutions multiples dans leurs rapports avec l'hydraulique fluviale. *Revue Générale de l'Hydraulique* (n°5–6), 1–15.

CAMICHEL, C. & COLLAB. 1932 Contribution to the study of the flow of viscous liquids. *J. Rheol.* **3**, 413–436.

CAMICHEL, C., DUPIN, P. & TEISSIÉ-SOLIER, M. 1927 Sur l'application de la loi de similitude aux périodes de formation des tourbillons de Bénard-Kármán. *C. R. Acad. Sc. Paris* **185**, 1556–1559.

CAMICHEL, C. & ESCANDE, L. 1938 *Similitude hydrodynamique et technique des modèles réduits (356 p.). PST n°127*. Ministère de l'Air.

CAMICHEL, C., ESCANDE, L. & RICAUD, M. 1925 Sur l'écoulement d'un fluide visqueux autour d'un obstacle. *C. R. Acad. Sc. Paris* **180**, 1557.

CAMICHEL, C., EYDOUX, D. & LHÉRIAUD, J. 1914 Expériences sur l'enregistrement des débits, des conduites forcées de l'usine de Soulom. *La Lumière Électrique* **26** (31), 129–139.

CAMICHEL, C., EYDOUX, D. & LHÉRIAUD, J. 1915 Sur l'ajutage Venturi. *C. R. Acad. Sc. Paris* **160**, 28–31.

CAMICHEL, C., LECLERC DU SABLON, J. & ESCANDE, L. 1931 Recherches sur la similitude (suite et fin). *Le Génie Civil* **98** (17), 420–424.

CARAFOLI, E. 1932 *Recherches expérimentales sur les ailes monoplanes. PST n°8.* Ministère de l'Air.

CHARTIER, C. 1942 *Étude expérimentale du sillage des ailes. PST n°178.* Ministère de l'Air.

CRAUSSE, E. 1943 *Résultats expérimentaux concernant la répartition des vitesses en canaux découverts.* Publications Scientifiques et Techniques de l'École Française d'Ingénieurs de Beyrouth.

CRAUSSE, E. & BAUBIAC, J. 1931a Sur l'application d'une méthode d'enregistrement à l'étude des tourbillons se produisant dans un liquide. *C. R. Acad. Sc. Paris* **192**, 1355–1357.

CRAUSSE, E. & BAUBIAC, J. 1931b Sur les tourbillons secondaires se produisant à l'aval d'un obstacle immergé dans un liquide. *C. R. Acad. Sc. Paris* **192**, 1529–1531.

DEMTCHENKO, B. 1939 *Quelques problèmes d'hydrodynamique bidimensionnelle des fluides compressibles. PST n°144.* Ministère de l'Air.

DUBOIS, G. 1946 *Étude expérimentale de la vrille. BST n°107.* Ministère de l'Air.

DUBOIS, M. 1951 *Jets gazeux sensibles aux sons et aux ultra-sons. PST n°249.* Ministère de l'Air.

DUPONT, P. 1938 *Contribution à l'étude du vol en atmosphère agitée. BST n°77.* Ministère de l'Air.

DURAND, G. 1933 *Sur les petits mouvements d'un système infini de tourbillons autour d'une position d'équilibre. PST n°35.* Ministère de l'Air.

EIFFEL, G. 1907 *Recherches expérimentales sur la résistance de l'air exécutées à la tour Eiffel.* L. Maretheux, Paris.

EIFFEL, G. 1910 *La Résistance de l'Air et l'Aviation. Expériences effectuées au laboratoire du Champ-de-Mars.* Dunod & Pinat, Paris.

EIFFEL, G. 1912 Sur la résistance des sphères dans l'air en mouvement. *C. R. Acad. Sc. Paris* **155**, 1597–1599.

EIFFEL, G. 1914 *Nouvelles Recherches sur la Résistance de l'Air et l'Aviation faites au laboratoire d'Auteuil.* Dunod & Pinat, Paris.

EIFFEL, G. 1919 *Nouvelles Recherches sur la Résistance de l'Air et l'Aviation faites au laboratoire d'Auteuil*, 2e éd. Chiron, Paris.

EIFFEL, G. 1920 *Études sur l'Hélice Aérienne faites au laboratoire d'Auteuil*, 2e éd. Chiron, Paris.

ESCANDE, L. 1940 *Étude de quelques écoulements comportant la formation d'une veine de courant. Vannes de fond, barrages-déversoirs, piles de pont. PST n°163.* Ministère de l'Air.

ESCANDE, L. 1943 *Recherches théoriques et expérimentales sur les oscillations de l'eau dans les chambres d'équilibre. PST n°187.* Ministère de l'Air.

ESCANDE, L. 1950 *Hydraulique générale*, 2nd édn. Privat, Toulouse. (1943 pour la 1re éd.).

EYDOUX, D. 1919 *Les mouvements de l'eau et les coups de bélier dans les cheminées d'équilibre.* Thèse de doctorat ès sciences de l'univ. de Toulouse.

FABRY, C., DANJON, A., TREMBLOT, R., DUPUY, J. & LIBESSART, P. 1934 Méthodes interférométriques d'étude des mouvements de l'air. *Revue d'optique théorique et instrumentale* **13**, 32 p.

FAVRE, A. 1935 étude de spectres d'ailes dans le canal hydrodynamique; hypersustentation. In *Journées scientifiques et techniques de Mécanique des fluides de Lille. Tome 1*, pp. 93–102. Éd. É.

FAVRE, A., GAVIGLIO, J. & DUMAS, R. 1955 Mesures, dans la couche limite, des intensités de turbulence et des corrélations dans le temps; spectres. In *Journées de mécanique des fluides – Marseille 1952. Colloque national n°1 du CNRS. PST n°296, 243–275.* Ministère de l'Air.

FOCH, A. 1920 *Contribution à l'étude des coups de bélier dans les conduites munies d'un réservoir d'air.* Thèse de doctorat ès sciences physiques de l'univ. de Paris.

FOCH, A. 1932 *Introduction à la mécanique des fluides.* A. Colin (rééd. 1952).

FOCH, A. 1934 *Acoustique.* A. Colin (rééd. 1942).

FRENKIEL, F. N. 1946 Analyse statistique de la turbulence : corrélation et spectres dans un écoulement homogène. *C. R. Acad. Sc. Paris* **222**, 367, 473, 585, 1331, 1474.

FRENKIEL, F. N. 1948 *Étude statistique de la turbulence : fonctions spectrales et coefficients de corrélation. RT n°34.* Groupement pour les recherches aéronautiques (GRA). Trad. angl. : NACA techn. memo. n°1436, 1958.

GLAUERT, H. 1926 *The Elements of Aerofoil and Airscrew Theory.* Cambridge Univ. Press.

GOLDSTEIN, S., éd. 1952 *Modern developments in fluid dynamics - An account of theory and experiment relating to boundary layers, turbulent motion and wakes.* Oxford Univ. Press.

HUGUENARD, E. 1924 Les souffleries à grande vitesse. leur application à la balistique, l'aérodynamique et l'aéronautique. *La Technique Aéronautique* (15 nov. et 15 déc. Trad. angl. : NACA techn. memo. n°318, 1925).

HUGUENARD, E., MAGNAN, A. & PLANIOL, A. 1923 Sur une méthode de mesure de la vitesse et de la direction instantanées du vent. *La Technique Aéronautique* (15 nov., 15 déc. 1923, 15 jan., 15 fév. 1924. Trad. angl. : NACA techn. memo. n°264, 1924).

HUGUENARD, E., MAGNAN, A. & PLANIOL, A. 1926 *Les appareils à fil chaud. Leur application à l'étude des mouvements atmosphériques. BST n°32.* Ministère de l'Air.

KAMPÉ DE FÉRIET, J. 1934 L'état actuel du problème de la turbulence. *La Science Aérienne* **3**, 9–34 ; **4**, 12–52.

KAMPÉ DE FÉRIET, J., éd. 1935 *Journées scientifiques et techniques de Mécanique des fluides, organisées par la Section Lille-Roubaix-Tourcoing de la Société des Ingénieurs Civils de France à l'occasion de l'inauguration de l'Institut de Mécanique des Fluides de l'Université de Lille. 2 tomes*. Éd. É. Chiron, Paris.

KAMPÉ DE FÉRIET, J. 1939a Les fonctions aléatoires stationnaires et la théorie statistique de la turbulence homogène. *Ann. Soc. Sci. Bruxelles* **59**, 145–194.

KAMPÉ DE FÉRIET, J. 1939b Sur le spectre de la turbulence homogène. *C. R. Acad. Sc. Paris* **208**, 722.

KAMPÉ DE FÉRIET, J. 1940 The spectrum of turbulence. *J. Aeron. Sci.* **7** (12), 518–519.

KAMPÉ DE FÉRIET, J. 1957 La notion de moyenne dans la théorie de la turbulence. *Milan J. Math.* **27** (1), 167–207.

KAMPÉ DE FÉRIET, J. 1975 Turbulent atmospheric diffusion : the first twenty-five years, 1920–1945. *Advances in Geophysics* **18A**, 1–23.

KAMPÉ DE FÉRIET, J. & MARTINOT-LAGARDE, A. 1937 Sur la répartition entre le mouvement moyen et le mouvement d'agitation de l'énergie dissipée dans l'écoulement turbulent d'un fluide incompressible. *C. R. Acad. Sc. Paris* **205**, 1208.

KAMPÉ DE FÉRIET, J., MARTINOT-LAGARDE, A. & ROLLIN, G. 1938 Sur un appareil permettant de déterminer le module et la direction de la vitesse dans un fluide. *C. R. Acad. Sc. Paris* **207**, 772.

KAMPÉ DE FÉRIET, J., MARTINOT-LAGARDE, A. & ROLLIN, G. 1939 *Étude sur l'utilisation des anémomètres dans un courant d'air turbulent. PST n°156.* Ministère de l'Air.

LABAT, J. 1938 *Applications aérodynamiques de la méthode de chronophotogrammétrie plane. PST n°121.* Ministère de l'Air.

LAMB, H. 1932 *Hydrodynamics*, 6th édn. Cambridge University Press.

LANCHESTER, F. W. 1907 *Aerodynamics.* Constable & Co., London.

LAPRESLE, A. 1949 Recherches des laboratoires aérodynamiques pendant les années 1933–1947. In *Quinze ans d'aéronautique française – 1932–1947*, pp. 39–162. Union syndicale des industries aéronautiques.

LECORNU, L. 1918 *Cours de mécanique.* Gauthier-Villars, Paris (3 tomes).

LUNTZ, M. & SCHWARTZ, P. 1935 *L'hydrodynamique du cylindre tournant. PST n°71.* Ministère de l'Air.

MAGNAN, A. 1929 Méthodes de mesure des variations rapides du vent. In *Jahrbuch des Forschungs-Institutes der Rhön-Rossitten-Gesellschaft*, vol. 4, pp. 92–100. Trad. angl. : NACA techn. memo. n°692, 1932.

MAGNAN, A. 1931 *Le vol des oiseaux et le vol des avions. BST n°74.* Ministère de l'Air. Trad. angl. : Bird flight and airplane flight, NACA techn. memo. n°75777, 1980.

MAGNAN, A. & SAINTE-LAGUË, A. 1929 *La théorie du poisson. BST n°59.* Ministère de l'Air.

MALAVARD, L. 1934 *Application de l'analogie électrique à la solution de quelques problèmes d'hydrodynamique. PST n°57.* Ministère de l'Air.

MARCHIS, L. 1912 *Cours d'aéronautique.* Dunod & Pinat, Paris.

MARCHIS, L., éd. 1934 *Vingt cinq ans d'aéronautique française – 1907–1932.* Chambre syndicale des industries aéronautiques.

MARTINOT-LAGARDE, A. 1934 Les installations de l'institut de mécanique des fluides de Lille. *L'Aéronautique* (185), 236–240.

MAURAIN, C. 1913 Les études d'aérotechnique à l'Institut de Saint-Cyr. *Revue générale des sciences pures et appliquées* **24**, 218–229.

MAURAIN, C. 1914 Revue d'aérotechnique expérimentale. *Revue générale des sciences pures et appliquées* **25**, 679–686.

MAURICE-DE LORRIS, R. 1949 La politique économique et industrielle du ministère de l'air. In *Quinze ans d'aéronautique française – 1932–1947*, pp. 497–516. Union syndicale des industries aéronautiques.

MÉTRAL, A. & ZERNER, F. 1948 *L'effet Coanda. PST n°218*. Ministère de l'Air.

MINISTÈRE DE L'AIR (DIR.) 1931 *L'aéronautique militaire, maritime, coloniale et marchande. Ouvrage publié sous le haut patronage et avec la collaboration rédactionnelle et documentaire du ministère de l'Air*. M. & J. de Brunoff, Paris.

OUDART, A. 1948 *Les méthodes scientifiques de la couche limite laminaire. PST n°213*. Ministère de l'Air.

OUDART, A. 1949a *Équations fondamentales de la couche limite laminaire ou turbulente. La plaque plane dans le cas laminaire. PST n°221*. Ministère de l'Air.

OUDART, A. 1949b *Le calcul de la couche limite laminaire ou turbulente en écoulement compressible. PST n° 223*. Ministère de l'Air.

OUDART, A. 1949c *L'étude des jets et la mécanique théorique des fluides. PST n°234*. Ministère de l'Air.

PÉRÈS, J. 1936 *Cours de mécanique des fluides (Fluides parfaits. Aile portante. Résistance.)*. Gauthier-Villars, Paris.

PÉRÈS, J., éd. 1955 *Journées de mécanique des fluides – Marseille 1952. Colloque national n°1 du CNRS. PST n°296*. Ministère de l'Air.

PONCIN, H., éd. 1951a *Actes du Colloque international de mécanique – Poitiers 1950. Tome 1 : Allocutions – Études sur Descartes – Mécanique thermique. PST n°248*. Ministère de l'Air.

PONCIN, H., éd. 1951*b Actes du Colloque international de mécanique – Poitiers 1950. Tome 3. PST n°251*. Ministère de l'Air.

PRIS, R. 1938 *Aérodynamique expérimentale (t. 2 : album de planches). BST n°83bis*. Ministère de l'Air.

REBUFFET, P. 1932 *Soufflerie aérodynamique à dynamomètres électrométriques du Service des Recherches de l'Aéronautique. PST n°5*. Ministère de l'Air.

RIABOUCHINSKY, D. P. 1924 *Aperçus théoriques sur la mécanique des fluides. BST n°17*. Ministère de l'Air.

RIABOUCHINSKY, D. P. 1935a Thirty years of theoretical and experimental research in fluid mechanics. *The Journal of the Royal Aeronautical Society* **39** (293), 377–441.

RIABOUCHINSKY, D. P. 1935b Thirty years of theoretical and experimental research in fluid mechanics. *The Journal of the Royal Aeronautical Society* **39** (292), 282–348.

RIABOUCHINSKY, D. P. 1938 *Contribution à l'étude des hélices. PST n°118*. Ministère de l'Air.

RIABOUCHINSKY, D. P. 1939 *Sur les cavitations dans les liquides et les diminutions locales accentuées de densité dans les gaz. PST n°145*. Ministère de l'Air.

RIABOUCHINSKY, D. P. 1962 Twenty-five years more of theoretical and experimental research in fluid mechanics. *The Journal of the Royal Aeronautical Society* **66** (620), 473–488.

ROCARD, Y. 1943 *Dynamique générale des vibrations*. Masson, Paris. (rééd. 1949, 1960, 1971).

ROCARD, Y. & MORLON, J. 1937 *Étude de silencieux pour moteurs d'avion. PST n°102*. Ministère de l'Air.

ROCARD, Y. & DE ROTHSCHILD, P. 1928 *Le rôle de la lumière diffusée par l'atmosphère, sur la visibilité. BST n°45*. Ministère de l'Air.

ROQUET, J. 1939 *Mesure de la turbulence à l'aide d'une source de radium. PST n°159*. Ministère de l'Air.

ROSSIGNOL, J. 1937 *Recherche de la forme d'équilibre de deux tourbillons cylindriques de densité uniforme et de section finie en rotation uniforme l'un par rapport à l'autre dans un fluide non visqueux. PST n°109*. Ministère de l'Air.

SACKMANN, L. 1939 *Balance des tangentes. PST n°*146. Ministère de l'Air.

SACKMANN, L. 1942 *Expériences sur l'écoulement de l'air autour de maquettes d'ailes ou d'avions étudié par un procédé de visualisation. Note Technique n°2*. Ministère de l'Air.
SACKMANN, L. 1949 *Souffleries à eau. Étude théorique et avant-projet. PST n°232*. Ministère de l'Air.
SADRON, C. 1926 Contribution à l'étude de la formation et de la propagation des anneaux de tourbillon dans l'air. *J. Phys. Radium* **7** (3), 76–91.
SADRON, C. 1933 *État actuel des recherches expérimentales sur les anneaux de tourbillons dans les gaz. Contribution à l'étude expérimentale des phénomènes aérodynamiques aux faibles vitesses. PST n°22*. Ministère de l'Air.
SADRON, C. 1935a Lois du frottement lisse et du frottement rugueux en régime turbulent. coefficient intrinsèque de frottement rugueux. *J. Phys. Radium* **6** (3), 117–122.
SADRON, C. 1935b Lois du frottement pour les conduites rugueuses. *J. Phys. Radium* **6** (6), 263–273.
SADRON, C. 1935c *Turbulence et frottement turbulent. Théorie de Kármán. PST n°65*. Ministère de l'Air.
SADRON, C. 1936 Sur la biréfringence dynamique des liquides purs. *J. Phys. Radium* **7** (3), 263–269.
SILBER, R. 1950 étude des écoulements permanents graduellement variés en canaux découverts. *La Houille Blanche* **B** (numéro spécial), 662–673.
TOUSSAINT, A. 1921 Revue d'aérotechnique expérimentale. *Revue générale des sciences pures et appliquées* **32**, 203–213.
TOUSSAINT, A. 1922 *Leçons d'Aérodynamique*. IAT Saint-Cyr. Trad. angl. : NACA techn. memo. n°227, 1923.
TOUSSAINT, A. 1935 Experimental methods – wind tunnels. part 1. In *Aerodynamic Theory. A General Review of Progress. Vol. III* (éd. W. F. Durand), pp. 252–319. Springer, Berlin.
VALENSI, J. 1938 *Application de la méthode des filets de fumée à l'étude des champs aérodynamiques (maquettes, ailes d'avions). PST n°128*. Ministère de l'Air.
VALENSI, J. 1952 *Détermination en soufflerie de la distribution de circulation le long de l'envergure des ailes par la méthode des fumées. Application à l'étude des ailes non classiques (en flèche). PST n°255*. Ministère de l'Air.
VALENSI, J. & VOGEL, T. 1948 *Le mouvement oscillatoire libre d'un liquide pesant et visqueux dans un tube en U (paramètre de similitude, critère de transition). PST n°212*. Ministère de l'Air.
VASILESCO, F. 1933 *Sur le calcul du potentiel des vitesses en hydrodynamique. PST n°29*. Ministère de l'Air.
DE LA VAULX, H. 1911 *Le triomphe de la navigation aérienne – Aéroplanes - Dirigeables - Sphériques*. Librairie illustrée Jules Tallandier, éd., Paris.
VILLAT, H. 1920 *Aperçus théoriques sur la résistance des fluides*. Gauthier-Villars, Paris.
VILLAT, H. 1929a La théorie de l'expérience de M. Henri Bénard sur les tourbillons alternés dans une cuve limitée par deux parois fixes parallèles. *Annales scientifiques de l'É.N.S. 3e série* **46**, 259–281.
VILLAT, H. 1929b *Leçons sur l'hydrodynamique*. Gauthier-Villars, Paris.
VILLAT, H. 1930 *Leçons sur la théorie des tourbillons*. Gauthier-Villars, Paris.
VILLAT, H. 1972 As luck would have it - A few mathematical reflections. *Annu. Rev. Fluid Mech.* **4**, 1–6.
WEHRLÉ, P. 1940 L'œuvre de la commission de la turbulence atmosphérique. *La science aérienne et l'aérotechnique, organe de la Société française de navigation aérienne* (8), 37–58.
WORONETZ, C. 1934 *Perturbations provoquées dans le mouvement d'un fluide par des variations de la température. PST n°60*. Ministère de l'Air.
WORONETZ, C. 1939 *Sur quelques applications de la méthode de l'analogie hydraulique. PST n°144*. Ministère de l'Air.

Bibliographie secondaire

D'ABZAC EPEZY, C. 2016 L'industrie aéronautique française pendant la Seconde Guerre mondiale : histoire et communication historique. *Nacelles [En ligne], Pour une histoire sociale et culturelle de l'aéronautique au XXe siècle.*
ANDERSON, J. D. 1997 *A History of Aerodynamics*. Cambridge University Press.
ANIZAN, A.-L. 2006 *Paul Painlevé (1863–1933) un scientifique en politique*. Thèse de doctorat, Institut d'études politiques, Paris.
AUBIN, D. 2008 The memory of life itself' : Bénard's cells and the cinematograph of self-organization. *Studies in the History and Philosophy of Science* **39**, 359–369.
AUBIN, D. 2010 "Audacity and Precision" : the paradoxes of Henri Villat's fluid mechanics in interwar France. *Hal-00639877*.
AUBIN, D. 2017 Ballistics, fluid mechanics, and air resistance at Gâvre, 1829–1915. *Arch. Hist. Exact Sci.* **71** (6), 509–542.
BACHELARD, G. 1934 *Le Nouvel Esprit Scientifique*. PUF, rééd. 1984.
BARRERA, C., éd. 2020 *Histoire de l'université de Toulouse. Vol. 3 : L'époque contemporaine (XIXe-XXIe siècles)*. Éditions Midi-Pyrénéennes.
BATCHELOR, G. K. 1953 *The theory of homogeneous turbulence*. Cambridge Univ. Press.
BATCHELOR, G. K. 1967 *An introduction to fluid dynamics*. Cambridge University Press.
BATCHELOR, G. K. 1996 *The life and legacy of G. I. Taylor*. Cambridge Univ. Press.
BATTIMELLI, G. 2016 About the early international congresses of applied mechanics. In *IUTAM – A short history* (éd. P. Eberhard & S. Juhasz). Springer.
BERGÉ, P., POMEAU, Y. & VIDAL, C. 1984 *L'ordre dans le chaos*. Hermann, Paris.
BLOOR, D. 2011 *The enigma of the aerofoil - Rival theories in aerodynamics, 1909–1930*. The University of Chicago Press.
BODENSCHATZ, E. & ECKERT, M. 2011 Prandtl and the Göttingen school. In *A Voyage Through Turbulence* (éd. P. A. Davidson, Y. Kaneda, K. Moffatt & K. R. Sreenivasan). Cambridge Univ. Press.
BOISSON, H.-C. & CRAUSSE, P. 2014 *De l'aérodynamique à l'hydraulique. Un siècle d'études sur modèles réduits*. Cépaduès, Toulouse.
BRARD, R. 1967 Funérailles d'Émile-Georges Barrillon. *Académie des sciences – Notices et discours* **5**, 432–435.
CAMBON, C. 2017 L'héritage de Craya, pour une approche statistique à points multiples de la turbulence homogène anisotrope. *C. R. Mécanique* **345**, 627–641.
CARON, F. & CARDOT, F., éd. 1991 *Histoire générale de l'électricité en France, tome 1 (1881–1918)*. Fayard, Paris.
CARPENTIER, J. 2011 *Cent vingt ans d'innovations en Aéronautique*. Hermann.
CHADEAU, E. 1987 *L'industrie aéronautique en France, 1900–1950. De Blériot à Dassault*. Fayard, Paris.
CHANETZ, B. 2017 A century of wind tunnels since Eiffel. *C. R. Mécanique* **345**, 581–594.
CHARLE, C. & TELKÈS, E. 1988 *Les professeurs du Collège de France – Dictionnaire biographique 1901–1939*. INRP, Paris.
CHARLE, C. & TELKÈS, E. 1989 *Les Professeurs de la faculté des sciences de Paris – Dictionnaire biographique 1901–1939*. INRP, Paris.
CHARRU, F. 2011 *Hydrodynamic Instabilities*. Cambridge University Press.
CHARRU, F. 2017 Une histoire de l'Institut de mécanique des fluides de Toulouse de 1913 à 1970. *C. R. Mécanique* **345**, 505–544.
CHARRU, F. & LUCHINI, P. 2019 Inviscid flow separation at the crest of an erodible dune. *Phys. Rev. Fluids* **4**, 034304.
CHARRU (DIR.), F. 2016 *L'Institut de Mécanique des Fluides de Toulouse – 100 ans de recherches*. CNRS Éditions.
CHASSAING, P. 2019 La notion de moyenne en turbulence. Quelques réflexions selon une perspective historique. *C. R. Mécanique* **347**, 228–258.

CLARAC, F. 2007 Discours de réception à l'Académie de Marseille.

COANTIC, M. 2006 Hommage à Alexandre Favre. *Mécanique & Industries* **6**, 661–662.

COËT, M. C. & CHANETZ, B. 2008 Meudon, de l'aérostation à l'aérospatial. *La revue pour l'histoire du CNRS* **20**, 1–6.

COMTE-BELLOT, G. 1976 Hot-wire anemometry. *Annu. Rev. Fluid Mech.* **8**, 209–231.

CONDETTE, J.-F. 2006 *Les recteurs d'académie en France de 1808 à 1940. Dictionnaire biographique*. INRP, Paris.

COSTABEL, P. 1962 Joseph Pérès (1890–1962). *Revue d'histoire des sciences et de leurs applications* **15** (2), 167–169.

DAOUT, M.-F. 2000 Le laboratoire d'aérothermique. *La revue pour l'histoire du CNRS* **2**, 1–9.

DARRIGOL, O. 2005 *Worlds of flow. A history of hydrodynamics from the Bernoullis to Prandtl*. Oxford University Press.

DARRIGOL, O. 2017 Joseph Boussinesq's legacy in fluid mechanics. *C. R. Mécanique* **345**, 427–445.

DAVOUST, E. 2000 *L'observatoire du Pic du Midi - Cent ans de vie et de science en haute montagne*. CNRS Éditions.

DELPORTE, J. 2002 *La vie et l'œuvre de Joseph Kampé de Fériet*. Publications de l'U.F.R. de mathématiques pures et appliquées, Univ. Lille.

DEMURO, A. 2017 Joseph Kampé de Fériet et la mécanique des fluides en France durant l'entre-deux-guerres. *C. R. Mécanique* **345**, 556–569.

DEMURO, A. 2018 *La mécanique des fluides durant l'entre-deux-guerres : J. Kampé de Fériet et l'IMFL*. Thèse de doctorat de l'univ. de Lille.

DHOMBRES, J. 2007 In memoriam Jean Bass (1913–2007). *Annales de la Fondation Louis de Broglie* **32** (4), 547–550.

DRYDEN, H. L. 1955 Fifty years of boundary-layer theory and experiment. *Science* **121**, 375–380.

DRYDEN, H. L. 1965 *Theodore von Kármán. 1881–1963. A Biographical Memoir*. National Academy of Sciences, Washington D.C.

DUBY, G., éd. 1970 *Histoire de la France*. Larousse.

EBERHARD, P. & JUHASZ, S., éd. 2016 *IUTAM - A short history*. Springer.

ECKERT, M. 2006 *The dawn of fluid dynamics – A discipline between science and technology*. Wiley-VCH.

ECKERT, M. 2010 The troublesome birth of hydrodynamic stability theory : Sommerfeld and the turbulence problem. *Eur. Phys. J. H* **35**, 29–51.

ECKERT, M. 2012 Turbulence before Marseille 1961. *J. Turbulence* **13**, 1–25.

ECKERT, M. 2017 Ludwig Prandtl and the growth of fluid mechanics in Germany. *C. R. Mécanique* **345**, 467–476.

EMRICH, R. J., KLEBANOFF, P. S., ELSASSER, W. M. & POLACHEK, H. 1987 François N. Frenkiel. *Physics Today* **40**, 123–124.

FAVRE, A. 1981 Notice nécrologique sur Léopold Escande. *C. R. Acad. Sc. Paris* **292**, 139–143.

FERT, C. 1954 Hommage à Henri Bouasse. *Annales de la Faculté des sciences de Toulouse, 4e série* **18**, 1–3.

FEYNMAN, R., LEIGHTON, R. & SANDS, M. 1979 *Le Cours de Physique de Feynman - Électromagnétisme 2*. Paris, InterEditions.

FONTANON, C. 1998 La naissance de l'aérodynamique expérimentale et ses applications à l'aviation. Une nouvelle configuration socio-technique (1904–1921). In *Histoire de la mécanique appliquée* (éd. C. Fontanon). ENS Éditions, Fontenay-aux-Roses.

FONTANON, C. 2017 La mécanique des fluides à la Sorbonne entre les deux guerres. *C. R. Mécanique* **345**, 545–555.

FONTANON, C. & FRANK, R., éd. 2005 *Paul Painlevé (1863–1933) - Un savant en politique*. Presses Univ. de Rennes.

FONTANON, C. & GRELON, A., éd. 1994 *Les professeurs du Conservatoire national des arts et métiers – dictionnaire biographique 1794–1955*. INRP-CNAM (deux tomes).

FONTENEAU-CHAMPEAU, V. 2001 *De l'I.P.O. à l'E.N.S.M. (1919–1969) : les oscillations d'une école d'ingénieurs en quête de son identité entre industrie et recherche sur les matériaux dans la région nantaise*. Thèse de doctorat de l'université de Nantes.

GASTE, P. 2016 Les archives aéronautiques et spatiales conservées aux Archives départementales de la Haute-Garonne. *Nacelles [En ligne], Pour une histoire sociale et culturelle de l'aéronautique au XX*[e] *siècle* .

GASTON-BRETON, T. 2019 *Basil Zaharoff - L'incroyable histoire du plus grand marchand d'armes du monde*. Tallandier.

GAZANHES, C. 2000 Du laboratoire de la guerre sous-marine de Toulon au laboratoire de mécanique et d'acoustique de Marseille. *La revue pour l'histoire du CNRS* **2**, 1–11.

GERMAIN, P. 1977 *Joseph Pérès et le renouveau de la mécanique en France*. Académie des sciences, Paris.

GERMAIN, P. 1991 La vie et l'œuvre de Lucien Malavard. *C. R. Acad. Sc. Paris, Série générale* **8** (5), 425–433.

GERMAIN, P. 1992 La vie et l'œuvre de Robert Mazet. *C. R. Acad. Sc. Paris, Série générale* **9** (5), 423–426.

GERMAIN, P. 2006 *Mémoire d'un scientifique chrétien*. L'Harmattan.

GISPERT, H. & LELOUP, J. 2009 Des patrons des mathématiques en France dans l'entre-deux-guerres. *Revue d'histoire des sciences* **62**, 39–117.

GOLDSTEIN, S. 1969 Fluid mechanics in the first half of this century. *Annu. Rev. Fluid Mech.* **1**, 1–29.

GRELON, A. 1989 Les universités et la formation des ingénieurs en France (1870–1914). *Formation Emploi* **27–28**, 65–88.

GROSSETTI, M., éd. 1996 *Rapport final du programme Villes et institutions scientifiques*. PIR-Villes CNRS.

GUTHLEBEN, D. 2013 *Histoire du CNRS de 1939 à nos jours*. Armand Colin.

HADOT, P. 2004 *Le voile d'Isis. Essai sur l'histoire de l'idée de Nature*. Gallimard.

HAHN, P. & HAGER, W. H. 2003 Ernest-Paul Hahn, l'IEN et la SHF. *La Houille Blanche* **4**, 103–106.

HERVOUËT, P. & FONTENEAU, V. 2009 *L'École Centrale de Nantes – 1919–2009*. Société Nantaise d'Éditions et de Réalisations.

JUVANON DU VACHAT, R. 1995 La mécanique des fluides turbulents avec Dedebant et Wehrlé à l'Office National Météorologique (1934–1939). *La Météorologie* **8**, 156–166.

VON KÁRMÁN, T. 1954 *Aerodynamics*. Cornell Univ. Press (rééd Mac-Graw Hill 1963).

KERISEL, J. 2001 *Albert Caquot 1881–1976 – Savant, soldat et bâtisseur*. Presses de l'ENPC.

KUHN, T. S. 1970 *La structure des révolutions scientifiques*. Flammarion, coll. Champs, 2e éd.

LAGRÉE, P.-Y. 2017 Boundary layer separation and asymptotics from 1904 to 1969. *C. R. Mécanique* **345**, 613–619.

LATTES, A. 2019 *Paul Sabatier – Un chimiste visionnaire – 1854–1941*. Nouveau Monde éditions.

LAUNDER, B. E. 2017 Horace Lamb... and how he found his way back to Manchester. *C. R. Mécanique* **345**, 477–487.

LAUNDER, B. E. & JACKSON, D. 2011 Osborne Reynolds : a turbulent life. In *A Voyage Through Turbulence* (éd. P. A. Davidson, Y. Kaneda, K. Moffatt & K. R. Sreenivasan). Cambridge Univ. Press.

LEGENDRE, R. 1985 La vie et l'œuvre de Maurice Roy. *C. R. Acad. Sc. Paris* **2**, 641–649.

LELOUP, J. 2009 *L'entre-deux-guerres mathématique à travers les thèses soutenues en France*. Thèse de doctorat de l'université Pierre et Marie Curie (Paris 6).

LETELLIER, C. 2017 Intermittency as a transition to turbulence in pipes : A long tradition from Reynolds to the 21st century. *C. R. Mécanique* **345**, 642–659.

LÉVY-LEBOYER, M. & MORSEL, H., éd. 1995 *Histoire générale de l'électricité en France, tome 2 (1919–1946)*. Fayard, Paris.

LIÉNARD, A.-M., ROY, M. & LATOURTE, J. 1943 Émile Jouguet (5 janvier 1871 - 2 avril 1943). *Annales des Mines, 14*[e] *série* **2**.

LIN, C. C. 1967 *The theory of hydrodynamic stability*. Cambridge Univ. Press (1re éd. 1955).
MALAVARD, L. 1983 Joseph Kampé de Fériet (1893–1982). *C. R. Acad. Sc. Paris* **296**, 33–35.
MARBO, C. 1968 *A travers deux siècles. Souvenirs et rencontres (1883–1967)*. Grasset.
MAUGIN, G. A. 2017 Paul Germain et la mécanique des fluides (1945–1970). *C. R. Mécanique* **345**, 605–612.
MAZET, R. 1969 Notice nécrologique sur Henri Béghin. *C. R. Acad. Sc. Paris* **268**, 108–111.
MONIN, A. S. & YAGLOM, A. M. 1965 *Statistical Fluid Mechanics : Mechanics of Turbulence*. MIT Press (English transl. 1971).
MONSIGNY, M. 2014 Charles Sadron : un remarquable scientifique du 20e siècle. In *http://www.lacado.fr/files/14-Sadron-Texte-Tours-3-juin-r.pdf*. Académie d'Orléans.
MOUNIER-KUHN, P.-E. 2010 *L'informatique en France de la seconde guerre mondiale au Plan Calcul*. Presses de l'université Paris-Sorbonne.
NOGUÈS, P. 1933 *Recherches expérimentales de Marey sur le mouvement dans l'air et dans l'eau. PST n°25*. Ministère de l'Air.
O'MALLEY JR., R. E. 2010 Singular perturbation theory : A viscous flow out of Göttingen. *Annu. Rev. Fluid Mech.* **42**, 1–17.
PESTRE, D. 1992 *Physique et physiciens en France, 1918–1940*. Éditions des Archives contemporaines, Paris, 2e éd.
PESTRE, D., éd. 2015 *Histoire des sciences et des savoirs. Vol. 3 : Le siècle des technosciences*. Seuil.
POULET, G. 1952 *Études sur le temps humain. I. La Durée intérieure*. Plon.
PROST, A. 1968 *Histoire de l'enseignement en France – 1800–1967*. Armand Colin.
PROST, A. 1988 Les origines des politiques de la recherche en France (1939–1958). *Cahiers pour l'histoire du CNRS* **1**, 41–62.
ROBERT, É. (SOUS LA DIR. DE R. MORET). 2001 *L'ingénieur moteur de l'innovation – un siècle de formation d'ingénieurs à Grenoble*. Éditions des Vignes-l'Editeur-INPG, Grenoble.
ROCARD, Y. 1988 *Mémoires sans concessions*. Grasset, Paris.
ROUSE, H. & INCE, S. 1957 *History of Hydraulics*. Dover, New-York.
ROY, M. 1965 Notice nécrologique de Hugh Latimer Dryden, membre associé étranger de l'Académie des sciences. *C. R. Acad. Sc. Paris* **261**, 5283–5287.
ROY, M. 1972 Biographie de Henri Villat. *C. R. Acad. Sc. Paris* **274**, 127–132.
ROY, M. 1975 À propos du centenaire d'un grand mécanicien, Ludwig Prandtl. *Revue Française de Mécanique* **53–54**, 7–9.
SCHMITT, F. G. 2017 Turbulence from 1870 to 1920 : the birth of a noun and of a concept. *C. R. Mécanique* **345**, 620–626.
SIMARD-HOUDE, M. 2017 La plume et l'aile. L'épopée aéronautique française, entre presse et édition (1908–1945). *Mémoires du livre* **8** (2), 1–33.
SREENIVASAN, K. R. 2011 G. I. Taylor : the inspiration behind the Cambridge school. In *A Voyage Through Turbulence* (éd. P. A. Davidson, Y. Kaneda, K. Moffatt & K. R. Sreenivasan). Cambridge Univ. Press.
SUQUET, P. 2010 Paul Germain (1920–2009). *C. R. Mécanique* **338**, 63–66.
TANI, I. 1977 History of boundary-layer theory. *Annu. Rev. Fluid Mech.* **9**, 87–111.
TAZZIOLI, R. 2016 The eyes of French mathematicians on Tullio Levi-Civita - the case of hydrodynamics (1900–1930). Images of Italian mathematics in France : The Latin sisters, from risorgimento to fascism. *Hal-01436973* .
TAZZIOLI, R. 2017 D'Alembert's paradox, 1900–1914 : Levi-Civita and his Italian and French followers. *C. R. Mécanique* **345**, 488–497.
THELLIER, E. 1972 Notice sur la vie et l'œuvre de Charles Maurain. *Académie des sciences – Notices et discours* **5**, 710–718.
VÉRAN, F., éd. 2008 *Archives de l'aéronautique militaire de la Première Guerre mondiale - Répertoire numérique détaillé de la série A (1914–1919) et guide des sources*. Service historique de la Défense.
VILLAT, H. 1968 Notice nécrologique sur René-Paul-Eugène Thiry (1886–1968). *C. R. Acad. Sc. Paris* **267**, 64–68.

VILLERMAUX, E. & SUQUET, P. 2018 The legacy of a deep thinker : Jean-Jacques Moreau. *C. R. Mécanique* **346** (3), 153–155.

WEBER, J.-M., éd. 2008 *Un demi-siècle d'aéronautique en France - Études et recherches I*. Comité pour l'histoire de l'aéronautique (ComAéro), Centre des hautes études de l'armement.

WESFREID, J. E. 2006 Scientific biography of Henri Bénard (1874–1939). In *Dynamics of Spatio-Temporal Cellular Structures. Henri Bénard Centenary Review* (éd. Springer), pp. 9–37.

WESFREID, J. E. 2017 Henri Bénard : Thermal convection and vortex shedding. *C. R. Mécanique* **345**, 446–466.

Index

Ackeret, Jacob, 74
Ader, Clément, 2
AGARD (Advisory group for aeronautical research and development), 71
Agostini, Léon, 139, 160, 223, 363
Almansi, Emilio, 146
Andronov, Aleksandr, 135
Appell, Paul, 18, 84, 147, 148, 176, 317
Archdeacon, Ernest, 4
Auger, Léon, 136
Auriol, Vincent, 34
Avsec, Dusan, 129–131

Bachelard, Gaston, vii, 369, 370
Baillaud, Jules, 290
Baldit, Albert, 183, 184
Barrillon, Émile, 28, 78, **80**, 139, 152, 352
Bass, Jean, 160, 183, 223, 337, 363
Bastié, Maryse, 315
Batchelor, George K., 73, 209, 224, 265
Baubiac, Jean, 289–294, 296–297, 304, 307, 361
Bazin, Henry, 126, 274
Bedouce, Albert, 211, 268, 269
Béghin, Henri, 44, 45, 110, 113, **115**, 115, 117, 119, 123–124, 160, 351
Bellonte, Maurice, 33
Bénard
  tourbillons de sillage, 67, 81, 82, 125, 131–134, 283, 294, 298, 353, 354
  tourbillons thermoconvectifs, 82, 124, 129–131
Bénard, Henri, 67, 78, 81, 83, 110, 112, 114–117, 119–121, **127**, 123–128, 135–137, 143, 151, 152, 183, 213, 283, 324, 348–351, 354, 357, 363, 365, 367, 368, 370, 372, 374, 388
Bergeret, Jean, 37, 221
Berker, Ahmed Ratib, 179, 187, 188
Bernoulli, Daniel, 51, 52
  théorème, 13, 58, 59, 81, 95, 233
Berthelot, Marcelin, 81
Betz, Albert, 61
Biezeno, Cornelis, 77
Bjerknes, Wilhelm, 74
Blasius, Heinrich, 63, 64, 67, 68, 72, 83
Blériot, Louis, 5, 11, 22
Bloch, Marcel, 16, 21, 32–34, 37, 93
Blum, Léon, 18, 34, 35, 50
Bolland, Adrienne, 51
Boltzmann, Ludwig, 69, 182
Borel, Émile, 7, 18, 20, 50, 112, 143, 153
  subvention, 49, 120
Bory, Charles, 307, 311
Bouasse, Henri, 41, 43, 53, 68, 82–84, 135, **268**, 269, 343
Boujon, Charles, 278
Boulanger, Auguste, 126
Bouligand, Georges, 28, 78, 320, **322**, 323, 324, 357
Bourot, Joseph-Maurice, 327, 329, 330
Bourrières, François-Joseph, 135
Boussinesq, Joseph, 15, **55**, 57, 70, 81, 109, 113, 126, 146, 147, 149, 171, 274, 371
Breguet, Louis, 5, 11, 18, 21–23, 33, 37, 212, 227, 239, 285, 305, 306, 334
Breton, Jules-Louis, 48, 49

F. Charru, *Ailes, Nuages et Tourbillons*, Science Networks. Historical Studies 61,
https://doi.org/10.1007/978-3-030-70236-6

Brillouin, Marcel, 20, 28, 45, 76, 81, 109, 128, 147, 148, 272, 279
Bruhat, Georges, 81, 138, 162
Brun, Edmond, 145, 180, 213, 247, 362, 363
Brunhes, Bernard, **169**, 169
Bühl, Adolphe, 78
Buisson, Henri, 235, 236
Burgers, Johannes M., 71, 72, 77, 348, 388
Busemann, Adolf, 74

Cabannes, Henri, 161, 163, **266**, 266, 351
Caisse des recherches scientifiques (CRS), 48, 50
Caisse nationale des recherches scientifiques (CaNRS), 50, 129, 236, 241, 320, 335
Caisse nationale des sciences (CNS), 50, 156, 290, 325
Caldonazzo, B., 354
Camichel, Charles, 28, 44, 67, 78, 83, 126, 136, 139, 159, 169, 170, 200, 211, 213, 214, **272**, 268–284, 287–291, 293, 294, 299, 302, 304, 305, 307–309, 311–314, 338, 361, 363–365, 367, 368, 388
Camichel, Henri, 274
Canac, François, 228, 258, 362
Caquot, Albert, vi, 2, 15, 21, 22, 30–37, 86–91, **92**, 93, 99, 101–108, 110, 112, 114, 115, 117, 119, 121, 172–174, 182, 186, 188, 210, 212, 229, 286–290, 299, 304, 344, 345, 357, 363, 372, 374, 375
Carafoli, Élie, 84, **157**, 157, 158
Carstoiu, Ion, 161
Cartan, Élie, 116, 143
Castagnetto, Louis-François, 283, 297
Castex, Albert, 304
Castex, Louis, 291, 309, 310
Cavaillès, Jean, 145
Cavalier, Jacques, **174**, 210, 211
Cendrars, Blaise, 105
Centre national de la recherche scientifique (CNRS), 28, 44, 50, 101, 153–155, 161, 162, 164, 228, 246, 248, 249, 252, 255–260, 262, 265, 266, 302, 306, 321, 322, 327–329, 351, 360, 362–364, 374
Centre national de la recherche scientifique appliquée (CNRSA), 49, 50, 136, 144, 152, 159, 247, 324, 335, 336
Challe, Léon, 33, 377–383
Chapelon, M., 389
Chartier, Charles, 138–139, **324**, 324, 326, 327, 329–331, 364
Châtelet, Albert, 78, **170**, 170, 171, 173, 210
Clémenceau, Georges, 2, 7, 21
Claria, Albert, 310
Claria, Jean, 310
Clarion, Claire, 255, 259, 364
Cocteau, Jean, 85
Colonnetti, Gustavo, 390
Commission de Gâvre, 48, 80, 170, 171, 176, 187
Commission de la turbulence atmosphérique, 125, 128, 130, 176, **183**, 185, 196, 202, 349, 359, 368
Commission Langevin-Wallon, 337
Comolet, Raymond, 160, 161, 363, 373
Comte-Bellot, Geneviève, 339
Congrès international de mécanique appliquée (ICAM), 71, 72, **76**, 78, 79, 109, 132, 177, 187, 206, 208, 209, 231, 241, 259, 273, 283, 349–352, 356, 359–362, 374
Congrès Volta (1935), 74
Conseil supérieur de la recherche scientifique, 50
Cordier, Henri, 330
Cosserat, Eugène, 290
Costanzi, Giulio, 20
Costes, Dieudonné, 33
Cot, Pierre, 34, 103, 286
Cotton, Aimé, 49, 50, 112, 115
Couette
  écoulement, 129
Couette-Taylor, instabilité, 68, 82
Couffignal, Louis, 162, 258
Couhé, Louis, 172
Crausse, Étienne, 289, 291, 293–296, 304, 361
Craya, Antoine, 265
Crocco, Arturo, 8, 20, 74
Curie, Marie, 18, 45

Daladier, Édouard, 35, 186
d'Alembert, Jean Le Rond, 51–53
d'Alembert, paradoxe de, 53, 54, 59, 62, 82, 94, 142, 146
Darcy, Henry, 126
Darrieus, Georges, 212, 304
Dassault, Marcel, *voir* Bloch
Daurat, Xavier, 23
Dautry, Raoul, 30, 144
Dauzère, Camille, **130**, 290
de Broglie, Louis, 38, 50
de Broglie, Maurice, 45

de Gaulle, Charles, 341
Déat, Marcel, 338
Debeauvais, F., 321
Debussy, Claude, 18, 39
Debye, Peter, 335
Dedebant, Georges, **183**, 183, 184, 203
Délégation générale à la recherche scientifique et technique (DGRST), 366
Demontis, Jean, 177, 187, 188
Demtchenko, Basile, 142
den Hartog, Jacob Pieter, 390
Denain, Victor, 34, 103, **174**, 210
Denis, Maurice, 157, 212, 216, 300, 336
Denjoy, Arnaud, 316
Descartes, René, 343, 369–371
Deutsch-Archdeacon, grand prix, 3
Deutsch de la Meurthe, Henry, 4, 15, 16, 18, 107, 118
Dewoitine, Émile, 22, 32–34, 100, 151, 284–286, 300, 361
  Avions, 239, 286, 304, 334
Dryden, Hugh L., **71**, 72, 221, 257
Dubois, Georges, 303, 338
Dubois, Maurice (Lille), 214, 225
Dubois, Maurice (Paris), 160
Dubreil-Jacotin, Marie-Louise, 150, 348, 389
Duhem, Pierre, 16, 128, **171**
Dumanois, Paul, **36**, 36, 38, 103, 213, 389
Dumas, Régis, 262, 364
Dupin, Pierre, 274, 283, 293, 304, 313, 348
Dupont, Paul, 183, 184, 202
Dupouy, Gaston, 362
Dupuis, Pierre, 178, 214, 216, 217
Dupuy, Jean, 137, 138
Durand, Georges, 150
Durand, William F., 80, 352

Eiffel
  crise de traînée, 64–66, 68, 81, 82, 148, 355
  laboratoire, 9–15, 20, 21, 24, 27, 99, 179, 301
  soufflerie de type, 8, 31, 174, 230, 243, 324
Eiffel, Gustave, vi, **8**, 20, 21, 24, 75, 344, 357
Escande, Léopold, 214, 224, 273, 278, 287, 289, 291–294, **301**, 304, 306–313, 357, 361, 363, 364, 374
Esclangon, Ernest, 116, 316
Esclangon, Félix, 362, 364, 365
Euler, équation, 52–54, 59, 62
Euler, Leonhard, 51, 52, 75
Eydoux, Denis, 28, 84, 126, 136, 274, 278

Fabry, Charles, 112, 116, 136, 138, 144
Farman, avions, 5, 22
Farman, Henry, 3, 4
Fauquet, André, 178, 188, 191, 195, 225, 226, 364
Favre, Alexandre, 212, 230, 235, 237, **245**, 241–247, 250, 251, 253, 255, 258, 260–265, 320, 348, 360, 361, 364, 368, 373, 374
Faxén, Hilding, 153
Ferber, Ferdinand, 2
Ferry, Jules, 169
Flandin, Pierre-Étienne, 22, 25
Foch, Adrien, 45, 74, 81, 83–84, 110, 113, 115, 119, 125, 129, **136**, 136, 143, 144, 159–160, 164, 303, 324, 348, 350, 351, 354, 363
Fondation Commercy, 43, 129, 170, 325
Fondation Deutsch de la Meurthe, 43, 108, 118
Fondation Rockefeller, 162, 320
Fondation Rothschild, 43, 44
Fondation Thiers, 325
Fortier, André, 110, 141, **160**, 160, 161, 351, 363, 365, 373, 374
Fréchet, Maurice, 316
Frenkiel, François Naftali, 177, 182, 206, 217, **222**, 224–226, 265, 303, 359

Gariel, Maurice, 84
Garros, Roland, 85
Gaumont, Léon, 125
Gaviglio, Jean, 245, 262, 364
Gay, Albert, 149
Germain, Paul, 105, 163–165, 226, 330, 351, 358, 374, 375
Gibbs, Josiah Willard, 182
Gide, André, 24, 45
Girerd, Henry, 156, 159, 162
Glauert, Hermann, 80, 84
Goethals, Raymond, 163, 330
Goldstein, Sydney, 75, 79, 164, 165, 258
Gontier, Gérard, 180, 225, 330, 364, 373
Got, Louis, **323**, 324
Groupement pour les recherches aéronautiques (GRA), 35–38, 104, 177, 180, 185, 186, 191, 213, 215, 217–225, 249, 251, 252, 254–256, 261, 303, 306, 307, 314, 322, 359, 375
Grumbach, Albert, 323
Gruson, Frédéric, 156, 157, 216, 300
Guével, Pierre, 312, 337, 373

Guienne, Paul, 178, 191, 195, 198
Guillemet, Henri, 177, 178, 185, 187, 192, 197, 213–215, 219

Hadamard, Jacques, 28, 45
Hadot, Pierre, vii
Hahn, Ernest-Paul, 78, 231
Heisenberg, Werner, 68
Helmholtz
  surfaces de discontinuité, 54, 58, 62, 67, 130, 146, 147, 161, 294, 295, 352, 355
  théorèmes, 61
Helmholtz, Hermann von, 54
Herriot, Édouard, 18
Hirsch, René, 156, 157
Huguenard, Eugène, 69, 71, 73
Hugues, L., 248, 252
Hunsaker, Jerome C., 356
Huron, Roger, 161, 355

Idrac, Paul, 130, 183
Institut Henri Poincaré (IHP), 162
Institut Pasteur, 44

Jacob, Caius, 150
Jacquesson, Raymond, 326, 330
Jaurès, Jean, 268
Joliot-Curie, Frédéric, 38
Joliot-Curie, Irène, 50
Jordan, Camille, 147
Jouglard, Paul, 37, 103, 144
Jouguet, Émile, 20, 73, **78**, 78
Joukovski
  condition (*voir* Kutta-Joukovski)
  théorème (*voir* Kutta-Joukovski)
Joukovski, Nikolai I., 59, 239
Journaud, H., 114, 129
Joux, Étienne, 103

Kampé de Fériet, Joseph, 73, 78, 159, 170–173, **176**, 177, 178, 180–184, 186–188, 195, 197–200, 204, 205, 208–210, 212–215, 217, 220, 220–225, 255, 265, 303, 320, 345, 350, 357–360, 363, 365, 367, 368, 372, 374
Kelvin, Lord, 54, 58, 83, 294, 295, 371
Kessel, Joseph, 167
Kirchhoff, Gustav, 54, 58, 62, 146, 147, 161, 231
Kiveliovitch, Michel, 183
Klein, Félix, 45, 75
Kœnigs, Gabriel, 27, **46**, 49, 78, 113–115, 123, 126, 148, 343
Kolmogorov
  échelles dissipatives, 73
Kolmogorov, Andrei N., 73, 265
Kovasznay, Leslie S., 246, 263, 265
Kravtchenko, Julien, 161
Kuethe, Arnold M., 71, 221
Kuhn, Tomas, 367
Kutta, Wilhelm M., 59
Kutta-Joukovski
  condition, 59, 61, 64, 241
  théorème, 59, 60, 82, 94, 146

Labarthe, M., 389
Labat, Jean, 139
Lacaine, Jean, 156, 212
Lagrange, Joseph-Louis, 51, 75, 147
Lamb, Horace, 57, 58, 63, 68, 79, 84, 295
Lanchester, Frederik W., 20, 58–61, 63, 82, 157
Langevin, Paul, 18, 45, 48, 50, 101, 228, 337
Langley Field, 31, 209
Langley, Samuel, 14, 20, 58, 81
Lapresle, Antonin, **14**, 21, 24, 31, 36, 183, 212, 304, 308
Larre-Borges, Tydeo, 33, 377–383
Latécoère, Pierre-Georges, 21, 23, 32, 34, 100, 151, 284, **285**, 286, 290, 291, 300, 305, 306, 309, 361
Laugier, Henri, 50
Laurent-Eynac, Victor André, 22, 25, 26, 30, 31, 86, 171, 172
Le Rolland, Paul, **333**, 333–337
Lebesgue, Henri, 18
Lecornu, Léon, **80**, 81, 112, 115
Ledoux, C., 278
Légaut, Marcel, 333
Legras, Jean, 163, 351
Leipp, Émile, 164
Lemains, J., 338
Leray, Jean, **149**, 149, 153, 348, 389
Levi-Civita, Tullio, 62, 76, 79, 146, 147, 327, 348, 356, 388, 389
Liard, Louis, 39, 169
Lichtenstein, Leon, 354
Liénard, Pierre, 336, 337
Lighthill, James, 165
Lilienthal Gesellshaft, 208, 222
Lilienthal, Otto, **11**, 58, 59, 81
Lindbergh, Henri, 30

Littaye, Guy, 160
Longchambon, Henri, 49, 144, 152
Luneau, Jean, 212, 334
Luntz, Michel, 131–134, 151, 213, 348, 390

Mac-Mahon, Patrice de, 168
Mach, Ernst, nombre de, 225, 241, 257, 259
Magnan, Antoine, **29**, 29, 69, 70, **71**, 76, 202, 283, 368
Magnus, Gustav, 58
Maige, Albert, 171, 172
Malavard, Lucien, 110, 150–152, **154**, 154, 162–164, 229–235, 241, 351, 362, 363, 367, 373–375
Malraux, André, 227
Malterre, M., 135
Marbo, Camille, 18
Marchaud, André, 235–237, 245, 360
Marchis, Lucien, **16**, 16, 29, 47, 87, 107, 110, 115, 118, 119, 121, 158, 343
Marey, Étienne-Jules, 71, 242, 279
Margoulis, Wladimir, 212
Maritain, Jacques, 18
Martinot-Lagarde, André, 42, 172, 176–178, **179**, 182, 185, 187, 191, 212, 213, 216, 219, 221, 223–226, 358, 363
Marty, André, 236
Mascart, Éleuthère, 128
Mathieu, Jean, 180, 339
Maurain, Charles, 16, 18–20, **24**, 24, 44, 89, 115, 119, 122, 158
Maurois, André, 45
Maxwell, James C., 69
Mazet, Robert, 75, **326**, 331
Mermoz, Jean, 23, 33
Métral, Albert, **27**, 28, 29, 119, 183, 210, 212, 255, 259, 388
Millikan, Clark B., 195, 221
Modjtahédi, Mohammed-Ali, 153
Montel, Paul, 116
Moreau, Jean-Jacques, **327**, 327, 330
Munk, Max, 61

National Advisory Committee for Aeronautics (NACA), 31, 36, 62, 71, 76, 84, 158, 160, 209, 223, 257
Navier, Claude, 54, 371
Navier-Stokes, équation, 54, 55, 57, 63, 80, 242, 356, 363
Nénadovitch, Miroslav, 156
Neu, Henri, 172, 173, 178, 210
Nougaro, Jean, 291, 310, 312, 364

Obukhov, Alexandre M., 73
Office national des recherches scientifiques, industrielles et des inventions (ONRSI), 48, 49
Office national d'études et de recherches aéronautiques (ONERA), 36, 38, 93, 148, 155–157, 162, 164, 165, 180, 223–225, 240, 241, 245, 256, 257, 259–262, 266, 314, 327, 331, 337, 351, 356, 359, 360, 362, 364, 375
Office national météorologique (ONM), 182, 183, 202–204, 247, 250, 253, 358
Orr, William, 68
Oseen, Carl Wilhelm, 76, 79, 83, 94, 134, 148, 149, 231, 233, 354, 355
Oudart, Adalbert, 161, 356

Painlevé, Paul, v, 4, 5, **6**, 16, 18, 20–22, 26–29, 34, 48, 49, 75, 87, 103, 105, 107, 109, 114, 118, 119, 141, 148, 153, 157, 158, 163, 171, 174, 175, 327, 344, 355
Paloque, Émile, 217, 290
Papon, André, 255, 259, 364
Parigi, H., 248, 252, 255, 259, 260
Pascal, Blaise, 343, 369
Pasteur, Louis, 168, 171
Péguy, Charles, 18
Pérès, Joseph, vi, 38, 45, 75, 105, 115, 116, 119, 133, 134, 136, 149–152, **153**, 153, 154, 157, 159, 161–164, 170, 229–231, 233–235, 241, 245, 266, 303, 348, 350, 351, 354–357, 360, 362, 363, 366–368, 372–375
Perrin, Jean, 18, 41, 44, 45, 50, 81
Picard, Émile, 6, 18, 41, 92, 101, 109, 112, 115, 147, 148, 159, 303, 342, 369
Pippart, Brian, 371
Pironneau, Yves, 337
Pistolesi, Enrico, 80
Pivko, Svetopolk, 156
Planiol, André, 69, 71, 73
Poincaré, Henri, 15, 45, 55, 258
Poincaré, Léon (GRA), 37, 219, 220
Poincaré, Lucien, 342
Poincaré, Raymond, 7, 31
Poirson, Aymé, 332–334
Poiseuille
- écoulement, 55, 56, 68, 129, 296, 299
- instabilité, 82

Poiseuille, Jean-Léonard-Marie, 128, 371
Poncin, Henri, 139, 149, 165, 324, **325**, 326, 327, 330, 331, 364, 373, 374

Potez, avions, 22, 182, 192, 196, 201, 334
Potez, Henry, 16, 21, 33, 34, 37, 100, 171, 172, 174, 178, 189, 210, 228, 358
Poulet, Georges, 371
Prandtl
  couche limite, 28, 61–68, 94, 148, 355, 356
  couche limite turbulente, 72, 81, 82, 148, 197, 296, 355
  ligne portante, 61, 157, 233, 234, 241–243
Prandtl, Ludwig, 4, 8, 13, 14, 20, 24, 45, 52, 59, 68, 72, 74–78, 83, 84, 137, 142, 148, 156, 158, 344, 356, 368, 371, 372
Proust, Marcel, 1

Rateau, Auguste, 20, 84
Ravilly, Émile, 333, 335–337, 373
Rayleigh
  force sur un obstacle, 54, 58, 60, 62
  instabilités, 68, 82, 124–126, 130, 295
Rayleigh, Lord, 20, 57, 66, 79, 83, 372
Rebuffet, Pierre, 24–26
Renard, Charles, 1, 2
Reynolds
  nombre, 63, 64, 66–68, 72, 81, 83, 199, 200, 216, 242, 283, 285, 294, 296, 297, 299
  turbulence, 55, 68, 70, 72, 209
Reynolds, Osborne, 52, 55–57, 72, 82, 200
Riabouchinsky, Dimitri, 8, 20, **27**, 27–29, 45, 75, 107, 111, 112, 114, 116, 119, 125, 129, 134, 141–143, 212, 344, 348, 350, 354, 357, 388–390
Ribaud, Gustave, 363
Ricardo, H., 389
Richardson, E. G., 388
Rieu, Raymond, 287, 289, 291
Robert, Henri, 103
Rocard, Yves, 28, 29, 47, 143–145, 152, 212, 348, 372, 374, 388, 389
Roche, Jean-Baptiste, 15, 31
Rollin, Georges, 178, 191, 192, 195, 213–216, 225
Romanovsky, Vsevolod, 129
Roquet, Juliette, 184
Roseau, Maurice, 161
Rosenblatt, Alfred, 348, 388
Rosenhead, Louis, 132, 295, 354
Rossignol, J., 132
Roy, Louis, 287, **289**, 289–291
Roy, Maurice, 28, 38, 148, 225, **355**, 356, 375
Runge, Carl, 59

Sabathé, Georges, 291, 293, 294, 307, 309
Sabathé, Marcel, 293
Sabatier, Paul, 45, 268–270, 302
Sackmann, Louis, 212, 242, 247–249, 252, 253, 255, 316–322, 360, 364, 373
Sadron, Charles, 84, 316, 317, **320**, 320, 357, 368, 374
Saint-Exupéry, Antoine de, 23, 267, 286
Saint-Venant, Adhémar Barré de, 54, 55, 57, 70, 137, 371
Sainte-Laguë, André, 29
Sainturat, M., 389
Santon, Lucien, 114, 137
Sapaly, Jean, 164
Sartory, Gaston, 129, 131, 348
Sauvegrain, Jean, 177, 187, 196
Scherer, Michel, 157
Schereschewsky, Philippe, 183
Schlichting, Hermann, 68, 265
Schmitt, Max, 337
Schwartz, Paul, 131–134, 213
Sédille, Marcel, 149
Sedov, Leonid I., 265
Seguin, inspecteur général de l'Aéronautique, 86, 89, 96, 115, 172, 228, 239, 287
Seguin, Louis et Laurent, 5
Siestrunck, Raymond, 113, 163, **164**, 164, 230, 232, 351, 374
Silber, Robert, 156, 365
Société hydrotechnique de France (SHF), 80, 209, 231, 273, 276
Solvay, congrès, 45
Solvay, Ernest, 268
Sommerfeld, Arnold, 68
Soreau, Rodolphe, 16, 20, 22, 119, 158
Stanton, Thomas, 8, 72
Stodola, Aurel B., 84
Stokes, Gabriel G., 54, 57, 83
Suffrin-Hébert, Maurice, 38
Swyngedauw, René, 170
Synge, John L., 354

Taylor, Geoffrey I., 60, 68, **69**, 70, 72, 77, 134, 181, 204, 222, 261, 344, 356, 371, 372
Taylor-Couette, instabilité, *voir* Couette-Taylor, instabilité
Teissié-Solier, Max, 283, 293, 304, 313
Thiry, René, 148, 212, 236, 240, 247–249, 252–255, 260, 265, **317**, 316–320, 355, 357, 360
Thomson, William, *voir* Kelvin
Tietjens, Oskar, 84, 188

Tollmien, Walter, 68, 356
Toussaint, Albert, 16, 24, 25, 29, 76, 80, 84, 87, 108, 110, 115, 116, 118, 119, 156, 157, **158**, 162, 163, 212, 308, 344, 348, 352, 388
Toussaint-Carafoli, tunnel hydrodynamique, 158, 241, 261
Tremblot, Raymond, 83, 136, 138, 159

Union internationale de la mécanique théorique et appliquée (IUTAM), 71, 79, 154, 265, 366, 375

Vagner, Jean-Daniel, 177, 178, 187, 188, 192, 195, 213, 214, 217
Valéry, Paul, 18, 45, 50
Valensi, Jacques, 139, 156, 164, 212, 229–231, **240**, 235–241, 247–249, 252, 253, 255, 256, 258–260, 265, 266, 320, 348, 360, 361, 363, 364, 374
van der Pol, Balthasar, 135, 297
Vasilesco, Florin, 150, 389
Vernotte, Pierre, 363
Vichnievsky, Rostislav, 164
Villat, Henri, 62, 78, 84, 87, 102, 105–108, **109**, 110, 114–116, 118–120, 122, 126, 138, 146–153, 157, 159, 161–388
Villey, Jean, 27, 44, 86, 88, 89, 93, **101**, 103, 104, 115, 119, 121–124, 159, 172, 183, 289, 303, 316, 338, 346, 363
Vogel, Théodore, **258**, 259
Voisin, Charles et Gabriel, 3–5, 11, 18
Volkovisky, Victor, 129, 253
Volpert, Jean, 103, 122
Volterra, Vito, 75, 76, 149, 153, 229, 231, 327, 348, 388
von Kármán
  institut, 222
  tourbillons de sillage (*voir* Bénard)
  turbulence, 72, 181, 197, 296
von Kármán, Theodore, 4, 28, 59, 61, 67, 68, 71, 76–77, 83, 84, 125, 134, 155, 177, 195, 209, 221, 222, 224, 258, 265, 320, 321, 348, 353, 354, 356, 357, 368, 372, 390
von Mises, Richard, 76–80

Wawre, Rolin, 348, 389
Wehrlé, Philippe, **183**, 183, 184, 199, 320, 358, 368
Weiller, Lazare, 4, 6
Weiller, Paul-Louis, 35
Weinstein, Alexander, 348, 388, 390
Weiss, Pierre, 45, 320
Wieselsberger, Carl, 66, 67
Woronetz, Constantin, 114, 142
Wright, Wilbur et Orville, 2, 4, 7, 8, 11, 14, 18

Zaharoff, Basil, 16, 17, 19, 22, 23, 107, 119, 183, 343
Zahm, Albert Francis, 20
Zaremba, Stanislaw, 348, 389
Zay, Jean, 170
Zeilon, Nils, 348, 388
Zerner, Frédéric, 255, 259
Zoretti, Ludovic, **338**, 338

Autorisations de reproduction des illustrations

L'auteur remercie les institutions suivantes pour leur autorisation de libre reproduction d'illustrations issues de leurs archives :

- les Archives nationales,
- la Bibliothèque nationale de France (BnF),
- l'Acadèmie des sciences,
- l'Institut Jean Le Rond d'Alembert, CNRS Sorbonne-Université (fonds documentaire de la chaire d'aviation B. Zaharoff),
- l'ONERA centre de Lille, détenteur des archives de l'Institut de mécanique des fluides de Lille (IMFL),
- l'Amicale des anciens de l'Institut de mécanique des fluides de Marseille (IMFM),
- l'Institut de mécanique des fluides de Toulouse (IMFT).

Les lignes qui suivent détaillent les détenteurs des droits des illustrations.

Chapitre 1 :

Portrait Riabouchinsky, Acad. sciences, droits réservés
Figs. 1.1, 1.2, 1.10, BnF, fonds gallica
Figs. 1.3 à 1.9, 1.11, 1.12, Institut Jean Le Rond d'Alembert
Figs. 1.13, 1.14, © Publications scientif. et techn. (PST) du ministère de l'Air
Fig. 1.15, © ONERA (1935).

Chapitre 3 :

Fig. 3.1, © Ed. Delagrave (1912)
Fig. 3.2, © Phil. Trans. R. Soc. Lond. (1883)
Fig. 3.3, © Oxford Univ. Press (1952)
Fig. 3.4, © Ed. Constable & Co., London (1907) ;
© Handworterbuch der naturwissenschaften, Jena (1913)
Fig. 3.5, © Ed. A. Kraser, Leipzig (1905)
Fig. 3.6, 3.9, BnF, fonds gallica

F. Charru, *Ailes, Nuages et Tourbillons*, Science Networks. Historical Studies 61,
https://doi.org/10.1007/978-3-030-70236-6

Fig. 3.7, © Ed. R. Oldenourg Verlag, München (1914)
Fig. 3.8, © Bulletins techniques du ministère de l'Air
Fig. 3.10, Acad. sciences, droits réservés.

Chapitre 4 :

Portrait Caquot, Acad. sciences, droits réservés
Fig. 4.1, Acad. sciences, droits réservés.

Chapitre 5 :

Portraits Bénard, Malavard, Pérès, Toussaint, Villat, Acad. sciences, droits réservés
Figs. 5.1, 5.2, 5.7, Arch. nat.
Fig. 5.3, Acad. sciences
Figs. 5.4 à 5.12, © PST du ministère de l'Air
Fig. 5.13, © J. Aeron. Soc. (1935).

Chapitre 6 :

Portrait Kampé de Fériet, Acad. sciences, droits réservés
Portrait Martinot-Lagarde, © univ. Lille
Encadré (soufflerie verticale), BnF, fonds gallica
Fig. 6.1, 6.17, © PST du ministère de l'Air
Figs. 6.2 à 6.10, 6.12 à 6.16, 6.18, 6.23 à 6.25, © IMFL
Fig. 6.11, Acad. sciences
Figs. 6.19 à 6.21, © J. Aeron. sciences (1940)
Fig. 6.22, © Ed. Chiron (1935).

Chapitre 7 :

Portrait Valensi, © Amicale des Anciens de l'IMFM
Portrait Favre, Acad. sciences, droits réservés
Figs. 7.1, 7.12, 7.18, Acad. sciences 7.2 à 7.3, 7.6 ‡ 7.9, 7.11, 7.13 à 7.17, 7.19, © PST du ministère de l'Air
Fig. 7.4, BnF, fonds gallica
Fig. 7.5, © IMFT
Fig. 7.10, © Ed. Chiron (1935).

Chapitre 8 :

Portrait Camichel, Acad. sciences, droits réservés
Portrait Escande, © IMFT
Figs. 8.1 à 8.20, 8.22 à 8.24, © IMFT
Fig. 8.21, © Yan (Jean Dieuzaide), courtoisie de Jacqueline Dieuzaide.

Chapitre 9 :

Portrait Poncin, Acad. sciences
Figs. 9.1 à 9.2, © Ed. Chiron, 1935
Figs. 9.3 à 9.4, © PST du ministère de l'Air.

Chapitre 10 :

Fig. 10.1, univ. Lille 1931.

Annexe :

Figs. A1 à A3, BnF.

MIX
Papier aus verantwortungsvollen Quellen
Paper from responsible sources
FSC® C105338

If you have any concerns about our products,
you can contact us on
ProductSafety@springernature.com

In case Publisher is established outside the EU,
the EU authorized representative is:
Springer Nature Customer Service Center GmbH
Europaplatz 3, 69115 Heidelberg, Germany

Printed by Libri Plureos GmbH
in Hamburg, Germany